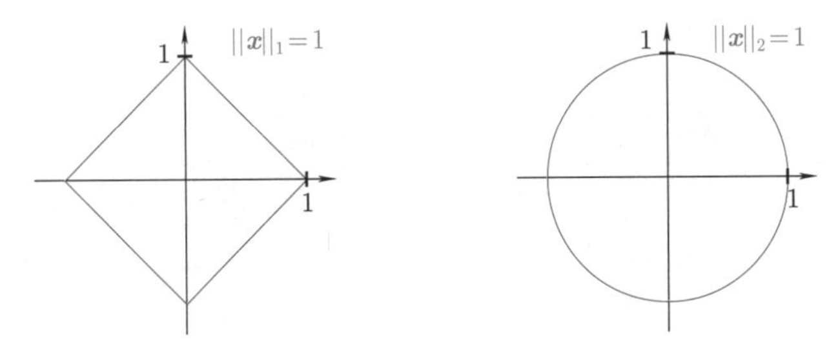

图 3.3 对于不同的范数, 红线表示范数为 1 的向量集合. 左: 曼哈顿范数; 右: 欧几里得范数

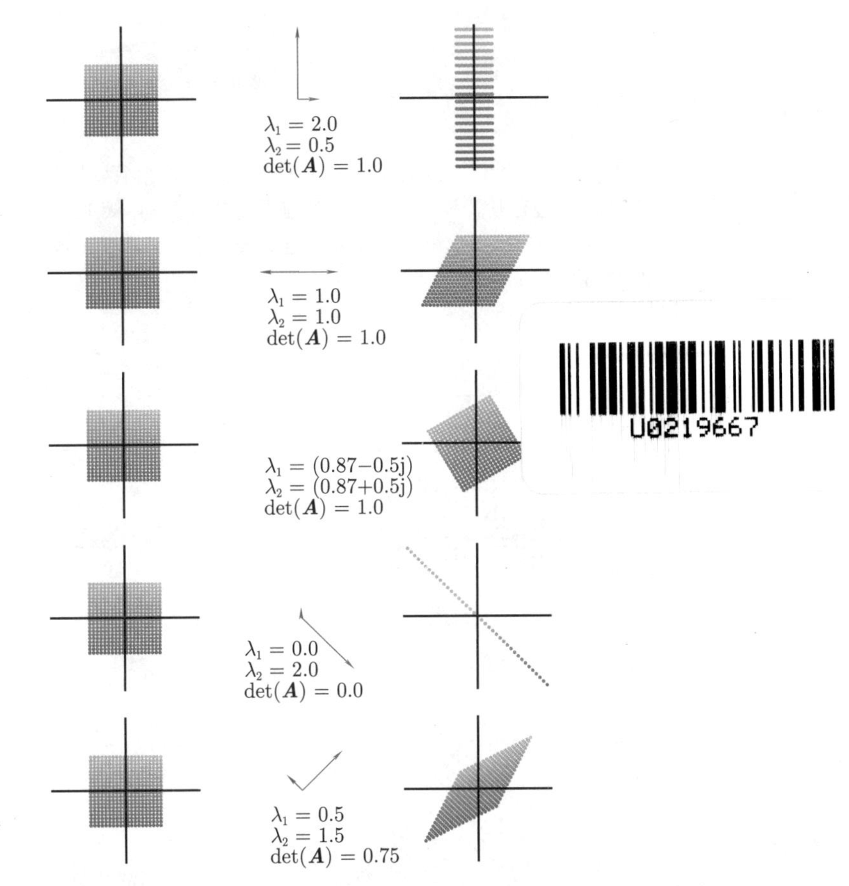

图 4.4 行列式和特征空间. 概述 5 个线性映射及其相关的变换矩阵 $\boldsymbol{A}_i \in \mathbb{R}^{2\times 2}$ 将 400 个颜色编码点 $\boldsymbol{x} \in \mathbb{R}^2$(左列) 投影到目标点 $\boldsymbol{A}_i\boldsymbol{x}$(右列). 中心列描述由其相关特征值 λ_1 拉伸的第一个特征向量和由其特征值 λ_2 拉伸的第二个特征向量. 每一行描述 5 个变换矩阵 $\boldsymbol{A}_i$ 对标准基的影响

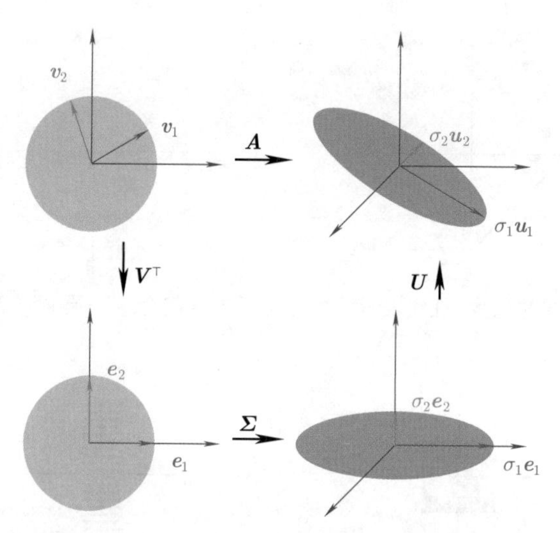

图 4.8　矩阵 $A \in \mathbb{R}^{3\times 2}$ 的 SVD 作为一系列变换的直观解释. 从左上角到左下角:$V^\top$ 在 $\mathbb{R}^2$ 中进行基变换. 从左下角到右下角:Σ 缩放并从 $\mathbb{R}^2$ 映射到 $\mathbb{R}^3$. 右下角的椭圆处于 $\mathbb{R}^3$ 中, 第三维与椭圆盘的表面正交. 从右下角到左上角:U 在 $\mathbb{R}^3$ 中进行一个基变换

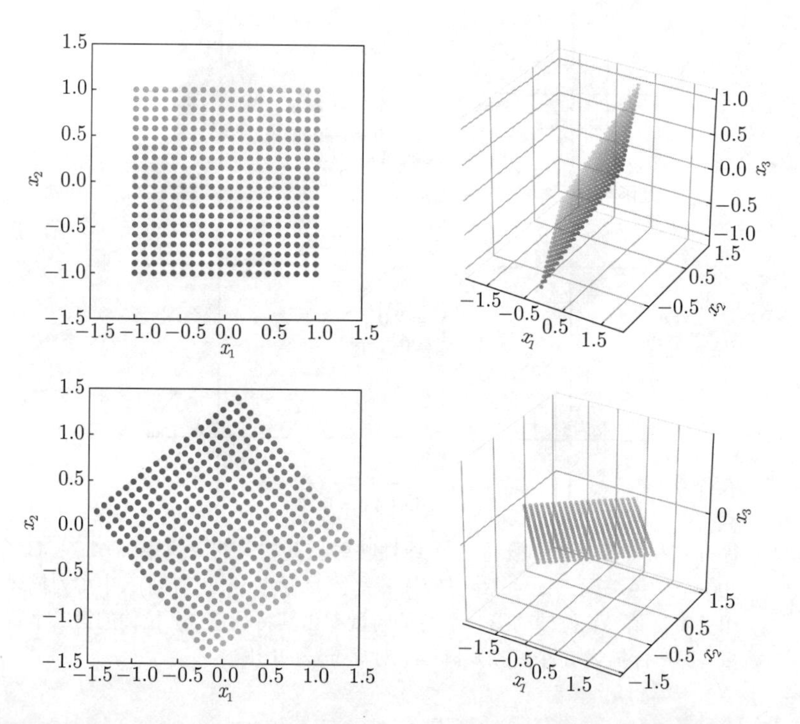

图 4.9　SVD 和向量的映射 (用圆盘表示). 网格同样遵循图 4.8 的逆时针结构

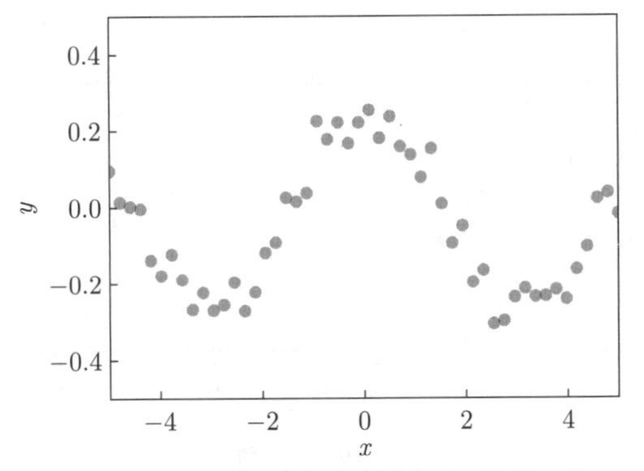

a) 回归问题：观察含有噪声的函数值，从中我们想推断出生成数据的隐函数

b) 回归解决方案：可能产生数据的函数（蓝色），表示对应输入处函数值的测量噪声（橙色分布）

图 9.1　数据集, 以及回归问题的可能解决方案

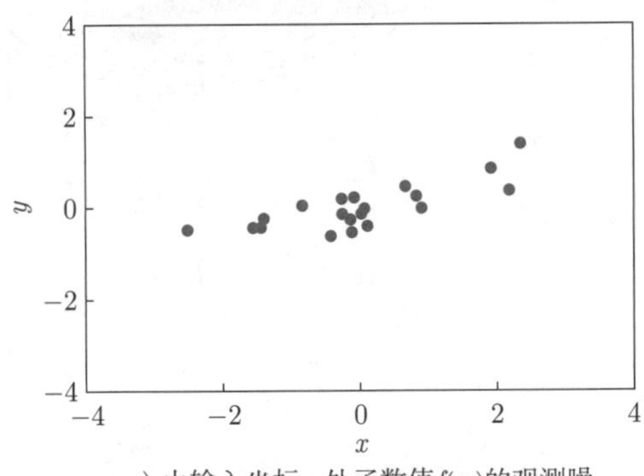

a) 由输入坐标x_n处函数值$f(x_n)$的观测噪声值y_n（蓝色）组成的回归数据集

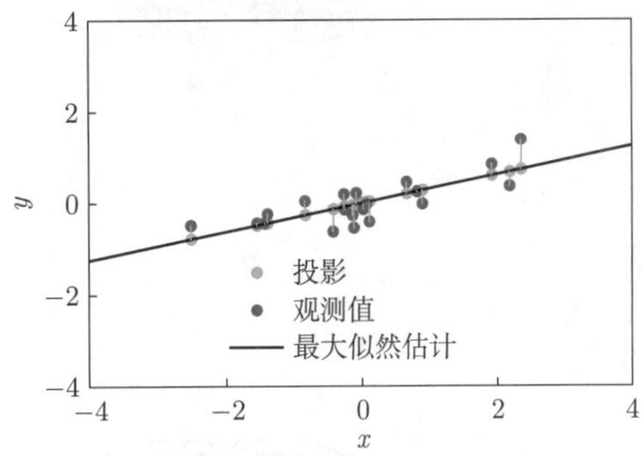

b) 橙点是观测噪声值（蓝点）在$\theta_{\mathrm{ML}}x$线上的投影. 线性回归问题的最大似然解是去找到一个子空间（线），在这个子空间上，观测值的整体投影误差（橙色线）最小

图 9.12　最小二乘法的几何解释

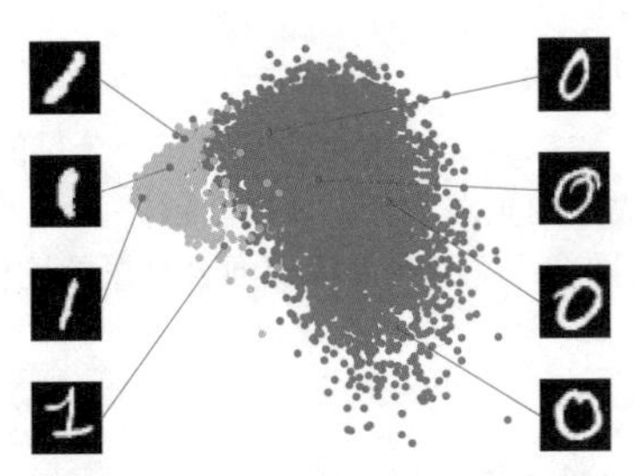

图 10.10　使用 PCA 将 MNIST 数字 0 (蓝色) 和 1 (橙色) 嵌入二维主子空间中. 主子空间中数字 “0” 和 “1” 的四个嵌入用红色突出显示, 并标有其对应的原始数字

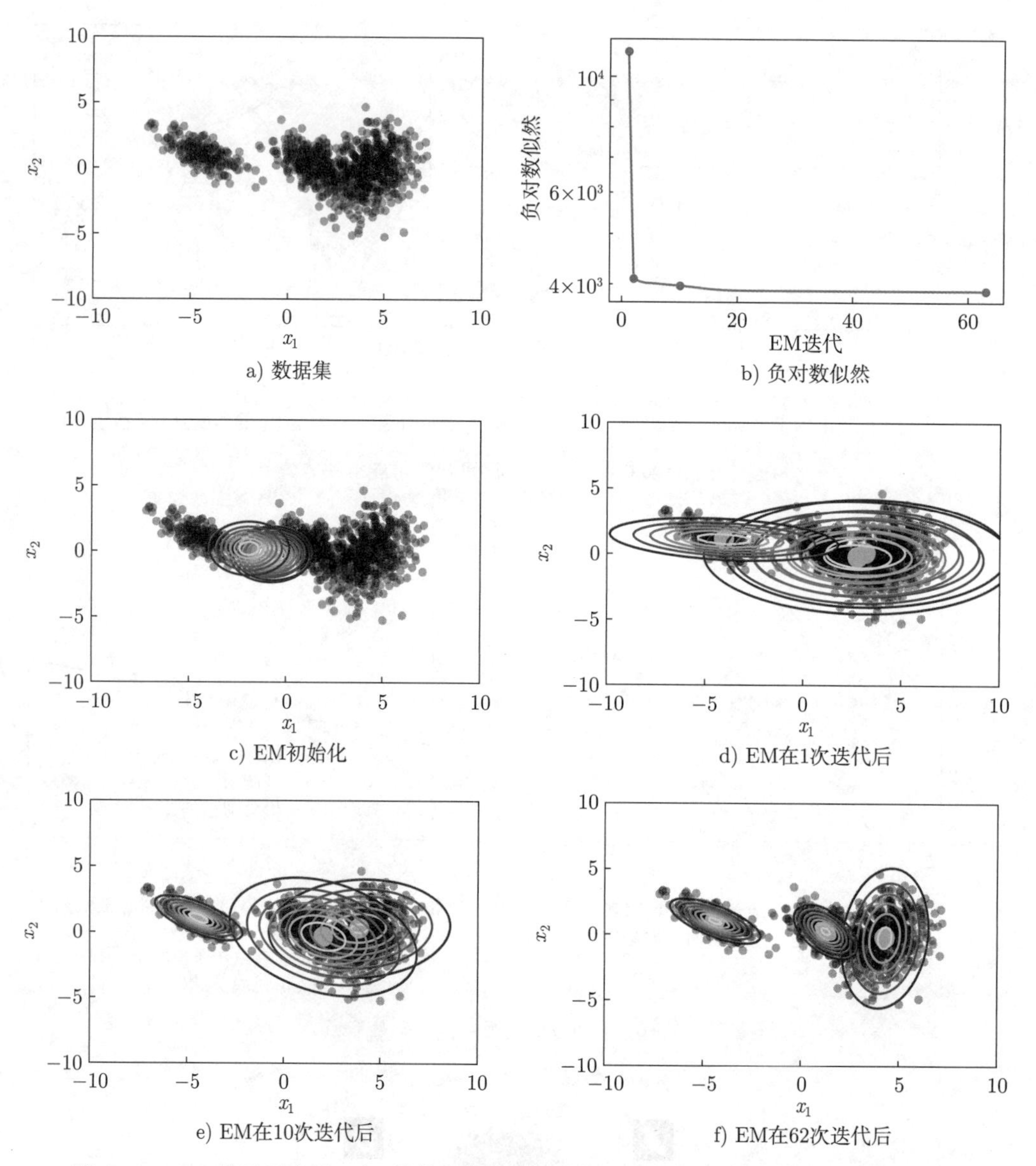

图 11.9 EM 算法示意图, 对二维数据集拟合带有三个分量的高斯混合模型 a) 数据集; b) EM 算法迭代下的负对数似然 (越低越好). 红点对应的 GMM 分别对应于从 c) 到 f) 的图像. 黄色圆盘标识混合分量的均值. 图 11.10a 给出最终的 GMM 拟合

智能系统与技术丛书

Mathematics for Machine learning

机器学习的数学基础

[英] 马克 · 彼得 · 戴森罗特（Marc Peter Deisenroth）
[英] A. 阿尔多 · 费萨尔（A. Aldo Faisal） 著
[马来] 翁承顺（Cheng Soon Ong）
郝珊锋 黄定江 译

机械工业出版社
CHINA MACHINE PRESS

北京市版权局著作权合同登记　图字：01-2020-4934号。

图书在版编目（CIP）数据

机器学习的数学基础 / (英) 马克·彼得·戴森罗特 (Marc Peter Deisenroth), (英) A. 阿尔多·费萨尔 (A. Aldo Faisal), (马来) 翁承顺 (Cheng Soon Ong) 著; 郝珊锋, 黄定江译. --北京 : 机械工业出版社, 2024. 9. --（智能系统与技术丛书）. -- ISBN 978-7-111-76322-2

Ⅰ. TP181;O1

中国国家版本馆 CIP 数据核字第 2024YU0317 号

机械工业出版社（北京市百万庄大街 22 号　邮政编码 100037）

策划编辑：刘　锋　　责任编辑：刘　锋　章承林

责任校对：张勤思　马荣华　景　飞　责任印制：刘　媛

涿州市京南印刷厂印刷

2024 年 11 月第 1 版第 1 次印刷

186mm×240mm · 24.5 印张 · 2 插页 · 531 千字

标准书号：ISBN 978-7-111-76322-2

定价：139.00 元

电话服务　　网络服务

客服电话：010-88361066　　机　工　官　网：www.cmpbook.com

010-88379833　　机　工　官　博：weibo.com/cmp1952

010-68326294　　金　书　网：www.golden-book.com

封底无防伪标均为盗版　　机工教育服务网：www.cmpedu.com

TRANSLATOR'S WORDS

译 者 序

自 2016 年 AlphaGo 以及 2022 年 ChatGPT 等数据驱动的人工智能应用程序推出以来, 其背后的核心理论基础——深度强化学习和预训练语言模型等机器学习研究方向获得了广泛关注. 当前人工智能应用的成功主要得益于互联网和物联网世界带来的海量数据、基于 GPU 等 AI 算力设备的发展, 以及大规模机器学习模型架构和工程化的突破. 不管是数据层面还是算力设备层面, 抑或是机器学习模型层面, 其背后都依赖于数学的支撑, 特别是机器学习, 包括深度学习和强化学习等. 它们对数学基础知识有很高的要求, 涉及线性代数与矩阵理论、概率论与信息论、随机过程、最优化理论等诸多确定性和不确定性数学知识. 这些数学知识很大一部分超出了一般工科本科生所要学习的高等数学、线性代数、概率论与数理统计等工科专业数学课程涵盖的知识范畴. 对于想学习人工智能和机器学习的从业人员来说, 如何全面、系统、方便地学习该学科所需的数学基础知识是一大挑战.

本书旨在为想进入机器学习和人工智能领域的读者提供全面的数学知识储备. 本书主要包括两部分, 第一部分介绍数学基础, 包含线性代数、解析几何、矩阵分解、向量微积分、概率和分布、连续优化等数学内容. 这部分从最基本的概念 (如向量) 切入, 慢慢深入到机器学习中常用的一些数学理论 (如奇异值分解定理), 由浅入深, 简明扼要地介绍了机器学习所需的最基础的数学知识. 因此，本书也特别适合没有工科数学基础的读者进行入门学习. 该书第二部分主要介绍机器学习领域的一些基础知识和模型理论, 包含线性回归、主成分分析、高斯混合模型和支持向量机等基础统计机器学习模型, 旨在帮助读者快速应用从第一部分学到的数学知识来学习机器学习最基础的理论.

本书的翻译主要由郝珊锋和我合作完成, 翻译初稿的讨论和编辑等得到了我在华东师范大学数据科学与工程学院课题组的同学们——包括唐赟哲、张洋、赖叶静、周雪茗、王明、李特、刘友超、杨礼孟的大力支持, 翻译内容的校对还得到了刘文辉的帮助, 他通读了全书翻译稿并给出了一些勘误信息, 在此一并感谢!

笔者在翻译过程中力求忠于原著. 但是, 由于涉及数学和机器学习等多个学科的内容, 因此我们尽量使用原学科体系的专业术语翻译, 以方便不同领域的读者理解. 由于水平有限, 书中错误和不妥之处在所难免, 恳请读者批评指正, 意见和建议请发至账号 mml_book@163.com, 我们不胜感激!

黄定江

2024 年 5 月

于上海华东师范大学

PREFACE

前　　言

机器学习是将人类知识与推理精炼成一种适合构建机器和工程自动化系统的形式的最新尝试. 机器学习变得越来越普遍, 软件包更加易用, 从业者通常无须了解底层抽象的技术细节. 然而风险也随之而来, 从业者会不再关注决策算法的设计, 因此也限制了机器学习算法.

那些有志于研究成功的机器学习算法背后的奥妙的从业者现在面临着一些复杂难懂的预备知识:

- 编程语言和数据分析工具
- 大规模计算及其相关框架
- 数学和统计学以及机器学习是如何建立在它们的基础上的

在大学里, 机器学习入门课程往往会在课程的早期介绍部分预备知识. 出于历史原因, 机器学习课程通常是在计算机科学系讲授的, 学生通常学习过前两项知识, 但对数学和统计不是很了解.

目前的机器学习教材主要专注于机器学习算法和方法, 并且假定读者充分了解其中的数学和统计学知识. 因此, 这些书一般在开始部分或者附录仅仅用一到两章介绍数学基础. 我们发现那些想要钻研机器学习方法基础的人需要掌握阅读一本机器学习教材所需的数学知识. 在大学里执教过本科生和研究生课程后, 我们发现对于大部分人来说, 高中数学和一本机器学习教材中需要的数学知识之间有着巨大的差距.

本书前半部分将集中讲述机器学习概念中的数学基础，以便缩小甚至弥合这种知识上的差距.

为什么需要另外一本书讲机器学习

机器学习是用数学语言来表达貌似直观而难以形式化的概念. 一旦一个概念被合理地形式化后, 我们可以深入了解我们所要解决的任务. 全世界数学学习者的一个普遍抱怨是, 学习数学时所涉及的主题似乎与实际问题没有什么关联. 我们认为机器学习应该是人们学习数学的一个明显而直接的动机.

本书的目的是成为一个庞大的数学文献指南, 帮助读者了解现代机器学习的基础. 我们通过直接指出数学概念在基本机器学习问题中的应用来引出数学概念. 为了保持本书的简短, 许多细节和更深入的概念会被省略. 有了基本概念和它们如何用于机器学习的大背景的介绍, 读者可以找到大量的资源进行进一步的学习, 我们在相应章节的末尾提供了这些资源. 对于有数学背景的读者, 本书提供了一个简短但准确的机器学习概述. 与其他侧重于机器学习方法和模型的书 (MacKay, 2003; Bishop, 2006; Alpaydin, 2010; Barber, 2012; Murphy, 2012; Shalev-Shwartz and Ben-David, 2014; Rogers and Girolami, 2016) 或机器学习编程方面的书 (Müller and Guido, 2016; Raschka and Mirjalili, 2017; Chollet and Allaire, 2018) 不同, 我们仅仅提供四个代表性的机器学习算法示例. 相反, 我们专注于模型背后的数学概念. 我们希望读者能够对机器学习中的基本问题有更深入的了解, 并将使用机器学习过程中产生的实际问题与数学模型的选取原则联系起来.

我们不打算写一本经典的机器学习书, 而是想提供适用于四个主要机器学习问题的数学背景, 以使读者能更轻松地阅读其他机器学习教材.

目标读者

随着机器学习的应用在社会中变得越来越普遍, 我们相信每个人都应该对其基本原理有所了解. 本书以数学学术风格编写, 这使我们能够准确了解机器学习背后的概念. 我们鼓励那些不熟悉这种简洁风的读者坚持并牢记每个主题的目标. 我们在整本书中都添加了评注, 希望它可以在整体上提供有用指导.

该书假定读者已掌握中学数学和物理学中通常涵盖的数学知识. 例如, 读者应该学过导数和积分, 以及二维或三维向量. 我们从这里开始推广这些概念. 因此, 本书的目标读者包括大学生、业余爱好者和参加机器学习在线课程的人.

与音乐类似, 人们与机器学习之间存在三种交互类型:

聪颖的聆听者 通过提供开源软件、在线教程和基于云的工具, 机器学习更加亲民, 用户不必担心流程的细节. 用户可以集中精力使用现成的工具从数据中提炼想法. 这使得不懂技术的领域专家也可以受益于机器学习. 这同听音乐一样, 用户能够选择并区分不同类型的机器学习, 并从中受益. 经验丰富的用户就像音乐评论家一样, 会询问有关机器学习在社会应用中的重要议题, 例如, 道德、公平和个人隐私. 我们希望本书为思考机器学习系统的认证和风险管理奠定基础, 并帮助大家利用其领域专业知识来构建更好的机器学习系统.

老练的艺术家 熟练的机器学习专家可以将不同的工具和库插入分析流水线中. 一般认为研究机器学习的是数据科学家或工程师, 他们了解机器学习接口及其用例, 并能够根据数据完成出色的预测. 这类似于演奏音乐的演奏家, 技艺高超的从业者可以将现有的乐器带入生活并为听众带来乐趣. 使用此处介绍的数学作为入门知识, 从业人员将能够了解他们喜欢的方法的优点和局限性, 并且可以扩展和概括现有的机器学习算法. 我们希望本书为推动机器学习方法更严格和原则化的发展提供动力.

新进的作曲家 随着机器学习被应用于新领域, 机器学习开发人员需要开发新方法并扩展现有算法. 他们通常是需要了解机器学习的数学基础并揭示不同任务之间关系的研究人员. 这类似于音乐的作曲家, 他们在音乐理论的规则和结构内创作出新颖而令人赞叹的作品. 我们希望本书为那些想成为机器学习作曲家的人提供其他技术书籍的高级概述. 社会上非常需要能够提出和探索新颖的方法来应对从数据中学习所面临的许多挑战的新研究人员.

致谢

我们非常感谢那些看过本书初稿的人, 他们忍受了糟糕的概念阐述. 我们试图实现他们那些我们不强烈反对的想法. 我们要特别感谢 Christfried Webers 仔细阅读了本书的许多部分, 以及他对结构和表达方式的详细建议. 许多朋友和同事也很友好地为每一章的不同版本贡献了他们的时间和精力. 我们很幸运地从在线社区的慷慨中受益, 他们通过 `github.com` 提供了改进建议, 这帮助我们极大地改进了本书.

以下人员通过 `https://github.com` 或通过个人交流提供了发现的错误, 提出了解释并建议了相关文献, 按名字字母顺序排列.

Abdul-Ganiy Usman
Adam Gaier
Adele Jackson
Aditya Menon
Alasdair Tran
Aleksandar Krnjaic
Alexander Makrigiorgos
Alfredo Canziani
Ali Shafti
Amr Khalifa
Andrew Tanggara
Angus Gruen
Antal A. Buss
Antoine Toisoul Le Cann
Areg Sarvazyan
Artem Artemev
Artyom Stepanov
Bill Kromydas
Bob Williamson
Boon Ping Lim
Chao Qu
Cheng Li
Chris Sherlock
Christopher Gray
Daniel McNamara
Daniel Wood
Darren Siegel
David Johnston
Dawei Chen
Ellen Broad
Fengkuangtian Zhu
Fiona Condon
Georgios Theodorou
He Xin
Irene Raissa Kameni
Jakub Nabaglo
James Hensman
Jamie Liu
Jean Kaddour
Jean-Paul Ebejer
Jerry Qiang
Jitesh Sindhare
John Lloyd
Jonas Ngnawe
Jon Martin
Justin Hsi
Kai Arulkumaran
Kamil Dreczkowski
Lily Wang
Lionel Tondji Ngoupeyou
Lydia Knüfing
Mahmoud Aslan
Mark Hartenstein
Mark van der Wilk
Markus Hegland
Martin Hewing
Matthew Alger
Matthew Lee
Maximus McCann
Mengyan Zhang

Michael Bennett
Michael Pedersen
Minjeong Shin
Mohammad Malekzadeh
Naveen Kumar
Nico Montali
Oscar Armas
Patrick Henriksen
Patrick Wieschollek
Pattarawat Chormai
Paul Kelly
Petros Christodoulou
Piotr Januszewski
Pranav Subramani
Quyu Kong
Ragib Zaman
Rui Zhang
Ryan-Rhys Griffiths
Salomon Kabongo
Samuel Ogunmola
Sandeep Mavadia
Sarvesh Nikumbh
Sebastian Raschka
Senanayak Sesh Kumar Karri
Seung-Heon Baek
Shahbaz Chaudhary
Shakir Mohamed
Shawn Berry
Sheikh Abdul Raheem Ali
Sheng Xue
Sridhar Thiagarajan
Syed Nouman Hasany
Szymon Brych
Thomas Bühler
Timur Sharapov
Tom Melamed
Vincent Adam
Vincent Dutordoir
Vu Minh
Wasim Aftab
Wen Zhi
Wojciech Stokowiec
Xiaonan Chong
Xiaowei Zhang
Yazhou Hao
Yicheng Luo
Young Lee
Yu Lu
Yun Cheng
Yuxiao Huang
Zac Cranko
Zijian Cao
Zoe Nolan

以下人员通过 GitHub 做出了贡献 (其真实姓名未在 GitHub 档案中列出):

SamDataMad	insad	empet
bumptiousmonkey	HorizonP	victorBigand
idoamihai	cs-maillist	17SKYE
deepakiim	kudo23	jessjing1995

我们也非常感谢 Parameswaran Raman 和剑桥大学出版社组织的许多匿名审阅者, 他们阅读了早期版本的一个或多个章节, 并提出了建设性的建议, 使本书得到很大的改进. 特别要感谢为我们提供 LaTeX 支持的 Dinesh Singh Negi. 关于 LaTeX 的问题, 他给予了我们详细而及时的建议. 最后, 我们非常感谢编辑 Lauren Cowles, 他一直耐心地指导我们完成本书的编写.

SYMBOL TABLE

符号表

符号	通常含义
$a, b, c, \alpha, \beta, \gamma$	标量 (小写)
$\boldsymbol{x}, \boldsymbol{y}, \boldsymbol{z}$	向量 (粗体小写)
$\boldsymbol{A}, \boldsymbol{B}, \boldsymbol{C}$	矩阵 (粗体大写)
$\boldsymbol{x}^{\mathrm{T}}, \boldsymbol{A}^{\mathrm{T}}$	向量或矩阵的转置
$\boldsymbol{A}^{-1}$	矩阵的逆
$\langle \boldsymbol{x}, \boldsymbol{y} \rangle$	$\boldsymbol{x}$ 和 $\boldsymbol{y}$ 的内积
$\boldsymbol{x}^{\mathrm{T}} \boldsymbol{y}$	$\boldsymbol{x}$ 和 $\boldsymbol{y}$ 的点积
$B = (\boldsymbol{b}_1, \boldsymbol{b}_2, \boldsymbol{b}_3)$	有序元组
$\boldsymbol{B} = [\boldsymbol{b}_1, \boldsymbol{b}_2, \boldsymbol{b}_3]$	列分块矩阵
$\mathcal{B} = \{\boldsymbol{b}_1, \boldsymbol{b}_2, \boldsymbol{b}_3\}$	向量集 (无序)
$\mathbb{Z}, \mathbb{N}$	整数和自然数
$\mathbb{R}, \mathbb{C}$	实数和复数
$\mathbb{R}^n$	n 维实向量空间
$\forall x$	任意 x
$\exists x$	存在 x
$a := b$	a 被定义为 b
$a =: b$	b 被定义为 a
$a \propto b$	a 正比于 b, 即 $a = k \cdot b$, 其中 k 为任意常数
$g \circ f$	函数复合:“先 f 再 g”
$\Longleftrightarrow$	当且仅当
$\Longrightarrow$	蕴含
$\mathcal{A}, \mathcal{C}$	集合
$a \in \mathcal{A}$	a 是集合 $\mathcal{A}$ 的一个元素
$\varnothing$	空集

（续）

符号	通常含义
$\mathcal{A}\setminus\mathcal{B}$	$\mathcal{A}$ 减去 $\mathcal{B}$: 在 $\mathcal{A}$ 中但不在 $\mathcal{B}$ 中的元素组成的集合
D	维数, 索引 $d=1,\cdots,D$
N	数据点个数, 索引 $n=1,\cdots,N$
$\boldsymbol{I}_m$	$m\times m$ 单位矩阵
$\boldsymbol{0}_{m,n}$	$m\times n$ 零矩阵
$\boldsymbol{1}_{m,n}$	$m\times n$ 全 $\boldsymbol{1}$ 矩阵
$\boldsymbol{e}_i$	标准向量 (第 i 个分量为 1)
$\dim(V)$	向量空间 V 的维数
$\operatorname{rk}(\boldsymbol{A})$	矩阵 $\boldsymbol{A}$ 的秩
$\operatorname{Im}(\Phi)$	线性映射 Φ 的象
$\ker(\Phi)$	线性映射 Φ 的核 (零空间)
$\operatorname{span}[\boldsymbol{b}_1]$	$\boldsymbol{b}_1$ 的生成集
$\operatorname{tr}(\boldsymbol{A})$	$\boldsymbol{A}$ 的迹
$\det(\boldsymbol{A})$	$\boldsymbol{A}$ 的行列式
$\lvert\cdot\rvert$	绝对值或行列式
$\lVert\cdot\rVert$	范数, 一般指二范数
λ	特征值或拉格朗日乘子
E_λ	特征值 λ 的特征空间
$\boldsymbol{x}\perp\boldsymbol{y}$	向量 $\boldsymbol{x}$ 和 $\boldsymbol{y}$ 正交
V	向量空间
$V^\perp$	向量空间 V 的正交补
$\sum_{n=1}^N x_n$	$x_1+\cdots+x_N$
$\prod_{n=1}^N x_n$	$x_1\cdot\cdots\cdot x_N$
$\boldsymbol{\theta}$	参数向量
$\dfrac{\partial f}{\partial x}$	f 关于 x 的偏导数
$\dfrac{\mathrm{d}f}{\mathrm{d}x}$	f 关于 x 的全微分
∇	梯度
$f_*=\min_x f(x)$	f 的最小函数值
$x_*\in\arg\min_x f(x)$	x_* 最小化 f(注：$\arg\min$ 得到一个数集)
$\mathfrak{L}$	拉格朗日算子
$\mathcal{L}$	负对数似然
$\binom{n}{k}$	二项式系数, 从 n 个中选 k 个

（续）

符号	通常含义
$\mathbb{V}_X[\boldsymbol{x}]$	$\boldsymbol{x}$ 关于随机变量 X 的方差
$\mathbb{E}_X[\boldsymbol{x}]$	$\boldsymbol{x}$ 关于随机变量 X 的期望
$\mathrm{Cov}_{X,Y}[\boldsymbol{x}, \boldsymbol{y}]$	$\boldsymbol{x}$ 和 $\boldsymbol{y}$ 的协方差
$X \perp\!\!\!\perp Y \mid Z$	在 Z 条件下 X 条件独立于 Y
$X \sim p$	随机变量 X 服从分布 p
$\mathcal{N}(\boldsymbol{\mu}, \boldsymbol{\Sigma})$	均值为 $\boldsymbol{\mu}$ 和协方差为 $\boldsymbol{\Sigma}$ 的正态分布 (高斯分布)
$\mathrm{Ber}(\mu)$	参数为 μ 的伯努利分布
$\mathrm{Bin}(N, \mu)$	参数为 N, μ 的二项分布
$\mathrm{Beta}(\alpha, \beta)$	参数为 α, β 的贝塔分布

LIST OF ABBREVIATIONS AND ACRONYMS

缩略语和首字母缩略词表

缩略	含义
e.g.	例如
GMM	高斯混合模型
i.e.	即
i.i.d.	独立同分布
MAP	最大后验
MLE	最大似然估计 (量)
ONB	标准正交基
PCA	主成分分析
PPCA	概率主成分分析
REF	行阶梯形
SPD	对称正定
SVM	支持向量机

CONTENTS

目　　录

第二部分 机器学习的核心问题

第一部分

数学基础

CHAPTER 1

第 1 章

引言与动机

机器学习是要设计可自动从数据中提取有价值信息的算法. 这里的重点是“自动”, 也就是机器学习关注于可以应用于一般数据集的通用方法, 并且同时能产生有意义的东西. 机器学习的核心是三个概念：数据、模型和学习.

由于机器学习本质上是数据驱动的, *数据*是机器学习的核心. 机器学习的目标是设计一些能从数据中提取有价值的模式的通用方法. 在理想情况下, 这不需要太多特定领域的专业知识. 例如, 给定大量文档 (比如许多图书馆中的书), 可以使用机器学习方法自动找到在文档之间共享的相关主题 (Hoffman et al., 2010). 为了实现这一目标, 我们通常将*模型*设计成与生成数据的过程相关. 这些数据类似于我们提供的数据集. 例如, 在回归问题中, 模型是一个将输入映射到实值输出的函数. 根据 Mitchell (1997)：如果模型在使用数据后在给定任务上的性能有所提高, 则说模型从数据中学习到了东西. 我们的目标是找到那些可以在我们未来关心而模型没有见过的数据上泛化得好的优秀模型. *学习*可以理解为通过优化模型参数自动找到数据中的模式和结构的一种方式.

尽管在机器学习领域, 我们已经看到许多成功的故事, 并且我们现在可以使用软件来设计和训练丰富而灵活的机器学习系统, 但我们认为机器学习的数学基础对于理解那些用来构建更复杂的机器学习系统的基本原理很重要. 理解这些原理可以促进创建新的机器学习解决方案、理解和调试现有方法, 以及了解我们正在使用的方法的内在假设和局限性.

1.1 寻找直观的词语

我们在机器学习中经常面临的一个挑战是概念和词语很不可靠, 并且机器学习系统的特定部分可以抽象为不同的数学概念. 例如, 在机器学习中, “算法”一词至少有两个不同的含义. 第一个含义, 我们使用“机器学习算法”来表示基于输入数据进行预测的系统. 我们将这些算法称为*预测模型*. 第二个含义, 我们使用完全相同的短语"机器学习算法"来表示一个调整预测模型内部参数, 使其在未来没见过的输入数据上表现良好的系统. 这里我们称这种调整为*训练*模型.

本书不会解决歧义性的问题, 但是我们希望预先强调, 在不同的上下文中, 同一表达可能意味着不同的含义. 但是, 我们会试图让上下文足够清楚, 以减少歧义.

本书的第一部分将介绍讨论机器学习系统的三个主要组成部分 (数据、模型和学习) 所需的数学概念和基础. 我们将在这里简要概述这些组成部分, 并在讨论完必要的数学概念后, 将在第 8 章中再次介绍它们.

尽管并非所有数据都是数值数据, 但考虑数值格式的数据通常很有用. 在这本书中, 我们假设*数据*已经被适当地转换为适合于读入计算机程序的数值表示形式. 因此, 我们将数据视为向量. 还有另一个例子来说明单词的含义的微妙, 那就是至少有三种方式来思考向量: 向量为数值数组 (计算机科学视角); 向量为带有方向和大小的箭头 (物理视角); 向量为服从加法和数乘的对象 (数学视角).

*模型*通常用于描述生成数据的过程, 这些数据类似于已有的数据集. 因此, 好的模型也可以被认为是真实 (未知) 数据生成过程的简化版本, 可以捕获与建模数据有关的信息并从中提取隐藏模式. 一个好的模型可以用来预测现实世界中发生的事情, 而无须在现实世界做试验.

现在我们来探讨问题的最重要部分, 即机器学习的*学习*部分. 假设我们得到了一个数据集和一个合适的模型. *训练*模型是指使用可用数据来调整模型中的某些参数, 以优化效用函数, 该函数评估模型对训练数据预测的好坏. 大多数训练方法都可以被视为类似于爬山到达山顶的方法. 按这个类比, 山峰对应于某些所需性能指标的最大值.

但是, 在实践中, 我们感兴趣的是模型在没有见过的数据上的表现. 模型在已有数据 (训练数据) 上表现良好可能仅仅意味着我们找到了记忆数据的好方法. 但是, 这可能无法很好地推广到没见过的数据中. 在实际应用中, 我们经常需要让机器学习系统面对那些从未遇到过的情况.

让我们总结一下本书涵盖的机器学习的主要概念:

- 将数据表示为向量.
- 通过在概率视角下或优化视角下选择合适的模型.
- 通过使用数值优化方法从可用数据中学习, 目的是使模型在未用于训练的数据上表现良好.

1.2 阅读本书的两种方法

我们可以考虑通过以下两种策略来理解机器学习的数学基础:

- **自下而上**：从基础到更高级循序建立概念. 在像数学这种有较多技术的领域中, 这通常是首选方法. 这种策略的优势在于, 读者始终可以依赖于他们先前学到的概念. 遗憾的是, 对于从业者来说, 许多基础概念本身并不是特别有趣, 而缺乏兴趣就意味着大多数基础定义会很快被遗忘.
- **自顶向下**：从实际需求深入研究基本概念. 这种以目标为导向的方法的优点是, 读者始终知道为什么需要研究特定的概念, 并且有明确的所需知识路径. 这种策略的缺点是, 知识是建立在可能不稳固的基础上的, 读者必须记住他们还没有理解的词语.

我们决定以模块化的方式编写本书, 以将基础 (数学) 概念与应用分开, 以便可以以两种方式阅读本书. 本书分为两部分, 其中第一部分奠定了数学基础, 第二部分将第一部分中的概念应用于一系列基本的机器学习问题, 这些问题构成了机器学习的四大支柱, 如图 1.1 所示：回归、降维、密度估计和分类. 第一部分中的各章主要建立在前面章节的基础上, 但是也可以跳过一章, 在必要时再回头来看. 第二部分中的各章只是松散耦合的, 可以按任何顺序阅读. 本书的这两部分间有很多前后指引, 可以将数学概念与机器学习算法联系起来.

当然, 阅读这本书的方法不止两种. 大多数读者会结合使用自顶向下和自下而上的方法进行学习, 有时会在尝试更复杂的概念之前先掌握基本的数学技能, 有时也会根据机器学习的应用来选择主题.

第一部分是关于数学的

我们在本书中涵盖了机器学习的四大支柱 (见图 1.1), 它需要扎实的数学基础, 这些数学基础将在第一部分进行介绍.

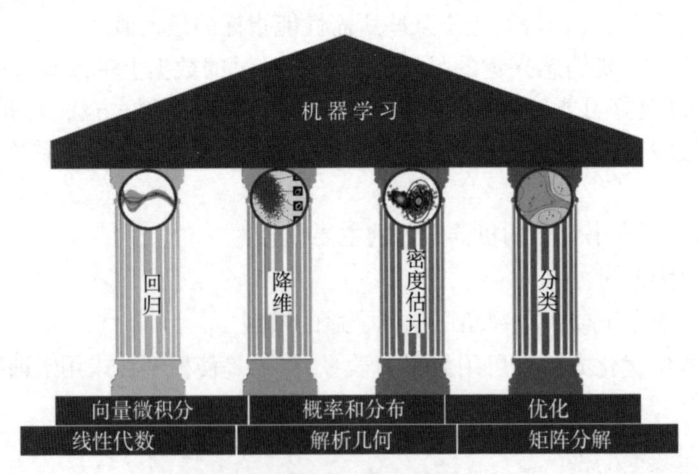

图 1.1 机器学习的基础和四大支柱

我们将数值数据表示为向量, 并将此类数据表表示为矩阵. 向量和矩阵的研究称为线性代数. 第 2 章将介绍这些内容, 还会介绍矩阵为向量的集合.

给定两个向量, 它们代表现实世界中的两个对象, 我们想表达它们的相似性. 想法是我们的机器学习算法 (我们的预测模型) 应该预测相似的向量具有相似的输出. 为了形式化向量之间相似性的这个想法, 我们需要引入以两个向量为输入并返回代表它们相似性的数值的运算. 相似性和距离的构造是*解析几何*的核心, 这将在第 3 章中进行讨论.

在第 4 章中, 我们将介绍一些关于矩阵和*矩阵分解*的基本概念. 对矩阵进行的某些操作在机器学习中非常有用, 它们可以直观地解释数据并提高学习效率.

我们通常认为数据是某些真实信号的带噪声的观察. 我们希望通过应用机器学习可以从噪声中识别出信号. 这就要求我们有一种语言来量化"噪声"的含义. 我们经常还会希望有一些预测模型, 这些预测模型可以让我们表达某种不确定性, 例如, 量化我们对特定测试数据点上的预测值的置信度. 不确定性的量化是*概率论*中要介绍的, 这些内容将在第 6 章中介绍.

为了训练机器学习模型, 我们通常会找到一些可以最大化性能指标的参数. 许多优化技术都用到梯度的概念, 梯度告诉我们解的搜寻方向. 第 5 章将介绍*向量微积分*和梯度的概念. 随后, 我们将在第 7 章中使用梯度概念, 并讨论用于求函数最大值/最小值的*优化*方法.

第二部分关于机器学习

本书的第二部分介绍*机器学习的四大支柱*, 如图 1.1 所示. 我们将说明本书第一部分介绍的数学概念如何构成每个支柱的基础. 一般来说, 各章按难度升序排序.

在第 8 章中, 我们按照数学语言的方式重新说明机器学习的三个组成部分 (数据、模型和参数估计). 此外, 我们将提供一些试验设置方面的指导, 以防止对机器学习系统进行过度乐观的评估. 回忆一下, 我们的目标是构建一个对没有见过的数据表现良好的预测模型.

在第 9 章中, 我们将仔细研究*线性回归*, 我们的目标是找到一个将输入 $\boldsymbol{x} \in \mathbb{R}^D$ 映射到相应观测函数值 $y \in \mathbb{R}$ 的函数, 我们可以将其解释为各自输入的标签. 我们将讨论通过最大似然和最大后验估计以及贝叶斯线性回归进行的经典模型拟合 (参数估计), 其中我们将对参数进行积分而不是优化.

第 10 章主要讲使用主成分分析的*降维*, 即图 1.1 中第二个支柱. 降维的主要目的是找到高维数据 $\boldsymbol{x} \in \mathbb{R}^D$ 的紧凑的低维表示形式, 这样的数据通常会比原始数据更易于分析. 与回归不同, 降维仅关注数据建模——没有与数据点 $\boldsymbol{x}$ 关联的标签.

在第 11 章中, 我们将介绍第三个支柱: *密度估计*. 密度估计的目的是找到描述给定数据集的概率分布. 为此, 我们将重点讨论高斯混合模型, 并讨论一种迭代方法来求解该模型的参数. 与降维一样, 没有与数据点 $\boldsymbol{x} \in \mathbb{R}^D$ 关联的标签. 但是, 我们不寻求数据的低维表示. 我们只对描述数据的密度模型感兴趣.

第 12 章将深入讨论第四个支柱: *分类*. 我们将通过支持向量机来讨论分类任务. 类似于回归 (第 9 章), 我们有输入 $\boldsymbol{x}$ 和相应的标签 y. 但是, 与回归中标签是实数不同, 分类中的标签是整数, 因此需要特别注意.

习题和反馈

在第一部分中, 我们提供了一些练习题, 这些练习大部分可以用笔纸完成. 对于第二部分, 我们提供了编程学习指南 (jupyter notebook), 以探讨我们在本书中讨论的机器学习算法的某些特性.

感谢剑桥大学出版社大力支持我们使教育亲民的目标, 读者可以从

https://mml-book.com

免费下载本书英文版. 在此处可以找到学习指南、勘误表等材料, 还可以报告错误并提供反馈.

CHAPTER 2

第 2 章

线性代数

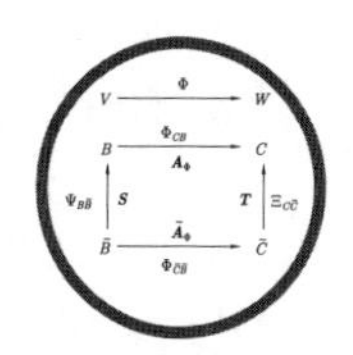

若想对概念有直观的了解, 常见的方法是构造一组对象 (符号) 和一组规则来操作这些对象. 这就是所谓的代数. 线性代数是研究向量和处理向量的某些规则. 我们中学所学的向量称为几何向量, 通常用字母上方加小箭头表示, 例如 $\vec{x}$ 和 $\vec{y}$. 在本书中, 我们将讨论更一般意义的向量, 并使用粗斜体字母来表示它们, 例如, $\boldsymbol{x}$ 和 $\boldsymbol{y}$.

一般来说, 向量是特殊的对象, 可以将它们相加或乘以标量来产生另一个相同类型的对象. 从抽象的数学观点来看, 任何满足这两个性质的对象都可以被认为是向量. 下面是一些向量对象的例子：

1. 几何向量. 几何向量是有向线段 (见图 2.1a, 并且可以在二维空间中绘制. 两个几何向量 $\vec{x}$, $\vec{y}$ 可以相加, 如 $\vec{x}+\vec{y}=\vec{z}$, 得到的 $\vec{z}$ 就是另一个几何向量. 此外, 向量乘以标量 $\lambda \in \mathbb{R}$ 得到的结果 $\lambda\vec{x}$ 也是一个几何向量. 实际上, 它是原向量缩放 λ 倍后得到的向量. 因此, 几何向量是前面介绍的向量概念的实例. 将向量解释为几何向量使我们能够利用我们对方向和大小的直觉来理解数学运算.

2. 多项式, 见图 2.1b. 两个多项式可以相加, 得到的结果也是多项式; 它们可以乘以一个标量 $\lambda \in \mathbb{R}$, 其结果也是一个多项式. 因此, 多项式是向量的 (相当罕见的) 实例. 注意多项式与几何向量有很大的不同. 几何向量是具体的, 多项式是抽象的概念. 然而, 在前面描述的意义上, 它们都是向量.

3. 音频信号. 音频信号被表示为一串数字. 我们可以把音频信号相加, 它们的总和就是一个新的音频信号. 如果我们对音频信号进行缩放, 那么也会得到一个音频信号. 因此, 音频信号也是一种向量.

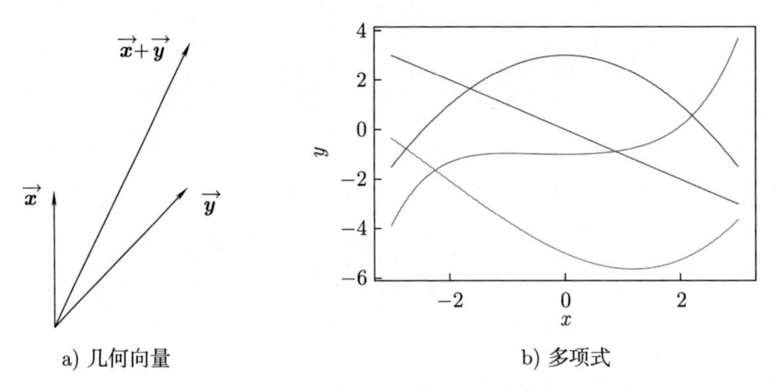

a) 几何向量　　　　b) 多项式

图 2.1　不同类型的向量, 包括几何向量和多项式

4. $\mathbb{R}^n$(n 个实数的元组) 的元素. $\mathbb{R}^n$ 比多项式更抽象, 也是本书关注的概念. 例如,

$$\boldsymbol{a} = \begin{bmatrix} 1 \\ 2 \\ 3 \end{bmatrix} \in \mathbb{R}^3 \tag{2.1}$$

是一个有三个实数的元组示例. 将两个向量 $\boldsymbol{a}, \boldsymbol{b} \in \mathbb{R}^n$ 逐元素相加会得到另一个向量 $\boldsymbol{a} + \boldsymbol{b} = \boldsymbol{c} \in \mathbb{R}^n$. 此外, 将 $\boldsymbol{a} \in \mathbb{R}^n$ 乘以 $\lambda \in \mathbb{R}$ 会得到一个缩放后的向量 $\lambda\boldsymbol{a} \in \mathbb{R}^n$. 将向量作为 $\mathbb{R}^n$ 的元素有一个额外的好处, 它大体对应于计算机上的实数数组. (在计算机上执行数组操作时, 要注意查看其是否实际执行的是向量运算.) 许多编程语言支持数组操作, 这便于实现涉及向量操作的算法.

线性代数关注这些向量概念之间的相似性. 我们可以把向量加起来, 然后乘以标量. 我们主要关注 $\mathbb{R}^n$ 中的向量, 因为线性代数中的大多数算法都是用 $\mathbb{R}^n$ 表示的. 我们将在第 8 章中看到, 我们经常用 $\mathbb{R}^n$ 中的向量表示数据. 在本书中, 我们将重点关注有限维向量空间, 在这种情况下, 任何向量和 $\mathbb{R}^n$ 之间都有一个一一对应关系. 有时我们根据对几何向量的直觉来考虑基于数组的算法会比较方便.

数学中的一个主要概念是封闭性. 这会产生一个问题：以上提议的操作可能会导致什么? 在向量的例子中：从一个小的向量集合开始, 然后把它们相加, 再按比例缩放, 得到的向量集合是什么? 结果是一个向量空间 (2.4 节). 向量空间的概念及其性质是机器学习的基础. 本章结构的思维导图如图 2.2 所示.

本章主要基于 (Drumm and Weil, 2001; Strang, 2003; Hogben, 2013; Liesen and Mehrmann, 2015), 以及 Pavel Grinfeld 的线性代数系列. 其他优秀的参考资料还有麻省理工学院 Gilbert Strang 的线性代数课程和 3Blue1Brown 的线性代数系列.

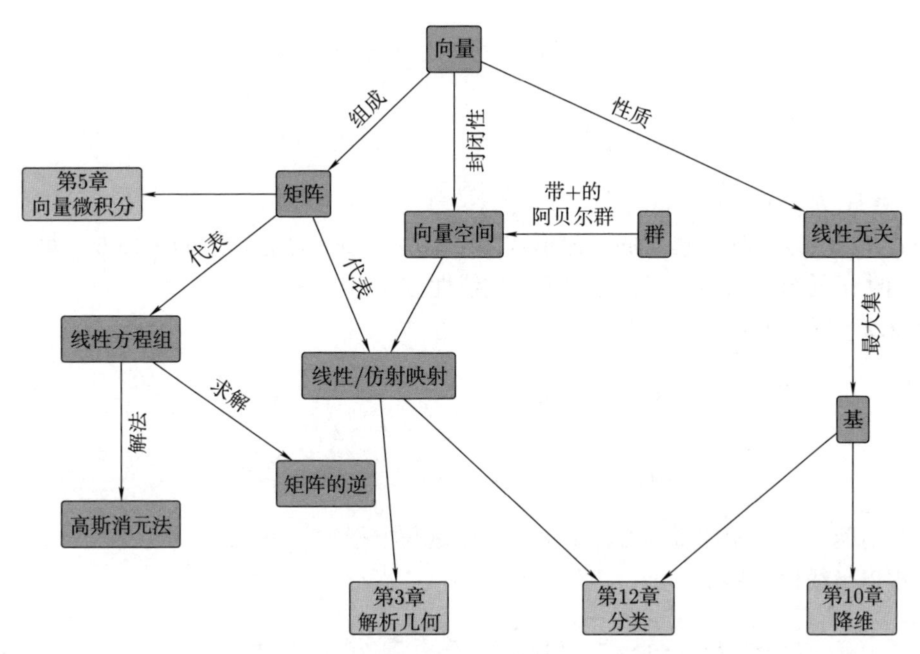

图 2.2 本章的思维导图, 包括本章介绍的概念及其与其他章节的联系

线性代数在机器学习和一般数学中起着重要作用. 本章中所介绍的概念将被进一步扩展，以包括第 3 章的几何思想. 在第 5 章中, 我们将讨论向量微积分, 其中矩阵运算的基本知识是必需的. 在第 10 章中, 我们将使用投影 (将在 3.8 节中介绍) 进行主成分分析 (Principal Component Analysis, PCA) 降维. 在第 9 章, 我们将讨论线性回归, 其中线性代数在解决最小二乘问题中起着核心作用.

2.1 线性方程组

线性方程组是线性代数的核心部分. 许多问题都可以用线性方程组表示, 然后使用线性代数求解.

例 2.1 一家公司生产产品 $N_1, N_2, \cdots, N_n$, 需要资源 $R_1, R_2, \cdots, R_m$. 生产每单位产品 N_j, 需要 a_{ij} 单位的资源 R_i, 其中 $i = 1, 2, \cdots, m$ 和 $j = 1, 2, \cdots, n$.

目标是找到一个最优生产计划, 即如果总共有 b_i 单位的资源 R_i, 并且 (理想情况下) 没有资源剩余, 那么应该生产多少单位的产品 N_j.

如果生产 $x_1, x_2, \cdots, x_n$ 单位的产品, 我们总共需要

$$a_{i1}x_1 + a_{i2}x_2 + \cdots + a_{in}x_n \tag{2.2}$$

单位的资源 R_i. 因此, 最优生产计划 $(x_1, x_2, \cdots, x_n) \in \mathbb{R}^n$, 必须满足以下方程组:

$$\begin{matrix} a_{11}x_1 + a_{12}x_2 + \cdots + a_{1n}x_n = b_1 \\ \vdots \\ a_{m1}x_1 + a_{m2}x_2 + \cdots + a_{mn}x_n = b_m \end{matrix}, \tag{2.3}$$

其中 $a_{ij} \in \mathbb{R}$, $b_i \in \mathbb{R}$.

公式 (2.3) 是线性方程组的一般形式, $x_1, x_2, \cdots, x_n$ 是方程组的未知数. 每个满足公式 (2.3) 的 n 元组 $(x_1, x_2, \cdots, x_n) \in \mathbb{R}^n$ 是线性方程组的一个解.

例 2.2 线性方程组

$$\begin{array}{ccccccccc} x_1 & + & x_2 & + & x_3 & = & 3 & & (1) \\ x_1 & - & x_2 & + & 2x_3 & = & 2 & & (2) \\ 2x_1 & & & + & 3x_3 & = & 1 & & (3) \end{array} \tag{2.4}$$

无解: 将前两个方程相加得到 $2x_1 + 3x_3 = 5$, 这与方程 (3) 相矛盾.

考虑以下线性方程组:

$$\begin{array}{ccccccccc} x_1 & + & x_2 & + & x_3 & = & 3 & & (1) \\ x_1 & - & x_2 & + & 2x_3 & = & 2 & & (2) \\ & & x_2 & + & x_3 & = & 2 & & (3) \end{array}. \tag{2.5}$$

根据第 1 个和第 3 个方程, 可得 $x_1 = 1$. 通过 (1)+(2), 得 $2x_1 + 3x_3 = 5$, 所以, $x_3 = 1$. 通过 (3), 得 $x_2 = 1$. 因此, $(1,1,1)$ 是仅可能的唯一解 (可以将 $(1,1,1)$ 代入方程组进行验证).

第三个例子, 考虑

$$\begin{array}{ccccccccc} x_1 & + & x_2 & + & x_3 & = & 3 & & (1) \\ x_1 & - & x_2 & + & 2x_3 & = & 2 & & (2) \\ 2x_1 & & & + & 3x_3 & = & 5 & & (3) \end{array}. \tag{2.6}$$

因为 (1)+(2)=(3), 所以我们可以省略第三个冗余的等式. 通过 (1) 和 (2), 可得 $2x_1 = 5 - 3x_3$ 和 $2x_2 = 1 + x_3$. 定义 $x_3 = a \in \mathbb{R}$ 为自由变量, 使得任何三元组

$$\left(\frac{5}{2} - \frac{3}{2}a, \frac{1}{2} + \frac{1}{2}a, a\right), \quad a \in \mathbb{R} \tag{2.7}$$

是线性方程组的一个解, 即得到一个包含无穷多解的解集.

一般来说, 对于一个实值的线性方程组, 可能得到无解、一个解或无穷多个解. 当无法求解例 2.1 中的线性方程组时, 可以使用线性回归方法 (第 9 章).

评注(线性方程组的几何解释) 在含有两个变量 x_1, x_2 的线性方程组中, 每个线性方程在 x_1x_2 平面上定义一条直线. 因为一个线性方程组的解必须同时满足所有的方程, 所以解

集就是这些直线的交点. 这个交点集可以是一条直线 (如果线性方程描述同一条直线). 一个点, 也可以是空集 (如果两条线平行). 如图 2.3 所示, 对于方程组

$$
\begin{aligned}
4x_1 + 4x_2 &= 5 \\
2x_1 - 4x_2 &= 1
\end{aligned}
\tag{2.8}
$$

其中解空间是点 $(x_1, x_2) = \left(1, \dfrac{1}{4}\right)$. 同样, 对于三个变量, 每个线性方程决定三维空间中的一个平面. 对这些平面取交集, 即同时满足所有线性方程, 我们可以得到一个解集, 它是一个平面、一条直线、一个点或空集 (当这些平面没有公共交点时).

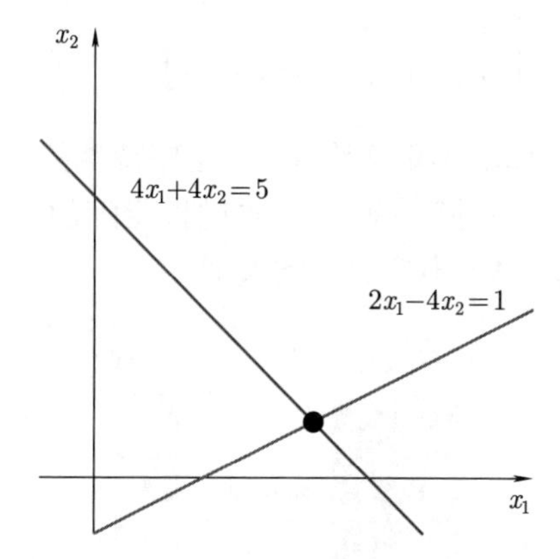

图 2.3 二元线性方程组的解空间在几何上可以解释为两条直线的交点. 每个线性方程都代表一条直线

为了系统地求解线性方程组, 我们将使用一种简洁的符号表示, 将系数 a_{ij} 合并成向量, 将向量合并成矩阵, 也就是说, 我们将线性方程组 (式 (2.3)) 写成以下形式:

$$
x_1 \begin{bmatrix} a_{11} \\ a_{21} \\ \vdots \\ a_{m1} \end{bmatrix} + x_2 \begin{bmatrix} a_{12} \\ a_{22} \\ \vdots \\ a_{m2} \end{bmatrix} + \cdots + x_n \begin{bmatrix} a_{1n} \\ a_{2n} \\ \vdots \\ a_{mn} \end{bmatrix} = \begin{bmatrix} b_1 \\ b_2 \\ \vdots \\ b_m \end{bmatrix} \tag{2.9}
$$

$$
\Longleftrightarrow \begin{bmatrix} a_{11} & a_{12} & \cdots & a_{1n} \\ a_{21} & a_{22} & \cdots & a_{2n} \\ \vdots & \vdots & & \vdots \\ a_{m1} & a_{m2} & \cdots & a_{mn} \end{bmatrix} \begin{bmatrix} x_1 \\ x_2 \\ \vdots \\ x_n \end{bmatrix} = \begin{bmatrix} b_1 \\ b_2 \\ \vdots \\ b_m \end{bmatrix}. \tag{2.10}
$$

下面我们将仔细研究这些矩阵并定义计算规则, 我们将在 2.3 节求解线性方程组.

2.2 矩阵

矩阵在线性代数中起着核心作用. 矩阵可以用于简洁地表示线性方程组, 也可以用于表示线性函数 (线性映射), 这将在 2.7 节中看到. 在我们讨论这些话题之前, 让我们先定义什么是矩阵以及我们可以用矩阵做哪些运算. 我们将在第 4 章中看到矩阵的更多性质.

定义 2.1 (矩阵) $m,n \in \mathbb{N}$ 的实值 (m,n) 矩阵 $\boldsymbol{A}$ 是由元素 a_{ij} 构成的 $m \cdot n$ 元组, $i=1,2,\cdots,m$, $j=1,2,\cdots,n$, 按 m 行和 n 列的矩形排列:

$$\boldsymbol{A}=\begin{bmatrix}a_{11} & a_{12} & \cdots & a_{1n}\\ a_{21} & a_{22} & \cdots & a_{2n}\\ \vdots & \vdots & & \vdots\\ a_{m1} & a_{m2} & \cdots & a_{mn}\end{bmatrix}, \quad a_{ij} \in \mathbb{R}. \tag{2.11}$$

按照约定, $(1,n)$ 矩阵称为*行*, $(m,1)$ 矩阵称为*列*. 这些特殊的矩阵也称为*行/列向量*.

$\mathbb{R}^{m\times n}$ 是所有实值 (m,n) 矩阵的集合. 通过将矩阵的所有 n 列叠加成一个长向量, $\boldsymbol{A} \in \mathbb{R}^{m\times n}$ 可以等价地表示为 $\boldsymbol{A} \in \mathbb{R}^{mn}$ (见图 2.4).

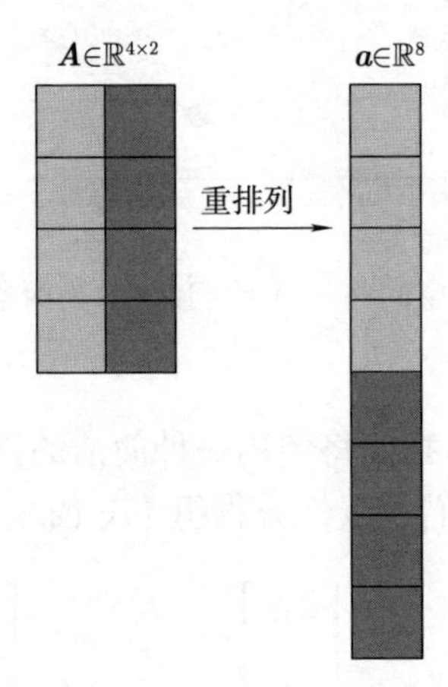

图 2.4 通过堆叠其列, 一个矩阵 $\boldsymbol{A}$ 可以表示为一个长向量 $\boldsymbol{a}$

2.2.1 矩阵加法与乘法

将两个矩阵 $\boldsymbol{A} \in \mathbb{R}^{m\times n}$ 与 $\boldsymbol{B} \in \mathbb{R}^{m\times n}$ 的和定义为逐元素的和, 即

$$\boldsymbol{A}+\boldsymbol{B}:=\begin{bmatrix}a_{11}+b_{11} & \cdots & a_{1n}+b_{1n}\\ a_{21}+b_{21} & \cdots & a_{2n}+b_{2n}\\ \vdots & & \vdots\\ a_{m1}+b_{m1} & \cdots & a_{mn}+b_{mn}\end{bmatrix} \in \mathbb{R}^{m\times n}. \tag{2.12}$$

对于矩阵 $\boldsymbol{A} \in \mathbb{R}^{m\times n}$, $\boldsymbol{B} \in \mathbb{R}^{n\times k}$, 乘积 $\boldsymbol{C} = \boldsymbol{AB} \in \mathbb{R}^{m\times k}$ 的元素 c_{ij} 为

$$c_{ij} = \sum_{l=1}^{n} a_{il}b_{lj}, \qquad i = 1, 2, \cdots, m, \quad j = 1, 2, \cdots, k. \tag{2.13}$$

```
C=np.einsum('il, lj', A, B)
```

这意味着要计算元素 c_{ij}, 我们需要将 $\boldsymbol{A}$ 的第 i 行元素与 $\boldsymbol{B}$ 的第 j 列元素相乘, 并将它们相加. $\boldsymbol{A}$ 有 n 列, $\boldsymbol{B}$ 有 n 行, 因此我们可以计算 $a_{il}b_{lj}$, 其中 $l = 1, 2, \cdots, n$. 两个向量 $\boldsymbol{a}, \boldsymbol{b}$ 的点积通常用 $\boldsymbol{a}^{\top}\boldsymbol{b}$ 或 $\langle \boldsymbol{a}, \boldsymbol{b} \rangle$ 表示. 在 3.2 节, 将其称为相应行和列的*点积*. 在某些情况下, 我们需要显式地表示正在执行乘法, 因此使用符号 $\boldsymbol{A} \cdot \boldsymbol{B}$ 来表示乘法 (明确用符号 "$\cdot$" 表示乘法).

评注 矩阵只有在它的"相邻"矩阵维度匹配的情况下才能相乘. 例如, 一个 $n \times k$ 矩阵 $\boldsymbol{A}$ 可以乘上一个 $k \times m$ 矩阵 $\boldsymbol{B}$, 但只能进行左乘:

$$\underbrace{\boldsymbol{A}}_{n\times k}\underbrace{\boldsymbol{B}}_{k\times m} = \underbrace{\boldsymbol{C}}_{n\times m} \tag{2.14}$$

当 $m \neq n$, 由于相邻的维度不匹配, 乘积 $\boldsymbol{BA}$ 无定义.

评注 矩阵乘法并不是定义为对矩阵进行逐元素运算, 即 $c_{ij} \neq a_{ij}b_{ij}$(即使 $\boldsymbol{A}, \boldsymbol{B}$ 的大小选择得当). 在编程语言中, 当我们将 (多维) 数组相乘时, 经常出现这种逐元素乘法, 称为 Hadamard 乘积.

例 2.3 对于 $\boldsymbol{A} = \begin{bmatrix} 1 & 2 & 3 \\ 3 & 2 & 1 \end{bmatrix} \in \mathbb{R}^{2\times 3}$, $\boldsymbol{B} = \begin{bmatrix} 0 & 2 \\ 1 & -1 \\ 0 & 1 \end{bmatrix} \in \mathbb{R}^{3\times 2}$, 可得

$$\boldsymbol{AB} = \begin{bmatrix} 1 & 2 & 3 \\ 3 & 2 & 1 \end{bmatrix} \begin{bmatrix} 0 & 2 \\ 1 & -1 \\ 0 & 1 \end{bmatrix} = \begin{bmatrix} 2 & 3 \\ 2 & 5 \end{bmatrix} \in \mathbb{R}^{2\times 2}, \tag{2.15}$$

$$\boldsymbol{BA} = \begin{bmatrix} 0 & 2 \\ 1 & -1 \\ 0 & 1 \end{bmatrix} \begin{bmatrix} 1 & 2 & 3 \\ 3 & 2 & 1 \end{bmatrix} = \begin{bmatrix} 6 & 4 & 2 \\ -2 & 0 & 2 \\ 3 & 2 & 1 \end{bmatrix} \in \mathbb{R}^{3\times 3}. \tag{2.16}$$

从这个例子, 我们可以看到矩阵乘法是不可交换的, 即 $\boldsymbol{AB} \neq \boldsymbol{BA}$(见图 2.5).

定义 2.2 (单位矩阵) 在 $\mathbb{R}^{n\times n}$ 中, 定义单位矩阵

$$\boldsymbol{I}_n := \begin{bmatrix} 1 & 0 & \cdots & 0 & \cdots & 0 \\ 0 & 1 & \cdots & 0 & \cdots & 0 \\ \vdots & \vdots & & \vdots & & \vdots \\ 0 & 0 & \cdots & 1 & \cdots & 0 \\ \vdots & \vdots & & \vdots & & \vdots \\ 0 & 0 & \cdots & 0 & \cdots & 1 \end{bmatrix} \in \mathbb{R}^{n\times n} \tag{2.17}$$

作为 $n \times n$ 矩阵, 它在对角线上全是 1, 在其他地方全是 0.

既然我们已经定义了矩阵乘法、矩阵加法和单位矩阵, 下面让我们来看看矩阵的一些性质:

- 结合律:

$$\forall \boldsymbol{A} \in \mathbb{R}^{m\times n}, \boldsymbol{B} \in \mathbb{R}^{n\times p}, \boldsymbol{C} \in \mathbb{R}^{p\times q} : (\boldsymbol{A}\boldsymbol{B})\boldsymbol{C} = \boldsymbol{A}(\boldsymbol{B}\boldsymbol{C}) \tag{2.18}$$

- 分配律:

$$\forall \boldsymbol{A}, \boldsymbol{B} \in \mathbb{R}^{m\times n}, \boldsymbol{C}, \boldsymbol{D} \in \mathbb{R}^{n\times p} : (\boldsymbol{A}+\boldsymbol{B})\boldsymbol{C} = \boldsymbol{A}\boldsymbol{C} + \boldsymbol{B}\boldsymbol{C} \tag{2.19a}$$

$$\boldsymbol{A}(\boldsymbol{C}+\boldsymbol{D}) = \boldsymbol{A}\boldsymbol{C} + \boldsymbol{A}\boldsymbol{D} \tag{2.19b}$$

- 与单位矩阵的乘法:

$$\forall \boldsymbol{A} \in \mathbb{R}^{m\times n} : \boldsymbol{I}_m\boldsymbol{A} = \boldsymbol{A}\boldsymbol{I}_n = \boldsymbol{A} \tag{2.20}$$

注意当 $m \neq n$ 时, $\boldsymbol{I}_m \neq \boldsymbol{I}_n$.

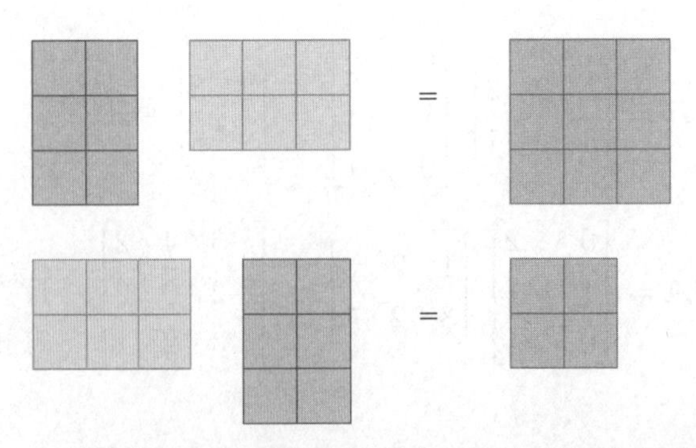

图 2.5 即使矩阵乘积 $\boldsymbol{AB}$ 和 $\boldsymbol{BA}$ 有定义, 结果的维度也可能不同

2.2.2 逆和转置

定义 2.3 (逆) 考虑一个方阵㊀ $\boldsymbol{A} \in \mathbb{R}^{n\times n}$. 令矩阵 $\boldsymbol{B} \in \mathbb{R}^{n\times n}$, 满足 $\boldsymbol{AB} = \boldsymbol{I}_n = \boldsymbol{BA}$, 则 $\boldsymbol{B}$ 称为 $\boldsymbol{A}$ 的 逆, 记作 $\boldsymbol{A}^{-1}$.

但是, 并不是每个矩阵 $\boldsymbol{A}$ 都有一个逆 $\boldsymbol{A}^{-1}$. 如果这个逆存在, $\boldsymbol{A}$ 被称为可逆/非奇异. 当矩阵的逆存在时, 它是唯一的. 在 2.3 节中, 我们将讨论通过解线性方程组来计算矩阵逆的一般方法.

评注(2 × 2 矩阵逆的存在性) 考虑矩阵

$$\boldsymbol{A} := \begin{bmatrix} a_{11} & a_{12} \\ a_{21} & a_{22} \end{bmatrix} \in \mathbb{R}^{2\times 2}. \tag{2.21}$$

如果将 $\boldsymbol{A}$ 乘

$$\boldsymbol{A}' := \begin{bmatrix} a_{22} & -a_{12} \\ -a_{21} & a_{11} \end{bmatrix} \tag{2.22}$$

得到

$$\boldsymbol{AA}' = \begin{bmatrix} a_{11}a_{22} - a_{12}a_{21} & 0 \\ 0 & a_{11}a_{22} - a_{12}a_{21} \end{bmatrix} = (a_{11}a_{22} - a_{12}a_{21})\boldsymbol{I}. \tag{2.23}$$

因此,

$$\boldsymbol{A}^{-1} = \frac{1}{a_{11}a_{22} - a_{12}a_{21}} \begin{bmatrix} a_{22} & -a_{12} \\ -a_{21} & a_{11} \end{bmatrix} \tag{2.24}$$

当且仅当 $a_{11}a_{22} - a_{12}a_{21} \neq 0$. 在 4.1 节中, 我们可以看到 $a_{11}a_{22} - a_{12}a_{21}$ 是 2×2 矩阵的行列式. 此外, 我们可以用行列式来检验矩阵是否可逆.

例 2.4 (逆矩阵) 矩阵

$$\boldsymbol{A} = \begin{bmatrix} 1 & 2 & 1 \\ 4 & 4 & 5 \\ 6 & 7 & 7 \end{bmatrix}, \quad \boldsymbol{B} = \begin{bmatrix} -7 & -7 & 6 \\ 2 & 1 & -1 \\ 4 & 5 & -4 \end{bmatrix} \tag{2.25}$$

互为逆矩阵, 因为 $\boldsymbol{AB} = \boldsymbol{I} = \boldsymbol{BA}$.

定义 2.4 (转置) 对于 $\boldsymbol{A} \in \mathbb{R}^{m\times n}$, 满足 $b_{ij} = a_{ji}$ 的矩阵 $\boldsymbol{B} \in \mathbb{R}^{n\times m}$ 称为 $\boldsymbol{A}$ 的转置, 记作 $\boldsymbol{B} = \boldsymbol{A}^{\top}$.

㊀ 方阵的列数和行数相等.

一般来说, $\boldsymbol{A}^\top$ 可以通过将 $\boldsymbol{A}$ 的列写成 $\boldsymbol{A}^\top$ 的行得到. 以下是逆矩阵和转置矩阵的重要性质:

$$\boldsymbol{A}\boldsymbol{A}^{-1} = \boldsymbol{I} = \boldsymbol{A}^{-1}\boldsymbol{A} \tag{2.26}$$

$$(\boldsymbol{A}\boldsymbol{B})^{-1} = \boldsymbol{B}^{-1}\boldsymbol{A}^{-1} \tag{2.27}$$

$$(\boldsymbol{A}+\boldsymbol{B})^{-1} \neq \boldsymbol{A}^{-1} + \boldsymbol{B}^{-1} \text{㊀} \tag{2.28}$$

$$(\boldsymbol{A}^\top)^\top = \boldsymbol{A} \tag{2.29}$$

$$(\boldsymbol{A}+\boldsymbol{B})^\top = \boldsymbol{A}^\top + \boldsymbol{B}^\top \tag{2.30}$$

$$(\boldsymbol{A}\boldsymbol{B})^\top = \boldsymbol{B}^\top\boldsymbol{A}^\top \tag{2.31}$$

定义 2.5 (对称矩阵) 如果 $\boldsymbol{A} = \boldsymbol{A}^\top$, 那么矩阵 $\boldsymbol{A} \in \mathbb{R}^{n\times n}$ 是对称的.

注意, 只有 (n, n) 矩阵可以是对称的. 通常, 我们称 (n, n) 矩阵是*方阵*, 因为它们拥有相同的行数和列数. 如果 $\boldsymbol{A}$ 是可逆的, 那么 $\boldsymbol{A}^\top$ 也是可逆的, 并且 $(\boldsymbol{A}^{-1})^\top = (\boldsymbol{A}^\top)^{-1} =: \boldsymbol{A}^{-\top}$.

评注 (对称矩阵的和与积) 对称矩阵 $\boldsymbol{A}, \boldsymbol{B} \in \mathbb{R}^{n\times n}$ 中的和总是对称的. 乘积虽然总是有定义的, 但它通常不是对称的:

$$\begin{bmatrix}1 & 0\\0 & 0\end{bmatrix}\begin{bmatrix}1 & 1\\1 & 1\end{bmatrix} = \begin{bmatrix}1 & 1\\0 & 0\end{bmatrix}. \tag{2.32}$$

2.2.3 标量乘法

让我们看看一个矩阵与标量 $\lambda \in \mathbb{R}$ 相乘会发生什么. 令 $\boldsymbol{A} \in \mathbb{R}^{m\times n}$, $\lambda \in \mathbb{R}$. 那么 $\lambda\boldsymbol{A} = \boldsymbol{K}$, $K_{ij} = \lambda\, a_{ij}$. 实际上, λ 缩放 $\boldsymbol{A}$ 中的每个元素. 对于 $\lambda, \psi \in \mathbb{R}$, 有以下性质:

- 结合律: $(\lambda\psi)\boldsymbol{C} = \lambda(\psi\boldsymbol{C}), \quad \boldsymbol{C} \in \mathbb{R}^{m\times n}$.
- $\lambda(\boldsymbol{B}\boldsymbol{C}) = (\lambda\boldsymbol{B})\boldsymbol{C} = \boldsymbol{B}(\lambda\boldsymbol{C}) = (\boldsymbol{B}\boldsymbol{C})\lambda, \quad \boldsymbol{B} \in \mathbb{R}^{m\times n}, \boldsymbol{C} \in \mathbb{R}^{n\times k}$.

注意, 这允许我们移动标量值.

- 因为对于所有 $\lambda \in \mathbb{R}$, 有 $\lambda = \lambda^\top$, 所以 $(\lambda\boldsymbol{C})^\top = \boldsymbol{C}^\top\lambda^\top = \boldsymbol{C}^\top\lambda = \lambda\boldsymbol{C}^\top$.
- 分配律:

$(\lambda + \psi)\boldsymbol{C} = \lambda\boldsymbol{C} + \psi\boldsymbol{C}, \quad \boldsymbol{C} \in \mathbb{R}^{m\times n}$

$\lambda(\boldsymbol{B} + \boldsymbol{C}) = \lambda\boldsymbol{B} + \lambda\boldsymbol{C}, \quad \boldsymbol{B}, \boldsymbol{C} \in \mathbb{R}^{m\times n}$

例 2.5 (分配律) 如果定义

$$\boldsymbol{C} := \begin{bmatrix}1 & 2\\3 & 4\end{bmatrix}, \tag{2.33}$$

㊀ 式 (2.28) 的标量例子是 $\frac{1}{2+4} = \frac{1}{6} \neq \frac{1}{2} + \frac{1}{4}$.

则对任何 $\lambda, \psi \in \mathbb{R}$, 可得

$$(\lambda+\psi)\boldsymbol{C}=\begin{bmatrix}(\lambda+\psi)1 & (\lambda+\psi)2\\(\lambda+\psi)3 & (\lambda+\psi)4\end{bmatrix}=\begin{bmatrix}\lambda+\psi & 2\lambda+2\psi\\3\lambda+3\psi & 4\lambda+4\psi\end{bmatrix} \tag{2.34a}$$

$$=\begin{bmatrix}\lambda & 2\lambda\\3\lambda & 4\lambda\end{bmatrix}+\begin{bmatrix}\psi & 2\psi\\3\psi & 4\psi\end{bmatrix}=\lambda\boldsymbol{C}+\psi\boldsymbol{C}\,. \tag{2.34b}$$

2.2.4 线性方程组的简洁表示

如果我们考虑线性方程组

$$\begin{aligned}2x_1+3x_2+5x_3&=1\\4x_1-2x_2-7x_3&=8\\9x_1+5x_2-3x_3&=2\end{aligned} \tag{2.35}$$

利用矩阵乘法的规则, 我们可以把这个方程组写成更简洁的形式

$$\begin{bmatrix}2 & 3 & 5\\4 & -2 & -7\\9 & 5 & -3\end{bmatrix}\begin{bmatrix}x_1\\x_2\\x_3\end{bmatrix}=\begin{bmatrix}1\\8\\2\end{bmatrix}. \tag{2.36}$$

注意到 x_1 缩放第一列, x_2 缩放第二列, x_3 缩放第三列.

一般来说, 线性方程组可以用其矩阵形式简洁地表示为 $\boldsymbol{Ax}=\boldsymbol{b}$; 参见式 (2.3), 乘积 $\boldsymbol{Ax}$ 是 $\boldsymbol{A}$ 的列的 (线性) 组合. 我们将在 2.5 节中更详细地讨论线性组合.

2.3 解线性方程组

在式 (2.3) 中, 我们介绍了方程组的一般形式, 即

$$\begin{aligned}a_{11}x_1+a_{12}x_2+\cdots+a_{1n}x_n&=b_1\\&\vdots\\a_{m1}x_1+a_{m2}x_2+\cdots+a_{mn}x_n&=b_m\,,\end{aligned} \tag{2.37}$$

其中 $a_{ij}\in\mathbb{R}$ 和 $b_i\in\mathbb{R}$ 为已知常量, x_j 为未知数, $i=1,2,\cdots,m$, $j=1,2,\cdots,n$. 因为矩阵可以简洁地表述线性方程组, 所以可以写作 $\boldsymbol{Ax}=\boldsymbol{b}$, 见式 (2.10). 此外, 我们还定义了矩阵的基本运算, 如矩阵的加法和乘法. 下面我们将着重求解线性方程组, 并提供一种求矩阵逆的算法.

2.3.1 特解和通解

在讨论如何解线性方程组之前, 我们先看一个例子. 考虑方程组

$$\begin{bmatrix} 1 & 0 & 8 & -4 \\ 0 & 1 & 2 & 12 \end{bmatrix} \begin{bmatrix} x_1 \\ x_2 \\ x_3 \\ x_4 \end{bmatrix} = \begin{bmatrix} 42 \\ 8 \end{bmatrix}. \tag{2.38}$$

方程组有两个方程和四个未知数. 因此该方程组一般有无穷多个解. 这个方程组的形式非常简单, 其中前两列包括 1 和 0. 我们需要找到标量 $x_1, x_2, \cdots, x_4$, 使 $\sum_{i=1}^{4} x_i \boldsymbol{c}_i = \boldsymbol{b}$, 其中我们定义 $\boldsymbol{c}_i$ 为矩阵的第 i 列, 而 $\boldsymbol{b}$ 为式 (2.38) 的右边. 通过用 42 乘以第一列, 再用 8 乘以第二列, 就可以立刻求出式 (2.38) 的解

$$\boldsymbol{b} = \begin{bmatrix} 42 \\ 8 \end{bmatrix} = 42 \begin{bmatrix} 1 \\ 0 \end{bmatrix} + 8 \begin{bmatrix} 0 \\ 1 \end{bmatrix}. \tag{2.39}$$

因此, 解为 $[42, 8, 0, 0]^\top$. 这个解称为*特殊解*或*特解*. 然而, 这并不是这个线性方程组的唯一解. 为了获得所有其他的解, 需要使用矩阵的列以非平凡方式生成 $\mathbf{0}$: 将 $\mathbf{0}$ 添加到我们的特解中并不会改变特解. 为此, 我们使用前两列 (它们是非常简单的形式) 来表示第三列

$$\begin{bmatrix} 8 \\ 2 \end{bmatrix} = 8 \begin{bmatrix} 1 \\ 0 \end{bmatrix} + 2 \begin{bmatrix} 0 \\ 1 \end{bmatrix} \tag{2.40}$$

可得 $\mathbf{0} = 8\boldsymbol{c}_1 + 2\boldsymbol{c}_2 - 1\boldsymbol{c}_3 + 0\boldsymbol{c}_4$ 和 $(x_1, x_2, x_3, x_4) = (8, 2, -1, 0)$. 事实上, 这个解对 $\lambda_1 \in \mathbb{R}$ 的任何缩放都会产生 $\mathbf{0}$ 向量, 即

$$\begin{bmatrix} 1 & 0 & 8 & -4 \\ 0 & 1 & 2 & 12 \end{bmatrix} \left(\lambda_1 \begin{bmatrix} 8 \\ 2 \\ -1 \\ 0 \end{bmatrix} \right) = \lambda_1 (8\boldsymbol{c}_1 + 2\boldsymbol{c}_2 - \boldsymbol{c}_3) = \mathbf{0}. \tag{2.41}$$

按照同样的推理, 我们用前两列表示式 (2.38) 中矩阵的第四列, 并生成另一组 $\mathbf{0}$ 的非平凡版本:

$$\begin{bmatrix} 1 & 0 & 8 & -4 \\ 0 & 1 & 2 & 12 \end{bmatrix} \left(\lambda_2 \begin{bmatrix} -4 \\ 12 \\ 0 \\ -1 \end{bmatrix} \right) = \lambda_2 (-4\boldsymbol{c}_1 + 12\boldsymbol{c}_2 - \boldsymbol{c}_4) = \mathbf{0} \tag{2.42}$$

任意 $\lambda_2 \in \mathbb{R}$. 最后, 我们得到式 (2.38) 中方程组的所有解, 这称为通解, 即集合

$$\left\{ \boldsymbol{x} \in \mathbb{R}^4 : \boldsymbol{x} = \begin{bmatrix} 42 \\ 8 \\ 0 \\ 0 \end{bmatrix} + \lambda_1 \begin{bmatrix} 8 \\ 2 \\ -1 \\ 0 \end{bmatrix} + \lambda_2 \begin{bmatrix} -4 \\ 12 \\ 0 \\ -1 \end{bmatrix}, \lambda_1, \lambda_2 \in \mathbb{R} \right\}. \tag{2.43}$$

评注 我们遵循的一般方法包括以下三个步骤:

1. 求 $\boldsymbol{Ax} = \boldsymbol{b}$ 的一个特解.
2. 求 $\boldsymbol{Ax} = \boldsymbol{0}$ 所有解.
3. 结合步骤 1 和 2 的解得到通解.

通解和特解都不是唯一的.

上述例子中的线性方程组很容易求解, 因为式 (2.38) 中的矩阵就有这种特别方便的形式, 它使我们可以通过验证来求特解和通解. 然而, 一般的方程组不是这样简单的形式. 幸运的是, 有一种有效的算法可以把任何线性方程组转换成这种特别简单的形式：高斯消元法. 高斯消元法的关键是线性方程组的初等变换, 将方程组转化为一种简单的形式. 然后, 我们便可以将这三个步骤应用到该简单形式, 就像我们在式 (2.38) 中所讨论的一样.

2.3.2 初等变换

解线性方程组的关键是进行保持解集不变但将方程组转换为更简单形式的初等变换:

- 交换两个方程 (矩阵中的行表示方程组).
- 方程 (行) 与常数 $\lambda \in \mathbb{R}\backslash\{0\}$ 相乘.
- 两个方程 (行) 相加.

例 2.6 对于 $a \in \mathbb{R}$, 我们求下列方程组的所有解:

$$\begin{array}{rcrcrcrcrcr} -2x_1 & + & 4x_2 & - & 2x_3 & - & x_4 & + & 4x_5 & = & -3 \\ 4x_1 & - & 8x_2 & + & 3x_3 & - & 3x_4 & + & x_5 & = & 2 \\ x_1 & - & 2x_2 & + & x_3 & - & x_4 & + & x_5 & = & 0 \\ x_1 & - & 2x_2 & & & - & 3x_4 & + & 4x_5 & = & a \end{array}. \tag{2.44}$$

我们首先把这个方程组用矩阵符号表示为 $\boldsymbol{Ax} = \boldsymbol{b}$. 不再显式地写出变量 $\boldsymbol{x}$ 并构建增广矩

阵 (形式为 $[\boldsymbol{A}\,|\,\boldsymbol{b}]$ [⊖]):

$$\left[\begin{array}{ccccc|c} -2 & 4 & -2 & -1 & 4 & -3 \\ 4 & -8 & 3 & -3 & 1 & 2 \\ 1 & -2 & 1 & -1 & 1 & 0 \\ 1 & -2 & 0 & -3 & 4 & a \end{array}\right] \begin{array}{l} \text{交换 } R_3 \\ \\ \text{交换 } R_1 \\ \\ \end{array}$$

在式 (2.44) 中, 我们使用竖线来分隔左边和右边. 我们使用 $\rightsquigarrow$ 来表示增广矩阵使用初等变换的一个变换.

交换第 1 行和第 3 行可得

$$\left[\begin{array}{ccccc|c} 1 & -2 & 1 & -1 & 1 & 0 \\ 4 & -8 & 3 & -3 & 1 & 2 \\ -2 & 4 & -2 & -1 & 4 & -3 \\ 1 & -2 & 0 & -3 & 4 & a \end{array}\right] \begin{array}{l} \\ -4R_1 \\ +2R_1 \\ -R_1 \end{array}$$

我们应用指定的变换 (例如, 第 2 行减去第 1 行的 4 倍), 得到

$$\left[\begin{array}{ccccc|c} 1 & -2 & 1 & -1 & 1 & 0 \\ 0 & 0 & -1 & 1 & -3 & 2 \\ 0 & 0 & 0 & -3 & 6 & -3 \\ 0 & 0 & -1 & -2 & 3 & a \end{array}\right] \begin{array}{l} \\ \\ \\ -R_2 - R_3 \end{array}$$

$$\rightsquigarrow \left[\begin{array}{ccccc|c} 1 & -2 & 1 & -1 & 1 & 0 \\ 0 & 0 & -1 & 1 & -3 & 2 \\ 0 & 0 & 0 & -3 & 6 & -3 \\ 0 & 0 & 0 & 0 & 0 & a+1 \end{array}\right] \begin{array}{l} \\ \cdot(-1) \\ \cdot(-\frac{1}{3}) \\ \\ \end{array}$$

$$\rightsquigarrow \left[\begin{array}{ccccc|c} 1 & -2 & 1 & -1 & 1 & 0 \\ 0 & 0 & 1 & -1 & 3 & -2 \\ 0 & 0 & 0 & 1 & -2 & 1 \\ 0 & 0 & 0 & 0 & 0 & a+1 \end{array}\right]$$

这个增广矩阵形式简洁, 即*行阶梯形* (REF). 将这种简洁的表示形式恢复为显式地用我们所

⊖ 增广矩阵 $[\boldsymbol{A}\,|\,\boldsymbol{b}]$ 简洁地表示了线性方程组 $\boldsymbol{A}\boldsymbol{x} = \boldsymbol{b}$.

要求的变量表示, 我们得到

$$\begin{array}{rcrcrcrcrcr} x_1 & - & 2x_2 & + & x_3 & - & x_4 & + & x_5 & = & 0 \\ & & & & x_3 & - & x_4 & + & 3x_5 & = & -2 \\ & & & & & & x_4 & - & 2x_5 & = & 1 \\ & & & & & & & & 0 & = & a+1 \end{array} . \tag{2.45}$$

只有当 $a=-1$ 时, 这个方程组才有解. 一个特解是

$$\begin{bmatrix} x_1 \\ x_2 \\ x_3 \\ x_4 \\ x_5 \end{bmatrix} = \begin{bmatrix} 2 \\ 0 \\ -1 \\ 1 \\ 0 \end{bmatrix} . \tag{2.46}$$

通解是包含了所有可能的解的集合:

$$\left\{ \boldsymbol{x} \in \mathbb{R}^5 : \boldsymbol{x} = \begin{bmatrix} 2 \\ 0 \\ -1 \\ 1 \\ 0 \end{bmatrix} + \lambda_1 \begin{bmatrix} 2 \\ 1 \\ 0 \\ 0 \\ 0 \end{bmatrix} + \lambda_2 \begin{bmatrix} 2 \\ 0 \\ -1 \\ 2 \\ 1 \end{bmatrix}, \quad \lambda_1, \lambda_2 \in \mathbb{R} \right\} . \tag{2.47}$$

接下来, 我们将详细介绍一种方法来求线性方程组的特解和通解.

评注(主元和阶梯结构) 一行的首项系数 (从左到右的第一个非零数字) 称为主元, 并且总是严格地位于其上一行的主元的右边. 因此, 任何行阶梯形式的方程组都具有“阶梯”结构.

定义 2.6(行阶梯形矩阵) 若矩阵是行阶梯形, 则满足

- 所有只包含 0 的行都在矩阵的底部; 相应地, 所有包含至少一个非零元素的行都位于仅包含 0 的行之上.
- 只看非零行, 从左边开始的第一个非零数 (也称为主元[㊀]或首项系数) 总是严格地位于其上一行的主元的右边.

评注(基变量和自由变量) 行阶梯形的轴心对应的变量称为基变量, 其他变量称为自由变量. 例如, 在式 (2.45) 中, x_1, x_3, x_4 是基变量, 而 x_2, x_5 是自由变量.

评注(求特解) 行阶梯形让我们在求特解时更容易. 为此, 我们使用主列来表示方程组的右边, 这样 $\boldsymbol{b} = \sum_{i=1}^{P} \lambda_i \boldsymbol{p}_i$, 其中 $\boldsymbol{p}_i (i=1,2,\cdots,P)$ 是主列. 如果我们从最右边的主列开始, 然后一直到左边, 那么 λ_i 是最容易确定的.

㊀ 在其他资料中, 有时主元要求为 1 .

在前面的例子中，我们将尝试求出 $\lambda_1, \lambda_2, \lambda_3$，使得

$$\lambda_1 \begin{bmatrix} 1 \\ 0 \\ 0 \\ 0 \end{bmatrix} + \lambda_2 \begin{bmatrix} 1 \\ 1 \\ 0 \\ 0 \end{bmatrix} + \lambda_3 \begin{bmatrix} -1 \\ -1 \\ 1 \\ 0 \end{bmatrix} = \begin{bmatrix} 0 \\ -2 \\ 1 \\ 0 \end{bmatrix}. \tag{2.48}$$

从式 (2.48)，我们相对直接地求得 $\lambda_3 = 1, \lambda_2 = -1, \lambda_1 = 2$. 当我们把所有东西放在一起时，一定不要忘记那些非主列，我们隐式地将它们的系数设为 0. 因此，我们得到了特解 $\boldsymbol{x} = [2, 0, -1, 1, 0]^\top$.

评注(行简化阶梯形矩阵) 一个方程组为行简化阶梯形矩阵 (也为简化行阶梯形或行标准型) 时:

- 它是行阶梯形.
- 每个主元是 1.
- 主元是它列中唯一的非零元素.

行简化阶梯形矩阵将在 2.3.3 节发挥重要作用，因为它使我们能够以一种直接的方式确定线性方程组的通解.

评注 (高斯消元法) 高斯消元法是一种通过初等变换将线性方程组变成行简化阶梯形矩阵的算法.

例 2.7 (行简化阶梯形矩阵) 验证以下矩阵是行简化阶梯形矩阵 (主元为**粗体**):

$$\boldsymbol{A} = \begin{bmatrix} \mathbf{1} & 3 & 0 & 0 & 3 \\ 0 & 0 & \mathbf{1} & 0 & 9 \\ 0 & 0 & 0 & \mathbf{1} & -4 \end{bmatrix}. \tag{2.49}$$

求 $\boldsymbol{Ax} = \mathbf{0}$ 的解的关键思想是查看非主元列，我们需要将其表示为主元列的 (线性) 组合. 行简化阶梯形矩阵使这变得相对简单，我们将非主元列表示成它们左边的主元列的倍数和其加和：第二列是 3 乘以第一列 (我们可以忽略第二列右边的主元列). 因此，要获得 $\mathbf{0}$，我们需要用 3 乘以第一列减去第二列. 现在，我们看第五列，也就是第二个非主元列. 第五列可以分解为 3 乘以第一个主元列，9 乘以第二个主元列，-4 乘以第三个主元列. 我们需要记录这些主列的标号，并将这转化为 3 乘以第一列，0 乘以第二列 (这是一个非主元列)，9 乘以第三列 (这是我们的第二主元列)，-4 乘以第四列 (这是第三个主元列). 然后我们需要减去第五列得到 $\mathbf{0}$. 最后，我们仍是解一个齐次方程组.

综上所述, $\boldsymbol{Ax}=\boldsymbol{0}(\boldsymbol{x}\in\mathbb{R}^5)$ 的所有解由下式给出:

$$\left\{\boldsymbol{x}\in\mathbb{R}^5:\boldsymbol{x}=\lambda_1\begin{bmatrix}3\\-1\\0\\0\\0\end{bmatrix}+\lambda_2\begin{bmatrix}3\\0\\9\\-4\\-1\end{bmatrix},\quad\lambda_1,\lambda_2\in\mathbb{R}\right\}. \tag{2.50}$$

2.3.3 −1 技巧

下面介绍一个实用的技巧来求齐次线性方程组 $\boldsymbol{Ax}=\boldsymbol{0}$ 的解 $\boldsymbol{x}$, 其中 $\boldsymbol{A}\in\mathbb{R}^{k\times n}$, $\boldsymbol{x}\in\mathbb{R}^n$.

首先, 我们假设 $\boldsymbol{A}$ 是行简化阶梯形矩阵, 没有任何行只包含 0, 即

$$\boldsymbol{A}=\begin{bmatrix}0&\cdots&0&\boldsymbol{1}&*&\cdots&*&0&*&\cdots&*&0&*&\cdots&*\\\vdots&&\vdots&0&0&\cdots&0&\boldsymbol{1}&*&\cdots&*&\vdots&\vdots&&\vdots\\\vdots&&\vdots&\vdots&\vdots&&\vdots&0&\vdots&&\vdots&\vdots&\vdots&&\vdots\\\vdots&&\vdots&\vdots&\vdots&&\vdots&\vdots&\vdots&&\vdots&0&\vdots&&\vdots\\0&\cdots&0&0&0&\cdots&0&0&0&\cdots&0&\boldsymbol{1}&*&\cdots&*\end{bmatrix}, \tag{2.51}$$

其中 $*$ 可以是任意实数, $\boldsymbol{A}$ 每行第一个非零项必须为 1, 对应列的所有其他项必须为 0. 列 $j_1,j_2,\cdots,j_k$ (上述矩阵加粗处对应的列) 是标准的单位向量 $\boldsymbol{e}_1,\boldsymbol{e}_2,\cdots,\boldsymbol{e}_k\in\mathbb{R}^k$. 我们通过添加 $n-k$ 个如下形式的行, 将这个矩阵扩展为 $n\times n$ 矩阵 $\tilde{\boldsymbol{A}}$

$$\begin{bmatrix}0&\cdots&0&-1&0&\cdots&0\end{bmatrix} \tag{2.52}$$

使增广矩阵 $\tilde{\boldsymbol{A}}$ 的对角线包含 1 或 −1. 然后, 以 −1 为主元的 $\tilde{\boldsymbol{A}}$ 的列是齐次方程组 $\boldsymbol{Ax}=\boldsymbol{0}$ 的解. 更准确地说, 这些列构成了 $\boldsymbol{Ax}=\boldsymbol{0}$ 的解空间的一个基 (2.6.1 节), 我们稍后将把它称为核或零空间 (见 2.7.3 节).

例 2.8 (−1 技巧) 让我们回顾一下式 (2.49) 中的矩阵:

$$\boldsymbol{A}=\begin{bmatrix}1&3&0&0&3\\0&0&1&0&9\\0&0&0&1&-4\end{bmatrix}. \tag{2.53}$$

现在我们通过在对角线上主元缺失的地方添加形式为式 (2.52) 的行, 将这个矩阵变成 5×5

矩阵

$$\tilde{A} = \begin{bmatrix} 1 & 3 & 0 & 0 & 3 \\ 0 & \mathbf{-1} & 0 & 0 & 0 \\ 0 & 0 & 1 & 0 & 9 \\ 0 & 0 & 0 & 1 & -4 \\ 0 & 0 & 0 & 0 & \mathbf{-1} \end{bmatrix}. \tag{2.54}$$

通过这种形式, 我们可以立即求出 $\boldsymbol{Ax}=\mathbf{0}$ 的解, 取 $\tilde{\boldsymbol{A}}$ 的对角线上包含 -1 的列:

$$\left\{ \boldsymbol{x} \in \mathbb{R}^5 : \boldsymbol{x} = \lambda_1 \begin{bmatrix} 3 \\ -1 \\ 0 \\ 0 \\ 0 \end{bmatrix} + \lambda_2 \begin{bmatrix} 3 \\ 0 \\ 9 \\ -4 \\ -1 \end{bmatrix}, \quad \lambda_1, \lambda_2 \in \mathbb{R} \right\}, \tag{2.55}$$

这与我们用“洞察力”(insight) 得到的式 (2.50) 中的解是相同的.

计算逆

为了计算 $\boldsymbol{A} \in \mathbb{R}^{n\times n}$ 的逆 $\boldsymbol{A}^{-1}$, 我们需要求一个满足 $\boldsymbol{AX} = \boldsymbol{I}_n$ 的矩阵 $\boldsymbol{X}$. 然后, $\boldsymbol{X} = \boldsymbol{A}^{-1}$. 我们可以把它写成一组线性方程组 $\boldsymbol{AX} = \boldsymbol{I}_n$, 解出 $\boldsymbol{X} = [\boldsymbol{x}_1|\cdots|\boldsymbol{x}_n]$. 利用增广矩阵符号, 得到了这组线性方程组的一个简洁表示

$$\left[\boldsymbol{A}|\boldsymbol{I}_n\right] \quad \rightsquigarrow \cdots \rightsquigarrow \quad \left[\boldsymbol{I}_n|\boldsymbol{A}^{-1}\right]. \tag{2.56}$$

这意味着如果我们把增广方程组化为行简化阶梯形矩阵, 就可以读出方程组右边的逆矩阵. 因此, 确定矩阵的逆等价于求解线性方程组.

例 2.9 (用高斯消元法计算逆矩阵) 计算如下矩阵的逆:

$$\boldsymbol{A} = \begin{bmatrix} 1 & 0 & 2 & 0 \\ 1 & 1 & 0 & 0 \\ 1 & 2 & 0 & 1 \\ 1 & 1 & 1 & 1 \end{bmatrix}. \tag{2.57}$$

我们写出增广矩阵

$$\left[\begin{array}{cccc|cccc} 1 & 0 & 2 & 0 & 1 & 0 & 0 & 0 \\ 1 & 1 & 0 & 0 & 0 & 1 & 0 & 0 \\ 1 & 2 & 0 & 1 & 0 & 0 & 1 & 0 \\ 1 & 1 & 1 & 1 & 0 & 0 & 0 & 1 \end{array}\right],$$

然后用高斯消元法把它简化成行简化阶梯形矩阵

$$\left[\begin{array}{cccc|cccc} 1 & 0 & 0 & 0 & -1 & 2 & -2 & 2 \\ 0 & 1 & 0 & 0 & 1 & -1 & 2 & -2 \\ 0 & 0 & 1 & 0 & 1 & -1 & 1 & -1 \\ 0 & 0 & 0 & 1 & -1 & 0 & -1 & 2 \end{array}\right],$$

逆为

$$\boldsymbol{A}^{-1} = \begin{bmatrix} -1 & 2 & -2 & 2 \\ 1 & -1 & 2 & -2 \\ 1 & -1 & 1 & -1 \\ -1 & 0 & -1 & 2 \end{bmatrix}. \tag{2.58}$$

我们可以验证式 (2.58) 确实是逆, 通过计算乘法 $\boldsymbol{A}\boldsymbol{A}^{-1}$ 得到 $\boldsymbol{I}_4$.

2.3.4　求解线性方程组的算法

下面将简要讨论求解形如 $\boldsymbol{A}\boldsymbol{x} = \boldsymbol{b}$ 的线性方程组的方法. 我们假设解存在. 如果无解, 则需要求近似解, 这在本章中不涉及. 求近似解的一种方法是使用线性回归, 我们将在第 9 章中详细讨论.

在特殊情况下, 我们可以确定逆 $\boldsymbol{A}^{-1}$, 使得 $\boldsymbol{A}\boldsymbol{x} = \boldsymbol{b}$ 的解为 $\boldsymbol{x} = \boldsymbol{A}^{-1}\boldsymbol{b}$. 然而, 只有当 $\boldsymbol{A}$ 是一个方阵并且可逆时, 这是可能的, 但通常情况下不是这样. 否则, 在简单假设下 (例如, $\boldsymbol{A}$ 需要有线性无关的列), 我们可以使用变换

$$\boldsymbol{A}\boldsymbol{x} = \boldsymbol{b} \iff \boldsymbol{A}^\top\boldsymbol{A}\boldsymbol{x} = \boldsymbol{A}^\top\boldsymbol{b} \iff \boldsymbol{x} = (\boldsymbol{A}^\top\boldsymbol{A})^{-1}\boldsymbol{A}^\top\boldsymbol{b} \tag{2.59}$$

并且使用 Moore-Penrose *伪逆* $(\boldsymbol{A}^\top\boldsymbol{A})^{-1}\boldsymbol{A}^\top$ 求出 $\boldsymbol{A}\boldsymbol{x} = \boldsymbol{b}$ 的解, 即式 (2.59), 这也对应于最小范数最小二乘解. 这种方法的缺点是它需要对矩阵乘积进行很多计算, 并计算 $\boldsymbol{A}^\top\boldsymbol{A}$ 的逆. 此外, 出于数值精度的原因, 一般不建议计算逆或伪逆. 因此接下来, 我们简要地讨论求解线性方程组的其他方法.

高斯消元法可以用于计算行列式 (4.1 节)、判断向量集合是否线性无关 (2.5 节)、计算矩阵的逆矩阵 (2.2.2 节)、计算矩阵的秩 (2.6.2 节)、确定一个向量空间的基 (2.6.1 节). 高斯消元法是一种直观而有效的方法, 可以用来求解具有数千个变量的线性方程组. 然而, 对于有数百万个变量的方程组来说, 这是不切实际的, 因为所需的运算量随着方程数量的三次方增长.

在实际应用中, 许多线性方程组是间接求解的, 可以采用平稳迭代法, 如 Richardson 法、Jacobi 法、Gauss-Seidel 法和逐次超松弛法, 也可以采用 Krylov 子空间法, 如共轭梯度

法、广义最小残差法或双共轭梯度法. 更多细节可参考 Stoer and Burlirsch (2002)、Strang (2003) 和 Liesen and Mehrmann (2015).

设 $\boldsymbol{x}_*$ 是 $\boldsymbol{A}\boldsymbol{x}=\boldsymbol{b}$ 的解. 这些迭代方法的核心思想是建立迭代形式

$$\boldsymbol{x}^{(k+1)}=\boldsymbol{C}\boldsymbol{x}^{(k)}+\boldsymbol{d} \tag{2.60}$$

选择合适的 $\boldsymbol{C}$ 和 $\boldsymbol{d}$, 在每次迭代中减少残差 $\|\boldsymbol{x}^{(k+1)}-\boldsymbol{x}_*\|$, 并收敛到 $\boldsymbol{x}_*$. 我们将在 3.1 节中引入范数 $\|\cdot\|$, 它允许我们计算向量之间的相似性.

2.4 向量空间

到目前为止, 我们已经研究了线性方程组以及如何求解它们 (2.3 节). 我们看到, 线性方程组可以像式 (2.10) 这样使用矩阵向量符号简洁地表示. 接下来, 我们将仔细研究向量空间, 即向量所在的结构化空间.

在本章的开头, 我们将向量非形式化地描述为可以加在一起并乘以标量的对象, 并且它们保留相同类型的对象. 现在, 我们准备给出向量的形式化描述, 并引入群的概念. 群是一组元素以及在这些元素上定义的操作, 可保持该集合的某些结构完整.

2.4.1 群

群在计算机科学中起着重要作用. 除了为集合上的运算提供基本框架外，它们还广泛用于密码学、编码理论和图论中.

定义 2.7 (群)　考虑一个集合 $\mathcal{G}$ 和一个在 $\mathcal{G}$ 上定义的运算 $\otimes:\mathcal{G}\times\mathcal{G}\to\mathcal{G}$. 如果满足以下条件, $G:=(\mathcal{G},\otimes)$ 就被称为*群*：

1. $\mathcal{G}$ 对 $\otimes$ 的运算是封闭的：$\forall x,y\in\mathcal{G}:x\otimes y\in\mathcal{G}$.
2. 结合律：$\forall x,y,z\in\mathcal{G},(x\otimes y)\otimes z=x\otimes(y\otimes z)$.
3. 中性元：$\exists e\in\mathcal{G},\forall x\in\mathcal{G},x\otimes e=x$ 且 $e\otimes x=x$.
4. 逆元：$\forall x\in\mathcal{G},\exists y\in\mathcal{G},x\otimes y=e$ 且 $y\otimes x=e$，其中 e 是中性元. x^{-1} 经常用于表示 x 的逆元.

评注　逆元是相对于运算 $\otimes$ 定义的，并不一定是 $\dfrac{1}{x}$.

如果还满足 $\forall x,y\in\mathcal{G},x\otimes y=y\otimes x$，则 $G=(\mathcal{G},\otimes)$ 是一个*阿贝尔群* (可交换的).

例 2.10 (群)　让我们看一下带有相关运算的集合的一些示例，并验证它们是否构成群：

- $(\mathbb{Z},+)$ 是一个阿贝尔群.
- $(\mathbb{N}_0,+)$ 不是一个群 (其中 $\mathbb{N}_0:=\mathbb{N}\cup\{0\}$)：即使 $(\mathbb{N}_0,+)$ 拥有一个中性元 (0)，但它没有逆元.

- $(\mathbb{Z},\cdot)$ 不是一个群：即使 $(\mathbb{Z},\cdot)$ 包含一个中性元 (1)，但对于任意 $z \in \mathbb{Z}, z \neq \pm 1$，没有逆元.
- $(\mathbb{R},\cdot)$ 不是一个群, 因为 0 没有逆元.
- $(\mathbb{R}\backslash\{0\},\cdot)$ 是阿贝尔群.
- $(\mathbb{R}^n,+),(\mathbb{Z}^n,+),n \in \mathbb{N}$ 是阿贝尔群，若 $+$ 是逐元素定义的，即

$$(x_1,x_2,\cdots,x_n)+(y_1,y_2,\cdots,y_n)=(x_1+y_1,x_2+y_2,\cdots,x_n+y_n). \tag{2.61}$$

此情况下，$(x_1,x_2,\cdots,x_n)^{-1}:=(-x_1,-x_2,\cdots,-x_n)$，$e=(0,0,\cdots,0)$ 是中性元.

- $m \times n$ 矩阵的集合 $(\mathbb{R}^{m\times n},+)$ 是阿贝尔群 (具有式 (2.61) 中定义的逐元素加法).
- 让我们仔细看一下 $(\mathbb{R}^{n\times n},\cdot)$，即 $n \times n$ 矩阵的集合，具有式 (2.13) 中定义的矩阵乘法.

– 封闭性和结合律直接来自矩阵乘法的定义.

– 中性元：单位矩阵 $\boldsymbol{I}_n$ 是 $(\mathbb{R}^{n\times n},\cdot)$ 中关于矩阵乘法 “$\cdot$” 的中性元.

– 逆元：如果存在逆元 ($\boldsymbol{A}$ 非奇异)，则 $\boldsymbol{A}^{-1}$ 是 $\boldsymbol{A} \in \mathbb{R}^{n\times n}$ 的逆元，并且在这种情况下，$(\mathbb{R}^{n\times n},\cdot)$ 是一个群，被称为*一般线性群*.

定义 2.8(一般线性群)　一组正则 (可逆) 矩阵 $\boldsymbol{A} \in \mathbb{R}^{n\times n}$ 关于式 (2.13) 中定义的矩阵乘法是一个群，称为*一般线性群* $\mathrm{GL}(n,\mathbb{R})$. 然而，由于矩阵乘法不是可交换的，因此该群不是阿贝尔群.

2.4.2 向量空间

当我们讨论群时, 我们可以看到集合 $\mathcal{G}$ 及 $\mathcal{G}$ 上的内运算, 即映射 $\mathcal{G}\times\mathcal{G}\to\mathcal{G}$ 只对在 $\mathcal{G}$ 中的元素进行运算. 在下面的内容中, 我们将考虑以下集合：除内运算 $+$ 外还包含外运算 $\cdot$, 向量 $\boldsymbol{x}\in\mathcal{G}$ 与标量 $\lambda\in\mathbb{R}$ 的乘积. 我们可以将内运算视为加法形式, 外运算视为缩放形式. 请注意, 内/外运算与内积/外积无关.

定义 2.9 (向量空间)　一个实值*向量空间* $V=(\mathcal{V},+,\cdot)$ 是有以下两种运算的一个集合 $\mathcal{V}$：

$$+: \quad \mathcal{V}\times\mathcal{V}\to\mathcal{V} \tag{2.62}$$

$$\cdot: \quad \mathbb{R}\times\mathcal{V}\to\mathcal{V} \tag{2.63}$$

其中

1. $(\mathcal{V},+)$ 是一个阿贝尔群.
2. 分配律：

(1) $\forall\lambda\in\mathbb{R},\boldsymbol{x},\boldsymbol{y}\in\mathcal{V},\lambda\cdot(\boldsymbol{x}+\boldsymbol{y})=\lambda\cdot\boldsymbol{x}+\lambda\cdot\boldsymbol{y}$.

(2) $\forall\lambda,\psi\in\mathbb{R},\boldsymbol{x}\in\mathcal{V},(\lambda+\psi)\cdot\boldsymbol{x}=\lambda\cdot\boldsymbol{x}+\psi\cdot\boldsymbol{x}$.

3. 结合律 (外运算)：$\forall \lambda, \psi \in \mathbb{R}, \boldsymbol{x} \in \mathcal{V}, \lambda \cdot (\psi \cdot \boldsymbol{x}) = (\lambda\psi) \cdot \boldsymbol{x}$.

4. 外运算的中性元：$\forall \boldsymbol{x} \in \mathcal{V}, 1 \cdot \boldsymbol{x} = \boldsymbol{x}$.

元素 $\boldsymbol{x} \in V$ 称为向量. $(\mathcal{V}, +)$ 的中性元是零向量 $\boldsymbol{0} = [0, \cdots, 0]^\top$, 内运算 $+$ 称为向量加法. 元素 $\lambda \in \mathbb{R}$ 称为标量, 外运算 $\cdot$ 是标量乘法. 标量积有些许不同, 我们将在 3.2 节中介绍.

评注 “向量乘法” $\boldsymbol{ab}(\boldsymbol{a}, \boldsymbol{b} \in \mathbb{R}^n)$ 是没有定义的. 理论上, 我们可以定义逐元素相乘, 就像 $\boldsymbol{c} = \boldsymbol{ab}$, 其中 $c_j = a_j b_j$. 这种“数组乘法”是许多编程语言所共有的, 但是使用矩阵乘法的标准规则在数学上有局限性：通过将向量视为 $n \times 1$ 矩阵 (我们通常这样做), 我们可以使用式 (2.13) 中所定义的矩阵乘法. 但是, 向量的维度不匹配. 所以仅定义了向量的以下乘法：$\boldsymbol{ab}^\top \in \mathbb{R}^{n \times n}$(外积), $\boldsymbol{a}^\top \boldsymbol{b} \in \mathbb{R}$(内积/标量积/点积).

例 2.11 (向量空间) 让我们看一些重要的例子：

- $\mathcal{V} = \mathbb{R}^n (n \in \mathbb{N})$ 是定义如下运算的向量空间：

– 加法：$\boldsymbol{x} + \boldsymbol{y} = (x_1, x_2, \cdots, x_n) + (y_1, y_2, \cdots, y_n) = (x_1 + y_1, x_2 + y_2, \cdots, x_n + y_n)$, 所有的 $\boldsymbol{x}, \boldsymbol{y} \in \mathbb{R}^n$.

– 标量乘法：$\lambda \boldsymbol{x} = \lambda(x_1, x_2, \cdots, x_n) = (\lambda x_1, \lambda x_2, \cdots, \lambda x_n)$, 所有的 $\lambda \in \mathbb{R}, \boldsymbol{x} \in \mathbb{R}^n$.

- $\mathcal{V} = \mathbb{R}^{m \times n} (m, n \in \mathbb{N})$ 是定义如下的向量空间:

– 加法: $\boldsymbol{A} + \boldsymbol{B} = \begin{bmatrix} a_{11} + b_{11} & \cdots & a_{1n} + b_{1n} \\ \vdots & & \vdots \\ a_{m1} + b_{m1} & \cdots & a_{mn} + b_{mn} \end{bmatrix}$ 被定义为逐元素的, 所有的 $\boldsymbol{A}, \boldsymbol{B} \in \mathcal{V}$.

– 标量乘法: 如 2.2 节所定义的, $\lambda \boldsymbol{A} = \begin{bmatrix} \lambda a_{11} & \cdots & \lambda a_{1n} \\ \vdots & & \vdots \\ \lambda a_{m1} & \cdots & \lambda a_{mn} \end{bmatrix}$. 记住 $\mathbb{R}^{m \times n}$ 等价于 $\mathbb{R}^{mn}$.

- $\mathcal{V} = \mathbb{C}$ 是复数加法的标准定义.

评注 接下来, 当 $+$ 和 $\cdot$ 分别是标准向量加法和标量乘法时, 我们将用 V 来表示向量空间 $(\mathcal{V}, +, \cdot)$. 另外, 为简化符号, 我们将使用符号 $\boldsymbol{x} \in V$ 表示 $\mathcal{V}$ 中的向量.

评注 向量空间 $\mathbb{R}^n$、$\mathbb{R}^{n \times 1}$、$\mathbb{R}^{1 \times n}$ 只是向量的不同写法. 接下来, 我们将不区分 $\mathbb{R}^n$ 和 $\mathbb{R}^{n \times 1}$. 我们可以将一个 n 元组写为列向量

$$\boldsymbol{x} = \begin{bmatrix} x_1 \\ x_2 \\ \vdots \\ x_n \end{bmatrix}. \tag{2.64}$$

这简化了有关向量空间操作的表示法. 但是, 我们确实将 $\mathbb{R}^{n \times 1}$ 和 $\mathbb{R}^{1 \times n}$(行向量) 区分开来,

以避免与矩阵乘法混淆. 默认情况下, 我们写 $\boldsymbol{x}$ 表示列向量, 行向量用 $\boldsymbol{x}^\top$ 表示, 即 $\boldsymbol{x}$ 的转置.

2.4.3　向量子空间

接下来, 我们将介绍向量子空间. 直观上, 它们是包含在原始向量空间中的集合, 且具有这样的属性: 当我们对该子空间内的元素执行向量空间操作时, 我们将永远不会离开该空间. 从这个意义上讲, 它们是"封闭的". 向量子空间是机器学习中的关键思想. 例如, 第 10 章演示了如何使用向量子空间进行降维.

定义 2.10(向量子空间)　$V=(\mathcal{V},+,\cdot)$ 为向量空间, 且 $\mathcal{U}\subseteq\mathcal{V},\mathcal{U}\neq\varnothing$. 若 U 是向量空间, 其向量空间运算 $+$ 和 $\cdot$ 对 $\mathcal{U}\times\mathcal{U}$ 和 $\mathbb{R}\times\mathcal{U}$ 封闭, 则 $U=(\mathcal{U},+,\cdot)$ 称为 V 的向量子空间 (或 线性子空间). $U\subseteq V$ 表示 V 的子空间 U.

如果 $\mathcal{U}\subseteq\mathcal{V}$ 且 V 是向量空间, 那么 U 自然会直接从 V 继承许多属性, 因为它们对于所有 $\boldsymbol{x}\in\mathcal{V}$, 特别是对于所有 $\boldsymbol{x}\in\mathcal{U}\subseteq\mathcal{V}$ 都成立. 这包括阿贝尔群的性质、分配律、结合律和有中性元. 要确定 $(\mathcal{U},+,\cdot)$ 是否是 V 的子空间, 我们仍然需要验证:

1. $\mathcal{U}\neq\varnothing$, $\mathbf{0}\in\mathcal{U}$.
2. U 的封闭性:

a. 外运算: $\forall\lambda\in\mathbb{R},\forall\boldsymbol{x}\in\mathcal{U},\lambda\boldsymbol{x}\in\mathcal{U}$.

b. 内运算: $\forall\boldsymbol{x},\boldsymbol{y}\in\mathcal{U},\boldsymbol{x}+\boldsymbol{y}\in\mathcal{U}$.

例 2.12(向量子空间)　让我们来看一些例子

- 对于每个向量空间 V, 平凡子空间就是 V 自身和 $\{\mathbf{0}\}$.
- 图 2.6 中只有示例 D 是 $\mathbb{R}^2$ 的子空间 (具有常规的内/外运算). 在 A 和 C 中, 封闭性不成立; B 不包含 $\mathbf{0}$.
- 带有 n 个未知量的齐次线性方程组 $\boldsymbol{Ax}=\mathbf{0}$ 的解是 $\mathbb{R}^n$ 的子空间.
- 非齐次线性方程组 $\boldsymbol{Ax}=\boldsymbol{b}(\boldsymbol{b}\neq\mathbf{0})$ 的解集不是 $\mathbb{R}^n$ 的子空间.
- 任意多个子空间的交集是它们自身的子空间.

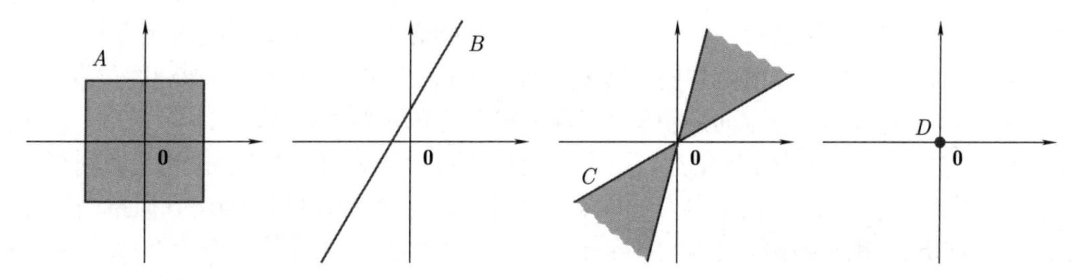

图 2.6　不是所有 $\mathbb{R}^2$ 的子集都是子空间. 在 A 和 C 中，封闭性不成立; B 不包含 $\mathbf{0}$. 只有 D 是子空间

评注　每个子空间 $U \subseteq (\mathbb{R}^n, +, \cdot)$ 是齐次线性方程组 $\boldsymbol{A}\boldsymbol{x} = \boldsymbol{0}$ 的解空间，其中 $\boldsymbol{x} \in \mathbb{R}^n$.

2.5　线性无关

在本节, 我们将重点关注可以用向量 (向量空间的元素) 做什么. 特别地, 我们可以将向量相加并与标量相乘. 封闭性保证了我们最终会在同一个向量空间中得到另一个向量. 可以找到一组向量, 我们能通过相加和缩放它们来表示向量空间中的每一个向量. 这组向量就是基, 我们将在 2.6.1 节讨论它们. 在此之前, 我们需要介绍线性组合和线性无关的概念.

定义 2.11 (线性组合)　考虑一个向量空间 V 和有限个向量 $\boldsymbol{x}_1, \boldsymbol{x}_2, \cdots, \boldsymbol{x}_k \in V$. 则每个 $\boldsymbol{v} \in V$ 的形式是

$$\boldsymbol{v} = \lambda_1 \boldsymbol{x}_1 + \cdots + \lambda_k \boldsymbol{x}_k = \sum_{i=1}^{k} \lambda_i \boldsymbol{x}_i \in V \tag{2.65}$$

其中 $\lambda_1, \lambda_2, \cdots, \lambda_k \in \mathbb{R}$ 是向量 $\boldsymbol{x}_1, \boldsymbol{x}_2, \cdots, \boldsymbol{x}_k$ 的线性组合.

$\boldsymbol{0}$ 向量总是可以写成 k 个向量 $\boldsymbol{x}_1, \boldsymbol{x}_2, \cdots, \boldsymbol{x}_k$ 的线性组合, 因为 $\boldsymbol{0} = \sum_{i=1}^{k} 0\boldsymbol{x}_i$ 总是成立的. 在下文中, 我们感兴趣的是用一组向量的非平凡线性组合来表示 $\boldsymbol{0}$, 例如, 向量 $\boldsymbol{x}_1, \boldsymbol{x}_2, \cdots, \boldsymbol{x}_k$ 的线性组合, 其中式 (2.65) 中的系数 λ_i 并不都为 0.

定义 2.12 (线性相关 (无关))　让我们考虑一个向量空间 V, 其中 $k \in \mathbb{N}$ 且 $\boldsymbol{x}_1, \boldsymbol{x}_2, \cdots, \boldsymbol{x}_k \in V$. 如果存在非平凡线性组合, 使得 $\boldsymbol{0} = \sum_{i=1}^{k} \lambda_i \boldsymbol{x}_i$ 中至少一个 $\lambda_i \neq 0$, 那么向量 $\boldsymbol{x}_1, \boldsymbol{x}_2, \cdots, \boldsymbol{x}_k$ 是线性相关的. 如果只有平凡解存在, 即 $\lambda_1 = \lambda_2 = \cdots = \lambda_k = 0$, 那么向量 $\boldsymbol{x}_1, \boldsymbol{x}_2, \cdots, \boldsymbol{x}_k$ 就是线性无关的.

线性无关是线性代数中最重要的概念之一. 直观地讲, 一组线性无关的向量由没有冗余的向量组成, 即如果我们从集合中删除这些向量中的任何一个, 则会丢失某些信息. 在接下来的几小节中, 我们会将这种直观认识形式化.

例 2.13 (线性相关向量)　一个地理示例可能有助于阐明线性无关的概念. 当一个在内罗毕 (肯尼亚) 的人描述基加利 (卢旺达) 的位置时可能会说:“你可以先往西北方向 506 km 到坎帕拉 (乌干达), 然后往西南方向 374 km 到基加利. ”这足以说明基加利的位置, 因为地理坐标系可被视为一个二维向量空间 (忽略海拔和地球的曲面). 这人可以补充说, “它在这里往西约 751 km”. 鉴于前面的信息, 虽然最后这句话是对的, 但对于找到基加利却是不必要的 (见图 2.7). 在这个例子中, “506 km 西北”向量和“374 km 西南”向量是线性无关的. 这意味着西南向量不能用西北向量来描述, 反之亦然. 然而, 第三个“751 km 西”向量是其他两个向量的线性组合, 它使得这组向量是线性相关的. 同样, 给定的“751 km 西”和“374 km 西南”可以线性组合, 得到“506 km 西北”.

评注 下列性质用于判断向量是否线性无关:

- k 个向量要么线性相关, 要么线性无关. 没有第三种选择.

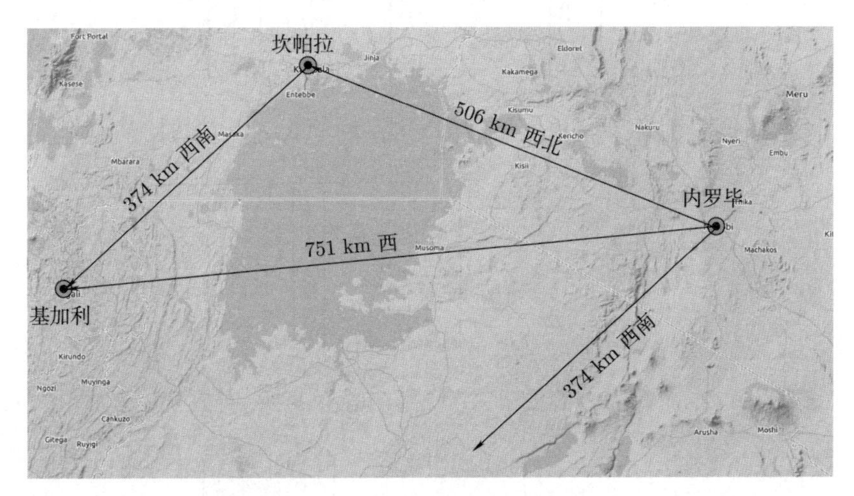

图 2.7 二维空间 (平面) 中线性相关向量的地理示例 (基本方向近似)

- 如果 $\boldsymbol{x}_1, \boldsymbol{x}_2, \cdots, \boldsymbol{x}_k$ 至少有一个向量为 $\mathbf{0}$, 则它们是线性相关的. 如果两个向量相同, 则它们也线性相关.
- 向量 $\{\boldsymbol{x}_1, \boldsymbol{x}_2, \cdots, \boldsymbol{x}_k : \boldsymbol{x}_i \neq \mathbf{0}, i = 1, 2, \cdots, k\}(k \geqslant 2)$ 是线性相关的, 当且仅当 (至少) 其中一个向量是其他向量的线性组合. 特别地, 如果一个向量是另一个向量的倍数, 即 $\boldsymbol{x}_i = \lambda \boldsymbol{x}_j$, $\lambda \in \mathbb{R}$, 那么 $\{\boldsymbol{x}_1, \boldsymbol{x}_2, \cdots, \boldsymbol{x}_k : \boldsymbol{x}_i \neq \mathbf{0}, i = 1, 2, \cdots, k\}$ 是线性相关的.
- 检查向量 $\boldsymbol{x}_1, \boldsymbol{x}_2, \cdots, \boldsymbol{x}_k \in V$ 是否线性相关的一种实用方法是高斯消元法: 将所有向量作为矩阵 $\boldsymbol{A}$ 的列写入, 并执行高斯消元法, 直到矩阵为行阶梯形 (这里不需要行简化阶梯形):

  – 主元列表示向量, 这些向量与左侧的向量线性无关. 请注意, 在构建矩阵时, 向量是有序的.

  – 非主元列可以表示为其左侧主元列的线性组合. 例如, 行阶梯形

$$\begin{bmatrix} 1 & 3 & 0 \\ 0 & 0 & 2 \end{bmatrix} \tag{2.66}$$

告诉我们第一列和第三列是主元列. 第二列是非主元列, 因为它是第一列的 3 倍.

当且仅当所有列都是主元列时, 所有列向量都是线性无关的. 如果至少有一个非主元列, 则这些列 (以及相应的向量) 是线性相关的.

例 2.14 考虑 $\mathbb{R}^4$ 中的

$$x_1 = \begin{bmatrix} 1 \\ 2 \\ -3 \\ 4 \end{bmatrix}, \quad x_2 = \begin{bmatrix} 1 \\ 1 \\ 0 \\ 2 \end{bmatrix}, \quad x_3 = \begin{bmatrix} -1 \\ -2 \\ 1 \\ 1 \end{bmatrix}. \tag{2.67}$$

为了检验它们是否线性相关, 我们采用一般的方法, 对于 $\lambda_1, \lambda_2, \lambda_3$, 求解

$$\lambda_1 x_1 + \lambda_2 x_2 + \lambda_3 x_3 = \lambda_1 \begin{bmatrix} 1 \\ 2 \\ -3 \\ 4 \end{bmatrix} + \lambda_2 \begin{bmatrix} 1 \\ 1 \\ 0 \\ 2 \end{bmatrix} + \lambda_3 \begin{bmatrix} -1 \\ -2 \\ 1 \\ 1 \end{bmatrix} = \mathbf{0}. \tag{2.68}$$

我们将向量 $x_i(i = 1, 2, 3)$ 写为矩阵的列, 并应用初等行变换, 直到确定了主元列:

$$\begin{bmatrix} 1 & 1 & -1 \\ 2 & 1 & -2 \\ -3 & 0 & 1 \\ 4 & 2 & 1 \end{bmatrix} \rightsquigarrow \cdots \rightsquigarrow \begin{bmatrix} 1 & 1 & -1 \\ 0 & 1 & 0 \\ 0 & 0 & 1 \\ 0 & 0 & 0 \end{bmatrix}. \tag{2.69}$$

这里, 矩阵的每一列都是主元列. 因此, 不存在非平凡解, 只有 $\lambda_1 = 0, \lambda_2 = 0, \lambda_3 = 0$ 为方程组的解. 因此, 向量 x_1, x_2, x_3 是线性无关的.

评注 考虑具有 k 个线性无关向量 $b_1, \cdots, b_k$ 和 m 个线性组合的向量空间 V

$$\begin{aligned} x_1 &= \sum_{i=1}^{k} \lambda_{i1} b_i, \\ &\vdots \\ x_m &= \sum_{i=1}^{k} \lambda_{im} b_i. \end{aligned} \tag{2.70}$$

将 $B = [b_1, \cdots, b_k]$ 定义为列线性无关向量 $b_1, \cdots, b_k$ 构成的矩阵, 可以用更简洁的形式写为

$$x_j = B\lambda_j, \quad \lambda_j = \begin{bmatrix} \lambda_{1j} \\ \vdots \\ \lambda_{kj} \end{bmatrix}, \quad j = 1, \cdots, m. \tag{2.71}$$

我们想判断 $\boldsymbol{x}_1,\cdots,\boldsymbol{x}_m$ 是否线性无关. 为此, 我们按照 $\sum_{j=1}^{m}\psi_j\boldsymbol{x}_j=\mathbf{0}$ 的常用方法. 通过式 (2.71), 我们得到

$$\sum_{j=1}^{m}\psi_j\boldsymbol{x}_j=\sum_{j=1}^{m}\psi_j\boldsymbol{B}\boldsymbol{\lambda}_j=\boldsymbol{B}\sum_{j=1}^{m}\psi_j\boldsymbol{\lambda}_j\,. \tag{2.72}$$

这意味着 $\{\boldsymbol{x}_1,\cdots,\boldsymbol{x}_m\}$ 是线性无关的当且仅当列向量 $\{\boldsymbol{\lambda}_1,\cdots,\boldsymbol{\lambda}_m\}$ 是线性无关的.

评注 如果 $m>k$, 则向量空间 V 内 k 个向量 $\boldsymbol{x}_1,\cdots,\boldsymbol{x}_k$ 的 m 个线性组合是线性相关的.

例 2.15 考虑线性无关向量组 $\boldsymbol{b}_1,\boldsymbol{b}_2,\boldsymbol{b}_3,\boldsymbol{b}_4\in\mathbb{R}^n$, 并且

$$\begin{array}{rcrcrcrcr}
\boldsymbol{x}_1 &=& \boldsymbol{b}_1 &-& 2\boldsymbol{b}_2 &+& \boldsymbol{b}_3 &-& \boldsymbol{b}_4\\
\boldsymbol{x}_2 &=& -4\boldsymbol{b}_1 &-& 2\boldsymbol{b}_2 & & &+& 4\boldsymbol{b}_4\\
\boldsymbol{x}_3 &=& 2\boldsymbol{b}_1 &+& 3\boldsymbol{b}_2 &-& \boldsymbol{b}_3 &-& 3\boldsymbol{b}_4\\
\boldsymbol{x}_4 &=& 17\boldsymbol{b}_1 &-& 10\boldsymbol{b}_2 &+& 11\boldsymbol{b}_3 &+& \boldsymbol{b}_4
\end{array}\,. \tag{2.73}$$

向量 $\boldsymbol{x}_1,\cdots,\boldsymbol{x}_4\in\mathbb{R}^n$ 是否线性无关？为此，我们研究列向量

$$\left\{\begin{bmatrix}1\\-2\\1\\-1\end{bmatrix},\begin{bmatrix}-4\\-2\\0\\4\end{bmatrix},\begin{bmatrix}2\\3\\-1\\-3\end{bmatrix},\begin{bmatrix}17\\-10\\11\\1\end{bmatrix}\right\} \tag{2.74}$$

是否线性无关. 将相应线性方程组的系数矩阵行简化阶梯形为

$$\boldsymbol{A}=\begin{bmatrix}1&-4&2&17\\-2&-2&3&-10\\1&0&-1&11\\-1&4&-3&1\end{bmatrix} \tag{2.75}$$

即

$$\begin{bmatrix}1&0&0&-7\\0&1&0&-15\\0&0&1&-18\\0&0&0&0\end{bmatrix}. \tag{2.76}$$

我们看到相应的线性方程组是非平凡可解的：最后一列不是主元列, 并且 $\boldsymbol{x}_4=-7\boldsymbol{x}_1-15\boldsymbol{x}_2-18\boldsymbol{x}_3$. 因此, 由 $\boldsymbol{x}_4$ 可以表示为 $\boldsymbol{x}_1,\cdots,\boldsymbol{x}_3$ 的线性组合, 从而可得出 $\boldsymbol{x}_1,\cdots,\boldsymbol{x}_4$ 是线性相关的.

2.6 基与秩

在一个向量空间 V 中, 我们特别感兴趣的是具有以下特性的向量集 $\mathcal{A}$: 任何向量 $\boldsymbol{v} \in V$ 都能通过 $\mathcal{A}$ 中的向量的线性组合得到. 这些向量是特殊的向量, 下面我们将进一步描述它们.

2.6.1 生成集与基

定义 2.13 (生成集与张成的空间) 考虑一个向量空间 $V = (\mathcal{V}, +, \cdot)$ 和向量集 $\mathcal{A} = \{\boldsymbol{x}_1, \cdots, \boldsymbol{x}_k\} \subseteq \mathcal{V}$. 如果每个向量 $\boldsymbol{v} \in \mathcal{V}$ 都可以表示为 $\boldsymbol{x}_1, \cdots, \boldsymbol{x}_k$ 的线性组合, 则称 $\mathcal{A}$ 为 V 的一个生成集. $\mathcal{A}$ 中所有向量的线性组合形成的集合称为 $\mathcal{A}$ 张成的空间. 如果 $\mathcal{A}$ 张成了向量空间 V, 则写作 $V = \text{span}[\mathcal{A}]$ 或 $V = \text{span}[\boldsymbol{x}_1, \cdots, \boldsymbol{x}_k]$.

生成集是张成的向量 (子) 空间中的向量的集合, 即 (子) 空间中的每一个向量都可以表示为生成集中向量的线性组合. 现在, 我们将更具体地描述张成的向量 (子) 空间的最小生成集.

定义 2.14 (基) 考虑一个向量空间 $V = (\mathcal{V}, +, \cdot)$ 和 $\mathcal{A} \subseteq \mathcal{V}$. 如果不存在更小的集合 $\tilde{\mathcal{A}} \subseteq \mathcal{A} \subseteq \mathcal{V}$ 可以张成 V, 则称 V 的生成集 $\mathcal{A}$ 为最小生成集. V 的每一个线性无关的生成集都是最小的, 称为 V 的基[⊖].

设 $V = (\mathcal{V}, +, \cdot)$ 为向量空间且 $\mathcal{B} \subseteq \mathcal{V}, \mathcal{B} \neq \varnothing$. 那么, 下面的说法是等价的:

- $\mathcal{B}$ 是 V 的一个基.
- $\mathcal{B}$ 是一个最小生成集.
- $\mathcal{B}$ 是 V 中最大线性无关向量集, 即在这个集合中加入任何其他向量都会使其线性相关.
- 每个向量 $\boldsymbol{x} \in V$ 都是 $\mathcal{B}$ 的向量的线性组合, 而且每个线性组合都是唯一的, 即

$$\boldsymbol{x} = \sum_{i=1}^{k} \lambda_i \boldsymbol{b}_i = \sum_{i=1}^{k} \psi_i \boldsymbol{b}_i \tag{2.77}$$

其中 $\lambda_i, \psi_i \in \mathbb{R}$, $\boldsymbol{b}_i \in \mathcal{B}$ 且 $\lambda_i = \psi_i$, $i = 1, \cdots, k$.

例 2.16

- 在 $\mathbb{R}^3$ 中, 典范/标准基是

$$\mathcal{B} = \left\{ \begin{bmatrix} 1 \\ 0 \\ 0 \end{bmatrix}, \begin{bmatrix} 0 \\ 1 \\ 0 \end{bmatrix}, \begin{bmatrix} 0 \\ 0 \\ 1 \end{bmatrix} \right\}. \tag{2.78}$$

⊖ 基是一个最小生成集和最大线性无关的向量集.

- $\mathbb{R}^3$ 中的不同基为

$$\mathcal{B}_1=\left\{\begin{bmatrix}1\\0\\0\end{bmatrix},\begin{bmatrix}1\\1\\0\end{bmatrix},\begin{bmatrix}1\\1\\1\end{bmatrix}\right\},\mathcal{B}_2=\left\{\begin{bmatrix}0.5\\0.8\\0.4\end{bmatrix},\begin{bmatrix}1.8\\0.3\\0.3\end{bmatrix},\begin{bmatrix}-2.2\\-1.3\\3.5\end{bmatrix}\right\}. \tag{2.79}$$

- 集合

$$\mathcal{A}=\left\{\begin{bmatrix}1\\2\\3\\4\end{bmatrix},\begin{bmatrix}2\\-1\\0\\2\end{bmatrix},\begin{bmatrix}1\\1\\0\\-4\end{bmatrix}\right\} \tag{2.80}$$

是线性无关的, 但不是 $\mathbb{R}^4$ 的生成集 (也并非基), 例如, 向量 $[1,0,0,0]^\top$ 不能通过 $\mathcal{A}$ 中元素的线性组合得到.

评注 每个向量空间 V 都有一个基 $\mathcal{B}$. 前面的例子说明, 一个向量空间 V 可以有许多基, 即不存在唯一的基. 然而, 所有的基都拥有相同数量的元素, 即基向量.

我们只考虑有限维向量空间 V. 在这种情况下, V 的维数是 V 的基向量数, 我们写作 $\dim(V)$. 如果 $U\subseteq V$ 是 V 的子空间, 那么 $\dim(U)\leqslant\dim(V)$ 和 $\dim(U)=\dim(V)$ 当且仅当 $U=V$. 直观地说, 向量空间的维数可以认为是这个向量空间中线性无关的向量的个数.

评注 向量空间的维数不一定是向量中元素的数量[㊀]. 例如, 尽管基向量拥有两个元素, 但向量空间 $V=\operatorname{span}\left[\begin{bmatrix}0\\1\end{bmatrix}\right]$ 是一维的.

评注 通过执行以下步骤找到子空间 $U=\operatorname{span}[\boldsymbol{x}_1,\cdots,\boldsymbol{x}_m]\subseteq\mathbb{R}^n$ 的基:

1. 将生成集中的向量写成矩阵 $\boldsymbol{A}$ 的列.
2. 确定 $\boldsymbol{A}$ 的行阶梯形矩阵.
3. 主元列对应的生成集中的向量是 U 的基.

例 2.17 (确定基) 对于由以下四个向量张成的向量子空间 $U\subseteq\mathbb{R}^5$:

$$\boldsymbol{x}_1=\begin{bmatrix}1\\2\\-1\\-1\\-1\end{bmatrix},\quad\boldsymbol{x}_2=\begin{bmatrix}2\\-1\\1\\2\\-2\end{bmatrix},\quad\boldsymbol{x}_3=\begin{bmatrix}3\\-4\\3\\5\\-3\end{bmatrix},\quad\boldsymbol{x}_4=\begin{bmatrix}-1\\8\\-5\\-6\\1\end{bmatrix}\in\mathbb{R}^5, \tag{2.81}$$

㊀ 向量空间的维数对应于它的基向量的数量.

我们感兴趣的是找出 $\boldsymbol{x}_1, \cdots, \boldsymbol{x}_4$ 中的哪些向量是 U 的基. 为此, 我们需要验证 $\boldsymbol{x}_1, \cdots, \boldsymbol{x}_4$ 是否线性无关. 因此, 我们需要求解

$$\sum_{i=1}^{4} \lambda_i \boldsymbol{x}_i = \mathbf{0}, \tag{2.82}$$

这就引出了一个齐次方程组, 其系数矩阵是

$$\begin{bmatrix} \boldsymbol{x}_1, \boldsymbol{x}_2, \boldsymbol{x}_3, \boldsymbol{x}_4 \end{bmatrix} = \begin{bmatrix} 1 & 2 & 3 & -1 \\ 2 & -1 & -4 & 8 \\ -1 & 1 & 3 & -5 \\ -1 & 2 & 5 & -6 \\ -1 & -2 & -3 & 1 \end{bmatrix}. \tag{2.83}$$

利用线性方程组的基本变换规则, 得到行阶梯形矩阵

$$\begin{bmatrix} 1 & 2 & 3 & -1 \\ 2 & -1 & -4 & 8 \\ -1 & 1 & 3 & -5 \\ -1 & 2 & 5 & -6 \\ -1 & -2 & -3 & 1 \end{bmatrix} \rightsquigarrow \cdots \rightsquigarrow \begin{bmatrix} 1 & 2 & 3 & -1 \\ 0 & 1 & 2 & -2 \\ 0 & 0 & 0 & 1 \\ 0 & 0 & 0 & 0 \\ 0 & 0 & 0 & 0 \end{bmatrix}.$$

由于主元列指示了哪一组向量是线性无关的, 所以我们从行阶梯形矩阵中看到 $\boldsymbol{x}_1, \boldsymbol{x}_2, \boldsymbol{x}_4$ 是线性无关的 (因为线性方程组 $\lambda_1 \boldsymbol{x}_1 + \lambda_2 \boldsymbol{x}_2 + \lambda_4 \boldsymbol{x}_4 = \mathbf{0}$ 只能用 $\lambda_1 = \lambda_2 = \lambda_4 = 0$ 求解). 因此, $\{\boldsymbol{x}_1, \boldsymbol{x}_2, \boldsymbol{x}_4\}$ 是 U 的基.

2.6.2 秩

矩阵 $\boldsymbol{A} \in \mathbb{R}^{m \times n}$ 的线性无关列数等于线性无关行数, 并且被称为 $\boldsymbol{A}$ 的秩, 用 $\mathrm{rk}(\boldsymbol{A})$ 表示.

评注 矩阵的秩有一些重要的性质:

- $\mathrm{rk}(\boldsymbol{A}) = \mathrm{rk}(\boldsymbol{A}^\top)$, 即行秩等于列秩.
- $\boldsymbol{A} \in \mathbb{R}^{m \times n}$ 的列张成子空间 $U \subseteq \mathbb{R}^m$, 其中 $\dim(U) = \mathrm{rk}(\boldsymbol{A})$. 后面我们把这个子空间称为象或者值域. 通过对 $\boldsymbol{A}$ 使用高斯消元法, 可以找到 U 的基, 以确定主元列.
- $\boldsymbol{A} \in \mathbb{R}^{m \times n}$ 的行张成子空间 $W \subseteq \mathbb{R}^n$, 其中 $\dim(W) = \mathrm{rk}(\boldsymbol{A})$. 对 $\boldsymbol{A}^\top$ 使用高斯消元法, 可以找到 W 的基.
- 对于所有的 $\boldsymbol{A} \in \mathbb{R}^{n \times n}$, $\boldsymbol{A}$ 是非奇异 (可逆) 的当且仅当 $\mathrm{rk}(\boldsymbol{A}) = n$.

- 对于所有的 $\boldsymbol{A} \in \mathbb{R}^{m\times n}$ 和所有的 $\boldsymbol{b} \in \mathbb{R}^{m}$, 线性方程组 $\boldsymbol{A}\boldsymbol{x} = \boldsymbol{b}$ 有解当且仅当 $\mathrm{rk}(\boldsymbol{A}) = \mathrm{rk}(\boldsymbol{A}|\boldsymbol{b})$, 其中 $\boldsymbol{A}|\boldsymbol{b}$ 表示增广矩阵.
- 对于 $\boldsymbol{A} \in \mathbb{R}^{m\times n}$ 来说, $\boldsymbol{A}\boldsymbol{x} = \boldsymbol{0}$ 的解的子空间维数是 $n - \mathrm{rk}(\boldsymbol{A})$. 稍后, 我们将这个子空间称为核空间或零空间.
- 如果一个矩阵 $\boldsymbol{A} \in \mathbb{R}^{m\times n}$ 的秩等于同维矩阵的最大可能的秩, 那么它就是满秩的. 这意味着满秩矩阵的秩是行数和列数中较小的那个, 即 $\mathrm{rk}(\boldsymbol{A}) = \min(m, n)$. 如果矩阵非满秩, 则称它为秩亏损的.

例 2.18 (秩)

- $\boldsymbol{A} = \begin{bmatrix} 1 & 0 & 1 \\ 0 & 1 & 1 \\ 0 & 0 & 0 \end{bmatrix}$.

$\boldsymbol{A}$ 有两个线性无关的行/列, 所以 $\mathrm{rk}(\boldsymbol{A}) = 2$.

- $\boldsymbol{A} = \begin{bmatrix} 1 & 2 & 1 \\ -2 & -3 & 1 \\ 3 & 5 & 0 \end{bmatrix}$.

我们使用高斯消元法来确定秩:

$$\begin{bmatrix} 1 & 2 & 1 \\ -2 & -3 & 1 \\ 3 & 5 & 0 \end{bmatrix} \rightsquigarrow \cdots \rightsquigarrow \begin{bmatrix} 1 & 2 & 1 \\ 0 & 1 & 3 \\ 0 & 0 & 0 \end{bmatrix}. \tag{2.84}$$

在这里, 我们看到线性无关的行和列的数量是 2, 那么 $\mathrm{rk}(\boldsymbol{A}) = 2$.

2.7 线性映射

在下面, 我们将研究保持向量空间结构的映射, 这将允许我们定义坐标的概念. 在本章的开头, 我们说过, 向量是可以加在一起并乘以标量的对象, 所得的对象仍然是向量. 我们希望在应用映射时保留该特性: 考虑两个实向量空间 V, W. 对于所有的 $\boldsymbol{x}, \boldsymbol{y} \in V$ 和 $\lambda \in \mathbb{R}$, 映射 $\Phi: V \to W$ 在以下情况下维持了向量空间的结构:

$$\Phi(\boldsymbol{x} + \boldsymbol{y}) = \Phi(\boldsymbol{x}) + \Phi(\boldsymbol{y}) \tag{2.85}$$

$$\Phi(\lambda \boldsymbol{x}) = \lambda \Phi(\boldsymbol{x}). \tag{2.86}$$

我们可以用下面的定义来总结.

定义 2.15 (线性映射) 对于向量空间 V, W, 如果

$$\forall \boldsymbol{x}, \boldsymbol{y} \in V, \forall \lambda, \psi \in \mathbb{R}, \Phi(\lambda \boldsymbol{x} + \psi \boldsymbol{y}) = \lambda \Phi(\boldsymbol{x}) + \psi \Phi(\boldsymbol{y}), \tag{2.87}$$

则映射 $\Phi: V \rightarrow W$ 被称为线性映射 (或向量空间同态 /线性变换).

结果证明, 我们可以将线性映射表示为矩阵 (参见 2.7.1 节). 记住, 我们也可以收集一组向量作为矩阵的列. 在处理矩阵时, 我们要记住矩阵所代表的内容：线性映射或向量的集合. 我们将在第 4 章中看到更多关于线性映射的内容. 在继续之前, 我们先简单介绍一下特殊的映射.

定义 2.16 (单射、满射、双射)　考虑一个映射 $\Phi: \mathcal{V} \rightarrow \mathcal{W}$, 其中 $\mathcal{V}, \mathcal{W}$ 可以是任意的集合. 那么 Φ 被称为

- 单射, 若 $\forall \boldsymbol{x}, \boldsymbol{y} \in \mathcal{V}: \Phi(\boldsymbol{x}) = \Phi(\boldsymbol{y}) \implies \boldsymbol{x} = \boldsymbol{y}$.
- 满射, 若 $\Phi(\mathcal{V}) = \mathcal{W}$.
- 双射, 若 Φ 既是单射又是满射.

如果 Φ 是满射, 那么 $\mathcal{W}$ 中的每个元素都可以通过 Φ 从 $\mathcal{V}$ 中映射“到达”. 双射 Φ 可以是“反解”, 即存在映射 $\Psi: \mathcal{W} \rightarrow \mathcal{V}$, 使得 $\Psi \circ \Phi(\boldsymbol{x}) = \boldsymbol{x}$. 该映射 Ψ 就被称作 Φ 的逆, 通常用 Φ^{-1} 来表示.

通过这些定义, 我们来介绍以下特殊情况中的向量空间 V 和 W 之间的线性映射：

- 同构： $\Phi: V \rightarrow W$ 线性且双射.
- 自同态： $\Phi: V \rightarrow V$ 线性.
- 自同构： $\Phi: V \rightarrow V$ 线性且双射.
- 我们将 $\mathrm{id}_V: V \rightarrow V, \boldsymbol{x} \mapsto \boldsymbol{x}$ 定义为 V 中的恒等映射或恒等自同构.

例 2.19 (同态性)　映射 $\Phi: \mathbb{R}^2 \rightarrow \mathbb{C}$, $\Phi(\boldsymbol{x}) = x_1 + ix_2$, 是同态的：

$$
\begin{aligned}
\Phi\left(\begin{bmatrix} x_1 \\ x_2 \end{bmatrix} + \begin{bmatrix} y_1 \\ y_2 \end{bmatrix}\right) &= (x_1 + y_1) + \mathrm{i}(x_2 + y_2) = x_1 + \mathrm{i}x_2 + y_1 + \mathrm{i}y_2 \\
&= \Phi\left(\begin{bmatrix} x_1 \\ x_2 \end{bmatrix}\right) + \Phi\left(\begin{bmatrix} y_1 \\ y_2 \end{bmatrix}\right) \\
\Phi\left(\lambda \begin{bmatrix} x_1 \\ x_2 \end{bmatrix}\right) &= \lambda x_1 + \lambda \mathrm{i} x_2 = \lambda(x_1 + \mathrm{i}x_2) = \lambda \Phi\left(\begin{bmatrix} x_1 \\ x_2 \end{bmatrix}\right).
\end{aligned}
\tag{2.88}
$$

这也说明了为什么复数在 $\mathbb{R}^2$ 中可以用数组表示. 存在一个双射线性映射, 它将 $\mathbb{R}^2$ 中数组的元素加法转换为具有相应加法的复数集. 请注意, 我们只展示了线性, 但没有展示出双射.

定理 2.17 (Axler (2015) 的定理 3.59)　有限维向量空间 V 和 W 是同构映射, 当且仅当 $\dim(V) = \dim(W)$.

定理 2.17 表明相同维数的两个向量空间之间存在线性双射. 直观地说, 这意味着相同维数的向量空间是相同的, 它们之间可以毫无损失地相互转换.

定理 2.17 也给我们提供了将 $\mathbb{R}^{m \times n}$($m \times n$ 矩阵的向量空间) 和 $\mathbb{R}^{mn}$(长度为 mn 的向

量空间) 同样对待的理由, 因为它们都是 mn 维的, 而且存在能将一个转换为另一个的线性双射.

评注　考虑向量空间 V, W, X. 那么:

- 对于线性映射 $\Phi: V \to W$ 和 $\Psi: W \to X$, 映射 $\Psi \circ \Phi: V \to X$ 也是线性的.
- 如果 $\Phi: V \to W$ 是同构映射, 那么 $\Phi^{-1}: W \to V$ 也是同构映射.
- 如果 $\Phi: V \to W$, $\Psi: V \to W$ 是线性映射, 那么 $\Phi + \Psi$ 和 $\lambda\Phi(\lambda \in \mathbb{R})$ 也是线性映射.

2.7.1　线性映射的矩阵表示

任意 n 维向量空间与 $\mathbb{R}^n$ 同构 (定理 2.17). 我们考虑 n 维向量空间 V 的基 $\{\boldsymbol{b}_1, \cdots, \boldsymbol{b}_n\}$. 在下文中, 基向量的次序尤为重要. 因此, 我们记

$$B = (\boldsymbol{b}_1, \cdots, \boldsymbol{b}_n) \tag{2.89}$$

并且称这 n 个数组为 V 的有序基.

评注 (符号)　现在的符号有点复杂了. 因此, 我们在此对部分内容进行总结. $B = (\boldsymbol{b}_1, \cdots, \boldsymbol{b}_n)$ 是有序基, $\mathcal{B} = \{\boldsymbol{b}_1, \cdots, \boldsymbol{b}_n\}$ 是 (无序) 基, 且 $\boldsymbol{B} = [\boldsymbol{b}_1, \cdots, \boldsymbol{b}_n]$ 是一个矩阵, 其列为向量 $\boldsymbol{b}_1, \cdots, \boldsymbol{b}_n$.

定义 2.18(坐标)　考虑向量空间 V 和 V 的有序基 $B = (\boldsymbol{b}_1, \cdots, \boldsymbol{b}_n)$. 对于任意 $\boldsymbol{x} \in V$, 我们都有 $\boldsymbol{x}$ 关于 B 的唯一的表示方法 (线性组合)

$$\boldsymbol{x} = \alpha_1 \boldsymbol{b}_1 + \cdots + \alpha_n \boldsymbol{b}_n\,. \tag{2.90}$$

则 $\alpha_1, \cdots, \alpha_n$ 为 $\boldsymbol{x}$ 关于 B 的坐标, 且向量

$$\boldsymbol{\alpha} = \begin{bmatrix} \alpha_1 \\ \vdots \\ \alpha_n \end{bmatrix} \in \mathbb{R}^n \tag{2.91}$$

是 $\boldsymbol{x}$ 关于有序基 B 的坐标向量/坐标表示.

一个基有效地定义了一个坐标系. 我们熟悉二维笛卡儿坐标系, 它是由规范的基向量 $\boldsymbol{e}_1, \boldsymbol{e}_2$ 张成的. 在该坐标系中, 一个向量 $\boldsymbol{x} \in \mathbb{R}^2$ 有一个表示方法, 它告诉我们如何将 $\boldsymbol{e}_1$ 和 $\boldsymbol{e}_2$ 进行线性组合得到 $\boldsymbol{x}$. 然而, $\mathbb{R}^2$ 的任意基都定义了一个有效的坐标系, 之前的同一个向量 $\boldsymbol{x}$ 在 $(\boldsymbol{b}_1, \boldsymbol{b}_2)$ 基上可能有不同的坐标表示. 在图 2.8 中, $\boldsymbol{x}$ 关于标准基 $(\boldsymbol{e}_1, \boldsymbol{e}_2)$ 的坐标为 $[2, 2]^\top$. 然而, 就基 $(\boldsymbol{b}_1, \boldsymbol{b}_2)$ 而言, 相同的向量 $\boldsymbol{x}$ 表示为 $[1.09, 0.72]^\top$, 即 $\boldsymbol{x} = 1.09\boldsymbol{b}_1 + 0.72\boldsymbol{b}_2$. 在下面几节中, 我们将探讨如何获得这种表示.

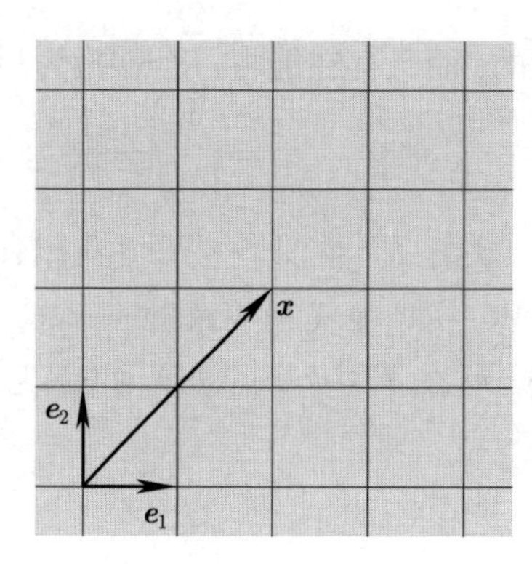

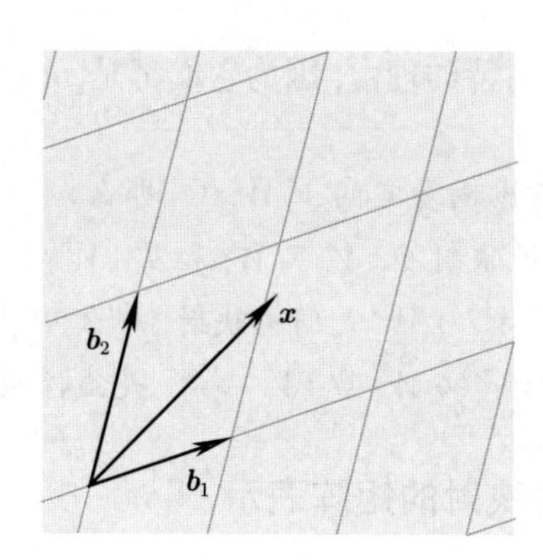

图 2.8 两组基向量定义两个不同的坐标系. 向量 $\boldsymbol{x}$ 不同的坐标表示形式取决于坐标系的选择

例 2.20 让我们来看一个坐标为 $[2,3]^\top$ 的几何向量 $\boldsymbol{x}\in\mathbb{R}^2$ 与 $\mathbb{R}^2$ 的标准基 $(\boldsymbol{e}_1,\boldsymbol{e}_2)$ 的关系. 这意味着, 我们可以记作 $\boldsymbol{x}=2\boldsymbol{e}_1+3\boldsymbol{e}_2$. 然而, 我们不必选择标准基来表示这个向量. 如果我们使用基向量 $\boldsymbol{b}_1=[1,-1]^\top,\boldsymbol{b}_2=[1,1]^\top$, 那么我们将得到坐标 $\frac{1}{2}[-1,5]^\top$ 来表示相同的向量. (见图 2.9).

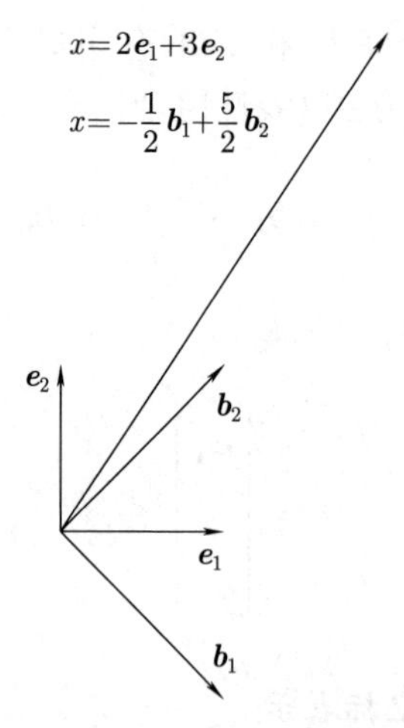

图 2.9 向量 $\boldsymbol{x}$ 的不同坐标表示取决于基的选取

评注 对于 n 维向量空间 V 和 V 的有序基 B, 映射 $\Phi:\mathbb{R}^n\to V$, $\Phi(\boldsymbol{e}_i)=\boldsymbol{b}_i(i=1,\cdots,n)$ 是线性映射 (且由于定理 2.17, 是同构的), 其中 $(\boldsymbol{e}_1,\cdots,\boldsymbol{e}_n)$ 是 $\mathbb{R}^n$ 的标准基.

现在我们将在矩阵与有限维向量空间间的线性映射之间建立明确的联系.

定义 2.19(变换矩阵) 考虑向量空间 V,W 及其相应的 (有序) 基 $B=(\boldsymbol{b}_1,\cdots,\boldsymbol{b}_n)$ 和

$C = (\boldsymbol{c}_1, \cdots, \boldsymbol{c}_m)$. 此外, 我们考虑一个线性映射 $\Phi : V \to W$. 对于 $j \in \{1, \cdots, n\}$,

$$\Phi(\boldsymbol{b}_j) = \alpha_{1j}\boldsymbol{c}_1 + \cdots + \alpha_{mj}\boldsymbol{c}_m = \sum_{i=1}^{m} \alpha_{ij}\boldsymbol{c}_i \tag{2.92}$$

是 $\Phi(\boldsymbol{b}_j)$ 关于 C 的唯一表示. 那么, 我们称 $m \times n$ 矩阵 $\boldsymbol{A}_\Phi$ 为 Φ (关于 V 的有序基 B 和 W 的有序基 C) 的**变换矩阵**, 它的元素为

$$A_\Phi(i, j) = \alpha_{ij}\,. \tag{2.93}$$

$\Phi(\boldsymbol{b}_j)$ 关于 W 的有序基 C 的坐标为 $\boldsymbol{A}_\Phi$ 的第 j 列. 考虑 (有限维) 向量空间 V, W 与有序基 B, C 和线性映射 $\Phi : V \to W$ 与变换矩阵 $\boldsymbol{A}_\Phi$. 如果 $\hat{\boldsymbol{x}}$ 是 $\boldsymbol{x} \in V$ 在 B 下的坐标向量, $\hat{\boldsymbol{y}}$ 是 $\boldsymbol{y} \in W$ 在 C 下的坐标向量, 则

$$\hat{\boldsymbol{y}} = \boldsymbol{A}_\Phi \hat{\boldsymbol{x}}\,. \tag{2.94}$$

这意味着变换矩阵可以用来将 V 中关于有序基的坐标映射到 W 中关于有序基的坐标.

例 2.21 (变换矩阵) 考虑一个同态 $\Phi : V \to W$ 以及 V 的有序基 $B = (\boldsymbol{b}_1, \cdots, \boldsymbol{b}_3)$ 和 W 的 $C = (\boldsymbol{c}_1, \cdots, \boldsymbol{c}_4)$. 有

$$\begin{aligned} \Phi(\boldsymbol{b}_1) &= \boldsymbol{c}_1 - \boldsymbol{c}_2 + 3\boldsymbol{c}_3 - \boldsymbol{c}_4 \\ \Phi(\boldsymbol{b}_2) &= 2\boldsymbol{c}_1 + \boldsymbol{c}_2 + 7\boldsymbol{c}_3 + 2\boldsymbol{c}_4 \\ \Phi(\boldsymbol{b}_3) &= 3\boldsymbol{c}_2 + \boldsymbol{c}_3 + 4\boldsymbol{c}_4 \end{aligned} \tag{2.95}$$

关于 B 和 C 的变换矩阵 $\boldsymbol{A}_\Phi$ 满足 $\Phi(\boldsymbol{b}_k) = \sum_{i=1}^{4} \alpha_{ik}\boldsymbol{c}_i (k = 1, \cdots, 3)$, 并表示为

$$\boldsymbol{A}_\Phi = [\boldsymbol{\alpha}_1, \boldsymbol{\alpha}_2, \boldsymbol{\alpha}_3] = \begin{bmatrix} 1 & 2 & 0 \\ -1 & 1 & 3 \\ 3 & 7 & 1 \\ -1 & 2 & 4 \end{bmatrix}, \tag{2.96}$$

其中 $\boldsymbol{\alpha}_j, (j = 1, 2, 3)$ 为 $\Phi(\boldsymbol{b}_j)$ 关于 C 的坐标向量.

例 2.22 (向量的线性变换) 我们考虑 $\mathbb{R}^2$ 中一组向量的三个线性变换, 变换矩阵为

$$\boldsymbol{A}_1 = \begin{bmatrix} \cos\left(\frac{\pi}{4}\right) & -\sin\left(\frac{\pi}{4}\right) \\ \sin\left(\frac{\pi}{4}\right) & \cos\left(\frac{\pi}{4}\right) \end{bmatrix}, \ \boldsymbol{A}_2 = \begin{bmatrix} 2 & 0 \\ 0 & 1 \end{bmatrix}, \ \boldsymbol{A}_3 = \frac{1}{2}\begin{bmatrix} 3 & -1 \\ 1 & -1 \end{bmatrix}. \tag{2.97}$$

图 2.10 给出了一组向量的线性变换的三个例子. 图 2.10a 展示了 $\mathbb{R}^2$ 中的 400 个向量, 每个向量在对应的坐标 (x_1, x_2) 处用一个点表示. 向量排列成正方形. 当我们在式 (2.97) 中使用矩阵 $\boldsymbol{A}_1$ 来对这些向量进行线性变换时, 我们得到图 2.10b 中的旋转方块. 如果我们应用 $\boldsymbol{A}_2$ 表示的线性映射, 将得到图 2.10c 中的矩形, 其中每个坐标 x_1 拉伸 2 倍. 图 2.10d 展示的是原始图像通过变换矩阵 $\boldsymbol{A}_3$ 进行反射、旋转和拉伸组合变换的图像.

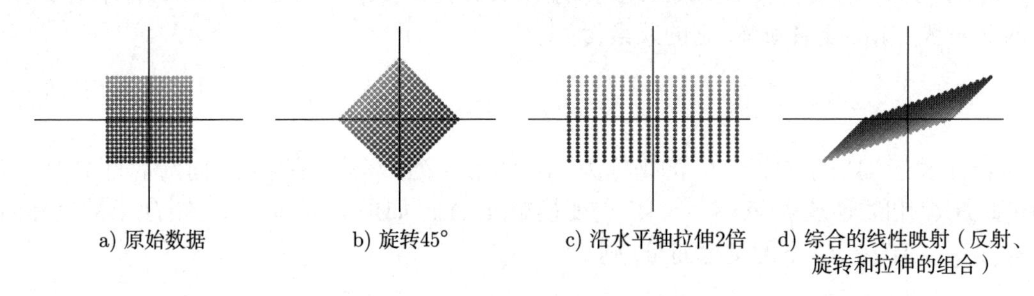

图 2.10 向量线性变换的三个例子

2.7.2 基变换

下面我们将仔细研究一下, 如果我们改变 V 和 W 中的基, 线性映射 $\Phi: V \to W$ 的变换矩阵是如何变化的. 考虑 V 的两个有序基

$$B = (\boldsymbol{b}_1, \cdots, \boldsymbol{b}_n), \quad \tilde{B} = (\tilde{\boldsymbol{b}}_1, \cdots, \tilde{\boldsymbol{b}}_n) \tag{2.98}$$

和 W 的两个有序基

$$C = (\boldsymbol{c}_1, \cdots, \boldsymbol{c}_m), \quad \tilde{C} = (\tilde{\boldsymbol{c}}_1, \cdots, \tilde{\boldsymbol{c}}_m). \tag{2.99}$$

此外, $\boldsymbol{A}_\Phi \in \mathbb{R}^{m\times n}$ 是线性映射 $\Phi: V \to W$ 关于基 B 和 C 的变换矩阵, $\tilde{\boldsymbol{A}}_\Phi \in \mathbb{R}^{m\times n}$ 是关于 $\tilde{B}$ 和 $\tilde{C}$ 的相应变换映射. 下面我们将研究 $\boldsymbol{A}$ 和 $\tilde{\boldsymbol{A}}$ 的关系, 即如果选择从 B, C 到 $\tilde{B}, \tilde{C}$ 进行基变换, 我们如何或能否将 $\boldsymbol{A}_\Phi$ 转换为 $\tilde{\boldsymbol{A}}_\Phi$.

评注 我们有效地得到恒等映射 id_V 的不同坐标表示. 在图 2.9 中, 这意味着在不改变向量 $\boldsymbol{x}$ 的情况下, 能将关于 $(\boldsymbol{e}_1, \boldsymbol{e}_2)$ 的坐标映射到关于 $(\boldsymbol{b}_1, \boldsymbol{b}_2)$ 的坐标上. 通过改变基和相应的向量表示形式, 有关这个新基的变换矩阵可以有一个特别简单的形式, 允许直接进行计算.

例 2.23 (基变换) 考虑一个关于 $\mathbb{R}^2$ 中标准基的变换矩阵

$$\boldsymbol{A} = \begin{bmatrix} 2 & 1 \\ 1 & 2 \end{bmatrix}. \tag{2.100}$$

如果我们定义一个新的基

$$B = \left(\begin{bmatrix} 1 \\ 1 \end{bmatrix}, \begin{bmatrix} 1 \\ -1 \end{bmatrix} \right) \tag{2.101}$$

我们得到了一个关于 B 的对角变换矩阵

$$\tilde{\boldsymbol{A}} = \begin{bmatrix} 3 & 0 \\ 0 & 1 \end{bmatrix}, \tag{2.102}$$

它比 $\boldsymbol{A}$ 更容易处理.

下面我们将研究关于基的坐标向量转换为关于不同基的坐标向量的映射. 我们将先陈述我们的主要结果, 然后进行解释.

定理 2.20 (基变换) 若有线性映射 $\Phi: V \to W$, V 的有序基

$$B = (\boldsymbol{b}_1, \cdots, \boldsymbol{b}_n), \quad \tilde{B} = (\tilde{\boldsymbol{b}}_1, \cdots, \tilde{\boldsymbol{b}}_n) \tag{2.103}$$

和 W 的有序基

$$C = (\boldsymbol{c}_1, \cdots, \boldsymbol{c}_m), \quad \tilde{C} = (\tilde{\boldsymbol{c}}_1, \cdots, \tilde{\boldsymbol{c}}_m), \tag{2.104}$$

以及 Φ 关于 B 和 C 的变换矩阵 $\boldsymbol{A}_\Phi$, 则关于基 $\tilde{B}$ 和 $\tilde{C}$ 的相应变换矩阵为

$$\tilde{\boldsymbol{A}}_\Phi = \boldsymbol{T}^{-1}\boldsymbol{A}_\Phi\boldsymbol{S}. \tag{2.105}$$

这里, $\boldsymbol{S} \in \mathbb{R}^{n\times n}$ 是将关于 $\tilde{B}$ 的坐标映射到关于 B 的坐标上的 id_V 的变换矩阵, $\boldsymbol{T} \in \mathbb{R}^{m\times m}$ 是将关于 $\tilde{C}$ 的坐标映射到关于 C 的坐标上的 id_W 的变换矩阵.

证明 根据 Drumm and Weil (2001), 我们可以将 V 的新基向量 $\tilde{B}$ 写成 B 的基向量的线性组合, 这样一来

$$\tilde{\boldsymbol{b}}_j = s_{1j}\boldsymbol{b}_1 + \cdots + s_{nj}\boldsymbol{b}_n = \sum_{i=1}^{n} s_{ij}\boldsymbol{b}_i, \quad j = 1, \cdots, n. \tag{2.106}$$

同理, 我们将 W 的新基向量 $\tilde{C}$ 写成 C 的基向量的线性组合, 由此可得

$$\tilde{\boldsymbol{c}}_k = t_{1k}\boldsymbol{c}_1 + \cdots + t_{mk}\boldsymbol{c}_m = \sum_{l=1}^{m} t_{lk}\boldsymbol{c}_l, \quad k = 1, \cdots, m. \tag{2.107}$$

我们定义 $\boldsymbol{S} = ((s_{ij})) \in \mathbb{R}^{n\times n}$ 为将关于 $\tilde{B}$ 的坐标映射到关于 B 的坐标上的变换矩阵, $\boldsymbol{T} = ((t_{lk})) \in \mathbb{R}^{m\times m}$ 为将坐标 $\tilde{C}$ 映射到坐标 C 上的变换矩阵. 具体而言, $\boldsymbol{S}$ 的第 j 列是 $\tilde{\boldsymbol{b}}_j$ 关于 B 的坐标表示, $\boldsymbol{T}$ 的第 k 列是 $\tilde{\boldsymbol{c}}_k$ 关于 C 的坐标表示. 需要注意的是, $\boldsymbol{S}$ 和 $\boldsymbol{T}$ 都是非奇异的. 我们将从两个方面来看 $\Phi(\tilde{\boldsymbol{b}}_j)$. 首先, 使用映射 Φ, 我们得到对所有 $j = 1, \cdots, n$,

$$\Phi(\tilde{\boldsymbol{b}}_j) = \sum_{k=1}^{m} \underbrace{\tilde{a}_{kj}\tilde{\boldsymbol{c}}_k}_{\in W} \overset{(2.107)}{=} \sum_{k=1}^{m} \tilde{a}_{kj} \sum_{l=1}^{m} t_{lk}\boldsymbol{c}_l = \sum_{l=1}^{m} \left(\sum_{k=1}^{m} t_{lk}\tilde{a}_{kj} \right) \boldsymbol{c}_l, \tag{2.108}$$

其中, 我们首先将新的基向量 $\tilde{\boldsymbol{c}}_k \in W$ 表示为基向量 $\boldsymbol{c}_l \in W$ 的线性组合, 然后调换求和顺序.

另外, 当将 $\tilde{\boldsymbol{b}}_j \in V$ 表示为 $\boldsymbol{b}_j \in V$ 的线性组合时, 我们得到

$$\Phi(\tilde{\boldsymbol{b}}_j) \overset{(2.106)}{=} \Phi\left(\sum_{i=1}^{n} s_{ij}\boldsymbol{b}_i\right) = \sum_{i=1}^{n} s_{ij}\Phi(\boldsymbol{b}_i) = \sum_{i=1}^{n} s_{ij}\sum_{l=1}^{m} a_{li}\boldsymbol{c}_l \tag{2.109a}$$

$$= \sum_{l=1}^{m}\left(\sum_{i=1}^{n} a_{li}s_{ij}\right)\boldsymbol{c}_l, \quad j = 1, \cdots, n, \tag{2.109b}$$

其中我们利用了 Φ 的线性性. 比较式 (2.108) 和式 (2.109b), 对于所有 $j = 1, \cdots, n$ 和 $l = 1, \cdots, m$, 可以得出

$$\sum_{k=1}^{m} t_{lk}\tilde{a}_{kj} = \sum_{i=1}^{n} a_{li}s_{ij} \tag{2.110}$$

因此,

$$\boldsymbol{T}\tilde{\boldsymbol{A}}_{\Phi} = \boldsymbol{A}_{\Phi}\boldsymbol{S} \in \mathbb{R}^{m\times n}, \tag{2.111}$$

使得

$$\tilde{\boldsymbol{A}}_{\Phi} = \boldsymbol{T}^{-1}\boldsymbol{A}_{\Phi}\boldsymbol{S}, \tag{2.112}$$

这就证明了定理 2.20. □

定理 2.20 告诉我们, 随着 V($\tilde{B}$ 替换 B) 和 W($\tilde{C}$ 替换 C) 的基变换, 线性映射 $\Phi: V \to W$ 的变换矩阵 $\boldsymbol{A}_{\Phi}$ 被等价的矩阵 $\tilde{\boldsymbol{A}}_{\Phi}$ 所替代, 并具有以下特点

$$\tilde{\boldsymbol{A}}_{\Phi} = \boldsymbol{T}^{-1}\boldsymbol{A}_{\Phi}\boldsymbol{S}. \tag{2.113}$$

图 2.11 说明了这一关系：考虑同态 $\Phi: V \to W$ 和 V 的有序基 $B, \tilde{B}$ 以及 W 的有序基 $C, \tilde{C}$. 映射 Φ_{CB} 是 Φ 的实例, 并将基向量 B 映射到基向量 C 的线性组合上. 假设我们知道关于有序基 B, C 的 Φ_{CB} 的变换矩阵 $\boldsymbol{A}_{\Phi}$. 当我们在 V 中进行 B 到 $\tilde{B}$ 和在 W 中进行 C 到 $\tilde{C}$ 的基变换时, 可以确定相应的变换矩阵 $\tilde{\boldsymbol{A}}_{\Phi}$ 如下：首先, 我们找到线性映射 $\Psi_{B\tilde{B}}: V \to V$ 关于新基 $\tilde{B}$ 的坐标映射到关于 (在 V 中) “旧” 基 B 的 (唯一) 坐标的矩阵表示. 然后, 我们使用 $\Phi_{CB}: V \to W$ 的变换矩阵 $\boldsymbol{A}_{\Phi}$ 将这些坐标映射到 W 中关于 C 的坐标上. 最后, 我们使用线性映射 $\Xi_{\tilde{C}C}: W \to W$ 将关于 C 的坐标映射到关于 $\tilde{C}$ 的坐标上. 因此, 我们可以将线性映射 $\Phi_{\tilde{C}\tilde{B}}$ 表示为涉及“旧”基的线性映射的组合：

$$\Phi_{\tilde{C}\tilde{B}} = \Xi_{\tilde{C}C} \circ \Phi_{CB} \circ \Psi_{B\tilde{B}} = \Xi_{C\tilde{C}}^{-1} \circ \Phi_{CB} \circ \Psi_{B\tilde{B}}. \tag{2.114}$$

具体来说, 我们使用 $\Psi_{B\tilde{B}} = \mathrm{id}_V$ 和 $\Xi_{C\tilde{C}} = \mathrm{id}_W$, 表示不同基下映射到自身的恒等映射.

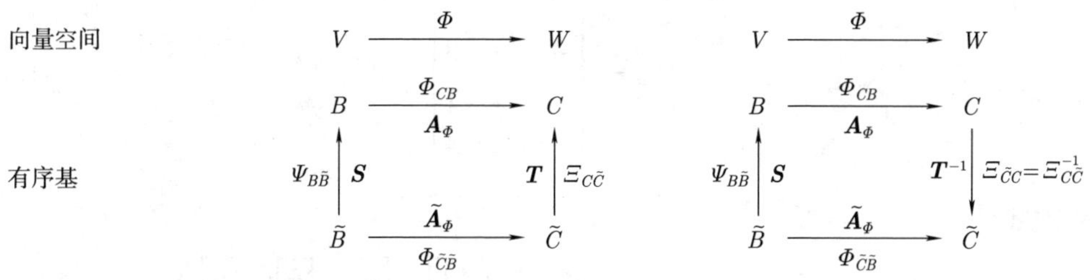

向量空间　$V \xrightarrow{\Phi} W$　　$V \xrightarrow{\Phi} W$

有序基

$$\begin{array}{ccc} B & \xrightarrow[\boldsymbol{A}_\Phi]{\Phi_{CB}} & C \\ \Psi_{B\tilde{B}} \uparrow \boldsymbol{S} & & \boldsymbol{T} \uparrow \Xi_{C\tilde{C}} \\ \tilde{B} & \xrightarrow[\Phi_{\tilde{C}\tilde{B}}]{\tilde{\boldsymbol{A}}_\Phi} & \tilde{C} \end{array} \qquad \begin{array}{ccc} B & \xrightarrow[\boldsymbol{A}_\Phi]{\Phi_{CB}} & C \\ \Psi_{B\tilde{B}} \uparrow \boldsymbol{S} & & \boldsymbol{T}^{-1} \downarrow \Xi_{\tilde{C}C} = \Xi_{C\tilde{C}}^{-1} \\ \tilde{B} & \xrightarrow[\Phi_{\tilde{C}\tilde{B}}]{\tilde{\boldsymbol{A}}_\Phi} & \tilde{C} \end{array}$$

图 2.11　对于同态 $\Phi: V \to W$ 和 V 的有序基 $B, \tilde{B}$ 以及 W 的有序基 $C, \tilde{C}$, 我们可以将关于基 $\tilde{B}, \tilde{C}$ 的映射 $\Phi_{\tilde{C}\tilde{B}}$ 等价地表示为 $\Phi_{\tilde{C}\tilde{B}} = \Xi_{\tilde{C}C} \circ \Phi_{CB} \circ \Psi_{B\tilde{B}}$ 关于下标基的同态

定义 2.21(等价性)　如果存在非奇异矩阵 $\boldsymbol{S} \in \mathbb{R}^{n\times n}$ 和 $\boldsymbol{T} \in \mathbb{R}^{m\times m}$, 使得 $\tilde{\boldsymbol{A}} = \boldsymbol{T}^{-1}\boldsymbol{A}\boldsymbol{S}$, 那么矩阵 $\boldsymbol{A}, \tilde{\boldsymbol{A}} \in \mathbb{R}^{m\times n}$ 等价.

定义 2.22 (相似性)　如果存在满足 $\tilde{\boldsymbol{A}} = \boldsymbol{S}^{-1}\boldsymbol{A}\boldsymbol{S}$ 的非奇异矩阵 $\boldsymbol{S} \in \mathbb{R}^{n\times n}$, 那么矩阵 $\boldsymbol{A}, \tilde{\boldsymbol{A}} \in \mathbb{R}^{n\times n}$ 相似.

评注　相似矩阵总是等价的. 但等价矩阵不一定相似.

评注　考虑向量空间 V, W, X. 从定理 2.17 后的评注中, 我们已经知道对于线性映射 $\Phi: V \to W$ 和 $\Psi: W \to X$, 映射 $\Psi \circ \Phi: V \to X$ 也是线性的. 若这两个映射相应的变换矩阵为 $\boldsymbol{A}_\Phi$ 和 $\boldsymbol{A}_\Psi$, 则整体变换矩阵为 $\boldsymbol{A}_{\Psi\circ\Phi} = \boldsymbol{A}_\Psi \boldsymbol{A}_\Phi$.

根据这条评注, 我们可以从构成线性映射的角度来看基变换:

- $\boldsymbol{A}_\Phi$ 是线性映射 $\Phi_{CB}: V \to W$ 关于基 B, C 的变换矩阵.
- $\tilde{\boldsymbol{A}}_\Phi$ 是线性映射 $\Phi_{\tilde{C}\tilde{B}}: V \to W$ 关于基 $\tilde{B}, \tilde{C}$ 的变换矩阵.
- $\boldsymbol{S}$ 是用 B 表示 $\tilde{B}$ 的线性映射 $\Psi_{B\tilde{B}}: V \to V$(自同构) 的变换矩阵. 通常, $\Psi = \mathrm{id}_V$ 是 V 中的恒等映射.
- $\boldsymbol{T}$ 是用 C 表示 $\tilde{C}$ 的线性映射 $\Xi_{C\tilde{C}}: W \to W$(自同构) 的变换矩阵. 通常, $\Xi = \mathrm{id}_W$ 是 W 中的恒等映射.

如果我们 (非形式化地) 只根据基来写下变换, 那么 $\boldsymbol{A}_\Phi: B \to C$, $\tilde{\boldsymbol{A}}_\Phi: \tilde{B} \to \tilde{C}$, $\boldsymbol{S}: \tilde{B} \to B$, $\boldsymbol{T}: \tilde{C} \to C$ 和 $\boldsymbol{T}^{-1}: C \to \tilde{C}$, 以及

$$\tilde{B} \to \tilde{C} = \tilde{B} \to B \to C \to \tilde{C} \tag{2.115}$$

$$\tilde{\boldsymbol{A}}_\Phi = \boldsymbol{T}^{-1}\boldsymbol{A}_\Phi\boldsymbol{S}. \tag{2.116}$$

请注意, 式 (2.116) 中的执行顺序是从右到左, 因为向量是右乘的, 所以 $\boldsymbol{x} \mapsto \boldsymbol{S}\boldsymbol{x} \mapsto \boldsymbol{A}_\Phi(\boldsymbol{S}\boldsymbol{x}) \mapsto \boldsymbol{T}^{-1}\big(\boldsymbol{A}_\Phi(\boldsymbol{S}\boldsymbol{x})\big) = \tilde{\boldsymbol{A}}_\Phi\boldsymbol{x}$.

例 2.24 (基变换) 考虑线性映射 $\Phi : \mathbb{R}^3 \to \mathbb{R}^4$, 其变换矩阵为

$$A_\Phi = \begin{bmatrix} 1 & 2 & 0 \\ -1 & 1 & 3 \\ 3 & 7 & 1 \\ -1 & 2 & 4 \end{bmatrix} \tag{2.117}$$

关于标准基

$$B = \left(\begin{bmatrix} 1 \\ 0 \\ 0 \end{bmatrix}, \begin{bmatrix} 0 \\ 1 \\ 0 \end{bmatrix}, \begin{bmatrix} 0 \\ 0 \\ 1 \end{bmatrix} \right), \quad C = \left(\begin{bmatrix} 1 \\ 0 \\ 0 \\ 0 \end{bmatrix}, \begin{bmatrix} 0 \\ 1 \\ 0 \\ 0 \end{bmatrix}, \begin{bmatrix} 0 \\ 0 \\ 1 \\ 0 \end{bmatrix}, \begin{bmatrix} 0 \\ 0 \\ 0 \\ 1 \end{bmatrix} \right). \tag{2.118}$$

我们求出 Φ 关于新基

$$\tilde{B} = \left(\begin{bmatrix} 1 \\ 1 \\ 0 \end{bmatrix}, \begin{bmatrix} 0 \\ 1 \\ 1 \end{bmatrix}, \begin{bmatrix} 1 \\ 0 \\ 1 \end{bmatrix} \right) \in \mathbb{R}^3, \quad \tilde{C} = \left(\begin{bmatrix} 1 \\ 1 \\ 0 \\ 0 \end{bmatrix}, \begin{bmatrix} 1 \\ 0 \\ 1 \\ 0 \end{bmatrix}, \begin{bmatrix} 0 \\ 1 \\ 1 \\ 0 \end{bmatrix}, \begin{bmatrix} 1 \\ 0 \\ 0 \\ 1 \end{bmatrix} \right) \tag{2.119}$$

的变换矩阵 $\tilde{A}_\Phi$.

然后,

$$S = \begin{bmatrix} 1 & 0 & 1 \\ 1 & 1 & 0 \\ 0 & 1 & 1 \end{bmatrix}, \qquad T = \begin{bmatrix} 1 & 1 & 0 & 1 \\ 1 & 0 & 1 & 0 \\ 0 & 1 & 1 & 0 \\ 0 & 0 & 0 & 1 \end{bmatrix}, \tag{2.120}$$

其中 S 的第 i 列是 $\tilde{b}_i$ 在基向量 B 上的坐标表示.

由于 B 是标准基, 所以很容易找到坐标表示. 对于一般基 B, 我们需要解线性方程组来求得 λ_i, 使 $\sum_{i=1}^{3} \lambda_i b_i = \tilde{b}_j$, $j = 1, \cdots, 3$. 同理, T 的第 j 列就基向量 C 而言, 是 $\tilde{c}_j$ 的坐标表示.

因此, 我们得到

$$\tilde{A}_\Phi = T^{-1} A_\Phi S = \frac{1}{2} \begin{bmatrix} 1 & 1 & -1 & -1 \\ 1 & -1 & 1 & -1 \\ -1 & 1 & 1 & 1 \\ 0 & 0 & 0 & 2 \end{bmatrix} \begin{bmatrix} 3 & 2 & 1 \\ 0 & 4 & 2 \\ 10 & 8 & 4 \\ 1 & 6 & 3 \end{bmatrix} \tag{2.121a}$$

$$= \begin{bmatrix} -4 & -4 & -2 \\ 6 & 0 & 0 \\ 4 & 8 & 4 \\ 1 & 6 & 3 \end{bmatrix}. \tag{2.121b}$$

在第 4 章中, 我们将可以利用基变换的概念, 找到关于自同态变换矩阵具有特别简单 (对角线的) 形式的基. 在第 10 章中, 我们将研究数据压缩问题. 我们会找到合适的基对数据进行投影, 同时最小化压缩损失.

2.7.3 象与核

线性映射的象和核是具有某些重要性质的向量子空间. 在下面, 我们将更仔细地描述它们的性质.

定义 2.23 (象与核) 对于 $\Phi: V \to W$, 我们定义 核/零空间

$$\ker(\Phi) := \Phi^{-1}(\mathbf{0}_W) = \{\boldsymbol{v} \in V : \Phi(\boldsymbol{v}) = \mathbf{0}_W\} \tag{2.122}$$

和象/值域

$$\operatorname{Im}(\Phi) := \Phi(V) = \{\boldsymbol{w} \in W | \exists \boldsymbol{v} \in V : \Phi(\boldsymbol{v}) = \boldsymbol{w}\}. \tag{2.123}$$

我们也把 V 和 W 分别称为 Φ 的定义域和到达域.

直观地说, 核是 $\boldsymbol{v} \in V$ 的向量集, Φ 映射到中性元 $\mathbf{0}_W \in W$ 上. 象是 $\boldsymbol{w} \in W$ 的向量集, 通过 Φ 可以从 V 中 "到达" 任意向量. 图 2.12 中给出了例证.

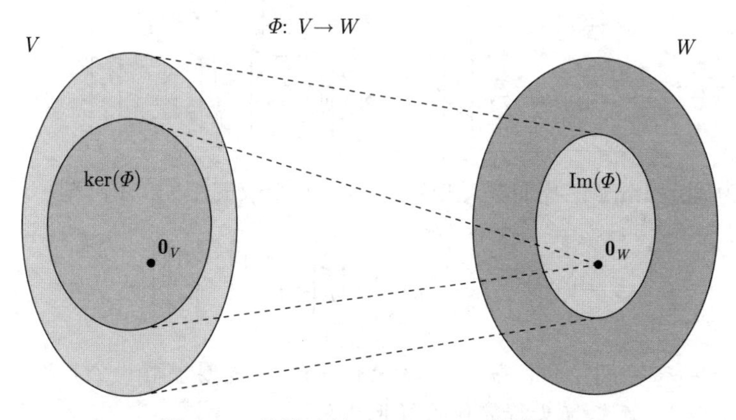

图 2.12 线性映射 $\Phi: V \to W$ 的核和象

评注 考虑线性映射 $\Phi: V \to W$, 其中 V, W 是向量空间.

- 始终认为 $\Phi(\mathbf{0}_V) = \mathbf{0}_W$, 因此 $\mathbf{0}_V \in \ker(\Phi)$. 特别地, 零空间是非空的.

- $\text{Im}(\Phi) \subseteq W$ 是 W 的一个子空间, $\ker(\Phi) \subseteq V$ 是 V 的一个子空间.
- Φ 是单射 (一对一) 当且仅当 $\ker(\Phi) = \{\mathbf{0}\}$.

评注(零空间和列空间) 让我们考虑 $\boldsymbol{A} \in \mathbb{R}^{m \times n}$ 和线性映射 $\Phi : \mathbb{R}^n \to \mathbb{R}^m, \boldsymbol{x} \mapsto \boldsymbol{Ax}$.

- 对于 $\boldsymbol{A} = [\boldsymbol{a}_1, \cdots, \boldsymbol{a}_n]$, 其中 $\boldsymbol{a}_i$ 是 $\boldsymbol{A}$ 的列, 我们得到

$$\text{Im}(\Phi) = \{\boldsymbol{Ax} : \boldsymbol{x} \in \mathbb{R}^n\} = \left\{\sum_{i=1}^{n} x_i \boldsymbol{a}_i : x_1, \cdots, x_n \in \mathbb{R}\right\} \tag{2.124a}$$

$$= \text{span}[\boldsymbol{a}_1, \cdots, \boldsymbol{a}_n] \subseteq \mathbb{R}^m, \tag{2.124b}$$

即象由 $\boldsymbol{A}$ 的列张成, 也称为列空间. 因此, 列空间 (象) 是 $\mathbb{R}^m$ 的一个子空间, 其中 m 为矩阵的“高”.

- $\text{rk}(\boldsymbol{A}) = \dim(\text{Im}(\Phi))$.
- 核/零空间 $\ker(\Phi)$ 是齐次线性方程组 $\boldsymbol{Ax} = \mathbf{0}$ 的通解, 捕获 $\mathbb{R}^n$ 中产生 $\mathbf{0} \in \mathbb{R}^m$ 的元素的所有可能的线性组合.
- 核是 $\mathbb{R}^n$ 的一个子空间, 其中 n 是矩阵的“宽”.
- 核注重各列之间的关系, 我们可以用它来判断一个列是否可以或者如何表示为其他列的线性组合.

例 2.25(线性映射的象和核) 映射

$$\Phi : \mathbb{R}^4 \to \mathbb{R}^2, \quad \begin{bmatrix} x_1 \\ x_2 \\ x_3 \\ x_4 \end{bmatrix} \mapsto \begin{bmatrix} 1 & 2 & -1 & 0 \\ 1 & 0 & 0 & 1 \end{bmatrix} \begin{bmatrix} x_1 \\ x_2 \\ x_3 \\ x_4 \end{bmatrix} = \begin{bmatrix} x_1 + 2x_2 - x_3 \\ x_1 + x_4 \end{bmatrix} \tag{2.125a}$$

$$= x_1 \begin{bmatrix} 1 \\ 1 \end{bmatrix} + x_2 \begin{bmatrix} 2 \\ 0 \end{bmatrix} + x_3 \begin{bmatrix} -1 \\ 0 \end{bmatrix} + x_4 \begin{bmatrix} 0 \\ 1 \end{bmatrix} \tag{2.125b}$$

是线性映射. 为确定 $\text{Im}(\Phi)$, 我们取变换矩阵的列所张成的空间, 并得到

$$\text{Im}(\Phi) = \text{span}\left[\begin{bmatrix} 1 \\ 1 \end{bmatrix}, \begin{bmatrix} 2 \\ 0 \end{bmatrix}, \begin{bmatrix} -1 \\ 0 \end{bmatrix}, \begin{bmatrix} 0 \\ 1 \end{bmatrix}\right]. \tag{2.126}$$

为了计算 Φ 的核 (零空间), 我们需要求解 $\boldsymbol{Ax} = \mathbf{0}$, 即需要求解一个齐次方程组. 为此, 我们使用高斯消元法将 $\boldsymbol{A}$ 转换为行简化阶梯形矩阵:

$$\begin{bmatrix} 1 & 2 & -1 & 0 \\ 1 & 0 & 0 & 1 \end{bmatrix} \rightsquigarrow \cdots \rightsquigarrow \begin{bmatrix} 1 & 0 & 0 & 1 \\ 0 & 1 & -\frac{1}{2} & -\frac{1}{2} \end{bmatrix}. \tag{2.127}$$

该矩阵为行简化阶梯形矩阵, 我们可以用 -1 技巧来计算该核的基 (参见 2.3.3 节). 另外, 我们也可以将非主元列 (第 3 和 4 列) 表示为主元列 (第 1 和 2 列) 的线性组合. 第三列 $\boldsymbol{a}_3$ 为 $-\frac{1}{2}$ 乘以第二列 $\boldsymbol{a}_2$. 因此, $\boldsymbol{0} = \boldsymbol{a}_3 + \frac{1}{2}\boldsymbol{a}_2$. 同样, 我们看到 $\boldsymbol{a}_4 = \boldsymbol{a}_1 - \frac{1}{2}\boldsymbol{a}_2$, 因此, $\boldsymbol{0} = \boldsymbol{a}_1 - \frac{1}{2}\boldsymbol{a}_2 - \boldsymbol{a}_4$. 总的来说, 这使我们的核 (零空间) 为

$$\ker(\Phi) = \operatorname{span}\left[\begin{bmatrix} 0 \\ \frac{1}{2} \\ 1 \\ 0 \end{bmatrix}, \begin{bmatrix} -1 \\ \frac{1}{2} \\ 0 \\ 1 \end{bmatrix}\right]. \tag{2.128}$$

定理 2.24 (秩-零化度定理) 对于向量空间 V, W 和线性映射 $\Phi : V \to W$, 可得

$$\dim(\ker(\Phi)) + \dim(\operatorname{Im}(\Phi)) = \dim(V). \tag{2.129}$$

秩-零化度定理也被称为*线性映射的基本定理* (Axler, 2015, theorem 3.22). 以下是定理 2.24 的直接推论:

- 如果 $\dim(\operatorname{Im}(\Phi)) < \dim(V)$, 那么 $\ker(\Phi)$ 是非平凡的, 即核不止包含 $\boldsymbol{0}_V$ 和 $\dim(\ker(\Phi)) \geqslant 1$.
- 如果 $\boldsymbol{A}_\Phi$ 是 Φ 关于有序基的变换矩阵且 $\dim(\operatorname{Im}(\Phi)) < \dim(V)$, 那么线性方程组 $\boldsymbol{A}_\Phi \boldsymbol{x} = \boldsymbol{0}$ 有无穷多解.
- 如果 $\dim(V) = \dim(W)$, 那么由于 $\operatorname{Im}(\Phi) \subseteq W$, 下面三种表述等价成立:
  Φ 是单射 $\Leftrightarrow$ Φ 是满射 $\Leftrightarrow$ Φ 是双射

2.8 仿射空间

在下文中, 我们将重点讨论从原点偏移的空间, 即不再是向量子空间的空间. 此外, 我们将简略讨论这些仿射空间之间映射的性质, 它们与线性映射类似.

评注 *在机器学习的文献中, 有时线性和仿射的差别不是很明显, 因此在某些参考文献中, 仿射空间/映射相当于线性空间/映射.*

2.8.1 仿射子空间

定义 2.25 (仿射子空间) 令 V 表示向量空间, $\boldsymbol{x}_0 \in V$ 且 $U \subseteq V$ 是一个子空间. 则子集

$$L = \boldsymbol{x}_0 + U := \{\boldsymbol{x}_0 + \boldsymbol{u} : \boldsymbol{u} \in U\} \tag{2.130a}$$

$$= \{\boldsymbol{v} \in V | \exists \boldsymbol{u} \in U : \boldsymbol{v} = \boldsymbol{x}_0 + \boldsymbol{u}\} \subseteq V \tag{2.130b}$$

称为 V 的仿射子空间或线性流形. U 称为方向或方向空间, 且 $\boldsymbol{x}_0$ 称为支撑点. 在第 12 章中, 我们将这种子空间称为超平面.

注意到, 若 $\boldsymbol{x}_0 \notin U$, 则仿射子空间的定义中不包含 $\mathbf{0}$. 因此, 对于 $\boldsymbol{x}_0 \notin U$, V 的仿射子空间不是 (线性) 子空间 (向量子空间). 仿射子空间的例子包括 $\mathbb{R}^3$ 中的点、线和平面, 它们不 (必) 经过原点.

评注 考虑向量空间 V 中的两个仿射子空间 $L = \boldsymbol{x}_0 + U$ 和 $\tilde{L} = \tilde{\boldsymbol{x}}_0 + \tilde{U}$. 则 $L \subseteq \tilde{L}$ 当且仅当 $U \subseteq \tilde{U}$ 且 $\boldsymbol{x}_0 - \tilde{\boldsymbol{x}}_0 \in \tilde{U}$.

仿射子空间通常用参数来表述: 考虑 V 的一个 k 维仿射空间 $L = \boldsymbol{x}_0 + U$. 若 $(\boldsymbol{b}_1, \cdots, \boldsymbol{b}_k)$ 是 U 的一组有序基, 则每个元素 $\boldsymbol{x} \in L$ 可被唯一表示成

$$\boldsymbol{x} = \boldsymbol{x}_0 + \lambda_1 \boldsymbol{b}_1 + \cdots + \lambda_k \boldsymbol{b}_k \tag{2.131}$$

其中 $\lambda_1, \cdots, \lambda_k \in \mathbb{R}$. 这种表述称为 L 关于方向向量 $\boldsymbol{b}_1, \cdots, \boldsymbol{b}_k$ 和参数 $\lambda_1, \cdots, \lambda_k$ 的参数方程.

例 2.26 (仿射子空间)

- 一维仿射子空间称为直线簇, 写作 $\boldsymbol{y} = \boldsymbol{x}_0 + \lambda \boldsymbol{b}_1$, 其中 $\lambda \in \mathbb{R}$ 且 $U = \operatorname{span}[\boldsymbol{b}_1] \subseteq \mathbb{R}^n$ 是 $\mathbb{R}^n$ 的一维子空间. 这表示直线由支撑点 $\boldsymbol{x}_0$ 和向量 $\boldsymbol{b}_1$(确定其方向) 定义, 如图 2.13 所示.

- $\mathbb{R}^n$ 中的二维仿射子空间称为平面簇, 平面的参数方程为 $\boldsymbol{y} = \boldsymbol{x}_0 + \lambda_1 \boldsymbol{b}_1 + \lambda_2 \boldsymbol{b}_2$, 其中 $\lambda_1, \lambda_2 \in \mathbb{R}$ 且 $U = \operatorname{span}[\boldsymbol{b}_1, \boldsymbol{b}_2] \subseteq \mathbb{R}^n$. 这表示平面由支撑点 $\boldsymbol{x}_0$ 和两个线性无关的向量 $\boldsymbol{b}_1, \boldsymbol{b}_2$(张成方向空间) 定义.

- 在 $\mathbb{R}^n$ 中, $(n-1)$ 维的仿射子空间称为超平面, 且相应的参数方程为 $\boldsymbol{y} = \boldsymbol{x}_0 + \sum_{i=1}^{n-1} \lambda_i \boldsymbol{b}_i$, 其中 $\boldsymbol{b}_1, \cdots, \boldsymbol{b}_{n-1}$ 构成了 $\mathbb{R}^n$ 的 $(n-1)$ 维子空间 U 中的一组基. 这表明超平面由支撑点 $\boldsymbol{x}_0$ 和 $(n-1)$ 个线性无关向量 $\boldsymbol{b}_1, \cdots, \boldsymbol{b}_{n-1}$(张成方向空间) 定义. 在 $\mathbb{R}^2$ 中, 一条直线也是一个超平面. 在 $\mathbb{R}^3$ 中, 一个平面也是一个超平面.

评注(线性方程组和仿射子空间的非齐次方程组) 对于 $\boldsymbol{A} \in \mathbb{R}^{m \times n}$ 和 $\boldsymbol{x} \in \mathbb{R}^m$, 线性方程组 $\boldsymbol{A\lambda} = \boldsymbol{x}$ 的解是空集或 $\mathbb{R}^n$ 中 $n - \operatorname{rk}(\boldsymbol{A})$ 维的仿射子空间. 在特殊情况下, 线性方程组 $\lambda_1 \boldsymbol{b}_1 + \cdots + \lambda_n \boldsymbol{b}_n = \boldsymbol{x}$(其中 $(\lambda_1, \cdots, \lambda_n) \neq (0, \cdots, 0)$) 的解是 $\mathbb{R}^n$ 中的超平面.

在 $\mathbb{R}^n$ 中, 每个 k 维仿射子空间是非齐次线性方程组 $\boldsymbol{Ax} = \boldsymbol{b}$ 的解, 其中 $\boldsymbol{A} \in \mathbb{R}^{m \times n}, \boldsymbol{b} \in \mathbb{R}^m$ 且 $\operatorname{rk}(\boldsymbol{A}) = n - k$. 回顾对于齐次方程组 $\boldsymbol{Ax} = \mathbf{0}$, 它的解是向量子空间, 我们也可以将其看作在支撑点 $\boldsymbol{x}_0 = \mathbf{0}$ 处的特殊仿射子空间.

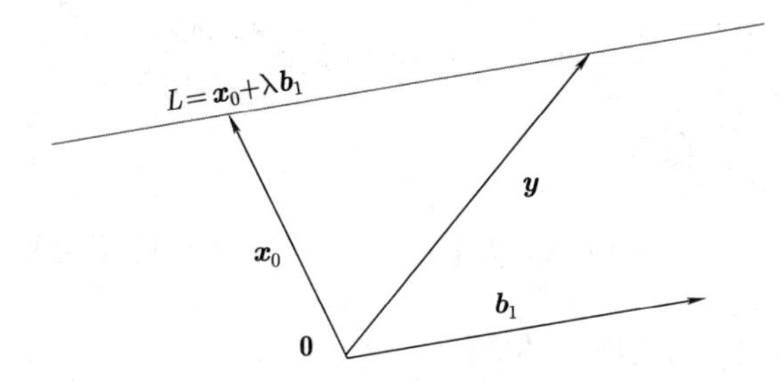

图 2.13 直线是仿射子空间. 直线 $\boldsymbol{x}_0+\lambda\boldsymbol{b}_1$ 上的向量 $\boldsymbol{y}$ 位于仿射子空间 L 中, 它由支撑点 $\boldsymbol{x}_0$ 和方向 $\boldsymbol{b}_1$ 定义

2.8.2 仿射映射

与我们在 2.7 节中所讨论的向量空间之间的线性映射类似, 可以定义两个仿射空间之间的仿射映射. 线性映射和仿射映射的关联十分紧密. 因此, 许多线性映射的性质, 如线性映射的复合还是线性映射, 仍然适用于仿射映射.

定义 2.26(仿射映射) 对于两个向量空间 V, W, 一个线性映射 $\Phi: V \to W$, 且 $\boldsymbol{a} \in W$, 映射

$$\phi: V \to W \tag{2.132}$$

$$\boldsymbol{x} \mapsto \boldsymbol{a} + \Phi(\boldsymbol{x}) \tag{2.133}$$

是一个从 V 到 W 的仿射映射. 向量 $\boldsymbol{a}$ 称为 ϕ 的平移向量.

- 每个仿射映射 $\phi: V \to W$ 同时也是线性映射 $\Phi: V \to W$ 和 W 中平移映射 $\tau: W \to W$ 的复合, 即 $\phi = \tau \circ \Phi$. 映射 Φ 和 τ 是唯一确定的.
- 仿射映射 $\phi: V \to W$, $\phi': W \to X$ 的复合映射 $\phi' \circ \phi$ 仍是仿射的.
- 仿射映射保持几何结构不变. 它们同时也保持维数和平行结构.

2.9 延伸阅读

线性代数有许多学习资源, 包括 (Strang, 2003; Golan, 2007; Axler, 2015) 以及 (Liesen and Mehrmann, 2015) 等教材. 还有一些我们在本章中提到的在线资源. 我们在这里只讨论了高斯消元法, 但还有许多其他方法可以求解线性方程组, 本书参考了 (Stoer and Burlirsch, 2002; Golub and Van Loan, 2012; Horn and Johnson, 2013) 等数值线性代数教材进行了深入讨论. 在本书中, 我们对线性代数相关的内容 (如向量、矩阵、线性无关、基) 与向量空间中几何相关的内容进行了划分. 在第 3 章中, 我们将介绍内积, 它可以诱导出范数. 这些内容使我们能够对角度、长度和距离进行定义, 这些将在正交投影中用到. 投影是许多机器学习算法的关键, 比如线性回归和主成分分析, 我们将分别在第 9 章和第 10 章中讨论这两种算法.

习题

2.1 考虑 $(\mathbb{R}\backslash\{-1\},\star)$, 其中

$$a\star b := ab+a+b, \qquad a,b\in\mathbb{R}\backslash\{-1\} \tag{2.134}$$

a. 证明 $(\mathbb{R}\backslash\{-1\},\star)$ 是阿贝尔群.

b. 在阿贝尔群 $(\mathbb{R}\backslash\{-1\},\star)$ 中对下式进行求解：

$$3\star x\star x = 15$$

其中 $\star$ 的定义同式 (2.134).

2.2 设 n 属于 $\mathbb{N}\setminus\{0\}$, k,x 属于 $\mathbb{Z}$. 定义整数 k 的等价类 $\bar{k}$ 为集合

$$\begin{aligned}\overline{k} &= \{x\in\mathbb{Z} \mid x-k=0 \pmod{n}\}\\ &= \{x\in\mathbb{Z} \mid \exists a\in\mathbb{Z}\colon (x-k=n\cdot a)\}\,.\end{aligned}$$

现在定义集合 $\mathbb{Z}/n\mathbb{Z}$(有时写成 $\mathbb{Z}_n$) 为包含所有模 n 的等价类. 欧几里得除法意味着该集合是包含 n 个元素的有限集合：

$$\mathbb{Z}_n = \{\overline{0},\overline{1},\cdots,\overline{n-1}\}$$

对任意 $\overline{a},\overline{b}\in\mathbb{Z}_n$, 我们定义

$$\overline{a}\oplus\overline{b} := \overline{a+b}.$$

a. 证明 $(\mathbb{Z}_n,\oplus)$ 是一个群. 它是否是阿贝尔群?

b. 现在对 $\mathbb{Z}_n$ 中任意 $\overline{a}$ 和 $\overline{b}$ 定义一个新的运算 $\otimes$

$$\overline{a}\otimes\overline{b} = \overline{a\times b}\,, \tag{2.135}$$

其中 $a\times b$ 表示 $\mathbb{Z}$ 中的普通乘法. 令 $n=5$. 画出 $\mathbb{Z}_5\setminus\{\overline{0}\}$ 在 $\otimes$ 下元素的乘法表, 即求出 $\mathbb{Z}_5\setminus\{\overline{0}\}$ 中所有 $\overline{a}$ 和 $\overline{b}$ 的乘积 $\overline{a}\otimes\overline{b}$. 由此, 证明 $\mathbb{Z}_5\setminus\{\overline{0}\}$ 在 $\otimes$ 下是封闭的, 并求出 $\otimes$ 下的中性元. 写出 $\mathbb{Z}_5\setminus\{\overline{0}\}$ 在 $\otimes$ 下所有元素的逆. 综上证明 $(\mathbb{Z}_5\setminus\{\overline{0}\},\otimes)$ 是一个阿贝尔群.

c. 证明 $(\mathbb{Z}_8\setminus\{\overline{0}\},\otimes)$ 不是一个群.

d. 回顾 Bézout 定理, 整数 a 和 b 互质 (即 $\gcd(a,b)=1$) 当且仅当存在两个整数 u 和 v 满足 $au+bv=1$. 证明 $(\mathbb{Z}_n\setminus\{\overline{0}\},\otimes)$ 是群当且仅当 $n\in\mathbb{N}\setminus\{0\}$ 为质数.

2.3 考虑按照如下方式定义 3×3 矩阵集合 $\mathcal{G}$：

$$\mathcal{G} = \left\{ \begin{bmatrix} 1 & x & z \\ 0 & 1 & y \\ 0 & 0 & 1 \end{bmatrix} \in \mathbb{R}^{3\times 3} \middle| x, y, z \in \mathbb{R} \right\} \tag{2.136}$$

我们定义 $\cdot$ 为标准矩阵乘法. $(\mathcal{G}, \cdot)$ 是一个群吗？如果是的话, 它是否是阿贝尔群？证明你的结论.

2.4 计算下列矩阵的乘积 (如果存在):

a.

$$\begin{bmatrix} 1 & 2 \\ 4 & 5 \\ 7 & 8 \end{bmatrix} \begin{bmatrix} 1 & 1 & 0 \\ 0 & 1 & 1 \\ 1 & 0 & 1 \end{bmatrix}$$

b.

$$\begin{bmatrix} 1 & 2 & 3 \\ 4 & 5 & 6 \\ 7 & 8 & 9 \end{bmatrix} \begin{bmatrix} 1 & 1 & 0 \\ 0 & 1 & 1 \\ 1 & 0 & 1 \end{bmatrix}$$

c.

$$\begin{bmatrix} 1 & 1 & 0 \\ 0 & 1 & 1 \\ 1 & 0 & 1 \end{bmatrix} \begin{bmatrix} 1 & 2 & 3 \\ 4 & 5 & 6 \\ 7 & 8 & 9 \end{bmatrix}$$

d.

$$\begin{bmatrix} 1 & 2 & 1 & 2 \\ 4 & 1 & -1 & -4 \end{bmatrix} \begin{bmatrix} 0 & 3 \\ 1 & -1 \\ 2 & 1 \\ 5 & 2 \end{bmatrix}$$

e.

$$\begin{bmatrix} 0 & 3 \\ 1 & -1 \\ 2 & 1 \\ 5 & 2 \end{bmatrix} \begin{bmatrix} 1 & 2 & 1 & 2 \\ 4 & 1 & -1 & -4 \end{bmatrix}$$

2.5 求出下列非齐次线性方程组 $\boldsymbol{Ax}=\boldsymbol{b}$ 中所有解 $\boldsymbol{x}$ 的集合 $\mathcal{S}$, 其中 $\boldsymbol{A}$ 和 $\boldsymbol{b}$ 的定义如下：

a.

$$\boldsymbol{A}=\begin{bmatrix}1 & 1 & -1 & -1\\ 2 & 5 & -7 & -5\\ 2 & -1 & 1 & 3\\ 5 & 2 & -4 & 2\end{bmatrix},\quad \boldsymbol{b}=\begin{bmatrix}1\\ -2\\ 4\\ 6\end{bmatrix}$$

b.

$$\boldsymbol{A}=\begin{bmatrix}1 & -1 & 0 & 0 & 1\\ 1 & 1 & 0 & -3 & 0\\ 2 & -1 & 0 & 1 & -1\\ -1 & 2 & 0 & -2 & -1\end{bmatrix},\quad \boldsymbol{b}=\begin{bmatrix}3\\ 6\\ 5\\ -1\end{bmatrix}$$

2.6 利用高斯消元法, 求出非齐次方程组 $\boldsymbol{Ax}=\boldsymbol{b}$ 的所有解, 其中

$$\boldsymbol{A}=\begin{bmatrix}0 & 1 & 0 & 0 & 1 & 0\\ 0 & 0 & 0 & 1 & 1 & 0\\ 0 & 1 & 0 & 0 & 0 & 1\end{bmatrix},\quad \boldsymbol{b}=\begin{bmatrix}2\\ -1\\ 1\end{bmatrix}.$$

2.7 求出方程组 $\boldsymbol{Ax}=12\boldsymbol{x}$ 在 $\boldsymbol{x}=\begin{bmatrix}x_1\\ x_2\\ x_3\end{bmatrix}\in\mathbb{R}^3$ 中的所有解, 其中

$$\boldsymbol{A}=\begin{bmatrix}6 & 4 & 3\\ 6 & 0 & 9\\ 0 & 8 & 0\end{bmatrix}$$

且 $\sum_{i=1}^{3}x_i=1$.

2.8 求出下列矩阵的逆 (若存在)：

a.

$$\boldsymbol{A}=\begin{bmatrix}2 & 3 & 4\\ 3 & 4 & 5\\ 4 & 5 & 6\end{bmatrix}$$

b.

$$
\boldsymbol{A}=\begin{bmatrix}1&0&1&0\\0&1&1&0\\1&1&0&1\\1&1&1&0\end{bmatrix}
$$

2.9 下列哪些集合是 $\mathbb{R}^3$ 的子空间?

a. $A=\{(\lambda,\lambda+\mu^3,\lambda-\mu^3)\mid\lambda,\mu\in\mathbb{R}\}$.

b. $B=\{(\lambda^2,-\lambda^2,0)\mid\lambda\in\mathbb{R}\}$.

c. $\gamma\in\mathbb{R}$. $C=\{(\xi_1,\xi_2,\xi_3)\in\mathbb{R}^3\mid\xi_1-2\xi_2+3\xi_3=\gamma\}$.

d. $D=\{(\xi_1,\xi_2,\xi_3)\in\mathbb{R}^3\mid\xi_2\in\mathbb{Z}\}$.

2.10 下列向量组是否线性无关?

a.

$$
\boldsymbol{x}_1=\begin{bmatrix}2\\-1\\3\end{bmatrix},\quad\boldsymbol{x}_2=\begin{bmatrix}1\\1\\-2\end{bmatrix},\quad\boldsymbol{x}_3=\begin{bmatrix}3\\-3\\8\end{bmatrix}
$$

b.

$$
\boldsymbol{x}_1=\begin{bmatrix}1\\2\\1\\0\\0\end{bmatrix},\quad\boldsymbol{x}_2=\begin{bmatrix}1\\1\\0\\1\\1\end{bmatrix},\quad\boldsymbol{x}_3=\begin{bmatrix}1\\0\\0\\1\\1\end{bmatrix}
$$

2.11 将

$$
\boldsymbol{y}=\begin{bmatrix}1\\-2\\5\end{bmatrix}
$$

表示为

$$
\boldsymbol{x}_1=\begin{bmatrix}1\\1\\1\end{bmatrix},\quad\boldsymbol{x}_2=\begin{bmatrix}1\\2\\3\end{bmatrix},\quad\boldsymbol{x}_3=\begin{bmatrix}2\\-1\\1\end{bmatrix}
$$

的线性组合.

2.12 考虑 $\mathbb{R}^4$ 的两个子空间：

$$U_1 = \operatorname{span}\left[\begin{bmatrix}1\\1\\-3\\1\end{bmatrix}, \begin{bmatrix}2\\-1\\0\\-1\end{bmatrix}, \begin{bmatrix}-1\\1\\-1\\1\end{bmatrix}\right], \quad U_2 = \operatorname{span}\left[\begin{bmatrix}-1\\-2\\2\\1\end{bmatrix}, \begin{bmatrix}2\\-2\\0\\0\end{bmatrix}, \begin{bmatrix}-3\\6\\-2\\-1\end{bmatrix}\right].$$

求出 $U_1 \cap U_2$ 的一组基.

2.13 考虑两个子空间 U_1 和 U_2, 其中 U_1 是齐次方程组 $\boldsymbol{A}_1\boldsymbol{x} = \boldsymbol{0}$ 的解空间, U_2 是 $\boldsymbol{A}_2\boldsymbol{x} = \boldsymbol{0}$ 的解空间, 且

$$\boldsymbol{A}_1 = \begin{bmatrix}1 & 0 & 1\\1 & -2 & -1\\2 & 1 & 3\\1 & 0 & 1\end{bmatrix}, \quad \boldsymbol{A}_2 = \begin{bmatrix}3 & -3 & 0\\1 & 2 & 3\\7 & -5 & 2\\3 & -1 & 2\end{bmatrix}.$$

a. 求出 U_1, U_2 的维数.

b. 求出 U_1 和 U_2 的一组基.

c. 求出 $U_1 \cap U_2$ 的一组基.

2.14 考虑两个子空间 U_1 和 U_2, 其中 U_1 是 $\boldsymbol{A}_1$ 的列空间, U_2 是 $\boldsymbol{A}_2$ 的列空间, 且

$$\boldsymbol{A}_1 = \begin{bmatrix}1 & 0 & 1\\1 & -2 & -1\\2 & 1 & 3\\1 & 0 & 1\end{bmatrix}, \quad \boldsymbol{A}_2 = \begin{bmatrix}3 & -3 & 0\\1 & 2 & 3\\7 & -5 & 2\\3 & -1 & 2\end{bmatrix}.$$

a. 求出 U_1, U_2 的维数.

b. 求出 U_1 和 U_2 的一组基.

c. 求出 $U_1 \cap U_2$ 的一组基.

2.15 已知 $F = \{(x, y, z) \in \mathbb{R}^3 \mid x + y - z = 0\}$ 且 $G = \{(a - b, a + b, a - 3b) \mid a, b \in \mathbb{R}\}$.

a. 证明 F 和 G 是 $\mathbb{R}^3$ 的子空间.

b. 在不借助任何基向量的前提下, 求出 $F \cap G$.

c. 分别求出 F 和 G 的一组基, 并通过这些基向量计算 $F \cap G$, 将所得答案与上一题进行比较.

2.16 下述映射是否为线性映射?

a. 设 $a, b \in \mathbb{R}$.

$$\Phi : L^1([a, b]) \to \mathbb{R}$$

$$f \mapsto \Phi(f) = \int_a^b f(x)\mathrm{d}x\,,$$

其中 $L^1([a,b])$ 表示 $[a,b]$ 上可积函数的集合.

b.

$$\Phi : C^1 \to C^0$$

$$f \mapsto \Phi(f) = f'\,,$$

其中对于 $k \geqslant 1$, C^k 表示 k 次连续可微函数的集合, 且 C^0 表示连续函数的集合.

c.

$$\Phi : \mathbb{R} \to \mathbb{R}$$

$$x \mapsto \Phi(x) = \cos(x)$$

d.

$$\Phi : \mathbb{R}^3 \to \mathbb{R}^2$$

$$\boldsymbol{x} \mapsto \begin{bmatrix} 1 & 2 & 3 \\ 1 & 4 & 3 \end{bmatrix} \boldsymbol{x}$$

e. θ 属于 $[0, 2\pi]$, 且

$$\Phi : \mathbb{R}^2 \to \mathbb{R}^2$$

$$\boldsymbol{x} \mapsto \begin{bmatrix} \cos(\theta) & \sin(\theta) \\ -\sin(\theta) & \cos(\theta) \end{bmatrix} \boldsymbol{x}$$

2.17 考虑线性映射

$$\Phi : \mathbb{R}^3 \to \mathbb{R}^4$$

$$\Phi\left(\begin{bmatrix} x_1 \\ x_2 \\ x_3 \end{bmatrix}\right) = \begin{bmatrix} 3x_1 + 2x_2 + x_3 \\ x_1 + x_2 + x_3 \\ x_1 - 3x_2 \\ 2x_1 + 3x_2 + x_3 \end{bmatrix}$$

- 求出变换矩阵 $\boldsymbol{A}_{\Phi}$.

- 求出 $\mathrm{rk}(\boldsymbol{A}_\Phi)$.
- 求出 Φ 的核空间和象空间. $\dim(\ker(\Phi))$ 和 $\dim(\mathrm{Im}(\Phi))$ 分别是多少?

2.18 E 是一个向量空间. f 和 g 是 E 上的两个自同构, 使得 $f\circ g=\mathrm{id}_E$(即 $f\circ g$ 是恒等映射 id_E). 证明 $\ker(f)=\ker(g\circ f)$, $\mathrm{Im}(g)=\mathrm{Im}(g\circ f)$ 且 $\ker(f)\cap\mathrm{Im}(g)=\{\mathbf{0}_E\}$.

2.19 考虑自同态映射 $\Phi:\mathbb{R}^3\to\mathbb{R}^3$, 它的变换矩阵 (在 $\mathbb{R}^3$ 中的标准基下) 为

$$\boldsymbol{A}_\Phi=\begin{bmatrix}1&1&0\\1&-1&0\\1&1&1\end{bmatrix}.$$

a. 求出 $\ker(\Phi)$ 和 $\mathrm{Im}(\Phi)$.

b. 求出在基

$$B=\left(\begin{bmatrix}1\\1\\1\end{bmatrix},\begin{bmatrix}1\\2\\1\end{bmatrix},\begin{bmatrix}1\\0\\0\end{bmatrix}\right)$$

下的变换矩阵 $\tilde{\boldsymbol{A}}_\Phi$, 即求出从标准基到新基 B 的基变换矩阵.

2.20 考虑 $\mathbb{R}^2$ 中用 $\mathbb{R}^2$ 的标准基表示的四个向量 $\boldsymbol{b}_1,\boldsymbol{b}_2,\boldsymbol{b}_1',\boldsymbol{b}_2'$,

$$\boldsymbol{b}_1=\begin{bmatrix}2\\1\end{bmatrix},\quad \boldsymbol{b}_2=\begin{bmatrix}-1\\-1\end{bmatrix},\quad \boldsymbol{b}_1'=\begin{bmatrix}2\\-2\end{bmatrix},\quad \boldsymbol{b}_2'=\begin{bmatrix}1\\1\end{bmatrix}$$

并定义 $\mathbb{R}^2$ 中的两个有序基 $B=(\boldsymbol{b}_1,\boldsymbol{b}_2)$ 和 $B'=(\boldsymbol{b}_1',\boldsymbol{b}_2')$.

a. 证明 B 和 B' 是 $\mathbb{R}^2$ 的两组基, 并写出它们的基向量.

b. 求出从 B' 到矩阵 B 的基变换矩阵 $\boldsymbol{P}_1$.

c. 考虑 $\mathbb{R}^3$ 中用 $\mathbb{R}^3$ 标准基表示的三个向量 $\boldsymbol{c}_1,\boldsymbol{c}_2,\boldsymbol{c}_3$:

$$\boldsymbol{c}_1=\begin{bmatrix}1\\2\\-1\end{bmatrix},\quad \boldsymbol{c}_2=\begin{bmatrix}0\\-1\\2\end{bmatrix},\quad \boldsymbol{c}_3=\begin{bmatrix}1\\0\\-1\end{bmatrix}$$

定义 $C=(\boldsymbol{c}_1,\boldsymbol{c}_2,\boldsymbol{c}_3)$.

(i) 证明 C 是 $\mathbb{R}^3$ 的一组基, 例如, 通过行列式方法 (见 4.1 节).

(ii) 我们将 $C'=(\boldsymbol{c}_1',\boldsymbol{c}_2',\boldsymbol{c}_3')$ 称为 $\mathbb{R}^3$ 的标准基. 求出 C 到 C' 的基变换矩阵 $\boldsymbol{P}_2$.

d. 考虑一个同态映射 $\Phi:\mathbb{R}^2\longrightarrow\mathbb{R}^3$, 使得

$$\begin{aligned}\Phi(\boldsymbol{b}_1+\boldsymbol{b}_2)&=\boldsymbol{c}_2+\boldsymbol{c}_3\\ \Phi(\boldsymbol{b}_1-\boldsymbol{b}_2)&=2\boldsymbol{c}_1-\boldsymbol{c}_2+3\boldsymbol{c}_3\end{aligned}$$

其中 $B=(\boldsymbol{b}_1,\boldsymbol{b}_2)$ 和 $C=(\boldsymbol{c}_1,\boldsymbol{c}_2,\boldsymbol{c}_3)$ 分别是 $\mathbb{R}^2$ 和 $\mathbb{R}^3$ 的有序基.

求出 Φ 在基 B 和 C 下的变换矩阵 $\boldsymbol{A}_{\Phi}$.

e. 求出 Φ 在基 $\boldsymbol{B}'$ 和 $\boldsymbol{C}'$ 下的变换矩阵 $\boldsymbol{A}'$.

f. 考虑向量 $\boldsymbol{x}\in\mathbb{R}^2$, 它在 B' 下的坐标为 $[2,3]^{\top}$. 也就是说, $\boldsymbol{x}=2\boldsymbol{b}_1'+3\boldsymbol{b}_2'$.

(i) 求出 $\boldsymbol{x}$ 在 B 下的坐标.

(ii) 基于以上的结果, 求出 $\Phi(\boldsymbol{x})$ 在 C 下的坐标表示.

(iii) 然后, 写出 $\Phi(\boldsymbol{x})$ 在 $\boldsymbol{c}_1',\boldsymbol{c}_2',\boldsymbol{c}_3'$ 下的表示.

(iv) 通过 B' 下的 $\boldsymbol{x}$ 表示和矩阵 $\boldsymbol{A}'$ 直接得出结果.

CHAPTER 3

第 3 章

解析几何

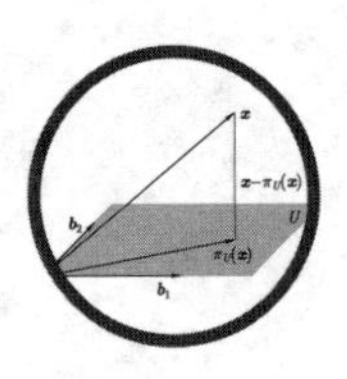

在第 2 章中, 我们介绍了向量、向量空间和线性映射等概念. 在本章中, 我们将为这些概念添加几何解释. 特别地, 我们将计算向量的长度和距离或者两个向量之间的夹角. 我们将在向量空间中引入内积概念, 从而推导出向量空间的几何形状. 内积及其对应的范数和度量给出了直观的相似性和距离概念, 我们将在第 12 章中使用这些概念来分析支持向量机. 然后, 我们将通过向量间的长度和角度的概念来讨论正交投影, 正交投影在第 10 章主成分分析和第 9 章最大似然估计中有重要作用. 图 3.1 描述了本章中概念间的关系, 以及本章与其他章节的联系.

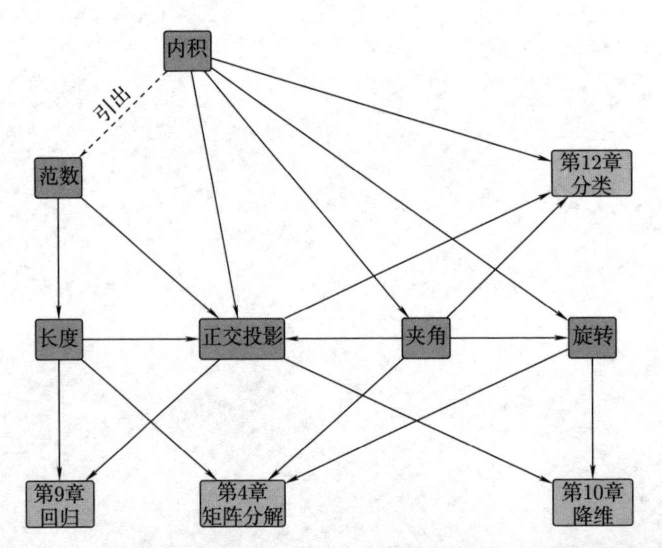

图 3.1 本章的思维导图, 包括本章介绍的概念及其与其他章节的联系

3.1 范数

当我们考虑几何向量 (即从原点开始的有向线段) 时, 直观地说, 向量的长度就是这条有向线段的“末端”到原点的距离. 下面我们将利用范数的概念讨论向量长度的概念.

定义 3.1 (范数) 向量空间 V 上的一个范数是一个函数

$$\|\cdot\|: V \to \mathbb{R}, \tag{3.1}$$

$$\boldsymbol{x} \mapsto \|\boldsymbol{x}\|, \tag{3.2}$$

赋值给每个向量 $\boldsymbol{x}$ 的长度 $\|\boldsymbol{x}\| \in \mathbb{R}$, 这样对于所有的 $\lambda \in \mathbb{R}$ 和 $\boldsymbol{x}, \boldsymbol{y} \in V$ 有如下性质:

- 绝对齐次性: $\|\lambda \boldsymbol{x}\| = |\lambda|\|\boldsymbol{x}\|$.
- 三角不等式: $\|\boldsymbol{x}+\boldsymbol{y}\| \leqslant \|\boldsymbol{x}\| + \|\boldsymbol{y}\|$.
- 正定: $\|\boldsymbol{x}\| \geqslant 0$ 且 $\|\boldsymbol{x}\| = 0 \iff \boldsymbol{x} = \boldsymbol{0}$.

用几何术语来说, 三角不等式规定, 对于任意三角形, 任意两条边的长度之和必须大于或等于剩余边的长度, 如图 3.2 所示. 定义 3.1 依赖于向量空间 V(2.4 节), 但在本书中, 我们只考虑有限维向量空间 $\mathbb{R}^n$. 回想一下, 对于向量 $\boldsymbol{x} \in \mathbb{R}^n$ 中的元素, 我们使用下标表示该向量的元素, 即 x_i 是向量 $\boldsymbol{x}$ 的第 i 个元素.

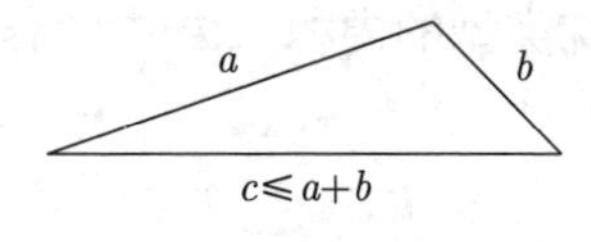

图 3.2 三角不等式

例 3.1 (曼哈顿范数) 当 $\boldsymbol{x} \in \mathbb{R}^n$, 曼哈顿范数定义如下:

$$\|\boldsymbol{x}\|_1 := \sum_{i=1}^{n} |x_i|, \tag{3.3}$$

其中 $|\cdot|$ 是绝对值. 图 3.3 的左面显示了所有的向量 $\boldsymbol{x} \in \mathbb{R}^2$, $\|\boldsymbol{x}\|_1 = 1$. 曼哈顿范数也称为ℓ_1 范数.

例 3.2 (欧几里得范数) 当 $\boldsymbol{x} \in \mathbb{R}^n$ 时, 欧几里得范数被定义为

$$\|\boldsymbol{x}\|_2 := \sqrt{\sum_{i=1}^{n} x_i^2} = \sqrt{\boldsymbol{x}^\top \boldsymbol{x}} \tag{3.4}$$

即计算 $\boldsymbol{x}$ 到原点的欧几里得距离. 图 3.3 的右面显示了所有向量 $\boldsymbol{x} \in \mathbb{R}^2$, $\|\boldsymbol{x}\|_2 = 1$. 欧几里得范数也称为ℓ_2 范数.

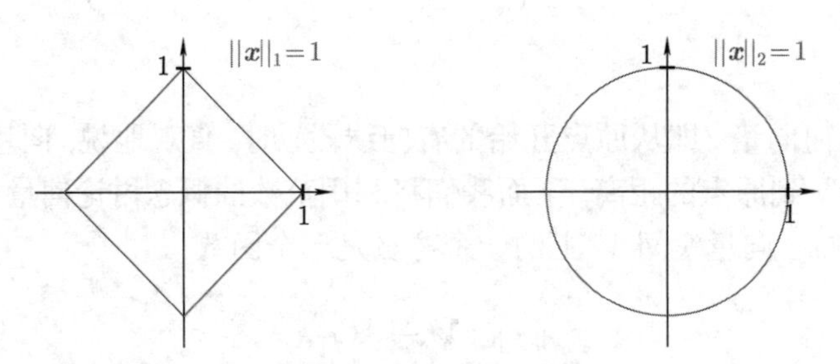

图 3.3 对于不同的范数, 红线表示范数为 1 的向量集合. 左: 曼哈顿范数; 右: 欧几里得范数 (见彩插)

评注 在本书中, 如果没有其他说明, 我们将默认使用欧几里得范数 (3.4).

3.2 内积

内积允许引入直观的几何概念, 如向量的长度和两个向量之间的角度或距离. 内积的一个主要目的是确定向量是否正交.

3.2.1 点积

我们可能已经熟悉了一种特殊类型的内积, $\mathbb{R}^n$ 中的标量积/点积, 如下所示:

$$\boldsymbol{x}^\top \boldsymbol{y} = \sum_{i=1}^{n} x_i y_i \,. \tag{3.5}$$

在本书中, 我们将把这个特定的内积称为点积. 然而, 内积是具有特定性质的更一般的概念, 我们现在将介绍这些概念.

3.2.2 一般内积

回想一下 2.7 节中的线性映射, 我们可以根据标量的加法和乘法重新排列映射. 双线性映射 Ω 是一个有两个参数的映射, 它关于每个参数都是线性的, 即当考虑向量空间 V 时, 对于所有的 $\boldsymbol{x}, \boldsymbol{y}, \boldsymbol{z} \in V$, $\lambda, \psi \in \mathbb{R}$, 有

$$\Omega(\lambda \boldsymbol{x} + \psi \boldsymbol{y}, \boldsymbol{z}) = \lambda \Omega(\boldsymbol{x}, \boldsymbol{z}) + \psi \Omega(\boldsymbol{y}, \boldsymbol{z}) \tag{3.6}$$

$$\Omega(\boldsymbol{x}, \lambda \boldsymbol{y} + \psi \boldsymbol{z}) = \lambda \Omega(\boldsymbol{x}, \boldsymbol{y}) + \psi \Omega(\boldsymbol{x}, \boldsymbol{z}) \,. \tag{3.7}$$

这里, 式 (3.6) 引出 Ω 关于第一个参数是线性的, 式 (3.7) 引出 Ω 关于第二个参数是线性的 (参见式 (2.87)).

定义 3.2 设 V 是一个向量空间, $\Omega : V \times V \to \mathbb{R}$ 是一个双线性映射, 取两个向量并将它们映射到一个实数上. 则

- 如果对所有 $\boldsymbol{x},\boldsymbol{y}\in V$ 都有 $\Omega(\boldsymbol{x},\boldsymbol{y})=\Omega(\boldsymbol{y},\boldsymbol{x})$, 则称 Ω 为对称的.
- 如果

$$\forall \boldsymbol{x}\in V\setminus\{\boldsymbol{0}\},\Omega(\boldsymbol{x},\boldsymbol{x})>0,\quad \Omega(\boldsymbol{0},\boldsymbol{0})=0, \tag{3.8}$$

  则称 Ω 为正定的.

定义 3.3 设 V 是一个向量空间, $\Omega: V\times V\to\mathbb{R}$ 是一个双线性映射, 取两个向量并将它们映射到一个实数上. 则

- 一个正定的、对称的双线性映射 $\Omega: V\times V\to\mathbb{R}$ 称为 V 上的一个内积. 我们通常记为 $\langle\boldsymbol{x},\boldsymbol{y}\rangle$, 而不是 $\Omega(\boldsymbol{x},\boldsymbol{y})$.
- $(V,\langle\cdot,\cdot\rangle)$ 被称为内积空间或带内积的向量空间. 如果我们使用式 (3.5) 中定义的点积, 则称 $(V,\langle\cdot,\cdot\rangle)$ 为欧几里得向量空间.

在本书中, 我们将把这些空间称为内积空间.

例 3.3 (非点积的内积) 考虑 $V=\mathbb{R}^2$. 如果我们定义

$$\langle\boldsymbol{x},\boldsymbol{y}\rangle := x_1y_1-(x_1y_2+x_2y_1)+2x_2y_2, \tag{3.9}$$

那么 $\langle\cdot,\cdot\rangle$ 是一个内积, 但不同于点积. 证明留作练习.

3.2.3 对称正定矩阵

对称正定矩阵在机器学习中起着重要作用, 它们是通过内积来定义的. 在 4.3 节中, 我们将在矩阵分解背景下使用对称正定矩阵. 对称半正定矩阵的概念是定义核的关键 (12.4 节).

考虑 n 维向量空间 V, V 有一个内积 $\langle\cdot,\cdot\rangle: V\times V\to\mathbb{R}$(参见定义 3.3) 和 V 的有序基 $B=(\boldsymbol{b}_1,\cdots,\boldsymbol{b}_n)$. 回忆 2.6.1 节, V 中的任何向量 $\boldsymbol{x},\boldsymbol{y}$ 都可以写成基向量的线性组合, 存在 $\psi_i,\lambda_j\in\mathbb{R}$, 使得 $\boldsymbol{x}=\sum_{i=1}^n\psi_i\boldsymbol{b}_i\in V$ 和 $\boldsymbol{y}=\sum_{j=1}^n\lambda_j\boldsymbol{b}_j\in V$. 由于内积的双线性, 它对所有的 $\boldsymbol{x},\boldsymbol{y}\in V$ 都有

$$\langle\boldsymbol{x},\boldsymbol{y}\rangle=\left\langle\sum_{i=1}^n\psi_i\boldsymbol{b}_i,\sum_{j=1}^n\lambda_j\boldsymbol{b}_j\right\rangle=\sum_{i=1}^n\sum_{j=1}^n\psi_i\langle\boldsymbol{b}_i,\boldsymbol{b}_j\rangle\lambda_j=\hat{\boldsymbol{x}}^\top\boldsymbol{A}\hat{\boldsymbol{y}}, \tag{3.10}$$

其中 $A_{ij}:=\langle\boldsymbol{b}_i,\boldsymbol{b}_j\rangle$, $\hat{\boldsymbol{x}},\hat{\boldsymbol{y}}$ 是 $\boldsymbol{x}$ 和 $\boldsymbol{y}$ 关于基 B 的坐标. 这意味着内积 $\langle\cdot,\cdot\rangle$ 是通过 $\boldsymbol{A}$ 唯一确定的. 内积的对称性也意味着 $\boldsymbol{A}$ 是对称的. 此外, 内积的正定性表明

$$\forall\boldsymbol{x}\in V\backslash\{\boldsymbol{0}\},\boldsymbol{x}^\top\boldsymbol{A}\boldsymbol{x}>0. \tag{3.11}$$

定义 3.4 (对称正定矩阵) 一个满足式 (3.11) 的对称矩阵 $\boldsymbol{A}\in\mathbb{R}^{n\times n}$ 称为对称正定矩阵, 或称为正定矩阵. 如果式 (3.11) 只有当 $\geqslant$ 时才成立, 则称 $\boldsymbol{A}$ 为对称半正定矩阵.

例 3.4 (对称正定矩阵) 考虑矩阵

$$\boldsymbol{A}_1 = \begin{bmatrix} 9 & 6 \\ 6 & 5 \end{bmatrix}, \quad \boldsymbol{A}_2 = \begin{bmatrix} 9 & 6 \\ 6 & 3 \end{bmatrix}. \tag{3.12}$$

$\boldsymbol{A}_1$ 是正定的, 因为它是对称的且

$$\boldsymbol{x}^\top \boldsymbol{A}_1 \boldsymbol{x} = \begin{bmatrix} x_1 & x_2 \end{bmatrix} \begin{bmatrix} 9 & 6 \\ 6 & 5 \end{bmatrix} \begin{bmatrix} x_1 \\ x_2 \end{bmatrix} \tag{3.13a}$$

$$= 9x_1^2 + 12x_1x_2 + 5x_2^2 = (3x_1 + 2x_2)^2 + x_2^2 > 0 \tag{3.13b}$$

所有 $\boldsymbol{x} \in V \backslash \{\boldsymbol{0}\}$. 相对而言, $\boldsymbol{A}_2$ 是对称的, 但不是正定的, 因为 $\boldsymbol{x}^\top \boldsymbol{A}_2 \boldsymbol{x} = 9x_1^2 + 12x_1x_2 + 3x_2^2 = (3x_1 + 2x_2)^2 - x_2^2$ 可以比 0 小, 例如, $\boldsymbol{x} = [2, -3]^\top$.

如果 $\boldsymbol{A} \in \mathbb{R}^{n \times n}$ 是对称正定的, 那么

$$\langle \boldsymbol{x}, \boldsymbol{y} \rangle = \hat{\boldsymbol{x}}^\top \boldsymbol{A} \hat{\boldsymbol{y}} \tag{3.14}$$

定义了一个关于有序基 B 的内积, 其中 $\hat{\boldsymbol{x}}$ 和 $\hat{\boldsymbol{y}}$ 是 $\boldsymbol{x}, \boldsymbol{y} \in V$ 关于 B 的坐标表示.

定理 3.5 对于实值有限维向量空间 V 和 V 的有序基 B, 认为 $\langle \cdot, \cdot \rangle : V \times V \to \mathbb{R}$ 是一个内积当且仅当存在一个对称正定矩阵 $\boldsymbol{A} \in \mathbb{R}^{n \times n}$ 与

$$\langle \boldsymbol{x}, \boldsymbol{y} \rangle = \hat{\boldsymbol{x}}^\top \boldsymbol{A} \hat{\boldsymbol{y}}\,. \tag{3.15}$$

如果 $\boldsymbol{A} \in \mathbb{R}^{n \times n}$ 是对称且正定的, 则下列性质成立:

- 对于所有的 $\boldsymbol{x} \neq \boldsymbol{0}$, 都有 $\boldsymbol{x}^\top \boldsymbol{A} \boldsymbol{x} > 0$, 所以 $\boldsymbol{A}$ 的零空间只包含 $\boldsymbol{0}$. 这意味着如果 $\boldsymbol{x} \neq \boldsymbol{0}$, 则 $\boldsymbol{A}\boldsymbol{x} \neq \boldsymbol{0}$.
- $\boldsymbol{A}$ 的对角元素 a_{ii} 是正的, 因为 $a_{ii} = \boldsymbol{e}_i^\top \boldsymbol{A} \boldsymbol{e}_i > 0$, 其中 $\boldsymbol{e}_i$ 是 $\mathbb{R}^n$ 中标准基的第 i 个向量.

3.3 长度和距离

在 3.1 节中, 我们已经讨论了可以用来计算向量长度的范数. 内积和范数是密切相关的, 因为任何内积都会诱导出范数

$$\|\boldsymbol{x}\| := \sqrt{\langle \boldsymbol{x}, \boldsymbol{x} \rangle}\,, \tag{3.16}$$

这样我们就可以用内积来计算向量的长度. 然而, 并不是所有的范数都是由内积诱导的. 曼哈顿范数 (式(3.3)) 是一个没有相应内积的范数的例子. 下面我们将重点讨论由内积诱导的范数, 并介绍几何概念, 如长度、距离和角度.

评注 (Cauchy-Schwarz 不等式) 对于内积向量空间 $(V,\langle\cdot,\cdot\rangle)$ 诱导的范数 $\|\cdot\|$, 满足 Cauchy-Schwarz 不等式

$$|\langle \boldsymbol{x},\boldsymbol{y}\rangle| \leqslant \|\boldsymbol{x}\|\|\boldsymbol{y}\|. \tag{3.17}$$

例 3.5 (用内积表示向量的长度) 在几何中, 我们通常对向量的长度感兴趣. 我们通过式 (3.16) 使用内积来计算它们, 让我们取 $\boldsymbol{x}=[1,1]^\top\in\mathbb{R}^2$, 如果用点积作为内积, 通过式 (3.16), 我们得到

$$\|\boldsymbol{x}\|=\sqrt{\boldsymbol{x}^\top\boldsymbol{x}}=\sqrt{1^2+1^2}=\sqrt{2} \tag{3.18}$$

作为 $\boldsymbol{x}$ 的长度. 现在让我们选择一个不同的内积:

$$\langle\boldsymbol{x},\boldsymbol{y}\rangle := \boldsymbol{x}^\top\begin{bmatrix}1 & -\frac{1}{2}\\ -\frac{1}{2} & 1\end{bmatrix}\boldsymbol{y}=x_1y_1-\frac{1}{2}(x_1y_2+x_2y_1)+x_2y_2. \tag{3.19}$$

如果我们计算一个向量的范数, 那么若 x_1 和 x_2 有相同的符号 (且 $x_1x_2>0$), 则这个内积返回的值小于点积; 否则, 它将返回比点积更大的值. 通过这个内积, 我们得到

$$\langle\boldsymbol{x},\boldsymbol{x}\rangle=x_1^2-x_1x_2+x_2^2=1-1+1=1 \implies \|\boldsymbol{x}\|=\sqrt{1}=1\,, \tag{3.20}$$

使得 $\boldsymbol{x}$ 在这个内积上比在点积上“短”.

定义 3.6 (距离和度量) 考虑一个内积空间 $(V,\langle\cdot,\cdot\rangle)$, 则

$$d(\boldsymbol{x},\boldsymbol{y}) := \|\boldsymbol{x}-\boldsymbol{y}\|=\sqrt{\langle\boldsymbol{x}-\boldsymbol{y},\boldsymbol{x}-\boldsymbol{y}\rangle} \tag{3.21}$$

称为 $\boldsymbol{x}$ 和 $\boldsymbol{y}$ 之间的距离, 其中 $\boldsymbol{x},\boldsymbol{y}\in V$, 如果我们用点积作为内积, 那么这个距离叫作欧氏距离. 映射

$$d: V\times V\to\mathbb{R} \tag{3.22}$$

$$(\boldsymbol{x},\boldsymbol{y})\mapsto d(\boldsymbol{x},\boldsymbol{y}) \tag{3.23}$$

称为度量.

评注 与向量的长度类似, 向量之间的距离不需要内积: 一个范数就足够了. 如果我们有一个由内积诱导的范数, 那么距离可能会随着选取内积的不同而变化.

度量 d 满足以下条件:

1. d 是正定的, 即对于所有 $\boldsymbol{x},\boldsymbol{y}\in V$, 有 $d(\boldsymbol{x},\boldsymbol{y})\geqslant 0$, 特别地, $d(\boldsymbol{x},\boldsymbol{y})=0 \iff \boldsymbol{x}=\boldsymbol{y}$.
2. d 是对称的, 即对于所有 $\boldsymbol{x},\boldsymbol{y}\in V$, 有 $d(\boldsymbol{x},\boldsymbol{y})=d(\boldsymbol{y},\boldsymbol{x})$.
3. 三角不等式: 对所有的 $\boldsymbol{x},\boldsymbol{y},\boldsymbol{z}\in V$, 有 $d(\boldsymbol{x},\boldsymbol{z})\leqslant d(\boldsymbol{x},\boldsymbol{y})+d(\boldsymbol{y},\boldsymbol{z})$.

评注 虽然内积和度量的性质看起来非常相似, 但是, 通过比较定义 3.3 和定义 3.6, 我们发现 $\langle\boldsymbol{x},\boldsymbol{y}\rangle$ 和 $d(\boldsymbol{x},\boldsymbol{y})$ 表示的正好相反. 非常相似的 $\boldsymbol{x}$ 和 $\boldsymbol{y}$ 会导致内积的值很大而度量的值很小.

3.4 角度和正交性

除了允许定义向量的长度以及两个向量之间的距离之外，内积还通过定义两个向量之间的角度 ω 来得到向量空间的几何形状. 我们利用 Cauchy - Schwarz 不等式 (3.17) 定义了两个向量 $\boldsymbol{x}$,$\boldsymbol{y}$ 在内积空间中的角度 ω, 这个概念与我们对 $\mathbb{R}^2$ 和 $\mathbb{R}^3$ 的直觉一致. 假设 $\boldsymbol{x} \neq \boldsymbol{0}$, $\boldsymbol{y} \neq \boldsymbol{0}$, 然后

$$-1 \leqslant \frac{\langle \boldsymbol{x}, \boldsymbol{y} \rangle}{\|\boldsymbol{x}\|\,\|\boldsymbol{y}\|} \leqslant 1\,. \tag{3.24}$$

因此, 存在一个唯一的 $\omega \in [0, \pi]$, 如图 3.4 所示, 并且

$$\cos\omega = \frac{\langle \boldsymbol{x}, \boldsymbol{y} \rangle}{\|\boldsymbol{x}\|\,\|\boldsymbol{y}\|}\,. \tag{3.25}$$

ω 是向量 $\boldsymbol{x}$ 和 $\boldsymbol{y}$ 的夹角. 两个向量的夹角直观地告诉我们它们的方向有多相似. 例如, 使用点积, $\boldsymbol{x}$ 和 $\boldsymbol{y} = 4\boldsymbol{x}$ 的夹角是 0, 即它们的方向相同.

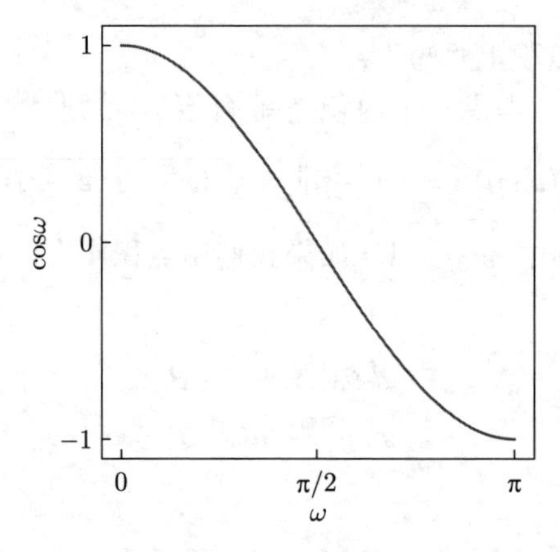

图 3.4　当被限制为 $[0, \pi]$ 时, $f(\omega) = \cos\omega$ 将在区间 $[-1, 1]$ 中返回一个唯一的数字

例 3.6 (向量夹角)　我们来计算 $\boldsymbol{x} = [1, 1]^\top \in \mathbb{R}^2$ 和 $\boldsymbol{y} = [1, 2]^\top \in \mathbb{R}^2$ 之间的夹角, 如图 3.5 所示, 我们用点积作为内积. 然后我们得到

$$\cos\omega = \frac{\langle \boldsymbol{x}, \boldsymbol{y} \rangle}{\sqrt{\langle \boldsymbol{x}, \boldsymbol{x} \rangle \langle \boldsymbol{y}, \boldsymbol{y} \rangle}} = \frac{\boldsymbol{x}^\top \boldsymbol{y}}{\sqrt{\boldsymbol{x}^\top \boldsymbol{x} \boldsymbol{y}^\top \boldsymbol{y}}} = \frac{3}{\sqrt{10}}\,, \tag{3.26}$$

这两个向量的夹角是 $\arccos\left(\frac{3}{\sqrt{10}}\right) \approx 0.32\,\text{rad}$, 大约 $18°$.

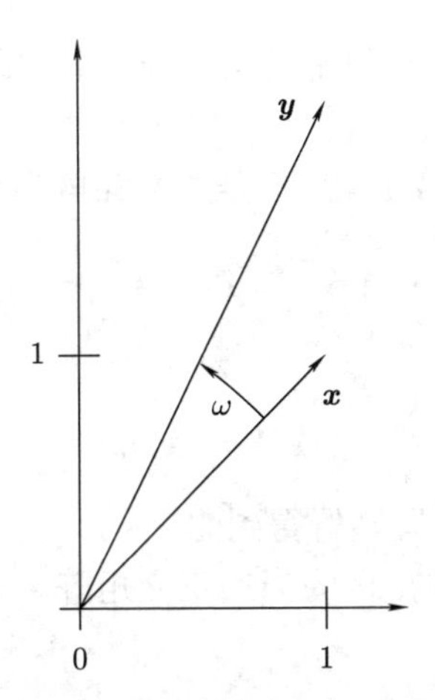

图 3.5 两个向量 $\boldsymbol{x}, \boldsymbol{y}$ 的夹角 ω 是用内积计算出来的

内积的一个重要特性是它还允许我们对向量的正交性进行描述.

定义 3.7 (正交性) 两个向量 $\boldsymbol{x}$ 和 $\boldsymbol{y}$ 正交当且仅当 $\langle \boldsymbol{x}, \boldsymbol{y} \rangle = 0$, 记作 $\boldsymbol{x} \perp \boldsymbol{y}$, 若有 $\|\boldsymbol{x}\| = 1 = \|\boldsymbol{y}\|$, 即它们为单位向量, 则 $\boldsymbol{x}$ 和 $\boldsymbol{y}$ 标准正交.

这个定义的一个含义是 $\boldsymbol{0}$ 向量正交于向量空间中的每个向量.

评注 正交性是将垂直的概念推广到点积以外的双线性形式. 在几何上, 我们可以把正交向量看成在特定内积下成直角的向量.

例 3.7 (正交向量) 考虑两个向量 $\boldsymbol{x} = [1, 1]^\top, \boldsymbol{y} = [-1, 1]^\top \in \mathbb{R}^2$, 如图 3.6 所示. 我们要选取两个不同的内积来计算它们之间的夹角 ω. 用点积作为内积, $\boldsymbol{x}$ 和 $\boldsymbol{y}$ 之间的夹角是 $90°$, 这样 $\boldsymbol{x} \perp \boldsymbol{y}$, 但是, 如果我们选择内积

$$\langle \boldsymbol{x}, \boldsymbol{y} \rangle = \boldsymbol{x}^\top \begin{bmatrix} 2 & 0 \\ 0 & 1 \end{bmatrix} \boldsymbol{y} \tag{3.27}$$

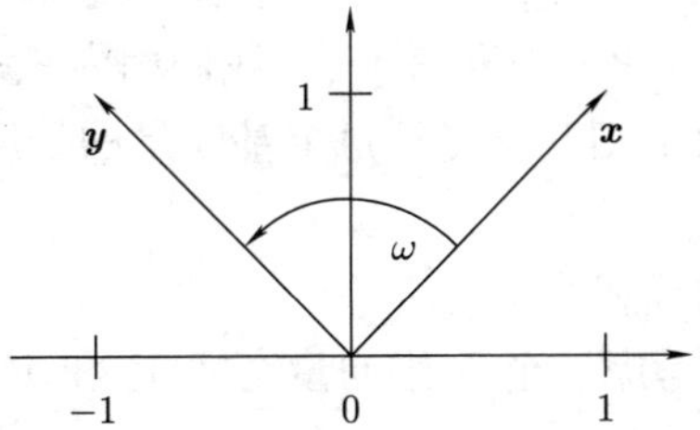

图 3.6 选择不同的内积, 两个向量 $\boldsymbol{x}, \boldsymbol{y}$ 之间的夹角 ω 也会不同

通过

$$\cos\omega = \frac{\langle \boldsymbol{x}, \boldsymbol{y} \rangle}{\|\boldsymbol{x}\|\|\boldsymbol{y}\|} = -\frac{1}{3} \implies \omega \approx 1.91\,\text{rad} \approx 109.5° , \tag{3.28}$$

我们得到 $\boldsymbol{x}$ 和 $\boldsymbol{y}$ 的夹角 ω, 并且 $\boldsymbol{x}$ 和 $\boldsymbol{y}$ 不是正交的. 因此, 在一个内积下正交的向量并不一定在另一个内积下正交.

定义 3.8 (正交矩阵) 方阵 $\boldsymbol{A} \in \mathbb{R}^{n\times n}$ 是正交矩阵当且仅当它的列是正交的, 即

$$\boldsymbol{A}\boldsymbol{A}^\top = \boldsymbol{I} = \boldsymbol{A}^\top\boldsymbol{A}, \tag{3.29}$$

这意味着

$$\boldsymbol{A}^{-1} = \boldsymbol{A}^\top, \tag{3.30}$$

也就是说, 它的逆是通过简单的矩阵转置得到的.

通过正交矩阵的变换是特殊的, 因为当用正交矩阵[⊖] $\boldsymbol{A}$ 变换向量 $\boldsymbol{x}$ 时, 它的长度不会改变. 对于点积, 我们得到

$$\|\boldsymbol{A}\boldsymbol{x}\|^2 = (\boldsymbol{A}\boldsymbol{x})^\top(\boldsymbol{A}\boldsymbol{x}) = \boldsymbol{x}^\top\boldsymbol{A}^\top\boldsymbol{A}\boldsymbol{x} = \boldsymbol{x}^\top\boldsymbol{I}\boldsymbol{x} = \boldsymbol{x}^\top\boldsymbol{x} = \|\boldsymbol{x}\|^2\,. \tag{3.31}$$

用正交矩阵 $\boldsymbol{A}$ 对任意两个向量 $\boldsymbol{x}, \boldsymbol{y}$ 进行变换时, 用内积表示的角度也不变. 假设点积为内积, 则象 $\boldsymbol{A}\boldsymbol{x}$ 和 $\boldsymbol{A}\boldsymbol{y}$ 的角度为

$$\cos\omega = \frac{(\boldsymbol{A}\boldsymbol{x})^\top(\boldsymbol{A}\boldsymbol{y})}{\|\boldsymbol{A}\boldsymbol{x}\|\,\|\boldsymbol{A}\boldsymbol{y}\|} = \frac{\boldsymbol{x}^\top\boldsymbol{A}^\top\boldsymbol{A}\boldsymbol{y}}{\sqrt{\boldsymbol{x}^\top\boldsymbol{A}^\top\boldsymbol{A}\boldsymbol{x}\boldsymbol{y}^\top\boldsymbol{A}^\top\boldsymbol{A}\boldsymbol{y}}} = \frac{\boldsymbol{x}^\top\boldsymbol{y}}{\|\boldsymbol{x}\|\,\|\boldsymbol{y}\|}, \tag{3.32}$$

这就给出了 $\boldsymbol{x}$ 和 $\boldsymbol{y}$ 之间的夹角. 这就意味着正交矩阵 $\boldsymbol{A}$ 和 $\boldsymbol{A}^\top = \boldsymbol{A}^{-1}$ 既保留了角度又保留了距离. 事实证明, 正交矩阵定义的变换是旋转 (含翻转) 变换. 在 3.9 节中, 我们将讨论更多关于旋转的细节.

3.5 标准正交基

在 2.6.1 节中, 我们介绍了基向量的性质, 发现在 n 维向量空间中, 我们需要 n 个基向量, 即 n 个线性无关的向量. 在 3.3 节和 3.4 节, 我们用内积来计算向量的长度和向量之间的夹角. 下面我们将讨论基向量相互正交且每个基向量的长度为 1 的特殊情况. 我们称这个基为标准正交基.

下面我们给出更形式化的描述.

定义 3.9 (标准正交基) 考虑一个 n 维向量空间 V 和 V 的基 $\{\boldsymbol{b}_1, \cdots, \boldsymbol{b}_n\}$. 对于所有的 $i, j = 1, \cdots, n$, 如果

$$\langle \boldsymbol{b}_i, \boldsymbol{b}_j \rangle = 0 \quad 对于 i \neq j \tag{3.33}$$

⊖ 这些矩阵习惯上称为“正交”矩阵, 但更准确的描述应该是“标准正交”. 用正交矩阵进行变换可以保持距离和角度.

$$\langle \boldsymbol{b}_i, \boldsymbol{b}_i \rangle = 1 \tag{3.34}$$

那么这个基称为*标准正交基* (ONB). 如果只满足式 (3.33), 那么这个基称为*正交基*. 注意, 式 (3.34) 意味着每个基向量的长度/范数为 1.

回想一下 2.6.1 节, 我们可以使用高斯消元法来找到由向量集合张成的向量空间的基. 假设我们有一个集合是非正交和非标准基向量 $\{\tilde{\boldsymbol{b}}_1, \cdots, \tilde{\boldsymbol{b}}_n\}$. 我们把它们连接成矩阵 $\tilde{\boldsymbol{B}} = [\tilde{\boldsymbol{b}}_1, \cdots, \tilde{\boldsymbol{b}}_n]$, 并对增广矩阵 (2.3.2 节)$[\tilde{\boldsymbol{B}}\tilde{\boldsymbol{B}}^\top | \tilde{\boldsymbol{B}}]$ 进行高斯消元. 得到一个标准正交基. 这种迭代地建立标准正交基 $\{\boldsymbol{b}_1, \cdots, \boldsymbol{b}_n\}$ 的方法称为 Gram-Schmidt *过程* (Strang, 2003).

例 3.8 (标准正交基) 欧氏向量空间 $\mathbb{R}^n$ 的标准基是一个标准正交基, 其中内积是向量的点积.

在 $\mathbb{R}^2$ 中, 向量

$$\boldsymbol{b}_1 = \frac{1}{\sqrt{2}} \begin{bmatrix} 1 \\ 1 \end{bmatrix}, \quad \boldsymbol{b}_2 = \frac{1}{\sqrt{2}} \begin{bmatrix} 1 \\ -1 \end{bmatrix} \tag{3.35}$$

因为 $\boldsymbol{b}_1^\top \boldsymbol{b}_2 = 0$ 和 $\|\boldsymbol{b}_1\| = 1 = \|\boldsymbol{b}_2\|$, 所以 $\boldsymbol{b}_1 \boldsymbol{b}_2$ 是标准正交基.

当在第 12 章和第 10 章中讨论支持向量机和主成分分析时, 我们将使用标准正交基的概念.

3.6 正交补

定义了正交性之后, 我们现在来看看相互正交的向量空间. 这个概念将在第 10 章从几何角度讨论线性降维时发挥重要作用.

考虑一个 D 维向量空间 V 和一个 M 维子空间 $U \subseteq V$. 那么它的*正交补* $U^\perp$ 是 V 的 $(D-M)$ 维子空间, 并且包含了 V 中正交于 U 中每个向量的所有向量. 此外, $U \cap U^\perp = \{\boldsymbol{0}\}$, 使得任何向量 $\boldsymbol{x} \in V$ 可以唯一地分解为

$$\boldsymbol{x} = \sum_{m=1}^{M} \lambda_m \boldsymbol{b}_m + \sum_{j=1}^{D-M} \psi_j \boldsymbol{b}_j^\perp, \quad \lambda_m, \psi_j \in \mathbb{R} \tag{3.36}$$

其中 $(\boldsymbol{b}_1, \cdots, \boldsymbol{b}_M)$ 是 U 的基并且 $(\boldsymbol{b}_1^\perp, \cdots, \boldsymbol{b}_{D-M}^\perp)$ 是 $U^\perp$ 的基.

因此, 正交补也可以用来描述三维向量空间中的平面 U(二维子空间). 更具体地说, 与平面 U 正交, 且 $\|\boldsymbol{w}\| = 1$ 的向量 $\boldsymbol{w}$ 是 $U^\perp$ 的基向量. 图 3.7 说明了这个设定. 所有正交于 $\boldsymbol{w}$ 的向量必须位于平面 U. 向量 $\boldsymbol{w}$ 称为 U 的*法向量*.

一般来说, 正交补可以用来描述 n 维向量和仿射空间中的超平面.

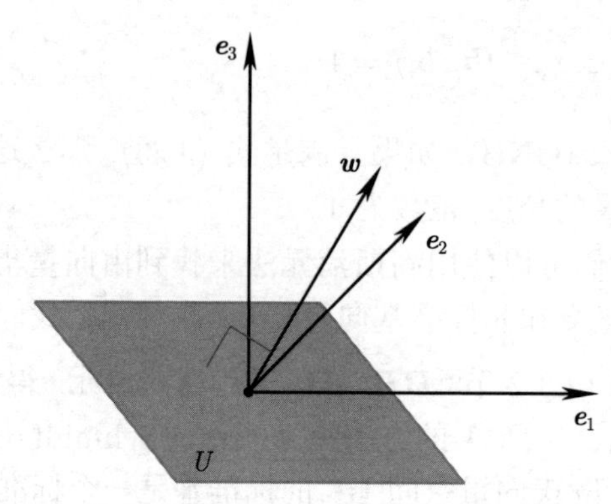

图 3.7 三维向量空间中的平面 U 可以用它的法向量来描述, 法向量张成它的正交补 $U^{\perp}$

3.7 函数内积

到目前为止, 我们研究了内积的性质来计算长度、角度和距离. 我们关注有限维向量的内积. 下面我们将看一个不同类型向量的内积的例子: 函数的内积.

到目前为止, 我们讨论的内积是由含有限项的向量定义的. 我们可以把一个向量 $\boldsymbol{x} \in \mathbb{R}^n$ 看作一个具有 n 个函数值的函数. 内积的概念可以推广到含无穷多项的向量 (可数无穷) 和连续值函数 (不可数无穷). 那么对向量的单个分量的和 (如式 (3.5)) 随之变成了一个积分.

两个函数 $u : \mathbb{R} \to \mathbb{R}$ 和 $v : \mathbb{R} \to \mathbb{R}$ 的内积可以定义为定积分

$$\langle u, v\rangle := \int_a^b u(x)v(x)\mathrm{d}x \tag{3.37}$$

$a, b < \infty$ 分别是下限和上限. 和通常的内积一样, 我们可以通过观察内积来定义范数和正交. 当式 (3.37) 的值为 0 时, 函数 u 和 v 正交. 为了明确内积的数学定义, 我们需要注意度量和积分的定义, 从而得到希尔伯特空间的定义. 此外, 与有限维向量上的内积不同, 函数上的内积可以发散 (具有无穷值). 这些内容关乎实分析和泛函分析比较深入且复杂的细节, 我们在本书中不会涉及.

例 3.9 (函数内积) 如果我们选择 $u = \sin(x)$ 和 $v = \cos(x)$, 被积函数 $f(x) = u(x)v(x)$(式(3.37)) 如图 3.8 所示, 我们看到这个函数是奇函数, 即 $f(-x) = -f(x)$, 在 $a = -\pi, b = \pi$ 条件下, 这个乘积的积分等于 0. 因此, sin 和 cos 是正交函数.

评注 以下函数列

$$\{1, \cos(x), \cos(2x), \cos(3x), \cdots\} \tag{3.38}$$

是正交的, 如果我们从 $-\pi$ 到 π 积分, 可得任意一对函数相互正交. 式 (3.38) 中的函数集合

张成了 $[-\pi, \pi)$ 上偶周期函数的一个大的子空间，将函数投影到这个子空间是傅里叶级数背后的基本思想.

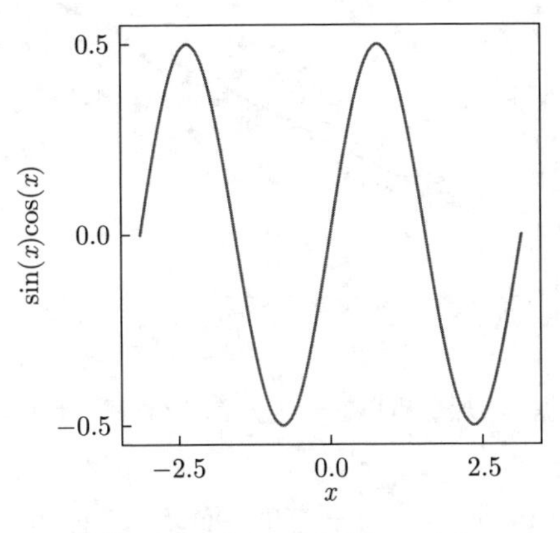

图 3.8 $f(x) = \sin(x)\cos(x)$

在 6.4.6 节中, 我们将学习第二种非常规内积: 随机变量的内积.

3.8 正交投影

投影是一类重要的线性变换 (除了旋转和反射), 在图形学、编码理论、统计和机器学习中发挥着重要作用. 在机器学习中, 我们经常处理高维数据. 高维数据通常难以分析或可视化. 然而, 高维数据通常具有这样一种性质: 只有少数维度包含大部分信息, 而其他大多数维度对于描述数据的关键属性并不是必需的. 当我们压缩或可视化高维数据时, 我们会丢失信息. 为了使压缩损失最小, 我们应该找到数据中信息最丰富的维度[⊖]. 正如在第 1 章中所讨论的, 数据可以用向量表示, 在这一章中, 我们将讨论一些用于数据压缩的方法.

更具体地说, 我们可以将原始的高维数据投影到一个低维的特征空间, 然后我们对这个低维空间进行处理, 以从数据集中获得知识或提取相关的模式. 例如, 机器学习算法, 如 Pearson (1901) 和 Hotelling (1933) 的主成分分析 (PCA) 和深度神经网络 (例如深度自动编码器 (Deng et al., 2010)), 大量利用了降维的思想. 下面我们将重点研究正交投影, 我们将在第 10 章中使用它进行线性降维, 在第 12 章中使用它进行分类. 甚至我们在第 9 章中讨论的线性回归也可以用正交投影来解释. 对于给定的低维子空间, 高维数据的正交投影保留了尽可能多的信息, 并使原始数据与对应投影之间的差值/误差最小. 图 3.9 给出了这种正交投影的图解. 在我们详细说明如何获得这些投影之前, 我们先定义投影到底是什么.

⊖ "特征"是数据表示的常用表达式.

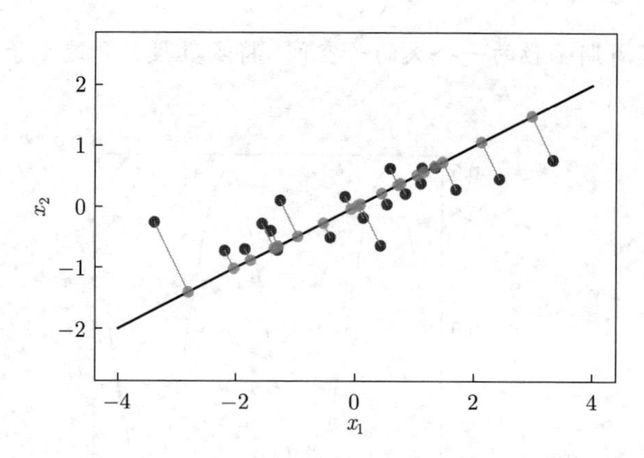

图 3.9 二维数据集 (黑色点) 在一维子空间 (直线) 上的正交投影 (灰色点)

定义 3.10 (投影) 设 V 是一个向量空间, 而 $U \subseteq V$ 是 V 的子空间. 对于线性映射 $\pi: V \to U$, 如果 $\pi^2 = \pi \circ \pi = \pi$, 那么该线性映射叫作*投影*.

由于线性映射可以用变换矩阵来表示 (见 2.7 节), 上述定义同样适用于一种特殊的变换矩阵, 即*投影矩阵* $\boldsymbol{P}_\pi$, 它表现出 $\boldsymbol{P}_\pi^2 = \boldsymbol{P}_\pi$ 的性质.

下面我们将推导内积空间 $(\mathbb{R}^n, \langle \cdot, \cdot \rangle)$ 中的向量对子空间的正交投影. 我们将从一维子空间开始, 它也被称为*线*. 我们假设点积 $\langle \boldsymbol{x}, \boldsymbol{y} \rangle = \boldsymbol{x}^\top \boldsymbol{y}$ 作为内积.

3.8.1 一维子空间 (线) 的投影

假设我们有一条直线 (一维子空间) 通过原点并有基向量 $\boldsymbol{b} \in \mathbb{R}^n$.

这条线是由 $\boldsymbol{b}$ 张成的一维子空间 $U \subseteq \mathbb{R}^n$. 当我们将 $\boldsymbol{x} \in \mathbb{R}^n$ 投影到 U 上时, 我们寻找最接近 $\boldsymbol{x}$ 的向量 $\pi_U(\boldsymbol{x}) \in U$. 我们使用几何参数描述投影 $\pi_U(\boldsymbol{x})$ 的一些性质 (如图 3.10a 所示):

- 投影 $\pi_U(\boldsymbol{x})$ 最接近 $\boldsymbol{x}$, 其中"最接近"表示距离 $\|\boldsymbol{x} - \pi_U(\boldsymbol{x})\|$ 最小. 由此可知, 从 $\pi_U(\boldsymbol{x})$ 到 $\boldsymbol{x}$ 的线段 $\pi_U(\boldsymbol{x}) - \boldsymbol{x}$ 与 U 正交, 因此可得 U 的基向量 $\boldsymbol{b}$. 由于向量之间的夹角是通过内积定义的, 因此由正交条件得到 $\langle \pi_U(\boldsymbol{x}) - \boldsymbol{x}, \boldsymbol{b} \rangle = 0$.
- $\boldsymbol{x}$ 在 U 上的投影 $\pi_U(\boldsymbol{x})$ 必须是 U 的一个元素, 因此, 它是张成了 U 的基向量 $\boldsymbol{b}$ 的倍数, 也就是对于某个 $\lambda \in \mathbb{R}$, $\pi_U(\boldsymbol{x}) = \lambda \boldsymbol{b}$. 那么 λ 就是 $\pi_U(\boldsymbol{x})$ 关于 $\boldsymbol{b}$ 的坐标.

在以下三个步骤中, 我们确定坐标 λ、投影 $\pi_U(\boldsymbol{x}) \in U$ 和将任意 $\boldsymbol{x} \in \mathbb{R}^n$ 映射到 U 的投影矩阵 $\boldsymbol{P}_\pi$:

1. 求坐标 λ. 由正交条件可得

$$\langle \boldsymbol{x} - \pi_U(\boldsymbol{x}), \boldsymbol{b} \rangle = 0 \overset{\pi_U(\boldsymbol{x}) = \lambda \boldsymbol{b}}{\Longleftrightarrow} \langle \boldsymbol{x} - \lambda \boldsymbol{b}, \boldsymbol{b} \rangle = 0\,. \tag{3.39}$$

我们现在可以利用内积的双线性得到

$$\langle \boldsymbol{x}, \boldsymbol{b} \rangle - \lambda \langle \boldsymbol{b}, \boldsymbol{b} \rangle = 0 \iff \lambda = \frac{\langle \boldsymbol{x}, \boldsymbol{b} \rangle}{\langle \boldsymbol{b}, \boldsymbol{b} \rangle} = \frac{\langle \boldsymbol{b}, \boldsymbol{x} \rangle}{\|\boldsymbol{b}\|^2}. \tag{3.40}$$

在最后一步中, 我们利用了内积是对称的这一事实. 对于一般的内积, 如果 $\|\boldsymbol{b}\| = 1$, 可得 $\lambda = \langle \boldsymbol{x}, \boldsymbol{b} \rangle$. 如果我们选择点积, 则得到

$$\lambda = \frac{\boldsymbol{b}^\top \boldsymbol{x}}{\boldsymbol{b}^\top \boldsymbol{b}} = \frac{\boldsymbol{b}^\top \boldsymbol{x}}{\|\boldsymbol{b}\|^2}. \tag{3.41}$$

如果 $\|\boldsymbol{b}\| = 1$, 则投影的坐标 λ 由 $\boldsymbol{b}^\top \boldsymbol{x}$ 给出.

2. 求投影点 $\pi_U(\boldsymbol{x}) \in U$. 根据 $\pi_U(\boldsymbol{x}) = \lambda \boldsymbol{b}$, 由式 (3.40)可以得到

$$\pi_U(\boldsymbol{x}) = \lambda \boldsymbol{b} = \frac{\langle \boldsymbol{x}, \boldsymbol{b} \rangle}{\|\boldsymbol{b}\|^2} \boldsymbol{b} = \frac{\boldsymbol{b}^\top \boldsymbol{x}}{\|\boldsymbol{b}\|^2} \boldsymbol{b}, \tag{3.42}$$

最后的等式只适用于点积. 我们也可以通过定义 3.1 来计算 $\pi_U(\boldsymbol{x})$ 的长度

$$\|\pi_U(\boldsymbol{x})\| = \|\lambda \boldsymbol{b}\| = |\lambda| \, \|\boldsymbol{b}\|. \tag{3.43}$$

因此, 我们的投影长度是 $|\lambda|$ 乘以 $\boldsymbol{b}$ 的长度, 即 λ 是 $\pi_U(\boldsymbol{x})$ 关于基向量 $\boldsymbol{b}$ 的坐标, 它张成了一维子空间 U.

如果我们用点积作为内积, 则得到

$$\|\pi_U(\boldsymbol{x})\| \overset{(3.42)}{=} \frac{|\boldsymbol{b}^\top \boldsymbol{x}|}{\|\boldsymbol{b}\|^2} \|\boldsymbol{b}\| \overset{(3.25)}{=} |\cos\omega| \, \|\boldsymbol{x}\| \, \|\boldsymbol{b}\| \frac{\|\boldsymbol{b}\|}{\|\boldsymbol{b}\|^2} = |\cos\omega| \, \|\boldsymbol{x}\|. \tag{3.44}$$

这里, ω 是 $\boldsymbol{x}$ 和 $\boldsymbol{b}$ 之间的夹角. 如果 $\|\boldsymbol{x}\| = 1$, 则 $\boldsymbol{x}$ 位于单位圆上. 由此可以得出 $\boldsymbol{b}$ 在横轴[㊀]上的投影正好是 $\cos\omega$, 以及相应向量 $\pi_U(\boldsymbol{x})$ 的长度为 $|\cos\omega|$, 如图 3.10 b 所示.

3. 求投影矩阵 $\boldsymbol{P}_\pi$. 我们知道一个投影是一个线性映射 (见定义 3.10). 因此, 存在一个投影矩阵 $\boldsymbol{P}_\pi$, 使得 $\pi_U(\boldsymbol{x}) = \boldsymbol{P}_\pi \boldsymbol{x}$. 以点积为内积并且

$$\pi_U(\boldsymbol{x}) = \lambda \boldsymbol{b} = \boldsymbol{b} \lambda = \boldsymbol{b} \frac{\boldsymbol{b}^\top \boldsymbol{x}}{\|\boldsymbol{b}\|^2} = \frac{\boldsymbol{b}\boldsymbol{b}^\top}{\|\boldsymbol{b}\|^2} \boldsymbol{x}, \tag{3.45}$$

可得

$$\boldsymbol{P}_\pi = \frac{\boldsymbol{b}\boldsymbol{b}^\top}{\|\boldsymbol{b}\|^2}. \tag{3.46}$$

㊀ 横轴是一维子空间.

注意, $\boldsymbol{b}\boldsymbol{b}^\top$(以及 $\boldsymbol{P}_\pi$) 是一个对称矩阵[㊀](秩为 1), 并且 $\|\boldsymbol{b}\|^2 = \langle \boldsymbol{b}, \boldsymbol{b} \rangle$ 是一个标量.

投影矩阵 $\boldsymbol{P}_\pi$ 将任意向量 $\boldsymbol{x} \in \mathbb{R}^n$ 投影到原点 $\boldsymbol{b}$ 方向的直线上 (也就是由 $\boldsymbol{b}$ 张成的子空间 U).

评注 投影 $\pi_U(\boldsymbol{x}) \in \mathbb{R}^n$ 仍然是 n 维向量而不是标量. 然而, 我们不再需要 n 个坐标来表示投影, 利用张成的子空间 U 的基向量 $\boldsymbol{b}$, 我们只需要一个变量 λ.

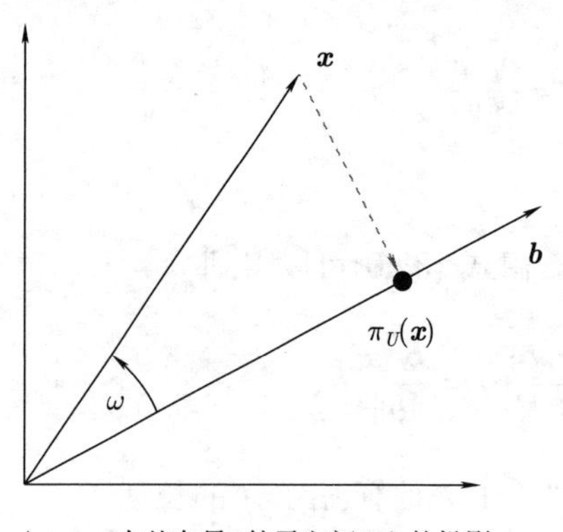

a) $\boldsymbol{x} \in \mathbb{R}^2$在基向量$\boldsymbol{b}$的子空间$U$上的投影

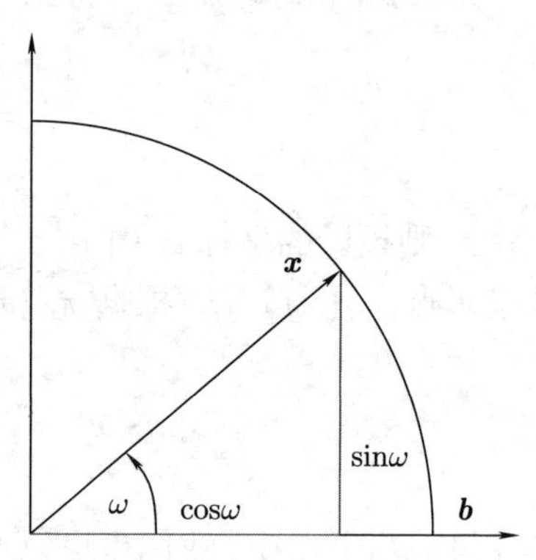

b) 一个二维向量$\boldsymbol{x}$和$\|\boldsymbol{x}\|=1$在由$\boldsymbol{b}$张成的一维子空间上的投影

图 3.10　一维子空间投影的例子

例 3.10 (直线投影)　求出通过原点且由 $\boldsymbol{b} = [1\ 2\ 2]^\top$ 张成的直线上的投影矩阵 $\boldsymbol{P}_\pi$. $\boldsymbol{b}$ 是方向向量, 也是一维子空间 (过原点的直线) 的一个基.

由式 (3.46), 可以得到

$$\boldsymbol{P}_\pi = \frac{\boldsymbol{b}\boldsymbol{b}^\top}{\boldsymbol{b}^\top\boldsymbol{b}} = \frac{1}{9}\begin{bmatrix}1\\2\\2\end{bmatrix}\begin{bmatrix}1 & 2 & 2\end{bmatrix} = \frac{1}{9}\begin{bmatrix}1 & 2 & 2\\2 & 4 & 4\\2 & 4 & 4\end{bmatrix}. \tag{3.47}$$

现在我们选择一个特定的 $\boldsymbol{x}$, 看看它是否位于由 $\boldsymbol{b}$ 张成的子空间中. 对于 $\boldsymbol{x} = \begin{bmatrix}1 & 1 & 1\end{bmatrix}^\top$, 投影是

$$\pi_U(\boldsymbol{x}) = \boldsymbol{P}_\pi\boldsymbol{x} = \frac{1}{9}\begin{bmatrix}1 & 2 & 2\\2 & 4 & 4\\2 & 4 & 4\end{bmatrix}\begin{bmatrix}1\\1\\1\end{bmatrix} = \frac{1}{9}\begin{bmatrix}5\\10\\10\end{bmatrix} \in \operatorname{span}\left[\begin{bmatrix}1\\2\\2\end{bmatrix}\right]. \tag{3.48}$$

注意 $\boldsymbol{P}_\pi$ 对 $\pi_U(\boldsymbol{x})$ 的应用不会改变任何东西, 比如 $\boldsymbol{P}_\pi\pi_U(\boldsymbol{x}) = \pi_U(\boldsymbol{x})$. 因为根据定义 3.10, 我们知道投影矩阵 $\boldsymbol{P}_\pi$ 对所有 $\boldsymbol{x}$ 满足 $\boldsymbol{P}_\pi^2\boldsymbol{x} = \boldsymbol{P}_\pi\boldsymbol{x}$.

㊀ 投影矩阵总是对称的.

评注 利用第 4 章的结论, 我们可以证明 $\pi_U(\boldsymbol{x})$ 是 $\boldsymbol{P}_\pi$ 的一个特征向量, 对应的特征值是 1.

3.8.2 投影到一般子空间上

下面, 我们看看向量 $\boldsymbol{x} \in \mathbb{R}^n$ 在低维子空间 U[㊀]$\subseteq \mathbb{R}^n$ 和 $\dim(U) = m \geqslant 1$ 上的正交投影. 图 3.11 给出了一个例子.

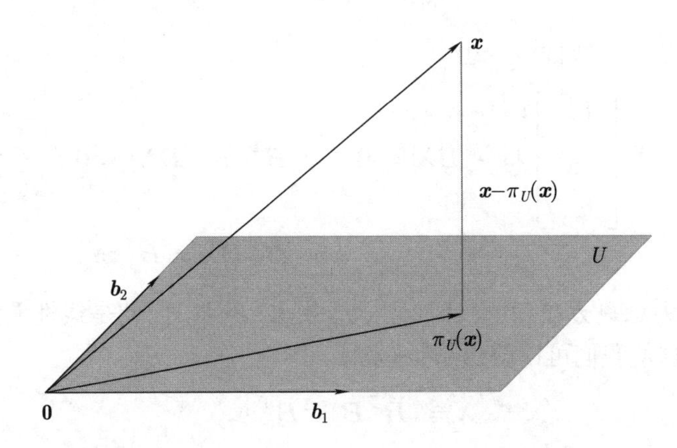

图 3.11 二维子空间 U 的基是 $\boldsymbol{b}_1, \boldsymbol{b}_2$. $\boldsymbol{x} \in \mathbb{R}^3$ 在 U 上的投影 $\pi_U(\boldsymbol{x})$ 可以表示为 $\boldsymbol{b}_1, \boldsymbol{b}_2$ 的线性组合, 并且位移向量 $\boldsymbol{x} - \pi_U(\boldsymbol{x})$ 与 $\boldsymbol{b}_1$ 和 $\boldsymbol{b}_2$ 正交

假设 $(\boldsymbol{b}_1, \cdots, \boldsymbol{b}_m)$ 是 U 的有序基. 任何投影到 U 上的 $\pi_U(\boldsymbol{x})$ 都必须是 U 的一个元素. 因此, 它们可以表示为 U 的基向量[㊁] $\boldsymbol{b}_1, \cdots, \boldsymbol{b}_m$ 的线性组合, 即 $\pi_U(\boldsymbol{x}) = \sum_{i=1}^m \lambda_i \boldsymbol{b}_i$.

和一维情况一样, 我们通过三个步骤求投影 $\pi_U(\boldsymbol{x})$ 和投影矩阵 $\boldsymbol{P}_\pi$:

1. 求投影的坐标 $\lambda_1, \cdots, \lambda_m$(关于 U 的基), 使其线性组合

$$\pi_U(\boldsymbol{x}) = \sum_{i=1}^m \lambda_i \boldsymbol{b}_i = \boldsymbol{B\lambda}, \tag{3.49}$$

$$\boldsymbol{B} = [\boldsymbol{b}_1, \cdots, \boldsymbol{b}_m] \in \mathbb{R}^{n \times m}, \quad \boldsymbol{\lambda} = [\lambda_1, \cdots, \lambda_m]^\top \in \mathbb{R}^m, \tag{3.50}$$

最接近 $\boldsymbol{x} \in \mathbb{R}^n$. 与一维情况一样, “最接近”表示“最小距离”, 这意味着连接 $\pi_U(\boldsymbol{x}) \in U$ 和 $\boldsymbol{x} \in \mathbb{R}^n$ 的向量必须正交于 U 的所有基向量. 因此, 我们得到 m 个条件 (假设点积为内积)

$$\langle \boldsymbol{b}_1, \boldsymbol{x} - \pi_U(\boldsymbol{x}) \rangle = \boldsymbol{b}_1^\top (\boldsymbol{x} - \pi_U(\boldsymbol{x})) = 0 \tag{3.51}$$

$$\vdots$$

㊀ 如果 U 是由并非一组基的一组向量张成的, 在计算投影之前你要确定一组基 $\boldsymbol{b}_1, \cdots, \boldsymbol{b}_m$

㊁ 基向量构成了 $\boldsymbol{B} \in \mathbb{R}^{n \times m}$ 的列向量, 其中 $\boldsymbol{B} = [\boldsymbol{b}_1, \cdots, \boldsymbol{b}_m]$.

$$\langle \boldsymbol{b}_m, \boldsymbol{x} - \pi_U(\boldsymbol{x}) \rangle = \boldsymbol{b}_m^\top (\boldsymbol{x} - \pi_U(\boldsymbol{x})) = 0 \tag{3.52}$$

并且 $\pi_U(\boldsymbol{x}) = \boldsymbol{B\lambda}$, 可记作

$$\boldsymbol{b}_1^\top (\boldsymbol{x} - \boldsymbol{B\lambda}) = 0 \tag{3.53}$$

$$\vdots$$

$$\boldsymbol{b}_m^\top (\boldsymbol{x} - \boldsymbol{B\lambda}) = 0 \tag{3.54}$$

这样我们就得到一个齐次线性方程组

$$\begin{bmatrix} \boldsymbol{b}_1^\top \\ \vdots \\ \boldsymbol{b}_m^\top \end{bmatrix} [\boldsymbol{x} - \boldsymbol{B\lambda}] = \boldsymbol{0} \iff \boldsymbol{B}^\top (x - \boldsymbol{B\lambda}) = \boldsymbol{0} \tag{3.55}$$

$$\iff \boldsymbol{B}^\top \boldsymbol{B\lambda} = \boldsymbol{B}^\top \boldsymbol{x}. \tag{3.56}$$

最后一个表达式称为*正规方程*. 由于 $\boldsymbol{b}_1, \cdots, \boldsymbol{b}_m$ 是 U 的基, 因此是线性无关的, 且 $\boldsymbol{B}^\top \boldsymbol{B} \in \mathbb{R}^{m \times m}$ 是可逆的. 这使我们可以解出系数/坐标

$$\boldsymbol{\lambda} = (\boldsymbol{B}^\top \boldsymbol{B})^{-1} \boldsymbol{B}^\top \boldsymbol{x}. \tag{3.57}$$

矩阵 $(\boldsymbol{B}^\top \boldsymbol{B})^{-1} \boldsymbol{B}^\top$ 也称为 $\boldsymbol{B}$ 的*伪逆*, 它可以计算非方阵矩阵 $\boldsymbol{B}$. 它只要求 $\boldsymbol{B}^\top \boldsymbol{B}$ 是正定的, 也就是 $\boldsymbol{B}$ 是满秩的情况. 在实际应用中 (如线性回归), 我们经常在 $\boldsymbol{B}^\top \boldsymbol{B}$ 中加入一个 "扰动项" $\epsilon \boldsymbol{I}$, 以保证增加数值的稳定性和正定性. 这个 "岭" 可以用贝叶斯推理严格地推导出来, 详见第 9 章.

2. 求投影 $\pi_U(\boldsymbol{x}) \in U$. 我们已经确定了 $\pi_U(\boldsymbol{x}) = \boldsymbol{B\lambda}$, 因此, 用式 (3.57)可得

$$\pi_U(\boldsymbol{x}) = \boldsymbol{B}(\boldsymbol{B}^\top \boldsymbol{B})^{-1} \boldsymbol{B}^\top \boldsymbol{x}. \tag{3.58}$$

3. 从式 (3.58), 我们可以马上看出解 $\boldsymbol{P}_\pi \boldsymbol{x} = \pi_U(\boldsymbol{x})$ 的投影矩阵一定是

$$\boldsymbol{P}_\pi = \boldsymbol{B}(\boldsymbol{B}^\top \boldsymbol{B})^{-1} \boldsymbol{B}^\top. \tag{3.59}$$

评注 投影到一般子空间的解包含一维情况作为一种特殊情况: 如果 $\dim(U) = 1$, 那么 $\boldsymbol{B}^\top \boldsymbol{B} \in \mathbb{R}$ 是一个标量, 我们可以将式 (3.59) 中的投影矩阵重写为 $\boldsymbol{P}_\pi = \frac{\boldsymbol{BB}^\top}{\boldsymbol{B}^\top \boldsymbol{B}}$, 这正是式 (3.46) 中的投影矩阵.

例 3.11 (在二维子空间上的投影) 对于一个子空间 $U = \text{span}\left[\begin{bmatrix}1\\1\\1\end{bmatrix}, \begin{bmatrix}0\\1\\2\end{bmatrix}\right] \subseteq \mathbb{R}^3$ 和 $\boldsymbol{x} = \begin{bmatrix}6\\0\\0\end{bmatrix} \in \mathbb{R}^3$, 求 $\boldsymbol{x}$ 在子空间 U 中的坐标 $\boldsymbol{\lambda}$、投影点 $\pi_U(\boldsymbol{x})$ 和投影矩阵 $\boldsymbol{P}_\pi$.

第一, 我们看到 U 的生成集是一个基 (线性无关), 并将 U 的基向量写成一个矩阵

$$\boldsymbol{B}=\begin{bmatrix}1&0\\1&1\\1&2\end{bmatrix}.$$

第二, 我们计算矩阵 $\boldsymbol{B}^\top\boldsymbol{B}$ 和向量 $\boldsymbol{B}^\top\boldsymbol{x}$ 为

$$\boldsymbol{B}^\top\boldsymbol{B}=\begin{bmatrix}1&1&1\\0&1&2\end{bmatrix}\begin{bmatrix}1&0\\1&1\\1&2\end{bmatrix}=\begin{bmatrix}3&3\\3&5\end{bmatrix},\quad \boldsymbol{B}^\top\boldsymbol{x}=\begin{bmatrix}1&1&1\\0&1&2\end{bmatrix}\begin{bmatrix}6\\0\\0\end{bmatrix}=\begin{bmatrix}6\\0\end{bmatrix}. \tag{3.60}$$

第三, 解正规方程 $\boldsymbol{B}^\top\boldsymbol{B}\boldsymbol{\lambda}=\boldsymbol{B}^\top\boldsymbol{x}$ 以得到 $\boldsymbol{\lambda}$:

$$\begin{bmatrix}3&3\\3&5\end{bmatrix}\begin{bmatrix}\lambda_1\\\lambda_2\end{bmatrix}=\begin{bmatrix}6\\0\end{bmatrix}\iff\boldsymbol{\lambda}=\begin{bmatrix}5\\-3\end{bmatrix}. \tag{3.61}$$

第四, $\boldsymbol{x}$ 在 U 上 (即 $\boldsymbol{B}$ 的列空间中) 的投影 $\pi_U(\boldsymbol{x})$, 可以直接通过下式计算得到:

$$\pi_U(\boldsymbol{x})=\boldsymbol{B}\boldsymbol{\lambda}=\begin{bmatrix}5\\2\\-1\end{bmatrix}. \tag{3.62}$$

对应的*投影误差* (也称为重构误差) 是原向量与其在 U 上的投影之差向量的范数, 即

$$\|\boldsymbol{x}-\pi_U(\boldsymbol{x})\|=\left\|\begin{bmatrix}1&-2&1\end{bmatrix}^\top\right\|=\sqrt{6}. \tag{3.63}$$

第五, 任意 $\boldsymbol{x}\in\mathbb{R}^3$ 的投影矩阵由下式给出:

$$\boldsymbol{P}_\pi=\boldsymbol{B}(\boldsymbol{B}^\top\boldsymbol{B})^{-1}\boldsymbol{B}^\top=\frac{1}{6}\begin{bmatrix}5&2&-1\\2&2&2\\-1&2&5\end{bmatrix}. \tag{3.64}$$

我们可以用两种方式验证结果: (a) 检查位移向量 $\pi_U(\boldsymbol{x})-\boldsymbol{x}$ 是否正交于 U 的所有基向量; (b) 验证 $\boldsymbol{P}_\pi=\boldsymbol{P}_\pi^2$(见定义 3.10).

评注 投影 $\pi_U(\boldsymbol{x})$ 仍然是 $\mathbb{R}^n$ 中的向量, 尽管它们位于 m 维的子空间 $U\subseteq\mathbb{R}^n$ 中. 然而, 为了表示一个投影向量, 我们只需要 U 的基向量 $\boldsymbol{b}_1,\cdots,\boldsymbol{b}_m$ 的 m 个坐标 $\lambda_1,\cdots,\lambda_m$.

评注 在计算角度和距离时必须注意, 在具有一般内积的向量空间中, 通过内积来定义角度和距离.

投影让我们看到线性方程组 $\boldsymbol{Ax}=\boldsymbol{b}$ 没有解的情况. 回想一下, 这意味着 $\boldsymbol{b}$ 不属于 $\boldsymbol{A}$ 张成的空间, 也就是说, 向量 $\boldsymbol{b}$ 不属于由 $\boldsymbol{A}$ 的列张成的子空间.

如果线性方程组不能计算精确解, 我们可以求出一个*近似解*. 它的思想是在由 $\boldsymbol{A}$ 的列向量张成的子空间中找到最接近 $\boldsymbol{b}$ 的向量, 也就是说, 我们计算 $\boldsymbol{b}$ 在由 $\boldsymbol{A}$ 的列向量张成的子空间中的正交投影. 这个问题在实践中经常出现, 其解称为超定方程组的*最小二乘解* (假设点积为内积). 这将在 9.4 节中进一步讨论. 使用式 (3.63) 的重构误差是推导主成分分析的一种可能方法 (10.3 节).

评注 *我们刚刚研究了向量 $\boldsymbol{x}$ 在子空间 U 上的投影, 它的基向量是 $\{\boldsymbol{b}_1,\cdots,\boldsymbol{b}_k\}$, 如果这个基是 ONB, 也就是满足式 (3.33) 和式 (3.34), 投影方程 (3.58) 就大大简化为*

$$\pi_U(\boldsymbol{x})=\boldsymbol{B}\boldsymbol{B}^\top\boldsymbol{x},\tag{3.65}$$

因为 $\boldsymbol{B}^\top\boldsymbol{B}=\boldsymbol{I}$ 具有坐标

$$\boldsymbol{\lambda}=\boldsymbol{B}^\top\boldsymbol{x}\,.\tag{3.66}$$

这意味着我们不再需要计算式 (3.58) 的逆矩阵, 从而节省了计算时间.

3.8.3 Gram-Schmidt 正交化

投影是 Gram-Schmidt 方法的核心, 它允许我们将 n 维向量空间 V 的任意基 $(\boldsymbol{b}_1,\cdots,\boldsymbol{b}_n)$ 变换成 V 的正交/标准正交基 $(\boldsymbol{u}_1,\cdots,\boldsymbol{u}_n)$. 这个基一直存在 (Liesen and Mehrmann, 2015), 并且满足 $\operatorname{span}[\boldsymbol{b}_1,\cdots,\boldsymbol{b}_n]=\operatorname{span}[\boldsymbol{u}_1,\cdots,\boldsymbol{u}_n]$. *Gram-Schmidt 正交化*方法从 V 的任意基 $(\boldsymbol{b}_1,\cdots,\boldsymbol{b}_n)$ 迭代构造一个正交基 $(\boldsymbol{u}_1,\cdots,\boldsymbol{u}_n)$, 如下所示:

$$\boldsymbol{u}_1:=\boldsymbol{b}_1\tag{3.67}$$

$$\boldsymbol{u}_k:=\boldsymbol{b}_k-\pi_{\operatorname{span}[\boldsymbol{u}_1,\cdots,\boldsymbol{u}_{k-1}]}(\boldsymbol{b}_k)\,,\quad k=2,\cdots,n\,.\tag{3.68}$$

在式 (3.68) 中, 第 k 个基向量 $\boldsymbol{b}_k$ 被投影到由前 $k-1$ 个构造的正交向量 $\boldsymbol{b}_k$ 张成的子空间上, 见 3.8.2 节. 然后从 $\boldsymbol{b}_k$ 中减去这个投影, 得到一个向量 $\boldsymbol{u}_k$, 它正交于由 $\boldsymbol{u}_1,\cdots,\boldsymbol{u}_{k-1}$ 张成的 $(k-1)$ 维子空间. 对所有 n 个基向量 $\boldsymbol{b}_1,\cdots,\boldsymbol{b}_n$ 重复这个过程, 得到 V 的一个正交基 $(\boldsymbol{u}_1,\cdots,\boldsymbol{u}_n)$. 如果我们标准化 $\boldsymbol{u}_k$, 则会得到一个 ONB, 其中 $\|\boldsymbol{u}_k\|=1$, $k=1,\cdots,n$.

例 3.12 (Gram-Schmidt 正交化)　考虑一个 $\mathbb{R}^2$ 上的基 $(\boldsymbol{b}_1,\boldsymbol{b}_2)$, 其中

$$\boldsymbol{b}_1=\begin{bmatrix}2\\0\end{bmatrix},\quad \boldsymbol{b}_2=\begin{bmatrix}1\\1\end{bmatrix};\tag{3.69}$$

另见图 3.12 a. 我们使用 Gram-Schmidt 方法构造 $\mathbb{R}^2$ 的一个正交基 $(\boldsymbol{u}_1,\boldsymbol{u}_2)$, 如下 (假设内

积为点积):

$$\boldsymbol{u}_1 := \boldsymbol{b}_1 = \begin{bmatrix} 2 \\ 0 \end{bmatrix}, \tag{3.70}$$

$$\boldsymbol{u}_2 := \boldsymbol{b}_2 - \pi_{\text{span}[\boldsymbol{u}_1]}(\boldsymbol{b}_2) \overset{(3.45)}{=} \boldsymbol{b}_2 - \frac{\boldsymbol{u}_1 \boldsymbol{u}_1^\top}{\|\boldsymbol{u}_1\|^2} \boldsymbol{b}_2 = \begin{bmatrix} 1 \\ 1 \end{bmatrix} - \begin{bmatrix} 1 & 0 \\ 0 & 0 \end{bmatrix} \begin{bmatrix} 1 \\ 1 \end{bmatrix} = \begin{bmatrix} 0 \\ 1 \end{bmatrix}. \tag{3.71}$$

这些步骤如图 3.12 b 和图 3.12 c 所示. 我们可以看到 $\boldsymbol{u}_1$ 和 $\boldsymbol{u}_2$ 正交, 即 $\boldsymbol{u}_1^\top \boldsymbol{u}_2 = 0$.

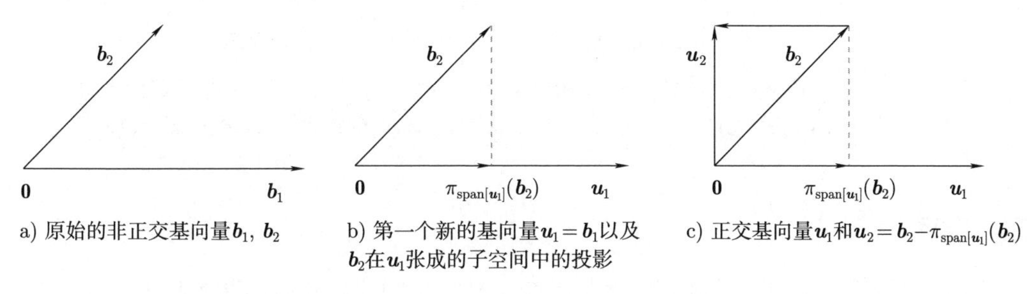

a) 原始的非正交基向量 $\boldsymbol{b}_1$, $\boldsymbol{b}_2$

b) 第一个新的基向量 $\boldsymbol{u}_1 = \boldsymbol{b}_1$ 以及 $\boldsymbol{b}_2$ 在 $\boldsymbol{u}_1$ 张成的子空间中的投影

c) 正交基向量 $\boldsymbol{u}_1$ 和 $\boldsymbol{u}_2 = \boldsymbol{b}_2 - \pi_{\text{span}[\boldsymbol{u}_1]}(\boldsymbol{b}_2)$

图 3.12 Gram-Schmidt 正交化

3.8.4 在仿射子空间上的投影

到目前为止, 我们讨论了如何将向量投影到低维子空间 U 上. 下面我们将提供一种方法来把向量投影到仿射子空间.

考虑图 3.13 a 中的设定. 我们给定一个仿射空间 $L = \boldsymbol{x}_0 + U$, 其中 $\boldsymbol{b}_1, \boldsymbol{b}_2$ 是 U 的基向量. 为了确定 $\boldsymbol{x}$ 在 L 上的正交投影 $\pi_L(\boldsymbol{x})$, 我们把这个问题转化成一个我们知道如何解决的问题: 求向量子空间上的投影. 为此, 我们从 $\boldsymbol{x}$ 和 L 中减去支撑点 $\boldsymbol{x}_0$, 所以 $L - \boldsymbol{x}_0$ 就是向量子空间 U. 我们现在可以使用 3.8.2 节中介绍的子空间正交投影方法得到 $\pi_U(\boldsymbol{x} - \boldsymbol{x}_0)$(见图 3.13 b). 通过加 $\boldsymbol{x}_0$, 这个投影可以被转换回 L, 这样我们就得到了仿射空间 L 上的正交投影

$$\pi_L(\boldsymbol{x}) = \boldsymbol{x}_0 + \pi_U(\boldsymbol{x} - \boldsymbol{x}_0), \tag{3.72}$$

其中 $\pi_U(\cdot)$ 是子空间 U(也就是 L 的方向空间) 上的正交投影, 如图 3.13 c 所示.

从图 3.13 也可以看出, $\boldsymbol{x}$ 到仿射空间 L 的距离与 $\boldsymbol{x} - \boldsymbol{x}_0$ 到 U 的距离相同, 即

$$d(\boldsymbol{x}, L) = \|\boldsymbol{x} - \pi_L(\boldsymbol{x})\| = \|\boldsymbol{x} - (\boldsymbol{x}_0 + \pi_U(\boldsymbol{x} - \boldsymbol{x}_0))\| \tag{3.73a}$$

$$= d(\boldsymbol{x} - \boldsymbol{x}_0, \pi_U(\boldsymbol{x} - \boldsymbol{x}_0)) = d(\boldsymbol{x} - \boldsymbol{x}_0, U). \tag{3.73b}$$

我们将利用映射到仿射子空间上的投影, 来推导 12.1 节中的分离超平面.

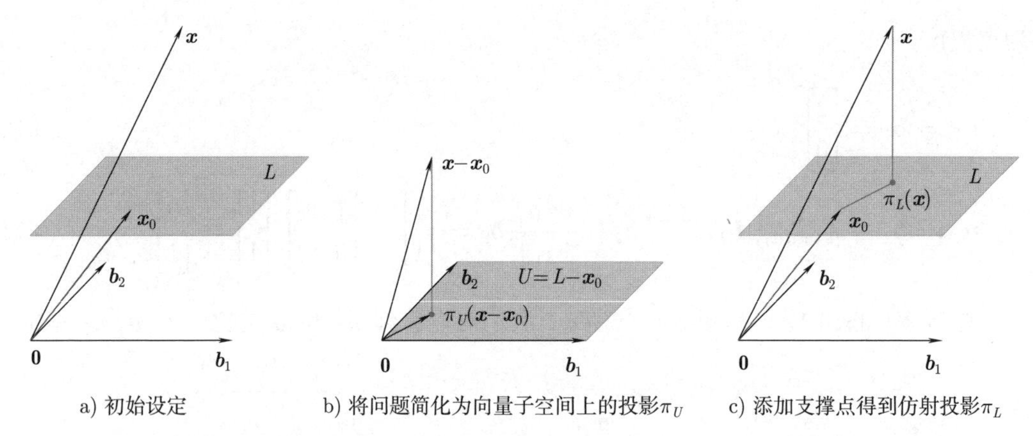

a) 初始设定　　b) 将问题简化为向量子空间上的投影π_U　　c) 添加支撑点得到仿射投影π_L

图 3.13　在仿射空间上的投影. a) 初始设定; b) 移动 $-\boldsymbol{x}_0$, 使 $\boldsymbol{x}-\boldsymbol{x}_0$ 可以投影到方向空间 U 上; c) 投影被转换回 $\boldsymbol{x}_0+\pi_U(\boldsymbol{x}-\boldsymbol{x}_0)$, 得到最终的正交投影 $\pi_L(\boldsymbol{x})$

3.9 旋转

正如 3.4 节所讨论的, 长度和角度是正交变换矩阵的线性映射的两个特征. 接下来, 我们将仔细研究描述旋转的正交变换矩阵.

*旋转*是一个线性映射 (更确切地说, 是欧几里得向量空间的自同构), 它使平面围绕原点旋转一个角度 θ, 即原点是一个不动点. 习惯上规定逆时针旋转为正角 $\theta>0$. 如图 3.14 所示, 其中变换矩阵为

$$\boldsymbol{R}=\begin{bmatrix}-0.38 & -0.92\\ 0.92 & -0.38\end{bmatrix}. \tag{3.74}$$

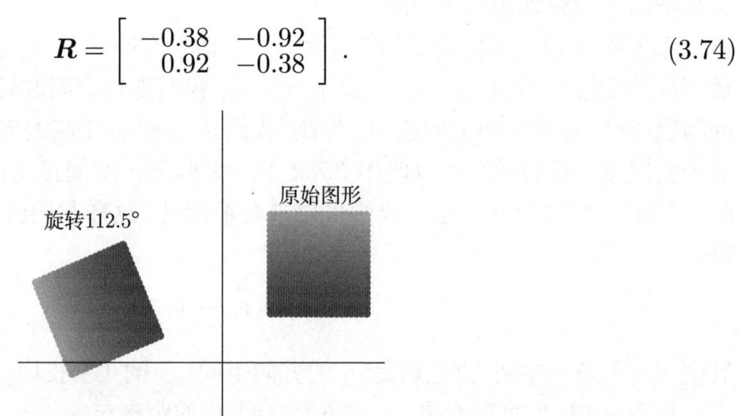

图 3.14　旋转使物体绕原点在一个平面内旋转. 如果旋转角度是正的, 我们就逆时针旋转

旋转的重要应用领域包括计算机图形学和机器人技术. 例如, 在机器人技术中, 旋转一个机械臂的关节以拾取或放置一个物体是很重要的, 如图 3.15 所示.

图 3.15 机械臂需要旋转它的关节, 以拿起物体或正确放置它们. 图取自 (Deisenroth et al., 2015)

3.9.1 在 $\mathbb{R}^2$ 上旋转

考虑在 $\mathbb{R}^2$ 的标准基 $\left\{\boldsymbol{e}_1=\begin{bmatrix}1\\0\end{bmatrix}, \boldsymbol{e}_2=\begin{bmatrix}0\\1\end{bmatrix}\right\}$, 它定义了 $\mathbb{R}^2$ 上的标准坐标系. 我们的目标是把这个坐标系旋转一个角度 θ, 如图 3.16 所示. 注意, 旋转向量仍是线性无关的, 因而是 $\mathbb{R}^2$ 的基. 这意味着旋转是基变换.

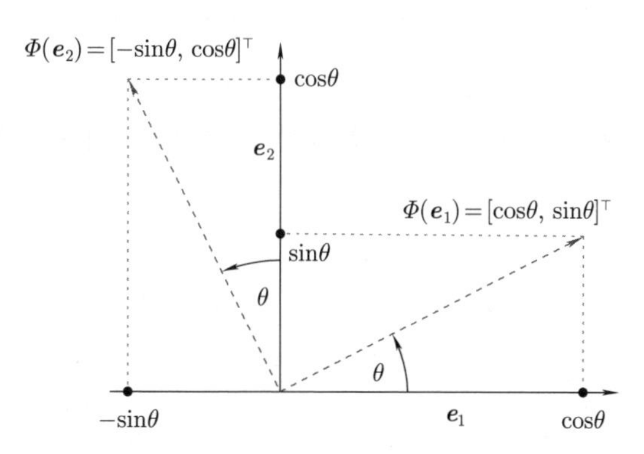

图 3.16 将 $\mathbb{R}^2$ 中的标准基旋转一个角度 θ

旋转 Φ 是线性映射, 所以我们可以用*旋转矩阵* $\boldsymbol{R}(\theta)$ 来表示它们. 解三角形 (见图 3.16) 允许我们确定旋转坐标轴 (Φ 的象) 相对于 $\mathbb{R}^2$ 中的标准基的坐标. 我们得到

$$\Phi(\boldsymbol{e}_1)=\begin{bmatrix}\cos\theta\\ \sin\theta\end{bmatrix}, \quad \Phi(\boldsymbol{e}_2)=\begin{bmatrix}-\sin\theta\\ \cos\theta\end{bmatrix}. \tag{3.75}$$

因此, 将基变换为旋转坐标的旋转矩阵 $\boldsymbol{R}(\theta)$ 是

$$\boldsymbol{R}(\theta)=[\Phi(\boldsymbol{e}_1)\quad\Phi(\boldsymbol{e}_2)]=\begin{bmatrix}\cos\theta & -\sin\theta\\ \sin\theta & \cos\theta\end{bmatrix}. \tag{3.76}$$

3.9.2 在 $\mathbb{R}^3$ 上旋转

与 $\mathbb{R}^2$ 的情况相反, 在 $\mathbb{R}^3$ 中, 我们可以围绕一维轴旋转任何二维平面. 指定一般旋转矩阵的最简单方法是指定标准基 $\boldsymbol{e}_1,\boldsymbol{e}_2,\boldsymbol{e}_3$ 的象应该如何旋转, 并确保这些象 $\boldsymbol{R}\boldsymbol{e}_1,\boldsymbol{R}\boldsymbol{e}_2,\boldsymbol{R}\boldsymbol{e}_3$ 彼此是正交的. 然后我们可以通过结合标准基的象得到一个通用的旋转矩阵 $\boldsymbol{R}$.

为了使旋转角度有意义, 我们必须定义 "逆时针" 是什么意思, 当我们在两个以上的维度上操作时. 我们使用的惯例是, 逆时针 (平面) 绕轴旋转是指当我们从轴的末端朝向原点看时绕轴旋转. 因此在 $\mathbb{R}^3$ 中, 有三个标准基向量的三次 (平面) 旋转 (见图 3.17):

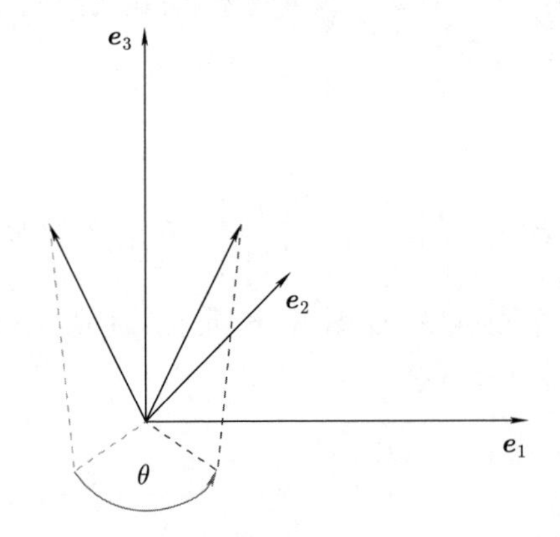

图 3.17 向量 (灰色) 在 $\mathbb{R}^3$ 中绕 $\boldsymbol{e}_3$ 轴旋转一个角度 θ. 旋转后的向量用黑色表示

- 绕 $\boldsymbol{e}_1$ 轴旋转

$$\boldsymbol{R}_1(\theta)=[\Phi(\boldsymbol{e}_1)\quad\Phi(\boldsymbol{e}_2)\quad\Phi(\boldsymbol{e}_3)]=\begin{bmatrix}1 & 0 & 0\\ 0 & \cos\theta & -\sin\theta\\ 0 & \sin\theta & \cos\theta\end{bmatrix}. \tag{3.77}$$

这里, $\boldsymbol{e}_1$ 坐标是固定的, 逆时针旋转是在 $\boldsymbol{e}_2\boldsymbol{e}_3$ 平面上进行的.

- 绕 $\boldsymbol{e}_2$ 轴旋转

$$\boldsymbol{R}_2(\theta)=\begin{bmatrix}\cos\theta & 0 & \sin\theta\\ 0 & 1 & 0\\ -\sin\theta & 0 & \cos\theta\end{bmatrix}. \tag{3.78}$$

如果我们围绕 $\boldsymbol{e}_2$ 轴旋转 $\boldsymbol{e}_1\boldsymbol{e}_3$ 平面, 我们需要 $\boldsymbol{e}_2$ 轴的尖端朝着原点.

- 绕 $\boldsymbol{e}_3$ 轴旋转

$$\boldsymbol{R}_3(\theta)=\begin{bmatrix}\cos\theta & -\sin\theta & 0\\ \sin\theta & \cos\theta & 0\\ 0 & 0 & 1\end{bmatrix}. \tag{3.79}$$

如图 3.17 所示.

3.9.3 在 $\mathbb{R}^n$ 上旋转

从二维和三维到 n 维欧几里得向量空间的旋转的推广可以直观地描述为固定 $n-2$ 维, 将旋转限制在 n 维空间的一个二维平面上. 在三维的情况下, 我们可以旋转任何平面 ($\mathbb{R}^n$ 的二维子空间).

定义 3.11 (Givens 旋转) 设 V 是 n 维欧几里得向量空间, $\Phi: V\to V$ 是具有如下变换矩阵的自同构:

$$\boldsymbol{R}_{ij}(\theta):=\begin{bmatrix}\boldsymbol{I}_{i-1} & \boldsymbol{0} & \cdots & \cdots & \boldsymbol{0}\\ \boldsymbol{0} & \cos\theta & \boldsymbol{0} & -\sin\theta & \boldsymbol{0}\\ \boldsymbol{0} & \boldsymbol{0} & \boldsymbol{I}_{j-i-1} & \boldsymbol{0} & \boldsymbol{0}\\ \boldsymbol{0} & \sin\theta & \boldsymbol{0} & \cos\theta & \boldsymbol{0}\\ \boldsymbol{0} & \cdots & \cdots & \boldsymbol{0} & \boldsymbol{I}_{n-j}\end{bmatrix}\in\mathbb{R}^{n\times n}, \tag{3.80}$$

$1\leqslant i<j\leqslant n$ 且 $\theta\in\mathbb{R}$. 那么 $\boldsymbol{R}_{ij}(\theta)$ 称为 Givens *旋转*. 本质上, $\boldsymbol{R}_{ij}(\theta)$ 是单位矩阵 $\boldsymbol{I}_n$ 并且

$$r_{ii}=\cos\theta\,,\quad r_{ij}=-\sin\theta\,,\quad r_{ji}=\sin\theta\,,\quad r_{jj}=\cos\theta\,. \tag{3.81}$$

在二维 (即 $n=2$) 中, 我们得到式 (3.76) 作为特例.

3.9.4 旋转的性质

旋转有许多有用的性质, 将其视为正交矩阵 (定义 3.8) 可以推导出:

- 旋转保持距离不变, 例如, $\|\boldsymbol{x}-\boldsymbol{y}\|=\|\boldsymbol{R}_\theta(\boldsymbol{x})-\boldsymbol{R}_\theta(\boldsymbol{y})\|$. 换句话说, 旋转使变换后任意两点之间的距离保持不变.
- 旋转保持角度不变, 即 $\boldsymbol{R}_\theta\boldsymbol{x}$ 和 $\boldsymbol{R}_\theta\boldsymbol{y}$ 的夹角等于 $\boldsymbol{x}$ 和 $\boldsymbol{y}$ 的夹角.
- 三维 (或三维以上) 的旋转通常是不可交换的. 因此, 应用旋转的顺序是重要的, 即使它们围绕同一点旋转. 只有在二维空间中, 向量旋转是可交换的, 例如, 对所有 $\phi,\theta\in[0,2\pi)$, $\boldsymbol{R}(\phi)\boldsymbol{R}(\theta)=\boldsymbol{R}(\theta)\boldsymbol{R}(\phi)$. 当它们围绕同一个点 (例如原点) 旋转时, 它们形成一个 (带乘法的) 阿贝尔群.

3.10 延伸阅读

在这一章中, 我们简要概述了解析几何的一些重要概念, 我们将在本书的后面几章中用到这些概念. 为了更广泛和更深入地概述我们提出的一些概念, 我们参考了优秀书籍 (Axler, 2015, Boyd and Vandenberghe, 2018).

内积允许我们使用 Gram-Schmidt 方法确定向量 (子) 空间的特定基, 其中每个向量都正交于所有其他向量 (正交基). 这些基在求解线性方程组的优化和数值算法中具有重要的意义. 例如, Krylov 子空间方法, 如共轭梯度法或广义最小残差法 (GMRES), 使彼此正交的残差最小 (Stoer and Burlirsch, 2002).

在机器学习中, 内积在核方法 (Schölkopf and Smola, 2002) 中是很重要的. 核方法利用了许多线性算法, 可以用内积来解决. "核技巧"允许我们在一个 (可能是无限维的) 特征空间中隐式地计算这些内积, 甚至不需要显式地知道这个特征空间. 这允许机器学习中使用的许多算法的"非线性化", 例如用于降维的核-PCA(Schölkopf et al., 1997). 高斯过程 (Rasmussen and Williams, 2006) 也属于核方法的范畴, 是目前最先进的概率回归方法 (拟合曲线到数据点). 第 12 章将进一步探讨核函数的思想.

投影常用于计算机图形学, 例如生成阴影. 在优化中, 正交投影经常被用来 (迭代地) 最小化残差. 这在机器学习中也有应用, 例如, 在线性回归中, 我们想要找到一个 (线性) 函数来最小化残差, 即数据到线性函数 (Bishop, 2006) 的正交投影的长度. 我们将在第 9 章中进一步研究这一点. PCA(Pearson, 1901; Hotelling, 1933) 也使用投影来降低高维数据的维数. 我们将在第 10 章中更详细地讨论这一点.

习题

3.1 证明 $\langle\cdot,\cdot\rangle$ 对于所有的 $\boldsymbol{x}=[x_1,x_2]^\top\in\mathbb{R}^2$ 和 $\boldsymbol{y}=[y_1,y_2]^\top\in\mathbb{R}^2$,

$$\langle\boldsymbol{x},\boldsymbol{y}\rangle := x_1y_1-(x_1y_2+x_2y_1)+2(x_2y_2)$$

是内积.

3.2 假设 $\mathbb{R}^2$ 定义了所有 $\boldsymbol{x},\boldsymbol{y}$ 以及 $\langle\cdot,\cdot\rangle$, 满足

$$\langle\boldsymbol{x},\boldsymbol{y}\rangle := \boldsymbol{x}^\top \underbrace{\begin{bmatrix}2 & 0\\ 1 & 2\end{bmatrix}}_{=:\boldsymbol{A}}\boldsymbol{y}\,.$$

那么 $\langle\cdot,\cdot\rangle$ 是内积吗?

3.3 根据已知条件 a 和 b, 计算以下两个向量间的距离:

$$\boldsymbol{x}=\begin{bmatrix}1\\2\\3\end{bmatrix},\quad \boldsymbol{y}=\begin{bmatrix}-1\\-1\\0\end{bmatrix}$$

a. $\langle\boldsymbol{x},\boldsymbol{y}\rangle:=\boldsymbol{x}^\top\boldsymbol{y}$.

b. $\langle\boldsymbol{x},\boldsymbol{y}\rangle:=\boldsymbol{x}^\top\boldsymbol{A}\boldsymbol{y}\,,\quad \boldsymbol{A}:=\begin{bmatrix}2&1&0\\1&3&-1\\0&-1&2\end{bmatrix}$.

3.4 根据已知条件 a 和 b, 计算下面两个向量间的夹角:

$$\boldsymbol{x}=\begin{bmatrix}1\\2\end{bmatrix},\quad \boldsymbol{y}=\begin{bmatrix}-1\\-1\end{bmatrix}$$

a. $\langle\boldsymbol{x},\boldsymbol{y}\rangle:=\boldsymbol{x}^\top\boldsymbol{y}$.

b. $\langle\boldsymbol{x},\boldsymbol{y}\rangle:=\boldsymbol{x}^\top\boldsymbol{B}\boldsymbol{y}\,,\quad \boldsymbol{B}:=\begin{bmatrix}2&1\\1&3\end{bmatrix}$.

3.5 考虑带点积的欧几里得向量空间 $\mathbb{R}^5$. 给定一个子空间 $U\subseteq\mathbb{R}^5$ 和 $\boldsymbol{x}\in\mathbb{R}^5$:

$$U=\operatorname{span}\left[\begin{bmatrix}0\\-1\\2\\0\\2\end{bmatrix},\begin{bmatrix}1\\-3\\1\\-1\\2\end{bmatrix},\begin{bmatrix}-3\\4\\1\\2\\1\end{bmatrix},\begin{bmatrix}-1\\-3\\5\\0\\7\end{bmatrix}\right],\quad \boldsymbol{x}=\begin{bmatrix}-1\\-9\\-1\\4\\1\end{bmatrix}.$$

a. 确定 $\boldsymbol{x}$ 在 U 上的正交投影 $\pi_U(\boldsymbol{x})$.

b. 确定距离 $d(\boldsymbol{x},U)$.

3.6 考虑 $\mathbb{R}^3$ 和内积

$$\langle\boldsymbol{x},\boldsymbol{y}\rangle:=\boldsymbol{x}^\top\begin{bmatrix}2&1&0\\1&2&-1\\0&-1&2\end{bmatrix}\boldsymbol{y}.$$

此外, 我们定义 $\boldsymbol{e}_1,\boldsymbol{e}_2,\boldsymbol{e}_3$ 作为 $\mathbb{R}^3$ 中的标准/规范基.

a. 确定 $\boldsymbol{e}_2$ 在如下空间上的 $\pi_U(\boldsymbol{e}_2)$:

$$U=\operatorname{span}[\boldsymbol{e}_1,\boldsymbol{e}_3]\,.$$

提示: 正交性是通过内积定义的.

b. 计算距离 $d(\boldsymbol{e}_2, U)$.

c. 画出这个场景: 标准基向量和 $\pi_U(\boldsymbol{e}_2)$

3.7 设 V 是一个向量空间, π 是 V 的自同态.

a. 证明 π 是一个投影当且仅当 $\mathrm{id}_V - \pi$ 是一个投影, 其中 id_V 是 V 上的同一性自同态.

b. 将 $\mathrm{Im}(\mathrm{id}_V - \pi)$ 和 $\ker(\mathrm{id}_V - \pi)$ 表达为 $\mathrm{Im}(\pi)$ 和 $\ker(\pi)$ 的函数.

3.8 利用 Gram-Schmidt 方法, 将二维子空间 $U \subseteq \mathbb{R}^3$ 的基 $B = (\boldsymbol{b}_1, \boldsymbol{b}_2)$ 转换为 U 的 ONB $C = (\boldsymbol{c}_1, \boldsymbol{c}_2)$, 其中

$$\boldsymbol{b}_1 := \begin{bmatrix} 1 \\ 1 \\ 1 \end{bmatrix}, \quad \boldsymbol{b}_2 := \begin{bmatrix} -1 \\ 2 \\ 0 \end{bmatrix}.$$

3.9 设 $n \in \mathbb{N}^*$ 和 $x_1, \cdots, x_n > 0$ 是满足 $x_1 + \cdots + x_n = 1$ 的 n 个正实数, 使用 Cauchy-Schwarz 不等式证明

a. $\sum_{i=1}^{n} x_i^2 \geqslant \dfrac{1}{n}$.

b. $\sum_{i=1}^{n} \dfrac{1}{x_i} \geqslant n^2$.

提示: 考虑 $\mathbb{R}^n$ 上的点积. 然后, 选择特定的向量 $\boldsymbol{x}, \boldsymbol{y} \in \mathbb{R}^n$ 并应用 Cauchy-Schwarz 不等式.

3.10 旋转向量 30°:

$$\boldsymbol{x}_1 := \begin{bmatrix} 2 \\ 3 \end{bmatrix}, \quad \boldsymbol{x}_2 := \begin{bmatrix} 0 \\ -1 \end{bmatrix}$$

CHAPTER 4

第 4 章

矩阵分解

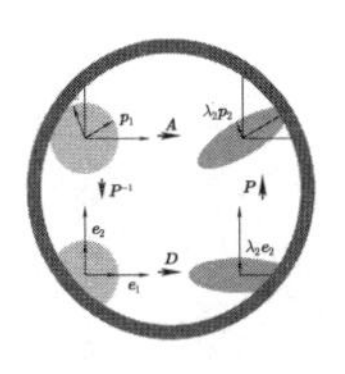

在第 2 章和第 3 章中, 我们研究了操作和度量向量的方法. 向量投影以及线性映射. 向量的映射和变换可以方便地描述为矩阵的运算. 此外, 数据通常也以矩阵形式表示, 例如, 矩阵的行代表不同的人, 而列则描述了人的不同特征, 如体重、身高和社会经济地位. 在本章中, 我们将介绍矩阵的三个方面: 如何汇总分析矩阵、如何分解矩阵, 以及如何将这些分解用于矩阵近似.

我们首先考虑只用几个数字就能描述矩阵的方法, 这些数字代表了矩阵的整体性质. 对于方阵的重要特殊情况, 我们将在行列式 (4.1 节) 和特征值 (4.2 节) 部分进行介绍. 这些特征数具有重要的数学意义, 使我们能够迅速掌握矩阵具有哪些有用的性质. 这里我们将继续讨论矩阵分解方法: 矩阵分解类似于因数分解, 例如, 将 21 分解成质数 7×3. 因此, 矩阵分解也经常被称为*矩阵因子分解*. 矩阵分解通过使用可解释矩阵因子的, 不同表示方式来描述一个矩阵.

我们将首先介绍对称正定矩阵 Cholesky 分解 (4.3 节) 的平方根运算. 这里, 我们将研究把矩阵分解为典范型 (标准型) 的两种相关方法. 第一种方法是矩阵对角化 (4.4 节), 如果选择适当的基, 它使我们可以使用对角变换矩阵来表示线性映射. 第二种方法是奇异值分解 (4.5 节), 将此分解扩展到非方阵, 并且将其视为线性代数的基本概念之一. 这些分解很有用, 因为表示数值数据的矩阵通常非常大且难以分析. 在本章最后, 我们将系统地概述矩阵的类型以及以矩阵分类法 (4.7 节) 的形式来区分它们的特性.

我们在本章中介绍的方法在后续的数学章节 (例如第 6 章) 中以及在应用的章节 (例如第 10 章中的降维或第 11 章中的密度估计) 中都将变得很重要. 本章结构的思维导图如图 4.1 所示.

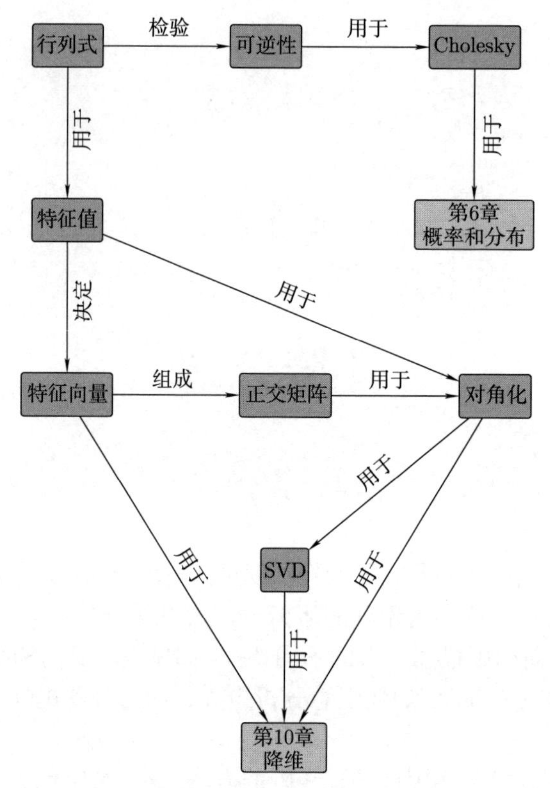

图 4.1　本章所述概念的思维导图, 以及它们与其他章节的联系

4.1　行列式和迹

行列式是线性代数中的重要概念. 行列式是分析和解线性方程组的数学对象. 行列式仅针对方阵 $\boldsymbol{A} \in \mathbb{R}^{n\times n}$(即具有相同行和列数的矩阵) 定义. 在本书中, 我们将行列式写为 $\det(\boldsymbol{A})$ 或有时写为 $|\boldsymbol{A}|$[㊀], 满足

$$\det(\boldsymbol{A}) = \begin{vmatrix} a_{11} & a_{12} & \dots & a_{1n} \\ a_{21} & a_{22} & \dots & a_{2n} \\ \vdots & \vdots & & \vdots \\ a_{n1} & a_{n2} & \dots & a_{nn} \end{vmatrix}. \tag{4.1}$$

方阵 $\boldsymbol{A} \in \mathbb{R}^{n\times n}$ 的行列式是将 $\boldsymbol{A}$ 映射到实数的函数. 在为一般的 $n \times n$ 矩阵提供行列式的定义之前, 我们先看一些示例, 并为某些特殊矩阵定义行列式.

㊀ 行列式符号 $|\boldsymbol{A}|$ 不能与绝对值混淆.

例 4.1 (验证矩阵可逆性) 让我们开始探讨方阵 $\boldsymbol{A}$ 是否为可逆的 (见 2.2.2 节). 我们已经知道在方阵维数最小时, 矩阵是可逆的. 如果 $\boldsymbol{A}$ 是一个 1×1 矩阵, 即它是一个标量数, 那么 $\boldsymbol{A}=a \implies \boldsymbol{A}^{-1}=\frac{1}{a}$. 因此, 当且仅当 $a\neq 0$ 时, $a\,\frac{1}{a}=1$ 成立.

对于 2×2 的矩阵, 由逆的定义 (定义 2.3) 知, $\boldsymbol{A}\boldsymbol{A}^{-1}=\boldsymbol{I}$. 然后, 使用式 (2.24), $\boldsymbol{A}$ 的逆是

$$\boldsymbol{A}^{-1}=\frac{1}{a_{11}a_{22}-a_{12}a_{21}}\begin{bmatrix} a_{22} & -a_{12} \\ -a_{21} & a_{11} \end{bmatrix}. \tag{4.2}$$

因此, $\boldsymbol{A}$ 是可逆的当且仅当

$$a_{11}a_{22}-a_{12}a_{21}\neq 0\,. \tag{4.3}$$

这个量是 $\boldsymbol{A}\in\mathbb{R}^{2\times 2}$ 的行列式, 即

$$\det(\boldsymbol{A})=\begin{vmatrix} a_{11} & a_{12} \\ a_{21} & a_{22} \end{vmatrix}=a_{11}a_{22}-a_{12}a_{21}\,. \tag{4.4}$$

例 4.1 已经指出行列式与逆矩阵的存在性之间的关系. 下一个定理对 $n\times n$ 矩阵给出了相同的结果.

定理 4.1 对于任何方阵 $\boldsymbol{A}\in\mathbb{R}^{n\times n}$, $\boldsymbol{A}$ 是可逆的当且仅当 $\det(\boldsymbol{A})\neq 0$.

对于小矩阵的行列式, 我们有显式的 (闭式) 表达式. 当 $n=1$ 时,

$$\det(\boldsymbol{A})=\det(a_{11})=a_{11}\,. \tag{4.5}$$

当 $n=2$ 时,

$$\det(\boldsymbol{A})=\begin{vmatrix} a_{11} & a_{12} \\ a_{21} & a_{22} \end{vmatrix}=a_{11}a_{22}-a_{12}a_{21}\,, \tag{4.6}$$

我们在前面的示例中已经得到了这个结果.

当 $n=3$ 时 (称为萨鲁斯法则),

$$\begin{vmatrix} a_{11} & a_{12} & a_{13} \\ a_{21} & a_{22} & a_{23} \\ a_{31} & a_{32} & a_{33} \end{vmatrix}=a_{11}a_{22}a_{33}+a_{21}a_{32}a_{13}+a_{31}a_{12}a_{23}- \tag{4.7}$$

$$a_{31}a_{22}a_{13}-a_{11}a_{32}a_{23}-a_{21}a_{12}a_{33}\,.$$

为了更好地记忆萨鲁斯法则中的乘积项, 请尝试在矩阵中依次标出乘积中的三元素的位置.

如果 $i>j$, 且 $T_{ij}=0$, 即矩阵对角线以下全为零, 则将方阵 $\boldsymbol{T}$ 称为*上三角形矩阵*. 类似地, 我们将*下三角形矩阵*定义为对角线以上全为零的矩阵. 对于三角形矩阵 $\boldsymbol{T}\in\mathbb{R}^{n\times n}$, 行列式是对角线元素的乘积, 即

$$\det(\boldsymbol{T}) = \prod_{i=1}^{n} T_{ii} . \tag{4.8}$$

例 4.2 (行列式作为体积的度量) 自然地, 我们可以把行列式视为一组 n 维向量在 $\mathbb{R}^n$ 中张成一个对象的映射. 事实证明, 行列式 $\det(\boldsymbol{A})$ 是由矩阵 $\boldsymbol{A}$ 的列形成的 n 维平行六面体的有向体积.

当 $n = 2$ 时, 矩阵的列形成平行四边形 (见图 4.2). 随着向量之间的夹角变小, 平行四边形的面积也会缩小.

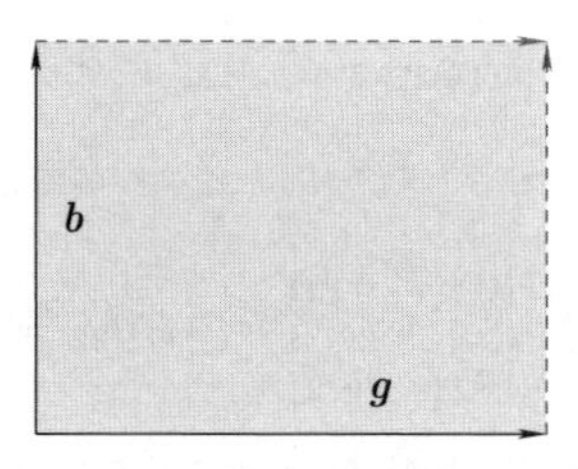

图 4.2 向量 $\boldsymbol{b}$ 和 $\boldsymbol{g}$ 所覆盖的平行四边形的区域 (阴影区域) 为 $|\det([\boldsymbol{b}, \boldsymbol{g}])|$

考虑由两个向量 $\boldsymbol{b}, \boldsymbol{g}$ 形成的矩阵列 $\boldsymbol{A} = [\boldsymbol{b}, \boldsymbol{g}]$. 那么, $\boldsymbol{A}$ 的行列式的绝对值是顶点为 $\boldsymbol{0}, \boldsymbol{b}, \boldsymbol{g}, \boldsymbol{b}+\boldsymbol{g}$ 的平行四边形的面积. 特别地, 如果 $\boldsymbol{b}, \boldsymbol{g}$ 线性相关, 则存在 $\lambda \in \mathbb{R}$, 使得 $\boldsymbol{b} = \lambda \boldsymbol{g}$, 它们将不再形成二维平行四边形. 因此, 对应的区域面积为 0. 反之, 如果 $\boldsymbol{b}, \boldsymbol{g}$ 是线性无关的并且是标准基向量 $\boldsymbol{e}_1, \boldsymbol{e}_2$ 的倍数, 则可以将它们写为 $\boldsymbol{b} = \begin{bmatrix} b \\ 0 \end{bmatrix}$ 和 $\boldsymbol{g} = \begin{bmatrix} 0 \\ g \end{bmatrix}$, 行列式为

$$\begin{vmatrix} b & 0 \\ 0 & g \end{vmatrix} = bg - 0 = bg.$$

行列式的符号表示了生成向量 $\boldsymbol{b}, \boldsymbol{g}$ 关于标准基 $(\boldsymbol{e}_1, \boldsymbol{e}_2)$ 的方向. 在我们的图中, 将顺序调整为 $\boldsymbol{g}, \boldsymbol{b}$ 会交换 $\boldsymbol{A}$ 的列, 并反转阴影区域的方向. 这变成了熟悉的公式: 面积 = 高度 × 长度. 将这种直觉扩展到更高的维度. 在 $\mathbb{R}^3$ 中, 我们考虑了跨越平行六面体的边缘的三个向量 $\boldsymbol{r}, \boldsymbol{b}, \boldsymbol{g} \in \mathbb{R}^3$, 即一个具有平行四边形的面的实体 (见图 4.3). 3×3 矩阵 $[\boldsymbol{r},\ \boldsymbol{b},\ \boldsymbol{g}]$ 的行列式的绝对值就是该实体的体积. 因此, 行列式作为一个函数, 测量由矩阵中的列向量组成的超平行多面体的有向体积.

考虑如下已知的三个线性无关向量 $\boldsymbol{r}, \boldsymbol{g}, \boldsymbol{b} \in \mathbb{R}^3$:

$$\boldsymbol{r} = \begin{bmatrix} 2 \\ 0 \\ -8 \end{bmatrix}, \quad \boldsymbol{g} = \begin{bmatrix} 6 \\ 1 \\ 0 \end{bmatrix}, \quad \boldsymbol{b} = \begin{bmatrix} 1 \\ 4 \\ -1 \end{bmatrix} . \tag{4.9}$$

把这些向量写成矩阵的列

$$A = [r,\ g,\ b] = \begin{bmatrix} 2 & 6 & 1 \\ 0 & 1 & 4 \\ -8 & 0 & -1 \end{bmatrix} \tag{4.10}$$

我们可以计算所求的体积

$$V = |\det(A)| = 186\,. \tag{4.11}$$

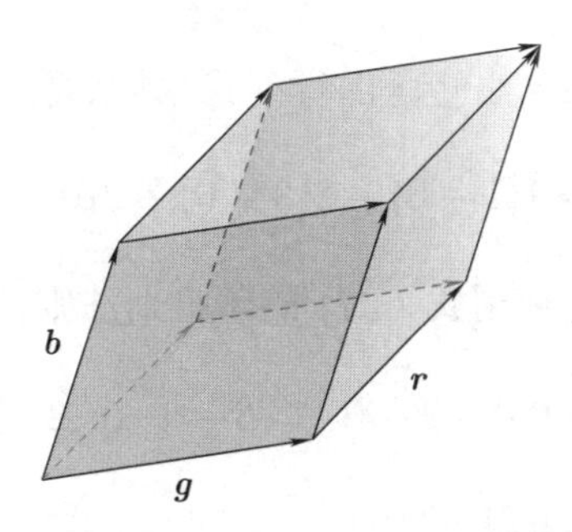

图 4.3 向量 r, b, g 所代表的平行六面体的体积 (阴影体积) 为 $|\det([r,\ b,\ g])|$

我们在后面会探讨一个通用算法来解决 $n > 3$ 时 $n \times n$ 矩阵行列式的计算问题. 定理 4.2 通过计算 $(n-1) \times (n-1)$ 矩阵的行列式来减少计算 $n \times n$ 矩阵行列式的计算量. 通过递归地应用拉普拉斯展开式 (定理 4.2), 最终我们可以通过计算 2×2 矩阵的行列式来计算 $n \times n$ 矩阵的行列式.

定理 4.2 (拉普拉斯展开式) 考虑矩阵 $A \in \mathbb{R}^{n \times n}$, 则对于所有 $j = 1, \cdots, n$:

1. 沿 j 列展开

$$\det(A) = \sum_{k=1}^{n} (-1)^{k+j} a_{kj} \det(A_{k,j})\ ^{㊀}. \tag{4.12}$$

2. 沿 k 行展开

$$\det(A) = \sum_{k=1}^{n} (-1)^{k+j} a_{jk} \det(A_{j,k})\,. \tag{4.13}$$

这里 $A_{k,j} \in \mathbb{R}^{(n-1) \times (n-1)}$ 是删除第 k 行和第 j 列时获得的 A 的子矩阵.

例 4.3 (拉普拉斯展开式) 让我们计算如下矩阵的行列式:

$$A = \begin{bmatrix} 1 & 2 & 3 \\ 3 & 1 & 2 \\ 0 & 0 & 1 \end{bmatrix} \tag{4.14}$$

㊀ $\det(A_{k,j})$ 称为子行列式, $(-1)^{k+j}\det(A_{k,j})$ 称为代数余子式.

在第一行使用拉普拉斯展开式. 应用式 (4.13) 可得到

$$\begin{aligned}\begin{vmatrix}1 & 2 & 3\\3 & 1 & 2\\0 & 0 & 1\end{vmatrix} = (-1)^{1+1}\cdot 1\begin{vmatrix}1 & 2\\0 & 1\end{vmatrix} + \\ (-1)^{1+2}\cdot 2\begin{vmatrix}3 & 2\\0 & 1\end{vmatrix} + (-1)^{1+3}\cdot 3\begin{vmatrix}3 & 1\\0 & 0\end{vmatrix}.\end{aligned} \tag{4.15}$$

我们使用式 (4.6) 来计算所有 2×2 矩阵的行列式, 并获得

$$\det(\boldsymbol{A}) = 1(1-0) - 2(3-0) + 3(0-0) = -5\,. \tag{4.16}$$

最后, 我们可以将此结果与使用式 (4.7) 的萨鲁斯法则计算的行列式进行比较:

$$\det(\boldsymbol{A}) = 1\cdot 1\cdot 1 + 3\cdot 0\cdot 3 + 0\cdot 2\cdot 2 - 0\cdot 1\cdot 3 - 1\cdot 0\cdot 2 - 3\cdot 2\cdot 1 = 1-6 = -5\,. \tag{4.17}$$

对于 $\boldsymbol{A}\in\mathbb{R}^{n\times n}$, 行列式具有以下性质:

- 矩阵乘积的行列式是相应行列式的乘积, $\det(\boldsymbol{AB}) = \det(\boldsymbol{A})\det(\boldsymbol{B})$.
- 矩阵转置后行列式不变, 即 $\det(\boldsymbol{A}) = \det(\boldsymbol{A}^\top)$.
- 如果 $\boldsymbol{A}$ 是可逆的, 则 $\det(\boldsymbol{A}^{-1}) = \dfrac{1}{\det(\boldsymbol{A})}$.
- 相似矩阵 (定义 2.22) 具有相同的行列式. 因此, 对于线性映射 $\Phi: V\to V$, Φ 的所有变换矩阵 $\boldsymbol{A}_\Phi$ 具有相同的行列式. 因此, 行列式不随线性映射基的选取不同而改变.
- 将一个列/行的倍数添加到另一个列/行不会改变 $\det(\boldsymbol{A})$.
- 将列/行与 $\lambda\in\mathbb{R}$ 相乘, $\det(\boldsymbol{A})$ 将乘以 λ. 特别地, $\det(\lambda\boldsymbol{A}) = \lambda^n\det(\boldsymbol{A})$.
- 交换两行/列会更改 $\det(\boldsymbol{A})$ 的符号.

由于最后三个性质, 我们可以通过引入 $\boldsymbol{A}$ 的行阶梯形矩阵来使用高斯消元法 (见 2.1 节) 计算 $\det(\boldsymbol{A})$. 当我们将 $\boldsymbol{A}$ 变换为上三角形矩阵 (对角线以下的元素均为 0) 时, 可以停止高斯消元. 从式 (4.8) 可得, 三角形矩阵的行列式是对角线元素的乘积.

定理 4.3 当且仅当 $\text{rk}(\boldsymbol{A}) = n$ 时, 方阵 $\boldsymbol{A}\in\mathbb{R}^{n\times n}$ 的行列式 $\det(\boldsymbol{A})\neq 0$. 换句话说, 当且仅当 $\boldsymbol{A}$ 是满秩时, 它才是可逆的.

在数学以手工计算为主时, 行列式计算被认为是分析矩阵可逆性的必不可少的方法. 但是, 现代机器学习方法使用直接数值方法取代了行列式的显式计算. 例如, 在第 2 章中, 我们了解到逆矩阵可以通过高斯消元法来计算. 因此高斯消元法可以用于计算矩阵的行列式.

行列式将在以下各节中扮演重要的理论角色, 尤其是当我们通过特征多项式学习特征值和特征向量 (4.2 节) 时.

定义 4.4　$\boldsymbol{A} \in \mathbb{R}^{n \times n}$ 的迹定义为

$$\operatorname{tr}(\boldsymbol{A}) := \sum_{i=1}^{n} a_{ii}\,, \tag{4.18}$$

即迹是 $\boldsymbol{A}$ 对角线元素的总和.

迹满足以下性质:

- 当 $\boldsymbol{A}, \boldsymbol{B} \in \mathbb{R}^{n \times n}$ 时, $\operatorname{tr}(\boldsymbol{A}+\boldsymbol{B}) = \operatorname{tr}(\boldsymbol{A}) + \operatorname{tr}(\boldsymbol{B})$.
- 当 $\boldsymbol{A} \in \mathbb{R}^{n \times n}$ 时, $\operatorname{tr}(\alpha \boldsymbol{A}) = \alpha \operatorname{tr}(\boldsymbol{A})\,, \alpha \in \mathbb{R}$.
- $\operatorname{tr}(\boldsymbol{I}_n) = n$.
- 当 $\boldsymbol{A} \in \mathbb{R}^{n \times k}, \boldsymbol{B} \in \mathbb{R}^{k \times n}$ 时, $\operatorname{tr}(\boldsymbol{AB}) = \operatorname{tr}(\boldsymbol{BA})$.

可以证明, 只有一个函数能同时满足这四个性质——迹 (Gohberg et al., 2012).

多个矩阵乘积的迹的性质更为通用. 具体地说, 迹在循环置换下是不变的, 即

$$\operatorname{tr}(\boldsymbol{AKL}) = \operatorname{tr}(\boldsymbol{KLA}) \tag{4.19}$$

其中矩阵 $\boldsymbol{A} \in \mathbb{R}^{a \times k}, \boldsymbol{K} \in \mathbb{R}^{k \times l}, \boldsymbol{L} \in \mathbb{R}^{l \times a}$. 这个性质可以推广到任意大小矩阵的乘积. 作为式 (4.19) 的特例, 对于两个向量 $\boldsymbol{x}, \boldsymbol{y} \in \mathbb{R}^n$,

$$\operatorname{tr}(\boldsymbol{x}\boldsymbol{y}^\top) = \operatorname{tr}(\boldsymbol{y}^\top \boldsymbol{x}) = \boldsymbol{y}^\top \boldsymbol{x} \in \mathbb{R}\,. \tag{4.20}$$

给定一个线性映射 $\Phi: V \to V$, 其中 V 是一个向量空间, 我们通过使用 Φ 的矩阵表示来定义该映射的迹. 对于 V 的给定基, 我们可以通过变换矩阵 $\boldsymbol{A}$ 来描述 Φ. 那么 Φ 的迹就是 $\boldsymbol{A}$ 的迹. 对于 V 的不同基, Φ 对应的变换矩阵 $\boldsymbol{B}$ 可以通过对应 $\boldsymbol{S}$ 的 $\boldsymbol{S}^{-1}\boldsymbol{AS}$ 形式的基变换得到 (见 2.7.2 节). 对于 Φ 对应的迹, 这意味着

$$\operatorname{tr}(\boldsymbol{B}) = \operatorname{tr}(\boldsymbol{S}^{-1}\boldsymbol{AS}) \overset{\text{式(4.19)}}{=} \operatorname{tr}(\boldsymbol{ASS}^{-1}) = \operatorname{tr}(\boldsymbol{A})\,. \tag{4.21}$$

因此, 虽然线性映射的矩阵表示依赖于基, 但线性映射的迹 Φ 是独立于基的.

在这一节中, 我们讨论了作为方阵函数的行列式和迹. 结合我们对行列式和迹的理解, 我们现在可以用多项式定义一个重要的方程来描述矩阵 $\boldsymbol{A}$, 我们将在后面的章节中广泛地使用它.

定义 4.5 (特征多项式)　对于 $\lambda \in \mathbb{R}$ 和方阵 $\boldsymbol{A} \in \mathbb{R}^{n \times n}$, 有

$$p_{\boldsymbol{A}}(\lambda) := \det(\boldsymbol{A} - \lambda \boldsymbol{I}) \tag{4.22a}$$

$$= c_0 + c_1\lambda + c_2\lambda^2 + \cdots + c_{n-1}\lambda^{n-1} + (-1)^n\lambda^n\,, \tag{4.22b}$$

$c_0, c_1 \cdots, c_{n-1} \in \mathbb{R}$, 称为 $\boldsymbol{A}$ 的*特征多项式*. 特别地,

$$c_0 = \det(\boldsymbol{A})\,, \tag{4.23}$$

$$c_{n-1} = (-1)^{n-1}\operatorname{tr}(\boldsymbol{A})\,. \tag{4.24}$$

特征多项式 (4.22a) 将允许我们计算特征值和特征向量, 这将在下一节中进行介绍.

4.2 特征值和特征向量

现在我们将学习一种新的方法来刻画矩阵及其相关的线性映射. 回想一下 2.7.1 节, 每个线性映射都有一个给定有序基的唯一变换矩阵. 我们可以通过"特征"(eigen)[⊖]分析来解释线性映射及其相关的变换矩阵. 正如我们将看到的, 线性映射的特征值将告诉我们一个特殊的向量集——特征向量, 是如何通过线性映射进行变换的.

定义 4.6 设 $\boldsymbol{A} \in \mathbb{R}^{n\times n}$ 是一个方阵. 若

$$\boldsymbol{A}\boldsymbol{x} = \lambda\boldsymbol{x}\,, \tag{4.25}$$

则 $\lambda \in \mathbb{R}$ 是 $\boldsymbol{A}$ 的一个特征值, $\boldsymbol{x} \in \mathbb{R}^n \setminus \{\boldsymbol{0}\}$ 是 $\boldsymbol{A}$ 对应的特征向量. 我们称式 (4.25) 为特征方程.

评注 在线性代数文献和软件中, 按惯例以降序排列特征值, 最大特征值及其相关的特征向量称为第一特征值及其相关的特征向量, 第二大特征值及其相关的特征向量称为第二特征值及其相关的特征向量, 等等. 然而, 教科书和出版物可能有不同的顺序概念. 如果没有明确说明, 我们不假定本书特征值的顺序.

下面的语句是等价的:

- λ 是 $\boldsymbol{A} \in \mathbb{R}^{n\times n}$ 的一个特征值.
- 存在 $\boldsymbol{x} \in \mathbb{R}^n \setminus \{\boldsymbol{0}\}$ 是方程 $\boldsymbol{A}\boldsymbol{x} = \lambda\boldsymbol{x}$ 的解, 或者等价地, $(\boldsymbol{A} - \lambda\boldsymbol{I}_n)\boldsymbol{x} = \boldsymbol{0}$ 可以得到一个非平凡解, 即存在 $\boldsymbol{x} \neq \boldsymbol{0}$ 的解.
- $\mathrm{rk}(\boldsymbol{A} - \lambda\boldsymbol{I}_n) < n$.
- $\det(\boldsymbol{A} - \lambda\boldsymbol{I}_n) = 0$.

定义 4.7(共线性和同向) 指向相同方向的两个向量称为同向向量. 如果两个向量指向相同或相反的方向, 则它们是共线的.

评注(特征向量的非唯一性) 如果 $\boldsymbol{x}$ 是 $\boldsymbol{A}$ 与特征值 λ 相关联的一个特征向量, 那么对于任意的 $c \in \mathbb{R} \setminus \{0\}$, $c\boldsymbol{x}$ 是 $\boldsymbol{A}$ 具有相同特征值的一个特征向量, 因为

$$\boldsymbol{A}(c\boldsymbol{x}) = c\boldsymbol{A}\boldsymbol{x} = c\lambda\boldsymbol{x} = \lambda(c\boldsymbol{x})\,. \tag{4.26}$$

因此, 所有与 $\boldsymbol{x}$ 共线的向量也是 $\boldsymbol{A}$ 的特征向量.

定理 4.8 $\lambda \in \mathbb{R}$ 是 $\boldsymbol{A} \in \mathbb{R}^{n\times n}$ 的一个特征值当且仅当 λ 是 $\boldsymbol{A}$ 的特征多项式 $p_{\boldsymbol{A}}(\lambda)$ 的一个根.

定义 4.9 设方阵 $\boldsymbol{A}$ 有一个特征值 λ_i. λ_i 的代数重数是根在特征多项式中出现的次数.

⊖ eigen 是德语单词, 意思是"特征""自我"或"自己".

定义 4.10 (特征空间和特征谱) 对于 $\boldsymbol{A} \in \mathbb{R}^{n\times n}$, $\boldsymbol{A}$ 的一个特征值 λ 对应的所有特征向量的集合张成 $\mathbb{R}^n$ 的一个子空间, 称为 $\boldsymbol{A}$ 关于 λ 的*特征空间*, 用 E_λ 表示. $\boldsymbol{A}$ 的所有特征值的集合称为 $\boldsymbol{A}$ 的*特征谱*, 或谱.

如果 λ 是 $\boldsymbol{A} \in \mathbb{R}^{n\times n}$ 的特征值, 则相应的特征空间 E_λ 是线性方程组 $(\boldsymbol{A} - \lambda\boldsymbol{I})\boldsymbol{x} = \boldsymbol{0}$ 的解空间. 在几何上, 与非零特征值相对应的特征向量指向由线性映射拉伸的方向. 特征值是被拉伸的因子. 如果特征值为负, 则拉伸方向会翻转.

例 4.4 (单位矩阵的情况) 单位矩阵 $\boldsymbol{I} \in \mathbb{R}^{n\times n}$ 有特征多项式 $p_{\boldsymbol{I}}(\lambda) = \det(\boldsymbol{I} - \lambda\boldsymbol{I}) = (1-\lambda)^n = 0$, 它只有一个特征值 $\lambda = 1$, 出现 n 次. 而且 $\boldsymbol{I}\boldsymbol{x} = \lambda\boldsymbol{x} = 1\boldsymbol{x}$ 对所有向量 $\boldsymbol{x} \in \mathbb{R}^n \setminus \{0\}$ 都成立. 因此, 单位矩阵的唯一特征空间 E_1 张成 n 维, $\mathbb{R}^n$ 的所有 n 维标准基向量都是 $\boldsymbol{I}$ 的特征向量.

关于特征值和特征向量的有用性质如下:

- 矩阵 $\boldsymbol{A}$ 和它的转置矩阵 $\boldsymbol{A}^\top$ 有相同的特征值, 但不一定有相同的特征向量.
- 特征空间 E_λ 是 $\boldsymbol{A} - \lambda\boldsymbol{I}$ 的零空间, 因为

$$\boldsymbol{A}\boldsymbol{x} = \lambda\boldsymbol{x} \iff \boldsymbol{A}\boldsymbol{x} - \lambda\boldsymbol{x} = \boldsymbol{0} \tag{4.27a}$$

$$\iff (\boldsymbol{A} - \lambda\boldsymbol{I})\boldsymbol{x} = \boldsymbol{0} \iff \boldsymbol{x} \in \ker(\boldsymbol{A} - \lambda\boldsymbol{I}). \tag{4.27b}$$

- 相似矩阵 (见定义 2.22) 有相同的特征值. 因此, 一个线性映射 Φ 的特征值和其变换矩阵基的选择无关. 这使得特征值, 以及行列式和迹, 成为线性映射的关键特征参数, 因为它们在基的变化下都是不变的.
- 对称正定矩阵总是有正的实特征值.

例 4.5 (计算特征值、特征向量和特征空间) 求如下 2×2 矩阵的特征值和特征向量:

$$\boldsymbol{A} = \begin{bmatrix} 4 & 2 \\ 1 & 3 \end{bmatrix}. \tag{4.28}$$

步骤 1: 特征多项式. 从我们对矩阵 $\boldsymbol{A}$ 的特征向量 $\boldsymbol{x} \neq \boldsymbol{0}$ 和特征值 λ 的定义来看, 将会有等式 $(\boldsymbol{A} - \lambda\boldsymbol{I})\boldsymbol{x} = \boldsymbol{0}$ 成立. 因为 $\boldsymbol{x} \neq \boldsymbol{0}$, 这就要求 $\boldsymbol{A} - \lambda\boldsymbol{I}$ 的核 (零空间) 包含更多的元素, 且其零空间不包含 $\boldsymbol{0}$. 这意味着 $\boldsymbol{A} - \lambda\boldsymbol{I}$ 是不可逆的, $\det(\boldsymbol{A} - \lambda\boldsymbol{I}) = 0$. 因此, 我们需要计算特征多项式 (4.22a) 的根来求特征值.

步骤 2: 特征值. 特征多项式为

$$p_{\boldsymbol{A}}(\lambda) = \det(\boldsymbol{A} - \lambda\boldsymbol{I}) \tag{4.29a}$$

$$= \det\left(\begin{bmatrix} 4 & 2 \\ 1 & 3 \end{bmatrix} - \begin{bmatrix} \lambda & 0 \\ 0 & \lambda \end{bmatrix}\right) = \begin{vmatrix} 4-\lambda & 2 \\ 1 & 3-\lambda \end{vmatrix} \tag{4.29b}$$

$$= (4-\lambda)(3-\lambda) - 2\cdot 1\,. \tag{4.29c}$$

因式分解特征多项式, 得到

$$p(\lambda) = (4-\lambda)(3-\lambda) - 2\cdot 1 = 10 - 7\lambda + \lambda^2 = (2-\lambda)(5-\lambda) \tag{4.30}$$

解得根 $\lambda_1 = 2$ 和 $\lambda_2 = 5$.

步骤 3: 特征向量和特征空间. 我们通过向量 $\boldsymbol{x}$ 来求对应于这些特征值的特征向量:

$$\begin{bmatrix} 4-\lambda & 2 \\ 1 & 3-\lambda \end{bmatrix} \boldsymbol{x} = \boldsymbol{0}. \tag{4.31}$$

对于 $\lambda = 5$, 我们得到

$$\begin{bmatrix} 4-5 & 2 \\ 1 & 3-5 \end{bmatrix} \begin{bmatrix} x_1 \\ x_2 \end{bmatrix} = \begin{bmatrix} -1 & 2 \\ 1 & -2 \end{bmatrix} \begin{bmatrix} x_1 \\ x_2 \end{bmatrix} = \boldsymbol{0}. \tag{4.32}$$

我们解这个齐次方程组得到一个解空间

$$E_5 = \text{span}\left[\begin{bmatrix} 2 \\ 1 \end{bmatrix}\right]. \tag{4.33}$$

这个特征空间是一维的, 因为它只有一个基向量.

类似地, 我们通过求解齐次方程组得到 $\lambda = 2$ 的特征向量

$$\begin{bmatrix} 4-2 & 2 \\ 1 & 3-2 \end{bmatrix} \boldsymbol{x} = \begin{bmatrix} 2 & 2 \\ 1 & 1 \end{bmatrix} \boldsymbol{x} = \boldsymbol{0}. \tag{4.34}$$

这意味着任何向量 $\boldsymbol{x} = \begin{bmatrix} x_1 \\ x_2 \end{bmatrix}$, 其中 $x_2 = -x_1$, 例如 $\begin{bmatrix} 1 \\ -1 \end{bmatrix}$, 是一个特征值为 2 的特征向量. 相应的特征空间为

$$E_2 = \text{span}\left[\begin{bmatrix} 1 \\ -1 \end{bmatrix}\right]. \tag{4.35}$$

例 4.5 中的两个特征空间 E_5 和 E_2 是一维的, 因为它们都是由单个向量张成的. 然而, 在其他情况下, 我们可能有多个相同的特征值 (见定义 4.9), 特征空间是多维的.

定义 4.11 设 λ_i 是方阵 $\boldsymbol{A}$ 的特征值. 那么 λ_i 的几何重数就是 λ_i 对应的线性无关特征向量的数目. 换句话说, 它是由 λ_i 对应的特征向量张成的特征空间的维数.

评注 一个特定特征值的几何重数必须至少为 1, 因为每个特征值至少有一个相关的特征向量. 特征值的几何重数不能大于其代数重数, 但可以小于其代数重数.

例 4.6 矩阵 $\boldsymbol{A} = \begin{bmatrix} 2 & 1 \\ 0 & 2 \end{bmatrix}$ 有两个重复特征值 $\lambda_1 = \lambda_2 = 2$, 所以其代数重数为 2. 然而, 特征值对应的特征向量只有一个:$\boldsymbol{x}_1 = \begin{bmatrix} 1 \\ 0 \end{bmatrix}$, 因此, 几何重数为 1.

二维图形的直观展示

让我们用不同的线性映射对行列式、特征向量和特征值有一些直观的认识. 图 4.4 描述了 5 个变换矩阵 $\boldsymbol{A}_1, \boldsymbol{A}_2, \cdots, \boldsymbol{A}_5$ 及其对以原点为中心的正方形网格点的影响:

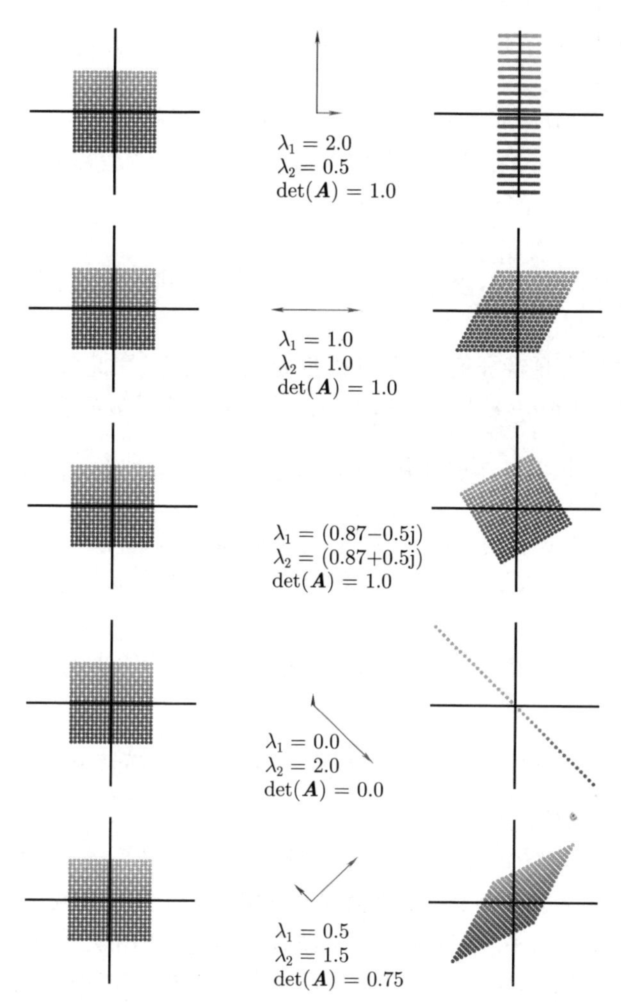

图 4.4 行列式和特征空间. 概述 5 个线性映射及其相关的变换矩阵 $\boldsymbol{A}_i \in \mathbb{R}^{2\times 2}$ 将 400 个颜色编码点 $\boldsymbol{x} \in \mathbb{R}^2$(左列) 投影到目标点 $\boldsymbol{A}_i\boldsymbol{x}$(右列). 中心列描述由其相关特征值 λ_1 拉伸的第一个特征向量和由其特征值 λ_2 拉伸的第二个特征向量. 每一行描述 5 个变换矩阵 $\boldsymbol{A}_i$ 对标准基的影响 (见彩插)

- $\boldsymbol{A}_1 = \begin{bmatrix} \frac{1}{2} & 0 \\ 0 & 2 \end{bmatrix}$. 两个特征向量的方向对应于 $\mathbb{R}^2$ 中的标准基向量, 即两个主轴. 纵轴

的扩展因子为 2(特征值 $\lambda_1 = 2$), 横轴的压缩因子为 $\frac{1}{2}\left(特征值\lambda_2 = \frac{1}{2}\right)$. 这是保面积映射 $\left(\det(\boldsymbol{A}_1) = 1 = 2 \cdot \frac{1}{2}\right)$㊀.

- $\boldsymbol{A}_2 = \begin{bmatrix} 1 & \frac{1}{2} \\ 0 & 1 \end{bmatrix}$ 对应于剪切变换, 即它将沿水平轴的点向右剪切 (如果这些点位于垂直轴的正半部分), 反之则向左剪切. 这是保面积映射 ($\det(\boldsymbol{A}_2) = 1$). 特征值 $\lambda_1 = 1 = \lambda_2$ 是重复的, 特征向量是共线的 (在这里画是为了强调两个相反的方向). 这表明映射只沿着一个方向 (水平轴) 作用.
- $\boldsymbol{A}_3 = \begin{bmatrix} \cos\left(\frac{\pi}{6}\right) & -\sin\left(\frac{\pi}{6}\right) \\ \sin\left(\frac{\pi}{6}\right) & \cos\left(\frac{\pi}{6}\right) \end{bmatrix} = \frac{1}{2}\begin{bmatrix} \sqrt{3} & -1 \\ 1 & \sqrt{3} \end{bmatrix}$. 矩阵 $\boldsymbol{A}_3$ 以 $\frac{\pi}{6}\,\text{rad} = 30^\circ$ 逆时针旋转这些点, 且只有复特征值, 反映该映射是一个旋转 (因此没有绘制出特征向量). 旋转必须保持体积不变, 所以行列式是 1. 关于旋转的更多细节, 可参考 3.9 节.
- $\boldsymbol{A}_4 = \begin{bmatrix} 1 & -1 \\ -1 & 1 \end{bmatrix}$ 表示在标准基中的映射, 该映射将二维区域折叠到一维区域. 由于一个特征值为 0, 对应于 $\lambda_1 = 0$ 的 (蓝色) 特征向量方向上的空间折叠, 而正交的 (红色) 特征向量以因子 $\lambda_2 = 2$ 拉伸空间. 因此, 象的面积为 0.
- $\boldsymbol{A}_5 = \begin{bmatrix} 1 & \frac{1}{2} \\ \frac{1}{2} & 1 \end{bmatrix}$ 是一个剪切–拉伸映射, 将空间缩小为原来的 75%, 因为 $|\det(\boldsymbol{A}_5)| = \frac{3}{4}$. 它沿着 λ_2 的 (红色) 特征向量以因子 1.5 拉伸空间, 并沿着正交 (蓝色) 特征向量以因子 0.5 压缩空间.

例 4.7 (生物神经网络的特征谱) 从网络数据中分析和学习的方法是机器学习方法的重要组成部分. 理解网络的关键是网络节点之间的连接性, 特别是当两个节点相互连接或没有连接时. 在数据科学应用中, 研究捕获连接性数据的矩阵通常是有用的.

我们建立了蠕虫 C.Elegans 的完整神经网络的连接性/邻接矩阵 $\boldsymbol{A} \in \mathbb{R}^{277\times277}$. 每一行/列都代表了这只蠕虫大脑的 277 神经元中的一个. 如果神经元 i 通过一个突触与神经元 j 对话, 则邻接矩阵 $a_{ij} = 1$, 否则 $a_{ij} = 0$. 邻接矩阵不是对称的, 这意味着特征值可能不是实值. 因此, 我们计算的邻接矩阵的对称版本为 $\boldsymbol{A}_{\text{sym}} := \boldsymbol{A} + \boldsymbol{A}^\top$. 这个新矩阵 $\boldsymbol{A}_{\text{sym}}$ 如图 4.5 a 所示, 当且仅当两个神经元 (白色像素) 连接时, 无论连接的方向如何, 其值 a_{ij} 为非零值. 在图 4.5 b 中, 我们给出了 $\boldsymbol{A}_{\text{sym}}$ 的相应特征谱. 横轴表示特征值的索引, 按降序排

㊀ 在几何学中, 这种平行于轴线的剪切的面积保持特性也被称为平行四边形的 Cavalieri 等面积原理 (Katz, 2004).

列. 纵轴表示相应的特征值. 该特征谱的 S 形是许多生物神经网络的典型特征. 这背后的机制是活跃的神经科学研究领域.

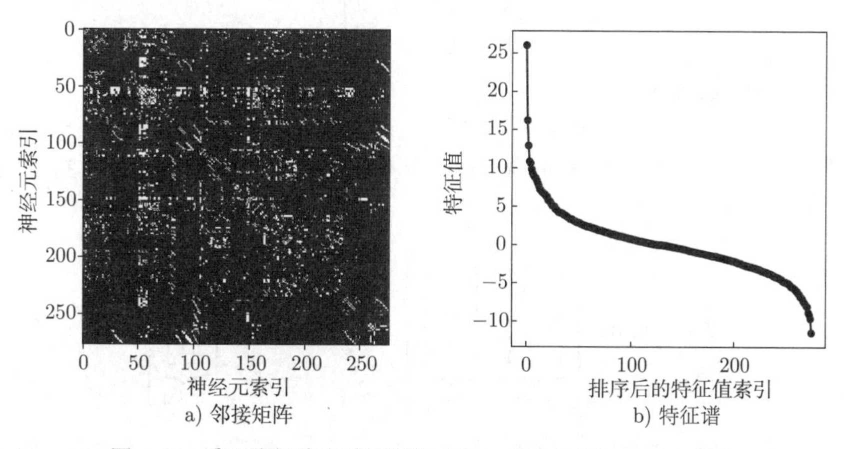

图 4.5 秀丽隐杆线虫神经网络 (Kaiser and Hilgetag, 2006)

定理4.12 具有 n 个特征值 $\lambda_1, \lambda_2, \cdots, \lambda_n$ 的矩阵 $\boldsymbol{A} \in \mathbb{R}^{n\times n}$ 的特征向量 $\boldsymbol{x}_1, \boldsymbol{x}_2, \cdots, \boldsymbol{x}_n$ 是线性无关的.

这个定理说明具有 n 个不同特征值的矩阵的特征向量构成 $\mathbb{R}^n$ 的一组基.

定义 4.13 如果一个方阵 $\boldsymbol{A} \in \mathbb{R}^{n\times n}$ 的线性无关特征向量少于 n 个, 则它是*退化*的.

一个非退化矩阵 $\boldsymbol{A} \in \mathbb{R}^{n\times n}$ 不一定有 n 个不同的特征值, 但它的特征向量构成 $\mathbb{R}^n$ 的一个基. 研究退化矩阵的特征空间, 得到特征空间的维数之和小于 n. 具体来说, 一个退化矩阵至少有一个特征值 λ_i, 其代数重数 $m > 1$, 其几何重数小于 m.

评注 *一个退化矩阵不能有 n 个不同的特征值, 因为不同的特征值有线性无关的特征向量 (定理 4.12).*

定理 4.14 给出一个矩阵 $\boldsymbol{A} \in \mathbb{R}^{m\times n}$, 我们总能通过以下定义得到一个对称半正定矩阵 $\boldsymbol{S} \in \mathbb{R}^{n\times n}$:

$$\boldsymbol{S} := \boldsymbol{A}^\top \boldsymbol{A}\,. \tag{4.36}$$

评注 *如果 $\mathrm{rk}(\boldsymbol{A}) = n$, 则 $\boldsymbol{S} := \boldsymbol{A}^\top \boldsymbol{A}$ 是对称正定的.*

理解为什么定理 4.14 成立可使我们洞悉如何使用对称矩阵: 对称需要 $\boldsymbol{S} = \boldsymbol{S}^\top$, 通过式 (4.36), 我们得到 $\boldsymbol{S} = \boldsymbol{A}^\top \boldsymbol{A} = \boldsymbol{A}^\top (\boldsymbol{A}^\top)^\top = (\boldsymbol{A}^\top \boldsymbol{A})^\top = \boldsymbol{S}^\top$. 此外, 半正定性 (3.2.3 节) 要求 $\boldsymbol{x}^\top \boldsymbol{S} \boldsymbol{x} \geqslant 0$, 将式 (4.36) 代入该式, 得到 $\boldsymbol{x}^\top \boldsymbol{S} \boldsymbol{x} = \boldsymbol{x}^\top \boldsymbol{A}^\top \boldsymbol{A} \boldsymbol{x} = (\boldsymbol{x}^\top \boldsymbol{A}^\top)(\boldsymbol{A}\boldsymbol{x}) = (\boldsymbol{A}\boldsymbol{x})^\top (\boldsymbol{A}\boldsymbol{x}) \geqslant 0$, 因为点积计算的是平方和 (其本身是非负的).

定理 4.15(谱定理) 如果 $\boldsymbol{A} \in \mathbb{R}^{n\times n}$ 是对称的, 则存在由 $\boldsymbol{A}$ 的特征向量组成的对应向量空间 V 的一组标准正交基, 且每个特征值都是实数.

谱定理的一个直接含义是对称矩阵 $\boldsymbol{A}$ 存在特征分解 (具有实特征值), 我们可以找到一个特征向量的 ONB, 使 $\boldsymbol{A} = \boldsymbol{P}\boldsymbol{D}\boldsymbol{P}^\top$, 其中 $\boldsymbol{D}$ 是对角的, $\boldsymbol{P}$ 的列包含特征向量.

例 4.8　考虑矩阵

$$A = \begin{bmatrix} 3 & 2 & 2 \\ 2 & 3 & 2 \\ 2 & 2 & 3 \end{bmatrix}. \tag{4.37}$$

A 的特征多项式为

$$p_{A}(\lambda) = -(\lambda - 1)^2(\lambda - 7), \tag{4.38}$$

得到特征值 $\lambda_1 = 1$ 和 $\lambda_2 = 7$, 其中 λ_1 是一个重复特征值. 按照我们计算特征向量的标准程序, 得到特征空间

$$E_1 = \text{span}\left[\underbrace{\begin{bmatrix} -1 \\ 1 \\ 0 \end{bmatrix}}_{=:x_1}, \underbrace{\begin{bmatrix} -1 \\ 0 \\ 1 \end{bmatrix}}_{=:x_2}\right], \quad E_7 = \text{span}\left[\underbrace{\begin{bmatrix} 1 \\ 1 \\ 1 \end{bmatrix}}_{=:x_3}\right]. \tag{4.39}$$

我们看到 x_3 与 x_1 和 x_2 正交. 然而, 由于 $x_1^\top x_2 = 1 \neq 0$, 它们并不正交. 谱定理 (定理 4.15) 说明存在正交基, 但我们所得到的正交基并不是正交的. 然而, 我们可以构造一个.

为了构造这样一个基, 我们利用 x_1, x_2 是从属于相同的特征值 λ 的特征向量这一事实. 因此, 对于任何 $\alpha, \beta \in \mathbb{R}$, 都有

$$A(\alpha x_1 + \beta x_2) = Ax_1\alpha + Ax_2\beta = \lambda(\alpha x_1 + \beta x_2), \tag{4.40}$$

即 x_1 和 x_2 的任何线性组合也是 A 的从属于 λ 的特征向量. Gram-Schmidt 算法 (3.8.3 节) 是一种利用这种线性组合从一组基向量迭代构造正交/标准正交基的方法. 因此, 即使 x_1 和 x_2 不正交, 我们也可以应用 Gram-Schmidt 算法找到与 $\lambda_1 = 1$ 相互正交 (以及与 x_3 正交) 的特征向量. 在我们的例子中, 我们将得到

$$x_1' = \begin{bmatrix} -1 \\ 1 \\ 0 \end{bmatrix}, \quad x_2' = \frac{1}{2}\begin{bmatrix} -1 \\ -1 \\ 2 \end{bmatrix} \tag{4.41}$$

是 A 的相互正交并与 x_3 正交的从属于 $\lambda_1 = 1$ 的特征向量.

在我们结束对特征值和特征向量的讨论之前, 有必要将这些矩阵的特征与行列式和迹的概念联系起来.

定理 4.16　矩阵 $A \in \mathbb{R}^{n \times n}$ 的行列式是其特征值的乘积, 即

$$\det(A) = \prod_{i=1}^{n} \lambda_i, \tag{4.42}$$

其中 $\lambda_i \in \mathbb{C}$ 是 A(可能重复) 的特征值.

定理 4.17　矩阵 $A \in \mathbb{R}^{n \times n}$ 的迹是其特征值的和, 即

$$\operatorname{tr}(\boldsymbol{A}) = \sum_{i=1}^{n} \lambda_i \,, \tag{4.43}$$

其中 $\lambda_i \in \mathbb{C}$ 是 $\boldsymbol{A}$(可能重复) 的特征值.

让我们从几何角度直观看下这两个定理. 考虑一个矩阵 $\boldsymbol{A} \in \mathbb{R}^{2\times 2}$, 它具有两个线性无关的特征向量 $\boldsymbol{x}_1, \boldsymbol{x}_2$. 对于这个例子, 我们假设 $(\boldsymbol{x}_1, \boldsymbol{x}_2)$ 是 $\mathbb{R}^2$ 的 ONB, 因此它们是正交的, 它们张成的正方形的面积是 1(见图 4.6). 由 4.1 节可知, 行列式计算的是单位正方形面积在变换 $\boldsymbol{A}$ 下的变化. 在这个例子中, 我们可以明确地计算面积的变化: 用 $\boldsymbol{A}$ 映射特征向量, 得到向量 $\boldsymbol{v}_1 = \boldsymbol{A}\boldsymbol{x}_1 = \lambda_1 \boldsymbol{x}_1$ 和 $\boldsymbol{v}_2 = \boldsymbol{A}\boldsymbol{x}_2 = \lambda_2 \boldsymbol{x}_2$, 即新向量 $\boldsymbol{v}_i$ 是特征向量 $\boldsymbol{x}_i$ 的缩放, 缩放因子是相应的特征值 λ_i. $\boldsymbol{v}_1, \boldsymbol{v}_2$ 仍然正交, 并且它们张成的矩形的面积是 $|\lambda_1 \lambda_2|$.

假设 $\boldsymbol{x}_1, \boldsymbol{x}_2$(在我们的例子中) 是正交的, 我们可以直接计算单位正方形的周长为 $2(1 + 1)$. 用 $\boldsymbol{A}$ 映射特征向量, 得到一个周长为 $2(|\lambda_1| + |\lambda_2|)$ 的矩形. 因此, 特征值绝对值的和告诉我们单位正方形的周长如何在变换矩阵 $\boldsymbol{A}$ 下变化.

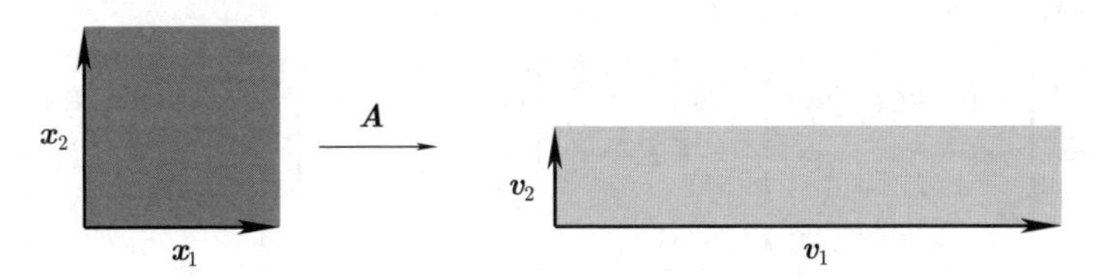

图 4.6 特征值的几何解释. $\boldsymbol{A}$ 的特征向量被相应的特征值拉伸. 单位平方的面积变化了 $|\lambda_1 \lambda_2|$, 周长变化了 $2(|\lambda_1| + |\lambda_2|)$

例 4.9 (谷歌的 PageRank——网页作为特征向量) 谷歌使用矩阵 $\boldsymbol{A}$ 的最大特征值对应的特征向量来确定要搜索的页面的排名. 1996 年, 斯坦福大学的拉里 • 佩奇 (Larry Page) 和谢尔盖 • 布林 (Sergey Brin) 提出了 PageRank 算法的想法, 即任何网页的重要性都可以用链接到它的网页的重要性来近似. 为此, 他们将所有的 Web 站点写成一个巨大的有向图, 显示哪个页面链接到哪个页面. PageRank 通过计算指向 a_i 的页面数来计算网站 a_i 的权重 (重要性)$x_i \geqslant 0$. 此外, PageRank 考虑了链接到 a_i 的网站的重要性. 然后, 用户的导航行为由这个图的变换矩阵 $\boldsymbol{A}$ 建模, 它告诉我们某人 (点击) 到另一个网站的概率是多少. 矩阵 $\boldsymbol{A}$ 具有这样的性质: 对于网站的任何初始排序/重要性向量 $\boldsymbol{x}$, 序列 $\boldsymbol{x}, \boldsymbol{A}\boldsymbol{x}, \boldsymbol{A}^2\boldsymbol{x}, \cdots$ 收敛为向量 $\boldsymbol{x}^*$. 该向量称为 PageRank, 满足 $\boldsymbol{A}\boldsymbol{x}^* = \boldsymbol{x}^*$, 即它是 $\boldsymbol{A}$ 的一个特征向量 (对应特征值 1). 将 $\boldsymbol{x}^*$ 归一化后, 满足 $\|\boldsymbol{x}^*\| = 1$, 我们可以将这些项解释为概率. 更多关于 PageRank 的细节和不同观点可以在原始技术报告中找到 (Page et al., 1999).

4.3 Cholesky 分解

有很多方法可以分解我们在机器学习中经常遇到的特殊类型的矩阵. 对正实数, 我们有平方根运算, 它将数字分解为相同的分量, 例如 $9 = 3 \cdot 3$. 对于矩阵, 我们需要注意的是, 我们要计算类似正数运算的平方根. 对于对称正定矩阵 (见 3.2.3 节), 我们可以从许多平方根等价运算中选择. Cholesky 分解 (或称 Cholesky 因子分解) 提供一个与平方根等价的方法来计算对称正定矩阵, 这在实践中非常有用.

定理 4.18(Cholesky 分解) 一个对称正定矩阵 $\boldsymbol{A}$ 可以分解成乘积 $\boldsymbol{A}=\boldsymbol{L}\boldsymbol{L}^{\top}$, 其中 $\boldsymbol{L}$ 是一个具有正对角元素的下三角形矩阵:

$$\begin{bmatrix} a_{11} & \cdots & a_{1n} \\ \vdots & & \vdots \\ a_{n1} & \cdots & a_{nn} \end{bmatrix} = \begin{bmatrix} l_{11} & \cdots & 0 \\ \vdots & & \vdots \\ l_{n1} & \cdots & l_{nn} \end{bmatrix} \begin{bmatrix} l_{11} & \cdots & l_{n1} \\ \vdots & & \vdots \\ 0 & \cdots & l_{nn} \end{bmatrix}. \tag{4.44}$$

$\boldsymbol{L}$ 称为 $\boldsymbol{A}$ 的 Cholesky 因子, $\boldsymbol{L}$ 是唯一的.

例 4.10 (Cholesky 因子分解) 考虑一个对称正定矩阵 $\boldsymbol{A}\in\mathbb{R}^{3\times 3}$. 我们对找到它的 Cholesky 分解 $\boldsymbol{A}=\boldsymbol{L}\boldsymbol{L}^{\top}$ 感兴趣, 即

$$\boldsymbol{A} = \begin{bmatrix} a_{11} & a_{21} & a_{31} \\ a_{21} & a_{22} & a_{32} \\ a_{31} & a_{32} & a_{33} \end{bmatrix} = \boldsymbol{L}\boldsymbol{L}^{\top} = \begin{bmatrix} l_{11} & 0 & 0 \\ l_{21} & l_{22} & 0 \\ l_{31} & l_{32} & l_{33} \end{bmatrix} \begin{bmatrix} l_{11} & l_{21} & l_{31} \\ 0 & l_{22} & l_{32} \\ 0 & 0 & l_{33} \end{bmatrix}. \tag{4.45}$$

整理得到:

$$\boldsymbol{A} = \begin{bmatrix} l_{11}^2 & l_{21}l_{11} & l_{31}l_{11} \\ l_{21}l_{11} & l_{21}^2 + l_{22}^2 & l_{31}l_{21} + l_{32}l_{22} \\ l_{31}l_{11} & l_{31}l_{21} + l_{32}l_{22} & l_{31}^2 + l_{32}^2 + l_{33}^2 \end{bmatrix}. \tag{4.46}$$

将式 (4.45) 的左侧与式 (4.46) 的右侧进行比较, 可以看出对角线元素 l_{ii} 存在一个简单的模式:

$$l_{11} = \sqrt{a_{11}}, \quad l_{22} = \sqrt{a_{22} - l_{21}^2}, \quad l_{33} = \sqrt{a_{33} - (l_{31}^2 + l_{32}^2)}. \tag{4.47}$$

同样, 对角线下面的元素 (l_{ij}, 其中 $i>j$) 也有一个重复的模式:

$$l_{21} = \frac{1}{l_{11}}a_{21}, \quad l_{31} = \frac{1}{l_{11}}a_{31}, \quad l_{32} = \frac{1}{l_{22}}(a_{32} - l_{31}l_{21}). \tag{4.48}$$

因此, 我们构造了 3×3 对称正定矩阵的 Cholesky 分解. 关键是, 给定 $\boldsymbol{A}$ 的值 a_{ij} 和先前计算的值 l_{ij}, 我们可以向后计算 $\boldsymbol{L}$ 的分量 l_{ij}.

Cholesky 分解是数值计算 (机器学习的基础) 的重要工具. 在这里, 对称正定矩阵需要经常操作, 例如, 多元高斯变量的协方差矩阵 (6.5 节) 是对称正定的. 这个协方差矩阵的 Cholesky 因子分解允许我们从高斯分布中生成样本. 它还允许我们计算随机变量的线性转

换, 这被大量用于计算深度随机模型中的梯度, 例如, 变分自动编码器 (Jimenez Rezende et al., 2014; Kingma and Welling, 2014). Cholesky 分解也能让我们非常有效地计算行列式. 已知 Cholesky 分解 $\boldsymbol{A} = \boldsymbol{L}\boldsymbol{L}^\top$, 有 $\det(\boldsymbol{A}) = \det(\boldsymbol{L})\det(\boldsymbol{L}^\top) = \det(\boldsymbol{L})^2$. 由于 $\boldsymbol{L}$ 是一个三角形矩阵, 行列式就是其对角线项的乘积, 因此 $\det(\boldsymbol{A}) = \prod_i l_{ii}^2$. 所以, 许多数值软件包使用 Cholesky 分解来提高计算效率.

4.4 特征分解和对角化

对角矩阵是所有非对角元素值为零的矩阵, 即它们的形式为

$$\boldsymbol{D} = \begin{bmatrix} c_1 & \cdots & 0 \\ \vdots & & \vdots \\ 0 & \cdots & c_n \end{bmatrix}. \tag{4.49}$$

可以快速地计算出它们的行列式、幂和逆. 行列式是其对角线项的乘积, 矩阵幂 $\boldsymbol{D}^k$ 由每个对角线元素的 k 次幂给出, 并且如果对角线元素都是非零的, 则逆 $\boldsymbol{D}^{-1}$ 是其对角线元素的倒数.

在这一节中, 我们将讨论如何将矩阵转换成对角形式. 这是我们在 2.7.2 节中讨论的基变换和 4.2 节介绍的特征值的重要应用.

回想一下, 如果存在一个可逆矩阵 $\boldsymbol{P}$, 使得 $\boldsymbol{D} = \boldsymbol{P}^{-1}\boldsymbol{A}\boldsymbol{P}$, 则称两个矩阵 $\boldsymbol{A}, \boldsymbol{D}$ 是相似的 (定义 2.22). 更具体地说, 我们将寻找与对角矩阵 $\boldsymbol{D}$ 相似的矩阵 $\boldsymbol{A}$, 该矩阵在对角线上包含 $\boldsymbol{A}$ 的特征值.

定义 4.19 (对角化) 如果矩阵 $\boldsymbol{A} \in \mathbb{R}^{n\times n}$ 与对角矩阵相似, 即存在一个可逆矩阵 $\boldsymbol{P} \in \mathbb{R}^{n\times n}$, 使 $\boldsymbol{D} = \boldsymbol{P}^{-1}\boldsymbol{A}\boldsymbol{P}$, 则它是可对角化的.

接下来, 我们将看到对角化矩阵 $\boldsymbol{A} \in \mathbb{R}^{n\times n}$ 是用另一组基表示相同线性映射的一种方法, 该基由 $\boldsymbol{A}$ 的特征向量组成 (见 2.6.1 节).

设 $\boldsymbol{A} \in \mathbb{R}^{n\times n}$, 设 $\lambda_1, \cdots, \lambda_n$ 为一组标量, 设 $\boldsymbol{p}_1, \cdots, \boldsymbol{p}_n$ 为 $\mathbb{R}^n$ 中的一组向量. 我们定义 $\boldsymbol{P} := [\boldsymbol{p}_1, \cdots, \boldsymbol{p}_n]$, 并令 $\boldsymbol{D} \in \mathbb{R}^{n\times n}$ 是对角线元素为 $\lambda_1, \cdots, \lambda_n$ 的对角矩阵. 然后我们可以证明

$$\boldsymbol{A}\boldsymbol{P} = \boldsymbol{P}\boldsymbol{D} \tag{4.50}$$

当且仅当 $\lambda_1, \cdots, \lambda_n$ 是 $\boldsymbol{A}$ 的特征值, $\boldsymbol{p}_1, \cdots, \boldsymbol{p}_n$ 是 $\boldsymbol{A}$ 的特征向量.

我们可以看到这个命题成立, 因为

$$\boldsymbol{A}\boldsymbol{P} = \boldsymbol{A}[\boldsymbol{p}_1, \cdots, \boldsymbol{p}_n] = [\boldsymbol{A}\boldsymbol{p}_1, \cdots, \boldsymbol{A}\boldsymbol{p}_n], \tag{4.51}$$

$$\boldsymbol{PD} = [\boldsymbol{p}_1, \cdots, \boldsymbol{p}_n] \begin{bmatrix} \lambda_1 & \cdots & 0 \\ \vdots & & \vdots \\ 0 & \cdots & \lambda_n \end{bmatrix} = [\lambda_1 \boldsymbol{p}_1, \cdots, \lambda_n \boldsymbol{p}_n]. \tag{4.52}$$

因此, 式(4.50) 意味着

$$\boldsymbol{A}\boldsymbol{p}_1 = \lambda_1 \boldsymbol{p}_1 \tag{4.53}$$

$$\vdots$$

$$\boldsymbol{A}\boldsymbol{p}_n = \lambda_n \boldsymbol{p}_n. \tag{4.54}$$

因此, $\boldsymbol{P}$ 的列必须是 $\boldsymbol{A}$ 的特征向量.

我们对对角化的定义要求 $\boldsymbol{P} \in \mathbb{R}^{n \times n}$ 是可逆的, 即 $\boldsymbol{P}$ 是满秩的 (定理 4.3). 这就要求我们有 n 个线性无关的特征向量 $\boldsymbol{p}_1, \cdots, \boldsymbol{p}_n$, 即 $\boldsymbol{p}_i$ 构成 $\mathbb{R}^n$ 的一个基.

定理 4.20 (特征分解) 一个方阵 $\boldsymbol{A} \in \mathbb{R}^{n \times n}$ 可以分解成

$$\boldsymbol{A} = \boldsymbol{PDP}^{-1}, \tag{4.55}$$

其中 $\boldsymbol{P} \in \mathbb{R}^{n \times n}$ 并且 $\boldsymbol{D}$ 是一个对角矩阵, 其对角线项为 $\boldsymbol{A}$ 的特征值, 当且仅当 $\boldsymbol{A}$ 的特征向量构成 $\mathbb{R}^n$ 的一个基.

定理 4.20 意味着只有非退化矩阵才能被对角化, $\boldsymbol{P}$ 的列是 $\boldsymbol{A}$ 的 n 个特征向量. 对于对称矩阵, 我们可以得到更强的特征分解结果.

定理 4.21 对称矩阵 $\boldsymbol{S} \in \mathbb{R}^{n \times n}$ 总是可以对角化的.

定理 4.21 可以由谱定理 4.15直接推出. 此外, 谱定理表明我们可以找到 $\mathbb{R}^n$ 的特征向量的一个 ONB. 这使得 $\boldsymbol{P}$ 是一个正交矩阵, 所以 $\boldsymbol{D} = \boldsymbol{P}^\top \boldsymbol{AP}$.

评注 *矩阵的若尔当标准型提供了对退化矩阵 (Lang, 1987) 的有效分解, 但超出了本书的范围.*

特征分解的几何直观

我们可以将矩阵的特征分解解释为 (见图 4.7): 设 $\boldsymbol{A}$ 是一个相对于标准基的线性映射变换矩阵. $\boldsymbol{P}^{-1}$ 执行一个从标准基到特征基的基变换. 然后, 对角矩阵 $\boldsymbol{D}$ 用特征值 λ_i 将这些向量沿着这些轴进行缩放. 最后, $\boldsymbol{P}$ 将这些缩放后的向量转换回标准/规范坐标, 得到 $\lambda_i \boldsymbol{p}_i$.

例 4.11 (特征分解) 计算如下矩阵 $\boldsymbol{A}$ 的特征分解:

$$\boldsymbol{A} = \frac{1}{2} \begin{bmatrix} 5 & -2 \\ -2 & 5 \end{bmatrix}$$

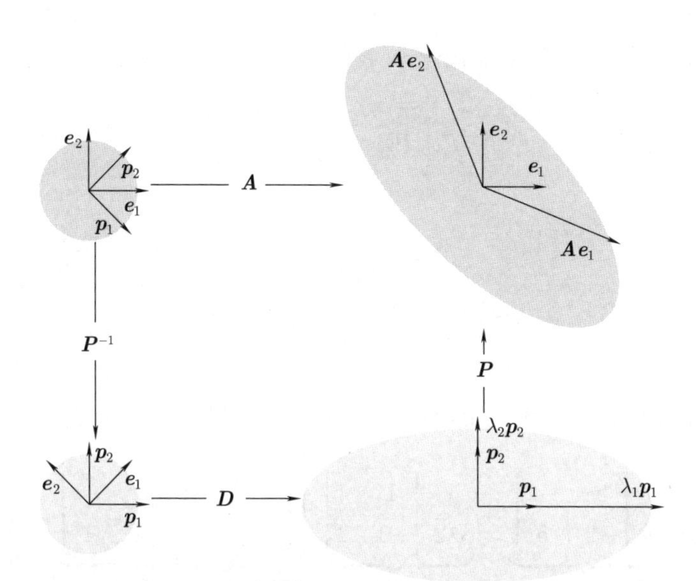

图 4.7 特征分解背后的直觉是一系列变换. 从左上角到左下角:$\boldsymbol{P}^{-1}$ 执行一个从标准基到特征基的基变换 (这里用 $\mathbb{R}^2$ 表示, 并将其描述为类似旋转的操作), 将特征向量映射为标准基. 从左下角到右下角:$\boldsymbol{D}$ 沿着映射的正交特征向量执行缩放, 这里用一个圆被拉伸成一个椭圆来描述. 从右下到右上:$\boldsymbol{P}$ 还原基的变换 (描述为反向旋转) 并恢复原始坐标系

步骤 1: 计算特征值和特征向量. $\boldsymbol{A}$ 的特征多项式为

$$\det(\boldsymbol{A}-\lambda\boldsymbol{I})=\det\left(\begin{bmatrix}\frac{5}{2}-\lambda & -1\\ -1 & \frac{5}{2}-\lambda\end{bmatrix}\right) \tag{4.56a}$$

$$=\left(\frac{5}{2}-\lambda\right)^2-1=\lambda^2-5\lambda+\frac{21}{4}=\left(\lambda-\frac{7}{2}\right)\left(\lambda-\frac{3}{2}\right). \tag{4.56b}$$

因此, $\boldsymbol{A}$ 的特征值分别为 $\lambda_1=\frac{7}{2}$ 和 $\lambda_2=\frac{3}{2}$(特征多项式的根), 通过

$$\boldsymbol{A}\boldsymbol{p}_1=\frac{7}{2}\boldsymbol{p}_1,\quad \boldsymbol{A}\boldsymbol{p}_2=\frac{3}{2}\boldsymbol{p}_2 \tag{4.57}$$

可以得到相应的 (归一化) 特征向量. 这就产生了

$$\boldsymbol{p}_1=\frac{1}{\sqrt{2}}\begin{bmatrix}1\\-1\end{bmatrix},\quad \boldsymbol{p}_2=\frac{1}{\sqrt{2}}\begin{bmatrix}1\\1\end{bmatrix}. \tag{4.58}$$

步骤 2: 检查是否存在. 特征向量 $\boldsymbol{p}_1,\boldsymbol{p}_2$ 构成 $\mathbb{R}^2$ 的一组基. 因此, $\boldsymbol{A}$ 可以被对角化.

步骤 3: 构造矩阵 $\boldsymbol{P}$, 将 $\boldsymbol{A}$ 对角化. 我们在 $\boldsymbol{P}$ 中收集 $\boldsymbol{A}$ 的特征向量

$$\boldsymbol{P}=[\boldsymbol{p}_1,\ \boldsymbol{p}_2]=\frac{1}{\sqrt{2}}\begin{bmatrix}1 & 1\\ -1 & 1\end{bmatrix}. \tag{4.59}$$

然后, 我们得到

$$\boldsymbol{P}^{-1}\boldsymbol{A}\boldsymbol{P}=\begin{bmatrix}\frac{7}{2} & 0\\ 0 & \frac{3}{2}\end{bmatrix}=\boldsymbol{D}. \tag{4.60}$$

同样, 我们得到 (利用 $\boldsymbol{P}^{-1}=\boldsymbol{P}^{\top}$, 因为本例中的特征向量 $\boldsymbol{p}_1$ 和 $\boldsymbol{p}_2$ 形成了 ONB)

$$\underbrace{\frac{1}{2}\begin{bmatrix}5 & -2\\ -2 & 5\end{bmatrix}}_{\boldsymbol{A}}=\underbrace{\frac{1}{\sqrt{2}}\begin{bmatrix}1 & 1\\ -1 & 1\end{bmatrix}}_{\boldsymbol{P}}\underbrace{\begin{bmatrix}\frac{7}{2} & 0\\ 0 & \frac{3}{2}\end{bmatrix}}_{\boldsymbol{D}}\underbrace{\frac{1}{\sqrt{2}}\begin{bmatrix}1 & -1\\ 1 & 1\end{bmatrix}}_{\boldsymbol{P}^{-1}}. \tag{4.61}$$

- 对角矩阵 $\boldsymbol{D}$ 可以有效地计算其幂次. 因此, 我们可以通过特征分解 (如果存在) 找到矩阵 $\boldsymbol{A}\in\mathbb{R}^{n\times n}$ 的矩阵幂, 使得

$$\boldsymbol{A}^k=(\boldsymbol{P}\boldsymbol{D}\boldsymbol{P}^{-1})^k=\boldsymbol{P}\boldsymbol{D}^k\boldsymbol{P}^{-1}. \tag{4.62}$$

  计算 $\boldsymbol{D}^k$ 是高效的, 因为我们只要对对角线上每个元素单独进行这个运算即可.
- 假设特征分解 $\boldsymbol{A}=\boldsymbol{P}\boldsymbol{D}\boldsymbol{P}^{-1}$ 存在. 那么, 我们可以通过下式高效地计算 $\boldsymbol{A}$ 的行列式:

$$\det(\boldsymbol{A})=\det(\boldsymbol{P}\boldsymbol{D}\boldsymbol{P}^{-1})=\det(\boldsymbol{P})\det(\boldsymbol{D})\det(\boldsymbol{P}^{-1}) \tag{4.63a}$$

$$=\det(\boldsymbol{D})=\prod_i d_{ii} \tag{4.63b}$$

特征分解需要方阵. 对一般的矩阵进行分解是很有用的. 在下一节中, 我们将介绍一种更一般的矩阵分解技术——奇异值分解.

4.5 奇异值分解

矩阵奇异值分解 (SVD) 是线性代数中的一种中心矩阵分解方法. 它被称为"线性代数基本定理" (Strang, 1993), 因为它可以应用于所有矩阵, 而不仅仅是方阵, 而且它总是存在的. 此外, 正如我们将在下文中探讨的, 表示线性映射 $\Phi: V\to W$ 的矩阵 $\boldsymbol{A}$ 的 SVD 量化了这两个向量空间的基础几何结构之间的变化. 我们推荐参考 (Kalman, 1996; Roy and Banerjee, 2014) 来更深入地了解 SVD 的数学原理.

定理 4.22 (SVD 定理) 设 $\boldsymbol{A}^{m\times n}$ 是一个秩 $r\in[0,\min(m,n)]$ 的矩形矩阵. $\boldsymbol{A}$ 的 SVD 是如下形式的分解:

$$\underset{m\times n}{\boldsymbol{A}} = \underset{m\times m}{\boldsymbol{U}}\ \underset{m\times n}{\boldsymbol{\Sigma}}\ \underset{n\times n}{\boldsymbol{V}^{\top}} \tag{4.64}$$

一个正交矩阵 $\boldsymbol{U}\in\mathbb{R}^{m\times m}$, 其列向量为 $\boldsymbol{u}_i$, $(i=1,\cdots,m)$, 以及一个正交矩阵 $\boldsymbol{V}\in\mathbb{R}^{n\times n}$, 其列向量为 $\boldsymbol{v}_j$, $j=1,\cdots,n$. 此外, $\boldsymbol{\Sigma}$ 为 $m\times n$ 矩阵, 其中 $\Sigma_{ii}=\sigma_i\geqslant 0$, $\Sigma_{ij}=0$, $i\neq j$.

$\boldsymbol{\Sigma}$ 对角线上的 σ_i, $(i=1,\cdots,r)$ 称为奇异值, $\boldsymbol{u}_i$ 称为左奇异向量, $\boldsymbol{v}_j$ 称为右奇异向量. 按照惯例, 奇异值是有序的, 即 $\sigma_1\geqslant\sigma_2\geqslant\sigma_r\geqslant 0$.

奇异值矩阵 $\boldsymbol{\Sigma}$ 是唯一的, 但需要注意 $\boldsymbol{\Sigma}\in\mathbb{R}^{m\times n}$ 是矩形的. 特别地, $\boldsymbol{\Sigma}$ 与 $\boldsymbol{A}$ 的大小相同. 这意味着 $\boldsymbol{\Sigma}$ 有一个包含奇异值的对角子矩阵, 其他行/列需要额外的零填充. 具体来说, 如果 $m>n$, 则矩阵 $\boldsymbol{\Sigma}$ 具有对角线结构, 一直到 n 行, 然后从 $n+1$ 到 m 由 $\boldsymbol{0}^{\top}$ 行向量组成, 如下所示:

$$\boldsymbol{\Sigma}=\begin{bmatrix}\sigma_1 & 0 & 0\\ 0 & & 0\\ 0 & 0 & \sigma_n\\ 0 & \dots & 0\\ \vdots & & \vdots\\ 0 & \dots & 0\end{bmatrix}. \tag{4.65}$$

如果 $m<n$, 则矩阵 $\boldsymbol{\Sigma}$ 是一个在第 1 列到第 m 列具有对角线结构, 在第 $m+1$ 列到第 n 列都是 $\boldsymbol{0}$ 向量的矩阵:

$$\boldsymbol{\Sigma}=\begin{bmatrix}\sigma_1 & 0 & 0 & 0 & \dots & 0\\ 0 & & 0 & 0 & & 0\\ 0 & 0 & \sigma_m & 0 & \dots & 0\end{bmatrix}. \tag{4.66}$$

评注 对于任意矩阵 $\boldsymbol{A}\in\mathbb{R}^{m\times n}$, SVD 都存在.

4.5.1 SVD 的几何直观

SVD 从几何角度直观描述了变换矩阵 $\boldsymbol{A}$. 下面, 我们将 SVD 视为对基的一系列线性变换并进行讨论. 在例 4.12 中, 我们将把 SVD 的变换矩阵应用到 $\mathbb{R}^2$ 中的一组向量上, 这使我们可以更清楚地看到每个变换的效果. 矩阵的 SVD 可以解释为将对应的线性映射 (参考 2.7.1 节)$\Phi:\mathbb{R}^n\to\mathbb{R}^m$ 分解为三个操作 (见图 4.8). SVD 直观上遵循与特征分解相似的结构, 见图 4.7 : 广义来说, SVD 通过 $\boldsymbol{V}^\top$ 进行基变换, 然后通过奇异值矩阵 $\boldsymbol{\Sigma}$ 在维数上进行缩放和增加 (或减少), 最后, 它通过 $\boldsymbol{U}$ 执行第二个基变换. SVD 包含许多重要的细节和注意事项, 这就是为什么我们要详细地回顾这方面的知识. 复习基变换 (2.7.2 节)、正交矩阵 (定义 3.8) 和标准正交基 (3.5 节) 对理解本章内容会很有帮助. 假设我们得到一个关于 $\mathbb{R}^n$ 和 $\mathbb{R}^m$ 的标准基 B 和 C 的线性映射 $\Phi:\mathbb{R}^n\to\mathbb{R}^m$ 的变换矩阵. 另外, 假设 $\mathbb{R}^n$ 的第二个基是 $\tilde{B}$, $\mathbb{R}^m$ 的第二个基是 $\tilde{C}$. 那么

1. 矩阵 $\boldsymbol{V}$ 将定义域 $\mathbb{R}^n$ 的基从 $\tilde{B}$(以图 4.8 左上角的红色向量 $\boldsymbol{v}_1$ 和橙色向量 $\boldsymbol{v}_2$ 表示) 变为标准基 B. $\boldsymbol{V}^\top=\boldsymbol{V}^{-1}$ 执行从 B 到 $\tilde{B}$ 的基变换. 红色和橙色向量现在与图 4.8 左下角的标准基对齐.

2. 将坐标系更改为 $\tilde{B}$ 后, $\boldsymbol{\Sigma}$ 通过奇异值 σ_i 缩放新坐标 (添加或删除维度), 即 $\boldsymbol{\Sigma}$ 是 Φ 与 $\tilde{B}$ 和 $\tilde{C}$ 的变换矩阵, 由红色和橙色向量拉伸表示并位于 $\boldsymbol{e}_1$-$\boldsymbol{e}_2$ 平面中, 该平面现在嵌入图 4.8 右下角的第三个维度中.

3. $\boldsymbol{U}$ 在值域 $\mathbb{R}^m$ 中进行从 $\tilde{C}$ 到 $\mathbb{R}^m$ 的标准基的基变换, 以红色和橙色向量从 $\boldsymbol{e}_1$ $\boldsymbol{e}_2$ 平面的旋转表示, 如图 4.8 的右上角所示.

SVD 表示在定义域和值域中基的变化. 这与在相同的向量空间中进行特征分解的操作相反, SVD 应用相同的基变换, 然后还原. 奇异值分解的特殊之处在于这两个不同的基同时由奇异值矩阵 $\boldsymbol{\Sigma}$ 连接.

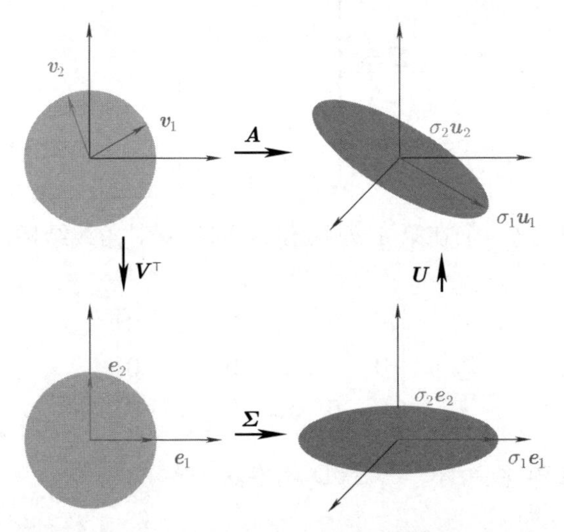

图 4.8　矩阵 $\boldsymbol{A}\in\mathbb{R}^{3\times 2}$ 的 SVD 作为一系列变换的直观解释. 从左上角到左下角:$\boldsymbol{V}^\top$ 在 $\mathbb{R}^2$ 中进行基变换. 从左下角到右下角:$\boldsymbol{\Sigma}$ 缩放并从 $\mathbb{R}^2$ 映射到 $\mathbb{R}^3$. 右下角的椭圆处于 $\mathbb{R}^3$ 中, 第三维与椭圆盘的表面正交. 从右下角到左上角:$\boldsymbol{U}$ 在 $\mathbb{R}^3$ 中进行一个基变换 (见彩插)

例 4.12 (向量和 SVD) 考虑一个向量 $\mathcal{X} \in \mathbb{R}^2$ 的正方形网格的映射, 它适合一个以原点为中心的大小为 2×2 的盒子. 使用标准基, 我们用

$$\boldsymbol{A} = \begin{bmatrix} 1 & -0.8 \\ 0 & 1 \\ 1 & 0 \end{bmatrix} = \boldsymbol{U}\boldsymbol{\Sigma}\boldsymbol{V}^\top \tag{4.67a}$$

$$= \begin{bmatrix} -0.79 & 0 & -0.62 \\ 0.38 & -0.78 & -0.49 \\ -0.48 & -0.62 & 0.62 \end{bmatrix} \begin{bmatrix} 1.62 & 0 \\ 0 & 1.0 \\ 0 & 0 \end{bmatrix} \begin{bmatrix} -0.78 & 0.62 \\ -0.62 & -0.78 \end{bmatrix} \tag{4.67b}$$

来映射这些向量. 我们从一组排列成网格的向量 $\mathcal{X}$(彩色点, 参见图 4.9 左上图) 开始. 然后我们应用 $\boldsymbol{V}^\top \in \mathbb{R}^{2\times 2}$, 它旋转 $\mathcal{X}$. 旋转后的向量显示在图 4.9 的左下图. 现在我们用奇异值矩阵 $\boldsymbol{\Sigma}$ 将这些向量映射到值域 $\mathbb{R}^3$(见图 4.9 右下图). 注意, 所有向量都位于 x_1 x_2 平面. 第三坐标始终为 0. x_1 x_2 平面上的向量被奇异值拉伸.

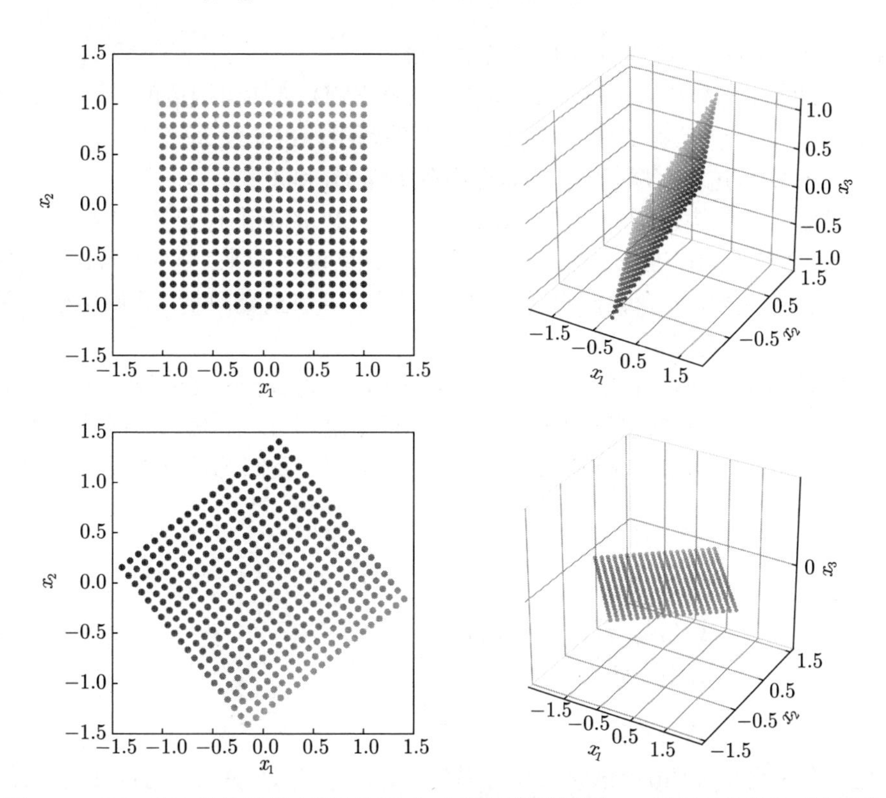

图 4.9 SVD 和向量的映射 (用圆盘表示). 网格同样遵循图 4.8 的逆时针结构 (见彩插)

向量 $\mathcal{X}$ 经 $\boldsymbol{A}$ 直接映射到值域 $\mathbb{R}^3$ 等于 $\mathcal{X}$ 经 $\boldsymbol{U}\boldsymbol{\Sigma}\boldsymbol{V}^\top$ 的变换, 其中 $\boldsymbol{U}$ 在值域 $\mathbb{R}^3$ 内旋

转, 使映射的向量不再限制于 x_1x_2 平面. 它们仍然在一个平面上, 如图 4.9 右上图所示.

4.5.2 SVD 的构造

接下来我们将讨论为什么存在 SVD, 并详细说明如何计算它. 一般矩阵的奇异值分解与方阵的特征分解有一些相似之处.

评注 比较 SPD 矩阵的特征分解

$$\boldsymbol{S} = \boldsymbol{S}^{\top} = \boldsymbol{P}\boldsymbol{D}\boldsymbol{P}^{\top} \tag{4.68}$$

与对应的 SVD

$$\boldsymbol{S} = \boldsymbol{U}\boldsymbol{\Sigma}\boldsymbol{V}^{\top}. \tag{4.69}$$

如果我们将

$$\boldsymbol{U} = \boldsymbol{P} = \boldsymbol{V}, \quad \boldsymbol{D} = \boldsymbol{\Sigma}, \tag{4.70}$$

则我们看到 SPD 矩阵的 SVD 是它们的特征分解.

下面, 我们将探讨为什么定理 4.22 成立, 以及 SVD 是如何构造的. 计算 $\boldsymbol{A} \in \mathbb{R}^{m\times n}$ 的 SVD 等价于分别求值域 $\mathbb{R}^m$ 和定义域 $\mathbb{R}^n$ 的两组标准正交基 $U = (\boldsymbol{u}_1, \cdots, \boldsymbol{u}_m)$ 和 $V = (\boldsymbol{v}_1, \cdots, \boldsymbol{v}_n)$. 从这些有序的基, 我们将构造矩阵 $\boldsymbol{U}$ 和 $\boldsymbol{V}$.

我们的计划是首先构造右奇异向量 $\boldsymbol{v}_1, \cdots, \boldsymbol{v}_n \in \mathbb{R}^n$ 的标准正交集. 然后构造左奇异向量 $\boldsymbol{u}_1, \cdots, \boldsymbol{u}_m \in \mathbb{R}^m$ 的标准正交集. 之后, 我们将两者联系起来, 要求在 $\boldsymbol{A}$ 的变换下保持 $\boldsymbol{v}_i$ 的正交性. 这很重要, 因为我们知道象 $\boldsymbol{A}\boldsymbol{v}_i$ 构成了一组正交向量. 我们用标量因子对这些象进行归一化, 得到奇异值.

我们从构造右奇异向量开始. 谱定理 (定理 4.15) 告诉我们一个对称矩阵的特征向量构成一个 ONB, 这也意味着它可以对角化. 此外, 根据定理 4.14, 我们总能从任意矩形矩阵 $\boldsymbol{A} \in \mathbb{R}^{m\times n}$ 构造出对称半正定矩阵 $\boldsymbol{A}^{\top}\boldsymbol{A} \in \mathbb{R}^{n\times n}$. 因此, 我们总是可以对角化 $\boldsymbol{A}^{\top}\boldsymbol{A}$ 并得到

$$\boldsymbol{A}^{\top}\boldsymbol{A} = \boldsymbol{P}\boldsymbol{D}\boldsymbol{P}^{\top} = \boldsymbol{P}\begin{bmatrix} \lambda_1 & 0 & \cdots & 0 \\ 0 & \lambda_2 & \cdots & 0 \\ \vdots & \vdots & & \vdots \\ 0 & 0 & \cdots & \lambda_n \end{bmatrix}\boldsymbol{P}^{\top}, \tag{4.71}$$

其中 $\boldsymbol{P}$ 是一个正交矩阵, 由标准正交特征基组成. $\lambda_i \geqslant 0$ 是 $\boldsymbol{A}^{\top}\boldsymbol{A}$ 的特征值. 假设 $\boldsymbol{A}$ 的 SVD 存在, 将式 (4.64) 代入式 (4.71), 则有

$$\boldsymbol{A}^{\top}\boldsymbol{A} = (\boldsymbol{U}\boldsymbol{\Sigma}\boldsymbol{V}^{\top})^{\top}(\boldsymbol{U}\boldsymbol{\Sigma}\boldsymbol{V}^{\top}) = \boldsymbol{V}\boldsymbol{\Sigma}^{\top}\boldsymbol{U}^{\top}\boldsymbol{U}\boldsymbol{\Sigma}\boldsymbol{V}^{\top}, \tag{4.72}$$

其中 $\boldsymbol{U}, \boldsymbol{V}$ 是正交矩阵. 因此, 根据 $\boldsymbol{U}^\top \boldsymbol{U} = \boldsymbol{I}$, 我们可以得到

$$\boldsymbol{A}^\top \boldsymbol{A} = \boldsymbol{V}\boldsymbol{\Sigma}^\top \boldsymbol{\Sigma}\boldsymbol{V}^\top = \boldsymbol{V}\begin{bmatrix} \sigma_1^2 & 0 & \cdots & 0 \\ 0 & \sigma_2^2 & \cdots & 0 \\ \vdots & \vdots & & \vdots \\ 0 & 0 & \cdots & \sigma_n^2 \end{bmatrix}\boldsymbol{V}^\top . \tag{4.73}$$

现在比较式 (4.71) 和式 (4.73), 我们确定了

$$\boldsymbol{V}^\top = \boldsymbol{P}^\top , \tag{4.74}$$

$$\sigma_i^2 = \lambda_i . \tag{4.75}$$

因此组成 $\boldsymbol{A}^\top \boldsymbol{A}$ 的 $\boldsymbol{P}$ 的特征向量为 $\boldsymbol{A}$ 的右奇异向量 $\boldsymbol{V}$(见式 (4.74)). $\boldsymbol{A}^\top \boldsymbol{A}$ 的特征值为 $\boldsymbol{\Sigma}$ 的奇异值的平方 (见式(4.75)).

为了得到左奇异向量 $\boldsymbol{U}$, 我们按照类似的步骤, 从计算对称矩阵 $\boldsymbol{A}\boldsymbol{A}^\top \in \mathbb{R}^{m\times m}$ 的 SVD 开始 (而不是前面的 $\boldsymbol{A}^\top \boldsymbol{A} \in \mathbb{R}^{n\times n}$). $\boldsymbol{A}$ 的 SVD 产生

$$\boldsymbol{A}\boldsymbol{A}^\top = (\boldsymbol{U}\boldsymbol{\Sigma}\boldsymbol{V}^\top)(\boldsymbol{U}\boldsymbol{\Sigma}\boldsymbol{V}^\top)^\top = \boldsymbol{U}\boldsymbol{\Sigma}\boldsymbol{V}^\top \boldsymbol{V}\boldsymbol{\Sigma}^\top \boldsymbol{U}^\top \tag{4.76a}$$

$$= \boldsymbol{U}\begin{bmatrix} \sigma_1^2 & 0 & \cdots & 0 \\ 0 & \sigma_2^2 & \cdots & 0 \\ \vdots & \vdots & & \vdots \\ 0 & 0 & \cdots & \sigma_m^2 \end{bmatrix}\boldsymbol{U}^\top . \tag{4.76b}$$

谱定理告诉我们 $\boldsymbol{A}\boldsymbol{A}^\top = \boldsymbol{S}\boldsymbol{D}\boldsymbol{S}^\top$ 可以被对角化, 我们可以找到 $\boldsymbol{A}\boldsymbol{A}^\top$ 的特征向量的 ONB, 这些特征向量被记在 $\boldsymbol{S}$ 中. $\boldsymbol{A}\boldsymbol{A}^\top$ 的标准正交特征向量是左奇异向量 $\boldsymbol{U}$, 在 SVD 的值域中形成一个标准正交基集.

剩下的问题是矩阵 $\boldsymbol{\Sigma}$ 的结构. 由于 $\boldsymbol{A}\boldsymbol{A}^\top$ 和 $\boldsymbol{A}^\top \boldsymbol{A}$ 具有相同的非零特征值, 因此两种方式得到的 $\boldsymbol{\Sigma}$ 矩阵的非零项必须相同.

最后一步是将我们到目前为止所接触到的所有部分连接起来. 我们有一个由 $\boldsymbol{V}$ 中的右奇异向量组成的正交集合. 为了完成 SVD 的构造, 我们将它们与标准正交向量 $\boldsymbol{U}$ 连接起来. 为此, 我们使用 $\boldsymbol{v}_i$ 在 $\boldsymbol{A}$ 下的象也必须是正交的这一事实. 我们可以使用 3.4 节的结果来得到这个事实. 当 $i \neq j$ 时, 我们要求 $\boldsymbol{A}\boldsymbol{v}_i$ 和 $\boldsymbol{A}\boldsymbol{v}_j$ 之间的内积必须是 0. 对于任意两个正交特征向量 $\boldsymbol{v}_i, \boldsymbol{v}_j$, $i \neq j$, 下式都成立:

$$(\boldsymbol{A}\boldsymbol{v}_i)^\top (\boldsymbol{A}\boldsymbol{v}_j) = \boldsymbol{v}_i^\top (\boldsymbol{A}^\top \boldsymbol{A})\boldsymbol{v}_j = \boldsymbol{v}_i^\top (\lambda_j \boldsymbol{v}_j) = \lambda_j \boldsymbol{v}_i^\top \boldsymbol{v}_j = 0 . \tag{4.77}$$

对于 $m \geqslant r$, $\{\boldsymbol{A}\boldsymbol{v}_1, \cdots, \boldsymbol{A}\boldsymbol{v}_r\}$ 是 $\mathbb{R}^m$ 的 r 维子空间的基.

为了完成 SVD 的构造, 我们需要左奇异向量是正交的: 我们对右奇异向量 $\boldsymbol{A}\boldsymbol{v}_i$ 的象进行归一化, 得到

$$\boldsymbol{u}_i := \frac{\boldsymbol{A}\boldsymbol{v}_i}{\|\boldsymbol{A}\boldsymbol{v}_i\|} = \frac{1}{\sqrt{\lambda_i}}\boldsymbol{A}\boldsymbol{v}_i = \frac{1}{\sigma_i}\boldsymbol{A}\boldsymbol{v}_i\,, \tag{4.78}$$

其中, 最后一个等式是由式 (4.75) 和式 (4.76b) 得到的, 表明 $\boldsymbol{A}\boldsymbol{A}^\top$ 的特征值满足 $\sigma_i^2 = \lambda_i$.

因此, 我们知道 $\boldsymbol{A}^\top\boldsymbol{A}$ 的特征向量为右奇异向量 $\boldsymbol{v}_i$, 它们在 $\boldsymbol{A}$ 下的归一化的象为左奇异向量 $\boldsymbol{u}_i$, 通过奇异值矩阵 $\boldsymbol{\Sigma}$ 联系起来, 共同形成两组 ONB.

我们重新排列式 (4.78) 得到*奇异值方程*

$$\boldsymbol{A}\boldsymbol{v}_i = \sigma_i\boldsymbol{u}_i\,, \quad i = 1, \cdots, r\,. \tag{4.79}$$

这个方程与特征值方程 (4.25) 非常相似, 但是左右两边的向量并不相同.

对于 $n > m$, 式(4.79) 只对 $i \leqslant m$ 有效, 而式 (4.79) 对 $\boldsymbol{u}_i(i > m)$ 没有任何影响. 然而, 我们知道它们是标准正交的. 相反, 对 $m > n$, 式 (4.79) 只对 $i \leqslant n$ 成立. 对于 $i > n$, 我们有 $\boldsymbol{A}\boldsymbol{v}_i = \boldsymbol{0}$, 我们仍然知道, $\boldsymbol{v}_i$ 构成一个标准正交集. 这意味着 SVD 也提供了 $\boldsymbol{A}$ 的核 (零空间) 的一个标准正交基, 即当 $\boldsymbol{A}\boldsymbol{x} = \boldsymbol{0}$ 时向量 $\boldsymbol{x}$ 的集合 (见 2.7.3 节).

此外, 将 $\boldsymbol{v}_i$ 作为 $\boldsymbol{V}$ 的列, $\boldsymbol{u}_i$ 作为 $\boldsymbol{U}$ 的列, 可以得到

$$\boldsymbol{A}\boldsymbol{V} = \boldsymbol{U}\boldsymbol{\Sigma}\,, \tag{4.80}$$

其中 $\boldsymbol{\Sigma}$ 的维数与 $\boldsymbol{A}$ 相同, $1, \cdots, r$ 行是对角线结构. 因此, 右乘 $\boldsymbol{V}^\top$ 得到 $\boldsymbol{A} = \boldsymbol{U}\boldsymbol{\Sigma}\boldsymbol{V}^\top$, 即 $\boldsymbol{A}$ 的 SVD.

例 4.13 (计算 SVD)　求如下矩阵 $\boldsymbol{A}$ 的奇异值分解:

$$\boldsymbol{A} = \begin{bmatrix} 1 & 0 & 1 \\ -2 & 1 & 0 \end{bmatrix}. \tag{4.81}$$

SVD 要求我们计算右奇异向量 $\boldsymbol{v}_j$、奇异值 σ_k、左奇异向量 $\boldsymbol{u}_i$.

步骤 1: 将右奇异向量作为 $\boldsymbol{A}^\top\boldsymbol{A}$ 的特征基.

首先计算 $\boldsymbol{A}^\top\boldsymbol{A}$:

$$\boldsymbol{A}^\top\boldsymbol{A} = \begin{bmatrix} 1 & -2 \\ 0 & 1 \\ 1 & 0 \end{bmatrix} \begin{bmatrix} 1 & 0 & 1 \\ -2 & 1 & 0 \end{bmatrix} = \begin{bmatrix} 5 & -2 & 1 \\ -2 & 1 & 0 \\ 1 & 0 & 1 \end{bmatrix}. \tag{4.82}$$

我们通过 $\boldsymbol{A}^\top\boldsymbol{A}$ 的特征分解来计算奇异值和右奇异向量 $\boldsymbol{v}_j$:

$$\boldsymbol{A}^{\top}\boldsymbol{A}=\begin{bmatrix}\frac{5}{\sqrt{30}} & 0 & \frac{-1}{\sqrt{6}}\\ \frac{-2}{\sqrt{30}} & \frac{1}{\sqrt{5}} & \frac{-2}{\sqrt{6}}\\ \frac{1}{\sqrt{30}} & \frac{2}{\sqrt{5}} & \frac{1}{\sqrt{6}}\end{bmatrix}\begin{bmatrix}6 & 0 & 0\\ 0 & 1 & 0\\ 0 & 0 & 0\end{bmatrix}\begin{bmatrix}\frac{5}{\sqrt{30}} & \frac{-2}{\sqrt{30}} & \frac{1}{\sqrt{30}}\\ 0 & \frac{1}{\sqrt{5}} & \frac{2}{\sqrt{5}}\\ \frac{-1}{\sqrt{6}} & \frac{-2}{\sqrt{6}} & \frac{1}{\sqrt{6}}\end{bmatrix}=\boldsymbol{P}\boldsymbol{D}\boldsymbol{P}^{\top}, \tag{4.83}$$

我们得到的右奇异向量是 $\boldsymbol{P}$ 的列向量:

$$\boldsymbol{V}=\boldsymbol{P}=\begin{bmatrix}\frac{5}{\sqrt{30}} & 0 & \frac{-1}{\sqrt{6}}\\ \frac{-2}{\sqrt{30}} & \frac{1}{\sqrt{5}} & \frac{-2}{\sqrt{6}}\\ \frac{1}{\sqrt{30}} & \frac{2}{\sqrt{5}} & \frac{1}{\sqrt{6}}\end{bmatrix}. \tag{4.84}$$

步骤 2: 奇异值矩阵.

由于奇异值 σ_i 是 $\boldsymbol{A}^{\top}\boldsymbol{A}$ 特征值的算术平方根, 我们可以直接从 $\boldsymbol{D}$ 得到它们. 由于 $\mathrm{rk}(\boldsymbol{A})=2$, 因此只有两个非零奇异值 $\sigma_1=\sqrt{6}$ 和 $\sigma_2=1$. 奇异值矩阵必须与 $\boldsymbol{A}$ 大小相同, 我们得到

$$\boldsymbol{\Sigma}=\begin{bmatrix}\sqrt{6} & 0 & 0\\ 0 & 1 & 0\end{bmatrix}. \tag{4.85}$$

步骤 3: 左奇异向量作为右奇异向量的归一化象.

我们通过计算右奇异向量在 $\boldsymbol{A}$ 下的象来得到左奇异向量, 并将其除以其对应的奇异值进行归一化, 从而得到左奇异向量. 我们得到

$$\boldsymbol{u}_1=\frac{1}{\sigma_1}\boldsymbol{A}\boldsymbol{v}_1=\frac{1}{\sqrt{6}}\begin{bmatrix}1 & 0 & 1\\ -2 & 1 & 0\end{bmatrix}\begin{bmatrix}\frac{5}{\sqrt{30}}\\ \frac{-2}{\sqrt{30}}\\ \frac{1}{\sqrt{30}}\end{bmatrix}=\begin{bmatrix}\frac{1}{\sqrt{5}}\\ -\frac{2}{\sqrt{5}}\end{bmatrix}, \tag{4.86}$$

$$\boldsymbol{u}_2=\frac{1}{\sigma_2}\boldsymbol{A}\boldsymbol{v}_2=\frac{1}{1}\begin{bmatrix}1 & 0 & 1\\ -2 & 1 & 0\end{bmatrix}\begin{bmatrix}0\\ \frac{1}{\sqrt{5}}\\ \frac{2}{\sqrt{5}}\end{bmatrix}=\begin{bmatrix}\frac{2}{\sqrt{5}}\\ \frac{1}{\sqrt{5}}\end{bmatrix}, \tag{4.87}$$

$$\boldsymbol{U}=[\boldsymbol{u}_1,\boldsymbol{u}_2]=\frac{1}{\sqrt{5}}\begin{bmatrix}1 & 2\\ -2 & 1\end{bmatrix}. \tag{4.88}$$

注意, 在计算机上, 本文所述方法的数值表现很差, $\boldsymbol{A}$ 的 SVD 通常不借助于 $\boldsymbol{A}^\top\boldsymbol{A}$ 的特征分解来计算.

4.5.3 特征分解与奇异值分解

下面我们考虑特征分解 $\boldsymbol{A}=\boldsymbol{PDP}^{-1}$ 和奇异值分解 $\boldsymbol{A}=\boldsymbol{U\Sigma V}^\top$, 并回顾前几节的核心内容.

1. 对于任何矩阵 $\mathbb{R}^{m\times n}$, SVD 总是存在的. 特征分解仅定义在方阵 $\mathbb{R}^{n\times n}$ 上, 且仅当我们能找到 $\mathbb{R}^n$ 的特征向量的一组基时才存在.

2. 特征分解矩阵 $\boldsymbol{P}$ 中的向量不一定是正交的, 即基变换不是简单的旋转和缩放. 另外, SVD 中的矩阵 $\boldsymbol{U}$ 和 $\boldsymbol{V}$ 中的向量是正交的, 所以它们确实表示旋转.

3. 特征分解和 SVD 都是三个线性映射的组成部分:

- 定义域中的基的变换.
- 每个新的基向量的独立缩放和从定义域到值域的映射.
- 值域中基的变换.

特征分解与奇异值分解的一个关键区别是, 在奇异值分解中, 定义域和值域可以是不同维数的向量空间.

4. 在奇异值分解中, 左右奇异向量矩阵 $\boldsymbol{U}$ 和 $\boldsymbol{V}$ 通常不是彼此的逆矩阵 (它们在不同的向量空间中进行基变换). 在特征分解中, 基变换矩阵 $\boldsymbol{P}$ 和 $\boldsymbol{P}^{-1}$ 互逆.

5. 在奇异值分解中, 对角矩阵 $\boldsymbol{\Sigma}$ 中的项均为非负实数, 而对于特征分解中的对角矩阵, 这一般不成立.

6. 奇异值分解与特征分解通过投影密切相关:

- $\boldsymbol{A}$ 的左奇异向量是 $\boldsymbol{AA}^\top$ 的特征向量.
- $\boldsymbol{A}$ 的右奇异向量是 $\boldsymbol{A}^\top\boldsymbol{A}$ 的特征向量.
- $\boldsymbol{A}$ 的非零奇异值是 $\boldsymbol{AA}^\top$ 的非零特征值的算术平方根, 等于 $\boldsymbol{A}^\top\boldsymbol{A}$ 的非零特征值.

7. 对于对称矩阵 $\boldsymbol{A}\in\mathbb{R}^{n\times n}$, 特征分解和 SVD 是一样的, 这是由谱定理 4.15 得出的.

例 4.14 (在电影评级和消费者中寻找结构)　我们以分析人们和他们喜欢的电影的数据为例, 给 SVD 一个具体的解释. 假设三个观众 (Ali、Beatrix、Chandra)) 给四部不同的电影 (*StarWars*、*BladeRunner*、*Amelie*、*Delicatessen*) 打分. 它们的评级是 0(最差) 和 5(最好) 之间的值, 并编码在数据矩阵 $\boldsymbol{A}\in\mathbb{R}^{4\times 3}$ 中, 如图 4.10 所示. 每一行代表一部电影, 每一列代表一个用户. 因此, 电影评级的列向量 (每个观众一个) 是 $\boldsymbol{x}_{\text{Ali}}, \boldsymbol{x}_{\text{Beatrix}}, \boldsymbol{x}_{\text{Chandra}}$.

使用 SVD 分解 $\boldsymbol{A}$ 为我们提供了一种方法, 用来分析人们如何评价电影, 特别是人与其喜欢的电影是否存在结构性关联. 将 SVD 应用于我们的数据矩阵 $\boldsymbol{A}$ 中, 并做以下假设:

1. 所有的观众都使用相同的线性映射来为电影评分.

2. 评分中没有错误或噪声.

3. 我们将左奇异向量 $\boldsymbol{u}_i$ 解释为刻板电影, 右奇异向量 $\boldsymbol{v}_j$ 解释为刻板观众.

然后我们假设任何观众的特定电影偏好都可以用 $\boldsymbol{v}_j$ 的线性组合来表示. 同样, 任何电影的受欢迎程度都可以用 $\boldsymbol{u}_i$ 的线性组合来表示. 因此, 在 SVD 定义域中的向量可以被解释为刻板观众"空间"中的观众, 在 SVD 值域中的向量相应地可以被解释为刻板电影"空间"中的电影 ㊀. 让我们检查一下电影用户矩阵的 SVD. 第一个左奇异向量 $\boldsymbol{u}_1$ 对于两部科幻电影来说具有较大的绝对值和较大的第一个奇异值 (图 4.10 中的 -0.6710、-0.7197 和 9.6438). 因此, 这将一类用户与一组特定的电影 (科幻主题) 组合在一起. 同样, 第一个右奇异值 $\boldsymbol{v}_1$ 显示出较大的绝对值, 表示 Ali 和 Beatrix 他们给科幻电影评级的很高 (图 4.10 中的 -0.7367 和 -0.6515). 这表明 $\boldsymbol{v}_1$ 反映了科幻爱好者的概念.

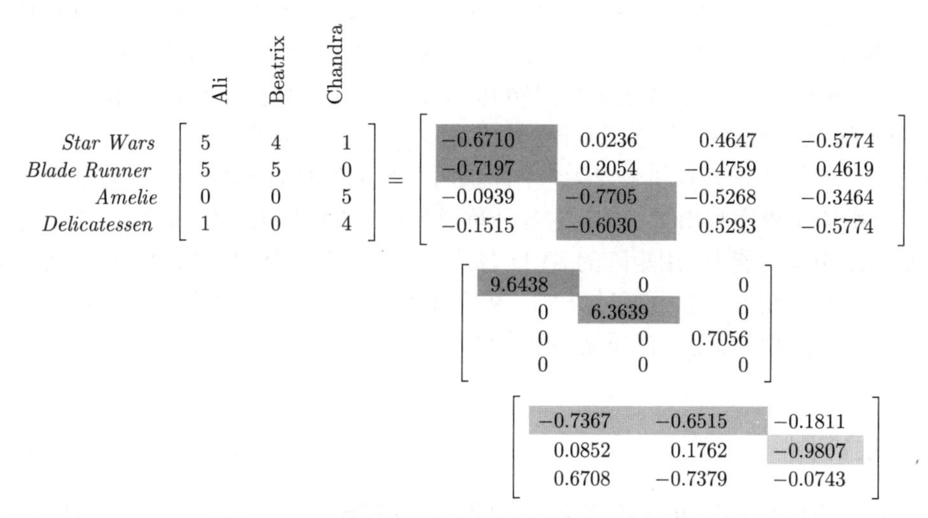

图 4.10 三个人对四部电影的电影评级及其 SVD

类似地, $\boldsymbol{u}_2$ 似乎捕捉了一个法国艺术电影的主题, 而 $\boldsymbol{v}_2$ 则表明, Chandra 接近于这类电影的理想爱好者. 一个理想化的科幻爱好者是一个纯粹主义者, 只喜欢科幻电影, 所以科幻爱好者 $\boldsymbol{v}_1$ 给除了科幻小说主题以外的电影都评级为 0——该逻辑隐含了奇异值矩阵 $\boldsymbol{\Sigma}$ 的对角线子结构. 因此, 一个特定的电影是通过如何将其 (线性地) 分解成它的刻板电影来表示的. 同样, 一个人也可以通过如何将其 (通过线性组合) 分解成电影主题来表示.

这里有必要简要讨论一下 SVD 术语和约定, 因为文献中使用了不同的版本. 这些术语和约定的差异在数学上其实是一样的, 但有可能会让人困惑.

- 为了便于抽象和表示, 我们使用一种 SVD 表示, 其中 SVD 被描述为有一个方阵左奇异向量矩阵、一个方阵右奇异向量矩阵, 一个非方阵奇异值矩阵. 式 (4.64) 定义的 SVD 有时被称为*满秩* SVD.
- 一些作者对奇异值分解的定义稍有不同, 他们关注的是方阵奇异矩阵. 那么, 对于

㊀ 只有当观众和电影数据足够多时, 观众和电影数据张成的这两个"空间"才有意义.

$\boldsymbol{A} \in \mathbb{R}^{m\times n}$ 和 $m \geqslant n$,

$$\underset{m\times n}{\boldsymbol{A}} = \underset{m\times n}{\boldsymbol{U}} \ \underset{n\times n}{\boldsymbol{\Sigma}} \ \underset{n\times n}{\boldsymbol{V}^{\top}} . \tag{4.89}$$

有时这个公式被称为简化 SVD(例如, Datta (2010)) 或者仍称为 SVD(例如, Press et al. (2007)). 这种替代格式只改变了矩阵的构造方式, 而保留了 SVD 的数学结构不变. 这个替代公式的便利之处在于 $\boldsymbol{\Sigma}$ 是对角的, 就像特征分解一样.

- 在 4.6 节, 我们将学习使用 SVD 的矩阵近似技术, 它也被称为截断 SVD.
- 可以定义秩 r 矩阵 $\boldsymbol{A}$ 的 SVD, 使 $\boldsymbol{U}$ 为 $m \times r$ 矩阵, $\boldsymbol{\Sigma}$ 为 $r \times r$ 对角矩阵, $\boldsymbol{V}$ 为 $r \times n$ 矩阵. 这个构造与我们的定义非常相似, 并确保对角矩阵 $\boldsymbol{\Sigma}$ 只有对角线上有非零元素. 这种替代表示法的主要方便之处是 $\boldsymbol{\Sigma}$ 是对角的, 就像特征分解一样.
- 对于 $m \times n$ 矩阵 $\boldsymbol{A}$ 的 SVD, 限制其 $m > n$ 是不必要的. 当 $m < n$ 时, SVD 分解得到的 $\boldsymbol{\Sigma}$ 的零列比行多, 因此奇异值 $\sigma_{m+1}, \cdots, \sigma_n$ 为 0.

奇异值分解被用于各种机器学习应用程序中, 从曲线拟合的最小二乘问题到求解线性方程组. 这些应用程序利用了 SVD 的各种重要特性, 如它与矩阵秩的关系, 以及它用低秩矩阵近似给定矩阵的能力. 用矩阵的 SVD 替换矩阵通常具有使对数值舍入误差的计算更稳健的优点. 我们将在下一节中探讨, SVD 从原理上具有用“更简单”的矩阵近似矩阵的能力, 为降维、主题建模乃至数据压缩和聚类的机器学习应用开辟了空间.

4.6 矩阵近似

我们认为 SVD 是将 $\boldsymbol{A} = \boldsymbol{U\Sigma V}^{\top} \in \mathbb{R}^{m\times n}$ 分解成三个矩阵的乘积的一种方法, 其中 $\boldsymbol{U} \in \mathbb{R}^{m\times m}$ 和 $\boldsymbol{V} \in \mathbb{R}^{n\times n}$ 是正交的, $\boldsymbol{\Sigma}$ 在主对角线上包含奇异值. 我们现在将研究 SVD 如何将矩阵 $\boldsymbol{A}$ 表示为更简单的 (低秩) 矩阵 $\boldsymbol{A}_i$ 的和, 这会得到一个比满秩 SVD 计算更简单的矩阵近似方案.

我们构造秩 1 矩阵 $\boldsymbol{A}_i \in \mathbb{R}^{m\times n}$ 为

$$\boldsymbol{A}_i := \boldsymbol{u}_i \boldsymbol{v}_i^{\top} , \tag{4.90}$$

由 $\boldsymbol{U}$ 和 $\boldsymbol{V}$ 的第 i 个正交列向量的外积构成. 图 4.11 显示了巨石阵的图像, 它可以用一个矩阵 $\boldsymbol{A} \in \mathbb{R}^{1432\times 1910}$ 和一些外积 $\boldsymbol{A}_i$ 来表示, 正如式 (4.90) 所定义的.

秩为 r 的矩阵 $\boldsymbol{A} \in \mathbb{R}^{m\times n}$ 可以写成秩为 1 的矩阵 $\boldsymbol{A}_i$ 的和, 所以

$$\boldsymbol{A} = \sum_{i=1}^{r} \sigma_i \boldsymbol{u}_i \boldsymbol{v}_i^{\top} = \sum_{i=1}^{r} \sigma_i \boldsymbol{A}_i , \tag{4.91}$$

其中, 外积矩阵 $\boldsymbol{A}_i$ 的权重为第 i 个奇异值 σ_i. 可以看出式 (4.91) 成立的原因: 奇异值矩阵 $\boldsymbol{\Sigma}$ 的对角线结构只乘以匹配的左奇异向量和右奇异向量 $\boldsymbol{u}_i \boldsymbol{v}_i^{\top}$, 并将其乘以相应的奇异

值 σ_i. 对于 $i \neq j$, 所有的 $\Sigma_{ij}\boldsymbol{u}_i\boldsymbol{v}_j^\top$ 都消失了, 因为 $\boldsymbol{\Sigma}$ 是对角矩阵. 所有 $i > r$ 的项都消失了, 因为对应的奇异值是 0.

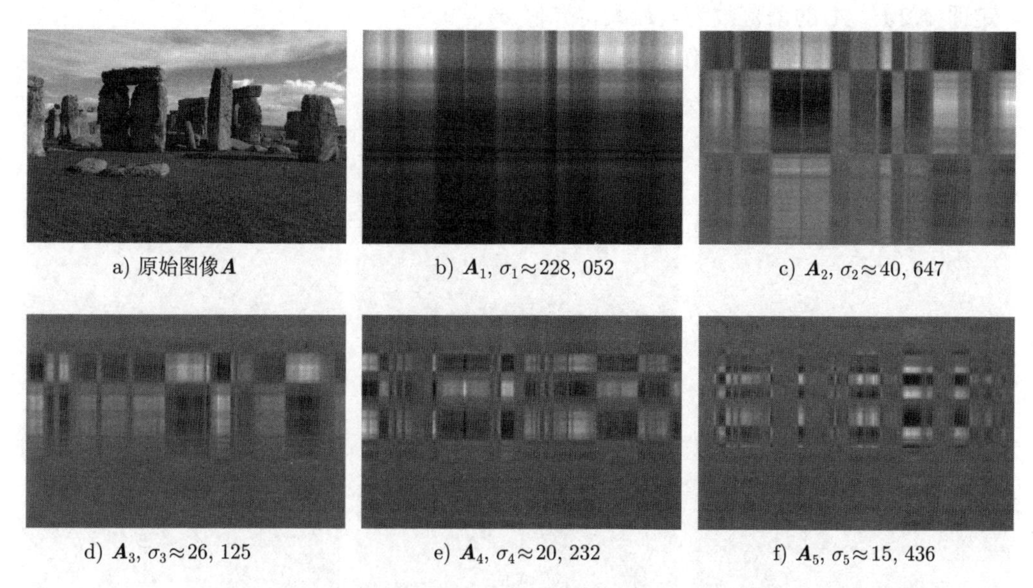

a) 原始图像$\boldsymbol{A}$　b) $\boldsymbol{A}_1$, $\sigma_1 \approx 228, 052$　c) $\boldsymbol{A}_2$, $\sigma_2 \approx 40, 647$

d) $\boldsymbol{A}_3$, $\sigma_3 \approx 26, 125$　e) $\boldsymbol{A}_4$, $\sigma_4 \approx 20, 232$　f) $\boldsymbol{A}_5$, $\sigma_5 \approx 15, 436$

图 4.11 用 SVD 进行图像处理. 原始的灰度图像是 0(黑色) 和 1(白色) 之间值的 1432×1910 矩阵. 对于秩 1 矩阵 $\boldsymbol{A}_1, \cdots, \boldsymbol{A}_5$ 及其对应的奇异值 $\sigma_1, \cdots, \sigma_5$, 每个秩 1 矩阵的网格状结构是由左奇异向量和右奇异向量的外积构成的

在式 (4.90) 中, 我们引入了秩 1 矩阵 $\boldsymbol{A}_i$. 我们将 r 个秩 1 矩阵求和得到一个秩 r 矩阵 $\boldsymbol{A}$, 见式 (4.91). 如果总和不是遍历所有矩阵 $\boldsymbol{A}_i$, $i = 1, \cdots, r$, 而是仅达到中间值 $k < r$, 那么我们将得到 $\mathrm{rk}(\widehat{\boldsymbol{A}}(k)) = k$ 的 $\boldsymbol{A}$ 的秩 k 近似值:

$$\widehat{\boldsymbol{A}}(k) := \sum_{i=1}^{k} \sigma_i \boldsymbol{u}_i \boldsymbol{v}_i^\top = \sum_{i=1}^{k} \sigma_i \boldsymbol{A}_i. \tag{4.92}$$

图 4.12 显示了巨石阵原始图像 $\boldsymbol{A}$ 的低秩近似 $\widehat{\boldsymbol{A}}(k)$. 岩石的形状在秩 5 近似中变得越来越明显和清晰可辨认. 原始图像需要 $1432 \times 1910 = 2\,735\,120$ 个数, 而秩 5 近似要求我们只存储 5 个奇异值以及 5 个左奇异向量和右奇异向量 (每个 1 432 维和 1 910 维), 总共 $5 \times (1\,432 + 1\,910 + 1) = 16\,715$, 仅大于原来的 0.6%.

为了测量 $\boldsymbol{A}$ 和它的秩 k 近似 $\widehat{\boldsymbol{A}}(k)$ 之间的差 (误差), 我们需要范数的概念. 在 3.1 节中, 我们已经使用了度量向量长度的向量上的范数. 通过类比, 我们也可以定义矩阵上的范数.

定义 4.23 (矩阵的谱范数) 对于矩阵 $\boldsymbol{x} \in \mathbb{R}^n \setminus \{\boldsymbol{0}\}$, 定义矩阵 $\boldsymbol{A} \in \mathbb{R}^{m \times n}$ 的谱范数为

$$\|\boldsymbol{A}\|_2 := \max_{\boldsymbol{x}} \frac{\|\boldsymbol{A}\boldsymbol{x}\|_2}{\|\boldsymbol{x}\|_2}. \tag{4.93}$$

我们在矩阵范数 (左边) 中引入了下标符号, 类似于向量的欧几里得范数 (右边), 下标 2. 谱范数 (4.93) 决定了任何向量 $\boldsymbol{x}$ 乘上 $\boldsymbol{A}$ 最多能变成多长.

定理 4.24　$\boldsymbol{A}$ 的谱范数为其最大奇异值 σ_1.

我们把这个定理的证明留作练习.

a) 原始图像$\boldsymbol{A}$　b) 秩-1近似$\widehat{\boldsymbol{A}}(1)$　c) 秩-2近似$\widehat{\boldsymbol{A}}(2)$

d) 秩-3近似$\widehat{\boldsymbol{A}}(3)$　e) 秩-4近似$\widehat{\boldsymbol{A}}(4)$　f) 秩-5近似$\widehat{\boldsymbol{A}}(5)$

图 4.12　用 SVD 进行图像重建, 其中秩 k 近似由 $\widehat{\boldsymbol{A}}(k)=\sum_{i=1}^{k}\sigma_i\boldsymbol{A}_i$ 给出

定理 4.25 (Eckart-Young 定理 (Eckart and Young, 1936))　考虑一个矩阵 $\boldsymbol{A}\in\mathbb{R}^{m\times n}$ 的秩为 r, 设 $\boldsymbol{B}\in\mathbb{R}^{m\times n}$ 是一个秩为 k 的矩阵. 对于任意 $k\leqslant r$ 和 $\widehat{\boldsymbol{A}}(k)=\sum_{i=1}^{k}\sigma_i\boldsymbol{u}_i\boldsymbol{v}_i^{\top}$, 都有

$$\widehat{\boldsymbol{A}}(k)=\operatorname{argmin}_{\operatorname{rk}(\boldsymbol{B})=k}\|\boldsymbol{A}-\boldsymbol{B}\|_2\,, \tag{4.94}$$

$$\left\|\boldsymbol{A}-\widehat{\boldsymbol{A}}(k)\right\|_2=\sigma_{k+1}\,. \tag{4.95}$$

Eckart-Young 定理明确地说明了使用秩 k 近似逼近 $\boldsymbol{A}$ 所带来的误差. 我们可以把用 SVD 得到的秩 k 近似解释为满秩矩阵 $\boldsymbol{A}$ 在秩至多为 k 的矩阵所构成的低维空间上的投影. 在所有可能的投影中, SVD 使 $\boldsymbol{A}$ 和任何秩 k 近似之间的误差 (关于谱范数) 最小.

我们可以回顾一些步骤来理解为什么式 (4.95) 成立. 我们发现 $\boldsymbol{A}-\widehat{\boldsymbol{A}}(k)$ 之间的差是一个矩阵, 它包含了其余秩 1 矩阵的和

$$\boldsymbol{A}-\widehat{\boldsymbol{A}}(k)=\sum_{i=k+1}^{r}\sigma_i\boldsymbol{u}_i\boldsymbol{v}_i^{\top}\,. \tag{4.96}$$

利用定理 4.24, 我们立即得到 σ_{k+1} 作为差分矩阵的谱范数. 让我们仔细看看式 (4.94). 如果假设有另外一个矩阵 $\boldsymbol{B}$, $\text{rk}(\boldsymbol{B}) \leqslant k$, 满足

$$\|\boldsymbol{A}-\boldsymbol{B}\|_2 < \left\|\boldsymbol{A}-\widehat{\boldsymbol{A}}(k)\right\|_2 , \tag{4.97}$$

那么存在至少 $(n-k)$ 维零空间 $Z \subseteq \mathbb{R}^n$, 使得 $\boldsymbol{x} \in Z$ 中意味着 $\boldsymbol{Bx}=\boldsymbol{0}$. 然后, 我们得到

$$\|\boldsymbol{Ax}\|_2 = \|(\boldsymbol{A}-\boldsymbol{B})\boldsymbol{x}\|_2 , \tag{4.98}$$

利用包含矩阵范数的 Cauchy - Schwartz 不等式 (3.17), 我们得到

$$\|\boldsymbol{Ax}\|_2 \leqslant \|\boldsymbol{A}-\boldsymbol{B}\|_2 \|\boldsymbol{x}\|_2 < \sigma_{k+1} \|\boldsymbol{x}\|_2 . \tag{4.99}$$

但是, 存在一个 $(k+1)$ 维子空间, 其中 $\|\boldsymbol{Ax}\|_2 \geqslant \sigma_{k+1}\|\boldsymbol{x}\|_2$ 由 $\boldsymbol{A}$ 的右奇异向量 $\boldsymbol{v}_j, (j \leqslant k+1)$ 张成. 将这两个空间的维数相加会得到一个大于 n 的数字, 因为在两个空间中都必须有一个非零向量. 这与 2.7.3 节中的秩零化度定理 (定理 2.24) 矛盾.

Eckart-Young 定理表明, 我们可以使用 SVD 将秩 r 矩阵 $\boldsymbol{A}$ 简化为秩 k 矩阵 $\widehat{\boldsymbol{A}}$, 从原理上, 这种方法是 (在谱范数意义上) 最优的. 我们可以用秩 k 矩阵将 $\boldsymbol{A}$ 的近似解释为有损压缩的一种形式. 因此, 矩阵的低秩近似出现在许多机器学习应用中, 例如, 图像处理、噪声滤波和欠定问题的正则化. 此外, 我们将在第 10 章中看到它在降维和主成分分析中起着关键作用.

例 4.15 (在电影评级和消费者中寻找结构 (续)) 回到我们的电影评级示例, 现在我们可以应用低秩近似的概念来近似原始数据矩阵. 回想一下, 我们的第一个奇异值捕捉了电影和科幻爱好者中的科幻主题的概念. 因此, 通过在电影评级矩阵的秩 1 分解中只使用第一个奇异值项, 我们得到了预测评级

$$\boldsymbol{A}_1 = \boldsymbol{u}_1\boldsymbol{v}_1^\top = \begin{bmatrix} -0.6710 \\ -0.7197 \\ -0.0939 \\ -0.1515 \end{bmatrix} \begin{bmatrix} -0.7367 & -0.6515 & 0.1811 \end{bmatrix} \tag{4.100a}$$

$$= \begin{bmatrix} 0.4943 & 0.4372 & 0.1215 \\ 0.5302 & 0.4689 & 0.1303 \\ 0.0692 & 0.0612 & 0.0170 \\ 0.1116 & 0.0987 & 0.0274 \end{bmatrix} . \tag{4.100b}$$

第一个秩 1 近似 $\boldsymbol{A}_1$ 是有深刻见解的: 它告诉我们, Ali 和 Beatrix 喜欢科幻电影, 如 *Star Wars* 和 *Blade Runner*(各项的值 > 0.4), 但不能捕捉 Chandra 的其他电影的评级. 这并不

奇怪, 因为 Chandra 的电影类型并没有被第一个奇异值所捕捉. 第二个奇异值为那些电影主题爱好者提供了一个更好的秩 1 近似值:

$$\boldsymbol{A}_2 = \boldsymbol{u}_2\boldsymbol{v}_2^\top = \begin{bmatrix} 0.0236 \\ 0.2054 \\ -0.7705 \\ -0.6030 \end{bmatrix} [0.0852 \quad 0.1762 \quad -0.9807] \tag{4.101a}$$

$$= \begin{bmatrix} 0.0020 & 0.0042 & -0.0231 \\ 0.0175 & 0.0362 & -0.2014 \\ -0.0656 & -0.1358 & 0.7556 \\ -0.0514 & -0.1063 & 0.5914 \end{bmatrix}. \tag{4.101b}$$

在这个第二个秩 1 近似中, 我们很好地反映了 Chandra 的评分和电影类型倾向: 不是科幻电影. 这使我们考虑秩 2 近似 $\widehat{\boldsymbol{A}}(2)$, 其中我们结合了前两个秩 1 近似

$$\widehat{\boldsymbol{A}}(2) = \sigma_1\boldsymbol{A}_1 + \sigma_2\boldsymbol{A}_2 = \begin{bmatrix} 4.7801 & 4.2419 & 1.0244 \\ 5.2252 & 4.7522 & -0.0250 \\ 0.2493 & -0.2743 & 4.9724 \\ 0.7495 & 0.2756 & 4.0278 \end{bmatrix}. \tag{4.102}$$

$\widehat{\boldsymbol{A}}(2)$ 与原版电影评级表相似:

$$\boldsymbol{A} = \begin{bmatrix} 5 & 4 & 1 \\ 5 & 5 & 0 \\ 0 & 0 & 5 \\ 1 & 0 & 4 \end{bmatrix}, \tag{4.103}$$

这说明我们可以忽略 $\boldsymbol{A}_3$ 的贡献. 我们可以对其进行解释, 因为在数据表中没有证据表明存在第三个电影主题/电影爱好者类别. 这也意味着, 在我们的例子中, 电影主题和电影爱好者的整个空间是一个由科幻小说及法国艺术电影和爱好者张成的二维空间.

4.7 矩阵发展史

在第 2 章和第 3 章, 我们涵盖了线性代数和解析几何的基础知识. 在这一章中, 我们研究了矩阵和线性映射的基本特征. 图 4.13 描述了不同类型矩阵 (黑色箭头表示“是”的子集) 之间的系统发生树 (phylogenetic tree)[⊖]以及我们可以对它们执行的覆盖操作 (灰色).

⊖ “phylogenetic”这个词描述的是我们如何捕捉个体或群体之间的关系, 来源于希腊语中的部落.

我们考虑所有的实矩阵 $\boldsymbol{A} \in \mathbb{R}^{n\times m}$. 对于非方阵矩阵 (其中 $n \neq m$), SVD 总是存在的, 正如我们在本章中看到的. 重点关注方阵 $\boldsymbol{A} \in \mathbb{R}^{n\times n}$, 行列式告诉我们一个方阵是否具有一个逆矩阵, 即它是否属于正则、可逆矩阵的一类. 如果方阵 $n \times n$ 具有 n 个线性无关特征向量, 则该矩阵为退化矩阵, 且存在特征分解 (定理 4.12). 我们知道, 重复的特征值可能导致退化矩阵, 而退化矩阵是不能对角化的.

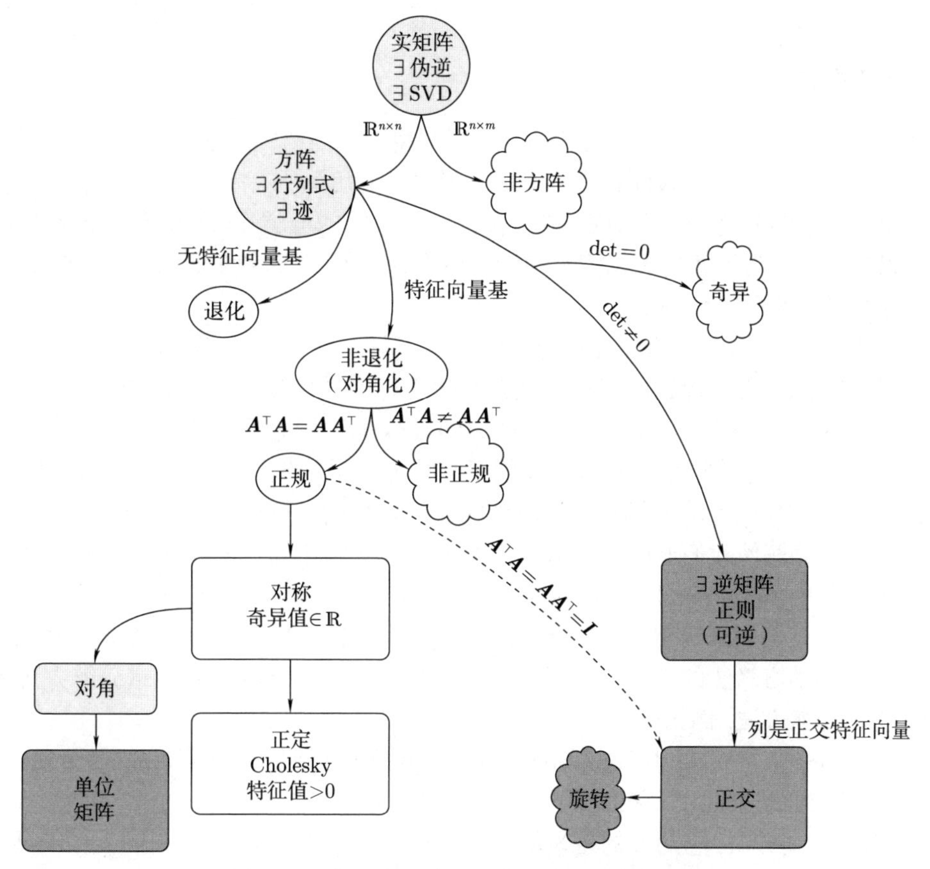

图 4.13 机器学习中用到的矩阵的基本发展史

非奇异矩阵和非退化矩阵是不一样的. 例如, 一个旋转矩阵将是可逆的 (行列式是非零的), 但不能在实数中对角化 (特征值不能保证为实数).

我们将进一步研究 $n \times n$ 非退化方阵的分支. 如果条件 $\boldsymbol{A}^\top\boldsymbol{A} = \boldsymbol{A}\boldsymbol{A}^\top$ 成立, 则 $\boldsymbol{A}$ 是正规矩阵. 而且, 如果存在更严格的条件 $\boldsymbol{A}^\top\boldsymbol{A} = \boldsymbol{A}\boldsymbol{A}^\top = \boldsymbol{I}$, 那么 $\boldsymbol{A}$ 称为正交矩阵 (见定义 3.8). 正交矩阵的集合是非奇异 (可逆) 矩阵的子集, 满足 $\boldsymbol{A}^\top = \boldsymbol{A}^{-1}$.

正规矩阵有一个经常遇到的子集, 即满足 $\boldsymbol{S} = \boldsymbol{S}^\top$ 的对称矩阵 $\boldsymbol{S} \in \mathbb{R}^{n\times n}$. 对称矩阵只有实的特征值. 对称矩阵的子集由满足所有 $\boldsymbol{x} \in \mathbb{R}^n \setminus \{\boldsymbol{0}\}(\boldsymbol{x}^\top\boldsymbol{P}\boldsymbol{x} > 0)$ 条件的正定矩阵 $\boldsymbol{P}$

组成. 在这种情况下, 存在唯一的 Cholesky *分解* (定理 4.18). 正定矩阵只有正的特征值并且总是可逆的 (即行列式不为零).

对称矩阵的另一个子集由*对角矩阵* $\boldsymbol{D}$ 组成. 对角矩阵在乘法和加法下是封闭的, 但并不一定形成一个群 (只有当所有对角线项都是非零从而使矩阵可逆时才会这样). 一个特殊的对角矩阵是单位矩阵 $\boldsymbol{I}$.

4.8 延伸阅读

本章的大部分内容建立了基础的数学知识, 并将它们与研究映射的方法联系起来, 其中许多是机器学习的核心, 是软件解决方案的基础, 也是几乎所有机器学习理论的构建模块. 利用行列式、特征谱和特征空间对矩阵进行表征, 为矩阵的分类和分析提供了基本特征和条件. 这可以扩展到所有形式的数据表示和涉及数据的映射, 以及判断此类矩阵 (Press et al., 2007) 上计算运算的数值稳定性.

行列式是求矩阵逆和手动计算特征值的基本工具. 然而, 除了矩阵很小外, 几乎所有情况下, 用高斯消元法进行数值计算的性能都优于行列式 (Press et al., 2007). 行列式仍然是一个强大的理论概念, 例如, 根据行列式的符号来直观地了解基的方向. 特征向量可以用来进行基变换, 将数据转换成有意义的正交特征向量的坐标. 同样, 矩阵分解方法, 如 Cholesky 分解, 在我们计算或模拟随机事件时会经常出现 (Rubinstein and Kroese, 2016). 因此, Cholesky 分解使我们能够使用这种*再参数化方法*对随机变量进行连续微分, 例如, 在变分自动编码器中 (Jimenez Rezende et al., 2014; Kingma and Welling, 2014).

特征分解是我们提取线性映射中有意义且可解释信息的基础. 因此, 特征分解是一类称为*谱方法*的机器学习算法的基础, 这些算法对正定核进行特征分解. 这些谱分解方法包括统计数据分析的经典方法, 例如:

- *主成分分析* (Principal Component Analysis, PCA, 见第 10 章)(Pearson, 1901), 在一个低维的子空间中, 它解释了大部分的变化数据.
- Fisher *判别分析*, 它的目的是为数据分类确定一个分离超平面 (Mika et al., 1999).
- *多维标度* (MultiDimensional Scaling, MDS)(Carroll and Chang, 1970).

这些方法的计算效率通常来自于如何找到对称半正定矩阵的最佳秩 k 近似. 更现代的谱方法的计算效率来源有所不同, 但每一个都需要计算一个正定核的特征向量和特征值, 如*等距映射* (Tenenbaum et al., 2000)、*拉普拉斯特征映射* (Belkin and Niyogi, 2003)、*黑塞特征映射* (Donoho and Grimes, 2003) 和*谱聚类* (Shi and Malik, 2000). 这些核心计算通常以低秩矩阵近似技术 (Belabbas and Wolfe, 2009) 基础, 正如 SVD 一样. 奇异值分解允许我们发现一些与特征分解相同的信息. 然而, SVD 更普遍地适用于非方阵矩阵和数据表. 当我们想要确定数据的异质性时, 这些矩阵分解方法就变得重要起来. 当我们想通过近似的方式进行数据压缩时, 可以使用存储 $(n+m)k$ 个值来代替存储 $n \times m$ 个值, 或者当我们想进行数据预处理时, 可以去关联设计矩阵的预测变量 (Ormoneit et al., 2001). SVD 作用于矩阵, 我们可以将其解释为具有两个索引 (行和列) 的矩形数组. 将矩阵结构扩展到高维数组称为张量. 结果表明 SVD 是对张量 (Kolda and Bader, 2009) 进行操作的更一般的分解的特例. 类 SVD 运算和张量的低秩近似是 Tucker 分解 (Tucker, 1966) 或 CP 分解 (Carroll and Chang, 1970).

出于计算效率的原因, SVD 低秩近似经常被用于机器学习. 当我们在可能非常大的数据矩阵上执行这些运算 (Trefethen and Bau III, 1997) 时, 它能减少内存的使用和非零乘法运算的数量. 此外, 低秩近似用于可能包含缺失值的矩阵, 并用于有损压缩和降维 (Moonen and De Moor, 1995; Markovsky, 2011).

习题

4.1 使用拉普拉斯展开式 (使用第一行) 和萨鲁斯法则计算如下矩阵的行列式:

$$\boldsymbol{A} = \begin{bmatrix} 1 & 3 & 5 \\ 2 & 4 & 6 \\ 0 & 2 & 4 \end{bmatrix}.$$

4.2 高效地计算下列行列式:

$$\begin{bmatrix} 2 & 0 & 1 & 2 & 0 \\ 2 & -1 & 0 & 1 & 1 \\ 0 & 1 & 2 & 1 & 2 \\ -2 & 0 & 2 & -1 & 2 \\ 2 & 0 & 0 & 1 & 1 \end{bmatrix}.$$

4.3 计算特征空间

a.

$$\boldsymbol{A} := \begin{bmatrix} 1 & 0 \\ 1 & 1 \end{bmatrix}$$

b.

$$\boldsymbol{B} := \begin{bmatrix} -2 & 2 \\ 2 & 1 \end{bmatrix}$$

4.4 计算如下矩阵的所有特征空间:

$$\boldsymbol{A}=\begin{bmatrix}0 & -1 & 1 & 1\\ -1 & 1 & -2 & 3\\ 2 & -1 & 0 & 0\\ 1 & -1 & 1 & 0\end{bmatrix}.$$

4.5 矩阵的对角化与它的可逆性无关. 确定下列四个矩阵是否可对角化或可逆:

$$\begin{bmatrix}1 & 0\\ 0 & 1\end{bmatrix},\quad \begin{bmatrix}1 & 0\\ 0 & 0\end{bmatrix},\quad \begin{bmatrix}1 & 1\\ 0 & 1\end{bmatrix},\quad \begin{bmatrix}0 & 1\\ 0 & 0\end{bmatrix}.$$

4.6 计算下列变换矩阵的特征空间, 并确定它们是否是可对角化的.

a.

$$\boldsymbol{A}=\begin{bmatrix}2 & 3 & 0\\ 1 & 4 & 3\\ 0 & 0 & 1\end{bmatrix}$$

b.

$$\boldsymbol{A}=\begin{bmatrix}1 & 1 & 0 & 0\\ 0 & 0 & 0 & 0\\ 0 & 0 & 0 & 0\\ 0 & 0 & 0 & 0\end{bmatrix}$$

4.7 下列矩阵可以对角化吗? 如果能, 确定它们的对角形式以及使变换矩阵为对角矩阵的一组基. 如果不能, 给出它们不能对角化的原因.

a.

$$\boldsymbol{A}=\begin{bmatrix}0 & 1\\ -8 & 4\end{bmatrix}$$

b.

$$\boldsymbol{A}=\begin{bmatrix}1 & 1 & 1\\ 1 & 1 & 1\\ 1 & 1 & 1\end{bmatrix}$$

c.

$$\boldsymbol{A}=\begin{bmatrix}5 & 4 & 2 & 1\\ 0 & 1 & -1 & -1\\ -1 & -1 & 3 & 0\\ 1 & 1 & -1 & 2\end{bmatrix}$$

d.

$$\boldsymbol{A}=\begin{bmatrix}5 & -6 & -6\\ -1 & 4 & 2\\ 3 & -6 & -4\end{bmatrix}$$

4.8 求如下矩阵 $\boldsymbol{A}$ 的 SVD:

$$\boldsymbol{A}=\begin{bmatrix}3 & 2 & 2\\ 2 & 3 & -2\end{bmatrix}.$$

4.9 求如下 $\boldsymbol{A}$ 的奇异值分解:

$$\boldsymbol{A}=\begin{bmatrix}2 & 2\\ -1 & 1\end{bmatrix}.$$

4.10 求如下矩阵 $\boldsymbol{A}$ 的秩 1 近似:

$$\boldsymbol{A}=\begin{bmatrix}3 & 2 & 2\\ 2 & 3 & -2\end{bmatrix}.$$

4.11 证明: 对于任意矩阵 $\boldsymbol{A}\in\mathbb{R}^{m\times n}$, 矩阵 $\boldsymbol{A}^{\top}\boldsymbol{A}$ 和 $\boldsymbol{A}\boldsymbol{A}^{\top}$ 具有相同的非零特征值.

4.12 当 $\boldsymbol{x}\neq\boldsymbol{0}$ 时, 证明定理 4.24 成立, 即证明

$$\max_{\boldsymbol{x}}\frac{\|\boldsymbol{A}\boldsymbol{x}\|_2}{\|\boldsymbol{x}\|_2}=\sigma_1\,,$$

其中 σ_1 为 $\boldsymbol{A}\in\mathbb{R}^{m\times n}$ 的最大奇异值.

CHAPTER 5

第5章

向量微积分

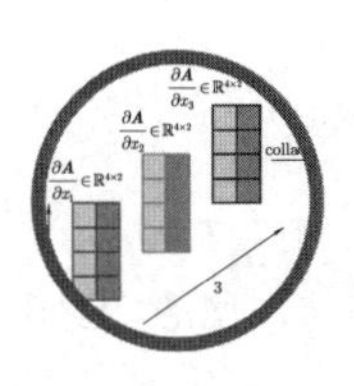

机器学习中的许多算法都是根据一系列期望的模型参数来优化目标函数, 这些参数决定了模型对数据的拟合程度: 寻找合适的参数可以被表述为一个优化问题 (见 8.2 节和 8.3 节). 例如, (i) 线性回归 (见第 9 章), 我们通过曲线拟合和最优化线性赋权参数来实现最大似然; (ii) 用于降维和数据压缩的神经网络自动编码器, 以其每层网络的权重和偏差作为参数, 通过反复应用链式法则, 我们能够最小化重构误差; (iii) 用于数据分布建模的高斯混合模型 (见第 11 章), 我们通过优化每个混合分量的位置和形状参数来最大化模型的似然. 图 5.1 展示了其中几个问题, 我们通常使用基于梯度信息的优化算法来解决这些问题 (7.1 节). 图 5.2 概述了本章涉及的概念, 以及其与本书其他章节的联系.

函数的概念是本章的核心内容. 函数 f 是把两个量相互联系起来的量. 在本书中, 这些量通常是输入 $\boldsymbol{x} \in \mathbb{R}^D$ 和目标 (函数值)$f(\boldsymbol{x})$, 如果没有说明, 我们假设它们是实值的. 此处 $\mathbb{R}^D$ 是 f 的定义域, 函数值 $f(\boldsymbol{x})$ 是 f 的象/上域. 2.7.3 节更详细地讨论了线性函数. 我们通常用

$$f : \mathbb{R}^D \to \mathbb{R} \tag{5.1a}$$

$$\boldsymbol{x} \mapsto f(\boldsymbol{x}) \tag{5.1b}$$

来表示一个函数, 其中式 (5.1a) 表示 f 是一个从 $\mathbb{R}^D$ 到 $\mathbb{R}$ 的映射, 而式 (5.1b) 表示将输入 $\boldsymbol{x}$ 显式赋值给函数值 $f(\boldsymbol{x})$, 一个函数 f 为每个输入 $\boldsymbol{x}$ 指派唯一的函数值 $f(\boldsymbol{x})$.

例5.1 点积是内积的一种特殊情形 (3.2 节). 在之前的符号中, 函数 $f(\boldsymbol{x}) = \boldsymbol{x}^\top \boldsymbol{x}$, $(\boldsymbol{x} \in \mathbb{R}^2)$ 将表示为

$$f : \mathbb{R}^2 \to \mathbb{R} \tag{5.2a}$$

$$\boldsymbol{x} \mapsto x_1^2 + x_2^2 \,. \tag{5.2b}$$

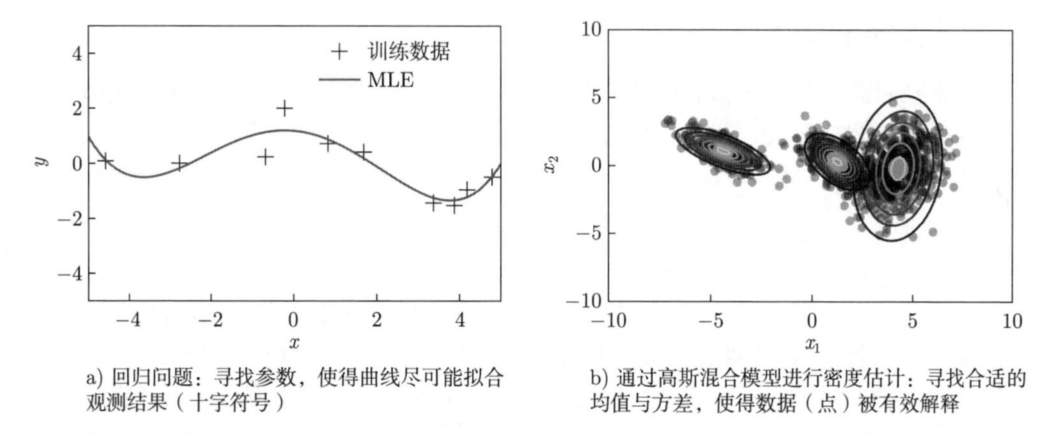

a) 回归问题：寻找参数，使得曲线尽可能拟合观测结果（十字符号）

b) 通过高斯混合模型进行密度估计：寻找合适的均值与方差，使得数据（点）被有效解释

图 5.1 向量微积分在回归 (曲线拟合) 和密度估计, 以及模型数据分布中起到了重要的作用

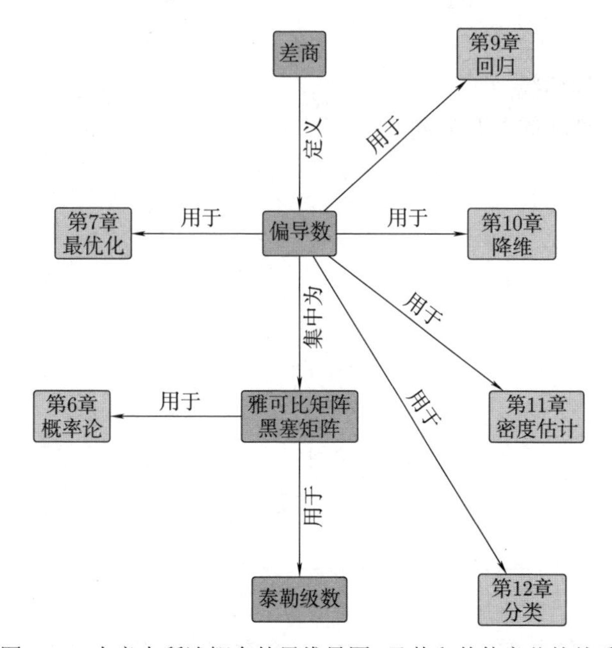

图 5.2 本章中所述概念的思维导图, 及其和其他章节的关系

在本章中, 我们将讨论如何计算函数的梯度, 因为梯度指向最陡峭的上升方向, 所以这对于优化机器学习模型中的学习是至关重要的. 因此, 向量微积分是机器学习必要的基本数学工具之一. 在本书中, 我们假设函数都是可微的. 通过一些附加的技术性定义 (在此处没有提及), 许多提出的方法都可扩展到次微分函数 (连续但在某些点上不可微的函数). 我们将在第 7 章对带有约束条件的函数进行扩展.

5.1　一元函数的微分

下面简要回顾一下一元函数的微分, 这在高等数学中很常见. 首先将从一元函数 $y = f(x)(x, y \in \mathbb{R})$ 的差商开始, 我们将用它来定义导数.

定义 5.1 (差商)　*差商*

$$\frac{\delta y}{\delta x} := \frac{f(x+\delta x) - f(x)}{\delta x} \tag{5.3}$$

计算了 f 图像中两点间割线的斜率. 在图 5.3 中, 两点的 x 坐标分别为 x_0 和 $x_0 + \delta x$.

假设 f 是线性函数, 差商也可以看作 f 在 x 和 $x + \delta x$ 之间的平均斜率.

若 f 是可微的, 则当 $\delta x \to 0$ 时, 我们可以得到 f 在 x 处的正切值. 该正切值就是 f 在 x 处的导数.

定义 5.2 (导数)　更形式化地, 对于 $h > 0$, f 在 x 处的*导数*定义为极限

$$\frac{\mathrm{d}f}{\mathrm{d}x} := \lim_{h \to 0} \frac{f(x+h) - f(x)}{h}, \tag{5.4}$$

而图 5.3 中的割线变为切线.

f 的导数指向 f 最陡的上升方向.

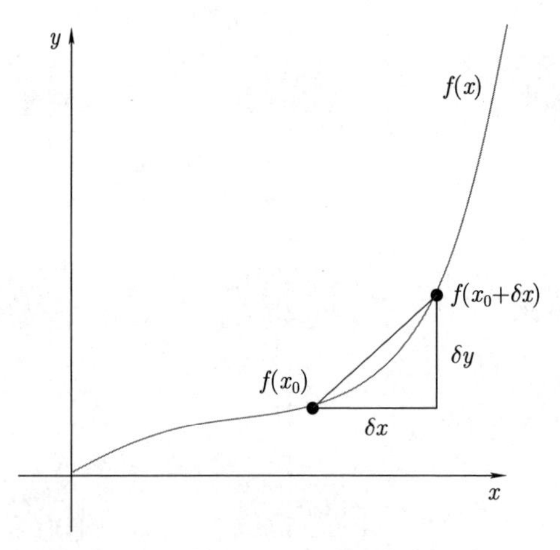

图 5.3　函数 f 在 x_0 和 $x_0 + \delta x$ 之间的平均斜率是通过 $f(x_0)$ 和 $f(x_0 + \delta x)$ 的割线的斜率, 表示为 $\delta y / \delta x$

例 5.2 (多项式的导数)　我们想要计算 $f(x) = x^n (n \in \mathbb{N})$ 的导数. 也许已经知道它的答案是 nx^{n-1}, 但我们想通过导数的定义即差商的极限来推导出结果. 根据式 (5.4) 中导数的定义, 有

$$\frac{\mathrm{d}f}{\mathrm{d}x} = \lim_{h \to 0} \frac{f(x+h) - f(x)}{h} \tag{5.5a}$$

$$= \lim_{h \to 0} \frac{(x+h)^n - x^n}{h} \tag{5.5b}$$

$$= \lim_{h \to 0} \frac{\sum_{i=0}^{n} \binom{n}{i} x^{n-i} h^i - x^n}{h} . \tag{5.5c}$$

可以看出 $x^n = \binom{n}{0} x^{n-0} h^0$. 通过从 1 开始求和, 消去 x^n 项, 有

$$\frac{\mathrm{d}f}{\mathrm{d}x} = \lim_{h \to 0} \frac{\sum_{i=1}^{n} \binom{n}{i} x^{n-i} h^i}{h} \tag{5.6a}$$

$$= \lim_{h \to 0} \sum_{i=1}^{n} \binom{n}{i} x^{n-i} h^{i-1} \tag{5.6b}$$

$$= \lim_{h \to 0} \binom{n}{1} x^{n-1} + \underbrace{\sum_{i=2}^{n} \binom{n}{i} x^{n-i} h^{i-1}}_{\to 0,\ \text{当} h \to 0 \text{时}} \tag{5.6c}$$

$$= \frac{n!}{1!(n-1)!} x^{n-1} = n x^{n-1} . \tag{5.6d}$$

5.1.1 泰勒级数

泰勒级数是将函数 f 表示为无限项之和的形式. 这些项由 f 在 x_0 处的导数决定.

定义 5.3 (泰勒多项式) f:$\mathbb{R} \to \mathbb{R}$ 在 x_0 的 n 阶泰勒多项式定义为

$$T_n(x) := \sum_{k=0}^{n} \frac{f^{(k)}(x_0)}{k!} (x - x_0)^k , \tag{5.7}$$

其中 $f^{(k)}(x_0)$ 是 f 在 x_0 的 k 阶导数 (假设它存在), 而 $\frac{f^{(k)}(x_0)}{k!}$ 是多项式的系数.

定义 5.4 (泰勒级数) 对于光滑函数 $f \in \mathcal{C}^{\infty}$[⊖], $f : \mathbb{R} \to \mathbb{R}$, f 在 x_0 的泰勒级数定义为

$$T_{\infty}(x) = \sum_{k=0}^{\infty} \frac{f^{(k)}(x_0)}{k!} (x - x_0)^k . \tag{5.8}$$

当 $x_0 = 0$ 时, 可以得到泰勒级数的一种特殊形式: 麦克劳林级数. 若 $f(x) = T_{\infty}(x)$, 则称 f 为可解析的.

评注 通常, 一个函数的 n 阶泰勒多项式是它的近似, 函数无须是多项式形式的. 泰勒多项式在 x_0 的邻域内近似于 f. 然而, 一个 n 阶泰勒多项式是阶数 $k \leqslant n$ 的多项式函数 f 的确切表达, 因为所有导数 $f^{(i)} (i > k)$ 为零.

⊖ $f \in \mathcal{C}^{\infty}$ 表示 f 是有限次连续可微的.

例 5.3 (泰勒多项式) 我们考虑多项式

$$f(x) = x^4 \tag{5.9}$$

并求出该多项式在 $x_0 = 1$ 的泰勒多项式 T_6. 首先计算出当 $k = 0, \cdots, 6$ 时的系数 $f^{(k)}(1)$:

$$f(1) = 1 \tag{5.10}$$

$$f'(1) = 4 \tag{5.11}$$

$$f''(1) = 12 \tag{5.12}$$

$$f^{(3)}(1) = 24 \tag{5.13}$$

$$f^{(4)}(1) = 24 \tag{5.14}$$

$$f^{(5)}(1) = 0 \tag{5.15}$$

$$f^{(6)}(1) = 0 \tag{5.16}$$

因此, 所求的泰勒多项式为

$$T_6(x) = \sum_{k=0}^{6} \frac{f^{(k)}(x_0)}{k!}(x - x_0)^k \tag{5.17a}$$

$$= 1 + 4(x-1) + 6(x-1)^2 + 4(x-1)^3 + (x-1)^4 + 0\,. \tag{5.17b}$$

将上式展开并合并同类项可得

$$T_6(x) = (1 - 4 + 6 - 4 + 1) + x(4 - 12 + 12 - 4) + \\ x^2(6 - 12 + 6) + x^3(4 - 4) + x^4 \tag{5.18a}$$

$$= x^4 = f(x)\,, \tag{5.18b}$$

由此得到了原函数的确切表达.

例 5.4 (泰勒级数) 考虑图 5.4 中给出的函数

$$f(x) = \sin(x) + \cos(x) \in \mathcal{C}^{\infty}\,. \tag{5.19}$$

求 f 在 $x_0 = 0$ 的泰勒级数展开式, 即 f 的麦克劳林级数展开式. 可以得到以下导数:

$$f(0) = \sin(0) + \cos(0) = 1 \tag{5.20}$$

$$f'(0) = \cos(0) - \sin(0) = 1 \tag{5.21}$$

$$f''(0) = -\sin(0) - \cos(0) = -1 \tag{5.22}$$

$$f^{(3)}(0) = -\cos(0) + \sin(0) = -1 \tag{5.23}$$

$$f^{(4)}(0) = \sin(0) + \cos(0) = f(0) = 1 \tag{5.24}$$

$$\vdots$$

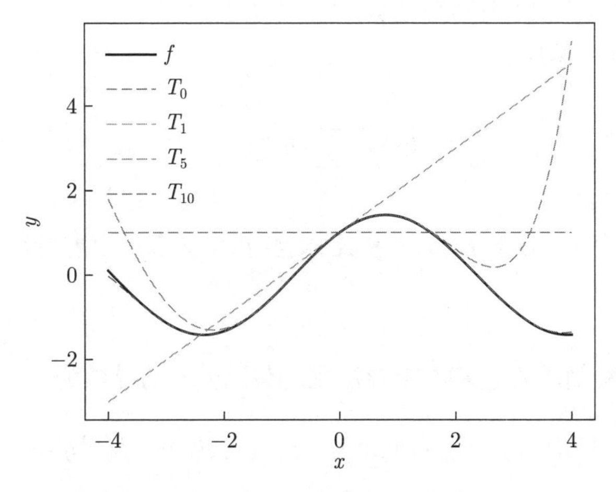

图 5.4　泰勒多项式. 原始函数 $f(x) = \sin(x) + \cos(x)$(黑色实线) 由 $x_0 = 0$ 处的泰勒多项式近似. 高阶泰勒多项式能更好且更全面地近似原函数 f. T_{10} 在 $[-4, 4]$ 上已经与 f 近似

此处可以看到一个规律: 泰勒级数的系数只有 ± 1(因为 $\sin(0) = 0$), 它们每隔两项改变一下, 即 $f^{(k+4)}(0) = f^{(k)}(0)$. 因此, f 在 $x_0 = 0$ 的完整泰勒级数展开式为

$$T_\infty(x) = \sum_{k=0}^{\infty} \frac{f^{(k)}(x_0)}{k!}(x - x_0)^k \tag{5.25a}$$

$$= 1 + x - \frac{1}{2!}x^2 - \frac{1}{3!}x^3 + \frac{1}{4!}x^4 + \frac{1}{5!}x^5 - \cdots \tag{5.25b}$$

$$= 1 - \frac{1}{2!}x^2 + \frac{1}{4!}x^4 \mp \cdots + x - \frac{1}{3!}x^3 + \frac{1}{5!}x^5 \mp \cdots \tag{5.25c}$$

$$= \sum_{k=0}^{\infty}(-1)^k \frac{1}{(2k)!}x^{2k} + \sum_{k=0}^{\infty}(-1)^k \frac{1}{(2k+1)!}x^{2k+1} \tag{5.25d}$$

$$= \cos(x) + \sin(x)\,, \tag{5.25e}$$

其中使用了幂级数表示

$$\cos(x)=\sum_{k=0}^{\infty}(-1)^k\frac{1}{(2k)!}x^{2k}\,,\tag{5.26}$$

$$\sin(x)=\sum_{k=0}^{\infty}(-1)^k\frac{1}{(2k+1)!}x^{2k+1}\,.\tag{5.27}$$

图 5.4 展示了 $n=0,1,5,10$ 时对应的泰勒多项式 T_n.

评注 泰勒级数是幂级数

$$f(x)=\sum_{k=0}^{\infty}a_k(x-c)^k\tag{5.28}$$

的一种特殊情形, 其中 a_k 为系数, c 为常数, 这些在定义 5.4 中有特定的形式.

5.1.2 求导法则

在下文中, 我们将简单陈述基本求导法则, 其中记 f 的导数为 f'.

$$\text{乘法法则:}\quad (f(x)g(x))'=f'(x)g(x)+f(x)g'(x)\tag{5.29}$$

$$\text{除法法则:}\quad \left(\frac{f(x)}{g(x)}\right)'=\frac{f'(x)g(x)-f(x)g'(x)}{(g(x))^2}\tag{5.30}$$

$$\text{加法法则:}\quad (f(x)+g(x))'=f'(x)+g'(x)\tag{5.31}$$

$$\text{链式法则:}\quad \big(g(f(x))\big)'=(g\circ f)'(x)=g'(f(x))f'(x)\tag{5.32}$$

此处, $g\circ f$ 表示复合函数 $x\mapsto f(x)\mapsto g(f(x))$.

例 5.5 (链式法则) 通过链式法则来计算函数 $h(x)=(2x+1)^4$ 的导数. 通过

$$h(x)=(2x+1)^4=g(f(x))\,,\tag{5.33}$$

$$f(x)=2x+1\,,\tag{5.34}$$

$$g(f)=f^4\,,\tag{5.35}$$

我们可以得到 f 和 g 的导数

$$f'(x)=2\,,\tag{5.36}$$

$$g'(f)=4f^3\,,\tag{5.37}$$

由此 h 的导数由下式给出:

$$h'(x) = g'(f)f'(x) = (4f^3) \cdot 2 \overset{(5.34)}{=} 4(2x+1)^3 \cdot 2 = 8(2x+1)^3\,, \tag{5.38}$$

其中使用了链式法则 (5.32) 并用 $g'(f)$ 代替了式 (5.34) 中定义的 f.

5.2 偏微分和梯度

5.1 节中讨论的微分适用于标量变量 $x \in \mathbb{R}$ 的函数 f. 下面, 我们考虑一般情况, 函数 f 取决于一个或多个变量 $\boldsymbol{x} \in \mathbb{R}^n$, 例如, $f(\boldsymbol{x}) = f(x_1, x_2)$. 导数在多元函数上的推广是梯度. 我们通过每次只改变一个变量并将其余变量视为常数来求解函数 f 关于 $\boldsymbol{x}$ 的梯度. 梯度是这些偏导数的集合.

定义 5.5 (偏导数) 对于有 n 个变量 $x_1, \cdots, x_n$ 的函数 $f: \mathbb{R}^n \to \mathbb{R}$, $\boldsymbol{x} \mapsto f(\boldsymbol{x})$, $\boldsymbol{x} \in \mathbb{R}^n$, 定义偏导数为

$$\begin{aligned}\frac{\partial f}{\partial x_1} &= \lim_{h \to 0} \frac{f(x_1 + h, x_2, \cdots, x_n) - f(\boldsymbol{x})}{h} \\ &\vdots \\ \frac{\partial f}{\partial x_n} &= \lim_{h \to 0} \frac{f(x_1, \cdots, x_{n-1}, x_n + h) - f(\boldsymbol{x})}{h}\end{aligned} \tag{5.39}$$

将它们用行向量表示如下:

$$\nabla_{\boldsymbol{x}} f = \mathrm{grad} f = \frac{\mathrm{d}f}{\mathrm{d}\boldsymbol{x}} = \begin{bmatrix} \dfrac{\partial f(\boldsymbol{x})}{\partial x_1} & \dfrac{\partial f(\boldsymbol{x})}{\partial x_2} & \cdots & \dfrac{\partial f(\boldsymbol{x})}{\partial x_n} \end{bmatrix} \in \mathbb{R}^{1 \times n}\,, \tag{5.40}$$

其中 n 表示变量数, 1 表示 f 的象/值域/上域的维度. 此处, 我们定义列向量 $\boldsymbol{x} = [x_1, \cdots, x_n]^\top \in \mathbb{R}^n$. 式 (5.40) 中的行向量称为 f 的梯度或雅可比行列式, 它是 5.1 节中导数的推广.

评注 此处定义的雅可比行列式是向量值函数中雅可比行列式的一种特殊情形, 它表示偏导数[㊀]的集合. 我们将在 5.3 节中介绍相关内容.

例 5.6 (链式法则下的偏导数) 对于 $f(x, y) = (x + 2y^3)^2$, 可以得到偏导数

$$\frac{\partial f(x,y)}{\partial x} = 2(x + 2y^3)\frac{\partial}{\partial x}(x + 2y^3) = 2(x + 2y^3)\,, \tag{5.41}$$

$$\frac{\partial f(x,y)}{\partial y} = 2(x + 2y^3)\frac{\partial}{\partial y}(x + 2y^3) = 12(x + 2y^3)y^2\,. \tag{5.42}$$

其中在计算偏导数时使用了链式法则 (5.32).

㊀ 我们可以使用标量微分中的结论: 每个偏导数是关于一个标量的导数.

评注(把梯度视作行向量)　在文献中把梯度向量视作一个列向量是十分常见的, 因为按照惯例, 向量通常是列向量. 此处, 我们将梯度向量视作行向量有两点理由: 首先, 我们能一致地将梯度推广到向量值函数 $f: \mathbb{R}^n \to \mathbb{R}^m$(梯度随之将转为矩阵); 其次, 在无须关注梯度维数时, 能立即用多元链式法则进行计算. 我们将在 5.3 节中讨论这两点.

例 5.7(梯度)　$f(x_1, x_2) = x_1^2 x_2 + x_1 x_2^3 \in \mathbb{R}$, 其偏导数 (即 f 关于 x_1 和 x_2 的偏导数) 是

$$\frac{\partial f(x_1, x_2)}{\partial x_1} = 2x_1 x_2 + x_2^3 \tag{5.43}$$

$$\frac{\partial f(x_1, x_2)}{\partial x_2} = x_1^2 + 3x_1 x_2^2 \tag{5.44}$$

则其梯度为

$$\frac{\mathrm{d}f}{\mathrm{d}\boldsymbol{x}} = \begin{bmatrix} \dfrac{\partial f(x_1, x_2)}{\partial x_1} & \dfrac{\partial f(x_1, x_2)}{\partial x_2} \end{bmatrix} = \begin{bmatrix} 2x_1 x_2 + x_2^3 & x_1^2 + 3x_1 x_2^2 \end{bmatrix} \in \mathbb{R}^{1\times 2}. \tag{5.45}$$

5.2.1　偏微分的基本法则

在多元的情形 ($\boldsymbol{x} \in \mathbb{R}^n$) 下, 我们在学校里学到的基本微分法则 (例如, 加法法则、乘法法则、链式法则, 见 5.1.2 节) 仍然适用. 然而在计算关于 $\boldsymbol{x} \in \mathbb{R}^n$ 的导数时, 需要注意的是, 当前计算的梯度包含向量和矩阵, 而矩阵乘法不满足交换性 (2.2.1 节), 以及一些其他问题.

此处给出通常的乘法法则、加法法则和链式法则[㊀]:

$$\text{乘法法则:}\quad \frac{\partial}{\partial \boldsymbol{x}}\big(f(\boldsymbol{x})g(\boldsymbol{x})\big) = \frac{\partial f}{\partial \boldsymbol{x}} g(\boldsymbol{x}) + f(\boldsymbol{x}) \frac{\partial g}{\partial \boldsymbol{x}} \tag{5.46}$$

$$\text{加法法则:}\quad \frac{\partial}{\partial \boldsymbol{x}}\big(f(\boldsymbol{x}) + g(\boldsymbol{x})\big) = \frac{\partial f}{\partial \boldsymbol{x}} + \frac{\partial g}{\partial \boldsymbol{x}} \tag{5.47}$$

$$\text{链式法则:}\quad \frac{\partial}{\partial \boldsymbol{x}}(g \circ f)(\boldsymbol{x}) = \frac{\partial}{\partial \boldsymbol{x}}\big(g(f(\boldsymbol{x}))\big) = \frac{\partial g}{\partial f} \frac{\partial f}{\partial \boldsymbol{x}} \tag{5.48}$$

我们仔细观察一下链式法则. 链式法则 (式 (5.48)) 在某种程度上与矩阵乘法规则类似, 因为矩阵乘法只有在相邻维度匹配时才有定义, 见 2.2.1 节. 若从左到右来看, 链式法则展现出相似的性质[㊁]: ∂f 出现在第一个因子的“分母”和第二个因子的“分子”中. 如果我们把这些因子相乘, 就定义了乘法, ∂f 的维数相匹配, 就“消去”∂f, 而留下 $\partial g/\partial \boldsymbol{x}$.

㊀ 乘法法则:$(fg)' = f'g + fg'$. 加法法则:$(f+g)' = f' + g'$. 链式法则: $(g(f))' = g'(f)f'$.

㊁ 由于偏导数不是一个分数, 因此这只是一种猜想, 并不是绝对正确的.

5.2.2 链式法则

考虑有两个变量 x_1, x_2 的函数 $f: \mathbb{R}^2 \to \mathbb{R}$. 此外 $x_1(t)$ 和 $x_2(t)$ 自身是关于 t 的函数. 为了计算 f 关于 t 的梯度, 我们需要对多元函数应用链式法则 (5.48):

$$\frac{\mathrm{d}f}{\mathrm{d}t} = \begin{bmatrix} \frac{\partial f}{\partial x_1} & \frac{\partial f}{\partial x_2} \end{bmatrix} \begin{bmatrix} \frac{\partial x_1(t)}{\partial t} \\ \frac{\partial x_2(t)}{\partial t} \end{bmatrix} = \frac{\partial f}{\partial x_1}\frac{\partial x_1}{\partial t} + \frac{\partial f}{\partial x_2}\frac{\partial x_2}{\partial t}, \tag{5.49}$$

其中 d 代表梯度, ∂ 代表偏导.

例 5.8 考虑 $f(x_1, x_2) = x_1^2 + 2x_2$, 其中 $x_1 = \sin t$, $x_2 = \cos t$, 则

$$\frac{\mathrm{d}f}{\mathrm{d}t} = \frac{\partial f}{\partial x_1}\frac{\partial x_1}{\partial t} + \frac{\partial f}{\partial x_2}\frac{\partial x_2}{\partial t} \tag{5.50a}$$

$$= 2\sin t\frac{\partial \sin t}{\partial t} + 2\frac{\partial \cos t}{\partial t} \tag{5.50b}$$

$$= 2\sin t\cos t - 2\sin t = 2\sin t(\cos t - 1) \tag{5.50c}$$

是 f 关于 t 对应的导数.

若 $f(x_1, x_2)$ 是 x_1 和 x_2 的函数, 其中 $x_1(s,t)$ 和 $x_2(s,t)$ 自身是关于变量 s 和 t 的函数, 由链式法则得出偏导数

$$\frac{\partial f}{\partial s} = \frac{\partial f}{\partial x_1}\frac{\partial x_1}{\partial s} + \frac{\partial f}{\partial x_2}\frac{\partial x_2}{\partial s}, \tag{5.51}$$

$$\frac{\partial f}{\partial t} = \frac{\partial f}{\partial x_1}\frac{\partial x_1}{\partial t} + \frac{\partial f}{\partial x_2}\frac{\partial x_2}{\partial t}, \tag{5.52}$$

通过矩阵乘法可得出梯度

$$\frac{\mathrm{d}f}{\mathrm{d}(s,t)} = \frac{\partial f}{\partial \boldsymbol{x}}\frac{\partial \boldsymbol{x}}{\partial(s,t)} = \underbrace{\begin{bmatrix} \frac{\partial f}{\partial x_1} & \frac{\partial f}{\partial x_2} \end{bmatrix}}_{=\frac{\partial f}{\partial \boldsymbol{x}}} \underbrace{\begin{bmatrix} \frac{\partial x_1}{\partial s} & \frac{\partial x_1}{\partial t} \\ \frac{\partial x_2}{\partial s} & \frac{\partial x_2}{\partial t} \end{bmatrix}}_{=\frac{\partial \boldsymbol{x}}{\partial(s,t)}}. \tag{5.53}$$

当且仅当将梯度视作行向量时, 可将链式法则用矩阵乘积的简洁形式表示. 否则, 我们需要转置梯度, 使得矩阵维数相匹配. 只要梯度是向量或矩阵, 这仍然是简单的. 然而当梯度变成一个张量时 (我们将在后续进行讨论), 转置将不再是微不足道的操作了.

评注(验证梯度实现的正确性)　在通过计算机程序用数字检查梯度准确性时, 可以利用偏导数的定义即相应差商的极限 (见式 (5.39)): 当我们计算并利用梯度时, 可以使用有限差分来对我们的计算和实现进行数值型测试: 选取很小的 h(如 $h=10^{-4}$), 并将式 (5.39) 中的有限差分近似值与 (解析的) 梯度实现相比较. 若误差很小, 则我们的梯度实现是近似正确的. "小"表示 $\sqrt{\frac{\sum_i(\mathrm{d}h_i-\mathrm{d}f_i)^2}{\sum_i(\mathrm{d}h_i+\mathrm{d}f_i)^2}}<10^{-6}$, 其中 $\mathrm{d}h_i$ 是有限差分近似, 而 $\mathrm{d}f_i$ 是 f 关于第 i 个变量 x_i 的解析梯度.

5.3　向量值函数的梯度

至此, 我们讨论了映射到实数的函数 $f:\mathbb{R}^n\to\mathbb{R}$ 的偏导数和梯度. 接下来, 我们将把梯度的概念推广到向量值函数 (向量域)$\boldsymbol{f}:\mathbb{R}^n\to\mathbb{R}^m$, 其中 $n\geqslant 1$ 且 $m>1$. 对于函数 $\boldsymbol{f}:\mathbb{R}^n\to\mathbb{R}^m$ 和向量 $\boldsymbol{x}=[x_1,\cdots,x_n]^\top\in\mathbb{R}^n$, 函数值对应的向量可写为

$$\boldsymbol{f}(\boldsymbol{x})=\begin{bmatrix}f_1(\boldsymbol{x})\\ \vdots\\ f_m(\boldsymbol{x})\end{bmatrix}\in\mathbb{R}^m. \tag{5.54}$$

用这种方式表示向量值函数可以让我们把向量值函数 $\boldsymbol{f}:\mathbb{R}^n\to\mathbb{R}^m$ 看作函数构成的向量 $[f_1,\cdots,f_m]^\top$, 其中 $f_i:\mathbb{R}^n\to\mathbb{R}$ 是映射到 $\mathbb{R}$ 上的函数. 每个 f_i 的微分法则正是我们在 5.2 节中所讨论的. 因此, 向量值函数 $\boldsymbol{f}:\mathbb{R}^n\to\mathbb{R}^m$ 关于 $x_i\in\mathbb{R}(i=1,\cdots,n)$ 的偏导数为

$$\frac{\partial\boldsymbol{f}}{\partial x_i}=\begin{bmatrix}\frac{\partial f_1}{\partial x_i}\\ \vdots\\ \frac{\partial f_m}{\partial x_i}\end{bmatrix}=\begin{bmatrix}\lim_{h\to 0}\dfrac{f_1(x_1,\cdots,x_{i-1},x_i+h,x_{i+1},\cdots,x_n)-f_1(\boldsymbol{x})}{h}\\ \vdots\\ \lim_{h\to 0}\dfrac{f_m(x_1,\cdots,x_{i-1},x_i+h,x_{i+1},\cdots,x_n)-f_m(\boldsymbol{x})}{h}\end{bmatrix}\in\mathbb{R}^m. \tag{5.55}$$

由式 (5.40) 可知, $\boldsymbol{f}$ 关于一个向量的梯度是偏导数构成的列向量. 在式 (5.55) 中, 每个偏导数 $\partial\boldsymbol{f}/\partial x_i$ 自身是一个列向量. 因此, 可以通过将这些偏导数集合起来, 得到 $\boldsymbol{f}:\mathbb{R}^n\to\mathbb{R}^m$ 关于 $\boldsymbol{x}\in\mathbb{R}^n$ 的梯度:

$$\frac{\mathrm{d}\boldsymbol{f}(\boldsymbol{x})}{\mathrm{d}\boldsymbol{x}}=\left[\boxed{\frac{\partial\boldsymbol{f}(\boldsymbol{x})}{\partial x_1}}\cdots\boxed{\frac{\partial\boldsymbol{f}(\boldsymbol{x})}{\partial x_n}}\right] \tag{5.56a}$$

$$
= \left[\boxed{\begin{matrix} \frac{\partial f_1(\boldsymbol{x})}{\partial x_1} \\ \vdots \\ \frac{\partial f_m(\boldsymbol{x})}{\partial x_1} \end{matrix}} \begin{matrix} \cdots \\ \\ \cdots \end{matrix} \boxed{\begin{matrix} \frac{\partial f_1(\boldsymbol{x})}{\partial x_n} \\ \vdots \\ \frac{\partial f_m(\boldsymbol{x})}{\partial x_n} \end{matrix}} \right] \in \mathbb{R}^{m \times n}. \tag{5.56b}
$$

定义 5.6 (雅可比矩阵) 向量值函数 $\boldsymbol{f}: \mathbb{R}^n \to \mathbb{R}^m$ 所有一阶偏导数汇集在一起称为雅可比矩阵. 雅可比矩阵 $\boldsymbol{J}$ 是一个 $m \times n$ 矩阵, 它的定义和排列方式如下:

$$
\boldsymbol{J} = \nabla_{\boldsymbol{x}} \boldsymbol{f} = \frac{\mathrm{d}\boldsymbol{f}(\boldsymbol{x})}{\mathrm{d}\boldsymbol{x}} = \begin{bmatrix} \frac{\partial \boldsymbol{f}(\boldsymbol{x})}{\partial x_1} & \cdots & \frac{\partial \boldsymbol{f}(\boldsymbol{x})}{\partial x_n} \end{bmatrix} \tag{5.57}
$$

$$
= \begin{bmatrix} \frac{\partial f_1(\boldsymbol{x})}{\partial x_1} & \cdots & \frac{\partial f_1(\boldsymbol{x})}{\partial x_n} \\ \vdots & & \vdots \\ \frac{\partial f_m(\boldsymbol{x})}{\partial x_1} & \cdots & \frac{\partial f_m(\boldsymbol{x})}{\partial x_n} \end{bmatrix}, \tag{5.58}
$$

$$
\boldsymbol{x} = \begin{bmatrix} x_1 \\ \vdots \\ x_n \end{bmatrix}, \quad J(i,j) = \frac{\partial f_i}{\partial x_j}. \tag{5.59}
$$

作为式 (5.58) 的一种特殊情况, 把向量 $\boldsymbol{x} \in \mathbb{R}^n$ 映射到标量上的函数 $f: \mathbb{R}^n \to \mathbb{R}^1$(如 $f(\boldsymbol{x}) = \sum_{i=1}^n x_i$), 它的雅可比矩阵是一个列向量 (矩阵的维数为 $1 \times n$), 见式 (5.40).

评注 在本书中, 我们使用导数的分子布局, 即 $\boldsymbol{f} \in \mathbb{R}^m$ 关于 $\boldsymbol{x} \in \mathbb{R}^n$ 的导数 $\mathrm{d}\boldsymbol{f}/\mathrm{d}\boldsymbol{x}$ 是一个 $m \times n$ 矩阵, 其中 $\boldsymbol{f}$ 的元素表示对应雅可比矩阵中的行, $\boldsymbol{x}$ 的元素表示它的列, 见式 (5.58). 同时分母布局也是存在的, 它是分子布局的转置. 在本书中, 我们将使用分子布局.

在 6.7 节中, 我们将介绍如何在概率分布的变量变换法中使用雅可比矩阵. 行列式提供了由变量变换引起的缩放因子.

在 4.1 节中, 我们学到行列式可以用于计算平行四边形的面积. 如果将给定的两个向量 $\boldsymbol{b}_1 = [1,0]^\top$ 和 $\boldsymbol{b}_2 = [0,1]^\top$ 作为单位正方形的边 (见图 5.5), 那么这个正方形的面积是

$$
\left| \det \left(\begin{bmatrix} 1 & 0 \\ 0 & 1 \end{bmatrix} \right) \right| = 1 . \tag{5.60}
$$

若考虑边为 $\boldsymbol{c}_1 = [-2,1]^\top$ 和 $\boldsymbol{c}_2 = [1,1]^\top$ 的平行四边形 (见图 5.5), 则它的面积可由行列式

的绝对值给出 (见 4.1 节):

$$\left|\det\left(\begin{bmatrix}-2 & 1\\ 1 & 1\end{bmatrix}\right)\right| = |-3| = 3\,, \tag{5.61}$$

即它的面积恰好是单位正方形的 3 倍. 我们可以通过找出一个将单位正方形转换为其他正方形的映射, 来求出缩放因子. 在线性代数中, 我们能有效地进行从 $(\boldsymbol{b}_1,\boldsymbol{b}_2)$ 到 $(\boldsymbol{c}_1,\boldsymbol{c}_2)$ 的变量变换. 在我们的例子中, 该映射是线性的, 且该映射行列式的绝对值即为所求的缩放因子.

我们将描述两种思考该映射的方法. 第一种方法, 该映射为线性映射时, 我们可以使用第 2 章中的方法来思考. 第二种方法, 我们可以用本章中讨论的偏导数来思考.

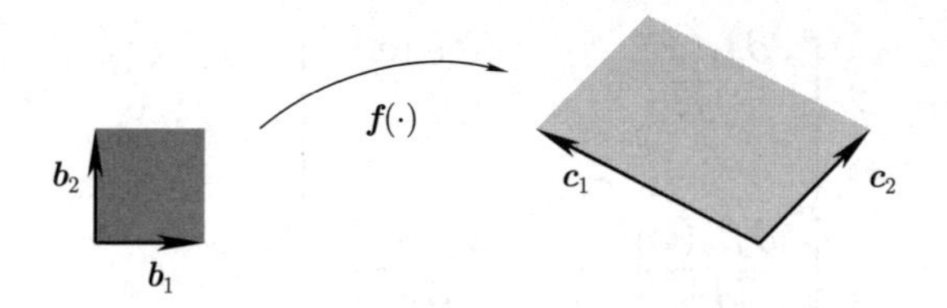

图 5.5 $\boldsymbol{f}$ 的雅可比矩阵的行列式可以用于计算深灰色区域和浅灰色区域间的放大效果

方法 1 先介绍线性代数方法, 我们将 $\{\boldsymbol{b}_1,\boldsymbol{b}_2\}$ 和 $\{\boldsymbol{c}_1,\boldsymbol{c}_2\}$ 视作 $\mathbb{R}^2$ 的基 (见 2.6.1 节). 有效的方法是将基 $(\boldsymbol{b}_1,\boldsymbol{b}_2)$ 转化为 $(\boldsymbol{c}_1,\boldsymbol{c}_2)$, 且需要求出该基变换的变换矩阵. 利用 2.7.2 节的结论, 可以得到所求基变换矩阵为

$$\boldsymbol{J} = \begin{bmatrix}-2 & 1\\ 1 & 1\end{bmatrix}, \tag{5.62}$$

它满足 $\boldsymbol{J}\boldsymbol{b}_1 = \boldsymbol{c}_1$ 和 $\boldsymbol{J}\boldsymbol{b}_2 = \boldsymbol{c}_2$. $\boldsymbol{J}$ 的行列式 (所求的缩放因子) 的绝对值为 $|\det(\boldsymbol{J})| = 3$, 即 $(\boldsymbol{c}_1,\boldsymbol{c}_2)$ 所占的区域是 $(\boldsymbol{b}_1,\boldsymbol{b}_2)$ 所占区域的 3 倍.

方法 2 线性代数方法只能用于线性变换, 而对于非线性变换 (见 6.7 节), 我们使用偏导数这种更一般的方法.

对于这种方法, 考虑用函数 $\boldsymbol{f}:\mathbb{R}^2\to\mathbb{R}^2$ 表示变量变换. 在我们的例子中, $\boldsymbol{f}$ 将 $\boldsymbol{x}\in\mathbb{R}^2$ 以 $(\boldsymbol{b}_1,\boldsymbol{b}_2)$ 为底的坐标表示映射到 $\boldsymbol{y}\in\mathbb{R}^2$ 以 $(\boldsymbol{c}_1,\boldsymbol{c}_2)$ 为底的坐标表示上. 我们想要确定映射, 以便于计算在 $\boldsymbol{f}$ 变换的作用下区域 (空间) 发生了怎样的变化. 为此, 需要求出对 $\boldsymbol{x}$ 进行一点变动时, $\boldsymbol{f}(\boldsymbol{x})$ 会如何变化. 这个问题刚好能用雅可比矩阵 $\frac{\mathrm{d}\boldsymbol{f}}{\mathrm{d}\boldsymbol{x}}\in\mathbb{R}^{2\times 2}$ 来回答. 由于可以记

$$y_1 = -2x_1 + x_2 \tag{5.63}$$

$$y_2 = x_1 + x_2 \tag{5.64}$$

可以得到 $\boldsymbol{x}$ 和 $\boldsymbol{y}$ 之间的函数关系, 由此可得偏导数

$$\frac{\partial y_1}{\partial x_1} = -2\,, \quad \frac{\partial y_1}{\partial x_2} = 1\,, \quad \frac{\partial y_2}{\partial x_1} = 1\,, \quad \frac{\partial y_2}{\partial x_2} = 1 \tag{5.65}$$

组合可得雅可比矩阵

$$\boldsymbol{J} = \begin{bmatrix} \frac{\partial y_1}{\partial x_1} & \frac{\partial y_1}{\partial x_2} \\ \frac{\partial y_2}{\partial x_1} & \frac{\partial y_2}{\partial x_2} \end{bmatrix} = \begin{bmatrix} -2 & 1 \\ 1 & 1 \end{bmatrix}. \tag{5.66}$$

雅可比矩阵表示了我们所求的坐标变换. 若坐标变换是线性的 (在我们的例子中), 则它是确定的, 且式 (5.66) 准确还原出了式 (5.62) 中的基变换矩阵. 若坐标变换是非线性的, 则雅可比矩阵能够通过一个线性变换来局部近似它. 雅可比行列式的绝对值 $|\det(\boldsymbol{J})|$ 是坐标变换时区域或空间的缩放因子. 在我们的例子中, 可以得到 $|\det(\boldsymbol{J})| = 3$. 当我们在 6.7 节中对随机变量和概率分布进行变换时, 雅可比行列式将与变量变换密切相关. 这些变换在使用再参数化方法 (也称无限扰动分析) 训练深度神经网络的机器学习环境中相关度极高.

在本节中, 我们学习了函数的导数. 图 5.6 总结了这些导数的维度. 若 $f : \mathbb{R} \to \mathbb{R}$, 则梯度是一个简单的标量 (左上). 若 $f : \mathbb{R}^D \to \mathbb{R}$, 则梯度是 $1 \times D$ 的行向量 (右上). 若 $\boldsymbol{f} : \mathbb{R} \to \mathbb{R}^E$, 则梯度是 $E \times 1$ 的列向量. 若 $\boldsymbol{f} : \mathbb{R}^D \to \mathbb{R}^E$, 则梯度是 $E \times D$ 矩阵.

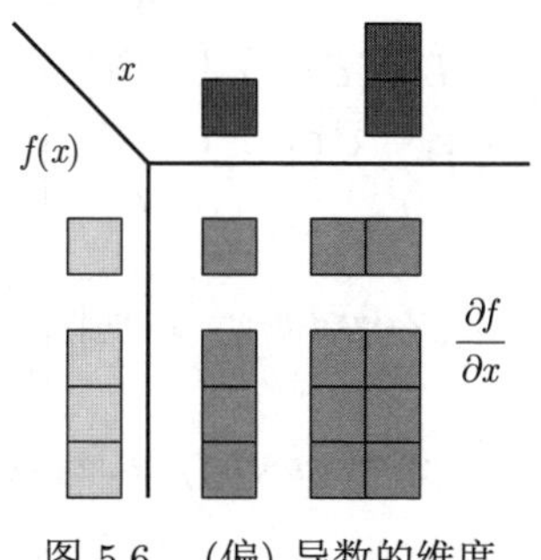

图 5.6 (偏) 导数的维度

例 5.9 (向量值函数的梯度) 给定

$$\boldsymbol{f}(\boldsymbol{x}) = \boldsymbol{A}\boldsymbol{x}\,, \qquad \boldsymbol{f}(\boldsymbol{x}) \in \mathbb{R}^M, \quad \boldsymbol{A} \in \mathbb{R}^{M \times N}, \quad \boldsymbol{x} \in \mathbb{R}^N.$$

为了计算梯度 $\mathrm{d}\boldsymbol{f}/\mathrm{d}\boldsymbol{x}$, 首先确定 $\mathrm{d}\boldsymbol{f}/\mathrm{d}\boldsymbol{x}$ 的维数: 因为 $\boldsymbol{f} : \mathbb{R}^N \to \mathbb{R}^M$, 所以 $\mathrm{d}\boldsymbol{f}/\mathrm{d}\boldsymbol{x} \in \mathbb{R}^{M \times N}$. 其次, 为计算梯度, 我们需要求出 f 关于每个 x_j 的偏导数:

$$f_i(\boldsymbol{x}) = \sum_{j=1}^{N} A_{ij} x_j \implies \frac{\partial f_i}{\partial x_j} = A_{ij}. \tag{5.67}$$

将这些偏导数集中起来用雅可比矩阵表示, 从而得到梯度

$$\frac{\mathrm{d}\boldsymbol{f}}{\mathrm{d}\boldsymbol{x}}=\begin{bmatrix}\frac{\partial f_1}{\partial x_1} & \cdots & \frac{\partial f_1}{\partial x_N}\\ \vdots & & \vdots\\ \frac{\partial f_M}{\partial x_1} & \cdots & \frac{\partial f_M}{\partial x_N}\end{bmatrix}=\begin{bmatrix}A_{11} & \cdots & A_{1N}\\ \vdots & & \vdots\\ A_{M1} & \cdots & A_{MN}\end{bmatrix}=\boldsymbol{A}\in\mathbb{R}^{M\times N}. \tag{5.68}$$

例 5.10 (链式法则) 考虑函数 $h:\mathbb{R}\to\mathbb{R}$, $h(t)=(f\circ g)(t)$ 且

$$f:\mathbb{R}^2\to\mathbb{R} \tag{5.69}$$

$$g:\mathbb{R}\to\mathbb{R}^2 \tag{5.70}$$

$$f(\boldsymbol{x})=\exp(x_1x_2^2), \tag{5.71}$$

$$\boldsymbol{x}=\begin{bmatrix}x_1\\ x_2\end{bmatrix}=g(t)=\begin{bmatrix}t\cos t\\ t\sin t\end{bmatrix} \tag{5.72}$$

计算 h 关于 t 的梯度. 因为 $f:\mathbb{R}^2\to\mathbb{R}$ 且 $g:\mathbb{R}\to\mathbb{R}^2$, 所以可得

$$\frac{\partial f}{\partial \boldsymbol{x}}\in\mathbb{R}^{1\times 2},\quad \frac{\partial g}{\partial t}\in\mathbb{R}^{2\times 1}. \tag{5.73}$$

应用链式法则可求出梯度:

$$\frac{\mathrm{d}h}{\mathrm{d}t}=\frac{\partial f}{\partial \boldsymbol{x}}\frac{\partial x}{\partial t}=\begin{bmatrix}\frac{\partial f}{\partial x_1} & \frac{\partial f}{\partial x_2}\end{bmatrix}\begin{bmatrix}\frac{\partial x_1}{\partial t}\\ \frac{\partial x_2}{\partial t}\end{bmatrix} \tag{5.74a}$$

$$=\begin{bmatrix}\exp(x_1x_2^2)x_2^2 & 2\exp(x_1x_2^2)x_1x_2\end{bmatrix}\begin{bmatrix}\cos t-t\sin t\\ \sin t+t\cos t\end{bmatrix} \tag{5.74b}$$

$$=\exp(x_1x_2^2)\big(x_2^2(\cos t-t\sin t)+2x_1x_2(\sin t+t\cos t)\big), \tag{5.74c}$$

其中 $x_1=t\cos t$ 且 $x_2=t\sin t$, 见式 (5.72).

例 5.11 (线性模型中最小二乘损失的梯度) 考虑线性模型[⊖]

$$\boldsymbol{y}=\boldsymbol{\Phi\theta}, \tag{5.75}$$

其中 $\boldsymbol{\theta}\in\mathbb{R}^D$ 是一个参数向量, $\boldsymbol{\Phi}\in\mathbb{R}^{N\times D}$ 是输入特征, $\boldsymbol{y}\in\mathbb{R}^N$ 是对应的观测值. 我们定义函数

$$L(\boldsymbol{e}):=\|\boldsymbol{e}\|^2, \tag{5.76}$$

⊖ 我们将在第 9 章中线性回归的背景下, 对该模型进行更深入的探讨, 需求出最小二乘损失 L 关于参数 $\boldsymbol{\theta}$ 的导数.

$$e(\boldsymbol{\theta}) := \boldsymbol{y} - \boldsymbol{\Phi}\boldsymbol{\theta}\,. \tag{5.77}$$

我们将使用链式法则来求出 $\frac{\partial L}{\partial \boldsymbol{\theta}}$. L 称为最小二乘损失函数.

在开始计算之前, 需要确定梯度的维度

$$\frac{\partial L}{\partial \boldsymbol{\theta}} \in \mathbb{R}^{1\times D}\,. \tag{5.78}$$

通过链式法则可求出梯度

$$\frac{\partial L}{\partial \boldsymbol{\theta}} = \frac{\partial L}{\partial \boldsymbol{e}}\frac{\partial \boldsymbol{e}}{\partial \boldsymbol{\theta}}\,, \tag{5.79}$$

其中第 d 个元素为

$$\frac{\partial L}{\partial \boldsymbol{\theta}}[1,d] = \sum_{n=1}^{N} \frac{\partial L}{\partial \boldsymbol{e}}[n]\frac{\partial \boldsymbol{e}}{\partial \boldsymbol{\theta}}[n,d]\,. \tag{5.80}$$

```
dLdtheta = np.einsum( 'n,nd', dLde,dedtheta)
```

我们知道 $\|\boldsymbol{e}\|^2 = \boldsymbol{e}^\top \boldsymbol{e}$(见 3.2 节), 由此

$$\frac{\partial L}{\partial \boldsymbol{e}} = 2\boldsymbol{e}^\top \in \mathbb{R}^{1\times N}\,. \tag{5.81}$$

因此, 有

$$\frac{\partial \boldsymbol{e}}{\partial \boldsymbol{\theta}} = -\boldsymbol{\Phi} \in \mathbb{R}^{N\times D}\,, \tag{5.82}$$

所以所求的导数为

$$\frac{\partial L}{\partial \boldsymbol{\theta}} = -2\boldsymbol{e}^\top\boldsymbol{\Phi} \overset{(5.77)}{=} -\underbrace{2(\boldsymbol{y}^\top - \boldsymbol{\theta}^\top\boldsymbol{\Phi}^\top)}_{1\times N}\underbrace{\boldsymbol{\Phi}}_{N\times D} \in \mathbb{R}^{1\times D}\,. \tag{5.83}$$

评注 不使用链式法则, 仅观察下列函数也可以得到相同的结果:

$$L_2(\boldsymbol{\theta}) := \|\boldsymbol{y} - \boldsymbol{\Phi}\boldsymbol{\theta}\|^2 = (\boldsymbol{y} - \boldsymbol{\Phi}\boldsymbol{\theta})^\top(\boldsymbol{y} - \boldsymbol{\Phi}\boldsymbol{\theta})\,. \tag{5.84}$$

此方法适用于像 L_2 这样的简单函数, 但不适用于复合深层函数.

5.4 矩阵梯度

我们将遇到计算矩阵关于向量 (或其他矩阵) 的梯度这种情形, 即得到一个多维张量. 我们可以将这个张量视为包含所有偏导数的多维向量. 例如, 若我们要计算一个 $m\times n$ 矩阵 $\boldsymbol{A}$ 关于 $p\times q$ 矩阵 $\boldsymbol{B}$ 的梯度, 所得的雅可比矩阵将为 $(m\times n)\times(p\times q)$, 即一个四维张量 $\boldsymbol{J}$, 它的元素可表示为 $J_{ijkl}=\partial A_{ij}/\partial B_{kl}$. 由于矩阵表示线性映射, 我们可以利用这一事实: 在 $m\times n$ 矩阵构成的空间 $\mathbb{R}^{m\times n}$ 和 mn 维向量构成的空间 $\mathbb{R}^{mn}$ 之间存在一个向量空间同构 (可逆的线性映射). 因此, 我们可以将矩阵重构为 mn 和 pq 维的向量. 通过这些 mn 维的向量, 可以得到大小为 $mn\times pq$ 的雅可比矩阵. 图 5.7 展示了这两种方法.

在实际应用中, 通常需要将矩阵重构为向量[㊀], 并继续对雅可比矩阵进行计算: 链式法则 (5.48) 可归结为简单的矩阵乘法, 而在雅可比张量的情况下, 我们需要多加注意所求的维数.

例 5.12 (矩阵关于向量的梯度) 让我们考虑下述例子, 其中

$$\boldsymbol{f}=\boldsymbol{A}\boldsymbol{x}\,,\quad \boldsymbol{f}\in\mathbb{R}^{M},\quad \boldsymbol{A}\in\mathbb{R}^{M\times N},\quad \boldsymbol{x}\in\mathbb{R}^{N} \tag{5.85}$$

需要求出梯度 $\mathrm{d}\boldsymbol{f}/\mathrm{d}\boldsymbol{A}$. 首先确定梯度的维度为

$$\frac{\mathrm{d}\boldsymbol{f}}{\mathrm{d}\boldsymbol{A}}\in\mathbb{R}^{M\times(M\times N)}\,. \tag{5.86}$$

根据定义, 梯度是偏导数的集合:

$$\frac{\mathrm{d}\boldsymbol{f}}{\mathrm{d}\boldsymbol{A}}=\begin{bmatrix}\dfrac{\partial f_1}{\partial\boldsymbol{A}}\\ \vdots\\ \dfrac{\partial f_M}{\partial\boldsymbol{A}}\end{bmatrix},\quad \frac{\partial f_i}{\partial\boldsymbol{A}}\in\mathbb{R}^{1\times(M\times N)}\,. \tag{5.87}$$

显式地写出矩阵和向量的乘法运算将有助于偏导数的计算:

$$f_i=\sum_{j=1}^{N}A_{ij}x_j,\quad i=1,\cdots,M\,, \tag{5.88}$$

求得偏导数为

$$\frac{\partial f_i}{\partial A_{iq}}=x_q\,. \tag{5.89}$$

㊀ 矩阵可以通过堆叠矩阵的列来转化为向量 (“扁平化”).

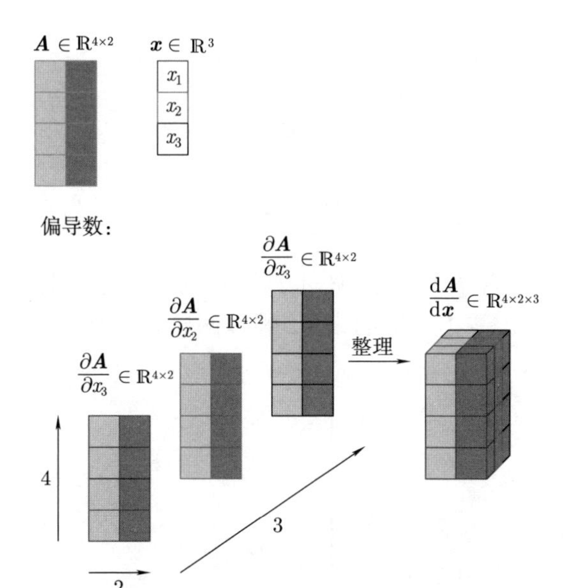

a) 方法1: 计算偏导数$\frac{\partial \boldsymbol{A}}{\partial x_1}, \frac{\partial \boldsymbol{A}}{\partial x_2}, \frac{\partial \boldsymbol{A}}{\partial x_3}$, 它们都是4×2矩阵, 将它们组合成4×2×3的张量

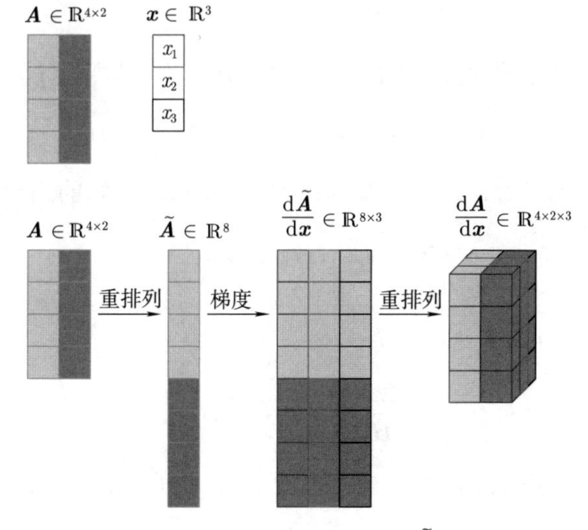

b) 方法2: 将$\boldsymbol{A} \in \mathbb{R}^{4\times2}$扁平化为向量$\tilde{\boldsymbol{A}} \in \mathbb{R}^{8}$. 计算梯度$\frac{\mathrm{d}\tilde{\boldsymbol{A}}}{\mathrm{d}\boldsymbol{x}} \in \mathbb{R}^{8\times3}$. 重排列梯度为梯度张量

图 5.7 矩阵关于向量的梯度计算的可视化表示. 我们想要计算 $\boldsymbol{A} \in \mathbb{R}^{4\times2}$ 关于向量 $\boldsymbol{x} \in \mathbb{R}^3$ 的梯度. 已知梯度 $\frac{\mathrm{d}\boldsymbol{A}}{\mathrm{d}\boldsymbol{x}} \in \mathbb{R}^{4\times2\times3}$. 我们可以通过两种等价的方法来求出答案: 将偏导数整理成一个雅可比张量; 将矩阵扁平化为向量, 计算雅可比矩阵, 再重构出雅可比张量

由此可求出 f_i 关于 $\boldsymbol{A}$ 中一行的偏导数, 即

$$\frac{\partial f_i}{\partial A_{i,:}} = \boldsymbol{x}^\top \in \mathbb{R}^{1\times1\times N}, \tag{5.90}$$

$$\frac{\partial f_i}{\partial A_{k\neq i,:}} = \boldsymbol{0}^\top \in \mathbb{R}^{1\times1\times N} \tag{5.91}$$

此处需要注意正确的维数. 因为 f_i 映射到 $\mathbb{R}$ 上, 且 $\boldsymbol{A}$ 的每一行大小均为 $1\times N$, 所以可得 f_i 关于 $\boldsymbol{A}$ 中一行的偏导数为 $1\times1\times N$ 的张量. 整理偏导数式 (5.91) 得到式 (5.87) 中所求的梯度如下:

$$\frac{\partial f_i}{\partial \boldsymbol{A}} = \begin{bmatrix} \boldsymbol{0}^\top \\ \vdots \\ \boldsymbol{0}^\top \\ \boldsymbol{x}^\top \\ \boldsymbol{0}^\top \\ \vdots \\ \boldsymbol{0}^\top \end{bmatrix} \in \mathbb{R}^{1\times(M\times N)}. \tag{5.92}$$

例 5.13 (矩阵关于矩阵的梯度) 考虑矩阵 $\boldsymbol{R}\in\mathbb{R}^{M\times N}$ 和映射 $\boldsymbol{f}:\mathbb{R}^{M\times N}\to\mathbb{R}^{N\times N}$,

$$\boldsymbol{f}(\boldsymbol{R}) = \boldsymbol{R}^\top\boldsymbol{R} =: \boldsymbol{K}\in\mathbb{R}^{N\times N}, \tag{5.93}$$

需要求出梯度 $\mathrm{d}\boldsymbol{K}/\mathrm{d}\boldsymbol{R}$. 为了解决这个困难的问题, 首先写出已知的: 梯度的维数为

$$\frac{\mathrm{d}\boldsymbol{K}}{\mathrm{d}\boldsymbol{R}} \in \mathbb{R}^{(N\times N)\times(M\times N)}, \tag{5.94}$$

它是一个张量. 此外, 对于 $p,q=1,\cdots,N$,

$$\frac{\mathrm{d}K_{pq}}{\mathrm{d}\boldsymbol{R}} \in \mathbb{R}^{1\times M\times N}, \tag{5.95}$$

其中 K_{pq} 是 $\boldsymbol{K}=\boldsymbol{f}(\boldsymbol{R})$ 的第 (p,q) 个元素. 记 $\boldsymbol{R}$ 的第 i 列为 $\boldsymbol{r}_i$, $\boldsymbol{K}$ 的每个元素由 $\boldsymbol{R}$ 的两个列向量点乘得出, 即

$$K_{pq} = \boldsymbol{r}_p^\top\boldsymbol{r}_q = \sum_{m=1}^{M} R_{mp}R_{mq}. \tag{5.96}$$

现在我们可以计算偏导数 $\dfrac{\partial K_{pq}}{\partial R_{ij}}$, 得到

$$\frac{\partial K_{pq}}{\partial R_{ij}} = \sum_{m=1}^{M}\frac{\partial}{\partial R_{ij}}R_{mp}R_{mq} = \partial_{pqij}, \tag{5.97}$$

$$\partial_{pqij} = \begin{cases} R_{iq} & \text{若} j = p,\ p \neq q \\ R_{ip} & \text{若} j = q,\ p \neq q \\ 2R_{iq} & \text{若} j = p,\ p = q \\ 0 & \text{其他} \end{cases} . \tag{5.98}$$

由式 (5.94), 可得所求梯数的维数是 $(N \times N) \times (M \times N)$, 且该张量的每个元素由式 (5.98) 中的 ∂_{pqij} 给出, 其中 $p, q, j = 1, \cdots, N$ 且 $i = 1, \cdots, M$.

5.5 梯度计算中的常用等式

在下面的内容中, 我们列举了一些机器学习里常用的梯度 (Petersen and Pedersen, 2012). 在此处, 我们用 $\mathrm{tr}(\cdot)$ 代表迹 (见定义 4.4), $\det(\cdot)$ 表示行列式 (见 4.1 节), $\boldsymbol{f}(\boldsymbol{X})^{-1}$ 表示 $\boldsymbol{f}(\boldsymbol{X})$ 的反函数, 假设它存在.

$$\frac{\partial}{\partial \boldsymbol{X}} \boldsymbol{f}(\boldsymbol{X})^{\top} = \left(\frac{\partial \boldsymbol{f}(\boldsymbol{X})}{\partial \boldsymbol{X}}\right)^{\top} \tag{5.99}$$

$$\frac{\partial}{\partial \boldsymbol{X}} \mathrm{tr}(\boldsymbol{f}(\boldsymbol{X})) = \mathrm{tr}\left(\frac{\partial \boldsymbol{f}(\boldsymbol{X})}{\partial \boldsymbol{X}}\right) \tag{5.100}$$

$$\frac{\partial}{\partial \boldsymbol{X}} \det(\boldsymbol{f}(\boldsymbol{X})) = \det(\boldsymbol{f}(\boldsymbol{X}))\mathrm{tr}\left(\boldsymbol{f}(\boldsymbol{X})^{-1}\frac{\partial \boldsymbol{f}(\boldsymbol{X})}{\partial \boldsymbol{X}}\right) \tag{5.101}$$

$$\frac{\partial}{\partial \boldsymbol{X}} \boldsymbol{f}(\boldsymbol{X})^{-1} = -\boldsymbol{f}(\boldsymbol{X})^{-1}\frac{\partial \boldsymbol{f}(\boldsymbol{X})}{\partial \boldsymbol{X}}\boldsymbol{f}(\boldsymbol{X})^{-1} \tag{5.102}$$

$$\frac{\partial \boldsymbol{a}^{\top}\boldsymbol{X}^{-1}\boldsymbol{b}}{\partial \boldsymbol{X}} = -(\boldsymbol{X}^{-1})^{\top}\boldsymbol{a}\boldsymbol{b}^{\top}(\boldsymbol{X}^{-1})^{\top} \tag{5.103}$$

$$\frac{\partial \boldsymbol{x}^{\top}\boldsymbol{a}}{\partial \boldsymbol{x}} = \boldsymbol{a}^{\top} \tag{5.104}$$

$$\frac{\partial \boldsymbol{a}^{\top}\boldsymbol{x}}{\partial \boldsymbol{x}} = \boldsymbol{a}^{\top} \tag{5.105}$$

$$\frac{\partial \boldsymbol{a}^{\top}\boldsymbol{X}\boldsymbol{b}}{\partial \boldsymbol{X}} = \boldsymbol{a}\boldsymbol{b}^{\top} \tag{5.106}$$

$$\frac{\partial \boldsymbol{x}^{\top}\boldsymbol{B}\boldsymbol{x}}{\partial \boldsymbol{x}} = \boldsymbol{x}^{\top}(\boldsymbol{B} + \boldsymbol{B}^{\top}) \tag{5.107}$$

$$\frac{\partial}{\partial \boldsymbol{s}}(\boldsymbol{x} - \boldsymbol{A}\boldsymbol{s})^{\top}\boldsymbol{W}(\boldsymbol{x} - \boldsymbol{A}\boldsymbol{s}) = -2(\boldsymbol{x} - \boldsymbol{A}\boldsymbol{s})^{\top}\boldsymbol{W}\boldsymbol{A} \quad \text{对于对称矩阵}\boldsymbol{W} \tag{5.108}$$

评注 在本书中, 我们只涵盖了迹和矩阵的转置. 然而, 我们注意到导数可以是高维张量, 它在通常的迹和转置下是没有定义的. 在这些情况下, 一个 $D \times D \times E \times F$ 张量的迹

将是一个 $E \times F$ 矩阵. 这是张量收缩的一种特殊情形. 类似地, 在对一个张量进行“转置”时, 这表示将前两维互相交换. 具体来说, 在式 (5.99) 到式 (5.102) 中, 当我们处理多元函数 $\boldsymbol{f}(\cdot)$ 和计算矩阵的导数时, 我们需要进行与张量相关的计算 (并且不像 5.4 节中讨论的那样对它们进行向量化).

5.6 反向传播与自动微分

在许多机器学习的应用中, 我们可以采用梯度下降来求出良好的模型参数值 (7.1 节), 这依赖于我们可以根据模型参数计算学习目标的梯度. 对于给定的目标函数, 我们可以利用微积分和链式法则求出模型参数的梯度, 见 5.2.2 节. 在 5.3 节求解关于线性回归模型参数平方损失的梯度时, 我们对此已经略有体验. 考虑函数

$$f(x)=\sqrt{x^2+\exp(x^2)}+\cos\left(x^2+\exp(x^2)\right). \tag{5.109}$$

通过应用链式法则, 且注意到导数是线性的, 可以计算出梯度

$$\begin{aligned}\frac{\mathrm{d}f}{\mathrm{d}x}&=\frac{2x+2x\exp(x^2)}{2\sqrt{x^2+\exp(x^2)}}-\sin\left(x^2+\exp(x^2)\right)\left(2x+2x\exp(x^2)\right)\\&=2x\left(\frac{1}{2\sqrt{x^2+\exp(x^2)}}-\sin\left(x^2+\exp(x^2)\right)\right)\left(1+\exp(x^2)\right).\end{aligned} \tag{5.110}$$

因为导数的表达式通常很长, 这样显式地写出梯度往往是不实际的. 事实上, 这意味着如果不小心, 实现梯度的推导可能比函数计算还要消耗更多的资源, 会增加不必要的开销. 为了训练深度神经网络模型, *反向传播算法* (Kelley, 1960; Bryson, 1961; Dreyfus, 1962; Rumelhart et al., 1986) 是一种有效的方法, 用于计算损失函数的梯度和模型参数.

5.6.1 深度网络中的梯度

链式法则在深度学习中极大地发挥了作用, 函数值 $\boldsymbol{y}$ 通过分解成多层的复合函数来计算

$$\boldsymbol{y}=(f_K\circ f_{K-1}\circ\cdots\circ f_1)(\boldsymbol{x})=f_K(f_{K-1}(\cdots(f_1(\boldsymbol{x}))\cdots)), \tag{5.111}$$

其中 $\boldsymbol{x}$ 是输入值 (如图像), $\boldsymbol{y}$ 是观测值 (如类标签) 且每个函数 f_i $(i=1,\cdots,K)$ 处理各自的参数. 在多层神经网络[⊖]中, 第 i 层的函数为 $f_i(\boldsymbol{x}_{i-1})=\sigma(\boldsymbol{A}_{i-1}\boldsymbol{x}_{i-1}+\boldsymbol{b}_{i-1})$. 此处 $\boldsymbol{x}_{i-1}$ 是第 $i-1$ 层的输出, σ 是激活函数, 例如, sigmoid 函数 $\dfrac{1}{1+\mathrm{e}^{-x}}$, tanh 或线性整流函数 (ReLU). 为了训练这些模型, 我们需要计算损失函数 L 关于所有模型参数 $\boldsymbol{A}_j,\boldsymbol{b}_j$(其中

⊖ 在我们讨论的情形中, 为了符号统一, 每层的激活函数是相同的.

$j=1,\cdots,K$) 的梯度. 同时也要计算 L 关于每层输入的梯度. 例如, 给定输入 $\boldsymbol{x}$ 和观测值 $\boldsymbol{y}$, 网络架构定义如下:

$$\boldsymbol{f}_0 := \boldsymbol{x} \tag{5.112}$$

$$\boldsymbol{f}_i := \sigma_i(\boldsymbol{A}_{i-1}\boldsymbol{f}_{i-1}+\boldsymbol{b}_{i-1}), \quad i=1,\cdots,K, \tag{5.113}$$

如图 5.8 所示, 我们想要求出 $\boldsymbol{A}_j, \boldsymbol{b}_j$, $j=0,\cdots,K-1$, 使得平方损失

$$L(\boldsymbol{\theta})=\|\boldsymbol{y}-\boldsymbol{f}_K(\boldsymbol{\theta},\boldsymbol{x})\|^2 \tag{5.114}$$

是最小的, 其中 $\boldsymbol{\theta}=\{\boldsymbol{A}_0,\boldsymbol{b}_0,\cdots,\boldsymbol{A}_{K-1},\boldsymbol{b}_{K-1}\}$. 为了得到关于参数集 $\boldsymbol{\theta}$ 的梯度, 我们需要求出 L 关于每层的参数 $\boldsymbol{\theta}_j=\{\boldsymbol{A}_j,\boldsymbol{b}_j\}$ $(j=0,\cdots,K-1)$ 的偏导数. 通过链式法则, 可得偏导数为

$$\frac{\partial L}{\partial \boldsymbol{\theta}_{K-1}}=\frac{\partial L}{\partial \boldsymbol{f}_K}\frac{\partial \boldsymbol{f}_K}{\partial \boldsymbol{\theta}_{K-1}} \tag{5.115}$$

$$\frac{\partial L}{\partial \boldsymbol{\theta}_{K-2}}=\frac{\partial L}{\partial \boldsymbol{f}_K}\boxed{\frac{\partial \boldsymbol{f}_K}{\partial \boldsymbol{f}_{K-1}}\frac{\partial \boldsymbol{f}_{K-1}}{\partial \boldsymbol{\theta}_{K-2}}} \tag{5.116}$$

$$\frac{\partial L}{\partial \boldsymbol{\theta}_{K-3}}=\frac{\partial L}{\partial \boldsymbol{f}_K}\frac{\partial \boldsymbol{f}_K}{\partial \boldsymbol{f}_{K-1}}\boxed{\frac{\partial \boldsymbol{f}_{K-1}}{\partial \boldsymbol{f}_{K-2}}\frac{\partial \boldsymbol{f}_{K-2}}{\partial \boldsymbol{\theta}_{K-3}}} \tag{5.117}$$

$$\frac{\partial L}{\partial \boldsymbol{\theta}_i}=\frac{\partial L}{\partial \boldsymbol{f}_K}\frac{\partial \boldsymbol{f}_K}{\partial \boldsymbol{f}_{K-1}}\cdots\boxed{\frac{\partial \boldsymbol{f}_{i+2}}{\partial \boldsymbol{f}_{i+1}}\frac{\partial \boldsymbol{f}_{i+1}}{\partial \boldsymbol{\theta}_i}} \tag{5.118}$$

灰色部分表示每层输出关于输入的偏导数, 而**最右侧黑色**部分表示每层输出关于参数的偏导数. 假设已经计算出了偏导数 $\partial L/\partial \boldsymbol{\theta}_{i+1}$, 则大部分计算结果可以重复利用于计算 $\partial L/\partial \boldsymbol{\theta}_i$. 另需计算的部分在方框中. 图 5.9 展示了网络中反向推导的梯度.

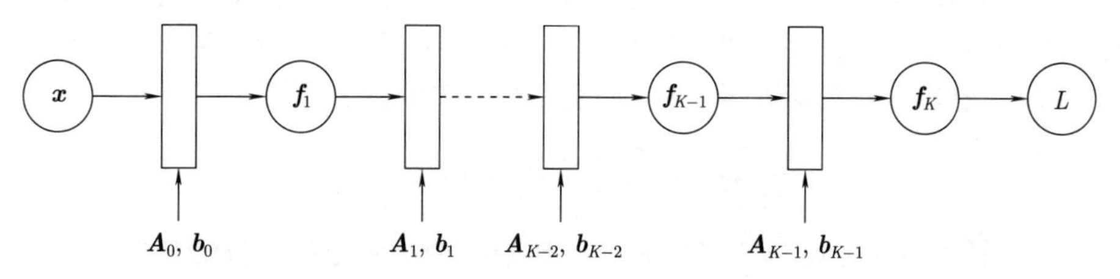

图 5.8 多层神经网络中的前向传播将损失 L 视为关于输入 $\boldsymbol{x}$ 和参数 $\boldsymbol{A}_i$, $\boldsymbol{b}_i$ 的函数进行计算

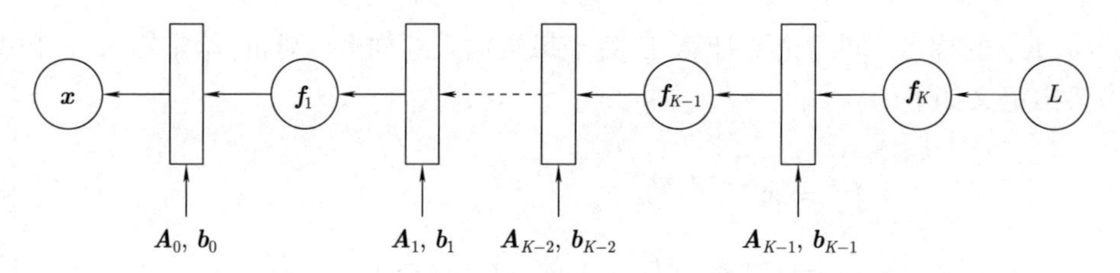

图 5.9 多层神经网络中的反向推导用于计算损失函数的梯度

5.6.2 自动微分

结果表明, 反向传播是数值分析中自动微分这一技术的特殊情形. 我们可以把*自动微分*[1]看作通过中间变量和应用链式法则用数字 (而不是符号) 来计算函数精确梯度的一系列技术手段. 自动微分应用一系列初等算术运算 (如加法、乘法) 以及初等函数 (如 sin、cos、exp、log). 将链式法则应用于这些运算, 可以自动计算相当复杂的函数的梯度. 自动微分适用于一般的计算机程序, 且具有前向和反向两种模式. (Baydin et al., 2018) 对机器学习中的自动微分进行了很好的概述.

图 5.10 用一个简单图表示了从输入 x 流经一些中间变量 a, b, 到输出 y 的数据流. 若要计算 $\mathrm{d}y/\mathrm{d}x$, 我们将应用链式法则并得到

$$\frac{\mathrm{d}y}{\mathrm{d}x} = \frac{\mathrm{d}y}{\mathrm{d}b}\frac{\mathrm{d}b}{\mathrm{d}a}\frac{\mathrm{d}a}{\mathrm{d}x}\,. \tag{5.119}$$

直观上看, 前向模式和反向模式的区别在于乘积的顺序. 在通常情况下, 我们将对雅可比进行运算, 它可以是向量、矩阵或张量. 依据矩阵乘法的结合律, 可以在下式中进行选择:

$$\frac{\mathrm{d}y}{\mathrm{d}x} = \left(\frac{\mathrm{d}y}{\mathrm{d}b}\frac{\mathrm{d}b}{\mathrm{d}a}\right)\frac{\mathrm{d}a}{\mathrm{d}x}\,, \tag{5.120}$$

$$\frac{\mathrm{d}y}{\mathrm{d}x} = \frac{\mathrm{d}y}{\mathrm{d}b}\left(\frac{\mathrm{d}b}{\mathrm{d}a}\frac{\mathrm{d}a}{\mathrm{d}x}\right)\,. \tag{5.121}$$

等式 (5.120) 是*反向模式*, 因为梯度在图中反向传播, 即与数据流方向相反. 等式 (5.121) 是*前向模式*, 因为梯度和数据一起从图的左侧流向右侧. 下文中, 我们将重点关注自动微分的反向模式, 即反向传播. 在神经网络的背景下, 输入的维度通常比标签的维度高很多, 因此反向模式比前向模式的开销少很多. 让我们从一个相关的例子开始.

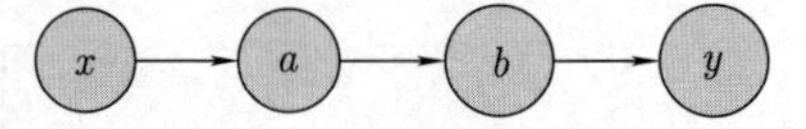

图 5.10 简单图展示了从 x 到 y, 且流经一些中间变量 a, b 的数据流

[1] 自动微分不同于符号微分和梯度的数值近似, 例如, 使用有限差分.

例 5.14　根据式 (5.109), 考虑函数

$$f(x)=\sqrt{x^2+\exp(x^2)}+\cos\left(x^2+\exp(x^2)\right). \tag{5.122}$$

若要在计算机上实现函数 f, 可以通过使用中间变量来节省一些计算:

$$a=x^2, \tag{5.123}$$
$$b=\exp(a), \tag{5.124}$$
$$c=a+b, \tag{5.125}$$
$$d=\sqrt{c}, \tag{5.126}$$
$$e=\cos(c), \tag{5.127}$$
$$f=d+e. \tag{5.128}$$

这与应用链式法则时的思考过程是一致的. 值得注意的是, 前面的方程组比直接实现式 (5.109) 中定义的函数 $f(x)$ 所需的操作要少. 图 5.11 中的相应计算图展示了得到函数值 f 所需的数据流和计算过程.

包含中间变量的方程组可以看作一个计算图, 这是广泛用于神经网络软件库实现的一种表达. 通过回顾初等函数导数的定义, 我们可以直接计算中间变量关于它们相应输入的导数, 从而得到以下结果:

$$\frac{\partial a}{\partial x}=2x \tag{5.129}$$
$$\frac{\partial b}{\partial a}=\exp(a) \tag{5.130}$$
$$\frac{\partial c}{\partial a}=1=\frac{\partial c}{\partial b} \tag{5.131}$$
$$\frac{\partial d}{\partial c}=\frac{1}{2\sqrt{c}} \tag{5.132}$$
$$\frac{\partial e}{\partial c}=-\sin(c) \tag{5.133}$$
$$\frac{\partial f}{\partial d}=1=\frac{\partial f}{\partial e}. \tag{5.134}$$

通过观察图 5.11 的计算图, 我们可以通过对输入反向计算梯度 $\partial f/\partial x$ 得到

$$\frac{\partial f}{\partial c}=\frac{\partial f}{\partial d}\frac{\partial d}{\partial c}+\frac{\partial f}{\partial e}\frac{\partial e}{\partial c} \tag{5.135}$$
$$\frac{\partial f}{\partial b}=\frac{\partial f}{\partial c}\frac{\partial c}{\partial b} \tag{5.136}$$

$$\frac{\partial f}{\partial a} = \frac{\partial f}{\partial b}\frac{\partial b}{\partial a} + \frac{\partial f}{\partial c}\frac{\partial c}{\partial a} \tag{5.137}$$

$$\frac{\partial f}{\partial x} = \frac{\partial f}{\partial a}\frac{\partial a}{\partial x}\,. \tag{5.138}$$

注意求 $\partial f/\partial x$ 时, 我们用了链式法则. 通过代入初等函数的导数, 有

$$\frac{\partial f}{\partial c} = 1\cdot\frac{1}{2\sqrt{c}} + 1\cdot(-\sin(c)) \tag{5.139}$$

$$\frac{\partial f}{\partial b} = \frac{\partial f}{\partial c}\cdot 1 \tag{5.140}$$

$$\frac{\partial f}{\partial a} = \frac{\partial f}{\partial b}\exp(a) + \frac{\partial f}{\partial c}\cdot 1 \tag{5.141}$$

$$\frac{\partial f}{\partial x} = \frac{\partial f}{\partial a}\cdot 2x\,. \tag{5.142}$$

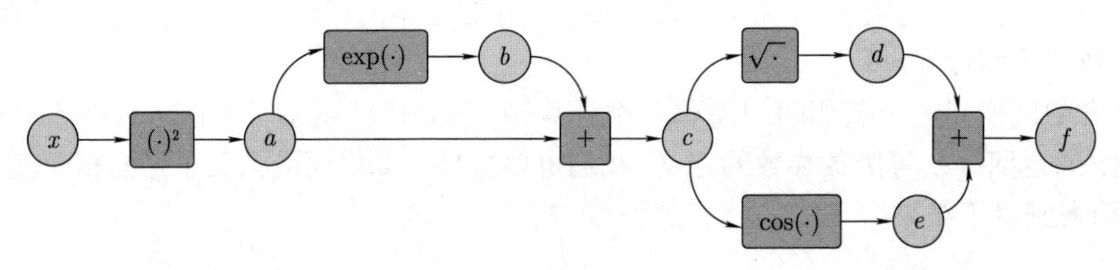

图 5.11　输入 x, 函数值 f 和中间变量 a,b,c,d,e 的计算图

通过把上述每个导数都看作一个变量, 可以观察到计算导数所需的计算与计算函数本身的复杂度相似. 这是有悖于常识的, 因为式(5.110)中导数 $\dfrac{\partial f}{\partial x}$ 的数学表达式要比式 (5.109)中函数 $f(x)$ 的数学表达式复杂得多.

自动微分是例 5.14 的规范化过程. 设 $x_1,\cdots,x_d$ 是函数的输入变量, $x_{d+1},\cdots,x_{D-1}$ 是中间变量, 而 x_D 为输出变量. 则计算图可表示为

$$x_i = g_i(x_{\mathrm{Pa}(x_i)}),\quad i=d+1,\cdots,D, \tag{5.143}$$

其中 $g_i(\cdot)$ 是初等函数, $x_{\mathrm{Pa}(x_i)}$ 是图中变量 x_i 的父节点. 给定一个按照这种方式定义的函数, 我们可以运用链式法则逐步计算函数的导数. 回顾定义可知 $f = x_D$, 因此

$$\frac{\partial f}{\partial x_D} = 1\,. \tag{5.144}$$

对其余变量 x_i, 应用链式法则可得

$$\frac{\partial f}{\partial x_i} = \sum_{x_j:x_i\in\mathrm{Pa}(x_j)}\frac{\partial f}{\partial x_j}\frac{\partial x_j}{\partial x_i} = \sum_{x_j:x_i\in\mathrm{Pa}(x_j)}\frac{\partial f}{\partial x_j}\frac{\partial g_j}{\partial x_i}\,, \tag{5.145}$$

其中 $\mathrm{Pa}(x_j)$ 是计算图中 x_j 的一系列父节点. 式 (5.143) 为函数的前向传播, 式 (5.145) 为梯度通过计算图的反向传播[㊀]. 在神经网络训练中, 我们对预测值关于标签的损失进行反向传播. 只要可以用计算图表示函数, 上述的自动微分方法便是有效的, 因为初等函数都是可微的. 事实上, 函数可能并不是一个数学意义上的函数, 而是一个计算机程序. 然而, 并不是所有的计算机程序都可以自动微分, 例如, 在找不到可微初等函数的情形下. 因此对诸如 `for` 循环和 `if` 语句这样的编程结构需要多加注意.

5.7 高阶导数

到目前为止, 我们已经讨论了梯度, 即一阶导数. 有时我们需要求解高阶导数, 例如, 使用牛顿法进行优化时需要二阶导数 (Nocedal and Wright, 2006). 在 5.1.1 节中, 我们讨论了用多项式来近似函数的泰勒级数. 在多元的情况下基本可以进行相同的操作. 下文中将对此进行详细讨论. 首先从一些符号的定义开始. 考虑两个变量 x, y 的函数 $f: \mathbb{R}^2 \to \mathbb{R}$. 我们用下列符号来表示高阶偏导数 (和梯度):

- $\dfrac{\partial^2 f}{\partial x^2}$ 是 f 关于 x 的二阶偏导数.
- $\dfrac{\partial^n f}{\partial x^n}$ 是 f 关于 x 的第 n 阶偏导数.
- $\dfrac{\partial^2 f}{\partial y \partial x} = \dfrac{\partial}{\partial y}\left(\dfrac{\partial f}{\partial x}\right)$.
- $\dfrac{\partial^2 f}{\partial x \partial y}$ 是先对 y 再对 x 求偏导所得到的.

*黑塞矩阵*是所有二阶偏导数的集合.

若 $f(x, y)$ 是一个二阶 (连续) 可微函数, 则

$$\frac{\partial^2 f}{\partial x \partial y} = \frac{\partial^2 f}{\partial y \partial x}, \tag{5.146}$$

即求导的顺序不影响结果, 且对应的*黑塞矩阵*

$$\boldsymbol{H} = \begin{bmatrix} \dfrac{\partial^2 f}{\partial x^2} & \dfrac{\partial^2 f}{\partial x \partial y} \\ \dfrac{\partial^2 f}{\partial x \partial y} & \dfrac{\partial^2 f}{\partial y^2} \end{bmatrix} \tag{5.147}$$

是对称矩阵. 黑塞矩阵可记为 $\nabla^2_{x,y} f(x, y)$. 通常, 对于 $\boldsymbol{x} \in \mathbb{R}^n$ 和 $f: \mathbb{R}^n \to \mathbb{R}$, 黑塞矩阵是一个 $n \times n$ 矩阵. 黑塞矩阵表明了函数在 (x, y) 附近的曲率.

㊀ 反向模式中的自动微分需要一个解析树.

评注 (向量场的黑塞矩阵) 若 $f: \mathbb{R}^n \to \mathbb{R}^m$ 是一个向量场, 则它的黑塞矩阵是一个 $(m \times n \times n)$ 的张量.

5.8 线性化和多元泰勒级数

函数 f 的梯度 ∇f 常用于 f 在 $\boldsymbol{x}_0$ 附近的局部线性近似:

$$f(\boldsymbol{x}) \approx f(\boldsymbol{x}_0) + (\nabla_{\boldsymbol{x}} f)(\boldsymbol{x}_0)(\boldsymbol{x} - \boldsymbol{x}_0)\,. \tag{5.148}$$

此处 $(\nabla_{\boldsymbol{x}} f)(\boldsymbol{x}_0)$ 是 f 关于 $\boldsymbol{x}$ 在 $\boldsymbol{x}_0$ 处的梯度. 图 5.12 展示了 f 在输入 $\boldsymbol{x}_0$ 处的线性近似. 原函数用一条直线近似. 这种近似在局部上是准确的, 但离 $\boldsymbol{x}_0$ 越远, 近似效果越差. 式 (5.148) 是 f 在 $\boldsymbol{x}_0$ 处多元泰勒级数展开式的一种特殊情形. 在下文中, 我们将讨论更一般的情形, 这能够使得近似效果更好.

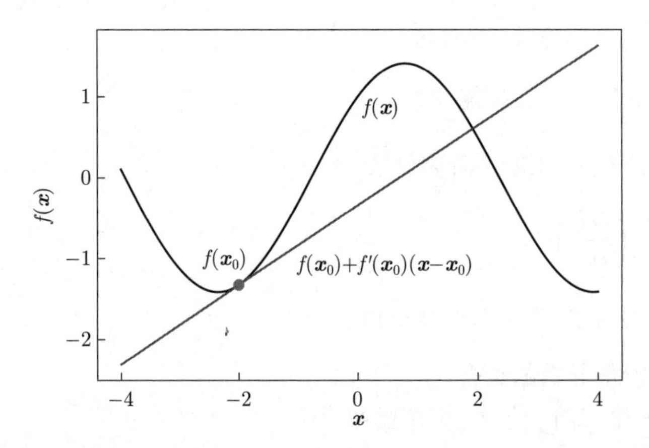

图 5.12 函数的线性近似. 原函数 f 在 $\boldsymbol{x}_0 = -2$ 处根据一阶泰勒展开式被线性化

定义 5.7 (多元泰勒级数) 考虑函数

$$f: \mathbb{R}^D \to \mathbb{R} \tag{5.149}$$

$$\boldsymbol{x} \mapsto f(\boldsymbol{x}), \quad \boldsymbol{x} \in \mathbb{R}^D\,, \tag{5.150}$$

在 $\boldsymbol{x}_0$ 处光滑. 我们将差分向量定义为 $\boldsymbol{\delta} := \boldsymbol{x} - \boldsymbol{x}_0$, f 在 $\boldsymbol{x}_0$ 处的多元泰勒级数可表示为

$$f(\boldsymbol{x}) = \sum_{k=0}^{\infty} \frac{D_{\boldsymbol{x}}^k f(\boldsymbol{x}_0)}{k!} \boldsymbol{\delta}^k\,, \tag{5.151}$$

其中 $D_{\boldsymbol{x}}^k f(\boldsymbol{x}_0)$ 是 f 关于 $\boldsymbol{x}$ 在 $\boldsymbol{x}_0$ 处的 k(合计) 阶导数.

定义 5.8 (泰勒多项式) f 在 $\boldsymbol{x}_0$ 处次数为 n 的泰勒多项式包含了式 (5.151) 中级数的前 $n+1$ 个分量, 定义为

$$T_n(\boldsymbol{x})=\sum_{k=0}^{n}\frac{D_{\boldsymbol{x}}^k f(\boldsymbol{x}_0)}{k!}\boldsymbol{\delta}^k\,. \tag{5.152}$$

在式 (5.151) 和式 (5.152) 中, 我们使用了略显草率的符号 $\boldsymbol{\delta}^k$, 它并不是根据 $\boldsymbol{x}\in\mathbb{R}^D$, $D>1$, 且 $k>1$ 定义的. 注意到 $D_{\boldsymbol{x}}^k f$ 和 $\boldsymbol{\delta}^k$ 都是 k 阶张量, 即 k 维的数组[㊀]. k 阶张量 $\boldsymbol{\delta}^k\in\mathbb{R}^{\overbrace{D\times D\times\cdots\times D}^{k\text{ times}}}$ 由向量 $\boldsymbol{\delta}\in\mathbb{R}^D$ 的 k 次外积所得, 外积记为 $\otimes$. 例如:

$$\boldsymbol{\delta}^2:=\boldsymbol{\delta}\otimes\boldsymbol{\delta}=\boldsymbol{\delta}\boldsymbol{\delta}^\top,\quad \boldsymbol{\delta}^2[i,j]=\delta[i]\delta[j] \tag{5.153}$$

$$\boldsymbol{\delta}^3:=\boldsymbol{\delta}\otimes\boldsymbol{\delta}\otimes\boldsymbol{\delta},\quad \boldsymbol{\delta}^3[i,j,k]=\delta[i]\delta[j]\delta[k]\,. \tag{5.154}$$

图 5.13 展示了两个这样的外积. 通常, 可以求得泰勒级数中的项

$$D_{\boldsymbol{x}}^k f(\boldsymbol{x}_0)\boldsymbol{\delta}^k=\sum_{i_1=1}^{D}\cdots\sum_{i_k=1}^{D}D_{\boldsymbol{x}}^k f(\boldsymbol{x}_0)[i_1,\cdots,i_k]\delta[i_1]\cdots\delta[i_k] \tag{5.155}$$

其中 $D_{\boldsymbol{x}}^k f(\boldsymbol{x}_0)\boldsymbol{\delta}^k$ 包含了 k 次多项式.

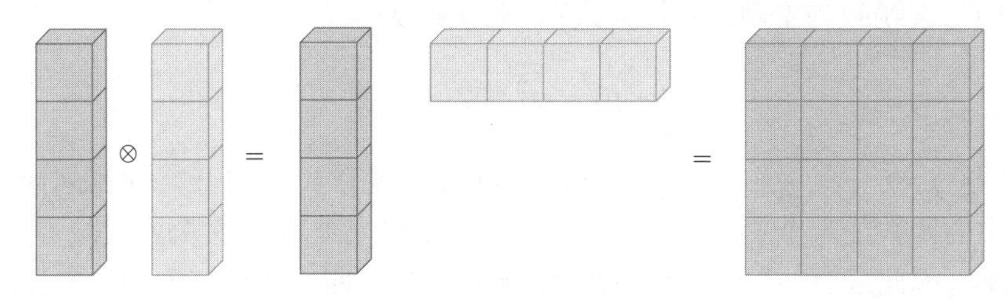

a) 给定一个向量 $\boldsymbol{\delta}\in\mathbb{R}^4$, 可以得到外积 $\boldsymbol{\delta}^2:=\boldsymbol{\delta}\otimes\boldsymbol{\delta}=\boldsymbol{\delta}\boldsymbol{\delta}^\top\in\mathbb{R}^{4\times4}$ 是一个矩阵

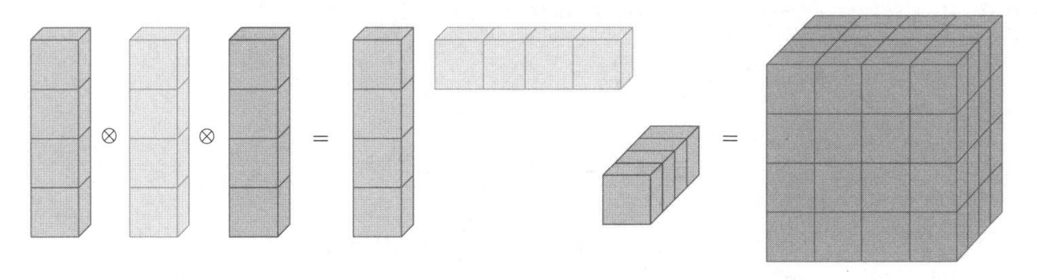

b) 外积 $\boldsymbol{\delta}^3:=\boldsymbol{\delta}\otimes\boldsymbol{\delta}\otimes\boldsymbol{\delta}\in\mathbb{R}^{4\times4\times4}$ 可以得到一个三次张量（“三维矩阵”），即一个含有三个因子的数组

图 5.13 外积的可视化. 每次对向量做外积, 会增加数组的一个维度. 两个向量的外积是一个矩阵; 三个向量的外积得到一个张量

㊀ 向量可视为一维数组, 矩阵可视为二维数组.

现在对向量场中的泰勒级数进行定义, 让我们根据经验, 写出泰勒级数展开式中 $k = 0,\cdots,3$ 且 $\boldsymbol{\delta} := \boldsymbol{x} - \boldsymbol{x}_0$ 的首项 $D_{\boldsymbol{x}}^k f(\boldsymbol{x}_0)\boldsymbol{\delta}^k$:

```
np.einsum('i,i',Df1,d)
np.einsum('ij,i,j', Df2,d,d)
np.einsum('ijk,i,j,k', Df3,d,d,d)
```

$$k = 0 : D_{\boldsymbol{x}}^0 f(\boldsymbol{x}_0)\boldsymbol{\delta}^0 = f(\boldsymbol{x}_0) \in \mathbb{R} \tag{5.156}$$

$$k = 1 : D_{\boldsymbol{x}}^1 f(\boldsymbol{x}_0)\boldsymbol{\delta}^1 = \underbrace{\nabla_{\boldsymbol{x}} f(\boldsymbol{x}_0)}_{1\times D} \underbrace{\boldsymbol{\delta}}_{D\times 1} = \sum_{i=1}^{D} \nabla_{\boldsymbol{x}} f(\boldsymbol{x}_0)[i]\delta[i] \in \mathbb{R} \tag{5.157}$$

$$k = 2 : D_{\boldsymbol{x}}^2 f(\boldsymbol{x}_0)\boldsymbol{\delta}^2 = \mathrm{tr}\big(\underbrace{\boldsymbol{H}(\boldsymbol{x}_0)}_{D\times D} \underbrace{\boldsymbol{\delta}}_{D\times 1} \underbrace{\boldsymbol{\delta}^\top}_{1\times D}\big) = \boldsymbol{\delta}^\top \boldsymbol{H}(\boldsymbol{x}_0)\boldsymbol{\delta} \tag{5.158}$$

$$= \sum_{i=1}^{D}\sum_{j=1}^{D} H[i,j]\delta[i]\delta[j] \in \mathbb{R} \tag{5.159}$$

$$k = 3 : D_{\boldsymbol{x}}^3 f(\boldsymbol{x}_0)\boldsymbol{\delta}^3 = \sum_{i=1}^{D}\sum_{j=1}^{D}\sum_{k=1}^{D} D_x^3 f(\boldsymbol{x}_0)[i,j,k]\delta[i]\delta[j]\delta[k] \in \mathbb{R} \tag{5.160}$$

此处, $\boldsymbol{H}(\boldsymbol{x}_0)$ 是 f 在 $\boldsymbol{x}_0$ 处的黑塞矩阵.

例 5.15 (二元函数的泰勒级数展开式) 考虑函数

$$f(x,y) = x^2 + 2xy + y^3 \,. \tag{5.161}$$

我们想要求出 f 在 $(x_0, y_0) = (1, 2)$ 处的泰勒级数展开式. 在开始计算之前, 可以看出式 (5.161) 中的函数是一个三次多项式. 我们需要求出一个泰勒级数展开式, 它自身是多项式的线性组合. 因此, 我们并不需要泰勒级数展开式包含四次或更高次的项来表示一个三次多项式. 这意味着, 确定式 (5.151) 的前四项应该足以精确替代式 (5.161). 为了确定泰勒级数展开式, 我们首先从常数项和一阶导数开始入手, 计算可得

$$f(1,2) = 13 \tag{5.162}$$

$$\frac{\partial f}{\partial x} = 2x + 2y \implies \frac{\partial f}{\partial x}(1,2) = 6 \tag{5.163}$$

$$\frac{\partial f}{\partial y} = 2x + 3y^2 \implies \frac{\partial f}{\partial y}(1,2) = 14 \,. \tag{5.164}$$

因此, 有

$$D_{x,y}^1 f(1,2) = \nabla_{x,y} f(1,2) = \begin{bmatrix} \frac{\partial f}{\partial x}(1,2) & \frac{\partial f}{\partial y}(1,2) \end{bmatrix} = \begin{bmatrix} 6 & 14 \end{bmatrix} \in \mathbb{R}^{1\times 2} \tag{5.165}$$

所以

$$\frac{D_{x,y}^1 f(1,2)}{1!}\boldsymbol{\delta} = [6 \quad 14]\begin{bmatrix} x-1 \\ y-2 \end{bmatrix} = 6(x-1) + 14(y-2)\,. \tag{5.166}$$

注意到 $D_{x,y}^1 f(1,2)\boldsymbol{\delta}$ 只包含线性项, 即一次多项式. 计算二阶偏导数可得

$$\frac{\partial^2 f}{\partial x^2} = 2 \implies \frac{\partial^2 f}{\partial x^2}(1,2) = 2 \tag{5.167}$$

$$\frac{\partial^2 f}{\partial y^2} = 6y \implies \frac{\partial^2 f}{\partial y^2}(1,2) = 12 \tag{5.168}$$

$$\frac{\partial^2 f}{\partial y \partial x} = 2 \implies \frac{\partial^2 f}{\partial y \partial x}(1,2) = 2 \tag{5.169}$$

$$\frac{\partial^2 f}{\partial x \partial y} = 2 \implies \frac{\partial^2 f}{\partial x \partial y}(1,2) = 2\,. \tag{5.170}$$

当我们将二阶偏导数集合起来时, 便得到黑塞矩阵

$$\boldsymbol{H} = \begin{bmatrix} \frac{\partial^2 f}{\partial x^2} & \frac{\partial^2 f}{\partial x \partial y} \\ \frac{\partial^2 f}{\partial y \partial x} & \frac{\partial^2 f}{\partial y^2} \end{bmatrix} = \begin{bmatrix} 2 & 2 \\ 2 & 6y \end{bmatrix}, \tag{5.171}$$

所以

$$\boldsymbol{H}(1,2) = \begin{bmatrix} 2 & 2 \\ 2 & 12 \end{bmatrix} \in \mathbb{R}^{2\times 2}\,. \tag{5.172}$$

因此, 可得泰勒级数展开式的第二项为

$$\frac{D_{x,y}^2 f(1,2)}{2!}\boldsymbol{\delta}^2 = \frac{1}{2}\boldsymbol{\delta}^\top \boldsymbol{H}(1,2)\boldsymbol{\delta} \tag{5.173a}$$

$$= \frac{1}{2}[x-1 \quad y-2]\begin{bmatrix} 2 & 2 \\ 2 & 12 \end{bmatrix}\begin{bmatrix} x-1 \\ y-2 \end{bmatrix} \tag{5.173b}$$

$$= (x-1)^2 + 2(x-1)(y-2) + 6(y-2)^2\,. \tag{5.173c}$$

此处, $D_{x,y}^2 f(1,2)\boldsymbol{\delta}^2$ 只包含平方项, 即二次多项式.

可得三阶导数为

$$D_{x,y}^3 f = \begin{bmatrix} \frac{\partial \boldsymbol{H}}{\partial x} & \frac{\partial \boldsymbol{H}}{\partial y} \end{bmatrix} \in \mathbb{R}^{2\times 2\times 2}, \tag{5.174}$$

$$D^3_{x,y}f[:,:,1] = \frac{\partial \boldsymbol{H}}{\partial x} = \begin{bmatrix} \dfrac{\partial^3 f}{\partial x^3} & \dfrac{\partial^3 f}{\partial x^2 \partial y} \\ \dfrac{\partial^3 f}{\partial x \partial y \partial x} & \dfrac{\partial^3 f}{\partial x \partial y^2} \end{bmatrix}, \tag{5.175}$$

$$D^3_{x,y}f[:,:,2] = \frac{\partial \boldsymbol{H}}{\partial y} = \begin{bmatrix} \dfrac{\partial^3 f}{\partial y \partial x^2} & \dfrac{\partial^3 f}{\partial y \partial x \partial y} \\ \dfrac{\partial^3 f}{\partial y^2 \partial x} & \dfrac{\partial^3 f}{\partial y^3} \end{bmatrix}. \tag{5.176}$$

由于式 (5.171) 中黑塞矩阵内大多数二阶偏导数都是常数, 而唯一非零的三阶偏导数是

$$\frac{\partial^3 f}{\partial y^3} = 6 \implies \frac{\partial^3 f}{\partial y^3}(1,2) = 6\,. \tag{5.177}$$

高阶偏导数和三阶混合偏导数 (例如, $\dfrac{\partial f^3}{\partial x^2 \partial y}$) 都被消去, 所以

$$D^3_{x,y}f[:,:,1] = \begin{bmatrix} 0 & 0 \\ 0 & 0 \end{bmatrix}, \quad D^3_{x,y}f[:,:,2] = \begin{bmatrix} 0 & 0 \\ 0 & 6 \end{bmatrix} \tag{5.178}$$

且

$$\frac{D^3_{x,y}f(1,2)}{3!}\boldsymbol{\delta}^3 = (y-2)^3\,, \tag{5.179}$$

它包含了泰勒级数中所有立方项. 因此, f 在 $(x_0, y_0) = (1,2)$ 处 (确切的) 泰勒级数展开式为

$$f(x) = f(1,2) + D^1_{x,y}f(1,2)\boldsymbol{\delta} + \frac{D^2_{x,y}f(1,2)}{2!}\boldsymbol{\delta}^2 + \frac{D^3_{x,y}f(1,2)}{3!}\boldsymbol{\delta}^3 \tag{5.180a}$$

$$\begin{aligned} &= f(1,2) + \frac{\partial f(1,2)}{\partial x}(x-1) + \frac{\partial f(1,2)}{\partial y}(y-2) + \\ &\quad \frac{1}{2!}\left(\frac{\partial^2 f(1,2)}{\partial x^2}(x-1)^2 + \frac{\partial^2 f(1,2)}{\partial y^2}(y-2)^2 + \right. \\ &\quad \left. 2\frac{\partial^2 f(1,2)}{\partial x \partial y}(x-1)(y-2)\right) + \frac{1}{6}\frac{\partial^3 f(1,2)}{\partial y^3}(y-2)^3 \end{aligned} \tag{5.180b}$$

$$\begin{aligned} &= 13 + 6(x-1) + 14(y-2) + \\ &\quad (x-1)^2 + 6(y-2)^2 + 2(x-1)(y-2) + (y-2)^3\,. \end{aligned} \tag{5.180c}$$

在这种情形下, 我们得到了式 (5.161) 中多项式的一个精确泰勒级数展开式, 即式 (5.180c) 中的多项式与式 (5.161) 中的原多项式完全相同. 在这个特殊的例子中, 得到这样的结果并不奇怪, 因为原函数是一个三次多项式, 在式 (5.180c) 中我们用常数项、一次、二次和三次多项式的线性组合来表示.

5.9 延伸阅读

矩阵微分的进一步讨论以及对所需线性代数知识点的简短回顾, 可以参考 (Magnus and Neudecker, 2007). 自动微分的历史悠久, 我们参考了 (Griewank and Walther, 2003; Griewank and Walther, 2008; Elliott, 2009) 以及其中的参考文献. 在机器学习 (和其他学科) 中, 我们经常需要计算期望, 也就是说, 需要求解如下形式的积分:

$$\mathbb{E}_{\boldsymbol{x}}[f(\boldsymbol{x})] = \int f(\boldsymbol{x})p(\boldsymbol{x})\mathrm{d}\boldsymbol{x}\,. \tag{5.181}$$

即使 $p(\boldsymbol{x})$ 是较便于计算的形式 (如高斯分布), 该积分通常也没有解析解. 对 f 进行泰勒级数展开是求近似解的一种方法: 假设 $p(\boldsymbol{x}) = \mathcal{N}(\boldsymbol{\mu}, \boldsymbol{\Sigma})$ 属于高斯分布, 则 $\boldsymbol{\mu}$ 附近的一阶泰勒级数展开式能够对非线性函数 f 线性近似. 对于线性函数, 若 $p(\boldsymbol{x})$ 属于高斯分布 (见 6.5 节), 则我们可以精确计算出函数的均值 (和方差). 该性质被扩展卡尔曼滤波 (Maybeck, 1979) 用于非线性动态系统 (也称为“状态空间模型”) 的在线状态估计. 式(5.181) 中近似积分的其他做法包括 U 变换 (Julier and Uhlmann, 1997)——它无须计算梯度, 或者拉普拉斯近似 (MacKay, 2003; Bishop, 2006; Murphy, 2012)——它使用二阶泰勒级数展开 (需要求出黑塞矩阵) 对其模式周围的 $p(\boldsymbol{x})$ 进行局部高斯近似.

习题

5.1 求出下列函数的导数 $f'(x)$:

$$f(x) = \log(x^4)\sin(x^3)\,.$$

5.2 求出下列 sigmoid 函数的导数 $f'(x)$:

$$f(x) = \frac{1}{1+\exp(-x)}\,.$$

5.3 求出下列函数的导数 $f'(x)$, 其中 $\mu,\ \sigma \in \mathbb{R}$ 是常数:

$$f(x) = \exp\left(-\frac{1}{2\sigma^2}(x-\mu)^2\right)\,.$$

5.4 求出 $f(x)=\sin(x)+\cos(x)$ 在 $x_0=0$ 处的泰勒多项式.

5.5 考虑下列函数:

$$f_1(\boldsymbol{x})=\sin(x_1)\cos(x_2),\quad \boldsymbol{x}\in\mathbb{R}^2$$
$$f_2(\boldsymbol{x},\boldsymbol{y})=\boldsymbol{x}^\top\boldsymbol{y},\quad \boldsymbol{x},\boldsymbol{y}\in\mathbb{R}^n$$
$$f_3(\boldsymbol{x})=\boldsymbol{x}\boldsymbol{x}^\top,\quad \boldsymbol{x}\in\mathbb{R}^n$$

a. $\dfrac{\partial f_i}{\partial \boldsymbol{x}}$ 的维数是多少?

b. 求出函数的雅可比矩阵.

5.6 求出 f 关于 $\boldsymbol{t}$ 以及 g 关于 $\boldsymbol{X}$ 的导数:

$$f(\boldsymbol{t})=\sin(\log(\boldsymbol{t}^\top\boldsymbol{t})),\quad \boldsymbol{t}\in\mathbb{R}^D$$
$$g(\boldsymbol{X})=\operatorname{tr}(\boldsymbol{A}\boldsymbol{X}\boldsymbol{B}),\quad \boldsymbol{A}\in\mathbb{R}^{D\times E},\boldsymbol{X}\in\mathbb{R}^{E\times F},\boldsymbol{B}\in\mathbb{R}^{F\times D},$$

其中 $\operatorname{tr}(\cdot)$ 表示迹.

5.7 利用链式法则求出下列函数的导数 $\mathrm{d}f/\mathrm{d}\boldsymbol{x}$. 写出每个偏导数的维数, 并简要写出你的步骤.

a.

$$f(z)=\log(1+z),\quad z=\boldsymbol{x}^\top\boldsymbol{x},\quad \boldsymbol{x}\in\mathbb{R}^D.$$

b.

$$f(\boldsymbol{z})=\sin(\boldsymbol{z}),\quad \boldsymbol{z}=\boldsymbol{A}\boldsymbol{x}+\boldsymbol{b},\quad \boldsymbol{A}\in\mathbb{R}^{E\times D},\boldsymbol{x}\in\mathbb{R}^D,\boldsymbol{b}\in\mathbb{R}^E,$$

其中 $\sin(\cdot)$ 作用于 $\boldsymbol{z}$ 中的每个元素.

5.8 求出下列函数的导数 $\mathrm{d}f/\mathrm{d}\boldsymbol{x}$, 并简要写出你的步骤.

a. 利用链式法则, 写出每个偏导数的维数:

$$f(z)=\exp\left(-\frac{1}{2}z\right)$$
$$z=g(\boldsymbol{y})=\boldsymbol{y}^\top\boldsymbol{S}^{-1}\boldsymbol{y}$$
$$\boldsymbol{y}=h(\boldsymbol{x})=\boldsymbol{x}-\boldsymbol{\mu},$$

其中 $\boldsymbol{x},\boldsymbol{\mu}\in\mathbb{R}^D$, $\boldsymbol{S}\in\mathbb{R}^{D\times D}$.

b.

$$f(\boldsymbol{x})=\operatorname{tr}(\boldsymbol{x}\boldsymbol{x}^\top+\sigma^2\boldsymbol{I}),\quad \boldsymbol{x}\in\mathbb{R}^D.$$

此处 $\mathrm{tr}(\boldsymbol{A})$ 表示 $\boldsymbol{A}$ 的迹, 即对角线元素 A_{ii} 之和. 提示: 根据所学知识求出外积.

c. 利用链式法则, 写出每个偏导数的维数. 无须计算出偏导数的乘积.

$$\boldsymbol{f} = \tanh(\boldsymbol{z}) \in \mathbb{R}^M$$

$$\boldsymbol{z} = \boldsymbol{A}\boldsymbol{x} + \boldsymbol{b}, \quad \boldsymbol{x} \in \mathbb{R}^N, \boldsymbol{A} \in \mathbb{R}^{M \times N}, \boldsymbol{b} \in \mathbb{R}^M.$$

此处, tanh 作用于 $\boldsymbol{z}$ 的每个分量.

5.9 对于可微函数 p, q, t, 我们定义

$$g(\boldsymbol{z}, \boldsymbol{\nu}) := \log p(\boldsymbol{x}, \boldsymbol{z}) - \log q(\boldsymbol{z}, \boldsymbol{\nu})$$

$$\boldsymbol{z} := t(\boldsymbol{\epsilon}, \boldsymbol{\nu})$$

其中 $\boldsymbol{x} \in \mathbb{R}^D, \boldsymbol{z} \in \mathbb{R}^E, \boldsymbol{\nu} \in \mathbb{R}^F, \boldsymbol{\epsilon} \in \mathbb{R}^G$. 利用链式法则, 求出梯度

$$\frac{\mathrm{d}}{\mathrm{d}\boldsymbol{\nu}} g(\boldsymbol{z}, \boldsymbol{\nu}).$$

CHAPTER 6

第 6 章

概率和分布

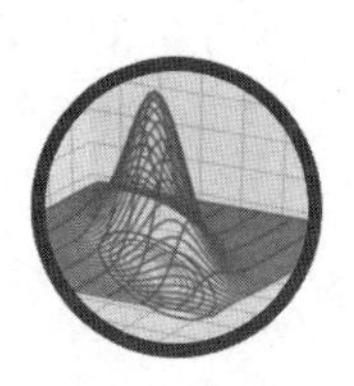

粗略地说, 概率是关于不确定性的研究. 概率可以看作一个事件发生次数的占比, 或者一个事件发生的可信程度. 我们想用概率来衡量试验中发生某些事情的可能性. 如第 1 章所述, 我们经常量化数据、机器学习模型中以及模型中随机变量产生的预测的不确定性. 量化不确定性需要*随机变量*的概念, 它是一个将随机试验的结果映射到我们感兴趣的一组属性的函数. 与随机变量相关联的用于测量特定结果 (或一组结果) 发生的概率的函数称作*概率分布*.

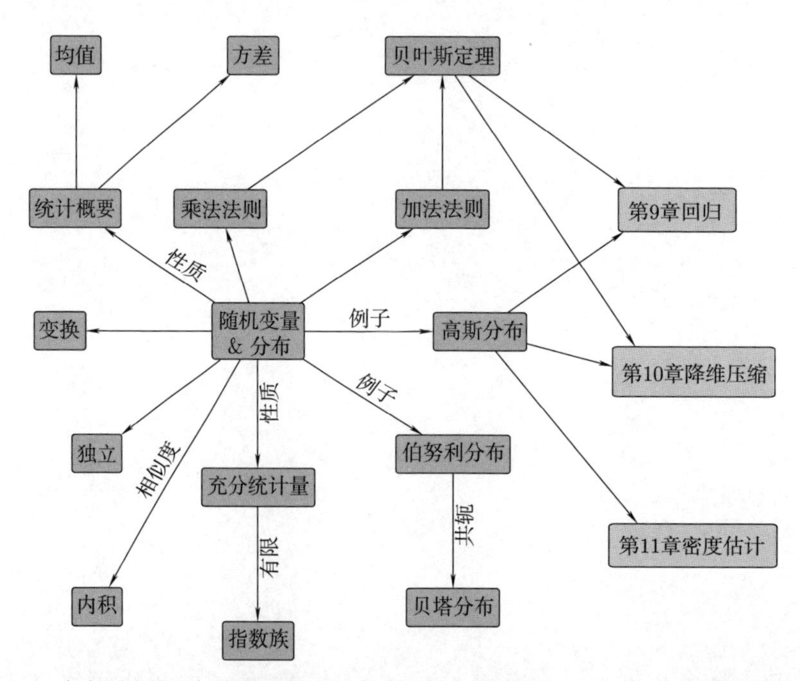

图 6.1　本章所述的随机变量和概率分布相关概念的思维导图, 以及其与其他章节的联系

概率分布被用作其他概念的构成要素, 例如, 概率模型 (8.4 节)、图模型 (8.5 节), 以及模型选择 (8.6 节). 在下一节中, 我们将介绍定义概率空间 (样本空间、事件和事件概率) 的三个概念, 以及它们与第四个概念——随机变量之间的关系. 由于严格的陈述可能会妨碍对概念的直观理解, 所以解释时严谨性稍有放松. 本章中提到的思维导图如图 6.1 所示.

6.1 概率空间的构造

概率论旨在定义一个数学结构来描述试验的随机结果. 例如, 当抛一枚硬币时, 我们无法确定结果, 但通过大量抛硬币, 我们可以观察到平均结果的规律性. 使用概率的数学结构是为了进行自动推理, 从这个意义上说, 概率扩大了逻辑推理的运用 (Jaynes, 2003).

6.1.1 哲学问题

在构造自动推理系统时, 经典的布尔逻辑使我们无法表示特定形式的合情推理. 考虑以下场景: 当我们观察到 A 是错的. 我们发现 B 变得不可信, 即使从古典逻辑中无法得到这样的结论. 当我们发现 B 是对的. A 似乎变得更加可信. 我们每天都在使用这样的推理形式. 例如, 我们正在等朋友, 考虑以下三种可能: H1, 她会准时到达; H2, 她被交通耽搁了; H3, 她被外星人绑架了. 当我们发现朋友迟到时, 我们必须合乎逻辑地排除 H1. 我们也倾向于认为 H2 更有可能, 尽管从逻辑上讲我们无法得出这个结论. 最后, 虽然逻辑上认为 H3 是有可能的, 但我们仍认为它是不可能的. 我们如何断定 H2 是最合理的答案[⊖]? 这样看来, 概率论可以看作布尔逻辑的扩展. 在机器学习的背景下, 它经常以这种方式应用于自动推理系统的形式化设计. 关于概率理论是推理系统的基础的进一步论证, 可以阅读 (Pearl, 1988).

Cox 研究了概率的哲学基础, 以及它应该如何与我们所认为的真 (在逻辑意义上) 联系起来 (Jaynes, 2003). 另一种理解方式是如果我们想要精确化表达我们直觉性的常识, 最终只能通过建立概率的概念. E. T. Jaynes (1922—1998) 确立了三条数学准则, 适用于所有似真值:

1. 似真值是一个实数.

2. 这些数值必须建立在常识的基础上.

3. 结果的推理必须满足一致性, "一致性" 的含义如下所示:

(a) 一致性或非矛盾性: 当通过不同的方法可以得到相同的结果时, 必须在所有情况下得到相同的似真值.

(b) 真实性: 必须考虑所有可用数据.

(c) 再现性: 如果我们对两个问题的了解状态相同, 那么我们必须为它们分配相同的似真值.

⊖ "对于合情推理, 有必要将离散的真值和假值扩展到连续的似真值." (Jaynes, 2003).

Cox–Jaynes 定理证明这些似真准则足以定义适用于似真值 p 的通用数学规则, 包括进行任意的单调函数变换. 这些规则就是概率规则.

评注 在机器学习和统计方面, 概率主要有两种解释: 贝叶斯理论与频率论 (Bishop, 2006; Efron and Hastie, 2016). 贝叶斯理论使用概率来表示事件的不确定性程度. 它有时被称作“主观概率”或“可信度”. 频率论考虑感兴趣事件与发生事件的总数的相对频率. 当某事件可发生无限次时, 其概率定义为该事件相对概率的极限.

一些关于概率模型的机器学习教材使用简化的符号和术语, 有时会使读者感到困惑. 本书也不例外. 例如, 许多不同的概念都指的是“概率分布”, 读者需要从上下文中得到其含义. 帮助理解概率分布的一个技巧是检查我们是否试图对某个类别对象 (离散随机变量) 或某个连续对象 (连续随机变量) 进行建模. 我们在机器学习中解决的问题类型与我们是考虑分类模型还是连续模型密切相关.

6.1.2 概率与随机变量

在讨论概率时, 有三个不同的概念经常被混淆. 首先是概率空间, 它使得我们可以量化概率. 然而, 我们大多不直接处理这个基本概率空间. 相反, 我们使用随机变量 (第二个概念), 它将概率转移到更方便的 (通常是数值型的) 空间. 第三个概念是与随机变量相关的分布或规律. 我们将在本节中介绍前两个概念, 并在 6.2 节中介绍第三个概念.

现代概率论是基于 Kolmogorov (Grinstead and Snell, 1997; Jaynes, 2003) 提出的一套公理, 其介绍了样本空间、事件空间和概率测度三个概念. 概率空间用随机结果模拟真实世界的过程 (即试验).

样本空间 Ω

样本空间指试验所有可能结果的集合, 通常使用 Ω 表示. 例如, 两次连续抛硬币的样本空间为 $\{$hh, tt, ht, th$\}$, 其中“h”表示“正面”,“t”表示“反面”.

事件空间 $\mathcal{A}$

事件空间是试验所有潜在结果的集合. 样本空间 Ω 的一个子集 A 包含在事件空间 $\mathcal{A}$ 中, 在试验结束后, 我们可以观察到一个特定的结果 $\omega \in \Omega$ 是否在 A 中. 事件集合 $\mathcal{A}$ 是 Ω 的所有子集集合, 并且对于离散的概率分布来说 (6.2.1 节), $\mathcal{A}$ 通常是 Ω 的幂集.

概率 P

对于任意的事件 $A \in \mathcal{A}$, 我们使用一个数值 $P(A)$ 表示该事件发生的概率或可信度. $P(A)$ 称作事件 A 的概率.

单个事件的概率值必须在区间 $[0,1]$ 内, 并且样本空间 Ω 中所有结果的总概率必须是 1, 即 $P(\Omega)=1$. 给定一个概率空间 $(\Omega, \mathcal{A}, P)$, 我们希望利用它对真实世界的一些现象进行建模. 在机器学习中, 我们经常避免显式地引用概率空间, 而是引用感兴趣的量的概率, 其使用 $\mathcal{T}$ 表示. 在本书中, 我们称 $\mathcal{T}$ 为目标空间并且称 $\mathcal{T}$ 中的元素为状态. 我们提出一个函数 $X : \Omega \to \mathcal{T}$, 其输入 Ω 中的一个元素 (一个结果) 并返回一个特定兴趣量 x, 即 $\mathcal{T}$ 中的一个值. 这种从 Ω 到 $\mathcal{T}$ 的联系/映射称作随机变量. 例如, 在投掷两枚硬币并计算硬币朝上的数量的试验中, 随机变量[㊀] X 映射出三种可能的结果 $X(\text{hh})=2$, $X(\text{ht})=1$, $X(\text{th})=1$, 以及 $X(\text{tt})=0$. 在这个特定的例子中, $\mathcal{T}=\{0,1,2\}$, $\mathcal{T}$ 中元素的概率是我们所感兴趣的. 对于一个有限的样本空间 Ω 和有限的 $\mathcal{T}$, 与随机变量对应的函数本质上是一个查找表. 对于 $S\subseteq\mathcal{T}$ 的任何一个子集, 我们将 $P_X(S)\in[0,1]$(概率) 与随机变量 X 对应的特定事件关联起来. 例 6.1 提供了术语的具体说明.

评注 令人头疼的是, 前面提到的样本空间 Ω 在不同的书中有不同的名称. Ω 的另一个常用的名字是"状态空间" (Jacod and Protter, 2004), 但状态空间有时是用来表示动态系统中的状态集合 (Hasselblatt and Katok, 2003). 其他有时用来描述 Ω 的名称有: "样本描述空间""概率空间""事件空间".

例 6.1[㊁] 我们假设读者已经对计算事件集合的交集和并集的概率非常熟悉. Walpole et al. (2011) 的第 2 章介绍概率时有更多的示例.

考虑一个统计试验, 在试验中模拟一个游戏, 从一个袋子中有放回地抽取两枚硬币. 袋子中的硬币有美元 (用 \$ 表示) 和英镑 (用 £ 表示), 因为我们从袋子中抽取两枚硬币, 所以总共有四种结果. 因此这个试验的状态空间 (即样本空间) Ω 是 (\$, \$), (\$, £), (£, \$), (£, £). 假设从袋子中抽到 \$ 硬币的概率为 0.3.

我们感兴趣的事件是 \$ 的总共抽取次数. 定义一个随机变量 X, 它从样本空间 Ω 映射到集合 $\mathcal{T}$, 该集合表示为从袋子中抽取 \$ 的次数. 从之前的样本空间中我们可以看到我们可以抽取 0 次 \$、1 次 \$ 或者 2 次 \$, 因此集合 $\mathcal{T}=\{0,1,2\}$. 随机变量 X(一个函数或者一个查找表) 的表示如下所示:

$$X((\$,\$))=2 \tag{6.1}$$

$$X((\$,\pounds))=1 \tag{6.2}$$

$$X((\pounds,\$))=1 \tag{6.3}$$

$$X((\pounds,\pounds))=0\,. \tag{6.4}$$

因为我们是有放回地抽取, 所以这两次抽取是互相独立的, 这个概念将在 6.4.5 节中讨论. 需要说明的是, 有两个试验结果, 它们映射到相同的事件, 即只抽取到 1 次 \$. 因此, 随机变量 X 的概率密度函数 (6.2.1 节) 为

$$\begin{aligned}P(X=2)&=P((\$,\$))\\&=P(\$)\cdot P(\$)\\&=0.3\cdot 0.3=0.09\end{aligned} \tag{6.5}$$

㊀ "随机变量"这个名字很容易引起误解, 因为它既不随机, 也非变量. 它是一个函数.

㊁ 这个示例本质上是抛一枚不均匀的硬币.

$$
\begin{aligned}
P(X=1) &= P((\$,\pounds)\cup(\pounds,\$)) \\
&= P((\$,\pounds)) + P((\pounds,\$)) \\
&= 0.3\cdot(1-0.3)+(1-0.3)\cdot 0.3 = 0.42 && (6.6)\\
P(X=0) &= P((\pounds,\pounds)) \\
&= P(\pounds)\cdot P(\pounds) \\
&= (1-0.3)\cdot(1-0.3) = 0.49\,. && (6.7)
\end{aligned}
$$

在这次计算中, 我们将两个不同的概念, 随机变量 X 的概率和样本空间 Ω 中样本的概率, 等同起来. 例如, 在式 (6.7)中, $P(X=0)=P((\pounds,\pounds))$. 考虑一个随机变量 $X:\Omega\to\mathcal{T}$ 以及一个子集 $S\subseteq\mathcal{T}$(例如, $\mathcal{T}$ 中的单个元素, 比如在抛两次硬币时只有一次是正面朝上的情况). 令 $X^{-1}(S)$ 是 S 经过随机变量 X 的原象, 也就是说, Ω 中的元素集合在随机变量 X 下映射到 S, $\{\omega\in\Omega:X(\omega)\in S\}$. 要理解 Ω 中的事件关于随机变量 X 的转移概率, 一种方式是将其与在 S 中原象的概率联系起来 (Jacod and Protter, 2004). 对于 $S\subseteq\mathcal{T}$, 其中符合的定义如下所示:

$$P_X(S)=P(X\in S)=P(X^{-1}(S))=P(\{\omega\in\Omega:X(\omega)\in S\})\,. \tag{6.8}$$

等式 (6.8) 左边是所有我们感兴趣的结果集合的概率 (例如, \$ 的个数 = 1). 通过随机变量 X, 其能够将状态映射到结果, 得到等式 (6.8) 右边符合该特性 (例如, \$£, £\$) 的状态集合 (存在于 Ω 中) 的概率. 我们说随机变量 X 是服从概率分布 P_X 的分布, 它定义了事件和随机变量结果概率之间的概率映射. 换句话说, 函数 P_X 或等价的 $P\circ X^{-1}$ 是随机变量 X 的*分布律*或*分布*.

评注 *目标空间, 也就是随机变量 X 的值域 $\mathcal{T}$, 被用来定义概率空间的类别, 如 $\mathcal{T}$ 上的随机变量. 当 $\mathcal{T}$ 有限或者可数无穷时, 就将其称作离散随机变量 (6.2.1 节). 对于连续随机变量 (6.2.2 节), 我们仅涉及 $\mathcal{T}=\mathbb{R}$ 或 $\mathcal{T}=\mathbb{R}^D$.*

6.1.3 统计

概率理论和统计经常联系在一起, 但它们研究的是不确定性的不同方面. 对比它们的一种方法是观察它们能够处理的问题. 使用概率, 我们可以建立一个过程的模型, 其中潜在的不确定性被随机变量捕获, 并且我们使用概率规则来推导发生了什么. 在统计中, 我们观察发生过的事情, 试图找出潜在的过程并解释观察结果. 从这个意义上说, 机器学习的目标接近统计, 构建一个充分代表生成数据过程的模型. 我们可以使用概率规则来获得某些数据的 “最佳拟合” 模型.

机器学习系统中的另一个关注点是泛化误差 (见第 8 章). 其意指我们更关注系统在未来我们不曾观察到的实例上的性能表现. 这种对未来性能表现的分析依赖于概率和统计, 其中大部分超出了本章将要介绍的内容. 鼓励有兴趣的读者阅读 (Boucheron et al., 2013; Shalev-Shwartz and Ben-David, 2014). 我们将在第 8 章中看到更多关于统计的知识.

6.2 离散概率和连续概率

让我们把注意力集中在描述 6.1 节中介绍的事件概率的方法上. 根据目标空间是离散的还是连续的, 引用分布的方式也是不同的. 当目标空间 $\mathcal{T}$ 离散时, 我们可以指定随机变量 X 取一个值 $x \in \mathcal{T}$ 的概率. 离散随机变量 X 的表达式 $P(X = x)$ 称为*概率质量函数*. 当目标空间 $\mathcal{T}$ 是连续的, 例如, 实直线 $\mathbb{R}$, 更自然的方式是指定随机变量 X 在区间内的概率, 例如, 使用 $P(a \leqslant X \leqslant b)$ 表示 $a < b$ 区间的概率. 习惯上, 我们用 $P(X \leqslant x)$ 表示随机变量 X 小于一个特定值 x 的概率. 一个连续随机变量 X 的表达式 $P(X \leqslant x)$ 称为*累积分布函数*. 我们将在 6.2.3 节重新讨论离散和连续随机变量的术语并对其进行对比.

评注 我们将使用一元分布来表示单个随机变量的分布 (其状态用非粗体 x 表示). 我们将多个随机变量的分布称为多元分布, 但通常考虑一个随机变量向量 (其状态用粗体 $\boldsymbol{x}$ 表示).

6.2.1 离散概率

当目标空间离散时, 我们可以把多个随机变量的概率分布想象成一个 (多维) 数字数组, 见图 6.2 中的示例. 目标空间的*联合概率*是该目标空间中每个随机变量的笛卡儿积. 我们将联合概率定义如下:

$$P(X = x_i, Y = y_j) = \frac{n_{ij}}{N}, \tag{6.9}$$

其中 n_{ij} 表示事件的状态为 x_i 和 y_j 的数量, N 表示事件的总数. 联合概率是两个事件相交的概率, 即 $P(X = x_i, Y = y_j) = P(X = x_i \cap Y = y_j)$. 图 6.2 说明了离散概率分布函数的*概率质量函数* (pmf). 对于两个随机变量 X 和 Y, $X = x$ 且 $Y = y$ 的概率被简写成 $p(x, y)$ 并称作联合概率. 我们可以把概率看作一个函数, 输入状态 x 和 y 并返回实数, 这就是我们写作 $p(x, y)$ 的原因. *边缘概率*是指不管随机变量 Y 的值是多少, X 取 x 值的概率简写为 $p(x)$. 我们用 $X \sim p(x)$ 来表示随机变量 X 是根据 $p(x)$ 分布的. 如果我们只考虑 $X = x$ 的实例, 那么相对 $Y = y$ 的实例的占比 (*条件概率*) 简写为 $p(y \mid x)$.

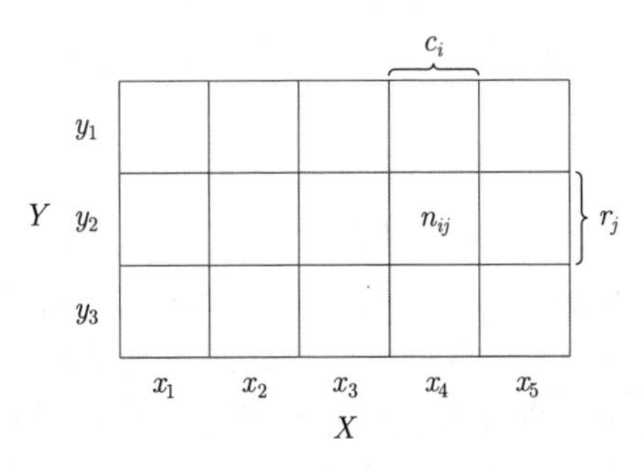

图 6.2 具有随机变量 X 和 Y 的离散二元概率质量函数的可视化. 此图改编自 Bishop (2006)

例 6.2 假设两个随机变量 X 和 Y, 其中 X 有 5 种可能的状态, Y 有 3 种可能的状态, 如图 6.2 所示. 我们用 n_{ij} 表示事件状态为 $X = x_i$ 且 $Y = y_j$ 的数量, 用 N 表示事件的总数. 值 c_i 是第 i 列的各个频率的总和, 即 $c_i = \sum_{j=1}^{3} n_{ij}$. 同样地, r_j 的值是行的和, 即 $r_j = \sum_{i=1}^{5} n_{ij}$. 使用这些定义, 我们可以简洁地表示 X 和 Y 的分布.

每个随机变量的概率分布 (即边缘概率) 可以看作一行或一列上的和:

$$P(X = x_i) = \frac{c_i}{N} = \frac{\sum_{j=1}^{3} n_{ij}}{N} \tag{6.10}$$

以及

$$P(Y = y_j) = \frac{r_j}{N} = \frac{\sum_{i=1}^{5} n_{ij}}{N}, \tag{6.11}$$

其中 c_i 和 r_j 分别是概率表中的第 i 列、第 j 行的值. 对有限事件数的离散随机变量, 我们假设概率之和为 1, 即

$$\sum_{i=1}^{5} P(X = x_i) = 1 \quad 且 \quad \sum_{j=1}^{3} P(Y = y_j) = 1\,. \tag{6.12}$$

条件概率是特定单元格中行或列的比值. 例如, 在 X 条件下 Y 的条件概率为

$$P(Y = y_j \,|\, X = x_i) = \frac{n_{ij}}{c_i}\,, \tag{6.13}$$

在 Y 条件下 X 的条件概率为

$$P(X = x_i \,|\, Y = y_j) = \frac{n_{ij}}{r_j}\,. \tag{6.14}$$

在机器学习中, 我们使用离散概率分布来建模*分类变量*, 即取一组有限无序值的变量. 它们可以是分类特征, 比如大学学位用来预测一个人的薪水, 也可以是分类标签, 比如手写识别时的字母表. 离散分布也经常被用来构造组合有限个连续分布的概率模型 (第 11 章).

6.2.2 连续概率

在本节中, 我们考虑实值随机变量, 即我们考虑目标空间是实数轴 $\mathbb{R}$ 上的区间. 在本书中, 假定我们可以像使用有限状态的离散概率空间那样对实随机变量进行一些操作. 然而, 这种简化在两种情况下并不精确: 当我们无限频繁地重复某件事时, 以及当我们想从一个区间抽取一个点时. 第一种情况出现在我们讨论机器学习中的泛化误差时 (第 8 章). 第二种情况出现在我们要讨论一些连续分布时, 例如, 高斯分布 (6.5 节). 就我们的目的而言, 放松严谨性可以简化对概率论的介绍.

评注 在连续空间中, 有两个不符合直觉的附加技术细节. 第一, 对所谓所有子集的集合的运算 (在 6.1 节中用于定义事件空间 $\mathcal{A}$) 是不够良好的定义. $\mathcal{A}$ 需要限制在可数的交、并、补运算下才有良好定义. 第二, 集合的大小 (在离散空间中可以通过计数来获得) 变得很棘手. 集合的大小称为其测度. 例如, 离散集的基数、$\mathbb{R}$ 中区间的长度和 $\mathbb{R}^d$ 中区域的体积都是测度. 在集合运算下有良好的定义并且具有拓扑结构的集合称为 Borel σ 代数. Betancourt 详细介绍了从集合论中自洽地构造概率空间的方法, 可查阅 `https://tinyurl.com/yb3t6mfd`. 为了更严谨地构造概率空间, 我们参考了 (Billingsley, 1995; Jacod and Protter, 2004).

在这本书中, 我们考虑实值随机变量及其相应的 Borel σ 代数. 我们认为 $\mathbb{R}^D$ 值的随机变量是实值随机变量的向量.

定义 6.1 (概率密度函数) 函数 $f:\mathbb{R}^D\to\mathbb{R}$ 称作概率密度函数 (pdf), 若

1. $\forall \boldsymbol{x}\in\mathbb{R}^D, f(\boldsymbol{x})\geqslant 0$.
2. 它的积分存在且

$$\int_{\mathbb{R}^D} f(\boldsymbol{x})\mathrm{d}\boldsymbol{x}=1\,. \tag{6.15}$$

对于离散随机变量的概率质量函数 (pmf), 用式 (6.12) 中的求和代替式 (6.15) 中的积分.

观察到概率密度函数是任何非负的函数 f, 并且积分为 1. 我们把一个随机变量 X 和这个函数 f 联系起来, 通过

$$P(a\leqslant X\leqslant b)=\int_a^b f(x)\mathrm{d}x\,, \tag{6.16}$$

其中 $a,b\in\mathbb{R}$, $x\in\mathbb{R}$ 是随机变量 X 的对应结果. 状态 $\boldsymbol{x}\in\mathbb{R}^D$ 通过 $x\in\mathbb{R}$ 的向量近似定义. 这种关联 (6.16) 称作分布律或者随机变量 X 的分布.

评注 与离散随机变量不同, 连续随机变量 X 取特定值的概率 $P(X=x)$ [㊀] 为零. 这就像式(6.16) 中试图确立一个 $a=b$ 的具体区间.

定义 6.2 (累积分布函数) 多元实值随机变量 X 的分布函数状态为 $\boldsymbol{x}\in\mathbb{R}^D$ 的累积分布函数 (cdf) 由下式给出:

$$F_X(\boldsymbol{x})=P(X_1\leqslant x_1,\cdots,X_D\leqslant x_D)\,, \tag{6.17}$$

其中 $X=[X_1,\cdots,X_D]^\top$, $\boldsymbol{x}=[x_1,\cdots,x_D]^\top$, 等式右边表示随机变量 X_i 取小于或等于 x_i 的值的概率.

㊀ $P(X=x)$ 是一个测度为 0 的集合.

cdf 也可以表示为概率密度函数 $f(\boldsymbol{x})$ 的积分[㊀], 因此,

$$F_X(\boldsymbol{x}) = \int_{-\infty}^{x_1} \cdots \int_{-\infty}^{x_D} f(z_1, \cdots, z_D) \mathrm{d}z_1 \cdots \mathrm{d}z_D \,. \tag{6.18}$$

评注　我们重申, 在讨论分布时, 实际上有两个不同的概念. 第一个是 pdf 的概念 (用 $f(x)$ 表示), 它是一个非负函数, 求和为 1. 第二个是随机变量 X 的分布, 即随机变量 X 与 pdf $f(x)$ 的联系.

对于本书的大部分内容, 我们将不使用符号 $f(x)$ 和 $F_X(x)$, 因为我们基本上不需要区分 pdf 和 cdf. 但是在 6.7 节中, 我们需要区分 pdf 和 cdf.

6.2.3　离散分布和连续分布的对比

回想 6.1.2 节, 概率是正数, 且总概率为 1. 对于离散随机变量来说 (见式 (6.12)), 这意味着每个状态的概率必须位于区间 $[0, 1]$ 中. 然而, 对于连续随机变量来说, 归一化 (见式 (6.15)) 并不意味着所有密度值小于或等于 1. 如图 6.3 所示, 我们分别展示了离散和连续随机变量下的均匀分布.

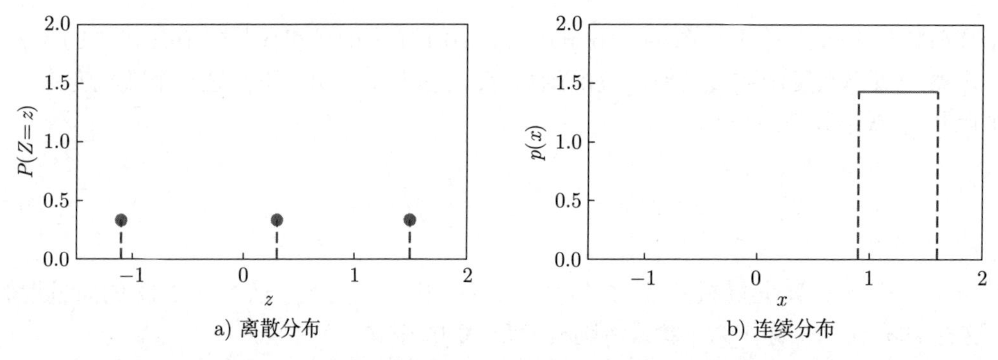

图 6.3　离散和连续均匀分布的例子. 有关分布的详细信息, 请参见例 6.3

例 6.3　我们考虑均匀分布的两个例子, 其中每个状态发生的可能性相等. 这个例子说明离散概率分布和连续概率分布之间的一些区别.

设 Z 为离散均匀随机变量, 并且有三种状态 $\{Z = -1.1, Z = 0.3, Z = 1.5\}$[㊁]. 概率质量函数可表示为概率值表:

z	-1.1	0.3	1.5
$P(Z=z)$	$\frac{1}{3}$	$\frac{1}{3}$	$\frac{1}{3}$

㊀ 有些累积分布函数没有相应的概率密度函数.

㊁ 这些状态的实际值在这里没有意义, 我们故意选择数字来说明我们不想涉及 (并且应该忽略) 状态顺序.

或者, 我们可以将其视为一个图 (见图 6.3a) 其中状态位于 x 轴上, y 轴表示特定状态的概率. 图 6.3a 中的 y 轴故意延长, 以便与图 6.3b 中的相同.

设 X 为连续随机变量, 取值范围为 $0.9 \leqslant X \leqslant 1.6$, 如图 6.3b 所示. 可以看到密度的高度可以大于 1. 但它需要保证

$$\int_{0.9}^{1.6} p(x)\mathrm{d}x = 1\,. \tag{6.19}$$

评注 关于离散概率分布还有一个额外的奇妙之处. 状态 $z_1, \cdots, z_d$ 原则上没有任何结构, 也就是说, 通常无法比较它们, 例如, $z_1 = \mathrm{red}, z_2 = \mathrm{green}, z_3 = \mathrm{blue}$. 然而, 在许多机器学习应用中, 离散状态取数值, 例如, $z_1 = -1.1, z_2 = 0.3, z_3 = 1.5$, 这样我们就可以说 $z_1 < z_2 < z_3$. 如果离散状态是数值型的, 则将会特别有用, 因为我们经常考虑随机变量的期望值 (6.4.1 节).

不幸的是, 机器学习文献使用的符号和术语忽略了样本空间 Ω、目标空间 $\mathcal{T}$ 和随机变量 X 之间的区别. 对于随机变量 X 的可能结果集的值 x[㊀], 即 $x \in \mathcal{T}$, $p(x)$ 表示随机变量 X 具有结果 x 的概率. 对于离散随机变量来说, 这个写作 $P(X = x)$, 也就是概率质量函数. pmf 通常被称为"分布". 对于连续随机变量来说, $p(x)$ 称作概率密度函数 (通常简称为密度). 更进一步说, 累积分布函数 $P(X \leqslant x)$ 通常也被称为"分布". 在本章中, 我们将使用符号 X 来表示单变量和多变量随机变量, 并分别用 x 和 $\boldsymbol{x}$ 表示状态. 我们在表 6.1 中总结了术语.

表 6.1 概率分布术语

类型	"点概率"	"区间概率"
离散	$P(X = x)$ 概率质量函数	不适用
连续	$p(x)$ 概率密度函数	$P(X \leqslant x)$ 累积分布函数

评注 我们将使用"概率分布"表达式, 不仅用于离散概率质量函数, 也用于连续概率密度函数, 尽管这在技术上是不正确的. 与大多数机器学习文献一样, 我们也依赖上下文来区分短语概率分布的不同用法.

6.3 加法法则、乘法法则和贝叶斯定理

我们认为概率论是逻辑推理的延伸. 正如我们在 6.1.1 节中讨论的, 这里 (Jaynes, 2003, chapter 2) 给出的概率规则自然地满足这个要求. 概率模型 (8.4 节) 为机器学习方法的设计

㊀ 我们认为结果 x 是得到概率 $p(x)$ 的参数.

提供了理论基础. 一旦我们定义了与数据和问题的不确定性相对应的概率分布 (6.2 节), 结果发现只有两个基本法则, 即加法法则与乘法法则.

回想式 (6.9), $p(\boldsymbol{x},\boldsymbol{y})$ 是两个随机变量 $\boldsymbol{x},\boldsymbol{y}$ 的联合分布. 分布 $p(\boldsymbol{x})$ 和 $p(\boldsymbol{y})$ 是相应的边缘分布, $p(\boldsymbol{y}\,|\,\boldsymbol{x})$ 是 $\boldsymbol{x}$ 的条件分布. 考虑到 6.2 节给出了离散和连续随机变量的边缘概率和条件概率的定义, 我们现在可以给出概率论中的两个基本法则[⊖].

法则一, *加法法则*, 如下所示:

$$p(\boldsymbol{x})=\begin{cases}\displaystyle\sum_{\boldsymbol{y}\in\mathcal{Y}}p(\boldsymbol{x},\boldsymbol{y}) & \text{如果 }\boldsymbol{y}\text{ 是离散的}\\ \displaystyle\int_{\mathcal{Y}}p(\boldsymbol{x},\boldsymbol{y})\mathrm{d}\boldsymbol{y} & \text{如果 }\boldsymbol{y}\text{ 是连续的}\end{cases},\tag{6.20}$$

其中 $\mathcal{Y}$ 是随机变量 Y 的状态空间的状态集合. 也就是对状态集合 $\boldsymbol{y}$ 的随机变量 Y 进行求和 (或积分). 加法法则也被称作*边缘属性*. 加法法则将联合分布与边缘分布联系起来. 一般来说, 当联合分布包含两个以上的随机变量时, 加法法则可应用于随机变量的任何子集, 从而产生可能不止一个随机变量的边缘分布. 更具体地说, 当 $\boldsymbol{x}=[x_1,\cdots,x_D]^\top$ 时, 我们通过重复应用加法法则来获得边缘值,

$$p(x_i)=\int p(x_1,\cdots,x_D)\mathrm{d}\boldsymbol{x}_{\backslash i}\tag{6.21}$$

在加法法则中, 我们积分/求出除 x_i 以外的所有随机变量的和, 该变量用 $\backslash i$ 表示, 读作"除 i 以外的所有变量".

评注　概率建模的许多计算挑战都是由于加法法则的应用. 当有许多变量或具有许多状态的离散变量时, 加法法则就应用于高维求和或积分. 高维求和或积分通常都是复杂度很高的, 因为没有已知的多项式时间算法来精确计算它们.

法则二, 称作*乘法法则*, 通过下式将联合分布与条件分布联系起来:

$$p(\boldsymbol{x},\boldsymbol{y})=p(\boldsymbol{y}\,|\,\boldsymbol{x})p(\boldsymbol{x})\,.\tag{6.22}$$

乘法法则可以解释为两个随机变量的每个联合分布都可以被其他两个分布的因式分解 (写成乘积). 这两个因子是第一个随机变量 $p(\boldsymbol{x})$ 的边缘分布, 以及给定 $p(\boldsymbol{y}\,|\,\boldsymbol{x})$ 的条件下第二个随机变量的条件分布. 由于随机变量的顺序在 $p(\boldsymbol{x},\boldsymbol{y})$ 中是任意的, 因此乘法法则也可以写成 $p(\boldsymbol{x},\boldsymbol{y})=p(\boldsymbol{x}\,|\,\boldsymbol{y})p(\boldsymbol{y})$. 准确地说, 式(6.22) 表示为离散随机变量的概率质量函数. 对于连续随机变量, 乘法法则用概率密度函数表示 (6.2.3 节).

在机器学习和贝叶斯统计中, 我们通常对根据观察到的随机变量来推断未观察到的 (隐) 随机变量感兴趣. 假设我们已知关于隐变量 $\boldsymbol{x}$ 的先验概率 $p(\boldsymbol{x})$ 以及与可观察到的

⊖ 这两个法则是从我们在 6.1.1 节中讨论的需求中自然产生的 (Jaynes, 2003).

随机变量 $\boldsymbol{y}$ 之间的条件关系 $p(\boldsymbol{y} \mid \boldsymbol{x})$. 如果我们可以观察到 $\boldsymbol{y}$, 在已知 $\boldsymbol{y}$ 的观测值的条件下, 我们可以利用贝叶斯定理得出一些关于 $\boldsymbol{x}$ 的结论. 贝叶斯定理 (也称贝叶斯规则或贝叶斯法则)

$$\underbrace{p(\boldsymbol{x} \mid \boldsymbol{y})}_{\text{后验}} = \frac{\overbrace{p(\boldsymbol{y} \mid \boldsymbol{x})}^{\text{似然}} \overbrace{p(\boldsymbol{x})}^{\text{先验}}}{\underbrace{p(\boldsymbol{y})}_{\text{证据}}} \tag{6.23}$$

是式 (6.22) 乘法法则的直接结果, 因为

$$p(\boldsymbol{x}, \boldsymbol{y}) = p(\boldsymbol{x} \mid \boldsymbol{y}) p(\boldsymbol{y}) \tag{6.24}$$

且

$$p(\boldsymbol{x}, \boldsymbol{y}) = p(\boldsymbol{y} \mid \boldsymbol{x}) p(\boldsymbol{x}) \tag{6.25}$$

所以可得

$$p(\boldsymbol{x} \mid \boldsymbol{y}) p(\boldsymbol{y}) = p(\boldsymbol{y} \mid \boldsymbol{x}) p(\boldsymbol{x}) \iff p(\boldsymbol{x} \mid \boldsymbol{y}) = \frac{p(\boldsymbol{y} \mid \boldsymbol{x}) p(\boldsymbol{x})}{p(\boldsymbol{y})}. \tag{6.26}$$

在式 (6.23) 中, $p(\boldsymbol{x})$ 是先验概率, 它是指我们在观察任何数据之前对未观察 (隐) 变量 $\boldsymbol{x}$ 的主观先验知识. 我们可以选择任何对我们有意义的先验概率, 但关键是要确保先验概率对所有可能的 $\boldsymbol{x}$ 具有非零 pdf(或 pmf), 即使它们非常罕见.

似然[⊖] $p(\boldsymbol{y} \mid \boldsymbol{x})$ 是用来描述 $\boldsymbol{x}$ 和 $\boldsymbol{y}$ 的关系的, 在离散概率分布的情况下, 如果我们知道隐变量 $\boldsymbol{x}$, 则它是 $\boldsymbol{y}$ 在我们已知隐变量 $\boldsymbol{x}$ 条件下的概率. 需要注意的是似然不是 $\boldsymbol{x}$ 的分布, 只是 $\boldsymbol{y}$ 的分布. 我们称 $p(\boldsymbol{y} \mid \boldsymbol{x})$ 要么是 "$\boldsymbol{x}$ 的似然 (在 $\boldsymbol{y}$ 条件下)", 要么是 "在 $\boldsymbol{x}$ 条件下 $\boldsymbol{y}$ 的概率", 但从不称 $\boldsymbol{y}$ 的似然 (MacKay, 2003).

后验 $p(\boldsymbol{x} \mid \boldsymbol{y})$ 是贝叶斯统计中感兴趣的量, 因为它准确地表达了我们感兴趣的内容, 即我们在观察了 $\boldsymbol{y}$ 之后对 $\boldsymbol{x}$ 的了解.

该值

$$p(\boldsymbol{y}) := \int p(\boldsymbol{y} \mid \boldsymbol{x}) p(\boldsymbol{x}) \mathrm{d}\boldsymbol{x} = \mathbb{E}_X[p(\boldsymbol{y} \mid \boldsymbol{x})] \tag{6.27}$$

是边缘似然/证据. 等式(6.27) 右边使用了我们在 6.4.1 节中定义的求期望的操作. 根据定义, 边缘似然隐变量 $\boldsymbol{x}$ 对式 (6.23) 的值进行积分. 因此, 边缘似然与 $\boldsymbol{x}$ 是相互独立的, 且它确保后验概率 $p(\boldsymbol{x} \mid \boldsymbol{y})$ 是归一化的. 边缘似然也可以解释为似然期望, 即我们取其在先验概

⊖ 似然有时也被称为"测度模型".

率 $p(\boldsymbol{x})$ 下的期望. 除了后验概率的归一化之外, 边缘似然在贝叶斯模型选择中也扮演着重要的角色, 我们将在 8.6 节中讨论.

由于式 (8.44) 的积分, 似然通常很难计算.

贝叶斯定理 (式(6.23)) 允许我们利用似然颠倒 $\boldsymbol{x}$ 和 $\boldsymbol{y}$ 的条件关系. 因此, 贝叶斯定理有时被称为 *概率逆*. 我们将在 8.4 节进一步讨论贝叶斯定理.

评注 *在贝叶斯统计中, 后验分布是人们感兴趣的量, 因为它蕴含了来自先验和数据的所有可用信息. 我们可以把注意力集中在后验概率的一些统计数据上, 比如后验概率的最大值, 而不是所有的后验概率值, 我们将在 8.3 节中进行讨论. 然而, 关注后验概率的某些统计信息会导致信息的丢失. 如果我们在更宽广的背景下思考, 那么后验可以在决策系统中使用, 拥有完整的后验将会非常有用, 并得到对干扰具有鲁棒性的决策. 例如, 在基于模型的强化学习中, (Deisenroth et al., 2015) 结果表明, 使用似然过渡函数的完全后验分布可以得到非常快速 (数据/样本有效) 的学习, 而关注后验分布的最大值会导致一致性错误. 因此, 拥有完整的后验知识对于下游任务非常有用. 在第 9 章中, 我们将在线性回归的背景下继续这个讨论.*

6.4 概要统计量和独立性

我们经常感兴趣于对一组随机变量进行概要统计和比较成对的随机变量. 随机变量的统计量是该随机变量的确定函数. 分布的概要统计数据提供了一个关于随机变量行为的有用视角, 顾名思义, 还提供了汇总和描述分布的数值. 我们将描述均值和方差这两个著名的概要统计量. 然后我们将讨论比较成对随机变量的两种方法: 第一, 如何判断两个随机变量是独立的; 第二, 如何计算它们之间的内积.

6.4.1 均值与方差

均值和 (协) 方差通常用于描述概率分布的性质 (期望值和偏离程度). 我们将在 6.6 节看到有一个有用的分布族 (称为指数族), 其中随机变量的统计信息包含所有可能的信息.

期望值的概念是机器学习的核心, 作为基本概念的概率本身也可以从期望值中导出 (Whittle, 2000).

定义 6.3 (期望值) 一元连续随机变量 $X \sim p(x)$ 的函数 $g: \mathbb{R} \rightarrow \mathbb{R}$ 的期望值为

$$\mathbb{E}_X[g(x)] = \int_{\mathcal{X}} g(x)p(x)\mathrm{d}x\,. \tag{6.28}$$

相应地, 离散随机变量 $X \sim p(x)$ 的函数 g 的期望值为

$$\mathbb{E}_X[g(x)] = \sum_{x \in \mathcal{X}} g(x)p(x)\,, \tag{6.29}$$

其中 $\mathcal{X}$ 是随机变量 X 的所有可能结果的集合 (目标空间).

在本节中, 我们考虑离散随机变量的数值结果, 即函数 g 以实数作为输入.

评注 我们认为多元随机变量 X 是一元随机变量 $[X_1, \cdots, X_D]^\top$ 的有限向量. 对于多元随机变量, 我们按元素定义期望值[⊖]

$$\mathbb{E}_X[g(\boldsymbol{x})] = \begin{bmatrix} \mathbb{E}_{X_1}[g(x_1)] \\ \vdots \\ \mathbb{E}_{X_D}[g(x_D)] \end{bmatrix} \in \mathbb{R}^D, \tag{6.30}$$

其中 $\mathbb{E}_{X_d}$ 的下标表示我们取向量 $\boldsymbol{x}$ 的第 d 个元素的期望值.

定义 6.3 定义了符号 $\mathbb{E}_X$ 作为运算符的含义, 表示我们应该对概率密度 (对于连续分布) 进行积分或求所有状态的和 (对于离散分布). 均值的定义 (定义 6.4) 是期望值的特例, 通过选择 g 为恒等函数获得.

定义 6.4 (均值) 具有状态集合 $\boldsymbol{x} \in \mathbb{R}^D$ 的随机变量 X 的均值就是平均数, 被定义为

$$\mathbb{E}_X[\boldsymbol{x}] = \begin{bmatrix} \mathbb{E}_{X_1}[x_1] \\ \vdots \\ \mathbb{E}_{X_D}[x_D] \end{bmatrix} \in \mathbb{R}^D, \tag{6.31}$$

其中

$$\mathbb{E}_{X_d}[x_d] := \begin{cases} \displaystyle\int_{\mathcal{X}} x_d p(x_d) \mathrm{d}x_d & \text{若 } X \text{ 是一个连续随机变量} \\ \displaystyle\sum_{x_i \in \mathcal{X}} x_i p(x_d = x_i) & \text{若 } X \text{ 是一个离散随机变量} \end{cases} \tag{6.32}$$

其中 $d = 1, \cdots, D$, 下标 d 表示向量 $\boldsymbol{x}$ 相应的维度. 这是在随机变量 X 的目标空间 $\mathcal{X}$ 上积分或者求和.

在一个维度上, “平均”还有两个直观的概念, 即中位数和众数. 中位数是指当我们给一组数值排序后的“中间”数值, 即有 50% 的数大于该数也有 50% 的数小于该数. 通过考虑 cdf(定义 6.2) 为 0.5 的值, 这一思想可以推广到连续值. 对于非对称分布或长尾分布, 中位数提供了一个比均值更接近人类直觉的典型值的估计. 此外, 中位数对异常值的鲁棒性高于均值. 将中位数推广到更高的维度是非常重要的, 因为在多个维度中没有有效的“排序”方法 (Hallin et al., 2010; Kong and Mizera, 2012). 众数是发生频率最高的值. 对于离散随机变量, 众数定义为具有最高发生频率的 x 值. 对于连续随机变量, 众数定义为密度 $p(\boldsymbol{x})$ 中的峰值. 一个特定的密度 $p(\boldsymbol{x})$ 可能有不止一个众数, 而且在高维分布中可能有非常多的众数. 因此, 找到一个分布的所有众数在计算上是有挑战性的.

⊖ 随机变量函数的期望值有时被称为无意识统计学家定律 (Casella and Berger, 2002, Section 2.2).

例 6.4 考虑图 6.4 所示的二维分布:

$$p(x) = 0.4\mathcal{N}\left(\boldsymbol{x} \,\middle|\, \begin{bmatrix}10\\2\end{bmatrix}, \begin{bmatrix}1 & 0\\0 & 1\end{bmatrix}\right) + 0.6\mathcal{N}\left(\boldsymbol{x} \,\middle|\, \begin{bmatrix}0\\0\end{bmatrix}, \begin{bmatrix}8.4 & 2.0\\2.0 & 1.7\end{bmatrix}\right). \tag{6.33}$$

我们将在 6.5 节定义高斯分布 $\mathcal{N}(\mu, \sigma^2)$, 同时给出它在各个维度上的相应边缘分布. 观察到分布是双峰的 (有两个众数), 但是其中一个边缘分布是单峰的 (有一个众数). 水平双峰一元分布说明均值和中位数可以彼此不同. 虽然将二维中位数定义为每个维度中位数的拼接是很合理的, 但我们无法定义二维点的顺序这一事实使其变得困难. 当我们说 "不能定义顺序" 时, 我们的意思是有多种方法可以定义 $<$, 使得 $\begin{bmatrix}3\\0\end{bmatrix} < \begin{bmatrix}2\\3\end{bmatrix}$.

图 6.4 二维数据集的均值、众数和中位数及其边缘密度的示意图

评注 期望值 (定义 6.3) 是一个线性运算符. 例如, 给定一个实值函数 $f(\boldsymbol{x}) = ag(\boldsymbol{x}) + bh(\boldsymbol{x})$, 其中 $a, b \in \mathbb{R}$ 且 $\boldsymbol{x} \in \mathbb{R}^D$, 我们可以得到

$$\mathbb{E}_X[f(\boldsymbol{x})] = \int f(\boldsymbol{x})p(\boldsymbol{x})\mathrm{d}\boldsymbol{x} \tag{6.34a}$$

$$= \int [ag(\boldsymbol{x}) + bh(\boldsymbol{x})]p(\boldsymbol{x})\mathrm{d}\boldsymbol{x} \tag{6.34b}$$

$$= a\int g(\boldsymbol{x})p(\boldsymbol{x})\mathrm{d}x + b\int h(\boldsymbol{x})p(\boldsymbol{x})\mathrm{d}\boldsymbol{x} \tag{6.34c}$$

$$= a\mathbb{E}_X[g(\boldsymbol{x})] + b\mathbb{E}_X[h(\boldsymbol{x})]. \tag{6.34d}$$

对于两个随机变量, 我们可以描述它们之间的对应关系. 协方差直观地表示随机变量之间的相关关系.

定义 6.5(协方差 (一元)) 两个一元随机变量 $X, Y \in \mathbb{R}$ 之间的协方差由它们与各自均值差的乘积的期望给出, 即

$$\mathrm{Cov}_{X,Y}[x, y] := \mathbb{E}_{X,Y}\left[(x - \mathbb{E}_X[x])(y - \mathbb{E}_Y[y])\right]. \tag{6.35}$$

评注 当与期望或协方差[⊖]相关的随机变量可以通过参数清楚地知道时, 下标可以省略不写 (例如, $\mathbb{E}_X[x]$ 可以写成 $\mathbb{E}[x]$).

利用期望的线性, 定义 6.5 中的表达式可以被重写为乘积的期望减去期望的乘积, 即

$$\mathrm{Cov}[x, y] = \mathbb{E}[xy] - \mathbb{E}[x]\mathbb{E}[y]. \tag{6.36}$$

变量本身 $\mathrm{Cov}[x, x]$ 的协方差称为*方差*, 用 $\mathbb{V}_X[x]$ 表示. 方差的算术平方根称作*标准差*, 且常表示为 $\sigma(x)$. 协方差的概念可以推广到多元随机变量.

定义 6.6 (协方差 (多元)) 如果我们分别考虑状态为 $\boldsymbol{x} \in \mathbb{R}^D$ 和 $\boldsymbol{y} \in \mathbb{R}^E$ 的两个多元随机变量 X 和 Y, 则 X 和 Y 之间的*协方差*定义为

$$\mathrm{Cov}[\boldsymbol{x}, \boldsymbol{y}] = \mathbb{E}[\boldsymbol{x}\boldsymbol{y}^\top] - \mathbb{E}[\boldsymbol{x}]\mathbb{E}[\boldsymbol{y}]^\top = \mathrm{Cov}[\boldsymbol{y}, \boldsymbol{x}]^\top \in \mathbb{R}^{D \times E}. \tag{6.37}$$

定义 6.6 可以分别应用于两个参数下相同的多元随机变量, 从而产生一个有用的概念, 直观的理解是捕捉随机变量的“传播”. 对于多元随机变量, 方差描述了随机变量各个维度之间的关系.

定义 6.7(方差) 状态集为 $\boldsymbol{x} \in \mathbb{R}^D$ 且均值向量为 $\boldsymbol{\mu} \in \mathbb{R}^D$ 的随机变量 X 的*方差*可以被定义为

$$\mathbb{V}_X[\boldsymbol{x}] = \mathrm{Cov}_X[\boldsymbol{x}, \boldsymbol{x}] \tag{6.38a}$$

$$= \mathbb{E}_X[(\boldsymbol{x} - \boldsymbol{\mu})(\boldsymbol{x} - \boldsymbol{\mu})^\top] = \mathbb{E}_X[\boldsymbol{x}\boldsymbol{x}^\top] - \mathbb{E}_X[\boldsymbol{x}]\mathbb{E}_X[\boldsymbol{x}]^\top \tag{6.38b}$$

$$= \begin{bmatrix} \mathrm{Cov}[x_1, x_1] & \mathrm{Cov}[x_1, x_2] & \dots & \mathrm{Cov}[x_1, x_D] \\ \mathrm{Cov}[x_2, x_1] & \mathrm{Cov}[x_2, x_2] & \dots & \mathrm{Cov}[x_2, x_D] \\ \vdots & \vdots & & \vdots \\ \mathrm{Cov}[x_D, x_1] & \dots & \dots & \mathrm{Cov}[x_D, x_D] \end{bmatrix}. \tag{6.38c}$$

在式 (6.38c) 中的矩阵 $D \times D$ 被称作多元随机变量 X 的*协方差矩阵*. 协方差矩阵是对称且半正定的, 它告诉我们一些关于数据传播的信息. 在其对角线上, 协方差矩阵包含*边缘方差*

$$p(x_i) = \int p(x_1, \cdots, x_D)\mathrm{d}x_{\setminus i}, \tag{6.39}$$

⊖ 术语: 多元随机变量的协方差 $\mathrm{Cov}[x, y]$ 有时称为互协方差, 此时协方差指 $\mathrm{Cov}[x, x]$.

其中 "$\backslash i$" 表示 "除 i 以外的所有变量". 非对角项是*互协方差项* $\mathrm{Cov}[x_i, x_j]$, 其中 $i, j = 1, \cdots, D$, $i \neq j$.

评注 *在这本书中, 我们通常假设协方差矩阵是正定的, 这样更便于直觉上理解. 因此, 我们不讨论导致半正定 (低秩) 协方差矩阵的角点情况.*

当我们要比较不同随机变量对之间的协方差时, 每个随机变量的方差都会影响协方差的值. 协方差的归一化版本称为相关系数.

定义 6.8 (相关系数) 两个随机变量 X, Y 之间的*相关系数*为

$$\mathrm{corr}[x, y] = \frac{\mathrm{Cov}[x, y]}{\sqrt{\mathbb{V}[x]\mathbb{V}[y]}} \in [-1, 1] . \tag{6.40}$$

相关矩阵是标准化随机变量的协方差矩阵 $x/\sigma(x)$. 换句话说, 在相关矩阵中, 每个随机变量除以其标准差 (方差的算术平方根).

协方差 (和相关性) 表明两个随机变量是如何相关的 (见图 6.5). 正相关 $\mathrm{corr}[x, y]$ 意味着当 x 增长时, y 也会增长. 负相关意味着随着 x 的增长, y 随之减少.

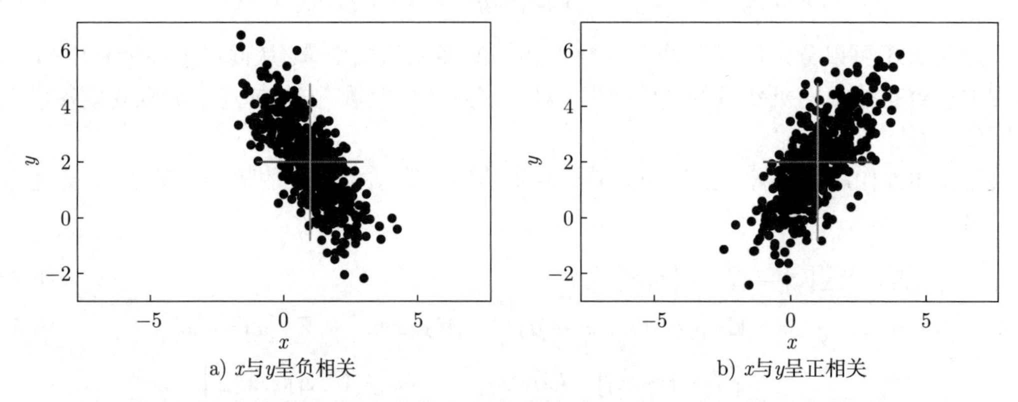

图 6.5 沿每个轴具有相同均值和方差 (灰色线) 但协方差不同的二维数据集

6.4.2 经验均值与协方差

6.4.1 节中的定义通常也称为*总体均值和协方差*, 因为它指的是总体的真实统计数据. 在机器学习中, 我们需要从数据的经验观察中学习. 考虑一个随机变量 X. 从总体统计到经验统计的实现有两个概念步骤. 首先, 我们使用一个有限的数据集 (大小为 N) 来构造一个经验统计量, 它是有限个相同随机变量 $X_1, \cdots, X_N$ 的函数; 其次, 我们观察数据, 也就是说, 我们查看每个随机变量的实例 $x_1, \cdots, x_N$, 并应用经验统计量.

具体来说, 对于均值 (定义 6.4), 给定一个特定的数据集, 我们可以得到一个均值的估计值, 称为*经验均值*或*样本均值*. 经验协方差也是如此.

定义 6.9 (经验均值和协方差) *经验均值*向量是每个变量的观测值的算术平均数, 定义为

$$\bar{\boldsymbol{x}} := \frac{1}{N}\sum_{n=1}^{N}\boldsymbol{x}_n\,, \tag{6.41}$$

其中 $\boldsymbol{x}_n \in \mathbb{R}^D$.

与经验均值相似, *经验协方差*矩阵是一个 $D \times D$ 矩阵

$$\boldsymbol{\Sigma} := \frac{1}{N}\sum_{n=1}^{N}(\boldsymbol{x}_n - \bar{\boldsymbol{x}})(\boldsymbol{x}_n - \bar{\boldsymbol{x}})^\top . \tag{6.42}$$

计算一个特定数据集的统计量, 我们将使用实例 (观测值) $\boldsymbol{x}_1, \cdots, \boldsymbol{x}_N$ 并利用式 (6.41) 和式(6.42). 经验协方差矩阵[㊀] 是对称且半正定的 (见 3.2.3 节).

6.4.3 方差的三种表达

我们现在关注单个随机变量 X, 并使用前面的经验公式导出方差的三种可能表达式. 下面的推导对于总体方差是相同的, 只是我们需要考虑积分. 方差的标准定义, 根据协方差的定义 (定义 6.5), 是随机变量 X 与其期望值 μ 的平方差的期望值, 即

$$\mathbb{V}_X[x] := \mathbb{E}_X[(x-\mu)^2] . \tag{6.43}$$

根据 X 是离散的还是连续的随机变量, 使用式 (6.32) 计算式 (6.43) 中的期望值和均值 $\mu = \mathbb{E}_X(x)$. 用式 (6.43) 表示的方差是新随机变量 $Z := (X-\mu)^2$ 的均值.

当根据经验估计式 (6.43) 中的方差时, 我们需要采用两阶段的算法: 首先通过数据使用式 (6.41) 计算均值 μ, 然后第二阶段通过使用此估计值 $\hat{\mu}$ 计算方差. 事实上, 我们可以通过化简公式来避免两阶段的算法. 式(6.43) 中的公式可以被转化为所谓的*方差的原值公式*:

$$\mathbb{V}_X[x] = \mathbb{E}_X[x^2] - (\mathbb{E}_X[x])^2 . \tag{6.44}$$

式(6.44) 中的表达式可以记为“平方的均值减去均值的平方”. 我们可以在第一阶段对数据进行经验计算, 因为我们可以同时累加 x_i(计算均值) 和 x_i^2, 其中 x_i 是第 i 次观测值. 不幸的是, 如果以这种方式实现, 它可能在数值上不稳定[㊁]. 方差的原值公式在机器学习中很有用, 例如, 在推导偏差–方差分解时 (Bishop, 2006).

理解方差的第三种方法是, 它是所有成对观测值之间差异的总和. 考虑随机变量 X 的一个样本实例 $x_1, \cdots, x_N$, 然后我们计算 x_i 和 x_j 对的平方差. 通过展开平方, 我们可以看到 N^2 对观测值之间差值之和就是观测值的经验方差:

㊀ 在整本书中, 我们使用经验协方差, 这是一个有偏估计. 无偏 (有时称为校正) 协方差的分母是 $N-1$, 而不是 N.

㊁ 如果式 (6.44) 中的两项值非常大且大致相等, 在浮点运算中, 我们可能会平白损失数值精度.

$$\frac{1}{N^2}\sum_{i,j=1}^{N}(x_i - x_j)^2 = 2\left[\frac{1}{N}\sum_{i=1}^{N}x_i^2 - \left(\frac{1}{N}\sum_{i=1}^{N}x_i\right)^2\right]. \tag{6.45}$$

我们看到式 (6.45) 是原值公式 (6.44) 的两倍. 这意味着我们可以将两距离的和 (其中有 N^2 项) 表示为离均值的偏差的和 (其中有 N 项). 从几何学上讲, 这意味着两两之间的距离和距点集中心的距离是等价的. 从计算角度来看, 这意味着通过计算均值 (求和中有 N 项), 然后计算方差 (求和中有 N 项), 我们可以得到有 N^2 项的表达式 (式(6.45) 的左边).

6.4.4 随机变量的求和与变换

我们可能想模拟一个不能用教材中的分布 (在 6.5 和 6.6 节中介绍了一些) 很好解释的现象, 并因此可能要对随机变量进行简单的运算 (例如将两个随机变量相加).

考虑状态为 $\boldsymbol{x}, \boldsymbol{y} \in \mathbb{R}^D$ 的两个随机变量 X, Y, 则

$$\mathbb{E}[\boldsymbol{x}+\boldsymbol{y}] = \mathbb{E}[\boldsymbol{x}] + \mathbb{E}[\boldsymbol{y}] \tag{6.46}$$

$$\mathbb{E}[\boldsymbol{x}-\boldsymbol{y}] = \mathbb{E}[\boldsymbol{x}] - \mathbb{E}[\boldsymbol{y}] \tag{6.47}$$

$$\mathbb{V}[\boldsymbol{x}+\boldsymbol{y}] = \mathbb{V}[\boldsymbol{x}] + \mathbb{V}[\boldsymbol{y}] + \mathrm{Cov}[\boldsymbol{x},\boldsymbol{y}] + \mathrm{Cov}[\boldsymbol{y},\boldsymbol{x}] \tag{6.48}$$

$$\mathbb{V}[\boldsymbol{x}-\boldsymbol{y}] = \mathbb{V}[\boldsymbol{x}] + \mathbb{V}[\boldsymbol{y}] - \mathrm{Cov}[\boldsymbol{x},\boldsymbol{y}] - \mathrm{Cov}[\boldsymbol{y},\boldsymbol{x}]. \tag{6.49}$$

均值和 (协) 方差在随机变量的仿射变换中会表现出一些有用的性质. 考虑一个随机变量 X, 其均值为 $\boldsymbol{\mu}$, 协方差矩阵为 $\boldsymbol{\Sigma}$, 以及一个 (确定的) 对 $\boldsymbol{x}$ 的仿射变换 $\boldsymbol{y} = \boldsymbol{A}\boldsymbol{x} + \boldsymbol{b}$. 那么 $\boldsymbol{y}$ 本身就是一个随机变量, 其均值向量和协方差矩阵分别由下式得到:

$$\mathbb{E}_Y[\boldsymbol{y}] = \mathbb{E}_X[\boldsymbol{A}\boldsymbol{x}+\boldsymbol{b}] = \boldsymbol{A}\mathbb{E}_X[\boldsymbol{x}] + \boldsymbol{b} = \boldsymbol{A}\boldsymbol{\mu} + \boldsymbol{b}, \tag{6.50}$$

$$\mathbb{V}_Y[\boldsymbol{y}] = \mathbb{V}_X[\boldsymbol{A}\boldsymbol{x}+\boldsymbol{b}] = \mathbb{V}_X[\boldsymbol{A}\boldsymbol{x}] = \boldsymbol{A}\mathbb{V}_X[\boldsymbol{x}]\boldsymbol{A}^\top = \boldsymbol{A}\boldsymbol{\Sigma}\boldsymbol{A}^\top, \tag{6.51}$$

进一步地, 使用均值和协方差的定义可直接得到

$$\mathrm{Cov}[\boldsymbol{x},\boldsymbol{y}] = \mathbb{E}[\boldsymbol{x}(\boldsymbol{A}\boldsymbol{x}+\boldsymbol{b})^\top] - \mathbb{E}[\boldsymbol{x}]\mathbb{E}[\boldsymbol{A}\boldsymbol{x}+\boldsymbol{b}]^\top \tag{6.52a}$$

$$= \mathbb{E}[\boldsymbol{x}]\boldsymbol{b}^\top + \mathbb{E}[\boldsymbol{x}\boldsymbol{x}^\top]\boldsymbol{A}^\top - \boldsymbol{\mu}\boldsymbol{b}^\top - \boldsymbol{\mu}\boldsymbol{\mu}^\top\boldsymbol{A}^\top \tag{6.52b}$$

$$= \boldsymbol{\mu}\boldsymbol{b}^\top - \boldsymbol{\mu}\boldsymbol{b}^\top + \left(\mathbb{E}[\boldsymbol{x}\boldsymbol{x}^\top] - \boldsymbol{\mu}\boldsymbol{\mu}^\top\right)\boldsymbol{A}^\top \tag{6.52c}$$

$$\overset{(6.38a)}{=} \boldsymbol{\Sigma}\boldsymbol{A}^\top, \tag{6.52d}$$

其中 $\boldsymbol{\Sigma} = \mathbb{E}[\boldsymbol{x}\boldsymbol{x}^\top] - \boldsymbol{\mu}\boldsymbol{\mu}^\top$ 是 X 的协方差.

6.4.5 统计独立性

定义 6.10 (独立性) 两个随机变量 X, Y 具有统计独立性 当且仅当

$$p(\boldsymbol{x}, \boldsymbol{y}) = p(\boldsymbol{x})p(\boldsymbol{y})\,. \tag{6.53}$$

直观地说, 两个随机变量 X 和 Y 是独立的, 如果 $\boldsymbol{y}$ 的值 (一旦已知) 没有添加任何有关 $\boldsymbol{x}$ 的附加信息 (反之亦然). 如果 X, Y 是 (统计上) 相互独立的, 那么

- $p(\boldsymbol{y} \mid \boldsymbol{x}) = p(\boldsymbol{y})$
- $p(\boldsymbol{x} \mid \boldsymbol{y}) = p(\boldsymbol{x})$
- $\mathbb{V}_{X,Y}[\boldsymbol{x} + \boldsymbol{y}] = \mathbb{V}_X[\boldsymbol{x}] + \mathbb{V}_Y[\boldsymbol{y}]$
- $\mathrm{Cov}_{X,Y}[\boldsymbol{x}, \boldsymbol{y}] = \boldsymbol{0}$

最后一点可能反之不成立, 即两个随机变量的协方差可以为零, 但在统计上并不独立, 因为协方差只反映线性相关特性. 因此, 线性无关的随机变量可能协方差为零.

例 6.5 考虑一个随机变量 X, 其均值 $\mathbb{E}_X[x] = 0$ 且 $\mathbb{E}_X[x^3] = 0$. 令 $y = x^2$(因此, Y 是依赖于 X 的), 再考虑 X 与 Y 之间的协方差 (式(6.36)), 则得到

$$\mathrm{Cov}[x, y] = \mathbb{E}[xy] - \mathbb{E}[x]\mathbb{E}[y] = \mathbb{E}[x^3] = 0\,. \tag{6.54}$$

在机器学习中, 我们经常考虑可以建模为独立同分布 (i.i.d.) 随机变量 $X_1, \cdots, X_N$ 的问题. 对于两个以上的随机变量, "独立性" (定义 6.10) 通常指相互独立的随机变量, 其中所有子集都是独立的 (Pollard, 2002, chapter 4; Jacod and Protter, 2004, chapter 3). "同分布" 表示所有随机变量都来自同一分布.

在机器学习中另一个很重要的概念是条件独立性.

定义 6.11 (条件独立性) 两个随机变量 X 和 Y, 在 Z 条件下是条件独立的, 当且仅当对所有 $\boldsymbol{z} \in \mathcal{Z}$,

$$p(\boldsymbol{x}, \boldsymbol{y} \mid \boldsymbol{z}) = p(\boldsymbol{x} \mid \boldsymbol{z})p(\boldsymbol{y} \mid \boldsymbol{z}) \tag{6.55}$$

其中 $\mathcal{Z}$ 是随机变量 Z 的状态集合. 我们使用 $X \perp\!\!\!\perp Y \mid Z$ 来表示 X 在 Z 的条件下条件独立于 Y.

定义 6.11 要求式 (6.55) 中的关系对于 $\boldsymbol{z}$ 的每个值都必须是成立的. 式(6.55) 可以理解为 "给定 $\boldsymbol{z}$ 的信息后, $\boldsymbol{x}$ 和 $\boldsymbol{y}$ 分布的因式分解". 独立性可以看成条件独立性的一个特例, 因为我们将其转化为 $X \perp\!\!\!\perp Y \mid \varnothing$. 利用概率乘法法则 (6.22), 我们可以扩写式 (6.55) 的左半部分, 从而得到

$$p(\boldsymbol{x}, \boldsymbol{y} \mid \boldsymbol{z}) = p(\boldsymbol{x} \mid \boldsymbol{y}, \boldsymbol{z})p(\boldsymbol{y} \mid \boldsymbol{z})\,. \tag{6.56}$$

通过比较等式 (6.55) 和等式 (6.56) 的右半部分, 我们可以看到两边都出现了 $p(\boldsymbol{y} \mid \boldsymbol{z})$, 所以

$$p(\boldsymbol{x} \mid \boldsymbol{y}, \boldsymbol{z}) = p(\boldsymbol{x} \mid \boldsymbol{z})\,. \tag{6.57}$$

等式 (6.57) 提供了条件独立的另一个定义, 即 $X \perp\!\!\!\perp Y \mid Z$. 这个定义可以理解为“在已知 $\boldsymbol{z}$ 的条件下, 得知 $\boldsymbol{y}$ 并不会改变我们对于 $\boldsymbol{x}$ 的认识”.

6.4.6 随机变量的内积

回想 3.2 节我们对于内积的定义. 我们将在本节中简要介绍随机变量的内积的定义[㊀]. 如果我们有两个不相关的随机变量 X, Y, 那么

$$\mathbb{V}[x+y] = \mathbb{V}[x] + \mathbb{V}[y]\,. \tag{6.58}$$

因为方差是用平方单位来度量的, 这看起来很像勾股定理 $c^2 = a^2 + b^2$.

下面, 我们来看看能否找到式 (6.58) 中无关变量方差关系的几何解释. 随机变量可以看作向量空间中的向量, 通过定义内积可以得到随机变量的几何性质 (Eaton, 2007). 如果对于零均值随机变量 X 和 Y, 我们定义

$$\langle X, Y\rangle := \mathrm{Cov}[x, y] \tag{6.59}$$

则我们得到一个内积. 我们看到协方差[㊁]是对称的、正定的、线性的. 随机变量的长度为

$$\|X\| = \sqrt{\mathrm{Cov}[x, x]} = \sqrt{\mathbb{V}[x]} = \sigma[x]\,, \tag{6.60}$$

也就是它的标准差. 随机变量“越长”, 不确定性越大; 长度为 0 的随机变量具有确定性.

如果我们观察两个随机变量 X, Y 之间的夹角 θ, 则可以得到

$$\cos\theta = \frac{\langle X, Y\rangle}{\|X\|\,\|Y\|} = \frac{\mathrm{Cov}[x, y]}{\sqrt{\mathbb{V}[x]\mathbb{V}[y]}}\,, \tag{6.61}$$

其是两个随机变量之间的协方差 (定义 6.8). 这意味着, 当我们从几何角度考虑两个随机变量时, 我们可以把它们的相关性看作两个随机变量之间夹角的余弦. 我们从定义 3.7 可以知道 $X \perp Y \iff \langle X, Y\rangle = 0$. 在我们的例子中, 这意味着 X 和 Y 是正交的, 当且仅当 $\mathrm{Cov}[x, y] = 0$, 即它们是不相关的. 图 6.6 说明了这种关系.

评注 虽然使用欧几里得距离 (根据前面的内积定义构造) 来比较概率分布很简单, 但不幸的是, 这并不是求解分布之间距离的最佳方法. 回想一下, 概率质量 (或密度) 是正的, 需要加起来等于 1. 这些约束意味着分布依赖于一种叫作统计流形的东西. 对概率分布空间的研究称为信息几何. 计算分布之间的距离通常是用 Kullback-Leibler 散度来完成的, Kullback-Leibler 散度是统计流形性质中距离的推广. 就像欧氏距离是度量的特例一样 (3.3 节), Kullback-Leibler 散度是两类更一般的散度 (称为 Bregman 散度和 f 散度) 的特例. 对散度的研究超出了本书的范围, 我们可以参考信息几何领域的创始人之一 Amari (2016) 最近的一本书来了解更多细节.

㊀ 多元随机变量之间的内积可以用类似的方式处理.

㊁ $\mathrm{Cov}[x, x] = 0 \iff x = 0$; $\mathrm{Cov}[\alpha x + z, y] = \alpha\,\mathrm{Cov}[x, y] + \mathrm{Cov}[z, y]$, 其中 $\alpha \in \mathbb{R}$.

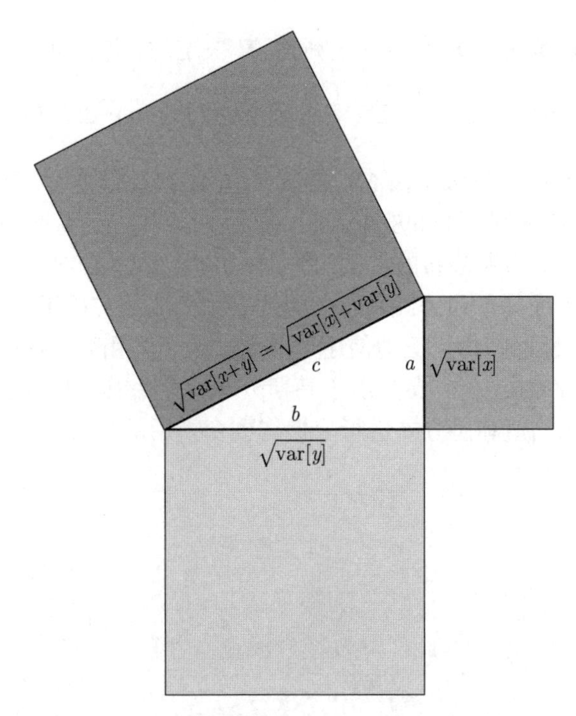

图 6.6 随机变量的几何性. 如果随机变量 X 和 Y 不相关, 则它们是相应向量空间中的正交向量, 因此适用勾股定理

6.5 高斯分布

高斯分布是得到充分研究的连续随机变量的概率分布. 它也被称为*正态分布*. 它的重要性源于它有许多便于计算的性质[㊀], 我们将在下面讨论这些性质. 特别地, 我们将使用它来定义线性回归 (第 9 章) 的似然和先验概率, 并考虑一种混合高斯分布的密度估计 (第 11 章).

还有许多其他机器学习领域也受益于使用高斯分布, 例如, 高斯过程、变分推理和强化学习. 它也广泛应用于其他应用领域, 如信号处理 (如卡尔曼滤波器)、控制 (如线性二次调节器) 和统计 (如假设检验).

对于一元随机变量, 高斯分布的密度函数由下式给出:

$$p(x \mid \mu, \sigma^2) = \frac{1}{\sqrt{2\pi\sigma^2}} \exp\left(-\frac{(x-\mu)^2}{2\sigma^2}\right) \Theta \tag{6.62}$$

㊀ 当我们考虑独立同分布的随机变量之和时, 高斯分布就自然产生了. 这就是所谓的中心极限定理 (Grinstead and Snell, 1997).

多元高斯分布完全由均值向量 $\boldsymbol{\mu}$ 和协方差矩阵 $\boldsymbol{\Sigma}$ 决定, 并定义为

$$p(\boldsymbol{x} \mid \boldsymbol{\mu}, \boldsymbol{\Sigma}) = (2\pi)^{-\frac{D}{2}} |\boldsymbol{\Sigma}|^{-\frac{1}{2}} \exp\left(-\frac{1}{2}(\boldsymbol{x}-\boldsymbol{\mu})^\top \boldsymbol{\Sigma}^{-1}(\boldsymbol{x}-\boldsymbol{\mu})\right), \tag{6.63}$$

其中 $\boldsymbol{x} \in \mathbb{R}^D$, 写作 $p(\boldsymbol{x}) = \mathcal{N}(\boldsymbol{x} \mid \boldsymbol{\mu}, \boldsymbol{\Sigma})$ 或 $X \sim \mathcal{N}(\boldsymbol{\mu}, \boldsymbol{\Sigma})$. 图 6.7 展示了一个二元高斯图 (网格), 以及相应的等高线图. 图 6.8 展示了一元高斯图和二元高斯图以及相应的样本. 具有零均值和单位协方差的高斯分布的特例, 即 $\boldsymbol{\mu} = \boldsymbol{0}$ 且 $\boldsymbol{\Sigma} = \boldsymbol{I}$, 被称作*标准正态分布*.

高斯分布因其对边缘分布和条件分布的闭式表示而广泛应用于统计估计和机器学习中. 在第 9 章中, 我们在线性回归中广泛地使用这些闭式表示. 用高斯随机变量建模的一个主要优点是通常不需要变量替换 (6.7 节). 由于高斯分布完全由其均值和协方差决定, 我们通常可以通过对随机变量的均值和协方差进行变换得到变换后的分布.

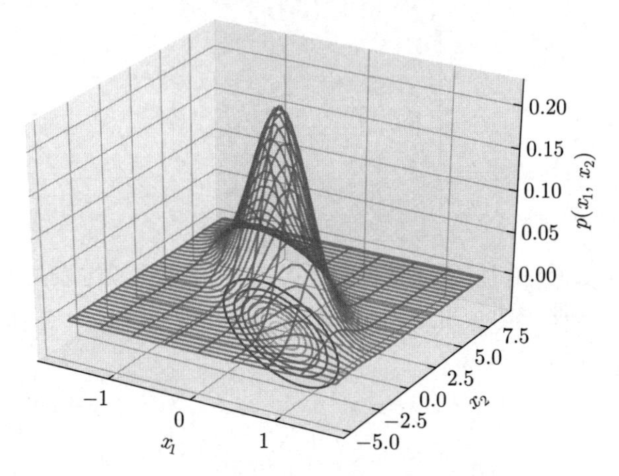

图 6.7 随机变量 x_1 和 x_2 的高斯分布

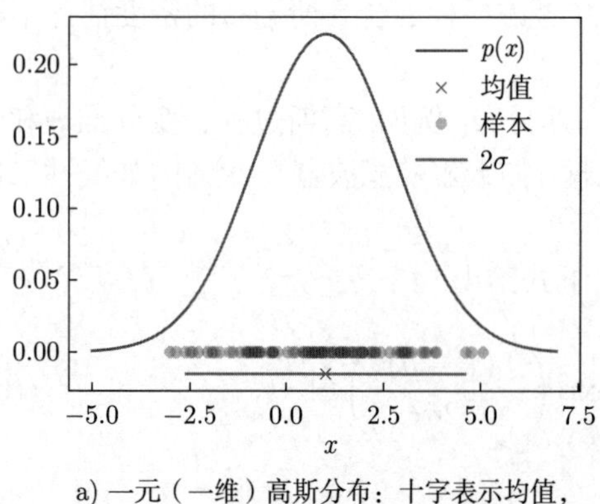

a) 一元（一维）高斯分布：十字表示均值，直线表示方差范围

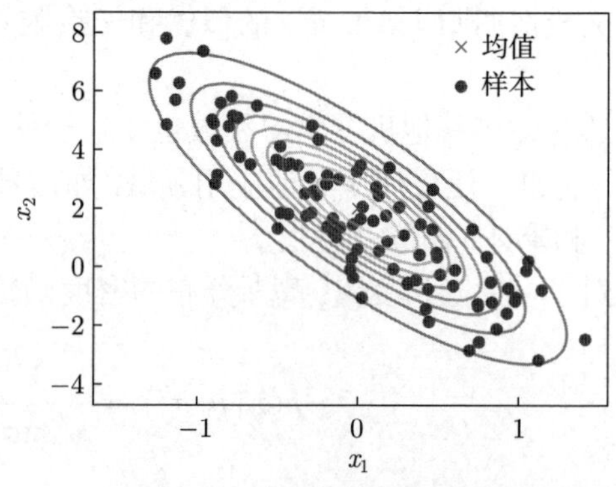

b) 多元（二维）高斯分布，俯瞰图. 十字表示均值，灰色线表示密度的等高线

图 6.8 高斯分布覆盖了 100 个样本. a) 一维示例; b) 二维示例

6.5.1 高斯分布的边缘分布和条件分布是高斯分布

接下来, 我们在多元随机变量的情况下提出了边缘化和条件化. 如果第一次读的时候会感到困惑, 建议读者考虑用两个单变量随机变量来帮助理解. 设 X 和 Y 是两个多维随机变量, 其维度可能不同. 为了考虑应用概率和规则的影响和条件化的影响, 我们将高斯分布明确写成状态 $[\boldsymbol{x}^\top, \boldsymbol{y}^\top]$ 的拼接形式:

$$p(\boldsymbol{x}, \boldsymbol{y}) = \mathcal{N}\left(\begin{bmatrix}\boldsymbol{\mu}_x \\ \boldsymbol{\mu}_y\end{bmatrix}, \begin{bmatrix}\boldsymbol{\Sigma}_{xx} & \boldsymbol{\Sigma}_{xy} \\ \boldsymbol{\Sigma}_{yx} & \boldsymbol{\Sigma}_{yy}\end{bmatrix}\right), \tag{6.64}$$

其中 $\boldsymbol{\Sigma}_{xx} = \mathrm{Cov}[\boldsymbol{x}, \boldsymbol{x}]$ 以及 $\boldsymbol{\Sigma}_{yy} = \mathrm{Cov}[\boldsymbol{y}, \boldsymbol{y}]$ 分别是 $\boldsymbol{x}$ 和 $\boldsymbol{y}$ 的边缘协方差矩阵, 且 $\boldsymbol{\Sigma}_{xy} = \mathrm{Cov}[\boldsymbol{x}, \boldsymbol{y}]$ 是 $\boldsymbol{x}$ 和 $\boldsymbol{y}$ 之间的互协方差.

条件分布 $p(\boldsymbol{x} \mid \boldsymbol{y})$ 仍然是高斯分布 (说明见图 6.9 c) 且由下式给出 (推导自 (Bishop, 2006) 的 2.3 节):

$$p(\boldsymbol{x} \mid \boldsymbol{y}) = \mathcal{N}\big(\boldsymbol{\mu}_{x \mid y}, \boldsymbol{\Sigma}_{x \mid y}\big) \tag{6.65}$$

$$\boldsymbol{\mu}_{x \mid y} = \boldsymbol{\mu}_x + \boldsymbol{\Sigma}_{xy}\boldsymbol{\Sigma}_{yy}^{-1}(\boldsymbol{y} - \boldsymbol{\mu}_y) \tag{6.66}$$

$$\boldsymbol{\Sigma}_{x \mid y} = \boldsymbol{\Sigma}_{xx} - \boldsymbol{\Sigma}_{xy}\boldsymbol{\Sigma}_{yy}^{-1}\boldsymbol{\Sigma}_{yx}\,. \tag{6.67}$$

注意, 在计算式 (6.66) 中的均值时, $\boldsymbol{y}$ 值是一个观测值, 不再是随机的.

评注 条件高斯分布出现在很多地方, 我们感兴趣的是后验分布:

- 卡尔曼滤波 (Kalman, 1960) 是信号处理中最主要的状态估计算法之一, 它只计算联合分布的高斯条件 (Deisenroth and Ohlsson, 2011; Särkkä, 2013).
- 高斯过程 (Rasmussen and Williams, 2006), 这是一个根据函数得到分布的实际实现. 在高斯过程中, 我们假设联合随机变量服从高斯分布. 通过对观测数据进行 (高斯) 处理, 我们可以确定函数的后验分布.
- 隐线性高斯模型 (Roweis and Ghahramani, 1999; Murphy, 2012), 其中包括概率主成分分析 (PPCA) (Tipping and Bishop, 1999). 我们将在 10.7 节中更详细地讨论 PPCA.

联合高斯分布 $p(\boldsymbol{x}, \boldsymbol{y})$ 的边缘分布 $p(\boldsymbol{x})$ (见式 (6.64)) 本身是高斯分布, 可通过应用加法规则 [式(6.20)] 计算得出, 如下所示:

$$p(\boldsymbol{x}) = \int p(\boldsymbol{x}, \boldsymbol{y})\mathrm{d}\boldsymbol{y} = \mathcal{N}\big(\boldsymbol{x} \mid \boldsymbol{\mu}_x, \boldsymbol{\Sigma}_{xx}\big)\,. \tag{6.68}$$

相应的结果适用于 $p(\boldsymbol{y})$, 可通过对 $\boldsymbol{x}$ 进行边缘化得到. 直观地说, 观察式 (6.64) 中的联合分布, 我们忽略了 (即通过对其积分) 所有我们不感兴趣的东西. 图 6.9b 对此进行了说明.

例 6.6 考虑二元高斯分布 (说明见图 6.9):

$$p(x_1, x_2) = \mathcal{N}\left(\begin{bmatrix}0 \\ 2\end{bmatrix}, \begin{bmatrix}0.3 & -1 \\ -1 & 5\end{bmatrix}\right)\,. \tag{6.69}$$

我们可以计算在条件 $x_2 = -1$ 下一元高斯的参数，通过应用式 (6.66) 及式 (6.67) 分别得到均值和方差. 可得值为

$$\mu_{x_1 \mid x_2=-1} = 0 + (-1) \cdot 0.2 \cdot (-1-2) = 0.6 \tag{6.70}$$

及

$$\sigma^2_{x_1 \mid x_2=-1} = 0.3 - (-1) \cdot 0.2 \cdot (-1) = 0.1\,. \tag{6.71}$$

因此，条件高斯分布为

$$p(x_1 \mid x_2 = -1) = \mathcal{N}\big(0.6,\, 0.1\big)\,. \tag{6.72}$$

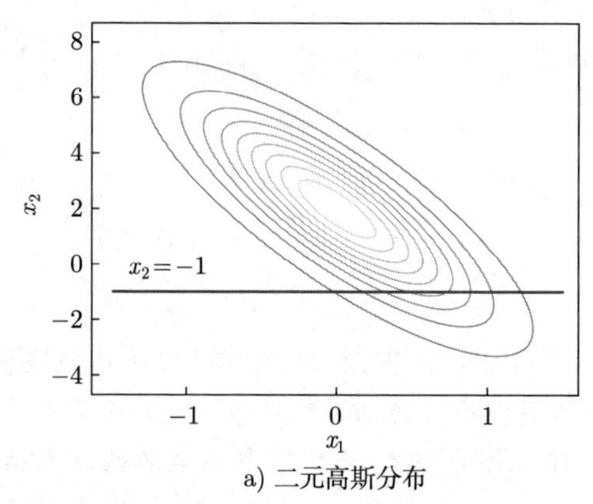

a) 二元高斯分布

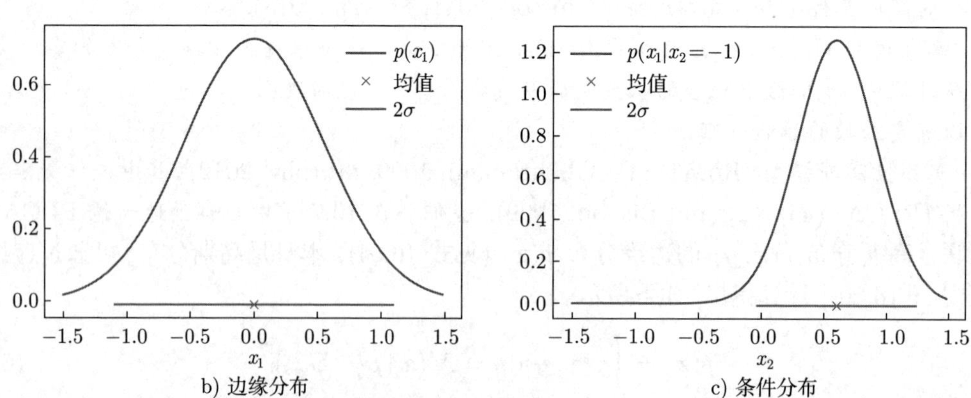

b) 边缘分布　　c) 条件分布

图 6.9　二元高斯分布；联合高斯分布的边缘分布是高斯分布；高斯分布的条件分布也是高斯分布

相反，边缘分布 $p(x_1)$ 可以通过应用式 (6.68) 得到，其需要用到随机变量 x_1 的均值和方差，从而得到

$$p(x_1) = \mathcal{N}\big(0,\, 0.3\big)\,. \tag{6.73}$$

6.5.2 高斯密度的乘积

对于线性回归 (第 9 章), 我们需要计算一个高斯似然. 此外, 我们可能还需要假设一个高斯先验 (9.3 节). 我们应用贝叶斯定理来计算后验, 这需要利用似然和先验的乘法, 即两个高斯密度相乘. 两个高斯函数的乘积 $\mathcal{N}(\boldsymbol{x}\,|\,\boldsymbol{a},\,\boldsymbol{A})\mathcal{N}(\boldsymbol{x}\,|\,\boldsymbol{b},\,\boldsymbol{B})$ 是一个用 $c\in\mathbb{R}$ 表示的高斯分布, 为 $c\mathcal{N}(\boldsymbol{x}\,|\,\boldsymbol{c},\,\boldsymbol{C})$, 其中:

$$\boldsymbol{C}=(\boldsymbol{A}^{-1}+\boldsymbol{B}^{-1})^{-1} \tag{6.74}$$

$$\boldsymbol{c}=\boldsymbol{C}(\boldsymbol{A}^{-1}\boldsymbol{a}+\boldsymbol{B}^{-1}\boldsymbol{b}) \tag{6.75}$$

$$c=(2\pi)^{-\frac{D}{2}}|\boldsymbol{A}+\boldsymbol{B}|^{-\frac{1}{2}}\exp\Big(-\frac{1}{2}(\boldsymbol{a}-\boldsymbol{b})^{\top}(\boldsymbol{A}+\boldsymbol{B})^{-1}(\boldsymbol{a}-\boldsymbol{b})\Big)\,. \tag{6.76}$$

标量常数 c 本身也可以写成高斯密度的形式, 在 $\boldsymbol{a}$ 或 $\boldsymbol{b}$ 中加上“膨胀”的协方差矩阵 $\boldsymbol{A}+\boldsymbol{B}$, 即 $c=\mathcal{N}(\boldsymbol{a}\,|\,\boldsymbol{b},\,\boldsymbol{A}+\boldsymbol{B})=\mathcal{N}(\boldsymbol{b}\,|\,\boldsymbol{a},\,\boldsymbol{A}+\boldsymbol{B})$.

评注 为了记法方便, 我们有时使用 $\mathcal{N}(\boldsymbol{x}\,|\,\boldsymbol{m},\,\boldsymbol{S})$ 描述高斯密度的函数形式, 即使 $\boldsymbol{x}$ 不是随机变量. 在前面的演示中, 我们已经写过这种形式, 即

$$c=\mathcal{N}(\boldsymbol{a}\,|\,\boldsymbol{b},\,\boldsymbol{A}+\boldsymbol{B})=\mathcal{N}(\boldsymbol{b}\,|\,\boldsymbol{a},\,\boldsymbol{A}+\boldsymbol{B})\,. \tag{6.77}$$

这里, $\boldsymbol{a}$ 和 $\boldsymbol{b}$ 都不是随机变量. 但是, 以这种方式表示 c 比式 (6.76) 更简洁.

6.5.3 求和与线性变换

如果 X,Y 是相互独立的高斯随机变量 (即联合分布可由 $p(\boldsymbol{x},\boldsymbol{y})=p(\boldsymbol{x})p(\boldsymbol{y})$ 得到), 其中 $p(\boldsymbol{x})=\mathcal{N}(\boldsymbol{x}\,|\,\boldsymbol{\mu}_x,\,\boldsymbol{\Sigma}_x)$ 且 $p(\boldsymbol{y})=\mathcal{N}(\boldsymbol{y}\,|\,\boldsymbol{\mu}_y,\,\boldsymbol{\Sigma}_y)$, 则 $\boldsymbol{x}+\boldsymbol{y}$ 也是高斯分布, 且有

$$p(\boldsymbol{x}+\boldsymbol{y})=\mathcal{N}(\boldsymbol{\mu}_x+\boldsymbol{\mu}_y,\,\boldsymbol{\Sigma}_x+\boldsymbol{\Sigma}_y)\,. \tag{6.78}$$

已知 $p(\boldsymbol{x}+\boldsymbol{y})$ 是高斯分布, 可以使用式 (6.46) $\sim$ 式(6.49) 的结果立即确定均值和协方差矩阵. 当我们考虑作用在随机变量上的独立同分布 (i.i.d.) 高斯噪声时, 这一性质将非常重要, 如线性回归案例 (第 9 章) 所示.

例 6.7 由于期望是线性运算, 我们可以得到独立高斯随机变量的加权和

$$p(a\boldsymbol{x}+b\boldsymbol{y})=\mathcal{N}(a\boldsymbol{\mu}_x+b\boldsymbol{\mu}_y,\,a^2\boldsymbol{\Sigma}_x+b^2\boldsymbol{\Sigma}_y)\,. \tag{6.79}$$

评注 第 11 章中有用的一个例子是高斯密度的加权和. 这不同于高斯随机变量的加权和.

在定理 6.12 中, 随机变量 x 来自一个由两个密度为 $p_1(x)$ 和 $p_2(x)$ 加权混合得到的密度, 加权值为 α. 这个定理可以推广到多元随机变量的情况, 因为期望的线性也适用于多元随机变量. 但是, 随机变量的平方需要用 $\boldsymbol{x}\boldsymbol{x}^{\top}$ 来替代.

定理 6.12　考虑两个单变量高斯密度的加权求和

$$p(x) = \alpha p_1(x) + (1-\alpha)p_2(x)\,, \tag{6.80}$$

其中标量 $0 < \alpha < 1$ 是加权的权重值, $p_1(x)$ 和 $p_2(x)$ 是两个参数不同的单变量高斯密度 (式 (6.62)), 即 $(\mu_1, \sigma_1^2) \neq (\mu_2, \sigma_2^2)$.

然后混合密度 $p(x)$ 的均值由每个随机变量的均值的加权和给出:

$$\mathbb{E}[x] = \alpha\mu_1 + (1-\alpha)\mu_2\,. \tag{6.81}$$

混合密度 $p(x)$ 的方差由下式给出:

$$\mathbb{V}[x] = \left[\alpha\sigma_1^2 + (1-\alpha)\sigma_2^2\right] + \left(\left[\alpha\mu_1^2 + (1-\alpha)\mu_2^2\right] - \left[\alpha\mu_1 + (1-\alpha)\mu_2\right]^2\right). \tag{6.82}$$

证明　混合密度 $p(x)$ 的均值由每个随机变量的均值的加权和给出. 我们应用均值的定义 (定义 6.4), 并将其代入混合密度 (6.80) 中, 得到

$$\begin{aligned}
\mathbb{E}[x] &= \int_{-\infty}^{\infty} xp(x)\mathrm{d}x &(6.83\text{a})\\
&= \int_{-\infty}^{\infty} \left(\alpha xp_1(x) + (1-\alpha)xp_2(x)\right)\mathrm{d}x &(6.83\text{b})\\
&= \alpha\int_{-\infty}^{\infty} xp_1(x)\mathrm{d}x + (1-\alpha)\int_{-\infty}^{\infty} xp_2(x)\mathrm{d}x &(6.83\text{c})\\
&= \alpha\mu_1 + (1-\alpha)\mu_2\,. &(6.83\text{d})
\end{aligned}$$

为了计算方差, 我们可以使用式 (6.44) 方差的原值公式版本, 还需要一个随机变量平方期望的表达式. 这里我们运用了关于随机变量函数的期望的定义 (定义 6.3),

$$\begin{aligned}
\mathbb{E}[x^2] &= \int_{-\infty}^{\infty} x^2p(x)\mathrm{d}x &(6.84\text{a})\\
&= \int_{-\infty}^{\infty} \left(\alpha x^2p_1(x) + (1-\alpha)x^2p_2(x)\right)\mathrm{d}x &(6.84\text{b})\\
&= \alpha\int_{-\infty}^{\infty} x^2p_1(x)\mathrm{d}x + (1-\alpha)\int_{-\infty}^{\infty} x^2p_2(x)\mathrm{d}x &(6.84\text{c})\\
&= \alpha(\mu_1^2 + \sigma_1^2) + (1-\alpha)(\mu_2^2 + \sigma_2^2)\,, &(6.84\text{d})
\end{aligned}$$

在上一个等式中, 我们再次使用方差的原值公式 (6.44), 给出 $\sigma^2 = \mathbb{E}[x^2] - \mu^2$. 化简合并之后可以得到随机变量平方的期望等于均值的平方与方差的和.

因此, 方差由式 (6.84d) 减去式 (6.83d) 得到,

$$\mathbb{V}[x] = \mathbb{E}[x^2] - (\mathbb{E}[x])^2 \tag{6.85a}$$

$$= \alpha(\mu_1^2 + \sigma_1^2) + (1-\alpha)(\mu_2^2 + \sigma_2^2) - (\alpha\mu_1 + (1-\alpha)\mu_2)^2 \tag{6.85b}$$

$$= \left[\alpha\sigma_1^2 + (1-\alpha)\sigma_2^2\right] + \left(\left[\alpha\mu_1^2 + (1-\alpha)\mu_2^2\right] - \left[\alpha\mu_1 + (1-\alpha)\mu_2\right]^2\right). \tag{6.85c}$$

□

评注 前面的推导适用于任何密度函数, 但由于高斯分布完全由均值和方差决定, 混合密度可以用闭式公式确定.

对于混合密度, 单个分量可以被认为是条件分布 (以分量密度为条件). 等式 (6.85c) 是条件方差公式的一个例子, 也被称为*全方差公式*, 这通常说明对于两个随机变量 X 和 Y, $\mathbb{V}_X[x] = \mathbb{E}_Y[\mathbb{V}_X[x|y]] + \mathbb{V}_Y[\mathbb{E}_X[x|y]]$, 即 X 的 (总) 方差是条件方差的期望加上条件期望的方差.

我们在例 6.17 中考虑了一个二元标准高斯随机变量 X, 并对其进行了线性变换 $\boldsymbol{Ax}$. 结果是一个均值为零且协方差为 $\boldsymbol{AA}^\top$ 的高斯随机变量. 观察到添加一个常量向量将改变分布的均值, 而不影响其方差, 即随机变量 $\boldsymbol{x} + \boldsymbol{\mu}$ 是具有均值为 $\boldsymbol{\mu}$ 和恒等协方差的高斯分布. 因此, 高斯随机变量的任何线性/仿射变换都是高斯分布的.

考虑一个高斯分布的随机向量 $X \sim \mathcal{N}(\boldsymbol{\mu}, \boldsymbol{\Sigma})$. 给定一个适当形状的矩阵 $\boldsymbol{A}$, 使得随机变量 Y 为 $\boldsymbol{y} = \boldsymbol{Ax}$, 则其是 $\boldsymbol{x}$ 的一个线性变换. 我们可以利用期望是一个线性运算 (6.50) 来计算 $\boldsymbol{y}$ 的均值, 如下所示:

$$\mathbb{E}[\boldsymbol{y}] = \mathbb{E}[\boldsymbol{Ax}] = \boldsymbol{A}\mathbb{E}[\boldsymbol{x}] = \boldsymbol{A\mu}. \tag{6.86}$$

同样, $\boldsymbol{y}$ 的方差可以通过利用式 (6.51) 得到:

$$\mathbb{V}[\boldsymbol{y}] = \mathbb{V}[\boldsymbol{Ax}] = \boldsymbol{A}\mathbb{V}[\boldsymbol{x}]\boldsymbol{A}^\top = \boldsymbol{A\Sigma A}^\top. \tag{6.87}$$

这意味着随机变量 $\boldsymbol{y}$ 是如下所示的分布:

$$p(\boldsymbol{y}) = \mathcal{N}(\boldsymbol{y} \mid \boldsymbol{A\mu}, \boldsymbol{A\Sigma A}^\top). \tag{6.88}$$

现在让我们考虑逆变换的情况: 当我们知道一个随机变量的均值是另一个随机变量的线性变换时. 对于一个给定的满秩矩阵 $\boldsymbol{A} \in \mathbb{R}^{M\times N}$, 其中 $M \geqslant N$, 令 $\boldsymbol{y} \in \mathbb{R}^M$ 是一个高斯随机变量, 且其均值为 $\boldsymbol{Ax}$, 即

$$p(\boldsymbol{y}) = \mathcal{N}(\boldsymbol{y} \mid \boldsymbol{Ax}, \boldsymbol{\Sigma}). \tag{6.89}$$

那么相对应的概率分布 $p(\boldsymbol{x})$ 是怎样的? 如果 $\boldsymbol{A}$ 是可逆的, 那么有 $\boldsymbol{x}=\boldsymbol{A}^{-1}\boldsymbol{y}$, 然后再运用上一段中变换的方法. 但是, 通常 $\boldsymbol{A}$ 是不可逆的, 我们使用类似于式 (3.57) 中伪逆的方法, 即我们先将两边与 $\boldsymbol{A}^{\top}$ 相乘, 然后对 $\boldsymbol{A}^{\top}\boldsymbol{A}$ 求逆, 得到对称正定的关系, 我们得到下面的关系式:

$$\boldsymbol{y}=\boldsymbol{A}\boldsymbol{x} \iff (\boldsymbol{A}^{\top}\boldsymbol{A})^{-1}\boldsymbol{A}^{\top}\boldsymbol{y}=\boldsymbol{x}\,. \tag{6.90}$$

因此 $\boldsymbol{x}$ 是 $\boldsymbol{y}$ 的一个线性变换, 我们可以得到

$$p(\boldsymbol{x})=\mathcal{N}\big(\boldsymbol{x}\,|\,(\boldsymbol{A}^{\top}\boldsymbol{A})^{-1}\boldsymbol{A}^{\top}\boldsymbol{y},\,(\boldsymbol{A}^{\top}\boldsymbol{A})^{-1}\boldsymbol{A}^{\top}\boldsymbol{\Sigma}\boldsymbol{A}(\boldsymbol{A}^{\top}\boldsymbol{A})^{-1}\big)\,. \tag{6.91}$$

6.5.4 多元高斯分布抽样

我们将不对计算机上的随机抽样进行深入解释, 感兴趣的读者请参阅 (Gentle, 2004). 在多元高斯的情况下, 这个过程包括三个阶段: 首先, 我们需要一个伪随机数源, 它在区间 [0,1] 中提供一个均匀的样本; 其次, 我们使用非线性变换, 如 Box-Müller 变换 (Devroye, 1986), 从一元高斯中获得样本; 最后, 我们整理这些样本的向量, 从多元标准正态分布 $\mathcal{N}(\boldsymbol{0},\,\boldsymbol{I})$ 获得样本.

对于一般的多元高斯, 即均值不为零、协方差不是单位矩阵的情形, 我们利用高斯随机变量线性变换的性质将其转换成标准正态分布. 假设我们想要从均值为 $\boldsymbol{\mu}$、协方差为 $\boldsymbol{\Sigma}$ 的多元高斯分布生成样本 $\boldsymbol{x}_i, i=1,\cdots,n$. 我们想从一个采样器中构造样本, 该采样器提供来自多元标准正态分布 $\mathcal{N}(\boldsymbol{0},\,\boldsymbol{I})$ 的样本[⊖].

为了从一个多元正态分布 $\mathcal{N}(\boldsymbol{\mu},\,\boldsymbol{\Sigma})$ 中获得样本, 我们可以利用高斯随机变量的线性变换性质: 如果 $\boldsymbol{x}\sim\mathcal{N}(\boldsymbol{0},\,\boldsymbol{I})$, 那么 $\boldsymbol{y}=\boldsymbol{A}\boldsymbol{x}+\boldsymbol{\mu}$, 其中 $\boldsymbol{A}\boldsymbol{A}^{\top}=\boldsymbol{\Sigma}$ 是均值为 $\boldsymbol{\mu}$、协方差为 $\boldsymbol{\Sigma}$ 的高斯分布. 选择 $\boldsymbol{A}$ 的一种方便方法是使用协方差矩阵 $\boldsymbol{\Sigma}=\boldsymbol{A}\boldsymbol{A}^{\top}$ 的 Cholesky 分解 (4.3 节). Cholesky 分解的优点是 $\boldsymbol{A}$ 是上三角形矩阵, 从而提高了计算效率.

6.6 共轭与指数族

我们在统计学教科书中发现的许多“有名字”的概率分布是用来模拟特定类型的现象的. 例如, 6.5 节中的高斯分布. 这些分布也以复杂的方式相互关联 (Leemis and McQueston, 2008). 对于该领域的初学者来说, 弄清楚要使用哪个分布可能会让人不知所措. 此外, 许多这样的分布是在用铅笔和纸进行统计和计算的时代发现的. 在计算时代, 人们自然会询问什么是有意义的概念 (Efron and Hastie, 2016). 在前一节中, 我们看到, 当分布是高斯分布时, 推断所需的许多操作都可以很方便地计算出来. 在这一点上, 我们有必要回顾一下在机器学习环境中处理概率分布的需求.

⊖ 为对矩阵进行 Cholesky 分解, 要求矩阵是对称正定矩阵 (3.2.3 节). 协方差矩阵具有这个性质.

1. 在应用概率规则时, 有一些“封闭性”, 例如, 贝叶斯定理. 封闭是指应用特定操作返回相同类型的对象.

2. 随着我们收集的数据越来越多, 我们不需要更多的参数来描述分布.

3. 因为我们对从数据中学习感兴趣, 所以我们希望参数估计表现良好.

结果表明, 一类称为指数族的分布在保持良好的计算和推理性能的同时, 具有良好适当的通用性. 在我们介绍指数族之前, 让我们再看三个已知概率分布的成员: 伯努利分布 (例 6.8)、二项分布 (例 6.9) 和贝塔分布 (例 6.10).

例 6.8 伯努利分布是单个二进制随机变量 X 的分布, 其状态 $x \in \{0,1\}$. 该分布由参数 $\mu \in [0,1]$ 表征, 该参数表示 $X=1$ 的概率. 伯努利分布 $\mathrm{Ber}(\mu)$ 被定义为

$$p(x \mid \mu) = \mu^x (1-\mu)^{1-x}, \quad x \in \{0,1\}, \tag{6.92}$$

$$\mathbb{E}[x] = \mu, \tag{6.93}$$

$$\mathbb{V}[x] = \mu(1-\mu), \tag{6.94}$$

其中 $\mathbb{E}[x]$ 和 $\mathbb{V}[x]$ 分别是二进制随机变量 X 的均值和方差.

例如, 抛一枚硬币, 当我们模拟硬币“正面”朝上的概率时, 会利用伯努利分布.

评注 在伯努利分布中, 变量取值只有 0 和 1, 我们将其表示在指数中, 这是机器学习教材中经常用到的技巧. 另一种情况是表示多项分布时.

例 6.9 (二项分布) 二项分布是伯努利分布对整数分布的推广 (见图 6.10). 特别地, 二项式可用于描述在伯努利分布的一组 N 个样本中观察 $X=1$ 出现 m 次的概率, 其中 $p(X=1)=\mu \in [0,1]$. 二项分布 $\mathrm{Bin}(N,\mu)$ 的定义为

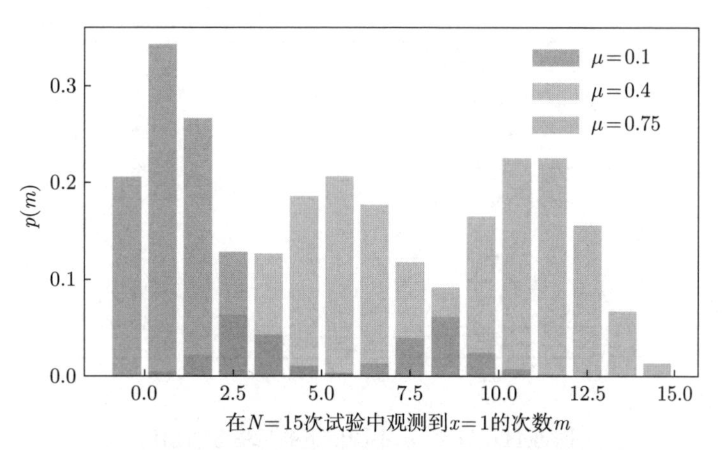

图 6.10 二项分布的例子: $\mu \in \{0.1, 0.4, 0.75\}$, $N=15$

$$p(m \mid N, \mu) = \binom{N}{m} \mu^m (1-\mu)^{N-m}, \tag{6.95}$$

$$\mathbb{E}[m] = N\mu\,, \tag{6.96}$$

$$\mathbb{V}[m] = N\mu(1-\mu)\,, \tag{6.97}$$

其中 $\mathbb{E}[m]$ 和 $\mathbb{V}[m]$ 分别是 m 次情况下的均值和方差.

例如, 如果我们想描述在 N 次抛硬币试验中观察到 m 次“正面”朝上的概率, 则可以使用二项分布, 其中在单次试验中观察到正面朝上的概率是 μ.

例 6.10 (贝塔分布) 我们可能需要在有限区间上建立一个连续随机变量的模型. 贝塔分布是一个连续随机变量 $\mu \in [0,1]$ 上的分布, 通常用于表示某些二进制事件的概率 (例如, 决定伯努利分布的参数). 贝塔分布 $\text{Beta}(\alpha,\beta)$ (见图 6.11) 本身由两个参数 $\alpha > 0$, $\beta > 0$ 表征且被定义为

$$p(\mu \mid \alpha,\beta) = \frac{\Gamma(\alpha+\beta)}{\Gamma(\alpha)\Gamma(\beta)}\mu^{\alpha-1}(1-\mu)^{\beta-1} \tag{6.98}$$

$$\mathbb{E}[\mu] = \frac{\alpha}{\alpha+\beta}\,, \qquad \mathbb{V}[\mu] = \frac{\alpha\beta}{(\alpha+\beta)^2(\alpha+\beta+1)} \tag{6.99}$$

且 $\Gamma(\cdot)$ 是 Gamma 函数, 其定义是

$$\Gamma(t) := \int_0^\infty x^{t-1}\exp(-x)dx, \qquad t > 0\,. \tag{6.100}$$

$$\Gamma(t+1) = t\Gamma(t)\,. \tag{6.101}$$

需要注意的是, 式(6.98) 中 Gamma 函数的分式是用来归一化分布的.

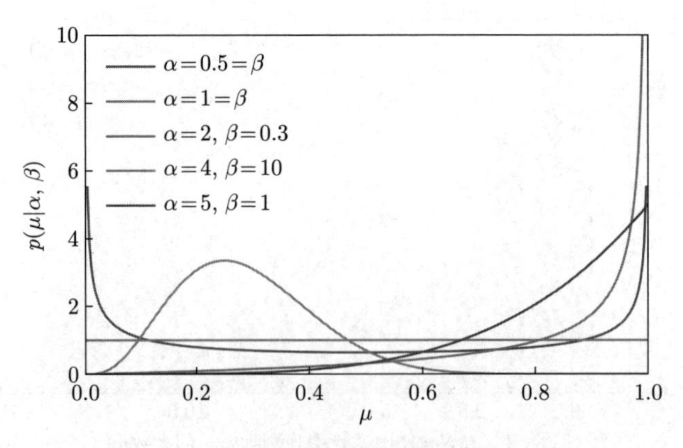

图 6.11 α 和 β 不同值下的贝塔分布示例

直觉上, α 使概率质量趋向于 1, 而 β 使概率质量趋向于 0. 存在一些特殊的情况 (Murphy, 2012):

- 当 $\alpha = 1 = \beta$ 时, 我们得到均匀分布 $\mathcal{U}[0,1]$.
- 当 $\alpha, \beta < 1$ 时, 我们得到一个双峰分布, 峰值为 0 和 1.
- 当 $\alpha, \beta > 1$ 时, 分布是单峰的.
- 当 $\alpha, \beta > 1$ 且 $\alpha = \beta$ 时, 是单峰对称分布, 以区间 $[0,1]$ 为中心, 即众数/均值是 $\frac{1}{2}$.

评注 有文献整理了全部有名称的分布族, 它们彼此之间以不同的方式相互联系 (Leemis and McQueston, 2008). 值得记住的是, 每个分布的命名都有特定的原因, 但也可能有其他应用. 深入了解创建特定分布背后的原因, 通常能让我们更好地使用它们. 为了说明共轭 (6.6.1 节) 和指数族 (6.6.3 节) 的概念, 我们引入了前面的三个分布.

6.6.1 共轭

根据贝叶斯定理 (6.23), 后验概率与先验概率和似然的乘积成正比. 先验可能很难获知, 原因有二: 首先, 先验应该在我们看到任何数据之前就需要表示出该问题的相关信息, 这通常很难描述. 其次, 通常不可能用解析方法计算后验分布. 然而, 有一些先验的计算是方便的: 共轭先验.

定义 6.13 (共轭先验) 如果后验函数与先验函数具有相同的形式/类型, 则先验函数与似然函数是共轭的.

共轭分布便于使用, 因其可以通过代数方法, 更新先验分布的参数来计算后验分布.

评注 在考虑概率分布的几何结构时, 共轭先验与似然保持相同的距离结构 (Agarwal and Daumé III, 2010).

为了介绍共轭先验的一个具体例子, 我们将在例 6.11 中描述二项分布 (定义在离散随机变量上) 和贝塔分布 (定义在连续随机变量上).

例 6.11 (贝塔-二项共轭) 考虑一个二项随机变量 $x \sim \mathrm{Bin}(N, \mu)$, 其中

$$p(x \mid N, \mu) = \binom{N}{x} \mu^x (1-\mu)^{N-x}, \quad x = 0, 1, \cdots, N, \tag{6.102}$$

是 N 次抛硬币试验中有 x 次“正面”朝上的概率, μ 是“正面”朝上的概率. 我们加一个贝塔先验在参数 μ 中, 即 $\mu \sim \mathrm{Beta}(\alpha, \beta)$, 其中

$$p(\mu \mid \alpha, \beta) = \frac{\Gamma(\alpha+\beta)}{\Gamma(\alpha)\Gamma(\beta)} \mu^{\alpha-1} (1-\mu)^{\beta-1}. \tag{6.103}$$

如果我们现在观察到某个结果 $x = h$, 也就是说, 我们看到 N 次抛硬币中有 h 次正面朝上, 我们计算 μ 上的后验分布为

$$p(\mu \mid x = h, N, \alpha, \beta) \propto p(x \mid N, \mu) p(\mu \mid \alpha, \beta) \tag{6.104a}$$

$$\propto \mu^h (1-\mu)^{(N-h)} \mu^{\alpha-1} (1-\mu)^{\beta-1} \tag{6.104b}$$

$$= \mu^{h+\alpha-1}(1-\mu)^{(N-h)+\beta-1} \tag{6.104c}$$

$$\propto \text{Beta}(h+\alpha, N-h+\beta)\,, \tag{6.104d}$$

即后验分布是贝塔分布的先验分布, 也就是说, 二项式似然函数中参数 μ 与贝塔先验是共轭的.

在下面的例子中, 我们将推导出一个与贝塔 -二项共轭结果相似的结果. 在这里, 我们将证明贝塔分布是伯努利分布的共轭先验.

例 6.12 (贝塔-伯努利共轭)　令 $x \in \{0,1\}$ 服从参数为 $\theta \in [0,1]$ 的伯努利分布, 即 $p(x=1\,|\,\theta)=\theta$. 这也可以表示为 $p(x\,|\,\theta)=\theta^x(1-\theta)^{1-x}$. 令 θ 服从参数为 α,β 的贝塔分布, 即 $p(\theta\,|\,\alpha,\beta)\propto\theta^{\alpha-1}(1-\theta)^{\beta-1}$.

贝塔分布和伯努利分布相乘, 我们可以得到

$$p(\theta\,|\,x,\alpha,\beta) = p(x\,|\,\theta)p(\theta\,|\,\alpha,\beta) \tag{6.105a}$$

$$\propto \theta^x(1-\theta)^{1-x}\theta^{\alpha-1}(1-\theta)^{\beta-1} \tag{6.105b}$$

$$= \theta^{\alpha+x-1}(1-\theta)^{\beta+(1-x)-1} \tag{6.105c}$$

$$\propto p(\theta\,|\,\alpha+x,\beta+(1-x))\,. \tag{6.105d}$$

最后一行是贝塔分布, 参数为 $(\alpha+x,\beta+(1-x))$.

表 6.2 列出了概率建模中使用的一些标准似然参数的共轭先验的例子[㊀]. 多项式分布、逆伽马分布、逆 Wishart 分布和 Dirichlet 分布等分布可以在任何统计文本中找到, 例如, 在 (Bishop, 2006) 中就有描述.

贝塔分布是参数 μ 在二项式和伯努利似然的共轭先验. 对于高斯似然函数, 我们可以在均值上添加一个共轭高斯先验. 高斯似然在表中出现两次的原因是我们需要区分单变量情况和多变量情况. 在单变量 (标量) 的情况下, 逆伽马是方差的共轭先验. 在多变量情况下, 我们使用逆 Wishart 分布作为协方差矩阵的共轭先验. Dirichlet 分布是多项式似然函数的共轭先验. 更进一步的细节可以参考 (Bishop, 2006).

表 6.2　常见的似然函数的共轭先验

似然	共轭先验	后验
伯努利	贝塔	贝塔
二项式	贝塔	贝塔
高斯	高斯/逆伽马	高斯/逆伽马
高斯	高斯/逆 Wishart	高斯/逆 Wishart
多项式	Dirichlet	Dirichlet

㊀ 伽马先验是一元高斯分布的精度 (方差的倒数) 的共轭先验分布, Wishart 先验是多元高斯分布的精度矩阵参数 (协方差矩阵的逆) 共轭先验分布.

6.6.2 充分统计量

回想一下, 随机变量的统计量是该随机变量的确定函数. 例如, 如果 $\boldsymbol{x} = [x_1, \cdots, x_N]^\top$ 是一元高斯随机变量的向量, 即 $x_n \sim \mathcal{N}(\mu, \sigma^2)$, 那么样本的均值 $\hat{\mu} = \frac{1}{N}(x_1 + \cdots + x_N)$ 就是一个统计量. 罗纳德·费希尔爵士 (Sir Ronald Fisher) 提出了*充分统计量*的概念: 统计数据包含所有可用的信息, 这些信息可以从与正在探究的分布相对应的数据中推断出来. 换句话说, 充分的统计数据包含了对总体进行推断所需的所有信息, 也就是说, 它们是足以代表分布的统计数据.

对于一组由 θ 参数化的分布, 设 X 是一个随机变量, 其分布为 $p(x \mid \theta_0)$, 参数 θ_0 是未知的. 如果向量 $\phi(x)$ 包含关于 θ_0 所有可能的信息, 则将其称为 θ_0 的充分统计量. 对"包含所有可能的信息"更形式化的表达, 这意味着在 θ 条件下 x 的概率可以被分解成两部分, 一部分不依赖于 θ, 一部分是通过 $\phi(x)$ 依赖于 θ. Fisher-Neyman 分解定理形式化了这个概念, 我们在定理 6.14 中不加证明地陈述了这个概念.

定理 6.14 (Fisher-Neyman) [(Lehmann and Casella, 1998) 中的定理 6.5] 令 X 的概率密度函数是 $p(x \mid \theta)$. 则统计量 $\phi(x)$ 关于 θ 是充分统计量当且仅当 $p(x \mid \theta)$ 可以写成下面的形式:

$$p(x \mid \theta) = h(x) g_\theta(\phi(x)), \tag{6.106}$$

其中 $h(x)$ 是独立于 θ 的分布且 g_θ 通过充分统计量 $\phi(x)$ 捕捉了 θ 的所有依赖关系.

如果 $p(x \mid \theta)$ 不依赖于 θ, 那么 $\phi(x)$ 对于任何函数 ϕ 都是一个充分统计量. 更有趣的例子是 $p(x \mid \theta)$ 仅依赖于 $\phi(x)$ 而不是 x 本身. 在这个例子中, $\phi(x)$ 是 θ 的充分统计量.

在机器学习中, 我们考虑分布中的有限个样本. 可以想象, 对于简单的分布 (例如, 例 6.8 中的伯努利分布), 我们只需要少量的样本就可以估计分布的参数. 我们也可以考虑相反的问题, 即哪个分布最适合拟合我们已有的一组数据 (来自未知分布的样本). 一个很自然的问题是, 当我们观察到更多的数据时, 我们是否需要更多的参数 θ 来描述分布? 一般来说, 答案是肯定的, 这在非参数统计中得到了研究 (Wasserman, 2007). 其对立问题是, 哪一类分布具有有限维的充分统计量, 即描述它们所需的参数数量不会无限增加. 答案是将在下一节中描述的指数族分布.

6.6.3 指数族

在考虑 (离散或连续随机变量的) 分布时, 有三层可能的抽象层次. 在第一层 (最具体的一种), 我们有一个已知的参数固定的分布, 例如, 一个零均值和单位方差的一元高斯分布 $\mathcal{N}(0, 1)$. 在机器学习中, 我们通常利用第二层抽象层次, 即我们已经固定参数形式 (一元高斯分布), 然后推断出拟合数据的参数. 例如, 我们假设一个一元高斯分布 $\mathcal{N}(\mu, \sigma^2)$, 均值 μ 和方差 σ^2 都未知, 然后使用最大似然法去拟合出最好的参数 (μ, σ^2). 我们将在第 9 章讨论线性回归时看到具体的示例. 抽象的第三个层次是考虑分布的族, 在本书中, 我们考虑指数族. 一元高斯分布属于指数族分布. 许多广泛使用的统计模型, 包括表 6.2中所有的"有名字"模型, 都是指数族的成员. 它们可以统一成一个概念 (Brown, 1986).

评注 历史趣闻: 像数学和科学中的许多概念一样, 指数族是由不同的研究人员在同一时间独立发现的. 1935—1936 年, 塔斯马尼亚州的 Edwin Pitman、巴黎的 Georges Darmois 和纽约的 Bernard Koopman 分别独立指出, 指数族是在重复独立抽样下, 唯一具有有限维充分统计量的分布族 (Lehmann and Casella, 1998).

指数族是指一个概率分布族, 参数为 $\boldsymbol{\theta} \in \mathbb{R}^D$, 其形式为

$$p(\boldsymbol{x} \mid \boldsymbol{\theta}) = h(\boldsymbol{x}) \exp\left(\langle \boldsymbol{\theta}, \boldsymbol{\phi}(\boldsymbol{x}) \rangle - A(\boldsymbol{\theta})\right) , \tag{6.107}$$

其中向量 $\boldsymbol{\phi}(\boldsymbol{x})$ 是充分统计量. 一般而言, 任何内积 (3.2 节) 可以被用在式 (6.107) 中, 然后具体而言我们这里使用标准的点积 ($\langle \boldsymbol{\theta}, \boldsymbol{\phi}(\boldsymbol{x}) \rangle = \boldsymbol{\theta}^\top \boldsymbol{\phi}(\boldsymbol{x})$). 需要注意的是, 指数族的形式本质上是 Fisher-Neyman 定理中 $g_\theta(\phi(x))$ 的一种特殊的表达式 (定理 6.14).

通过将另一个因子 ($\log h(\boldsymbol{x})$) 添加到充分统计量 $\boldsymbol{\phi}(\boldsymbol{x})$ 中, 并约束相应的参数 $\theta_0 = 1$, 可使因子 $h(\boldsymbol{x})$ 加入点积项中. $A(\boldsymbol{\theta})$ 是归一化常量, 它确保分布求和或积分为 1, 称为对数分函数. 通过忽略这两个项, 并将指数族看作如下形式的分布, 可以得到指数族概念的一个很好的直观感受:

$$p(\boldsymbol{x} \mid \boldsymbol{\theta}) \propto \exp\left(\boldsymbol{\theta}^\top \boldsymbol{\phi}(\boldsymbol{x})\right) . \tag{6.108}$$

对于这种参数化形式, 参数 $\boldsymbol{\theta}$ 称为自然参数. 乍一看, 指数族似乎是将指数函数加到点积的结果上的普通变换. 然而, 基于我们可以捕获 $\boldsymbol{\phi}(\boldsymbol{x})$ 中的数据信息这一事实, 这使得建模更加方便, 计算也更加高效.

例 6.13 (高斯指数族) 考虑一元高斯分布 $\mathcal{N}(\mu, \sigma^2)$. 使 $\boldsymbol{\phi}(x) = \begin{bmatrix} x \\ x^2 \end{bmatrix}$. 那么通过使用指数族的定义,

$$p(x \mid \boldsymbol{\theta}) \propto \exp(\theta_1 x + \theta_2 x^2) . \tag{6.109}$$

令

$$\boldsymbol{\theta} = \left[\frac{\mu}{\sigma^2}, -\frac{1}{2\sigma^2}\right]^\top \tag{6.110}$$

代入式 (6.109), 得到

$$p(x \mid \boldsymbol{\theta}) \propto \exp\left(\frac{\mu x}{\sigma^2} - \frac{x^2}{2\sigma^2}\right) \propto \exp\left(-\frac{1}{2\sigma^2}(x-\mu)^2\right) . \tag{6.111}$$

因此, 一元高斯分布属于具有充分统计量 $\boldsymbol{\phi}(x) = \begin{bmatrix} x \\ x^2 \end{bmatrix}$ 的指数族, 且自然参数由式 (6.110) 中 $\boldsymbol{\theta}$ 给出.

例 6.14 (伯努利指数族) 回想一下例 6.8 中的伯努利分布

$$p(x \mid \mu) = \mu^x (1-\mu)^{1-x}, \quad x \in \{0, 1\}. \tag{6.112}$$

可以写成指数族形式

$$p(x \mid \mu) = \exp[\log\left(\mu^x (1-\mu)^{1-x}\right)] \tag{6.113a}$$

$$= \exp[x \log \mu + (1-x) \log(1-\mu)] \tag{6.113b}$$

$$= \exp\left[x \log \mu - x \log(1-\mu) + \log(1-\mu)\right] \tag{6.113c}$$

$$= \exp\left[x \log \frac{\mu}{1-\mu} + \log(1-\mu)\right]. \tag{6.113d}$$

最后一行 (6.113d) 可以被识别为指数族形式 (6.107), 观察可得

$$h(x) = 1 \tag{6.114}$$

$$\theta = \log \frac{\mu}{1-\mu} \tag{6.115}$$

$$\phi(x) = x \tag{6.116}$$

$$A(\theta) = -\log(1-\mu) = \log(1 + \exp(\theta)). \tag{6.117}$$

θ 和 μ 之间的关系是可逆的, 所以有

$$\mu = \frac{1}{1 + \exp(-\theta)}. \tag{6.118}$$

通过关系式 (6.118) 可得到等式 (6.117).

评注 原伯努利分布参数 μ 和自然参数 θ 之间的关系称为 sigmoid 或逻辑函数. 观察可知, $\mu \in (0,1)$ 但是 $\theta \in \mathbb{R}$, 因此 sigmoid 函数可以将一个实数压缩到 $(0,1)$ 范围内. 这种性质在机器学习中很有用, 例如, 逻辑回归中就利用了它 (Bishop, 2006, section 4.3.2), 以及神经网络中的非线性激活函数也利用这个性质 (Goodfellow et al., 2016, chapter 6).

找到某一特定分布 (例如, 表 6.2 中的分布) 的共轭分布的参数形式, 通常并不那么容易. 指数族为寻找分布的共轭分布提供了一种方便方法. 假设随机变量 X 是指数族 (式(6.107)) 的一个成员:

$$p(\boldsymbol{x} \mid \boldsymbol{\theta}) = h(\boldsymbol{x}) \exp\left(\langle \boldsymbol{\theta}, \boldsymbol{\phi}(\boldsymbol{x}) \rangle - A(\boldsymbol{\theta})\right). \tag{6.119}$$

指数族的每个成员都有一个共轭先验 (Brown, 1986):

$$p(\boldsymbol{\theta} \mid \boldsymbol{\gamma}) = h_c(\boldsymbol{\theta}) \exp\left(\left\langle \begin{bmatrix}\gamma_1 \\ \gamma_2\end{bmatrix}, \begin{bmatrix}\boldsymbol{\theta} \\ -A(\boldsymbol{\theta})\end{bmatrix} \right\rangle - A_c(\boldsymbol{\gamma})\right), \tag{6.120}$$

其中 $\boldsymbol{\gamma} = \begin{bmatrix}\gamma_1 \\ \gamma_2\end{bmatrix}$ 的维度为 $\dim(\boldsymbol{\theta}) + 1$. 共轭先验的充分统计量是 $\begin{bmatrix}\boldsymbol{\theta} \\ -A(\boldsymbol{\theta})\end{bmatrix}$. 利用指数族共轭先验的一般形式的知识, 我们可以导出对应于特定分布的共轭先验的泛函形式.

例 6.15 回想一下伯努利分布的指数族形式 (式(6.113d)):

$$p(x \mid \mu) = \exp\left[x \log \frac{\mu}{1-\mu} + \log(1-\mu)\right]. \tag{6.121}$$

正则共轭先验的形式为

$$p(\mu \mid \alpha, \beta) = \frac{\mu}{1-\mu} \exp\left[\alpha \log \frac{\mu}{1-\mu} + (\beta + \alpha) \log(1-\mu) - A_c(\boldsymbol{\gamma})\right], \tag{6.122}$$

其中我们定义 $\boldsymbol{\gamma} := [\alpha, \beta + \alpha]^\top$ 以及 $h_c(\mu) := \mu/(1-\mu)$. 则式 (6.122) 可化简为

$$p(\mu \mid \alpha, \beta) = \exp\left[(\alpha - 1) \log \mu + (\beta - 1) \log(1-\mu) - A_c(\alpha, \beta)\right]. \tag{6.123}$$

把它写成非指数族形式, 有

$$p(\mu \mid \alpha, \beta) \propto \mu^{\alpha-1}(1-\mu)^{\beta-1}, \tag{6.124}$$

最终我们得到贝塔分布 [式(6.98)]. 在例 6.12 中, 我们假设贝塔分布是伯努利分布的共轭先验, 并证明它确实是共轭先验. 在这个例子中, 我们通过研究指数族形式的伯努利分布的正则共轭先验, 导出了贝塔分布的形式.

如前一节所述, 指数族的主要优势是它们具有有限维的充分统计量. 此外, 共轭分布很容易记下来, 而且共轭分布也来自指数族. 从推理的角度来看, 最大似然估计表现得很好, 因为充分统计量的经验估计是充分统计量总体值的最佳估计 (回想一下高斯分布的均值和协方差). 从优化的角度来看, 对数似然函数是凹函数, 从而可以采用有效的优化方法 (第 7 章).

6.7 变量替换/逆变换

虽然看起来已知的分布非常多, 但实际上, 我们有名称的分布集是相当有限的. 因此, 通常有必要了解变换后的随机变量是如何分布的. 例如, 假设 X 是一元正态分布 $\mathcal{N}(0, 1)$ 的

随机变量, 那么 X^2 的分布是什么? 另一个在机器学习中很常见的例子是, 假设 X_1 和 X_2 是一元标准正态分布, 那么 $\frac{1}{2}(X_1+X_2)$ 的分布是什么?

计算 $\frac{1}{2}(X_1+X_2)$ 分布的一种方法是计算 X_1 和 X_2 的均值和方差, 然后将它们合并. 正如我们在 6.4.4 节中看到的, 当我们考虑随机变量的仿射变换时, 我们可以计算得到随机变量的均值和方差. 然而, 我们可能无法得到变换下分布的函数形式. 此外, 我们可能对非线性变换的随机变量感兴趣, 它的解析解不易求出.

评注 (符号) 在本节中, 我们将明确介绍随机变量及其取值. 回顾一下, 我们使用大写字母 X, Y 表示随机变量, 小写字母 x, y 表示随机变量在目标空间 $\mathcal{T}$ 中的值. 我们将离散随机变量 X 的 pmf 显式写成 $P(X=x)$. 对于连续随机变量 X(6.2.2 节), pdf 写为 $f(x)$, cdf 写为 $F_X(x)$.

我们将研究两种得到随机变量变换的分布的方法: 使用累积分布函数定义的直接方法和使用微积分链式法则的变量替换方法 (5.2.2 节). 变量替换方法[㊀] 之所以被广泛使用, 是因为它提供了一个方案, 用于尝试计算变换得到的分布. 我们将解释一元随机变量的方法, 并且只简单地提供多元随机变量一般情况的结果.

离散随机变量的变换可以直接被理解. 假设存在一个离散随机变量 X 和 pmf $P(X=x)$(6.2.1 节), 以及一个可逆函数 $U(x)$. 考虑变换后的随机变量 $Y:=U(X)$ 和 pmf $P(Y=y)$. 那么

$$P(Y=y)=P(U(X)=y) \quad \text{对感兴趣的变量做变换} \tag{6.125a}$$

$$=P(X=U^{-1}(y)) \quad \text{逆} \tag{6.125b}$$

其中可以观察到 $x=U^{-1}(y)$. 因此, 对于离散随机变量, 变换直接改变单个事件 (概率相应要适当变换).

6.7.1 分布函数技巧

分布函数技巧从第一性原理出发, 利用 cdf 的定义 $F_X(x)=P(X\leqslant x)$ 及其微分是 pdf $f(x)$ 这一事实 (Wasserman, 2004, chapter 2). 对于随机变量 X 和函数 U, 我们通过接下来的几个步骤找到随机变量 $Y:=U(X)$ 的 pdf.

1. 找到 cdf:

$$F_Y(y)=P(Y\leqslant y) \tag{6.126}$$

2. 对 cdf $F_Y(y)$ 进行微分, 得到 pdf $f(y)$:

$$f(y)=\frac{\mathrm{d}}{\mathrm{d}y}F_Y(y)\,. \tag{6.127}$$

㊀ 矩母函数也可以用来研究随机变量的变换 (Casella and Berger, 2002, chapter 2).

还需要记住, 由于 U 的变换, 随机变量的定义域可能已经改变.

例 6.16 设 X 是一个在 $0 \leqslant x \leqslant 1$ 上具有如下概率密度函数的连续随机变量:

$$f(x)=3x^2. \tag{6.128}$$

我们想要求 $Y=X^2$ 的 pdf.

函数 f 是 x 的递增函数, 因此 y 的结果值位于区间 $[0,1]$ 中. 我们得到

$$F_Y(y)=P(Y\leqslant y) \quad \text{cdf 的定义} \tag{6.129a}$$

$$=P(X^2\leqslant y) \quad \text{对感兴趣的变量做替换} \tag{6.129b}$$

$$=P(X\leqslant y^{\frac{1}{2}}) \quad \text{逆} \tag{6.129c}$$

$$=F_X(y^{\frac{1}{2}}) \quad \text{cdf 定义} \tag{6.129d}$$

$$=\int_0^{y^{\frac{1}{2}}} 3t^2\mathrm{d}t \quad \text{cdf 是定积分} \tag{6.129e}$$

$$=\left[t^3\right]_{t=0}^{t=y^{\frac{1}{2}}} \quad \text{积分的结果} \tag{6.129f}$$

$$=y^{\frac{3}{2}}, \quad 0\leqslant y\leqslant 1. \tag{6.129g}$$

因此, Y 的 cdf 是

$$F_Y(y)=y^{\frac{3}{2}} \tag{6.130}$$

其中, $0\leqslant y\leqslant 1$. 为了得到 pdf, 我们对 cdf 进行微分:

$$f(y)=\frac{\mathrm{d}}{\mathrm{d}y}F_Y(y)=\frac{3}{2}y^{\frac{1}{2}} \tag{6.131}$$

其中, $0\leqslant y\leqslant 1$.

在例 6.16 中, 我们考虑了严格单调递增函数 $f(x)=3x^2$. 这意味着我们可以求出它的反函数. 通常, 我们认为感兴趣的函数 $y=U(x)$ 具有逆[⊖] $x=U^{-1}(y)$. 将随机变量 X 的累积分布函数 $F_X(x)$ 作为变换 $U(x)$, 可以得到一个有用的结果. 这得到了下面的定理.

定理 6.15 [(Casella and Berger, 2002) 中的定理 2.1.10] 设 X 是具有严格单调累积分布函数 $F_X(x)$ 的连续随机变量. 那么随机变量 Y 定义为

$$Y:=F_X(x) \tag{6.132}$$

有一个均匀分布.

⊖ 具有逆的函数称为双射函数 (2.7 节).

定理 6.15 称为概率积分变换, 用于通过变换均匀随机变量的采样结果 (Bishop, 2006) 来导出依分布进行采样的算法. 该算法的工作原理是首先从均匀分布生成一个样本, 然后通过逆 cdf(假设它存在) 对其进行变换, 以从所需的分布获得一个样本. 概率积分变换还用于假设检验, 检验样本是否来自特定分布 (Lehmann and Romano, 2005). cdf 的输出是均匀分布的想法也构成了连续函数 (copulas) 的基础 (Nelsen, 2006).

6.7.2 变量替换

6.7.1 节中的分布函数技巧是从第一性原理出发, 基于 cdf 的定义, 利用逆、微分和积分的性质推导出来的. 第一性原理这一论点基于两个事实:

1. 我们可以将 Y 的 cdf 变换成 X 的 cdf 表达式.
2. 我们可以微分 cdf 来获得 pdf.

让我们一步一步分解这个推理方法, 目的是理解定理 6.16 中更一般的变量替换方法[⊖].

评注 “变量替换”这个名字来源于求解一个困难的积分时改变积分变量的想法. 对于一元函数, 我们使用积分的代换规则,

$$\int f(g(x))g'(x)\mathrm{d}x = \int f(u)\mathrm{d}u\,, \quad u = g(x)\,. \tag{6.133}$$

该规则的推导基于微积分链式法则 (5.32), 并两次应用微积分基本定理. 微积分基本定理形式化了一个事实, 即积分和微分在某种程度上是互“逆”的. 通过 (不太严谨地) 考虑方程 $u = g(x)$ 的微小变化 (微分), 也就是将 $\Delta u = g'(x)\Delta x$ 看作 $u = g(x)$ 的微分, 可以直观地理解这个规则. 通过替代 $u = g(x)$, 式(6.133) 右侧积分中的参数变为 $f(g(x))$. 通过假设 $\mathrm{d}u$ 可以近似为 $\mathrm{d}u \approx \Delta u = g'(x)\Delta x$, 而 $\mathrm{d}x \approx \Delta x$, 我们得到式 (6.133).

考虑一个一元随机变量 X 和一个可逆的函数 U, 它给出了另一个随机变量 $Y = U(X)$. 我们假设随机变量 X 具有状态 $x \in [a, b]$. 根据 cdf 的定义, 我们有

$$F_Y(y) = P(Y \leqslant y)\,. \tag{6.134}$$

我们对随机变量的函数 U 感兴趣:

$$P(Y \leqslant y) = P(U(X) \leqslant y)\,, \tag{6.135}$$

我们假设函数 U 是可逆的. 区间上的可逆函数不是严格递增就是严格递减的. 在 U 严格递增的情况下, 其逆 U^{-1} 也严格递增. 通过对 $P(U(X) \leqslant y)$ 的参数应用逆 U^{-1}, 有

$$P(U(X) \leqslant y) = P(U^{-1}(U(X)) \leqslant U^{-1}(y)) = P(X \leqslant U^{-1}(y))\,. \tag{6.136}$$

⊖ 概率论中变量替换依赖于微积分中的变量替换方法 (Tandra, 2014).

式(6.136) 中最右边的项是 X 的 cdf 表达式. 回顾一下 pdf 定义的 cdf:

$$P(X \leqslant U^{-1}(y)) = \int_a^{U^{-1}(y)} f(x)\mathrm{d}x\,. \tag{6.137}$$

现在我们有 Y 的 cdf 表达式, 用 x 来表示.

$$F_Y(y) = \int_a^{U^{-1}(y)} f(x)\mathrm{d}x\,. \tag{6.138}$$

为了获得 pdf, 我们将对式 (6.138) 关于 y 进行微分:

$$f(y) = \frac{\mathrm{d}}{\mathrm{d}y}F_y(y) = \frac{\mathrm{d}}{\mathrm{d}y}\int_a^{U^{-1}(y)} f(x)\mathrm{d}x\,. \tag{6.139}$$

请注意, 右边的积分是关于 x 的, 但我们需要一个关于 y 的积分, 因为我们是关于 y 的微分. 将其代入式 (6.133), 得到

$$\int f(U^{-1}(y))U^{-1'}(y)\mathrm{d}y = \int f(x)\mathrm{d}x, \quad x = U^{-1}(y)\,. \tag{6.140}$$

在式 (6.139) 的右侧使用式 (6.140), 得到

$$f(y) = \frac{\mathrm{d}}{\mathrm{d}y}\int_a^{U^{-1}(y)} f_x(U^{-1}(y))U^{-1'}(y)\mathrm{d}y\,. \tag{6.141}$$

回顾微分是一个线性算子, 我们使用下标 x 来提示自己 $f_x(U^{-1}(y))$ 是 x 的函数, 而不是 y 的. 再次引用微积分基本定理, 可以得到以下结论:

$$f(y) = f_x(U^{-1}(y)) \cdot \left(\frac{\mathrm{d}}{\mathrm{d}y}U^{-1}(y)\right)\,. \tag{6.142}$$

回顾一下, 我们假设 U 是一个严格递增函数. 对于递减函数, 当我们遵循相同的推导, 结果会有一个负号. 我们引入微分的绝对值, 使其对于递增和递减 U 具有相同的表达式:

$$f(y) = f_x(U^{-1}(y)) \cdot \left|\frac{\mathrm{d}}{\mathrm{d}y}U^{-1}(y)\right|\,. \tag{6.143}$$

这就是所谓的*变量替换方法*. 式(6.143) 中的 $\left|\frac{\mathrm{d}}{\mathrm{d}y}U^{-1}(y)\right|$ 衡量了应用 U 时单位体积的变化程度 (也可参见 5.3 节中雅可比矩阵的定义).

评注 与式 (6.125b) 的离散情况相比, 我们有一个额外项 $\left|\frac{\mathrm{d}}{\mathrm{d}y}U^{-1}(y)\right|$. 需要更加注意连续情况, 因为对于所有的 y, 有 $P(Y=y)=0$. $f(y)$ 的概率密度函数没有表述为涉及 y 的事件的概率.

到目前为止, 在本节中, 我们一直在研究单变量替换. 多元随机变量的情况与此类似, 但由于绝对值不能用于多元函数而变得复杂. 相反, 我们使用雅可比矩阵的行列式. 回顾式 (5.58), 雅可比矩阵是一个偏导数矩阵, 非零行列式的存在表明我们可以对雅可比矩阵进行逆推. 回顾 4.1 节中的讨论, 行列式的产生是因为我们的微分 (体积的立方) 被雅可比转化为平行六面体. 让我们在下面的定理中总结前面的讨论, 它给我们提供了一个多变量替换的技巧.

定理 6.16 [(Billingsley, 1995) 中的定理 17.2] 设 $f(\boldsymbol{x})$ 为多元连续随机变量 X 的概率密度值. 如果向量值函数 $\boldsymbol{y}=U(\boldsymbol{x})$ 对于 $\boldsymbol{x}$ 域内的所有值都是可微且可逆的, 那么对于 $\boldsymbol{y}$ 的相应值, $Y=U(X)$ 的概率密度如下所示:

$$f(\boldsymbol{y})=f_{\boldsymbol{x}}(U^{-1}(\boldsymbol{y}))\cdot\left|\det\left(\frac{\partial}{\partial\boldsymbol{y}}U^{-1}(\boldsymbol{y})\right)\right|. \tag{6.144}$$

这个定理看着有点唬人, 但关键是多元随机变量的变量替换遵循单变量替换过程. 首先我们需要求出逆变换, 并将其代入 $\boldsymbol{x}$ 的概率密度. 然后我们计算雅可比矩阵的行列式并将结果相乘. 下面的例子说明了二元随机变量的情况.

例 6.17 考虑一个具有状态 $\boldsymbol{x}=\begin{bmatrix}x_1\\x_2\end{bmatrix}$ 和概率密度函数的二元随机变量 X:

$$f\left(\begin{bmatrix}x_1\\x_2\end{bmatrix}\right)=\frac{1}{2\pi}\exp\left(-\frac{1}{2}\begin{bmatrix}x_1\\x_2\end{bmatrix}^{\top}\begin{bmatrix}x_1\\x_2\end{bmatrix}\right). \tag{6.145}$$

我们利用定理 6.16 中的变量替换方法来推导随机变量的线性变换 (2.7 节) 的作用. 假设矩阵 $\boldsymbol{A}\in\mathbb{R}^{2\times2}$ 定义为

$$\boldsymbol{A}=\begin{bmatrix}a&b\\c&d\end{bmatrix}. \tag{6.146}$$

我们想要求出状态为 $\boldsymbol{y}=\boldsymbol{A}\boldsymbol{x}$ 的变换后的二元随机变量 Y 的概率密度函数.

回顾一下, 对于变量替换, 我们要求 $\boldsymbol{x}$ 的逆变换为 $\boldsymbol{y}$ 的函数. 由于我们考虑的是线性变换, 所以逆变换由矩阵逆给出 (见 2.2.2 节). 对于 2×2 矩阵, 我们可以显式地写出如下公式:

$$\begin{bmatrix}x_1\\x_2\end{bmatrix}=\boldsymbol{A}^{-1}\begin{bmatrix}y_1\\y_2\end{bmatrix}=\frac{1}{ad-bc}\begin{bmatrix}d&-b\\-c&a\end{bmatrix}\begin{bmatrix}y_1\\y_2\end{bmatrix}. \tag{6.147}$$

观察 $ad-bc$ 是 $\boldsymbol{A}$ 的行列式 (4.1 节). 相应的概率密度函数为

$$f(\boldsymbol{x})=f(\boldsymbol{A}^{-1}\boldsymbol{y})=\frac{1}{2\pi}\exp\left(-\frac{1}{2}\boldsymbol{y}^{\top}\boldsymbol{A}^{-\top}\boldsymbol{A}^{-1}\boldsymbol{y}\right). \tag{6.148}$$

矩阵乘以向量关于向量的偏导数就是矩阵本身 (5.5 节), 因此

$$\frac{\partial}{\partial\boldsymbol{y}}\boldsymbol{A}^{-1}\boldsymbol{y}=\boldsymbol{A}^{-1}. \tag{6.149}$$

回顾 4.1 节, 逆的行列式是行列式的逆, 因此雅可比矩阵的行列式是

$$\det\left(\frac{\partial}{\partial\boldsymbol{y}}\boldsymbol{A}^{-1}\boldsymbol{y}\right)=\frac{1}{ad-bc}. \tag{6.150}$$

我们现在可以应用定理 6.16 中变量替换的公式, 将式 (6.148) 乘以式 (6.150), 得到

$$f(\boldsymbol{y})=f(\boldsymbol{x})\left|\det\left(\frac{\partial}{\partial\boldsymbol{y}}\boldsymbol{A}^{-1}\boldsymbol{y}\right)\right| \tag{6.151a}$$

$$=\frac{1}{2\pi}\exp\left(-\frac{1}{2}\boldsymbol{y}^{\top}\boldsymbol{A}^{-\top}\boldsymbol{A}^{-1}\boldsymbol{y}\right)|ad-bc|^{-1}. \tag{6.151b}$$

虽然例 6.17 基于一个二元随机变量, 这使得我们可以很容易地计算矩阵逆, 但前面的关系对于更高的维度是成立的.

评注 我们在 6.5 节中看到, 式(6.148) 中的概率密度 $f(\boldsymbol{x})$ 实际上是标准高斯分布, 变换后的概率密度 $f(\boldsymbol{y})$ 是协方差为 $\boldsymbol{\Sigma}=\boldsymbol{A}\boldsymbol{A}^{\top}$ 的二元高斯分布.

我们将在 8.4 节中使用本章中的思想描述概率建模, 并在 8.5 节中介绍一种图形语言. 我们将在第 9 章和第 11 章中看到这些思想在机器学习中的直接应用.

6.8 延伸阅读

本章的内容有时比较简略. (Grinstead and Snell, 1997; Walpole et al., 2011) 提供了适合自学、较为浅显的介绍. 对概率的哲学方面感兴趣的读者可以参考 (Hacking, 2001), 而与软件工程更相关的方法则见 (Downey, 2014). 指数族的概述可以在 (Barndorff-Nielsen, 2014) 中找到. 我们将在第 8 章中看到更多关于如何使用概率分布来模拟机器学习任务的内容. 出乎意料的是, 最近人们对神经网络的兴趣大增, 以至于人们对概率模型有了更广泛的认识. 例如, 归一化数据流 (Jimenez Rezende and Mohamed, 2015) 的思想依靠变量变换来变换随机变量. 应用于神经网络的变量推理方法的概述在 (Goodfellow et al., 2016) 这本书的第 16 章至第 20 章中有所描述.

我们通过避开测度论问题 (Billingsley, 1995; Pollard, 2002), 并通过不加构造地假设我们有实数, 以及在实数上定义集合的方法和它们适当的出现频率, 从侧面解决了连续随机变量的很大一部分困难. 这些细节确实很重要, 例如, 在连续随机变量 x, y (Proschan and Presnell, 1998) 的条件概率 $p(y \mid x)$ 的规范中. 简化的符号隐藏了这样一个事实, 即我们想要指定 $X = x$(这是一个测度为 0 的集合). 此外, 我们对 y 的概率密度函数感兴趣. 一个更精确的符号为 $\mathbb{E}_y[f(y) \mid \sigma(x)]$, 其中我们取一个检验函数 f 在 y 上的期望值, 以 x 的 σ 代数为条件. 对概率论细节感兴趣的更专业的读者有很多选择 (Jaynes, 2003; MacKay, 2003; Jacod and Protter, 2004; Grimmett and Welsh, 2014), 包括一些非常技术性的讨论 (Shiryayev, 1984; Lehmann and Casella, 1998; Dudley, 2002; Bickel and Doksum, 2006; Çinlar, 2011). 另一种接近概率的方法是从期望的概念开始, 然后 "向后推导" 来得出概率空间的必要属性 (Whittle, 2000). 由于机器学习使我们能够在越来越复杂的数据类型上建立更复杂的分布模型, 概率论机器学习模型的开发者必须了解这些更技术性的方面. 以概率建模为重点的机器学习材料包括 (MacKay, 2003; Bishop, 2006; Rasmussen and Williams, 2006; Barber, 2012; Murphy, 2012).

习题

6.1 考虑以下两个离散随机变量 X 和 Y 的二元分布 $p(x, y)$:

Y \ X	x_1	x_2	x_3	x_4	x_5
y_1	0.01	0.02	0.03	0.1	0.1
y_2	0.05	0.1	0.05	0.07	0.2
y_3	0.1	0.05	0.03	0.05	0.04

计算:

a. 边缘分布 $p(x)$ 和 $p(y)$.

b. 条件分布 $p(x|Y = y_1)$ 和 $p(y|X = x_3)$.

6.2 考虑两个高斯分布的混合 (如图 6.4 所示),

$$0.4\mathcal{N}\left(\begin{bmatrix}10\\2\end{bmatrix}, \begin{bmatrix}1 & 0\\0 & 1\end{bmatrix}\right) + 0.6\mathcal{N}\left(\begin{bmatrix}0\\0\end{bmatrix}, \begin{bmatrix}8.4 & 2.0\\2.0 & 1.7\end{bmatrix}\right).$$

a. 计算每个维度的边缘分布.

b. 计算每个边缘分布的均值、众数和中位数.

c. 计算二维分布的均值和众数.

6.3 你写了一个计算机程序, 有时编译, 有时不编译 (代码不变). 你决定使用带有参数 μ 的伯努利分布对编译器的随机性 (成功与否)x 进行建模:

$$p(x \mid \mu) = \mu^x(1-\mu)^{1-x}, \quad x \in \{0,1\}.$$

为伯努利似然选择一个共轭先验, 并计算后验分布 $p(\mu \mid x_1, \cdots, x_N)$.

6.4 有两个包. 第一包装 4 个杧果和 2 个苹果; 第二包装 4 个杧果和 4 个苹果.
我们还有一枚有偏的硬币, 它有以概率 0.6 "正面"朝上和以概率 0.4 "反面"朝上. 如果硬币上正面朝上, 我们从第一袋中随机挑选一个水果; 否则, 我们从第二袋中随机挑选一个水果.
你的朋友掷硬币 (你看不到结果), 从相应的袋子里随机挑选一个水果, 然后送给你一个杧果.
杧果从第二袋里摘下来的概率有多大?
提示: 使用贝叶斯定理.

6.5 考虑时间序列模型

$$\boldsymbol{x}_{t+1} = \boldsymbol{A}\boldsymbol{x}_t + \boldsymbol{w}, \quad \boldsymbol{w} \sim \mathcal{N}\big(\boldsymbol{0}, \boldsymbol{Q}\big)$$

$$\boldsymbol{y}_t = \boldsymbol{C}\boldsymbol{x}_t + \boldsymbol{v}, \quad \boldsymbol{v} \sim \mathcal{N}\big(\boldsymbol{0}, \boldsymbol{R}\big),$$

其中 $\boldsymbol{w}, \boldsymbol{v}$ 是独立同分布的高斯噪声变量. 此外, 假设 $p(\boldsymbol{x}_0) = \mathcal{N}\big(\boldsymbol{\mu}_0, \boldsymbol{\Sigma}_0\big)$.
a. $p(\boldsymbol{x}_0, \boldsymbol{x}_1, \cdots, \boldsymbol{x}_T)$ 的形式是什么? 证明你的答案 (不必显式地计算联合分布).
b. 假设 $p(\boldsymbol{x}_t \mid \boldsymbol{y}_1, \cdots, \boldsymbol{y}_t) = \mathcal{N}\big(\boldsymbol{\mu}_t, \boldsymbol{\Sigma}_t\big)$.
1. 计算 $p(\boldsymbol{x}_{t+1} \mid \boldsymbol{y}_1, \cdots, \boldsymbol{y}_t)$.
2. 计算 $p(\boldsymbol{x}_{t+1}, \boldsymbol{y}_{t+1} \mid \boldsymbol{y}_1, \cdots, \boldsymbol{y}_t)$. 在时间 $t+1$ 时, 我们观察到值 $\boldsymbol{y}_{t+1} = \hat{\boldsymbol{y}}$. 计算条件分布 $p(\boldsymbol{x}_{t+1} \mid \boldsymbol{y}_1, \cdots, \boldsymbol{y}_{t+1})$.

6.6 证明式 (6.44) 中的关系, 它将方差的标准定义与方差的原值公式联系起来.

6.7 证明式 (6.45) 中的关系, 它将数据集中示例间的成对差异与方差的原值公式联系起来.

6.8 以指数族的自然参数形式表示伯努利分布, 见式 (6.107).

6.9 将二项分布表示为指数族分布. 也将贝塔分布表示为指数族分布. 证明贝塔分布和二项分布的乘积也是指数族的一员.

6.10 以两种方式导出 6.5.2 节中的关系:
a. 通过配方法.
b. 通过指数族形式表示高斯函数.
两个高斯分布 $\mathcal{N}\big(\boldsymbol{x} \mid \boldsymbol{a}, \boldsymbol{A}\big)\mathcal{N}\big(\boldsymbol{x} \mid \boldsymbol{b}, \boldsymbol{B}\big)$ 的乘积是一个非归一化的高斯分布 $c\mathcal{N}\big(\boldsymbol{x} \mid \boldsymbol{c}, \boldsymbol{C}\big)$, 其中

$$\boldsymbol{C} = (\boldsymbol{A}^{-1} + \boldsymbol{B}^{-1})^{-1}$$

$$\boldsymbol{c} = \boldsymbol{C}(\boldsymbol{A}^{-1}\boldsymbol{a} + \boldsymbol{B}^{-1}\boldsymbol{b})$$

$$c = (2\pi)^{-\frac{D}{2}} \,|\, \boldsymbol{A} + \boldsymbol{B} \,|^{-\frac{1}{2}} \exp\left(-\frac{1}{2}(\boldsymbol{a} - \boldsymbol{b})^\top (\boldsymbol{A} + \boldsymbol{B})^{-1} (\boldsymbol{a} - \boldsymbol{b})\right).$$

注意, 在 $\boldsymbol{a}$ 或 $\boldsymbol{b}$ 中, 归一化常数 c 本身可以被认为是具有“膨胀”协方差矩阵 $\boldsymbol{A}+\boldsymbol{B}$(即 $c = \mathcal{N}\big(\boldsymbol{a} \,|\, \boldsymbol{b},\, \boldsymbol{A}+\boldsymbol{B}\big) = \mathcal{N}\big(\boldsymbol{b} \,|\, \boldsymbol{a},\, \boldsymbol{A}+\boldsymbol{B}\big)$) 的 (归一化) 高斯分布.

6.11 **迭代期望.** 考虑两个随机变量 x, y 与联合分布 $p(x,y)$. 证明

$$\mathbb{E}_X[x] = \mathbb{E}_Y\big[\mathbb{E}_X[x \,|\, y]\big].$$

这里, $\mathbb{E}_X[x \,|\, y]$ 表示条件分布 $p(x \,|\, y)$ 下 x 的期望值.

6.12 **高斯随机变量的处理.** 考虑一个高斯随机变量 $\boldsymbol{x} \sim \mathcal{N}\big(\boldsymbol{x} \,|\, \boldsymbol{\mu}_x,\, \boldsymbol{\Sigma}_x\big)$, 其中 $\boldsymbol{x} \in \mathbb{R}^D$. 此外, 我们还有

$$\boldsymbol{y} = \boldsymbol{A}\boldsymbol{x} + \boldsymbol{b} + \boldsymbol{w},$$

其中 $\boldsymbol{y} \in \mathbb{R}^E$, $\boldsymbol{A} \in \mathbb{R}^{E \times D}$, $\boldsymbol{b} \in \mathbb{R}^E$, 以及 $\boldsymbol{w} \sim \mathcal{N}\big(\boldsymbol{w} \,|\, \boldsymbol{0},\, \boldsymbol{Q}\big)$ 是独立的高斯噪声. “独立”意味着 $\boldsymbol{x}$ 和 $\boldsymbol{w}$ 是独立随机变量, $\boldsymbol{Q}$ 是对角的.

a. 写下 $p(\boldsymbol{y} \,|\, \boldsymbol{x})$ 的似然.

b. $p(\boldsymbol{y}) = \displaystyle\int p(\boldsymbol{y} \,|\, \boldsymbol{x}) p(\boldsymbol{x}) \mathrm{d}\boldsymbol{x}$ 的分布是高斯分布. 计算均值 $\boldsymbol{\mu}_y$ 和协方差 $\boldsymbol{\Sigma}_y$. 详细推导出你的结果.

c. 随机变量 $\boldsymbol{y}$ 根据测量映射进行变换

$$\boldsymbol{z} = \boldsymbol{C}\boldsymbol{y} + \boldsymbol{v},$$

其中 $\boldsymbol{z} \in \mathbb{R}^F$, $\boldsymbol{C} \in \mathbb{R}^{F \times E}$, 以及 $\boldsymbol{v} \sim \mathcal{N}\big(\boldsymbol{v} \,|\, \boldsymbol{0},\, \boldsymbol{R}\big)$ 是独立的高斯 (测量) 噪声.

- 写下 $p(\boldsymbol{z} \,|\, \boldsymbol{y})$.
- 计算 $p(\boldsymbol{z})$, 即均值 $\boldsymbol{\mu}_z$ 和协方差 $\boldsymbol{\Sigma}_z$. 详细推导你的结果.

d. 现在, $\hat{\boldsymbol{y}}$ 值被测量到了. 计算后验分布 $p(\boldsymbol{x} \,|\, \hat{\boldsymbol{y}})$.

解法提示: 这个后验也是高斯的, 也就是说, 我们只需要确定它的均值和协方差矩阵. 从显式计算联合高斯 $p(\boldsymbol{x}, \boldsymbol{y})$ 开始. 这也需要我们计算 $\mathrm{Cov}_{\boldsymbol{x},\boldsymbol{y}}[\boldsymbol{x}, \boldsymbol{y}]$ 和 $\mathrm{Cov}_{\boldsymbol{y},\boldsymbol{x}}[\boldsymbol{y}, \boldsymbol{x}]$ 的互协方差. 然后应用高斯条件的规则.

6.13 **概率积分变换**. 给定一个连续随机变量 x, cdf 为 $F_x(x)$, 证明随机变量 $y = F_x(x)$ 是均匀分布的.

CHAPTER 7

第 7 章

连续优化

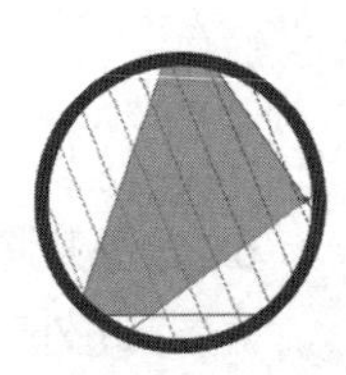

因为机器学习算法是在计算机上实现的, 它的数学公式以数值优化方法的形式表示. 这一章将描述用于训练机器学习模型的基本数值方法. 训练机器学习模型通常可以归结为找到一组好的参数. “好”的概念是由目标函数或概率模型确定的, 我们将在本书的第二部分中看到其中的示例. 给定一个目标函数, 使用优化算法即可找到最优值 [1].

本章包含连续优化的两个主要分支 (见图 7.1): 无约束优化和约束优化. 在本章中, 我们将假设目标函数是可微的 (见第 5 章), 因此我们可以在空间中的任意位置计算梯度来帮助我们找到最优值. 通常来说, 机器学习中的大多数目标函数都应被最小化, 也就是说, 最优值是最小值. 直观地找到最优值就像找到目标函数的谷值, 并且梯度指向上坡. 思路就是往坡下移动 (与梯度相反), 并希望找到最深的点. 对于非约束问题, 这是我们唯一需要的概念, 但有几种设计可供选择, 我们将在 7.1 节中介绍. 对于约束优化, 我们需要引入其他概念来处理约束 (7.2 节). 我们还将介绍一类特殊的问题 (7.3 节中的凸优化问题), 在其中我们可以声明达到全局最优值.

考虑图 7.2 中的函数. 这个函数有一个 *全局最小值*, 大约为 $x = -4.5$, 函数值约为 -47. 由于函数是“平滑的”, 因此可以指示我们应该向右还是向左移动来找到最小值. 假定我们在正确的最低点, 并且存在另一个*局部最小值*, 约为 $x = 0.7$. 回想一下, 我们可以通过计算函数的导数并将其设为零来求解函数的所有驻点 [2]. 对于

$$\ell(x) = x^4 + 7x^3 + 5x^2 - 17x + 3\,, \tag{7.1}$$

我们有相应的梯度为

$$\frac{\mathrm{d}\ell(x)}{\mathrm{d}x} = 4x^3 + 21x^2 + 10x - 17\,. \tag{7.2}$$

---

[1] 因为我们考虑在 $\mathbb{R}^D$ 中的数据和模型, 所以我们面临的优化问题是*连续优化问题*, 与离散变量的*组合优化问题*相反.

[2] 驻点是导数的实根, 即具有零梯度的点.

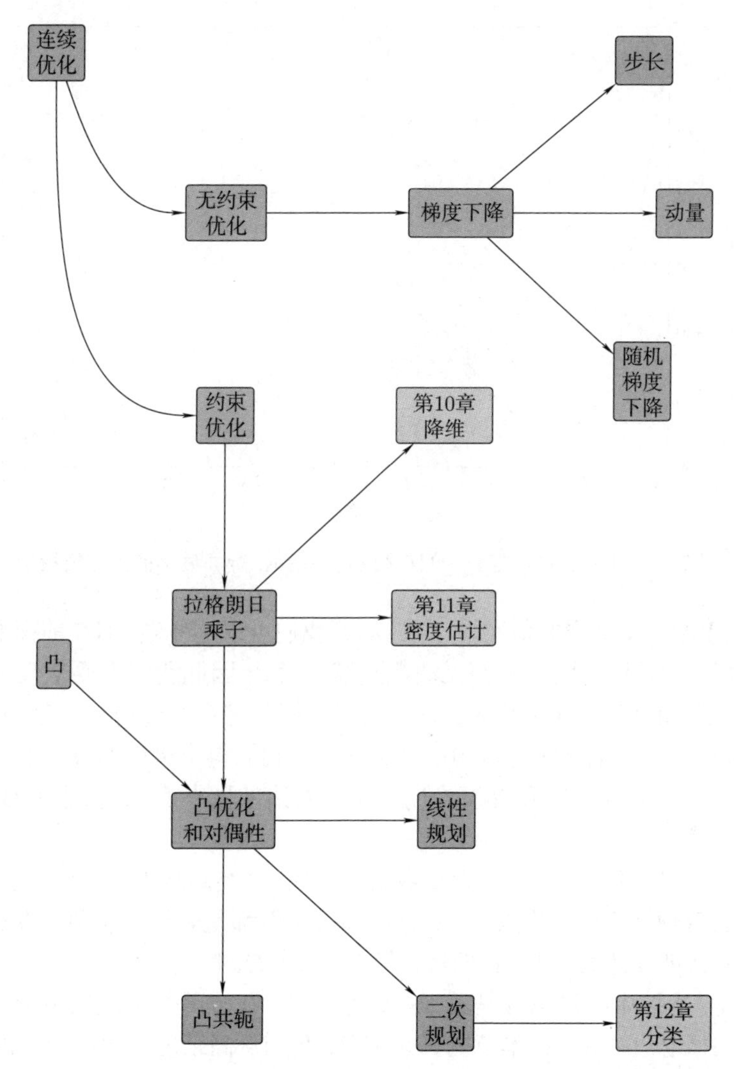

图 7.1　优化相关概念的思维导图. 两个主要思路: 梯度下降和凸优化

由于这是三次方程, 因此通常具有三个零解. 在这个例子中, 两个为极小值, 一个为极大值 (约为 $x=-1.4$). 要检查驻点是极小还是极大, 我们需要第二次求导, 并检查驻点上的二阶导数是正还是负. 在我们的例子中, 二阶导数是

$$\frac{\mathrm{d}^2\ell(x)}{\mathrm{d}x^2}=12x^2+42x+10\,. \tag{7.3}$$

通过用 $x=-4.5,-1.4,0.7$ 的估计值替代, 我们将观察到中间的点是期望的最大值 $\left(\frac{\mathrm{d}^2\ell(x)}{\mathrm{d}x^2}<0\right)$, 而其他两个驻点是极小值.

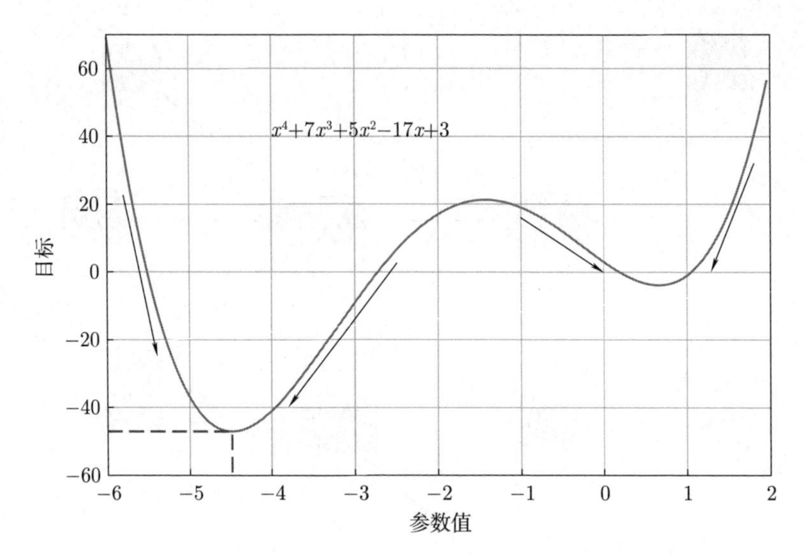

图 7.2 目标函数的例子. 负梯度由箭头指示, 全局最小值由虚线指示

请注意, 对于像上文这样的低次多项式, 尽管我们可以这样做, 但在前面的讨论中, 我们避免了解析求解 x 的值. 通常, 我们无法找到解析解[㊀], 因此我们需要从某个值开始, 例如 $x_0 = -6$, 然后跟随负梯度. 负梯度指示我们应该向右走, 但没有说明走多远 (称为步长). 此外, 如果我们从右边开始 (例如 $x_0 = 0$), 负梯度会使我们得出错误的最小值. 图 7.2 说明了这样一个事实: 对于 $x > -1$, 负梯度指向了图中右边的极小值, 该极小值具有更大的目标值.

在 7.3 节中, 我们将学习一类称为凸函数的函数, 这类函数不会对优化算法的起始点表现出令人棘手的依赖性. 对于凸函数, 所有局部极小值都是全局最小值. 事实证明, 许多机器学习的目标函数被设计为凸的, 我们将在第 12 章中看到一个示例.

到目前为止, 本章中的讨论都是关于一维函数的, 在该函数中, 我们能够将梯度、下降方向和最优值的概念可视化. 在本章的其余部分, 我们从高维度提出了相同的想法. 不幸的是, 我们只能在一维中可视化这些概念, 但是有些概念不能直接推广到更高的维度, 因此在阅读时需要格外小心.

7.1 使用梯度下降的优化

现在我们考虑求解实值函数最小值的问题

$$\min_{\boldsymbol{x}} f(\boldsymbol{x}), \tag{7.4}$$

㊀ 根据 Abel-Ruffini 定理, 对于 5 次或更高次的多项式, 一般没有代数解 (Abel, 1826).

其中 $f: \mathbb{R}^d \to \mathbb{R}$ 是一个目标函数, 可以解决当前机器学习的问题. 假定我们的函数 f 是可微的, 我们无法解析地找到闭式解.

梯度下降是一阶优化算法. 要使用梯度下降来找到函数的局部最小值, 需要采取与该函数在当前点处的梯度[⊖]负值成比例的阶跃. 回顾 5.1 节, 梯度指向了最陡的上升方向. 另一个结论就是考虑函数处于某个值 (对于某些值 $c \in \mathbb{R}$, $f(\boldsymbol{x}) = c$) 的线, 即等高线. 梯度指向与我们要优化函数的等高线正交的方向.

让我们考虑多元函数. 想象一个曲面 (由函数 $f(\boldsymbol{x})$ 描述), 有一个球从特定位置 $\boldsymbol{x}_0$ 开始. 当球被释放, 它会沿着最陡的下降方向下坡. 梯度下降利用了这样一个事实: 如果 $\boldsymbol{x}_0$ 沿着 f 在 $\boldsymbol{x}_0$ 处的负梯度 $-((\nabla f)(\boldsymbol{x}_0))^\top$ 方向移动, 则 $f(\boldsymbol{x}_0)$ 下降最快. 我们在本书中假定函数是可微的, 并且将向读者介绍 7.4 节中的更常规设置. 那么, 如果对于一个小的步长 $\gamma \geqslant 0$,

$$\boldsymbol{x}_1 = \boldsymbol{x}_0 - \gamma((\nabla f)(\boldsymbol{x}_0))^\top \tag{7.5}$$

则有 $f(\boldsymbol{x}_1) \leqslant f(\boldsymbol{x}_0)$. 请注意, 我们对梯度进行了转置, 否则, 维度不能匹配.

这一观察结果允许我们来定义一个简单的梯度下降算法: 如果我们想找到函数 $f: \mathbb{R}^n \to \mathbb{R}$, $\boldsymbol{x} \mapsto f(\boldsymbol{x})$ 的一个局部最优值, 我们从待优化参数的初始值 $\boldsymbol{x}_0$ 开始, 然后根据下式进行迭代:

$$\boldsymbol{x}_{i+1} = \boldsymbol{x}_i - \gamma_i((\nabla f)(\boldsymbol{x}_i))^\top . \tag{7.6}$$

对于合适的步长 γ_i, 序列 $f(\boldsymbol{x}_0) \geqslant f(\boldsymbol{x}_1) \geqslant \cdots$ 收敛到一个局部最小值.

例 7.1 考虑二维的二次函数

$$f\left(\begin{bmatrix} x_1 \\ x_2 \end{bmatrix}\right) = \frac{1}{2}\begin{bmatrix} x_1 \\ x_2 \end{bmatrix}^\top \begin{bmatrix} 2 & 1 \\ 1 & 20 \end{bmatrix} \begin{bmatrix} x_1 \\ x_2 \end{bmatrix} - \begin{bmatrix} 5 \\ 3 \end{bmatrix}^\top \begin{bmatrix} x_1 \\ x_2 \end{bmatrix} \tag{7.7}$$

其梯度为

$$\nabla f\left(\begin{bmatrix} x_1 \\ x_2 \end{bmatrix}\right) = \begin{bmatrix} x_1 \\ x_2 \end{bmatrix}^\top \begin{bmatrix} 2 & 1 \\ 1 & 20 \end{bmatrix} - \begin{bmatrix} 5 \\ 3 \end{bmatrix}^\top . \tag{7.8}$$

从初始位置 $\boldsymbol{x}_0 = [-3, -1]^\top$ 开始, 我们迭代地应用式 (7.6) 来获得收敛到最小值的估计序列 (如图 7.3 所示). 我们可以看到 (看图或代入 $\boldsymbol{x}_0$ 到式 (7.8), 其中 $\gamma = 0.085$) $\boldsymbol{x}_0$ 处的负梯度指向北边和东边, 并得到 $\boldsymbol{x}_1 = [-1.98, 1.21]^\top$. 多次迭代计算该参数, 我们得到 $\boldsymbol{x}_2 = [-1.32, -0.42]^\top$, 以此类推.

评注 梯度下降可能相对缓慢地接近最小值: 它的渐近收敛速度不如许多其他方法. 用球滚下山坡进行类比, 当表面是一个细长的山谷时, 该问题是弱约束的. 对于弱约束的凸问

⊖ 按照惯例, 我们使用行向量表示梯度.

题, 梯度下降逐渐按“之”字形行进, 直至梯度点几乎正交于最短方向, 趋近至最小值. 如图 7.3 所示.

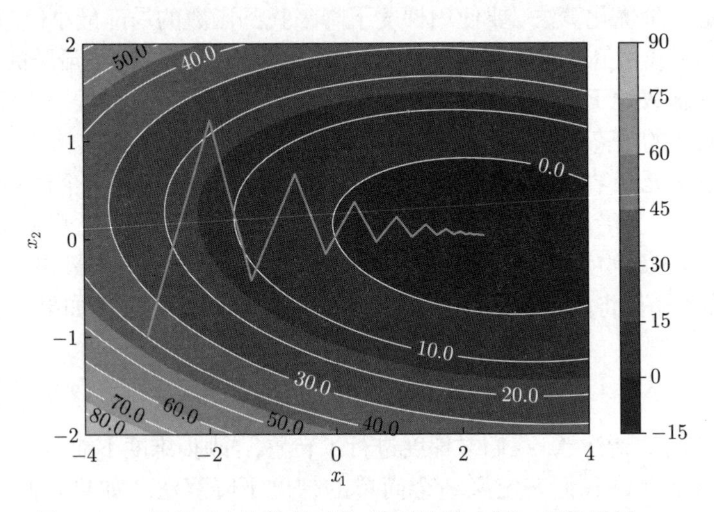

图 7.3 二维曲面上的梯度下降 (显示为热力图). 描述见例 7.1

7.1.1 步长

如前所述, 选择合适的步长[㊀] 对于梯度下降很重要. 如果步长太小, 则梯度下降会很慢. 如果将步长选择得太大, 则梯度下降会过冲, 无法收敛甚至会发散. 我们将在下一节讨论动量的使用. 这是一种平滑梯度更新不稳定并抑制振荡的方法.

自适应梯度方法会在每次迭代时重新调整步长, 具体取决于函数的局部属性. 有两种简单的启发式方法 (Toussaint, 2012):

- 当函数值在梯度阶跃之后增加时, 步长太大. 那么撤销这一步并减小步长.
- 当函数值减小时, 步长可以更大. 那么尝试增加步长.

“撤销”步骤似乎浪费资源, 但使用这种启发式方法可以保证单调收敛.

例 7.2 (求解线性方程组) 在实践中, 当我们求解形为 $\boldsymbol{Ax}=\boldsymbol{b}$ 的线性方程组时, 我们会通过找到使得以下平方误差最小的 $\boldsymbol{x}_*$ 来近似求解 $\boldsymbol{Ax}-\boldsymbol{b}=\boldsymbol{0}$:

$$\|\boldsymbol{Ax}-\boldsymbol{b}\|^2=(\boldsymbol{Ax}-\boldsymbol{b})^\top(\boldsymbol{Ax}-\boldsymbol{b}) \tag{7.9}$$

如果我们使用欧几里得范数, 式(7.9) 关于 $\boldsymbol{x}$ 的梯度是

$$\nabla_{\boldsymbol{x}}=2(\boldsymbol{Ax}-\boldsymbol{b})^\top\boldsymbol{A}\,. \tag{7.10}$$

㊀ 步长也被称为学习率.

我们可以在梯度下降算法中直接使用此梯度. 但是, 对于这种特殊情况, 事实证明存在一个解析解, 可以通过将梯度设置为零来求得. 我们将在第 9 章中看到更多有关解决平方误差问题的信息.

评注 当应用于求解线性方程组 $\boldsymbol{A}\boldsymbol{x}=\boldsymbol{b}$ 时, 梯度下降可能会缓慢收敛. 梯度下降的收敛速度取决于条件数 $\kappa=\dfrac{\sigma(\boldsymbol{A})_{\max}}{\sigma(\boldsymbol{A})_{\min}}$, 这个条件数是 $\boldsymbol{A}$ 的奇异值的最大值与最小值之比. 条件数实质上是测量最大弯曲方向与最小弯曲方向的比率, 这对应于我们的比喻, 即弱约束问题是细长的山谷: 它们在一个方向上非常弯曲, 而在另一个方向上非常平坦. 除了直接求解 $\boldsymbol{A}\boldsymbol{x}=\boldsymbol{b}$, 还可以求解 $\boldsymbol{P}^{-1}(\boldsymbol{A}\boldsymbol{x}-\boldsymbol{b})=\boldsymbol{0}$, 其中 $\boldsymbol{P}$ 被称为预条件子. 目的是设计 $\boldsymbol{P}^{-1}$, 使 $\boldsymbol{P}^{-1}\boldsymbol{A}$ 有一个更好的条件数, 但同时 $\boldsymbol{P}^{-1}$ 易于计算. 有关梯度下降、预处理和收敛的更多信息, 请参阅 (Boyd and Vandenberghe, 2004, chapter 9).

7.1.2 动量梯度下降法

如图 7.3 所示, 如果优化曲面的曲率使得存在缩放比例不佳的区域, 则梯度下降的收敛可能会非常缓慢. 曲率使得梯度下降在谷壁之间跳跃, 并以小阶跃接近最优值. 一个改进收敛性的调整是给梯度下降提供一些记忆.

动量梯度下降法[⊖] (Rumelhart et al., 1986) 是一种引入额外项来记住上一轮迭代情形的方法. 这个记忆项能够抑制振荡并平滑梯度更新. 继续用球进行类比, 动量项模拟了重球不愿改变方向的现象. 这个想法就是用记忆来更新梯度, 从而实现移动的平滑. 这个基于动量的方法在每次迭代 i 时记住了更新 $\Delta\boldsymbol{x}_i$ 并将下一个更新确定为当前梯度和先前梯度的线性组合:

$$\boldsymbol{x}_{i+1}=\boldsymbol{x}_i-\gamma_i((\nabla f)(\boldsymbol{x}_i))^{\top}+\alpha\Delta\boldsymbol{x}_i \tag{7.11}$$

$$\Delta\boldsymbol{x}_i=\boldsymbol{x}_i-\boldsymbol{x}_{i-1}=\alpha\Delta\boldsymbol{x}_{i-1}-\gamma_{i-1}((\nabla f)(\boldsymbol{x}_{i-1}))^{\top}, \tag{7.12}$$

其中 $\alpha\in[0,1]$. 有时我们只知道梯度的近似值. 在这种情况下, 动量项很有用, 因为它可以均衡不同的梯度噪声估计. 获得近似梯度的一种特别有用的方法是使用随机近似, 我们将在下面讨论.

7.1.3 随机梯度下降

计算梯度可能非常耗时. 但是通常可以找到梯度的“廉价”近似值. 只要近似梯度指向与真实梯度相同的方向, 它就仍然有效.

随机梯度下降 (通常简写为 SGD) 是梯度下降法的随机近似, 用于最小化作为可微函数之和的目标函数. 这里的随机一词是指: 承认我们并不知道精确的梯度, 而是只知道它的噪声近似值. 通过限制近似梯度的概率分布, 我们仍然可以在理论上保证 SGD 会收敛.

⊖ Goh (2017) 写了一篇关于动量梯度下降的直观博客文章.

在机器学习中, 给定 $n=1,\cdots,N$ 数据点, 我们通常会考虑目标函数为每个样本 n 所引起的损失 L_n 之和. 用数学符号表示, 形式为

$$L(\boldsymbol{\theta})=\sum_{n=1}^{N}L_n(\boldsymbol{\theta}), \tag{7.13}$$

其中 $\boldsymbol{\theta}$ 是感兴趣的参数, 例如, 我们想要找到使 L 最小的 $\boldsymbol{\theta}$. 回归 (第 9 章) 中的一个示例是负对数似然, 它表示为单个样本的对数似然的总和, 因此

$$L(\boldsymbol{\theta})=-\sum_{n=1}^{N}\log p(y_n|\boldsymbol{x}_n,\boldsymbol{\theta}), \tag{7.14}$$

其中 $\boldsymbol{x}_n\in\mathbb{R}^D$ 为训练输入, y_n 为训练目标, $\boldsymbol{\theta}$ 为回归模型的参数.

如前所述, 标准梯度下降是一种 "批量" 优化方法, 即使用完整训练集通过以下参数更新参数向量来执行优化: 对于合适的步长参数 γ_i,

$$\boldsymbol{\theta}_{i+1}=\boldsymbol{\theta}_i-\gamma_i(\nabla L(\boldsymbol{\theta}_i))^{\top}=\boldsymbol{\theta}_i-\gamma_i\sum_{n=1}^{N}(\nabla L_n(\boldsymbol{\theta}_i))^{\top}. \tag{7.15}$$

评估梯度和需要从所有的单独 L_n 进行昂贵的梯度计算. 当训练集庞大或不存在简单公式时, 计算梯度之和变得非常困难.

考虑式 (7.15) 中的 $\sum_{n=1}^{N}(\nabla L_n(\boldsymbol{\theta}_i))$ 项, 我们可以通过对较小的 L_n 集合求和来减少计算量. 与使用所有 L_n 表示 $n=1,\cdots,N$ 的批量梯度下降相反, 我们随机地选择 L_n 的一个子集用于小批量随机梯度下降. 在极端情况下, 我们仅随机选择一个 L_n 来估计梯度. 关于 "为何使用数据的子集是明智的" 这一见解表明, 要使梯度下降收敛, 我们只要求梯度是真实梯度的无偏估计即可. 事实上, 式(7.15) 中的 $\sum_{n=1}^{N}(\nabla L_n(\boldsymbol{\theta}_i))$ 项是梯度期望值 (6.4.1 节) 的一个经验估计. 因此, 期望值的任何其他无偏经验估计 (例如, 使用数据的任何子样本) 都足以满足梯度下降的收敛要求.

评注 当学习率以适当的速率下降, 并且服从相对平缓的假设时, 随机梯度下降几乎可以肯定地收敛到局部最小值 (Bottou, 1998).

为什么要考虑使用近似梯度? 一个主要的原因是现实的实现约束, 例如, 中央处理器 (CPU)/图形处理器 (GPU) 内存的大小或计算时间的限制. 我们可以如同估计经验均值 (6.4.1 节) 时考虑样本大小的方式来考虑用于估计梯度的子集的大小. 较大的批量会提供梯度的准确估计, 减少参数更新中的方差. 此外, 较大的批量可以在损失和梯度的向量化实现中利用高度优化的矩阵运算. 方差的减小使得收敛更加稳定, 但每一次梯度的计算将更为昂贵.

作为对比, 较小的小批量可以快速估算. 如果我们将小批量尺寸保持较小, 则梯度估计中的噪声将使我们摆脱一些不良的局部最优, 否则我们可能会陷入其中. 在机器学习中, 通过使用优化方法在训练数据上最小化目标函数来进行训练, 但是总体目标是提高泛化性能 (第 8 章). 由于机器学习中的目标不一定需要精确估计目标函数的最小值, 因此已广泛使用基于小批量方法的近似梯度. 随机梯度下降在大规模机器学习问题中非常有效 (Bottou et al., 2018), 例如, 在数百万张图像上训练深度神经网络 (Dean et al., 2012)、主题模型 (Hoffman et al., 2013)、强化学习 (Mnih et al., 2015) 或大规模高斯训练过程模型 (Hensman et al., 2013; Gal et al., 2014).

7.2 约束优化和拉格朗日乘子

在先前的章节中, 我们考虑了求解函数最小值的问题

$$\min_{\boldsymbol{x}} f(\boldsymbol{x}), \tag{7.16}$$

其中 $f : \mathbb{R}^D \to \mathbb{R}$.

在这一节, 我们有了额外的约束. 也就是说, 对于实值函数 $g_i : \mathbb{R}^D \to \mathbb{R}$, 其中 $i = 1, \cdots, m$, 我们考虑约束优化问题. (见图 7.4)

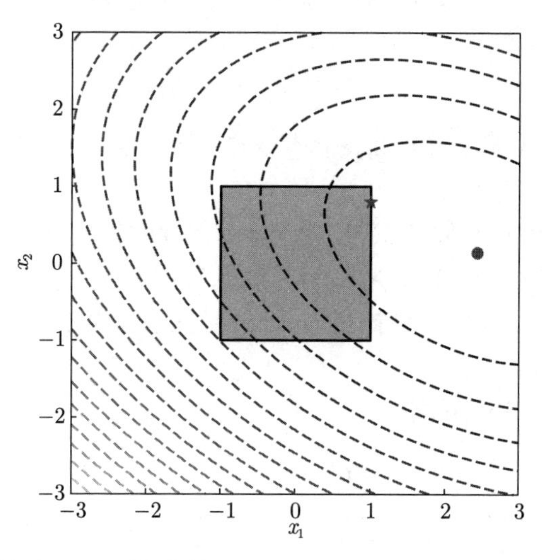

图 7.4 约束优化的图示. 不受约束的问题 (由等高线指示) 在右侧有最小值 (由圆形指示). 盒子约束 ($-1 \leqslant x \leqslant 1$ 且 $-1 \leqslant y \leqslant 1$) 要求最优解在盒子内, 从而产生了一个由星形指示的最优值

$$\min_{\boldsymbol{x}} \quad f(\boldsymbol{x}) \tag{7.17}$$

$$\text{s.t.} \quad g_i(\boldsymbol{x}) \leqslant 0, \quad i = 1, \cdots, m.$$

值得注意的是, 通常函数 f 和 g_i 可能是非凸的, 我们将在下一节考虑凸函数的情形.

将约束问题 (7.17) 转换为无约束的一种明显但不是很实用的方法是使用指示函数

$$J(\boldsymbol{x}) = f(\boldsymbol{x}) + \sum_{i=1}^{m} \mathbf{1}(g_i(\boldsymbol{x})), \tag{7.18}$$

其中 $\mathbf{1}(z)$ 是一个无限阶跃函数:

$$\mathbf{1}(z) = \begin{cases} 0 & \text{如果 } z \leqslant 0 \\ \infty & \text{其他} \end{cases}. \tag{7.19}$$

如果不满足约束条件, 则将产生无穷的惩罚值, 因此将提供相同的解决方案. 然而, 这个无限阶跃函数同样难以优化. 我们可以通过引入拉格朗日乘子来克服这个困难. 拉格朗日乘子的想法是要用一个线性函数替换阶跃函数.

联系问题 (7.17), 拉格朗日通过引入拉格朗日乘子 $\lambda_i \geqslant 0$ 分别与每个不等式约束条件相对应 (Boyd and Vandenberghe, 2004, chapter 4), 从而

$$\mathfrak{L}(\boldsymbol{x}, \boldsymbol{\lambda}) = f(\boldsymbol{x}) + \sum_{i=1}^{m} \lambda_i g_i(\boldsymbol{x}) \tag{7.20a}$$

$$= f(\boldsymbol{x}) + \boldsymbol{\lambda}^\top \boldsymbol{g}(\boldsymbol{x}), \tag{7.20b}$$

其中最后一行我们已经将所有约束 $g_i(\boldsymbol{x})$ 连接到一个向量 $\boldsymbol{g}(\boldsymbol{x})$, 并且连接所有拉格朗日乘子到一个向量 $\boldsymbol{\lambda} \in \mathbb{R}^m$.

现在我们介绍拉格朗日对偶的思想. 通常, 对偶性的想法是将一个变量 $\boldsymbol{x}$(称为原变量) 的一个优化问题转换为另一组变量 $\boldsymbol{\lambda}$(称为对偶变量) 的另一个优化问题. 我们介绍两种不同的对偶方法: 在本节中, 我们讨论拉格朗日对偶性; 在 7.3.3 节中, 我们将讨论 Legendre-Fenchel 对偶性.

定义 7.1 式(7.17) 中的问题

$$\min_{\boldsymbol{x}} \quad f(\boldsymbol{x}) \tag{7.21}$$

$$\text{s.t.} \quad g_i(\boldsymbol{x}) \leqslant 0, \quad i = 1, \cdots, m$$

被称为原问题, 与原变量 x 相对应. 相关的拉格朗日对偶问题由下式给出:

$$\begin{aligned} \max_{\boldsymbol{\lambda} \in \mathbb{R}^m} \quad & \mathfrak{D}(\boldsymbol{\lambda}) \\ \text{s.t.} \quad & \boldsymbol{\lambda} \geqslant \mathbf{0}, \end{aligned} \tag{7.22}$$

其中 $\boldsymbol{\lambda}$ 为对偶变量, 并且 $\mathfrak{D}(\boldsymbol{\lambda})=\min_{\boldsymbol{x}\in\mathbb{R}^d}\mathfrak{L}(\boldsymbol{x},\boldsymbol{\lambda})$.

评注 在定义 7.1 的讨论中, 我们使用了两个重要的概念.

第一个概念是极小极大不等式, 它表示对于任意具有两个参数 $\varphi(\boldsymbol{x},\boldsymbol{y})$ 的函数, 极大极小会小于极小极大, 例如,

$$\max_{\boldsymbol{y}}\min_{\boldsymbol{x}}\varphi(\boldsymbol{x},\boldsymbol{y})\leqslant\min_{\boldsymbol{x}}\max_{\boldsymbol{y}}\varphi(\boldsymbol{x},\boldsymbol{y})\,. \tag{7.23}$$

这个不等式可以通过考虑如下不等式来证明: 对所有的 $\boldsymbol{x},\boldsymbol{y}$,

$$\min_{\boldsymbol{x}}\varphi(\boldsymbol{x},\boldsymbol{y})\leqslant\max_{\boldsymbol{y}}\varphi(\boldsymbol{x},\boldsymbol{y})\,. \tag{7.24}$$

请注意, 对式 (7.24) 左边部分取关于 $\boldsymbol{y}$ 的最大值仍能保持不等式, 因为对所有 $\boldsymbol{y}$, 不等式都成立. 类似地, 对式 (7.24) 右边部分取关于 $\boldsymbol{x}$ 的最小值来获得式 (7.23).

第二个概念是弱对偶性, 它使用式 (7.23) 来表示原始值总是大于或等于对偶值. 式(7.27) 中对此有更详细的描述.

回顾一下, 式(7.18) 中的 $J(\boldsymbol{x})$ 与式(7.20b) 中的拉格朗日的区别就是我们已经将指示函数放宽为线性函数. 所以, 当 $\lambda\geqslant 0$ 时, 拉格朗日函数 $\mathfrak{L}(\boldsymbol{x},\boldsymbol{\lambda})$ 是 $J(\boldsymbol{x})$ 的下界. 因此, $\mathfrak{L}(\boldsymbol{x},\boldsymbol{\lambda})$ 关于 $\boldsymbol{\lambda}$ 的最大值是

$$J(\boldsymbol{x})=\max_{\boldsymbol{\lambda}\geqslant\boldsymbol{0}}\mathfrak{L}(\boldsymbol{x},\boldsymbol{\lambda})\,. \tag{7.25}$$

回顾最初的问题是最小化 $J(\boldsymbol{x})$,

$$\min_{\boldsymbol{x}\in\mathbb{R}^d}\max_{\boldsymbol{\lambda}\geqslant\boldsymbol{0}}\mathfrak{L}(\boldsymbol{x},\boldsymbol{\lambda})\,. \tag{7.26}$$

通过极小极大不等式 (7.23), 可以得出以下结论: 交换极小和极大顺序将产生较小的值, 即

$$\min_{\boldsymbol{x}\in\mathbb{R}^d}\max_{\boldsymbol{\lambda}\geqslant\boldsymbol{0}}\mathfrak{L}(\boldsymbol{x},\boldsymbol{\lambda})\geqslant\max_{\boldsymbol{\lambda}\geqslant\boldsymbol{0}}\min_{\boldsymbol{x}\in\mathbb{R}^d}\mathfrak{L}(\boldsymbol{x},\boldsymbol{\lambda})\,. \tag{7.27}$$

这也称为*弱对偶*. 请注意, 右边的内部是对偶目标函数 $\mathfrak{D}(\boldsymbol{\lambda})$.

与具有约束的原始优化问题相反, 对于给定的 $\boldsymbol{\lambda}$ 值, $\min_{\boldsymbol{x}\in\mathbb{R}^d}\mathfrak{L}(\boldsymbol{x},\boldsymbol{\lambda})$ 是无约束的优化问题. 如果求解 $\min_{\boldsymbol{x}\in\mathbb{R}^d}\mathfrak{L}(\boldsymbol{x},\boldsymbol{\lambda})$ 很容易, 那么整体问题就很容易解决. 原因是即使 $f(\cdot)$ 和 $g_i(\cdot)$ 可能是非凸的, 外部问题 ($\boldsymbol{\lambda}$ 的最大值) 在一组仿射函数上最大, 因此是凹函数. 而凹函数的最大值可以被有效地计算.

假定 $f(\cdot)$ 和 $g_i(\cdot)$ 是可微的, 我们通过将拉格朗日函数关于 $\boldsymbol{x}$ 进行微分来找到拉格朗日对偶问题, 再将微分设为零, 求解最优值. 我们将在 7.3.1 节和 7.3.2 节中讨论两个具体的示例, 其中 $f(\cdot)$ 和 $g_i(\cdot)$ 是凸的.

评注(等式约束)　考虑式 (7.17) 具有其他等式约束

$$\begin{aligned}\min_{\boldsymbol{x}} \quad & f(\boldsymbol{x}) \\ \text{s.t.} \quad & g_i(\boldsymbol{x}) \leqslant 0, \quad i=1,\cdots,m \\ & h_j(\boldsymbol{x}) = 0, \quad j=1,\cdots,n\,.\end{aligned} \tag{7.28}$$

我们可以通过用两个不等式约束代替等式约束来建模. 也就是说, 对于每个等式约束 $h_j(\boldsymbol{x})=0$, 我们用两个约束 $h_j(\boldsymbol{x}) \leqslant 0$ 和 $h_j(\boldsymbol{x}) \geqslant 0$ 等效地替换它. 事实证明, 由此产生的拉格朗日乘子不受约束. 因此, 我们将与式 (7.28) 中的不等式约束相对应的拉格朗日乘子约束为非负, 而使与等式约束相对应的拉格朗日乘子不受约束.

7.3　凸优化

将注意力集中在一类特别有用的优化问题上, 在这里可以保证全局最优. 当 $f(\cdot)$ 是一个凸函数, 而涉及 $g(\cdot)$ 和 $h(\cdot)$ 的约束是凸集时, 这被称为凸优化问题. 在这样的设定中, 我们有强对偶性: 对偶问题的最优解与原始问题的最优解相同. 凸函数和凸集之间的区别在机器学习书籍中通常没有严格地提出, 但是人们可以从上下文中推断出隐含的含义.

定义 7.2　集合 $\mathcal{C}$ 是凸集, 若对任意 $x, y \in \mathcal{C}$ 和任意张量 θ, 满足 $0 \leqslant \theta \leqslant 1$, 有

$$\theta x + (1-\theta) y \in \mathcal{C}\,. \tag{7.29}$$

凸集是使得连接集合中任意两个元素的直线位于集合内的集合.

图 7.5 和 7.6 分别阐明了凸集和非凸集.

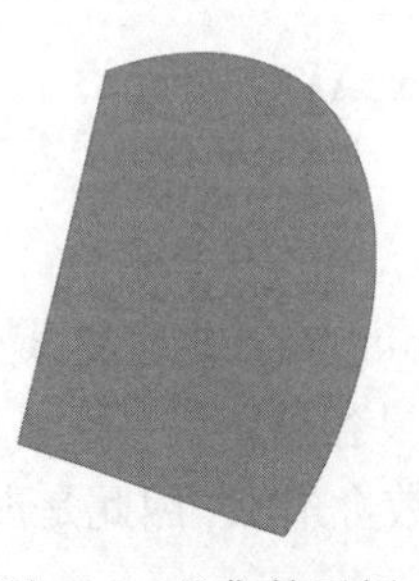

图 7.5　凸集的示例

图 7.6　非凸集的示例

凸函数是这样的函数: 函数的任意两个点之间的直线位于函数上方. 图 7.2 展示了一个非凸函数, 图 7.3 展示了一个凸函数. 另一个凸函数如图 7.7 所示.

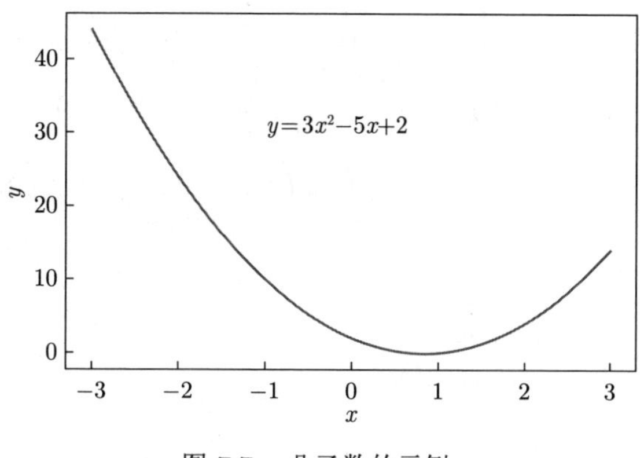

图 7.7　凸函数的示例

定义 7.3　函数 $f:\mathbb{R}^D\to\mathbb{R}$ 是一个定义域为凸集的函数. 函数 f 是一个*凸函数*, 若对 f 的定义域中的所有 $\boldsymbol{x},\boldsymbol{y}$, 和任意张量 θ, $0\leqslant\theta\leqslant 1$, 有

$$f(\theta\boldsymbol{x}+(1-\theta)\boldsymbol{y})\leqslant\theta f(\boldsymbol{x})+(1-\theta)f(\boldsymbol{y})\,. \tag{7.30}$$

评注　*凹函数是凸函数的负数.*

式(7.28) 中涉及 $g(\cdot)$ 和 $h(\cdot)$ 的约束以一个标量值截断函数, 从而产生集合. 凸函数和凸集之间的另一个关系是考虑通过“填充”凸函数获得的集合. 凸函数是一个碗状的对象, 我们想象将水倒入其中以填充它. 生成的填充集是一个凸集, 被称为凸函数的上境图.

如果函数 $f:\mathbb{R}^n\to\mathbb{R}$ 是可微的, 则我们可以借助它的梯度 $\nabla_{\boldsymbol{x}}f(\boldsymbol{x})$ 指定凸性 (5.2 节). 函数 $f(\boldsymbol{x})$ 是凸的当且仅当任意两点 $\boldsymbol{x},\boldsymbol{y}$ 保持

$$f(\boldsymbol{y})\geqslant f(\boldsymbol{x})+\nabla_{\boldsymbol{x}}f(\boldsymbol{x})^\top(\boldsymbol{y}-\boldsymbol{x})\,. \tag{7.31}$$

如果我们进一步知道一个函数 $f(\boldsymbol{x})$ 是两次可微的, 也就是说, 对于 $\boldsymbol{x}$ 域中的所有值都存在黑塞矩阵 (式 (5.147)), 那么函数 $f(\boldsymbol{x})$ 是凸的当且仅当 $\nabla^2_{\boldsymbol{x}}f(\boldsymbol{x})$ 是半正定的 (Boyd and Vandenberghe, 2004).

例 7.3　对于 $x>0$, 负熵 $f(x)=x\log_2 x$ 是凸的. 函数的可视化如图 7.8 所示, 并且我们能看到函数就是凸的. 为了阐明之前对凸性的定义, 让我们检查两个点 $x=2$ 和 $x=4$ 的计算. 注意, 为了证明 $f(x)$ 的凸性, 我们需要对所有的点 $x\in\mathbb{R}$ 进行检查.

回忆定义 7.3, 考虑两点中间的一个点 (就是 $\theta=0.5$), 则左边是 $f(0.5\cdot 2+0.5\cdot 4)=3\log_2 3\approx 4.75$, 右边是 $0.5(2\log_2 2)+0.5(4\log_2 4)=1+4=5$. 因此这个定义被满足.

由于 $f(x)$ 是可微的, 我们也可以使用式 (7.31). 计算 $f(x)$ 的导数, 我们得到

$$\nabla_x(x\log_2 x)=1\cdot\log_2 x+x\cdot\frac{1}{x\log_{\mathrm{e}}2}=\log_2 x+\frac{1}{\log_{\mathrm{e}}2}\,. \tag{7.32}$$

使用相同的两个测试点 $x=2$ 和 $x=4$, 式(7.31) 的左边由 $f(4)=8$ 给出. 右边是

$$f(\boldsymbol{x})+\nabla_{\boldsymbol{x}}^{\top}(\boldsymbol{y}-\boldsymbol{x})=f(2)+\nabla f(2)\cdot(4-2) \tag{7.33a}$$

$$=2+\left(1+\frac{1}{\log_{\mathrm{e}} 2}\right)\cdot 2\approx 6.9\,. \tag{7.33b}$$

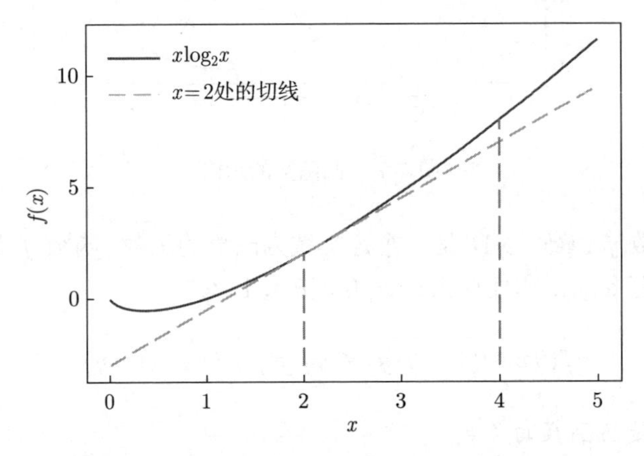

图 7.8　负熵函数 (凸的) 及其在 $x=2$ 处的切线

我们可以通过回顾该定义来检验函数或集合是凸的. 在实践中, 我们经常依赖于保持凸性的操作来检查特定函数或集合是否是凸的. 尽管细节大不相同, 但这也是我们在向量空间的第 2 章中介绍的封闭性思想.

例 7.4　凸函数的非负加权和是凸的. 注意到, 若 f 是凸函数, 并且 $\alpha\geqslant 0$ 是一个非负张量, 那么函数 αf 是凸的. 我们可以通过将 α 乘以定义 7.3 中等式的两边来看到这一点, 并且回顾一下, 乘以一个非负数并不能改变不等式.

若 f_1 和 f_2 是凸函数, 则通过定义有

$$f_1(\theta\boldsymbol{x}+(1-\theta)\boldsymbol{y})\leqslant\theta f_1(\boldsymbol{x})+(1-\theta)f_1(\boldsymbol{y}) \tag{7.34}$$

$$f_2(\theta\boldsymbol{x}+(1-\theta)\boldsymbol{y})\leqslant\theta f_2(\boldsymbol{x})+(1-\theta)f_2(\boldsymbol{y})\,. \tag{7.35}$$

两边相加得到

$$\begin{aligned}&f_1(\theta\boldsymbol{x}+(1-\theta)\boldsymbol{y})+f_2(\theta\boldsymbol{x}+(1-\theta)\boldsymbol{y})\\&\leqslant\theta f_1(\boldsymbol{x})+(1-\theta)f_1(\boldsymbol{y})+\theta f_2(\boldsymbol{x})+(1-\theta)f_2(\boldsymbol{y})\,,\end{aligned} \tag{7.36}$$

其中右边可以重新排列成

$$\theta(f_1(\boldsymbol{x})+f_2(\boldsymbol{x}))+(1-\theta)(f_1(\boldsymbol{y})+f_2(\boldsymbol{y}))\,, \tag{7.37}$$

这样就完成了凸函数之和为凸函数的证明.

结合以上两个事实, 我们看到对于 $\alpha, \beta \geqslant 0$, $\alpha f_1(\boldsymbol{x}) + \beta f_2(\boldsymbol{x})$ 是凸的. 对于两个以上凸函数的非负加权和, 可以使用类似的参数扩展此封闭性.

评注 式(7.30) 中的不等式有时被称为 Jensen 不等式. 实际上, 一类用于获取凸函数的非负加权和的不等式全称为 Jensen 不等式.

总的来说, 若

$$\begin{aligned} \min_{\boldsymbol{x}} \quad & f(\boldsymbol{x}) \\ \text{s.t.} \quad & g_i(\boldsymbol{x}) \leqslant 0, \quad i = 1, \cdots, m \\ & h_j(\boldsymbol{x}) = 0, \quad j = 1, \cdots, n, \end{aligned} \tag{7.38}$$

则限制优化问题称为 *凸优化问题*, 其中所有的 $f(\boldsymbol{x})$ 和 $g_i(\boldsymbol{x})$ 是凸函数, 并且所有的 $h_j(\boldsymbol{x}) = 0$ 是凸集. 下面我们将描述两类凸优化问题, 这些问题得到了广泛使用和充分理解.

7.3.1 线性规划

考虑上述所有函数均为线性的特殊情况, 例如:

$$\begin{aligned} \min_{\boldsymbol{x} \in \mathbb{R}^d} \quad & \boldsymbol{c}^\top \boldsymbol{x} \\ \text{s.t.} \quad & \boldsymbol{A}\boldsymbol{x} \leqslant \boldsymbol{b}, \end{aligned} \tag{7.39}$$

其中 $\boldsymbol{A} \in \mathbb{R}^{m \times d}$ 并且 $\boldsymbol{b} \in \mathbb{R}^m$. 这就是所谓的*线性规划*[㊀]. 它有 d 个变量和 m 个线性约束. 拉格朗日函数由下式给出:

$$\mathfrak{L}(\boldsymbol{x}, \boldsymbol{\lambda}) = \boldsymbol{c}^\top \boldsymbol{x} + \boldsymbol{\lambda}^\top (\boldsymbol{A}\boldsymbol{x} - \boldsymbol{b}), \tag{7.40}$$

其中 $\boldsymbol{\lambda} \in \mathbb{R}^m$ 是非负拉格朗日乘子的向量. 重新排列 $\boldsymbol{x}$ 对应的项得到

$$\mathfrak{L}(\boldsymbol{x}, \boldsymbol{\lambda}) = (\boldsymbol{c} + \boldsymbol{A}^\top \boldsymbol{\lambda})^\top \boldsymbol{x} - \boldsymbol{\lambda}^\top \boldsymbol{b}. \tag{7.41}$$

取 $\mathfrak{L}(\boldsymbol{x}, \boldsymbol{\lambda})$ 关于 $\boldsymbol{x}$ 的导数并设其为零得到

$$\boldsymbol{c} + \boldsymbol{A}^\top \boldsymbol{\lambda} = \boldsymbol{0}. \tag{7.42}$$

因此, 对偶拉格朗日是 $\mathfrak{D}(\boldsymbol{\lambda}) = -\boldsymbol{\lambda}^\top \boldsymbol{b}$. 回忆一下, 我们想要最大化 $\mathfrak{D}(\boldsymbol{\lambda})$. 除了 $\mathfrak{L}(\boldsymbol{x}, \boldsymbol{\lambda})$ 的导数为零的约束外, 我们已知 $\boldsymbol{\lambda} \geqslant \boldsymbol{0}$, 产生了下面的对偶优化问题[㊁]:

$$\max_{\boldsymbol{\lambda} \in \mathbb{R}^m} \quad -\boldsymbol{b}^\top \boldsymbol{\lambda} \tag{7.43}$$

㊀ 线性规划是行业中最广泛使用的方法之一.

㊁ 通常会最小化原问题并且最大化对偶问题.

$$\text{s.t.} \quad \boldsymbol{c} + \boldsymbol{A}^\top \boldsymbol{\lambda} = \boldsymbol{0}$$
$$\boldsymbol{\lambda} \geqslant \boldsymbol{0} .$$

这也是线性规划, 但有 m 个参数. 我们可以选择是求解原线性规划 [式(7.39)] 还是求解对偶规划 [式(7.43)], 这取决于 m 和 d 哪个更大. 回忆一下, 在原线性规划中, d 是变量的数量, 而 m 是约束的数量.

例 7.5 (线性规划)　考虑线性规划

$$\min_{\boldsymbol{x} \in \mathbb{R}^2} \quad -\begin{bmatrix} 5 \\ 3 \end{bmatrix}^\top \begin{bmatrix} x_1 \\ x_2 \end{bmatrix}$$
$$\text{s.t.} \quad \begin{bmatrix} 2 & 2 \\ 2 & -4 \\ -2 & 1 \\ 0 & -1 \\ 0 & 1 \end{bmatrix} \begin{bmatrix} x_1 \\ x_2 \end{bmatrix} \leqslant \begin{bmatrix} 33 \\ 8 \\ 5 \\ -1 \\ 8 \end{bmatrix} \tag{7.44}$$

有两个变量. 这个规划如图 7.9 所示. 目标函数是线性的, 产生了线性的等高线. 标准形式的约束集被转换为图例. 最优值必须处于阴影 (可行) 区域中, 并且由星形指示.

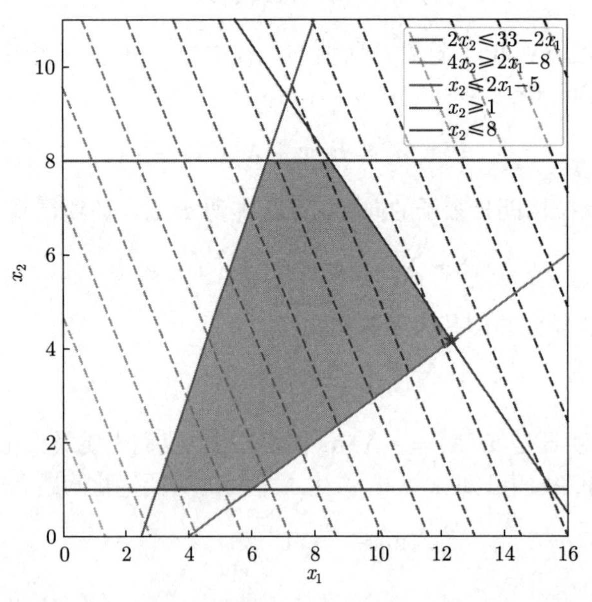

图 7.9　线性规划图示 0 无约束问题 (用等高线表示) 最优值在侧, 有约束时最优值用星形指示

7.3.2 二次规划

考虑一个凸二次目标函数的情形, 其约束是仿射的, 例如:

$$\begin{aligned}\min_{\boldsymbol{x}\in\mathbb{R}^d} \quad & \frac{1}{2}\boldsymbol{x}^\top \boldsymbol{Q}\boldsymbol{x} + \boldsymbol{c}^\top \boldsymbol{x} \\ \text{s.t.} \quad & \boldsymbol{A}\boldsymbol{x} \leqslant \boldsymbol{b}\,,\end{aligned} \tag{7.45}$$

其中 $\boldsymbol{A} \in \mathbb{R}^{m\times d}$, $\boldsymbol{b} \in \mathbb{R}^m$, 并且 $\boldsymbol{c} \in \mathbb{R}^d$. 平方对称矩阵 $\boldsymbol{Q} \in \mathbb{R}^{d\times d}$ 是正定的, 因此目标函数是凸的. 这被称为*二次规划*. 观察到它有 d 个变量和 m 个线性约束.

例 7.6 (二次规划) 考虑两个变量的二次规划

$$\min_{\boldsymbol{x}\in\mathbb{R}^2} \quad \frac{1}{2}\begin{bmatrix}x_1\\x_2\end{bmatrix}^\top \begin{bmatrix}2 & 1\\1 & 4\end{bmatrix}\begin{bmatrix}x_1\\x_2\end{bmatrix} + \begin{bmatrix}5\\3\end{bmatrix}^\top \begin{bmatrix}x_1\\x_2\end{bmatrix} \tag{7.46}$$

$$\text{s.t.} \quad \begin{bmatrix}1 & 0\\-1 & 0\\0 & 1\\0 & -1\end{bmatrix}\begin{bmatrix}x_1\\x_2\end{bmatrix} \leqslant \begin{bmatrix}1\\1\\1\\1\end{bmatrix} \tag{7.47}$$

图 7.4 也展示了这个规划. 目标函数是二次的, 并且有一个半正定矩阵 $\boldsymbol{Q}$, 对应于椭圆等高线, 最优值必须处于阴影 (可行) 区域中, 并且由星形指示.

拉格朗日函数由下式给出:

$$\begin{aligned}\mathfrak{L}(\boldsymbol{x}, \boldsymbol{\lambda}) &= \frac{1}{2}\boldsymbol{x}^\top \boldsymbol{Q}\boldsymbol{x} + \boldsymbol{c}^\top \boldsymbol{x} + \boldsymbol{\lambda}^\top(\boldsymbol{A}\boldsymbol{x} - \boldsymbol{b}) & \text{(7.48a)}\\ &= \frac{1}{2}\boldsymbol{x}^\top \boldsymbol{Q}\boldsymbol{x} + (\boldsymbol{c} + \boldsymbol{A}^\top\boldsymbol{\lambda})^\top \boldsymbol{x} - \boldsymbol{\lambda}^\top \boldsymbol{b}\,, & \text{(7.48b)}\end{aligned}$$

其中我们再次重新排列了项. 取 $\mathfrak{L}(\boldsymbol{x}, \boldsymbol{\lambda})$ 关于 $\boldsymbol{x}$ 的导数并设其为零:

$$\boldsymbol{Q}\boldsymbol{x} + (\boldsymbol{c} + \boldsymbol{A}^\top\boldsymbol{\lambda}) = \boldsymbol{0}\,. \tag{7.49}$$

假设 $\boldsymbol{Q}$ 是可逆的, 我们有

$$\boldsymbol{x} = -\boldsymbol{Q}^{-1}(\boldsymbol{c} + \boldsymbol{A}^\top\boldsymbol{\lambda})\,. \tag{7.50}$$

将式 (7.50) 代入原拉格朗日 $\mathfrak{L}(\boldsymbol{x}, \boldsymbol{\lambda})$, 我们得到对偶拉格朗日

$$\mathfrak{D}(\boldsymbol{\lambda}) = -\frac{1}{2}(\boldsymbol{c} + \boldsymbol{A}^\top\boldsymbol{\lambda})^\top \boldsymbol{Q}^{-1}(\boldsymbol{c} + \boldsymbol{A}^\top\boldsymbol{\lambda}) - \boldsymbol{\lambda}^\top \boldsymbol{b}\,. \tag{7.51}$$

因此, 对偶优化问题为

$$
\begin{aligned}
\max_{\boldsymbol{\lambda}\in\mathbb{R}^m} \quad & -\frac{1}{2}(\boldsymbol{c}+\boldsymbol{A}^\top\boldsymbol{\lambda})^\top\boldsymbol{Q}^{-1}(\boldsymbol{c}+\boldsymbol{A}^\top\boldsymbol{\lambda})-\boldsymbol{\lambda}^\top\boldsymbol{b} \\
\text{s.t.} \quad & \boldsymbol{\lambda}\geqslant\boldsymbol{0}\,.
\end{aligned}
\tag{7.52}
$$

我们将在第 12 章看到二次规划在机器学习中的应用.

7.3.3 Legendre-Fenchel 变换和凸共轭

我们在不考虑约束的情况下, 重温 7.2 节的对偶概念. 凸集可以由它的支撑超平面等价表述, 这一点很有意义. 若超平面与凸集相交且凸集仅包含在其一侧, 则这个超平面称为凸集的*支撑超平面*. 回顾一下, 我们可以填充凸函数来得到一个上境图, 它是一个凸集. 因此, 我们还可以根据凸函数的支撑超平面来描述凸函数. 此外, 观察到支撑超平面刚好接触凸函数, 并且实际上是该点与该函数的切线. 回顾一下, $f(\boldsymbol{x})$ 在 $\boldsymbol{x}_0$ 点的切线是该函数在该点的梯度估计 $\left.\frac{\mathrm{d}f(\boldsymbol{x})}{\mathrm{d}\boldsymbol{x}}\right|_{\boldsymbol{x}=\boldsymbol{x}_0}$. 总的来说, 因为凸集可以被其支撑超平面等价表述, 所以凸函数可以被它们梯度的函数等价表述. *Legendre 变换*形式化了这个概念.

我们从最一般的定义开始, Legendre-Fenchel 变换[㊀]的形式并不直观. 现在着眼于特殊情况, 以将该定义与上一段中描述的直观认识联系起来. Legendre-Fenchel *变换*是一个从可微凸函数 $f(\boldsymbol{x})$ 到一个取决于切线 $s(\boldsymbol{x})=\nabla_{\boldsymbol{x}}f(\boldsymbol{x})$ 的函数的变换 (在傅里叶变换的意义上). 值得强调的是, 这是函数 $f(\cdot)$ 的变换, 而不是变量 $\boldsymbol{x}$ 或函数在 $\boldsymbol{x}$ 估计的变换. Legendre-Fenchel 变换也被称为*凸共轭* (原因我们很快就会知道) 并且与对偶性紧密相关 (Hiriart-Urruty and Lemaréchal, 2001, chapter 5).

定义 7.4　函数 $f:\mathbb{R}^D\to\mathbb{R}$ 的*凸共轭*是函数 f^*, 定义为

$$
f^*(\boldsymbol{s})=\sup_{\boldsymbol{x}\in\mathbb{R}^D}\left(\langle\boldsymbol{s},\boldsymbol{x}\rangle-f(\boldsymbol{x})\right)\,. \tag{7.53}
$$

请注意, 前面的凸共轭定义不需要函数 f 为凸的或可微的. 在定义 7.4 中, 我们已使用一般内积 (3.2 节), 但这一节的其余部分, 我们将在有限维向量之间使用点积 ($\langle\boldsymbol{s},\boldsymbol{x}\rangle=\boldsymbol{s}^\top\boldsymbol{x}$), 以避免太多的技术细节.

为以几何形式理解定义 7.4 [㊁], 考虑一个简单的一维可微凸函数, 例如, $f(x)=x^2$. 注意, 由于我们正考虑一个一维问题, 超平面为一条线. 考虑一条线 $y=sx+c$. 回顾一下, 我们能够通过其支撑超平面描述凸函数, 因此让我们尝试通过其支撑线描述函数 $f(x)$. 固定线 $s\in\mathbb{R}$ 的梯度并对 f 图上的每个点 $(x_0,f(x_0))$, 寻找 c 的最小值, 这样线仍相交于

㊀ 物理学专业的学生经常看到的是 Legendre 变换, 因为它涉及古典力学中的拉格朗日和哈密顿.

㊁ 随着描述画出推导过程, 更便于理解.

$(x_0, f(x_0))$. 注意, c 最小时, 斜率为 s 的线刚好和函数 $f(x) = x^2$ 相切. 穿过 $(x_0, f(x_0))$ 且梯度为 s 的线是

$$y - f(x_0) = s(x - x_0)\,. \tag{7.54}$$

这条线的 y 轴截距为 $-sx_0 + f(x_0)$. 因此, $y = sx + c$ 与 f 的图形相交的 c 的最小值为

$$\inf_{x_0} -sx_0 + f(x_0)\,. \tag{7.55}$$

按照惯例, 前面的凸共轭被定义为该值负数. 这一段中的推理并不依赖于我们选择了一个一维可微凸函数, 而适用于 $f : \mathbb{R}^D \to \mathbb{R}$, 这是一个非凸不可微函数㊀.

评注 可微凸函数 (例如, $f(x) = x^2$) 是一个很好的特例, 这里不需要上确界, 以及函数和它的 Legendre 变换之间有一对一的对应关系. 让我们从第一性原理中得出这一点. 对于可微凸函数, 我们知道在 x_0 处, 切线与 $f(x_0)$ 接触, 使得

$$f(x_0) = sx_0 + c\,. \tag{7.56}$$

回忆一下, 我们想要用它的梯度 $\nabla_x f(x)$ 表述凸函数 $f(x)$, 并且 $s = \nabla_x f(x_0)$. 我们重新排列以得到 $-c$ 的一个表达式:

$$-c = sx_0 - f(x_0)\,. \tag{7.57}$$

注意, $-c$ 随 x_0 而变化, 因此随 s 而变化, 这就是为什么我们可以将其视为 s 的函数, 我们称之为

$$f^*(s) := sx_0 - f(x_0)\,. \tag{7.58}$$

将式 (7.58) 与定义 7.4 进行比较, 我们看到式 (7.58) 是一个特例 (没有最高点).

共轭函数有着良好的性质, 例如, 对于凸函数, 再次应用 Legendre 变换能够重新回到原函数. 同样, $f(x)$ 的斜率是 s, $f^*(s)$ 的斜率是 x. 下面两个例子展示了凸共轭在机器学习中的常见用途.

例 7.7 (凸共轭) 为了阐明凸共轭的应用, 考虑二次函数

$$f(\boldsymbol{y}) = \frac{\lambda}{2}\boldsymbol{y}^\top \boldsymbol{K}^{-1}\boldsymbol{y} \tag{7.59}$$

基于正定矩阵 $\boldsymbol{K} \in \mathbb{R}^{n\times n}$. 我们用 $\boldsymbol{y} \in \mathbb{R}^n$ 表示原变量并且 $\boldsymbol{\alpha} \in \mathbb{R}^n$ 表示对偶变量.

应用定义 7.4, 我们获得函数

$$f^*(\boldsymbol{\alpha}) = \sup_{\boldsymbol{y}\in\mathbb{R}^n} \langle \boldsymbol{y}, \boldsymbol{\alpha}\rangle - \frac{\lambda}{2}\boldsymbol{y}^\top \boldsymbol{K}^{-1}\boldsymbol{y}\,. \tag{7.60}$$

㊀ 经典 Legendre 变换被定义在 $\mathbb{R}^D$ 中的可微凸函数上.

由于函数是可微的, 我们可以通过取其关于 $\boldsymbol{y}$ 的导数并设为零来找到最大值:

$$\frac{\partial\left[\langle\boldsymbol{y},\boldsymbol{\alpha}\rangle-\frac{\lambda}{2}\boldsymbol{y}^{\top}\boldsymbol{K}^{-1}\boldsymbol{y}\right]}{\partial\boldsymbol{y}}=(\boldsymbol{\alpha}-\lambda\boldsymbol{K}^{-1}\boldsymbol{y})^{\top} \tag{7.61}$$

因此当梯度为零时, 我们有 $\boldsymbol{y}=\frac{1}{\lambda}\boldsymbol{K}\boldsymbol{\alpha}$. 代入式 (7.60) 得到

$$f^{*}(\boldsymbol{\alpha})=\frac{1}{\lambda}\boldsymbol{\alpha}^{\top}\boldsymbol{K}\boldsymbol{\alpha}-\frac{\lambda}{2}\left(\frac{1}{\lambda}\boldsymbol{K}\boldsymbol{\alpha}\right)^{\top}\boldsymbol{K}^{-1}\left(\frac{1}{\lambda}\boldsymbol{K}\boldsymbol{\alpha}\right)=\frac{1}{2\lambda}\boldsymbol{\alpha}^{\top}\boldsymbol{K}\boldsymbol{\alpha}. \tag{7.62}$$

例 7.8 在机器学习中, 我们经常使用函数的总和, 例如, 训练集的目标函数包含了训练集中每个样本损失的总和. 在下面, 我们得出损失 $\ell(t)$ 总和的凸共轭, 其中 $\ell:\mathbb{R}\to\mathbb{R}$. 这也说明了凸共轭在向量情形中的应用. 令 $\mathcal{L}(\boldsymbol{t})=\sum_{i=1}^{n}\ell_i(t_i)$, 则

$$\mathcal{L}^{*}(\boldsymbol{z})=\sup_{\boldsymbol{t}\in\mathbb{R}^n}\langle\boldsymbol{z},\boldsymbol{t}\rangle-\sum_{i=1}^{n}\ell_i(t_i) \tag{7.63a}$$

$$=\sup_{\boldsymbol{t}\in\mathbb{R}^n}\sum_{i=1}^{n}z_i t_i-\ell_i(t_i) \quad \text{点积的定义} \tag{7.63b}$$

$$=\sum_{i=1}^{n}\sup_{\boldsymbol{t}\in\mathbb{R}^n}z_i t_i-\ell_i(t_i) \tag{7.63c}$$

$$=\sum_{i=1}^{n}\ell_i^{*}(z_i). \quad \text{共轭的定义} \tag{7.63d}$$

回顾一下, 在 7.2 节中, 我们使用拉格朗日乘子导出了一个对偶优化问题. 此外, 对于凸优化问题, 我们有很强的对偶性, 即原问题和对偶问题的解是匹配的. 这里描述的 Legendre-Fenchel 变换也可以用来导出对偶优化问题. 此外, 当函数是可微凸函数时, 上确界是唯一的. 让我们考虑一个线性等式约束凸优化问题, 进一步研究两者之间的关系.

例 7.9 设 $f(\boldsymbol{y})$ 和 $g(\boldsymbol{x})$ 为凸函数, $\boldsymbol{A}$ 为适当维数的实矩阵, 满足 $\boldsymbol{A}\boldsymbol{x}=\boldsymbol{y}$. 那么

$$\min_{\boldsymbol{x}}f(\boldsymbol{A}\boldsymbol{x})+g(\boldsymbol{x})=\min_{\boldsymbol{A}\boldsymbol{x}=\boldsymbol{y}}f(\boldsymbol{y})+g(\boldsymbol{x}). \tag{7.64}$$

通过为约束 $\boldsymbol{A}\boldsymbol{x}=\boldsymbol{y}$ 引入拉格朗日乘子 $\boldsymbol{u}$,

$$\min_{\boldsymbol{A}\boldsymbol{x}=\boldsymbol{y}}f(\boldsymbol{y})+g(\boldsymbol{x})=\min_{\boldsymbol{x},\boldsymbol{y}}\max_{\boldsymbol{u}}f(\boldsymbol{y})+g(\boldsymbol{x})+(\boldsymbol{A}\boldsymbol{x}-\boldsymbol{y})^{\top}\boldsymbol{u} \tag{7.65a}$$

$$=\max_{\boldsymbol{u}}\min_{\boldsymbol{x},\boldsymbol{y}}f(\boldsymbol{y})+g(\boldsymbol{x})+(\boldsymbol{A}\boldsymbol{x}-\boldsymbol{y})^{\top}\boldsymbol{u}, \tag{7.65b}$$

其中, 最后一步交换 max 和 min 是因为 $f(\boldsymbol{y})$ 和 $g(\boldsymbol{x})$ 是凸函数. 通过分解点积项并收集 $\boldsymbol{x}$ 和 $\boldsymbol{y}$,

$$\max_{\boldsymbol{u}} \min_{\boldsymbol{x},\boldsymbol{y}} f(\boldsymbol{y}) + g(\boldsymbol{x}) + (\boldsymbol{A}\boldsymbol{x} - \boldsymbol{y})^\top \boldsymbol{u} \tag{7.66a}$$

$$= \max_{\boldsymbol{u}} \left[\min_{\boldsymbol{y}} -\boldsymbol{y}^\top \boldsymbol{u} + f(\boldsymbol{y})\right] + \left[\min_{\boldsymbol{x}} (\boldsymbol{A}\boldsymbol{x})^\top \boldsymbol{u} + g(\boldsymbol{x})\right] \tag{7.66b}$$

$$= \max_{\boldsymbol{u}} \left[\min_{\boldsymbol{y}} -\boldsymbol{y}^\top \boldsymbol{u} + f(\boldsymbol{y})\right] + \left[\min_{\boldsymbol{x}} \boldsymbol{x}^\top \boldsymbol{A}^\top \boldsymbol{u} + g(\boldsymbol{x})\right] \tag{7.66c}$$

回顾一下, 凸共轭 (定义 7.4) 和点积是对称的[⊖],

$$\max_{\boldsymbol{u}} \left[\min_{\boldsymbol{y}} -\boldsymbol{y}^\top \boldsymbol{u} + f(\boldsymbol{y})\right] + \left[\min_{\boldsymbol{x}} \boldsymbol{x}^\top \boldsymbol{A}^\top \boldsymbol{u} + g(\boldsymbol{x})\right] \tag{7.67a}$$

$$= \max_{\boldsymbol{u}} -f^*(\boldsymbol{u}) - g^*(-\boldsymbol{A}^\top \boldsymbol{u}) . \tag{7.67b}$$

因此, 我们证明了

$$\min_{\boldsymbol{x}} f(\boldsymbol{A}\boldsymbol{x}) + g(\boldsymbol{x}) = \max_{\boldsymbol{u}} -f^*(\boldsymbol{u}) - g^*(-\boldsymbol{A}^\top \boldsymbol{u}) . \tag{7.68}$$

Legendre-Fenchel 共轭对于可以表示为凸优化问题的机器学习问题是非常有用的. 特别地, 对于独立应用于每个例子的凸损失函数, 共轭损失是导出对偶问题的一种方便方法.

7.4 延伸阅读

连续优化是一个活跃的研究领域, 我们不试图对最新的进展提供全面的解释.

从梯度下降的角度来看, 有两个主要的缺陷, 每个缺陷都有自己的挑战. 第一个挑战是梯度下降是一阶算法, 并且不使用曲面曲率的信息. 当有长谷时, 梯度垂直于感兴趣的方向. 动量的概念可以推广到一般的加速方法 (Nesterov, 2018). 共轭梯度法通过考虑以前的方向, 避免了梯度下降所面临的问题 (Shewchuk, 1994). 二阶方法 (如牛顿法) 使用黑塞函数来提供有关曲率的信息. 选择步长和动量等概念的许多选择都是通过考虑目标函数的曲率而产生的 (Goh, 2017; Bottou et al., 2018). 像 L-BFGS 这样的拟牛顿方法试图使用开销更小的计算方法来近似黑塞 (Nocedal and Wright, 2006). 最近, 人们对计算下降方向的其他指标产生了兴趣, 产生了镜像下降 (Beck and Teboulle, 2003) 和自然梯度 (Toussaint, 2012) 等方法.

⊖ 对于一般内积, $\boldsymbol{A}^\top$ 替换为伴随矩阵 $\boldsymbol{A}^*$.

第二个挑战是处理不可微函数. 当函数中存在不可导点时, 梯度方法就不能很好地定义. 在这些情况下, 可以使用*子梯度方法* (Shor, 1985). 有关优化不可微函数的更多信息和算法, 请参阅 (Bertsekas, 1999). 关于数值求解连续优化问题的不同方法, 包括约束优化问题的算法, 有大量的文献. 建议从 (Luenberger, 1969; Bonnans et al., 2006) 开始阅读. Bubeck (2015) 介绍了连续优化的近期研究.

机器学习的现代应用往往意味着数据集的大小限制了批量梯度下降的使用, 因此随机梯度下降是目前大规模机器学习方法的主力军. 最近的相关文献包括 (Hazan, 2015; Bottou et al., 2018).

关于对偶和凸优化, 可以参考 (Boyd and Vandenberghe, 2004) 以及在线讲座和幻灯片. Bertsekas (2009) 提供了一种更为数学化的处理方法, 而优化领域的关键研究人员之一最近撰写的一本书是 (Nesterov, 2018). 凸优化是建立在凸分析的基础上的, 对凸函数的更基本的结果感兴趣的读者可以参考 (Rockafellar, 1970; Hiriart-Urruty and Lemaréchal, 2001; Borwein and Lewis, 2006). Legendre–Fenchel 变换也包含在前面提到的关于凸分析的书中, 但是 (Zia et al., 2009) 中提供了对初学者更友好的演示. Polyak (2016) 对 Legendre-Fenchel 变换在凸优化算法分析中的作用进行了综述.

习题

7.1 考虑一元函数

$$f(x) = x^3 + 6x^2 - 3x - 5.$$

找到它的驻点并指出它们是最大点、最小点还是鞍点.

7.2 考虑随机梯度下降的更新方程 (式(7.15)). 当我们使用一个大小为 1 的小批量时, 写出更新.

7.3 判断真假:

a. 任意两个凸集的交集是凸的.

b. 任意两个凸集的并是凸的.

c. 凸集 A 与另一凸集 B 的差是凸的.

7.4 判断真假:

a. 任意两个凸函数的和是凸的.

b. 任意两个凸函数的差是凸的.

c. 任意两个凸函数的乘积都是凸的.

d. 任意两个凸函数的最大值都是凸的.

7.5 用矩阵表示法将下列优化问题表示为标准线性规划:

$$\max_{\boldsymbol{x}\in\mathbb{R}^2,\ \xi\in\mathbb{R}} \boldsymbol{p}^\top \boldsymbol{x} + \xi$$

约束条件为 $\xi \geqslant 0$, $x_0 \leqslant 0$ 和 $x_1 \leqslant 3$.

7.6 考虑图 7.9 所示的线性规划,

$$\min_{\boldsymbol{x}\in\mathbb{R}^2} -\begin{bmatrix}5\\3\end{bmatrix}^\top\begin{bmatrix}x_1\\x_2\end{bmatrix}$$

$$\text{s.t.}\begin{bmatrix}2 & 2\\2 & -4\\-2 & 1\\0 & -1\\0 & 1\end{bmatrix}\begin{bmatrix}x_1\\x_2\end{bmatrix}\leqslant\begin{bmatrix}33\\8\\5\\-1\\8\end{bmatrix}$$

利用拉格朗日对偶法导出对偶线性规划.

7.7 考虑图 7.4 所示的二次规划,

$$\min_{\boldsymbol{x}\in\mathbb{R}^2}\frac{1}{2}\begin{bmatrix}x_1\\x_2\end{bmatrix}^\top\begin{bmatrix}2 & 1\\1 & 4\end{bmatrix}\begin{bmatrix}x_1\\x_2\end{bmatrix}+\begin{bmatrix}5\\3\end{bmatrix}^\top\begin{bmatrix}x_1\\x_2\end{bmatrix}$$

$$\text{s.t.}\begin{bmatrix}1 & 0\\-1 & 0\\0 & 1\\0 & -1\end{bmatrix}\begin{bmatrix}x_1\\x_2\end{bmatrix}\leqslant\begin{bmatrix}1\\1\\1\\1\end{bmatrix}$$

利用拉格朗日对偶性导出对偶二次规划.

7.8 考虑下面的凸优化问题:

$$\begin{aligned}\min_{\boldsymbol{w}\in\mathbb{R}^D} \quad & \frac{1}{2}\boldsymbol{w}^\top\boldsymbol{w}\\ \text{s.t.} \quad & \boldsymbol{w}^\top\boldsymbol{x}\geqslant 1\,.\end{aligned}$$

通过引入拉格朗日乘子 λ 导出拉格朗日对偶.

7.9 考虑 $\boldsymbol{x}\in\mathbb{R}^D$ 的负熵,

$$f(\boldsymbol{x})=\sum_{d=1}^{D}x_d\log x_d\,.$$

通过假设内积为点积, 导出凸共轭函数 $f^*(s)$.

提示: 取适当函数的梯度, 并将梯度设为零.

7.10 考虑函数

$$f(\boldsymbol{x})=\frac{1}{2}\boldsymbol{x}^\top\boldsymbol{A}\boldsymbol{x}+\boldsymbol{b}^\top\boldsymbol{x}+c\,,$$

其中 $\boldsymbol{A}$ 是严格正定的, 这意味着它是可逆的. 导出 $f(\boldsymbol{x})$ 的凸共轭.

提示: 取适当函数的梯度, 并将梯度设为零.

7.11 铰链损失 (即支持向量机使用的损失) 由下式给出:

$$L(\alpha) = \max\{0, 1 - \alpha\},$$

如果我们对应用梯度方法 (如 L-BFGS) 感兴趣, 并且不想使用次梯度方法, 我们需要平滑铰链损失中的不可导点. 计算铰链损失 $L^*(\beta)$ 的凸共轭, 其中 β 是对偶变量. 添加一个 ℓ_2 近端项, 并计算如下所得函数的共轭:

$$L^*(\beta) + \frac{\gamma}{2}\beta^2,$$

其中 γ 是给定的超参数.

第二部分

机器学习的核心问题

CHAPTER 8

第 8 章

模型结合数据

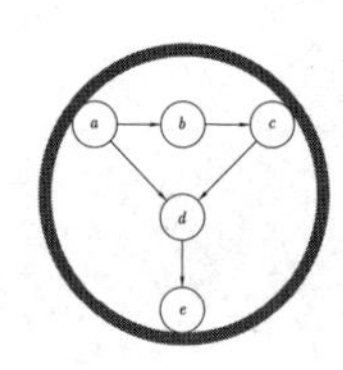

在本书的第一部分中, 我们介绍了许多构成机器学习方法的数学基础. 希望读者能够从第一部分开始学习数学语言的基本形式, 现在我们将使用它来描述和讨论机器学习. 本书的第二部分将介绍机器学习的四大支柱:

- 回归 (第 9 章)
- 降维 (第 10 章)
- 密度估计 (第 11 章)
- 分类 (第 12 章)

本书的第二部分主要说明如何将第一部分中介绍的数学概念用于设计机器学习算法, 而这些算法可用于解决四大支柱范围内的任务. 我们不打算引入高级的机器学习概念, 而是提供一系列实用的方法, 使读者可以灵活应用从本书第一部分中学到的知识. 同时, 本书第二部分也将为已经熟悉数学的读者提供获取更广泛的机器学习文献的途径.

8.1 数据、模型与学习

现在让我们停下来思考设计机器学习算法是为了解决什么样的问题. 正如第 1 章中所讨论的, 机器学习系统有三个主要组成部分: 数据、模型和学习. 机器学习的主要问题是"好的模型意味着什么? " 模型有许多细微之处, 我们将在本章中对其进行多次回顾. 同时, 如何客观定义"好"也不容易. 机器学习的指导原则之一是, 好的模型应该在预测数据上表现良好. 这要求我们定义一些性能指标, 例如, 准确性或与真实值的距离, 并找出在这些性能指标下能表现得好的方法. 本章涵盖一些常用于机器学习模型中的数学和统计语言. 通过这种方式, 我们将简要概述目前训练模型的最佳做法, 使得生成的预测变量可以在未知数据上表现出色.

正如第 1 章中所提到的, 我们使用的“机器学习算法”一词存在两种不同的含义: 训练和预测. 我们将在本章中解释这些含义, 并在不同模型中选择使用不同的含义. 我们将在 8.2 节介绍最小化经验风险的模型框架, 在 8.3 节介绍最大似然原理, 在 8.4 节介绍概率模型的思想. 8.5 节简要概述了用于指定概率模型的图语言, 8.6 节讨论了模型选择. 本节的剩余部分对机器学习的三个主要组成部分——数据、模型和学习进行了扩展.

8.1.1 用向量表示数据

假设我们的数据可以被计算机读取, 并以数值型格式充分表示. 数据假定为表格形式 (见表 8.1), 并且表格的每一行代表一个特定的实例或示例, 而每一列则代表一个特定的特征㊀. 近年来, 机器学习已应用于多种类型的数据, 例如, 基因组序列、网页的文本和图像内容以及社交媒体图, 这类的数据显然都不是表格数字格式. 对于确定且良好的特征, 在本章中我们不会讨论其重要且具有挑战性的方面, 因为这些方面涉及的许多内容都取决于领域的专业知识, 需要精准的工程设计. 另外近年来, 它们已被置于数据科学的范畴之中 (Stray, 2016; Adhikari and DeNero, 2018).

即使我们有表格格式的数据, 为了得到数值型的表示, 仍需要做一些选择. 例如, 在表 8.1 中, 性别列 (一个分类变量) 可以转换成代表“男”的数字 0 和代表“女”的数字 1. 性别也可以分别用数字表示为 $-1, +1$, 如表 8.2 所示. 此外, 使用领域知识来构建表示形式非常重要. 例如, 已知大学学位进程是从学士学位到硕士学位再到博士学位, 或者注意到提供的邮政编码不仅是字符串, 而且是伦敦某个区域的编码. 在表 8.2 中, 我们把从表 8.1 中获取的数据转化成数值型格式, 并且将每个邮编用两个数值代表, 分别是经度和纬度. 即使能直接读取到机器学习算法中的数值数据, 也应仔细考虑其单位、缩放比例和约束条件. 在没有其他信息的情况下, 应移动和缩放数据集的所有列, 以使它们的经验均值为 0, 经验方差为 1. 就本书而言, 我们假设领域专家已经适当地转换了数据, 即每个输入 $\boldsymbol{x}_n$ 是实数的 D 维向量, 称为特征、属性或协变量.

表 8.1　来自虚拟人力资源数据库的实例数据, 不以数值型格式表示

姓名	性别	学位	邮编	年龄	年薪
Aditya	M	MSc	W21BG	36	89563
Bob	M	PhD	EC1A1BA	47	123543
Chloé	F	BEcon	SW1A1BH	26	23989
Daisuke	M	BSc	SE207AT	68	138769
Elisabeth	F	MBA	SE10AA	33	113888

我们认为数据集的形式如表 8.2 所示. 可以注意到我们已经在新的数字表示形式中删除了表 8.1 的“姓名”列. 这样做主要有两个原因: (1) 我们不认为标识符 (姓名) 对机器学

㊀ 数据假定为整齐的格式 (Wickham, 2014; Codd, 1990).

习任务有用; (2) 我们希望对数据进行匿名处理以帮助保护员工的隐私.

表 8.2　将虚拟人力资源数据库的实例数据 (见表 8.1) 转化成数值型格式

性别 ID	学位	纬度	经度	年龄	年薪
−1	2	51.5073	0.1290	36	89.563
−1	3	51.5074	0.1275	47	123.543
+1	1	51.5071	0.1278	26	23.989
−1	1	51.5075	0.1281	68	138.769
+1	2	51.5074	0.1278	33	113.888

在本书的这一部分中, 我们将使用 N 来表示数据集中的示例数量, 并使用小写的 $n = 1, \cdots, N$ 对示例进行索引. 我们假设给定了一组数字数据, 代表一个向量数组 (见表 8.2). 每行是一个特定单独的 $\boldsymbol{x}_n$, 在机器学习中通常称为*示例*或*数据点*. 下标 n 则表示总共 N 个示例的数据集中的第 n 个示例. 每列代表该示例感兴趣的特定特征, 特征的索引为 $d = 1, \cdots, D$. 回想一下, 数据表示为向量, 这意味着每个示例 (每个数据点) 都是一个 D 维向量. 表格初始的方向来自于数据库社区, 但是对于某些机器学习算法 (例如在第 10 章中), 将示例表示为列向量更加方便.

让我们基于表 8.2 中的数据, 考虑按年龄预测年薪的问题. 这称为监督学习问题, 我们有一个*标签* y_n(薪水), 它与每个示例 $\boldsymbol{x}_n$(年龄) 相关. 标签 y_n 也称为目标、响应变量或标注. 数据集写作一组示例–标签对 $\{(\boldsymbol{x}_1, y_1), \cdots, (\boldsymbol{x}_n, y_n), \cdots, (\boldsymbol{x}_N, y_N)\}$. 示例组成的表格 $\{\boldsymbol{x}_1, \cdots, \boldsymbol{x}_N\}$ 通常是串联的, 并写为 $\boldsymbol{X} \in \mathbb{R}^{N \times D}$. 图 8.1 展示了由表 8.2 最右边两列组成的数据集, 其中 x 表示年龄, y 表示年薪.

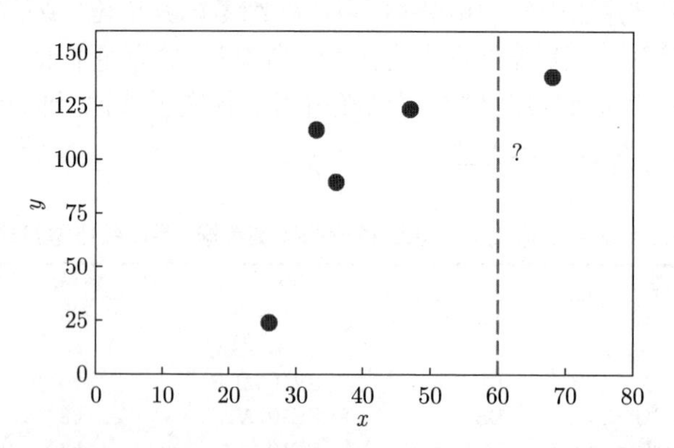

图 8.1　用于线性回归的测试数据. 示例–标签对 (x_n, y_n) 表示训练数据, 它们来自于表 8.2 中的最右边两列. 我们对一个年龄为 60 岁的个人 ($x = 60$) 的薪水感兴趣, 该薪水用垂直虚线表示, 该数据不存在于训练数据中

与上一段类似, 我们使用本书第一部分中介绍的概念来描述机器学习问题. 将数据表示为向量 $\boldsymbol{x}_n$ 形式, 这样就可以使用线性代数中的概念 (第 2 章). 在许多机器学习算法中, 我

们还需要对两个向量进行比较. 如第 9 章和第 12 章中所述, 计算两个示例之间的相似度或距离可以使我们直观地认识到具有相似特征的示例应该具有相似的标签. 两个向量的比较要求我们构造一个几何模型 (第 3 章) 并允许我们使用第 7 章中的技术对得到的学习问题进行优化.

由于我们有数据的向量表示形式, 因此我们可以通过操作数据来得到更好的数据表示形式. 我们将讨论以两种方式得到更好的数据表示形式: 查找原始特征向量的低维近似值, 以及使用原始特征向量的非线性高维组合. 在第 10 章中, 我们将看到通过查找主成分来得到原始数据空间的低维近似值的示例. 寻找主成分的方法将与特征值以及奇异值分解的概念密切相关, 这些内容在第 4 章中有所介绍. 对于高维表示, 我们将看到一个显式的特征映射 $\phi(\cdot)$, 它使我们能够用高维表示 $\phi(\boldsymbol{x}_n)$ 来表示输入的 $\boldsymbol{x}_n$. 高维表示的主要目的是将原始特征的非线性组合构造为新特征, 从而使学习问题变得更加容易. 我们将在 9.2 节中讨论特征映射, 并在 12.4 节中展示特征映射如何影响核.

近年来, 深度学习方法 (Goodfellow et al., 2016) 在使用数据本身学习新的良好特征方面展示出了前景, 并且在计算机视觉、语音识别和自然语言处理等领域非常成功. 在本书的这一部分中, 我们不会涉及神经网络, 但是读者可以参考 5.6 节中关于反向传播的数学描述, 反向传播是神经网络训练中的关键概念.

8.1.2 模型的函数表示

一旦我们得到了数据恰当的向量表示, 便可以开始构建预测函数 (即预测器) 了. 在第 1 章中, 我们还没有关于模型的精确描述. 使用本书第一部分中的概念, 我们现在可以介绍 "模型" 的含义. 本书将介绍两种主要方法: 用函数作为预测器, 以及用概率模型作为预测器. 我们在这里描述前者, 在下一小节描述后者.

若预测器是函数, 则当给出特定的输入示例 (在我们的示例中, 输入为一个特征向量) 时, 该函数会产生输出. 现在, 将输出视为单个数字, 即实值标量输出. 可以记作:

$$f: \mathbb{R}^D \to \mathbb{R}, \tag{8.1}$$

输入向量 $\boldsymbol{x}$ 是 D 维 (具有 D 个特征) 的, 然后将函数 f 作用于输入向量上 (记作 $f(\boldsymbol{x})$), 并返回一个实数. 图 8.2 描述了一个能给出输入向量 x 预测值的概率函数.

在本书中, 我们不考虑所有函数的一般情况, 因为这需要涉及函数分析. 相反, 我们考虑线性函数的特殊情况,

$$f(\boldsymbol{x}) = \boldsymbol{\theta}^\top \boldsymbol{x} + \theta_0 \tag{8.2}$$

$\boldsymbol{\theta}$ 和 θ_0 是未知数. 这种限制意味着第 2 章和第 3 章的内容足以精确地说明机器学习的非概率 (与下面描述的概率视角相反) 预测器的概念. 线性函数在所能解决问题的广泛性与所需的数学知识间取得了很好的平衡.

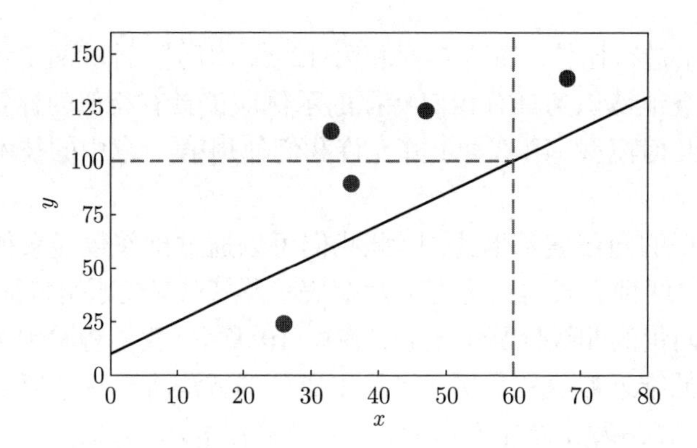

图 8.2　示例函数 (黑色实对角线) 以及在 $x = 60$ 处的预测值, 即 $f(60) = 100$

8.1.3　模型的概率分布表示

我们通常认为数据是对某些真正潜在影响的噪声的观察, 并希望通过应用机器学习从噪声中识别出信号. 这就要求我们有一种量化噪声影响的语言. 通常我们还希望具有表示某种不确定性的预测器, 例如, 量化我们对特定测试数据点预测值的置信度. 正如在第 6 章中, 概率理论提供了一种量化不确定性的语言. 图 8.3 说明了该函数作为高斯分布的预测不确定性.

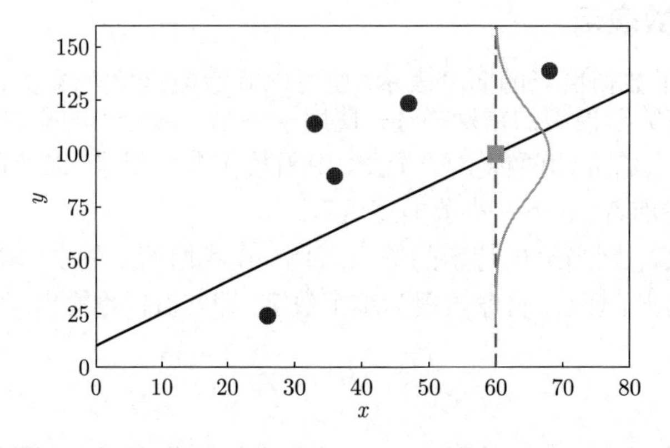

图 8.3　示例函数 (黑色实对角线) 以及在 $x = 60$ 预测的不确定性 (绘制为一个高斯曲线)

除了将预测器视为单个函数之外, 我们还可以将预测器视为概率模型, 即描述为可能的函数分布的模型. 在本书中, 我们仅讨论有限维参数分布的特殊情况, 因为这使我们无须用随机过程以及随机测度即可描述概率模型. 对于这种特殊情况, 我们可以将概率模型视为多元概率分布, 多元概率分布目前已有非常多的模型.

我们将在 8.4 节中介绍如何使用概率 (第 6 章) 中的概念来定义机器学习模型, 并在 8.5 节中介绍能够以简洁方式描述概率模型的图语言.

8.1.4 学习即寻找参数

学习的目的是找到一个模型及其相应的参数, 使得生成的预测变量在训练集中未出现过的数据上表现良好. 在讨论机器学习算法时, 从概念上可以分为三个不同的算法阶段:

1. 预测或推理.
2. 训练或参数估计.
3. 超参数调整或模型选择.

预测阶段是我们使用经过训练的预测器测试先前未出现的数据, 即参数和模型选择已经确定, 并且将预测器用于新输入数据点的新向量表示. 如第 1 章和上一小节所述, 我们将在本书中考虑两种机器学习学派, 分别对应于预测器是函数模型还是概率模型. 当我们有一个概率模型 (在 8.4 节中进一步讨论) 时, 预测阶段称为推理.

评注 不幸的是, 对于不同算法阶段的命名并没有达成共识. "推理" 一词有时也用于表示概率模型的参数估计, 但很少用于表示非概率模型的预测.

训练或参数估计阶段出现在训练数据调整预测模型时. 我们想在给定训练数据的情况下找到良好的预测器, 能达成此目标的主要策略有两种: 基于某个量的度量 (有时也称为点估计查找) 来找到最佳预测器, 或者使用贝叶斯推理. 点估计查找在两种类型的预测器上均可以使用, 但贝叶斯推理只能应用于概率模型.

对于非概率模型, 我们遵循经验风险最小化的原理, 并且 8.2 节将对此进行描述. 经验风险最小化直接为寻找良好参数提供了一个优化问题. 在统计模型中, 最大似然原理用于找到一组好的参数 (8.3 节). 我们还可以使用概率模型对参数的不确定性进行建模, 我们将在 8.4 节对其进行详细介绍.

我们使用数值方法来找到可以 "拟合" 数据的良好参数, 大多数训练方法都可以被视为爬山算法, 以找到目标的最大值[1], 例如, 似然函数的最大值. 为了应用爬山算法, 我们使用第 5 章中描述的梯度, 并应用第 7 章中的数值优化方法.

如第 1 章中所述, 我们想要基于数据的学习模型, 并使其在未来的数据上表现良好. 模型仅在训练数据集上表现良好是不够的, 预测器更需要的是在未知数据上表现良好. 我们使用交叉验证 (8.2.4 节) 模拟预测器在未来未知数据上的表现. 正如我们将在本章中看到的, 为了让预测器在未知数据上表现良好, 我们需要在很好地拟合训练数据与找到现象的 "简单" 解释之间取得平衡. 这种折中是通过使用正则化 (8.2.3 节) 或通过添加先验 (8.3.2 节) 来实现的. 在哲学上, 这既不是归纳法也不是演绎法, 而是称为不明推论 (abduction). 根据斯坦福大学哲学百科全书 (*Stanford Encyclopedia of Philosophy*), 不明推论是推理的最佳解释过程 (Douven, 2017) [2].

我们经常需要对预测器的结构做出高层级的建模决策, 例如, 要使用的组件数量或要考虑的概率分布类别. 组件数量的选择是超参数的一个示例, 这种选择会显著影响模型的性

---

[1] 优化问题通常是最小化目标. 因此, 机器学习问题中的目标通常会有一个额外的负号项.

[2] 一个好的电影标题是 "人工智能不明推论".

能. 不同模型之间进行选择的问题称为*模型选择*, 我们将在 8.6 节中进行介绍. 对于非概率模型, 通常使用*嵌套交叉验证*进行模型选择, 这在 8.6.1 节中有介绍. 我们还使用模型选择来选择模型的超参数.

评注　*参数和超参数之间的区别在某种程度上是任意的, 并且主要是由可以数值优化的内容与需要使用搜索技术的内容之间的区别所决定. 另一种考虑区别的方法是将参数视为概率模型的显式参数, 并将超参数 (高级参数) 视为控制这些显式参数分布的参数.*

在下面各小节中, 我们将研究三种机器学习方式: 经验风险最小化 (8.2 节)、最大似然原理 (8.3 节) 和概率建模 (8.4 节).

8.2　经验风险最小化

在掌握了所有数学知识之后, 现在我们可以介绍学习的意义. 机器学习的"学习"部分可以归结为基于训练数据的参数估计.

在本节中, 我们考虑预测器为函数的情况, 并在 8.3 节中考虑概率模型的情况. 我们将描述经验风险最小化的思想, 该思想最初是通过支持向量机的建议而普及的 (第 12 章将进行描述). 但是, 它的一般原理是广泛适用的, 它使我们能够在不显式构建概率模型的情况下考虑所学内容. 主要存在四个设计思路, 我们将在以下小节中详细介绍:

- **8.2.1 节:** 我们允许预测器采用的功能是什么?
- **8.2.2 节:** 我们如何度量预测器对训练数据的表现?
- **8.2.3 节:** 我们如何仅从在未知测试数据上表现良好的训练数据来构造预测器?
- **8.2.4 节:** 在模型空间中进行搜索的过程是什么?

8.2.1　函数的假设类别

假设我们给予 N 个样本 $\boldsymbol{x}_n \in \mathbb{R}^D$ 及其对应的标量标签 $y_n \in \mathbb{R}$. 我们考虑监督学习环境, 即已知示例–标签对 $(\boldsymbol{x}_1, y_1), \cdots, (\boldsymbol{x}_N, y_N)$. 有了这些数据, 我们将估计一个预测器 $f(\cdot, \boldsymbol{\theta}) : \mathbb{R}^D \to \mathbb{R}$, $\boldsymbol{\theta}$ 是参数. 我们想要找到一个好的参数 $\boldsymbol{\theta}^*$, 以便预测器能很好地匹配数据, 即对任意 $n = 1, \cdots, N$,

$$f(\boldsymbol{x}_n, \boldsymbol{\theta}^*) \approx y_n. \tag{8.3}$$

在本节, 我们使用符号 $\hat{y}_n = f(\boldsymbol{x}_n, \boldsymbol{\theta}^*)$ 来代表预测器的输出.

评注　*为了便于演示, 我们将根据监督学习 (有标签) 来描述经验风险最小化. 这简化了假设类别和损失函数的定义. 在机器学习中, 通常会选择参数化的函数类别, 例如, 仿射函数.*

例 8.1　我们将通过介绍一般的最小二乘回归问题来阐述经验风险最小化. 在第 9 章中将给出回归的更全面说明. 当标签 y_n 是实值, 在预测器的函数类别选择问题上, 有一种常见方法是选择仿射函数集[⊖]. 我们为仿射函数选择一种更简洁的表示法, 方法是通过将附加的特征元 $x^{(0)} = 1$ 连接到 $\boldsymbol{x}_n$, 即 $\boldsymbol{x}_n = [1, x_n^{(1)}, x_n^{(2)}, \cdots, x_n^{(D)}]^\top$. 对应的参数向量是 $\boldsymbol{\theta} = [\theta_0, \theta_1, \theta_2, \cdots, \theta_D]^\top$, 这就允许我们将预测器记作一个线性函数

$$f(\boldsymbol{x}_n, \boldsymbol{\theta}) = \boldsymbol{\theta}^\top \boldsymbol{x}_n\,. \tag{8.4}$$

此线性预测器等价于仿射模型

$$f(\boldsymbol{x}_n, \boldsymbol{\theta}) = \theta_0 + \sum_{d=1}^{D} \theta_d x_n^{(d)}\,. \tag{8.5}$$

预测器将代表单个样例 $\boldsymbol{x}_n$ 的特征向量作为输入, 并产生一个实值输出, 即 $f : \mathbb{R}^{D+1} \to \mathbb{R}$. 本章前面的图将直线作为预测器, 这意味着我们已经假定了一个仿射函数.

除了线性函数, 我们也想将非线性函数视为预测器. 神经网络的最新进展实现了复杂非线性函数类的有效计算.

给定函数的类别, 我们想寻找一个好的预测器. 现在, 我们继续说明经验风险最小化的第二个要素: 如何衡量预测器与训练数据的拟合程度.

8.2.2 训练数据的损失函数

考虑一个特定样例的标签 y_n, 以及我们根据 $\boldsymbol{x}_n$ 做出的相应预测 $\hat{y}_n$. 为了给出数据拟合较好的定义, 我们需要给定一个*损失函数* $\ell(y_n, \hat{y}_n)$, 它以真实值标签和预测作为输入并产生一个非负数 (称为损失, 通常用表达式 “error” 来表示), 表示对该特定预测我们所犯的错误数量. 我们的目标是通过使 N 个样本的训练集的平均损失最小来找到一个好的参数向量 $\boldsymbol{\theta}^*$.

机器学习中常用的假设是, 样本集 $(\boldsymbol{x}_1, y_1), \cdots, (\boldsymbol{x}_N, y_N)$ 是*独立同分布的*. 独立 (6.4.5 节) 表示两个数据点 $(\boldsymbol{x}_i, y_i)$ 和 $(\boldsymbol{x}_j, y_j)$ 在统计上并不相互依赖, 这意味着经验均值是对总体均值的良好估计 (6.4.1 节). 这也意味着我们可以在训练数据上使用损失的经验均值. 对于给定的*训练集* $\{(\boldsymbol{x}_1, y_1), \cdots, (\boldsymbol{x}_N, y_N)\}$, 我们引入一个样例矩阵 $\boldsymbol{X} := [\boldsymbol{x}_1, \cdots, \boldsymbol{x}_N]^\top \in \mathbb{R}^{N\times D}$ 和一个标签向量 $\boldsymbol{y} := [y_1, \cdots, y_N]^\top \in \mathbb{R}^N$ 的表示. 使用矩阵表示法, 平均损失为

$$\mathbf{R}_{\text{emp}}(f, \boldsymbol{X}, \boldsymbol{y}) = \frac{1}{N} \sum_{n=1}^{N} \ell(y_n, \hat{y}_n)\,, \tag{8.6}$$

其中 $\hat{y}_n = f(\boldsymbol{x}_n, \boldsymbol{\theta})$. 式 (8.6) 称为*经验风险*, 它取决于三个参数, 即预测器 f 和数据 $\boldsymbol{X}, \boldsymbol{y}$. 这种一般性的学习策略称为*经验风险最小化*.

例 8.2 (最小二乘损失) 继续最小二乘回归的例子, 我们指定使用平方损失 $\ell(y_n, \hat{y}_n) = (y_n - \hat{y}_n)^2$ 来衡量训练期间产生错误的成本. 我们期望最小化经验风险 (8.6), 它是数据的平

⊖ 仿射函数在机器学习中通常被称为线性函数.

均损失

$$\min_{\boldsymbol{\theta}\in\mathbb{R}^D}\frac{1}{N}\sum_{n=1}^{N}(y_n-f(\boldsymbol{x}_n,\boldsymbol{\theta}))^2, \tag{8.7}$$

其中我们利用了预测器 $\hat{y}_n=f(\boldsymbol{x}_n,\boldsymbol{\theta})$. 通过使用选择的线性预测器 $f(\boldsymbol{x}_n,\boldsymbol{\theta})=\boldsymbol{\theta}^\top\boldsymbol{x}_n$, 我们得到了优化问题

$$\min_{\boldsymbol{\theta}\in\mathbb{R}^D}\frac{1}{N}\sum_{n=1}^{N}(y_n-\boldsymbol{\theta}^\top\boldsymbol{x}_n)^2\,. \tag{8.8}$$

该式子可用矩阵形式等价表示成

$$\min_{\boldsymbol{\theta}\in\mathbb{R}^D}\frac{1}{N}\left\|\boldsymbol{y}-\boldsymbol{X}\boldsymbol{\theta}\right\|^2\,. \tag{8.9}$$

这就是*最小二乘问题*. 为此, 存在一个通过求解正规方程封闭形式的解析解, 我们将在 9.2 节中进行讨论.

我们对仅在训练数据上表现良好的预测器不感兴趣. 相反, 我们寻求一种对未知的测试数据表现良好 (低风险) 的预测器. 更形式化地说, 我们想要寻找一个预测器 f(固定参数), 使得*期望风险*最小化

$$\mathbf{R}_{\text{true}}(f)=\mathbb{E}_{\boldsymbol{x},y}[\ell(y,f(\boldsymbol{x}))]\,, \tag{8.10}$$

其中 y 是标签, $f(\boldsymbol{x})$ 是基于示例 $\boldsymbol{x}$ 的预测器. 符号 $\mathbf{R}_{\text{true}}(f)$ 表示访问无限量数据的真实风险. 期望超出了所有可能的数据和标签的 (无限) 集. 我们希望将期望风险降至两个实际问题, 我们将在以下两小节中解决这些问题:

- 我们如何改进训练过程以提高泛化性?
- 我们如何根据 (有限) 数据估算期望风险?

评注 许多机器学习任务是通过相关的性能指标来指定的, 例如, 预测的准确性或均方根误差. 性能度量可能更复杂, 对成本敏感, 并与特定应用的细节有关. 原则上, 用于经验风险最小化的损失函数的设计应直接对应于机器学习任务指定的性能指标. 在实践中, 损失函数的设计与性能度量之间常常会出现不匹配的情况, 这可能是由诸如实现难易或优化效率之类的问题导致的.

8.2.3 正则化以减少过拟合

本节对经验风险最小化添加附加项, 使其可以被很好地泛化 (近似于期望风险最小化). 回想一下, 训练机器学习预测器的目的是使我们可以在未知的数据上表现良好, 即预测器的泛化性比较好. 我们通过保留整个数据集中的一部分来模拟这些未知的数据. 此保留数据集称为*测试集*. 鉴于预测器 f 具有足够丰富的功能, 基本上我们可以记住训练数据以获得零

经验风险[⊖]. 尽管这能最大限度地减少训练数据的损失 (并因此降低了风险), 但我们并不期望预测器能很好地推广到未知的数据. 实际上, 我们只有有限的数据集, 因此我们将数据分为训练集和测试集. 训练集用于拟合模型, 测试集 (训练期间对于机器学习算法来说是未知的数据) 用于评估泛化性能. 对于用户而言, 重要的是在观察到测试集之后, 不需要开始循环新一轮的训练. 我们使用下标 train 和 test 分别表示训练集和测试集. 我们将在 8.2.4 节中重新讨论使用有限数据集评估期望风险的想法.

事实证明, 经验风险最小化可能导致*过拟合*, 即预测器与训练数据的拟合度太高, 从而不能很好地拟合新数据 (Mitchell, 1997). 当我们只有很少的数据和复杂的假设类别时, 通常会出现这样的情况: 训练集的平均损失很小, 而测试集的平均损失很大. 对于特定的预测器 f(参数固定), 当训练数据集的风险估计 $\mathbf{R}_{\text{emp}}(f, \boldsymbol{X}_{\text{train}}, \boldsymbol{y}_{\text{train}})$ 没有对期望风险 $\mathbf{R}_{\text{true}}(f)$ 足够重视时, 过拟合现象就会发生. 因为我们通过使用测试集的经验风险 $\mathbf{R}_{\text{emp}}(f, \boldsymbol{X}_{\text{test}}, \boldsymbol{y}_{\text{test}})$ 来估计期望风险 $\mathbf{R}_{\text{true}}(f)$. 如果测试风险远大于训练风险, 则表明过拟合. 我们将在 8.3.3 节中再次讨论这些想法.

因此, 我们需要通过引入惩罚项来以某种方式寻求经验风险最小化, 并防止优化器给出一个过于灵活的预测器. 在机器学习中, 惩罚项称为*正则化*. 正则化是在经验风险最小化的求解精度与解决方案大小或复杂性之间的一种折中方法.

例 8.3 (正则化的最小二乘) 正则化是一种抑制对优化问题采用复杂或极端求解的方法. 最简单的正则化策略是将最小二乘问题

$$\min_{\boldsymbol{\theta}} \frac{1}{N} \|\boldsymbol{y} - \boldsymbol{X\theta}\|^2 \tag{8.11}$$

通过添加仅涉及 $\boldsymbol{\theta}$ 的惩罚项替换, 来解决上一个示例中的“正则化”问题:

$$\min_{\boldsymbol{\theta}} \frac{1}{N} \|\boldsymbol{y} - \boldsymbol{X\theta}\|^2 + \lambda \|\boldsymbol{\theta}\|^2 \ . \tag{8.12}$$

参数 λ 是*正则化参数*, 正则化参数需要权衡, 以使得训练集上的损失和参数 $\boldsymbol{\theta}$ 最小. 而附加项 $\|\boldsymbol{\theta}\|^2$ 则被称为*正则项*. 如果碰到过拟合 (Bishop, 2006), 则经常会出现参数值相对较大的情况.

正则项有时称为*惩罚项*, 它会使向量 $\boldsymbol{\theta}$ 更偏向于接近原点. 正则化的思想也出现在概率模型中, 作为参数的先验概率. 回忆一下 6.6 节, 为使后验分布与先验分布具有相同的形式, 先验和似然性必须是共轭的. 我们将在 8.3.2 节中再次讨论这个问题. 在第 12 章中可以看到, 正则项的思想等价于大间隔思想.

⊖ 即使只知道预测器在测试集上的性能也会泄漏信息 (Blum and Hardt, 2015).

8.2.4 用交叉验证评估泛化性能

我们在上一小节中提到过, 我们通过在测试数据上应用预测器来估计泛化误差, 从而测量泛化误差. 该数据有时也称为*验证集*. 验证集是我们保留的训练数据的子集. 理想情况下, 我们将使用尽可能多的数据来训练模型, 但这种方法的一个实际问题是数据量有限. 这将要求我们保证验证集 $\mathcal{V}$ 较小, 并且这会导致对预测性能的噪声估计 (方差较大). 解决这些矛盾目标 (大量训练集, 大量验证集) 的一种方法是使用*交叉验证*. K 折交叉验证有效地将数据划分为 K 个块, 其中 $K-1$ 个块组成训练集 $\mathcal{R}$, 最后一个块作为验证集 $\mathcal{V}$(类似于前面概述的想法). $\mathcal{R}$ 和 $\mathcal{V}$ 的分配有多种组合, 交叉验证迭代 (理想情况下) 可以遍历所有的组合 (见图 8.4). 对验证集的所有 K 个选择都重复此过程, 并对运行了 K 次的模型的性能进行平均.

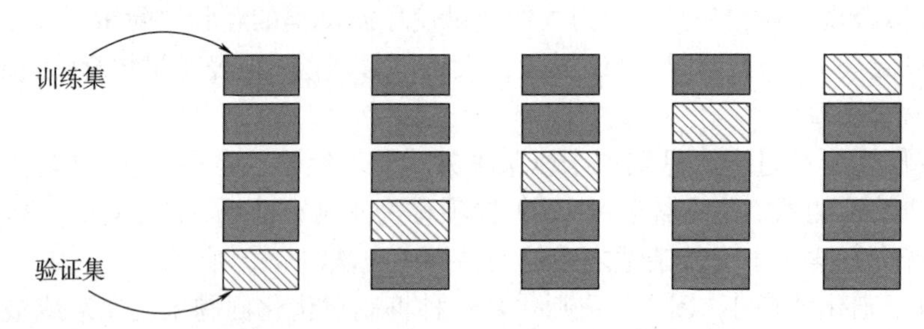

图 8.4　K 折交叉验证. 将数据集分为 $K=5$ 个块, 其中 $K-1$ 个块作为训练集, 剩余的一个块则作为验证集

我们将数据分为两个子集 $\mathcal{D}=\mathcal{R}\cup\mathcal{V}$, 且它们之间没有交集 ($\mathcal{R}\cap\mathcal{V}=\emptyset$), 其中 $\mathcal{V}$ 是验证集, $\mathcal{R}$ 是训练集. 训练完成后, 我们在验证集 $\mathcal{V}$ 上评估预测器 f 的性能, 例如, 在验证集上计算训练后模型的均方根误差 (RMSE). 精确来说, 对于每个分区 k, 训练数据 $\mathcal{R}^{(k)}$ 生成预测器 $f^{(k)}$, 然后将其应用于验证集 $\mathcal{V}^{(k)}$, 来计算经验风险 $R(f^{(k)},\mathcal{V}^{(k)})$. 我们对验证集和训练集的所有可能分区进行循环, 并计算预测器的平均泛化误差. 交叉验证近似于期望泛化误差:

$$\mathbb{E}_{\mathcal{V}}[R(f,\mathcal{V})]\approx\frac{1}{K}\sum_{k=1}^{K}R(f^{(k)},\mathcal{V}^{(k)}), \tag{8.13}$$

其中 $R(f^{(k)},\mathcal{V}^{(k)})$ 是预测器 $f^{(k)}$ 在验证集 $\mathcal{V}^{(k)}$ 上的风险 (例如 RMSE). 近似值有两个来源: 第一, 由于训练集有限, 这可能导致无法获得最佳的 $f^{(k)}$; 其次, 由于验证集有限, 导致对风险 $R(f^{(k)},\mathcal{V}^{(k)})$ 的估计不准确. K 折交叉验证的潜在缺点是训练模型 K 的计算成本, 如果训练成本是计算量较大, 会导致很多不便. 在实际情形中, 仅看直接参数通常是不够的. 例如, 我们需要搜索多个复杂度参数 (例如, 多个正则化参数), 这些参数可能不是模型的直接参数. 评估模型的质量取决于这些超参数, 但可能会运行大量训练实例, 而训练实例运行的数量与模型参数的数量成指数关系. 求出合适超参数的一种方法是嵌套交叉验证 (8.6.1 节).

交叉验证是一个*完美并行*问题, 即可以极其容易地将问题分为多个并行任务. 给定足够的计算资源 (例如, 云计算或服务器机房), 交叉验证所需的时间不会比单个性能评估的时间长.

在这一节中, 我们看到经验风险最小化基于以下概念: 函数的假设类别、损失函数和正则化. 在 8.3 节中, 我们将看到使用概率分布代替损失函数和正则化的效果.

8.2.5 延伸阅读

由于经验风险最小化的最初发展是用大量的理论语言来描述的, 因此随后的许多发展都是理论上的. 该研究领域称为*统计学习理论* (Vapnik, 1999; Evgeniou et al., 2000; Hastie et al., 2001; von Luxburg and Schölkopf, 2011). 文献 (Shalev-Shwartz and Ben-David, 2014) 是一本基于理论基础并且提出了高效学习算法的最新机器学习教科书.

正则化的概念源于解决欠定的逆问题 (Neumaier, 1998). 这里介绍的方法称为*吉洪诺夫正则化*, 并且还存在一个密切相关的受约束方法, 称之为伊万诺夫正则化. 吉洪诺夫正则化与偏差、方差之间的权衡以及特征选择 (Bühlmann and Van De Geer, 2011) 之间有着密切的关系. 交叉验证的替代方法是自助法和刀切法 (Hall, 1992; Efron and Tibshirani, 1993; Davidson and Hinkley, 1997).

将经验风险最小化 (8.2 节) 视为 "无概率" 是不正确的. 有一个潜在的未知概率分布 $p(\boldsymbol{x}, y)$ 控制数据生成. 然而, 经验风险最小化的方法与分布的选择无关. 这与标准统计方法相反, 后者明确要求知道 $p(\boldsymbol{x}, y)$. 此外, 由于分布是样本 $\boldsymbol{x}$ 和标签 y 的联合分布, 因此标签是不确定的. 与标准统计相比, 我们不需要为标签 y 指定噪声分布.

8.3 参数估计

在 8.2 节中, 我们没有使用概率分布显式地对问题建模. 在本节中, 我们将看到如何使用概率分布来建模由于观测过程和我们的预测器参数中的不确定性而引起的不确定性. 在 8.3.1 节中, 我们将介绍似然, 该似然类似于经验风险最小化中的损失函数 (8.2.2 节) 的概念. 先验的概念 (8.3.2 节) 类似于正则化的概念 (8.2.3 节).

8.3.1 最大似然估计

最大似然估计 (MLE) 背后的思想是定义参数的函数, 从而使我们能够找到适合数据的模型. 估计问题集中在*似然*函数上, 或更准确地说, 是其负对数. 对于由随机变量 $\boldsymbol{x}$ 表示的数据以及由 $\boldsymbol{\theta}$ 参数化的概率密度族 $p(\boldsymbol{x} \mid \boldsymbol{\theta})$, *负对数似然*定义为

$$\mathcal{L}_{\boldsymbol{x}}(\boldsymbol{\theta}) = -\log p(\boldsymbol{x} \mid \boldsymbol{\theta}) \,. \tag{8.14}$$

符号 $\mathcal{L}_{\boldsymbol{x}}(\boldsymbol{\theta})$ 强调了参数 $\boldsymbol{\theta}$ 是变化的以及数据 $\boldsymbol{x}$ 是固定的. 在写负对数似然函数时, 我们经常会略去 $\boldsymbol{x}$, 因为它实际上是 $\boldsymbol{\theta}$ 的函数, 而在生成负对数似然函数时将其写为 $\mathcal{L}(\boldsymbol{\theta})$. 从上下

文中可以清楚地看出表示数据不确定性的随机变量.

让我们解释一下为固定值 $\boldsymbol{\theta}$ 建模的概率密度 $p(\boldsymbol{x}\,|\,\boldsymbol{\theta})$. 它是一个分布, 用来对数据不确定性建模. 换句话说, 一旦我们选择了预测器的函数类型, 似然就提供了观察数据 $\boldsymbol{x}$ 的概率.

从互补的角度来看, 如果我们认为数据是固定的 (因为已经观察到), 并且我们改变了参数 $\boldsymbol{\theta}$, 那么 $\mathcal{L}(\boldsymbol{\theta})$ 会告诉我们什么？它告诉了我们对于观测的 $\boldsymbol{x}$ 的特定设置值 $\boldsymbol{\theta}$. 基于第二种观点, 最大似然估计为我们提供了数据集的最大可能参数 $\boldsymbol{\theta}$.

我们考虑在监督学习的环境下, 给定示例–标签对 $(\boldsymbol{x}_1, y_1), \cdots, (\boldsymbol{x}_N, y_N)$, 其中 $\boldsymbol{x}_n \in \mathbb{R}^D$, 标签 $y_n \in \mathbb{R}$. 我们感兴趣的是构造一个以特征向量 $\boldsymbol{x}_n$ 作为输入并产生预测值 y_n(或其近似值) 的预测器, 即给定向量 $\boldsymbol{x}_n$, 我们想要标签 y_n 的概率分布. 换句话说, 在给定一个特定参数设置为 $\boldsymbol{\theta}$ 的示例的情况下, 我们指定标签的条件概率分布.

例 8.4　指定标签条件概率分布经常使用的第一个例子是高斯分布. 换句话说, 我们假设可以用零均值的独立高斯噪声 (见 6.5 节) $\varepsilon_n \sim \mathcal{N}\big(0, \sigma^2\big)$ 来解释观测不确定性. 我们进一步假设线性模型 $\boldsymbol{x}_n^\top \boldsymbol{\theta}$ 用于预测器. 这意味着为每个示例–标签对 $(\boldsymbol{x}_n, y_n)$ 指定了一个高斯似然,

$$p(y_n\,|\,\boldsymbol{x}_n, \boldsymbol{\theta}) = \mathcal{N}\big(y_n\,|\,\boldsymbol{x}_n^\top \boldsymbol{\theta}, \sigma^2\big)\,. \tag{8.15}$$

在参数为 $\boldsymbol{\theta}$ 的情况下, 高斯似然的解释如图 8.3 所示. 我们将在 9.2 节中看到如何根据高斯分布显式扩展前面的表达式.

我们假设一系列的样本 $(\boldsymbol{x}_1, y_1), \cdots, (\boldsymbol{x}_N, y_N)$ 是 独立同分布 (i.i.d.) 的. “独立”(6.4.5 节) 表明整个数据集 ($\mathcal{Y} = \{y_1, \cdots, y_N\}$ 和 $\mathcal{X} = \{\boldsymbol{x}_1, \cdots, \boldsymbol{x}_N\}$ 的似然可以分解成每个独立样本的似然的乘积:

$$p(\mathcal{Y}\,|\,\mathcal{X}, \boldsymbol{\theta}) = \prod_{n=1}^{N} p(y_n\,|\,\boldsymbol{x}_n, \boldsymbol{\theta})\,, \tag{8.16}$$

其中 $p(y_n\,|\,\boldsymbol{x}_n, \boldsymbol{\theta})$ 是一个特定分布 (在例 8.4 中是高斯分布). 术语 “均匀分布” 是指式 (8.16) 中每项都具有相同的分布, 并且它们都共享相同的参数. 从优化的角度来看, 能够分解为简单函数之和的函数更便于计算. 因此, 在机器学习中, 我们经常考虑负对数似然[⊖]

$$\mathcal{L}(\boldsymbol{\theta}) = -\log p(\mathcal{Y}\,|\,\mathcal{X}, \boldsymbol{\theta}) = -\sum_{n=1}^{N} \log p(y_n\,|\,\boldsymbol{x}_n, \boldsymbol{\theta})\,. \tag{8.17}$$

$\boldsymbol{\theta}$ 出现在概率 $p(y_n|\boldsymbol{x}_n, \boldsymbol{\theta})$(见式 (8.15)) 条件的右侧, 可能会被认为是一个被观测且固定的量, 但这种解释是错误的. 负对数似然 $\mathcal{L}(\boldsymbol{\theta})$ 是关于 $\boldsymbol{\theta}$ 的函数. 因此, 寻找一个好的参数向量 $\boldsymbol{\theta}$, 可以更好地解释数据 $(\boldsymbol{x}_1, y_1), \cdots, (\boldsymbol{x}_N, y_N)$, 在遵循参数 $\boldsymbol{\theta}$ 的条件下最小化负对数似然 $\mathcal{L}(\boldsymbol{\theta})$.

⊖ 回顾 $\log(ab) = \log(a) + \log(b)$.

评注　式 (8.17) 中负号的出现有其历史原因, 我们习惯于最大化似然函数, 但是数值优化的文献倾向于研究函数的最小化.

例 8.5　继续式(8.15)高斯似然的例子, 负对数似然可以被记作

$$\mathcal{L}(\boldsymbol{\theta}) = -\sum_{n=1}^{N} \log p(y_n \mid \boldsymbol{x}_n, \boldsymbol{\theta}) = -\sum_{n=1}^{N} \log \mathcal{N}\big(y_n \mid \boldsymbol{x}_n^\top \boldsymbol{\theta},\, \sigma^2\big) \tag{8.18a}$$

$$= -\sum_{n=1}^{N} \log \frac{1}{\sqrt{2\pi\sigma^2}} \exp\left(-\frac{(y_n - \boldsymbol{x}_n^\top \boldsymbol{\theta})^2}{2\sigma^2}\right) \tag{8.18b}$$

$$= -\sum_{n=1}^{N} \log \exp\left(-\frac{(y_n - \boldsymbol{x}_n^\top \boldsymbol{\theta})^2}{2\sigma^2}\right) - \sum_{n=1}^{N} \log \frac{1}{\sqrt{2\pi\sigma^2}} \tag{8.18c}$$

$$= \frac{1}{2\sigma^2} \sum_{n=1}^{N} (y_n - \boldsymbol{x}_n^\top \boldsymbol{\theta})^2 - \sum_{n=1}^{N} \log \frac{1}{\sqrt{2\pi\sigma^2}}\,. \tag{8.18d}$$

σ 已知, 式(8.18d) 中的第二项是不变的, 最小化 $\mathcal{L}(\boldsymbol{\theta})$ 对应于解决第一项中的最小二乘问题 (与式 (8.8) 相比较).

事实证明, 对于高斯似然, 与最大似然估计相对应的优化问题具有闭式解. 我们将在第 9 章中看到有关此问题的更多详细信息. 图 8.5 显示了回归数据集以及由最大/最小似然参数引出的函数. 最大似然估计可能会出现过拟合 (8.3.3 节), 类似于未正则化的经验风险最小化 (9.2.3 节). 对于其他似然函数, 即如果我们使用非高斯分布对噪声进行建模, 则最大似然估计可能没有闭式的解析解. 在这种情况下, 我们求助于第 7 章中讨论的数值优化方法.

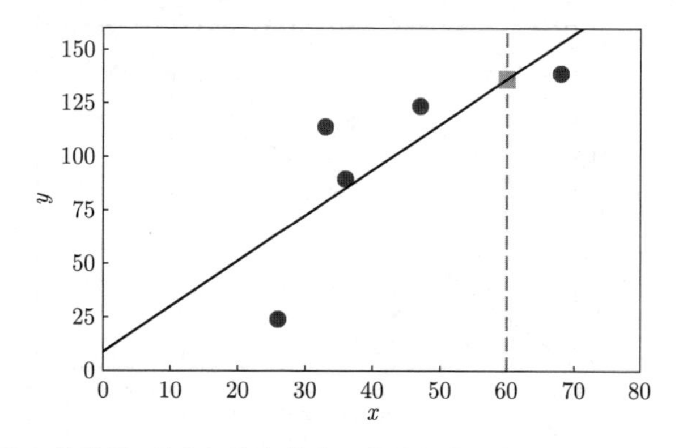

图 8.5　对于给定的数据, 最大似然参数估计的结果在黑色对角线上. 灰色方块表示最大似然函数在点 $x = 60$ 的预测值.

8.3.2 最大后验估计

如果我们对参数 $\boldsymbol{\theta}$ 的分布有先验知识, 则可以将一个附加项乘以似然函数. 该附加项是参数 $p(\boldsymbol{\theta})$ 的先验概率分布. 对于给定了的先验, 在观察了一些数据 $\boldsymbol{x}$ 之后, 我们应该如何更新 $\boldsymbol{\theta}$ 的分布? 换句话说, 在观察数据 $\boldsymbol{x}$ 之后, 我们应该如何表示对 $\boldsymbol{\theta}$ 有更加具体的了解? 如 6.3 节所述, 贝叶斯定理为我们提供了一种有规则的工具来更新随机变量的概率分布. 它使我们能够从一般的*先验陈述* (先验分布)$p(\boldsymbol{\theta})$ 中来计算参数 $\boldsymbol{\theta}$ 的*后验分布* $p(\boldsymbol{\theta}\,|\,\boldsymbol{x})$(更具体的知识). 与此同时, 函数 $p(\boldsymbol{x}\,|\,\boldsymbol{\theta})$ 连接了参数 $\boldsymbol{\theta}$ 和观察到的数据 $\boldsymbol{x}$(称为*似然*):

$$p(\boldsymbol{\theta}\,|\,\boldsymbol{x}) = \frac{p(\boldsymbol{x}\,|\,\boldsymbol{\theta})p(\boldsymbol{\theta})}{p(\boldsymbol{x})}\,. \tag{8.19}$$

回想一下, 我们想要找到使后验最大的参数 $\boldsymbol{\theta}$. 由于分布 $p(\boldsymbol{x})$ 不依赖于 $\boldsymbol{\theta}$, 因此我们可以忽略分母的值进行优化并获得

$$p(\boldsymbol{\theta}\,|\,\boldsymbol{x}) \propto p(\boldsymbol{x}\,|\,\boldsymbol{\theta})p(\boldsymbol{\theta})\,. \tag{8.20}$$

前面的比例关系隐藏了数据 $p(\boldsymbol{x})$ 的密度, 密度可能很难估计. 现在, 我们估计负对数后验的最小值, 而不是估计负对数似然的最小值, 这称为*最大后验估计* (*MAP 估计*). 图 8.6 展示了添加零均值高斯先验的效果.

例 8.6　除了在前面示例中假设的高斯似然性之外, 我们还假设参数向量的分布是零均值的多元高斯分布, 即 $p(\boldsymbol{\theta}) = \mathcal{N}(\boldsymbol{0}, \boldsymbol{\Sigma})$, 其中 $\boldsymbol{\Sigma}$ 是协方差矩阵 (6.5 节). 注意, 高斯的共轭先验也是高斯的 (6.6.1 节), 因此我们期望后验分布也为高斯分布. 我们将在第 9 章中看到最大后验估计的细节.

在机器学习中, 通常认为先验知识可能包含良好的参数. 我们在 8.2.3 节中看到的另一种观点是正则化的思想, 它引入了一个附加项, 该项为了接近原点, 将结果参数偏移, 后验估计可以用来连接非概率和概率, 因为它需要先验分布, 但仍仅产生参数的点估计.

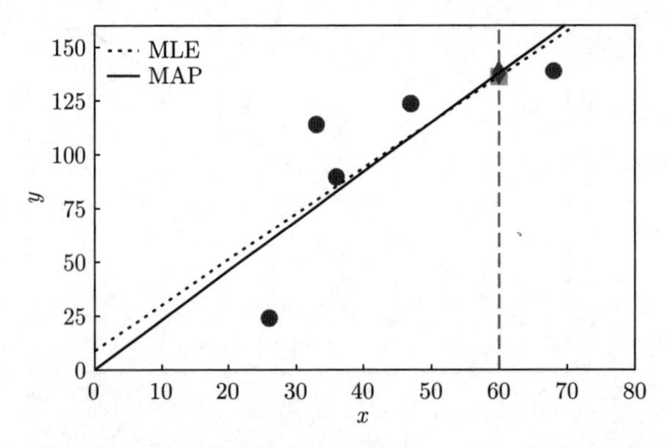

图 8.6　在点 $x = 60$ 对比最大似然估计和最大后验估计. 先验偏差使线不那么陡峭, 截距则接近于零. 在此示例中, 使截距接近零的偏差实际上会增加斜率

评注 最大似然估计 $\boldsymbol{\theta}_{\mathrm{ML}}$ 拥有以下属性 (Lehmann and Casella, 1998; Efron and Hastie, 2016):

- 渐近一致性: MLE 在无数次观察到的极限内收敛到真实值, 外加近似正常的随机误差.
- 达到这些属性所需的样本量可能会很大.
- 误差的方差在 $1/N$ 中衰减, 其中 N 是数据点的数量.
- 尤其是在"小"数据情形下, 最大似然估计会导致过拟合.

最大似然估计 (和最大后验估计) 的原理是使用概率建模来推断数据和模型参数中的不确定性. 但是, 我们尚未充分利用概率模型. 在本节中, 所得的训练过程仍会生成预测器的点估计, 即训练会返回代表最佳预测器的一组参数值. 在 8.4 节中, 我们将参数值也视为随机变量, 并且当我们做出预测时, 将使用完整的参数分布, 而不是估计该分布的"最佳"值.

8.3.3 模型拟合

考虑给定数据集的环境, 我们讨论用参数化的模型来拟合数据. 当我们谈论"拟合"时, 通常是指优化/学习模型的参数, 以使它们最小化某些损失函数, 例如, 负对数似然函数. 在最大似然 (8.3.1 节) 和最大后验估计 (8.3.2 节) 中, 我们已经讨论了两种常用的模型拟合算法.

模型的参数化定义了我们可以使用的模型类别 $M_{\boldsymbol{\theta}}$. 例如, 在线性回归环境中, 我们可以将输入 x 和 (无噪声) 观测值 y 之间的关系定义为 $y = ax + b$, 其中 $\boldsymbol{\theta} := \{a, b\}$ 是模型参数. 在这种情况下, 模型参数 $\boldsymbol{\theta}$ 描述了仿射函数族, 即斜率为 a 的直线, 它们由 0 偏移到 b. 假设数据来自模型 M^*, 对我们来说是未知的. 对于给定的训练数据集, 我们优化 $\boldsymbol{\theta}$, 以使 $M_{\boldsymbol{\theta}}$ 尽可能接近 M^*, 其中"接近度"由我们优化的目标函数定义 (例如, 训练数据的平方损失). 图 8.7 说明了一个具有较小模型类 (由圆 $M_{\boldsymbol{\theta}}$ 表示) 的环境, 而数据生成模型 M^* 位于被考虑的模型集合之外. 我们从 $M_{\boldsymbol{\theta}_0}$ 开始参数搜索. 优化之后, 即我们获得最佳的可能参数 $\boldsymbol{\theta}^*$ 时, 我们区分了三种不同的情况: 过拟合、欠拟合和拟合良好. 我们将给出这三个概念更直观的解释.

简单地说, *过拟合*是指模型的参数类过多而无法对 M^* 生成的数据集进行建模的情况, 即 $M_{\boldsymbol{\theta}}$ 可以建模更复杂的数据集. 例如, 如果数据集是由线性函数生成的, 并且我们将 $M_{\boldsymbol{\theta}}$ 定义为 7 次多项式的类, 那么我们不仅可以对线性函数建模, 还可以对二次、三次或更高次多项式建模. 过拟合的模型通常具有大量参数[⊖]. 可以注意到, 过于灵活的模型类 $M_{\boldsymbol{\theta}}$ 会使用其所有建模功能来减少训练误差. 如果训练数据有噪声, 则它将在噪声本身中找到一些有用的信号. 当我们的预测远离训练数据时, 会导致巨大的问题. 图 8.8a 展示了一个关于过拟合的示例, 在该情况下, 模型参数是通过最大似然来学习的 (8.3.1 节). 我们将在 9.2.2 节中详细讨论回归中的过拟合问题.

当我们遇到*欠拟合*时, 情况则相反, 即模型类 $M_{\boldsymbol{\theta}}$ 不够丰富. 例如, 如果我们的数据集

⊖ 在实践中检测过拟合的一种方法是观察该模型在交叉验证期间是否具有较低的训练风险, 同时也具有较高的测试风险 (8.2.4 节).

是由正弦函数生成的, 但是 $\boldsymbol{\theta}$ 只拟合出了直线, 即使我们仍然优化了参数, 并找到了对数据集建模的最佳直线, 最佳的优化结果仍无法使我们接近真实的模型. 图 8.8b 展示了一个模型欠拟合的示例, 它的灵活性不足. 欠拟合的模型通常参数很少.

第三种情况是参数化的模型类基本正确时. 此时, 我们的模型拟合得很好, 即它既不过拟合也不欠拟合. 这意味着我们的模型类足够丰富, 足以描述给定的数据集. 图 8.8c 展示了一个非常适合给定数据集的模型. 理想情况下, 这是我们要使用的模型类, 因为它具有良好的泛化性.

在实践中, 我们经常使用许多参数 (例如, 深度神经网络) 来定义丰富的模型类 $M_{\boldsymbol{\theta}}$. 为了减轻过拟合问题, 我们可以使用正则化 (8.2.3 节) 或先验 (8.3.2 节). 我们将在 8.6 节中讨论如何选择模型类.

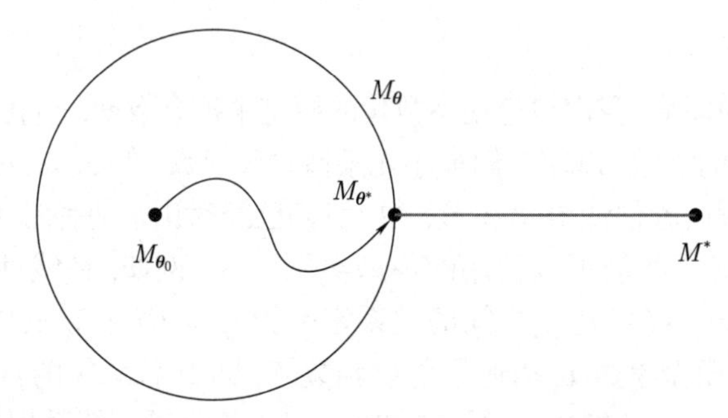

图 8.7 模型拟合. 在模型的参数化类 $M_{\boldsymbol{\theta}}$ 中, 我们优化模型参数 $\boldsymbol{\theta}$, 从而最小化其与真实模型 M^*(未知) 之间的距离

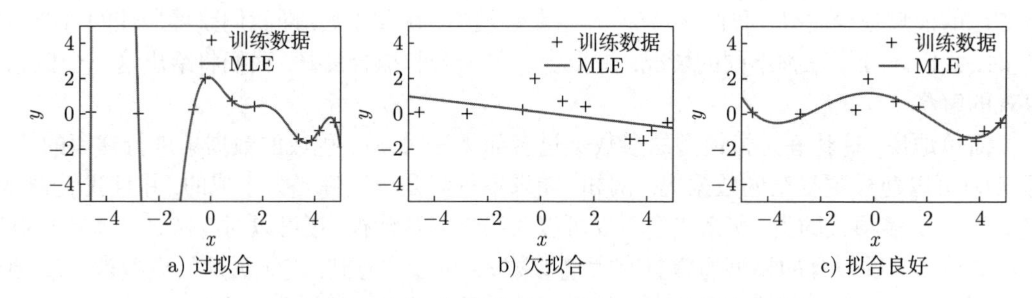

a) 过拟合　b) 欠拟合　c) 拟合良好

图 8.8 将不同的模型类 (通过最大似然) 拟合到回归数据集

8.3.4 延伸阅读

在概率模型中, 最大似然估计的原理概括了线性模型的最小二乘回归思想, 我们将在第 9 章中详细讨论. 当预测器被限制为线性形式时, 将一个附加的非线性函数 φ 作用于输出, 即

$$p(y_n|\boldsymbol{x}_n,\boldsymbol{\theta}) = \varphi(\boldsymbol{\theta}^\top \boldsymbol{x}_n) \tag{8.21}$$

我们可以考虑将其他模型用于其他预测任务, 例如, 二分类或对计数数据建模 (McCullagh and Nelder, 1989). 对此的另一种观点是考虑来自指数族的似然 (6.6 节). 这类模型在参数和数据之间具有线性相关性, 并且具有潜在的非线性变换 φ(被称为*链接函数*). 该类称为*广义线性模型* (Agresti, 2002, chapter 4).

最大似然估计具有悠久的历史, 最初是由 Ronald Fisher 在 20 世纪 30 年代提出的. 我们将在 8.4 节中扩展概率模型的概念. 在使用概率模型的研究人员中, 有一场争论是关于贝叶斯统计和频率统计的. 如 6.1.1 节所述, 这些可以归结为概率的定义. 回想一下 6.1 节, 可以认为概率是逻辑推理的概括 (允许不确定性)(Cheeseman, 1985; Jaynes, 2003). 最大似然估计方法本质上是频率学派的, 感兴趣的读者可以参考 (Efron and Hastie, 2016), 它兼顾了贝叶斯统计和频率统计.

在某些概率模型中, 可能无法进行最大似然估计. 读者可以参考更高级的统计教科书, 例如 (Casella and Berger, 2002), 了解诸如矩量法、M 估计以及估计方程式等方法.

8.4 概率建模与推理

在机器学习中, 我们经常关注数据的解释和分析, 例如, 预测未来事件并做出决策. 为了使任务更容易处理, 我们经常构建模型来描述*生成过程*, 该模型可以生成观察到的数据.

例如, 我们可以分两个步骤描述掷硬币试验的结果 ("正面" 或 "反面"). 第一, 定义一个参数 μ, 该参数将 "正面" 的概率描述为伯努利分布的参数 (第 6 章); 第二, 我们可以从伯努利分布 $p(x \mid \mu) = \text{Ber}(\mu)$ 中抽取结果 $x \in \{$正面, 反面$\}$. 参数 μ 产生特定的数据 $\mathcal{X}$, 取决于所使用的硬币. 由于 μ 是未知的, 并且无法直接观测, 因此我们需要一种机制来学习在掷硬币试验中观测到的 μ. 在下文中, 我们将讨论如何对此进行概率建模.

8.4.1 概率模型

概率模型[㊀]将试验的不确定性表示为概率分布. 使用概率模型的优势是, 它们能提供概率论统一的工具 (第 6 章), 用于建模、推理、预测和模型选择.

在概率建模中, 观测变量 $\boldsymbol{x}$ 和隐藏参数 $\boldsymbol{\theta}$ 的联合分布 $p(\boldsymbol{x}, \boldsymbol{\theta})$ 非常重要. 它包含了以下信息:

- 先验和似然 (乘法法则, 6.3 节).
- 边缘似然 $p(\boldsymbol{x})$, 在模型选择 (8.6 节) 中起重要作用, 且可以通过联合分布和对参数进行积分来求得 (加法法则, 6.3 节).
- 后验, 可以通过边缘似然对联合分布进行划分来求得.

只有联合分布具有此属性. 因此, 概率模型由所有随机变量的联合分布指定.

㊀ 一个概率模型由所有随机变量的联合分布指定.

8.4.2 贝叶斯推理

机器学习中的关键任务是通过模型和数据来发现给定观测变量 $\boldsymbol{x}$ 的模型的隐藏变量 $\boldsymbol{\theta}$ 的值[㊀]. 在 8.3 节中, 我们已经讨论了使用最大似然或最大后验估计来估计模型参数 $\boldsymbol{\theta}$ 的两种方法. 在这两种情况下, 我们都获得了 $\boldsymbol{\theta}$ 的最佳值, 因此参数估计的关键是解决优化问题. 一旦知道点估计 $\boldsymbol{\theta}^*$, 我们就可以使用它们进行预测. 更具体地说, 预测分布为 $p(\boldsymbol{x}\,|\,\boldsymbol{\theta}^*)$, 其中 $\boldsymbol{\theta}^*$ 出现在似然函数里.

如 6.3 节所述, 仅关注后验分布的某些统计量 (例如, 使后验最大的参数 $\boldsymbol{\theta}^*$) 会导致信息丢失, 这在使用预测器 $p(\boldsymbol{x}\,|\,\boldsymbol{\theta}^*)$ 做出决策的系统中至关重要. 这些决策系统通常具有不同于似然函数、平方误差损失或分类误差的目标函数. 因此, 完整的后验分布可能非常有用, 并且可以做出更可靠的决策. 贝叶斯推理[㊁] 就是要找到这种后验分布 (Gelman et al., 2004). 对于一个数据集 $\mathcal{X}$, 已知一个含参先验 $p(\boldsymbol{\theta})$ 和一个似然函数, 通过应用贝叶斯定理可以获得后验.

$$p(\boldsymbol{\theta}\,|\,\mathcal{X}) = \frac{p(\mathcal{X}\,|\,\boldsymbol{\theta})p(\boldsymbol{\theta})}{p(\mathcal{X})}, \qquad p(\mathcal{X}) = \int p(\mathcal{X}\,|\,\boldsymbol{\theta})p(\boldsymbol{\theta})\mathrm{d}\boldsymbol{\theta}, \tag{8.22}$$

关键思想是利用贝叶斯定理将参数 $\boldsymbol{\theta}$ 和数据 $\mathcal{X}$(由似然给出) 之间的关系求逆, 以获得后验分布 $p(\boldsymbol{\theta}\,|\,\mathcal{X})$.

在参数上具有后验分布的意义是可以将不确定性从参数传播到数据. 具体地说, 含参分布为 $p(\boldsymbol{\theta})$ 时, 我们的预测为

$$p(\boldsymbol{x}) = \int p(\boldsymbol{x}\,|\,\boldsymbol{\theta})p(\boldsymbol{\theta})\mathrm{d}\boldsymbol{\theta} = \mathbb{E}_{\boldsymbol{\theta}}[p(\boldsymbol{x}\,|\,\boldsymbol{\theta})], \tag{8.23}$$

它们不再受模型参数 $\boldsymbol{\theta}$ 影响, 这些参数已被边缘化/积分了. 式 (8.23) 显示, 该预测是所有合理参数值 $\boldsymbol{\theta}$ 的均值, 其合理性由参数分布 $p(\boldsymbol{\theta})$ 决定.

在 8.3 节讨论了参数估计和这里讨论了贝叶斯推理之后, 下面我们将比较这两种学习方法. 通过最大似然估计或最大后验估计进行的参数估计可以得到参数的一致点估计 $\boldsymbol{\theta}^*$, 要解决的关键问题是优化. 相反, 贝叶斯推理可以得出 (后验) 分布, 要解决的关键问题是积分. 用点估计进行预测很简单, 而贝叶斯框架中的预测则需要解决另一个积分问题, 见式 (8.23). 然而, 贝叶斯推理从原理上为我们提供了一种合并先验知识、解释边缘信息以及合并结构知识的方法. 在参数估计的情况下, 这些都不容易实现. 此外, 关于参数不确定性在预测中的传播, 其在数据有效学习 (Deisenroth et al., 2015; Kamthe and Deisenroth, 2018) 背景下的风险评估和探索决策系统中是有价值的.

尽管贝叶斯推理是一个用于学习参数和进行预测的数学原理框架, 但由于我们需要解决集成问题, 它伴随着一些实际挑战, 见式 (8.22) 和式 (8.23). 更具体地说, 如果我们没有

㊀ 参数估计可以看作优化问题.

㊁ 贝叶斯推理用于学习随机变量的分布.

在参数 (6.6.1 节) 上选择共轭先验, 则式 (8.22) 和式 (8.23) 上的积分在分析上不易处理, 因此我们无法以闭式计算后验、预测或边缘似然. 在这些情况下, 我们需要求助于近似值. 在这里, 我们可以使用随机近似, 例如, 马尔可夫链蒙特卡罗 (MCMC)(Gilks et al., 1996), 或者确定性近似, 例如, 拉普拉斯近似 (Bishop, 2006; Barber, 2012; Murphy, 2012)、变分推理 (Jordan et al., 1999; Blei et al., 2017) 或期望传播 (Minka, 2001a).

尽管存在这些挑战, 但贝叶斯推理已成功应用于各种问题, 包括增量主题模型 (Hoffman et al., 2013)、点击率预测 (Graepel et al., 2010)、控制系统中的有效数据强化学习 (Deisenroth et al., 2015)、在线排名系统 (Herbrich et al., 2007) 和大规模推荐系统. 有一些通用工具, 例如, 贝叶斯优化 (Brochu et al., 2009; Snoek et al., 2012; Shahriari et al., 2016), 它们对于有效搜索模型或算法的元参数非常有用.

评注 在机器学习文献中, (随机)“变量” 和 “参数” 之间可能存在一些区别. 在参数估计 (例如, 通过最大似然) 时, 变量通常被边缘化. 在本书中, 我们对这种区别没有严格的要求, 因为在原则上, 我们可以对任何参数添加先验并对其进行积分, 然后根据上述区别将参数转换为随机变量.

8.4.3 隐变量模型

实际上, 有时需要一个附加的隐变量 $\boldsymbol{z}$(除模型参数 $\boldsymbol{\theta}$ 外) 作为模型的一部分 (Moustaki et al., 2015). 这些隐变量与模型参数 $\boldsymbol{\theta}$ 不同, 因为它们没有明确地参数化模型. 隐变量可以描述数据的生成过程, 从而有助于模型的可解释性. 它们还经常简化模型的结构, 并允许我们定义更简单和更丰富的模型结构. 当模型结构比较简化时, 通常模型参数也较少 (Paquet, 2008; Murphy, 2012). 隐变量模型中的学习 (至少通过最大似然) 可以使用期望最大化 (EM) 算法 (Dempster et al., 1977; Bishop, 2006) 进行. 此类隐变量有帮助的示例包括用于降维的主成分分析 (第 10 章)、用于密度估计的高斯混合模型 (第 11 章)、隐马尔可夫模型 (Maybeck, 1979) 或用动力系统 (Ghahramani and Roweis, 1999; Ljung, 1999) 进行时间序列建模, 以及元学习和任务一般化 (Hausman et al., 2018; Sæmundsson et al., 2018). 尽管引入这些隐变量可能会使模型的结构和生成过程更容易, 但在隐变量模型中的学习过程通常比较困难, 正如我们将在第 11 章中所看到的.

由于隐变量模型还允许我们定义参数生成数据的过程, 我们来看一下这个生成过程. 用 $\boldsymbol{x}$ 表示数据, $\boldsymbol{\theta}$ 表示模型参数, $\boldsymbol{z}$ 表示隐变量, 可以得到条件分布

$$p(\boldsymbol{x} \mid \boldsymbol{z}, \boldsymbol{\theta}) \tag{8.24}$$

这允许我们为任何模型参数和隐变量生成数据. 假设 $\boldsymbol{z}$ 是隐变量, 我们给定一个先验 $p(\boldsymbol{z})$.

像我们先前讨论的模型一样, 具有隐变量的模型可以在 8.3 节和 8.4.2 节中讨论的框架内用于参数学习和推理. 为了促进学习 (例如, 通过最大似然估计或贝叶斯推理), 遵循两个

步骤. 首先, 我们计算模型的似然 $p(\boldsymbol{x} \mid \boldsymbol{\theta})$, 它不依赖于隐变量. 其次, 我们将这种似然用于参数估计或贝叶斯推理, 在其中我们分别使用与 8.3 节和 8.4.2 节中完全相同的表达式.

由于似然函数 $p(\boldsymbol{x} \mid \boldsymbol{\theta})$ 是给定模型参数的数据的预测分布, 因此我们需要对隐变量进行边缘处理

$$p(\boldsymbol{x} \mid \boldsymbol{\theta})=\int p(\boldsymbol{x} \mid \boldsymbol{z}, \boldsymbol{\theta}) p(\boldsymbol{z}) \mathrm{d} \boldsymbol{z}, \tag{8.25}$$

其中 $p(\boldsymbol{x} \mid \boldsymbol{z}, \boldsymbol{\theta})$ 在式 (8.24) 中给出, $p(\boldsymbol{z})$ 是隐变量的先验值. 请注意, 似然不依赖于隐变量 $\boldsymbol{z}$, 它只是数据 $\boldsymbol{x}$ 和模型参数 $\boldsymbol{\theta}$ 的函数.

式 (8.25) 中的似然允许直接通过最大似然进行参数估计. 最大后验估计也很简单, 在模型参数 $\boldsymbol{\theta}$ 上添加一个先验, 正如 8.3.2 节中所讨论的. 此外, 隐变量模型中的似然——式 (8.25) 和贝叶斯推理 (8.4.2 节) 以通常的方式进行: 我们在模型参数上设一个先验 $p(\boldsymbol{\theta})$ 并使用贝叶斯定理获得后验分布:

$$p(\boldsymbol{\theta} \mid \mathcal{X})=\frac{p(\mathcal{X} \mid \boldsymbol{\theta}) p(\boldsymbol{\theta})}{p(\mathcal{X})} \tag{8.26}$$

在给定数据集 $\mathcal{X}$ 的模型参数上, 式 (8.26) 中的后验可用于贝叶斯推理框架下的预测, 见式 (8.23).

隐变量模型面临的一个挑战是, 似然 $p(\mathcal{X} \mid \boldsymbol{\theta})$ 要求根据式 (8.25) 对隐变量进行边缘化. 除非选择 $p(\boldsymbol{x} \mid \boldsymbol{z}, \boldsymbol{\theta})$ 的共轭先验 $p(\boldsymbol{z})$, 否则式 (8.25) 中的边缘化是不易分析的, 因此我们必须参照近似值 (Bishop, 2006; Paquet, 2008; Murphy, 2012; Moustaki et al., 2015).

类似于参数的后验值——式 (8.26), 我们可以根据

$$p(\boldsymbol{z} \mid \mathcal{X})=\frac{p(\mathcal{X} \mid \boldsymbol{z}) p(\boldsymbol{z})}{p(\mathcal{X})}, \qquad p(\mathcal{X} \mid \boldsymbol{z})=\int p(\mathcal{X} \mid \boldsymbol{z}, \boldsymbol{\theta}) p(\boldsymbol{\theta}) \mathrm{d} \boldsymbol{\theta}, \tag{8.27}$$

来计算隐变量的后验值, 其中 $p(\boldsymbol{z})$ 是隐变量的先验值, $p(\mathcal{X} \mid \boldsymbol{z})$ 要求我们整合模型参数 $\boldsymbol{\theta}$.

鉴于难以解析地求解积分, 通常不可能同时将隐变量和模型参数都进行边缘化 (Bishop, 2006; Murphy, 2012). 隐变量的后验分布较容易计算, 但条件是需要模型参数, 即

$$p(\boldsymbol{z} \mid \mathcal{X}, \boldsymbol{\theta})=\frac{p(\mathcal{X} \mid \boldsymbol{z}, \boldsymbol{\theta}) p(\boldsymbol{z})}{p(\mathcal{X} \mid \boldsymbol{\theta})}, \tag{8.28}$$

其中 $p(\boldsymbol{z})$ 是隐变量的先验值, $p(\mathcal{X} \mid \boldsymbol{z}, \boldsymbol{\theta})$ 在式 (8.24) 中给出.

在第 10 章和第 11 章中, 我们分别推导了 PCA 模型和高斯混合模型的似然函数. 此外, 我们针对 PCA 模型和高斯混合模型的隐变量计算了后验分布——式(8.28).

评注 在接下来的各章中, 我们不过于清晰地区分隐变量 $\boldsymbol{z}$ 和不确定模型参数 $\boldsymbol{\theta}$, 并且也将模型参数称为"潜在"或"隐藏", 因为它们未被观察到. 在第 10 章和第 11 章中, 我们将使用隐变量 $\boldsymbol{z}$, 并将关注两种不同的隐藏变量 (模型参数 $\boldsymbol{\theta}$ 和隐变量 $\boldsymbol{z}$) 之间的差异.

我们可以利用概率模型中所有元素都是随机变量这一事实来定义表示它们的统一语言. 在 8.5 节中, 我们将看到一种简洁的图语言, 用于表示概率模型的结构, 并且在接下来的章节中, 我们将使用这种图语言来描述概率模型.

8.4.4 延伸阅读

机器学习中的概率模型 (Bishop, 2006; Barber, 2012; Murphy, 2012) 为用户提供了一种有规律的方式来获取数据的不确定性以及预测模型. Ghahramani (2015) 简要介绍了机器学习中的概率模型. 足够幸运的话, 给定一个概率模型, 我们能分析、计算感兴趣的参数. 然而, 一般来说, 解析解很少见, 并且使用诸如采样 (Gilks et al., 1996; Brooks et al., 2011) 和变分推理 (Jordan et al., 1999; Blei et al., 2017) 之类的计算方法. (Moustaki et al., 2015) 和 (Paquet, 2008) 很好地概述了隐变量模型中的贝叶斯推理.

近年来, 已经有多种编程语言被提出, 旨在将软件中定义的变量视为与概率分布相对应的随机变量. 这些语言的目标是能够编写概率分布的复杂函数. 而在计算机内部, 编译器会自动处理贝叶斯推理规则. 这个快速变化的领域称为*概率编程*.

8.5 有向图模型

在本节中, 我们介绍一种用于指定概率模型的图语言, 称为*有向图模型* (也称为贝叶斯网络). 它提供了一种简洁的方式来指定概率模型, 并允许读者直观地解析随机变量之间的依赖关系. 图模型能够直接得到所有随机变量的联合分布, 并可分解为仅取决于这些变量的子集因子的乘积. 在 8.4 节中, 我们将概率模型的联合分布定义为关键兴趣量, 因为它包含有关先验、似然和后验的信息. 但是, 联合分布本身可能非常复杂, 并且它不能告诉我们有关概率模型结构性质的任何信息. 例如, 联合分布 $p(a,b,c)$ 没有告诉我们有关独立性的任何信息. 这就是图模型发挥作用的地方. 本节依赖于独立和条件独立的概念, 正如 6.4.5 节中所述.

在一个*图模型*中, 节点是随机变量. 在图 8.9a 中, 节点表示随机变量 a,b,c. 边表示变量之间的概率关系, 例如, 条件概率.

评注 *并非每种分布都能由特定的图模型来表示. (Bishop, 2006) 中可以找到对此的讨论.*

概率图模型具有一些便捷的性质:

- 它们是一种将概率模型结构可视化的简单方法.
- 它们可以用来设计新的统计模型.
- 仅靠检查图, 便可使我们深入了解性质, 例如, 条件独立性.
- 统计模型中用于推理和学习的复杂计算可以通过图操作来表示.

8.5.1 图语义

有向图模型/贝叶斯网络是一种在概率模型中表示条件独立性的方法. 它们提供了条件概率的直观描述, 也因此提供了一种简单的语言来描述复杂的相互依赖关系. 模块化描述还需要简化计算. 用两个节点 (随机变量) 之间的定向连接 (箭头) 指示条件概率[⊖]. 例如, 在图 8.9a 中, a 和 b 之间的箭头给出了条件概率 $p(b\,|\,a)$.

如果我们已知它们的因式分解, 则可以从联合分布中导出有向图模型.

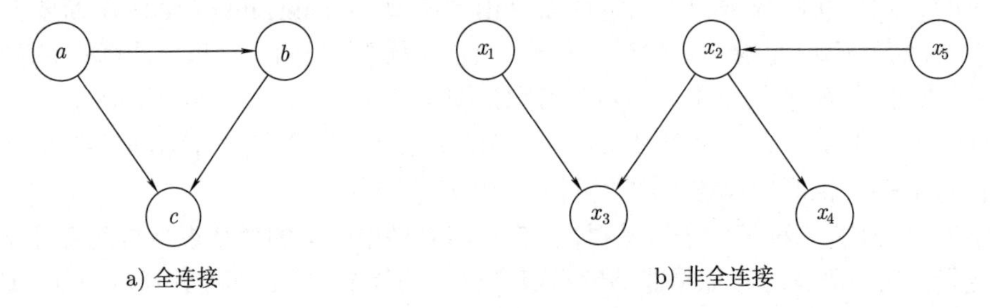

图 8.9 有向图模型的例子

例 8.7 考虑三个随机变量 a, b, c 的联合分布

$$p(a,b,c) = p(c\,|\,a,b)p(b\,|\,a)p(a) \tag{8.29}$$

式(8.29) 中联合分布的因式分解告诉我们有关随机变量间关系的一些信息:

- c 直接取决于 a 和 b.
- b 直接取决于 a.
- a 既不取决于 b, 也不取决于 c.

对于式 (8.29) 中的因式分解, 我们可以获得图 8.9a 中的有向图模型.

通常, 我们可以从分解的联合分布中构造相应的有向图模型, 如下所示:

1. 为所有随机变量创建一个节点.

2. 对于每个条件分布, 我们在图中添加一个有向连接 (箭头), 从节点对应的变量出发, 该变量是条件分布中的条件变量.

图形布局取决于联合分布的因式分解的选择.

我们讨论了如何从已知的联合分布因式分解中得到相应的有向图模型. 现在, 我们将反过来描述如何从给定的图模型中提取一组随机变量的联合分布.

例 8.8 通过观察图 8.9b 中的图模型, 我们可以归纳以下两点性质:

- 我们寻求的联合分布 $p(x_1,\cdots,x_5)$ 是一组条件的乘积, 图中每个节点代表一个. 在此特定示例中, 我们将需要 5 个条件.

⊖ 在附加假设的情况下, 箭头可以用来指示因果关系 (Pearl, 2009).

- 每个条件仅取决于图中对应节点的父节点. 例如, x_4 将以 x_2 为条件.

由这两个性质产生的期望中的联合分布分解:

$$p(x_1, x_2, x_3, x_4, x_5) = p(x_1)p(x_5)p(x_2 \mid x_5)p(x_3 \mid x_1, x_2)p(x_4 \mid x_2)\,. \tag{8.30}$$

通常, 联合分布 $p(\boldsymbol{x}) = p(x_1, \cdots, x_K)$ 定义为

$$p(\boldsymbol{x}) = \prod_{k=1}^{K} p(x_k \mid \text{Pa}_k)\,, \tag{8.31}$$

其中 Pa_k 代表 "x_k 的父节点". x_k 的双亲节点是那些指向 x_k 的节点.

我们以掷硬币试验的具体示例结束本小节. 考虑一个伯努利试验 (例 6.8), 其中该试验的结果 x 为 "正面" 的概率是

$$p(x \mid \mu) = \text{Ber}(\mu)\,. \tag{8.32}$$

我们重复试验 N 次并观察结果 $x_1, \cdots, x_N$, 然后我们便可获得联合分布

$$p(x_1, \cdots, x_N \mid \mu) = \prod_{n=1}^{N} p(x_n \mid \mu)\,. \tag{8.33}$$

由于试验是独立的, 因此右侧的表达式是每个独立结果中伯努利分布的乘积. 回忆 6.4.5 节, 统计独立意味着分布是可分解的. 为了在这个环境中记下图模型, 我们区分未观测到的隐变量和观测到的变量. 在图形上, 观测到的变量由阴影节点表示, 因此我们可以在图 8.10a 中获取图模型. 我们看到, 对于所有 x_n, $n = 1, \cdots, N$, 单个参数 μ 都是相同的, 因为结果 x_n 是同分布的. 该环境下更简洁但等效的图模型由图 8.10b 给出, 其中我们使用了*方盘表示法*. 方盘 (盒子) 重复内部所有内容 (在这种情况下, 观测值为 x_n)N 次. 因此, 两个图模型是等价的, 但是方盘表示法更简洁. 图模型可以使我们立即在 μ 上给出一个超先验. *超先验*是第一层先验参数的先验分布的第二层. 图 8.10c 在隐变量 μ 上给出一个 $\text{Beta}(\alpha, \beta)$ 先验. 如果我们将 α 和 β 作为确定参数, 即不是随机变量, 则不再将 α、β 用圆圈起来.

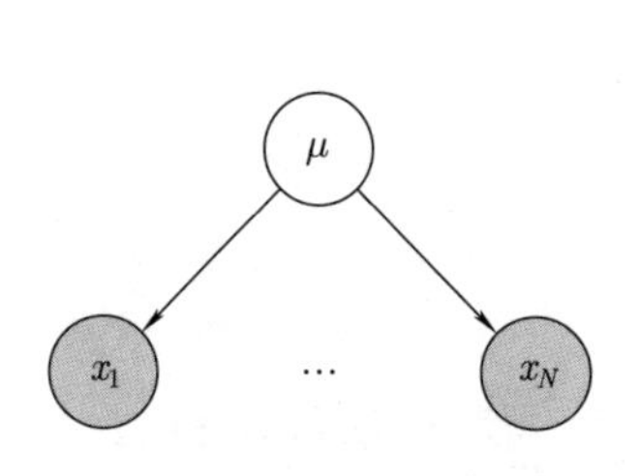

a) 可观测到x_n的图模型

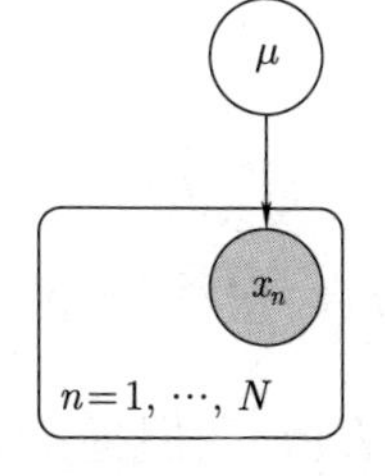

b) 使用方盘表示法的图模型

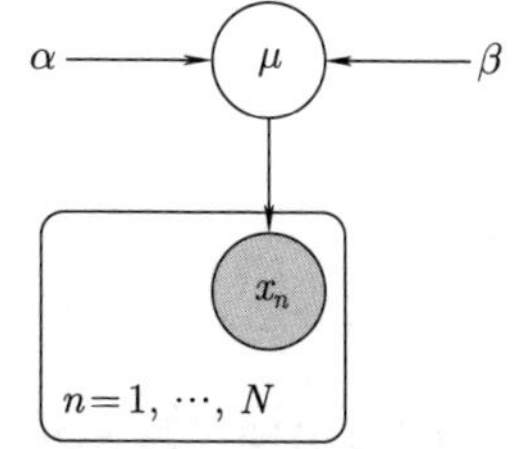

c) 隐变量μ由超参数α和β控制的图模型

图 8.10 多次伯努利试验的图模型

8.5.2 条件独立和 d 分离

有向图模型允许我们通过观察图找到联合分布的条件独立 (6.4.5 节) 相关性质. 此处关键是一个名为 d 分离 (Pearl, 1988) 的概念.

考虑通常的有向图, 其中 $\mathcal{A},\mathcal{B},\mathcal{C}$ 是任意不相交的节点集 (其并集可能小于图中的完整节点集). 我们想确认在给定的有向无环图表示下, 是否有特定的条件独立性陈述, "$\mathcal{A}$ 条件独立于 $\mathcal{B}$, 在给定 $\mathcal{C}$ 的情况下", 定义为

$$\mathcal{A} \perp\!\!\!\perp \mathcal{B} \,|\, \mathcal{C}\,, \tag{8.34}$$

为此, 我们考虑了从 $\mathcal{A}$ 中的任何节点到 $\mathcal{B}$ 中任何节点的所有可能的路径 (忽略箭头方向的路径). 如果该路径上的任一节点包含以下任意一个事实, 则称其为阻塞路径:

- 路径上箭头头部和尾部或尾部和尾部在节点处相遇, 且节点在 $\mathcal{C}$ 中.
- 箭头的头部和头部在节点处相遇, 且节点及其子节点均不在集合 $\mathcal{C}$ 中.

如果所有路径都是阻塞的, 则 $\mathcal{A}$ 被称为通过 $\mathcal{C}$ 从 $\mathcal{B}$ 进行 d 分离, 并且图中所有变量的联合分布将满足 $\mathcal{A} \perp\!\!\!\perp \mathcal{B} \,|\, \mathcal{C}$.

例 8.9 (条件独立) 考虑图 8.11 中的图模型. 有

$$b \perp\!\!\!\perp d \,|\, a, c \tag{8.35}$$

$$a \perp\!\!\!\perp c \,|\, b \tag{8.36}$$

$$b \not\!\perp\!\!\!\perp d \,|\, c \tag{8.37}$$

$$a \not\!\perp\!\!\!\perp c \,|\, b, e \tag{8.38}$$

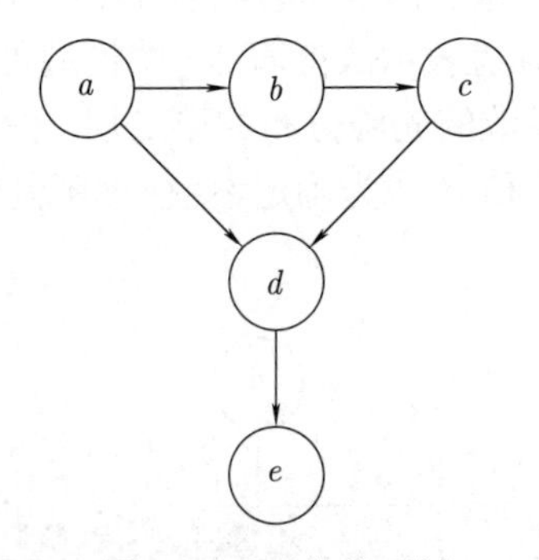

图 8.11 d 分离示例

有向图模型实现了概率模型的简洁表示, 我们将在第 9 章、第 10 章和第 11 章中看到有向图模型的示例. 该表示以及条件独立性的概念使我们能够将各个概率模型分解为更易于优化的表达式.

概率模型的图形表示使我们可以直观地看到所做的选择对模型结构的影响. 我们经常需要对模型结构进行高层级的假设. 这些建模假设 (超参数) 会影响预测性能, 但不能使用至今为止我们所学的方法进行直接选择. 我们将在 8.6 节中讨论结构选择的不同方法.

8.5.3 延伸阅读

(Bishop, 2006, chapter 8) 对概率图模型进行了介绍, (Koller and Friedman, 2009) 中可以找到有关不同应用程序和相应算法含义的详细说明. 存在三种主要的概率图模型:

- 有向图模型 (贝叶斯网络), 见图 8.12a.
- 无向图模型 (马尔可夫随机场), 见图 8.12b.
- 因子图, 见图 8.12c.

图模型基于图算法进行推理和学习, 例如, 通过本地消息传递. 应用范围从在线游戏中的排名 (Herbrich et al., 2007) 和计算机视觉 (例如, 图像分割、语义标记、图像去噪、图像恢复 (Kittler and Föglein, 1984; Sucar and Gillies, 1994; Shotton et al., 2006; Szeliski et al., 2008)) 到编码理论 (McEliece et al., 1998)、求解线性方程组 (Shental et al., 2008), 以及在信号处理中迭代贝叶斯状态估计 (Bickson et al., 2007; Deisenroth and Mohamed, 2012).

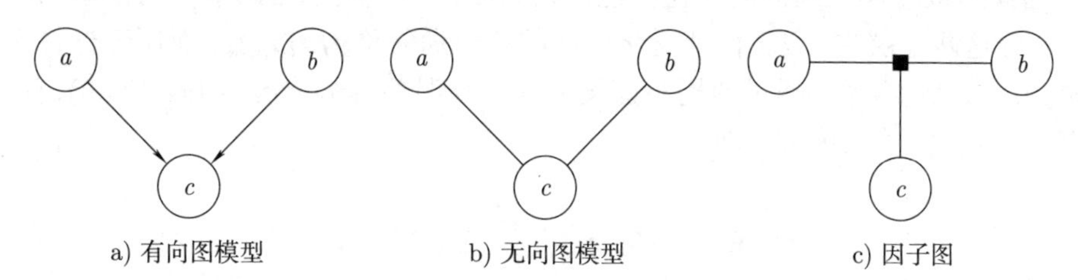

图 8.12 三种类型的图模型: 有向图模型 (贝叶斯网络)、无向图模型 (马尔可夫随机场)、因子图

在本书中有一个话题我们没有讨论, 但它在实际应用中特别重要, 那就是结构化预测 (Bakir et al., 2007; Nowozin et al., 2014). 它实现了机器学习模型处理结构化的预测, 例如, 序列、树和图形. 神经网络模型的普及使得更灵活的概率模型得以运用, 这也导致了结构化模型的广泛应用 (Goodfellow et al., 2016, chapter 16). 近年来, 由于图模型应用到了因果推断 (Pearl, 2009; Imbens and Rubin, 2015; Peters et al., 2017; Rosenbaum, 2017) 中, 不少人对图模型有了新的兴趣.

8.6 模型选择

在机器学习中, 我们经常需要做出对模型性能有重要影响的高层级的建模决策. 我们做出的选择 (例如, 似然函数的形式) 会影响模型中自由参数的数量和类型, 进而影响模型的灵活性和可表达性. 越复杂的模型越灵活, 因为它们可以用来描述更多的数据集, 例如, 一次多项式 (一条直线 $y = a_0 + a_1 x$) 只能用于描述输入值 x 和观测值 y 之间的线性关系[㊀]. 二次多项式还可以描述输入值和观测值之间的二次关系.

如今人们认为, 灵活的模型通常比简单模型更可取, 因为它们的拟合能力更强. 一个普遍存在的问题是, 在训练时, 我们只能使用训练集来评估模型的性能并学习其参数. 但是, 模型在训练集上的表现并不是我们真正感兴趣的. 在 8.3 节中, 我们已经看到最大似然估计会导致过拟合, 尤其是在训练数据集较小时. 理想情况下, 我们的模型 (也) 可以在测试集上很好地工作 (在训练时不可用). 因此, 我们需要一些机制来评估模型的*泛化性*, 以判断其在未知数据上的表现. *模型选择*恰巧与此问题相关.

8.6.1 嵌套交叉验证

我们已经介绍了一种可以用于模型选择的方法 (见 8.2.4 节的交叉验证). 回想一下, 交叉验证通过将数据集重复分为训练集和验证集来提供对泛化误差的估计. 我们可以再一次应用此想法, 即对于每个分组, 我们都可以执行另一轮交叉验证. 这些有时称为*嵌套交叉验证* (见图 8.13). 内层用于估计内部验证集上特定模型或超参数选择的性能. 外层用于估计由内循环选择的最佳模型选择的泛化性能. 我们可以在内层中测试不同的模型和超参数选择. 为了区分这两个层次, 用于估计泛化性能的集合通常称为*测试集*, 而用于选择最佳模型的集合称为*验证集*. 内循环通过使用验证集上的经验误差对给定模型 (式 (8.39)) 进行估算, 从而估算出泛化误差的期望值, 即

$$\mathbb{E}_{\mathcal{V}}[\mathbf{R}(\mathcal{V} \mid M)] \approx \frac{1}{K} \sum_{k=1}^{K} \mathbf{R}(\mathcal{V}^{(k)} \mid M), \tag{8.39}$$

其中 $\mathbf{R}(\mathcal{V} \mid M)$ 是模型 M 在验证集 $\mathcal{V}$ 上的经验风险 (例如, 均方误差). 我们对所有模型重复此过程, 然后选择性能最佳的模型. 请注意, 交叉验证不仅为我们提供了预期的泛化误差, 而且还可以获得高阶统计量, 例如, 标准误差[㊁], 即对平均估计的不确定性估计. 选择模型后, 我们可以评估测试集的最终性能.

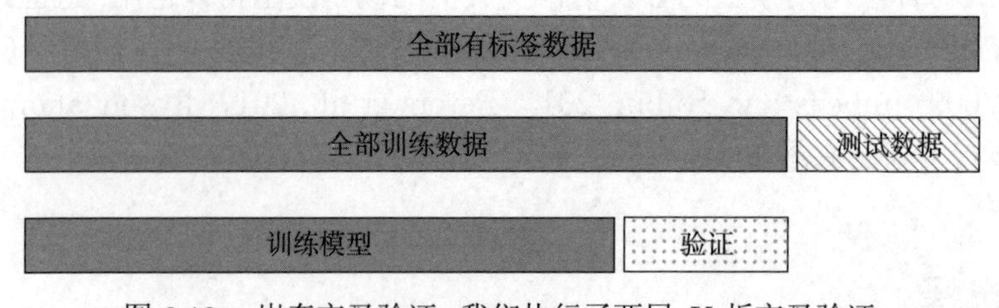

图 8.13 嵌套交叉验证. 我们执行了两层 K 折交叉验证

㊀ $y = a_0 + a_1 x + a_2 x^2$ 也可以通过设置 $a_2 = 0$ 来描述线性函数, 即严格地来说, 它比一次多项式的拟合能力强.

㊁ 标准误差被定义为 $\frac{\sigma}{\sqrt{K}}$, 其中 K 是试验次数, σ 是每个试验风险的标准差.

8.6.2 贝叶斯模型选择

模型选择的方法有很多, 本节将介绍其中的一些方法. 通常会尝试权衡模型的复杂度和数据拟合程度. 我们假设较简单的模型比复杂的模型更不容易过拟合, 因此模型选择的目的是找到能够合理解释数据的最简单模型. 这个概念也称为*奥卡姆剃刀*.

评注 *如果我们将模型选择视为假设检验问题, 那么我们正在寻找与数据 (Murphy, 2012) 一致的最简单假设.*

可以考虑优先在简单模型上给定先验. 但这是没必要的: 在应用贝叶斯概率 (Smith and Spiegelhalter, 1980; Jefferys and Berger, 1992; MacKay, 1992) 的过程中定量地体现了"自动的奥卡姆剃刀". 从 (MacKay, 2003) 改编的图 8.14 直观解释了为什么对于给定数据集 $\mathcal{D}$ 而言, 复杂且表达能力强的模型被选择的概率更小. 让我们考虑用水平轴表示所有可能的数据集 $\mathcal{D}$ 的空间[⊖]. 如果我们对给定数据 $\mathcal{D}$ 的模型 M_i 的后验概率 $p(M_i \mid \mathcal{D})$ 感兴趣, 则可以采用贝叶斯定理. 假设所有模型的先验 $p(M)$ 相等, 贝叶斯定理将根据对已有数据的预测情况来奖励模型. 给定模型 M_i 的情况下, 对数据的预测 $p(\mathcal{D} \mid M_i)$ 被称为 M_i 的*证据*. 一个简单的模型 M_1 只能预测少量的数据集, 这由 $p(\mathcal{D} \mid M_1)$ 表示. 功能更强大的模型 M_2 比 M_1 有更多的自由参数, 它能够预测更多种类的数据集. 但是, 这意味着 M_2 不会预测区域 C 和 M_1 中的数据集. 假设已将相等的先验概率分配给两个模型, 如果数据集落入 C 区域, 则功能较弱的模型 M_1 是更容易被选择的模型.

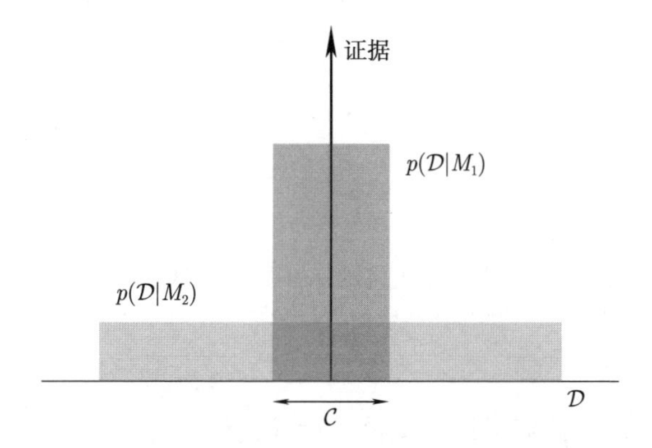

图 8.14 贝叶斯推理体现了奥卡姆剃刀原理. 水平轴描述所有可能的数据集 $\mathcal{D}$ 的空间. 置信度 (垂直轴) 评估模型对可用数据的预测程度. 由于 $p(\mathcal{D} \mid M_i)$ 的积分为 1, 我们应该选择置信度最高的模型. 改编自 (MacKay, 2003)

在本章的前面, 我们认为模型需要能够解释数据, 即应该有一种从给定模型生成数据的方法. 此外, 如果已经从数据中适当地学习了模型, 那么我们期望生成的数据应该与经验数据相似. 将模型选择作为分层推理问题有助于计算模型的后验分布.

⊖ 这些预测通过在 $\mathcal{D}$ 上的归一化概率分布来进行量化, 即它需要积分/求和为 1.

让我们考虑有限模型 $M = \{M_1, \cdots, M_K\}$, 其中每个模型 M_k 拥有参数 $\boldsymbol{\theta}_k$. 在贝叶斯模型选择中, 我们将先验 $p(M)$ 放在模型集合上. 相应的生成过程允许我们从该模型上生成数据

$$M_k \sim p(M) \tag{8.40}$$

$$\boldsymbol{\theta}_k \sim p(\boldsymbol{\theta} \mid M_k) \tag{8.41}$$

$$\mathcal{D} \sim p(\mathcal{D} \mid \boldsymbol{\theta}_k) \tag{8.42}$$

如图 8.15 所示. 给定一个训练集 $\mathcal{D}$, 我们应用贝叶斯定理并计算模型的后验分布

$$p(M_k \mid \mathcal{D}) \propto p(M_k) p(\mathcal{D} \mid M_k) \,. \tag{8.43}$$

注意后验不再取决于模型参数 $\boldsymbol{\theta}_k$, 因为它已通过贝叶斯理论积分得到

$$p(\mathcal{D} \mid M_k) = \int p(\mathcal{D} \mid \boldsymbol{\theta}_k) p(\boldsymbol{\theta}_k \mid M_k) \mathrm{d}\boldsymbol{\theta}_k \,, \tag{8.44}$$

其中 $p(\boldsymbol{\theta}_k \mid M_k)$ 是模型 M_k 的参数 $\boldsymbol{\theta}_k$ 的先验分布. 式 (8.44) 也被称为模型置信度或边缘似然.

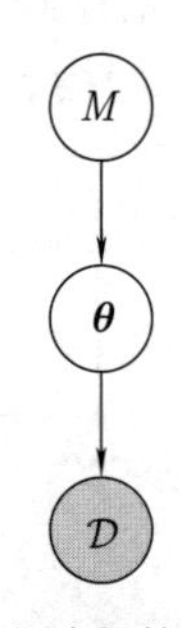

图 8.15　贝叶斯模型选择中的分层生成过程的图示. 我们在模型集合上放置一个先验 $p(M)$. 对于每个模型, 在相应的模型参数上都有一个分布 $p(\boldsymbol{\theta} \mid M)$, 该分布用于生成数据 $\mathcal{D}$

从式 (8.43) 中的后验, 我们可以定义最大后验估计

$$M^* = \arg\max_{M_k} p(M_k \mid \mathcal{D}) \,. \tag{8.45}$$

有了统一的先验 $p(M_k) = \dfrac{1}{K}$, 它会给每个模型相等的 (先验) 概率, 因此确定模型上的最大后验估计就等同于选出了最大化模型置信度 (8.44) 的模型.

评注 (似然和边缘似然)　似然和边缘似然 (置信) 中存在一定的区别: 虽然似然容易过拟合, 但由于模型参数已被边缘化 (即我们不再需要拟合参数), 因此边缘似然通常不会出现. 此外, 边缘似然自动对模型复杂度和数据拟合程度进行了权衡 (奥卡姆剃刀).

8.6.3 模型比较的贝叶斯因子

考虑在给定数据集 $\mathcal{D}$ 的情况下比较两个概率模型 M_1, M_2, 如果我们先计算后验 $p(M_1 \mid \mathcal{D})$ 和 $p(M_2 \mid \mathcal{D})$, 之后便可以进一步计算两个后验之间的比值

$$\underbrace{\frac{p(M_1 \mid \mathcal{D})}{p(M_2 \mid \mathcal{D})}}_{\text{后验比}} = \frac{\dfrac{p(\mathcal{D} \mid M_1)p(M_1)}{p(\mathcal{D})}}{\dfrac{p(\mathcal{D} \mid M_2)p(M_2)}{p(\mathcal{D})}} = \underbrace{\frac{p(M_1)}{p(M_2)}}_{\text{先验比}} \underbrace{\frac{p(\mathcal{D} \mid M_1)}{p(\mathcal{D} \mid M_2)}}_{\text{贝叶斯因子}} . \tag{8.46}$$

两个后验之间的比值也被称为*后验比*. 式 (8.46) 右边的第一个分数则是*先验比*, 衡量我们的先验 (初始) 对 M_1 的支持程度与对 M_2 的支持程度的差距. 边缘似然的比值 (右侧的第二个分数) 称为*贝叶斯因子*, 用于衡量 M_1 与 M_2 相比预测数据 $\mathcal{D}$ 的准确程度.

评注 *Jeffreys-Lindley 悖论指出: "贝叶斯因子总是偏向于简单模型, 因为在具有扩散先验的复杂模型下, 数据的概率非常小" (Murphy, 2012). 此处, 扩散先验是指不支持特定模型的先验, 即许多模型在该先验下是先验合理的.*

如果我们选择模型上的均等先验值, 则式 (8.46) 中的先验比为 1, 即后验比为边缘似然比值 (贝叶斯因子)

$$\frac{p(\mathcal{D} \mid M_1)}{p(\mathcal{D} \mid M_2)} . \tag{8.47}$$

如果贝叶斯因子大于 1, 则我们选择模型 M_1; 否则, 选择模型 M_2. 与频率统计相似, 有一些关于比值大小的准则, 人们在考虑结果的 "显著性" (Jeffreys, 1961) 之前考虑该比值的大小会有指导意义.

评注 (计算边缘似然) *边缘似然在模型选择中起到了重要作用: 我们需要在模型 (式 (8.43)) 上计算贝叶斯因子 (式 (8.46)) 和后验概率分布.*

不幸的是, 计算边缘似然需要我们解决式 (8.44) 中的积分. 这种积分通常很难分析, 我们将不得不使用近似技术, 例如, 数值积分 (Stoer and Burlirsch, 2002), 使用蒙特卡罗 (Murphy, 2012) 的随机近似或贝叶斯蒙特卡罗技术 (O'Hagan, 1991; Rasmussen and Ghahramani, 2003).

但是, 在某些特殊情况下我们可以解决它. 在 6.6.1 节中, 我们讨论了共轭模型. 如果我们选择共轭参数先验 $p(\boldsymbol{\theta})$, 则可以用闭式计算边缘似然. 在第 8.6.4 章中, 我们将在线性回归的背景下进行此操作.

在本章中, 我们已经对机器学习的基本概念进行了简要介绍. 在本书的其余部分中, 我们将看到 8.2 节、8.3 节和 8.4 节中的三种不同学习方法如何应用于机器学习的四大支柱 (回归、降维、密度估计和分类).

8.6.4 延伸阅读

在本节的开头, 我们提到了影响模型性能的高级模型选择. 示例包括以下内容:

- 回归环境下多项式的次数.
- 混合模型中成分的数量.
- (深度) 神经网络的网络架构.
- 支持向量机中核的类型.
- PCA 中的潜在空间维度.
- 优化算法中的学习率.

(Rasmussen and Ghahramani, 2001) 表明, 自动的奥卡姆剃刀原理不一定会惩罚模型中的参数数量[⊖], 但在函数复杂度方面很活跃. 此外还表明, 自动的奥卡姆剃刀原理也适用于具有许多参数的贝叶斯非参数模型, 例如, 高斯过程.

如果我们专注于最大似然估计, 则会有许多防止过拟合的启发式模型选择方法. 它们被称为信息准则, 让我们选择具有最大价值的模型. 赤池信息量准则 (AIC)(Akaike, 1974)

$$\log p(\boldsymbol{x} \mid \boldsymbol{\theta}) - M \tag{8.48}$$

通过添加惩罚项补偿具有许多参数的复杂模型过拟合, 来纠正最大似然估计的偏差. 其中 M 是模型参数的数量. AIC 给出了给定模型丢失的相对信息的估计.

贝叶斯信息准则 (BIC)(Schwarz, 1978)

$$\log p(\boldsymbol{x}) = \log \int p(\boldsymbol{x} \mid \boldsymbol{\theta}) p(\boldsymbol{\theta}) \mathrm{d}\boldsymbol{\theta} \approx \log p(\boldsymbol{x} \mid \boldsymbol{\theta}) - \frac{1}{2} M \log N \tag{8.49}$$

可用于指数族分布. 其中 N 是数据点的数量, M 是参数的数量. 与 AIC 相比, BIC 对模型复杂性的惩罚更大.

⊖ 在参数模型中, 参数的数量通常与模型类的复杂度有关.

CHAPTER 9

第 9 章

线性回归

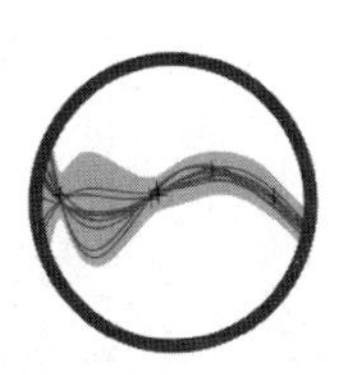

下面我们将应用第 2 章、第 5 章、第 6 章和第 7 章的数学概念来解决线性回归 (曲线拟合) 问题. 在回归中, 我们的目的是找到一个函数 f, 将输入 $\boldsymbol{x} \in \mathbb{R}^D$ 映射到对应的函数值 $f(\boldsymbol{x}) \in \mathbb{R}$. 我们假设给定一组训练输入 $\boldsymbol{x}_n$ 和相应的观测噪声 $y_n = f(\boldsymbol{x}_n) + \epsilon$, 其中 ϵ 是描述测量/观测噪声和潜在未建模过程的独立同分布随机变量 (本章将不会进一步讨论). 本章我们假设该噪声为零均值高斯噪声. 我们的任务是寻找一个函数, 它不仅能够很好地对训练数据建模, 并且具有较好的泛化能力, 即在输入数据不属于训练数据集时, 函数仍然能够给出很好的预测值 (见第 8 章). 文中给出了这类回归问题的一个例子, 如图 9.1 所示. 图 9.1 a 中给出了一个典型的回归场景: 对于一些输入值 x_n, 我们观测 (含噪声的) 函数值 $y_n = f(x_n) + \epsilon$. 我们的任务是推断出产生数据的函数 f, 并在给定新的输入值时产生较好的函数值. 图 9.1 b 给出了一个可能的解, 其中我们还展示了图中以橙色点 x 各自表示的函数值 $f(x)$ 为中心的三个分布, 来表示数据中的噪声.

回归是机器学习中的一个基本问题, 回归问题出现在不同的研究领域和应用中, 包括时间序列分析 (如系统辨识)、控制和机器人学 (如强化学习、正/逆模型学习)、优化 (如线搜索、全局优化) 和深度学习应用 (如计算机游戏、语音转文字、图像识别、视频自动标注). 回归也是分类算法的重要部分.

找到回归函数需要解决的各种问题如下所示:

- 回归函数的**模型 (类型) 选择和参数化**[㊀]. 给定一个数据集, 哪些函数类 (例如多项式) 是好的建模数据的备选方案, 以及我们应该选择哪些特定的参数化 (如多项式的次数)? 如 8.6 节所讨论的, 模型选择允许我们比较各种模型, 以找到最简单的模型, 合理地解释训练数据.

㊀ 通常, 噪声的类型也可以是一个 “模型选择”, 但我们在本章中固定噪声为高斯噪声.

- **找较优的参数.** 在选择了回归函数的模型后, 我们如何找到好的模型参数? 在这里, 我们将需要考察不同的损失/目标函数 (它们判断什么是 "好" 的拟合) 和允许我们将这种损失最小化的优化算法.

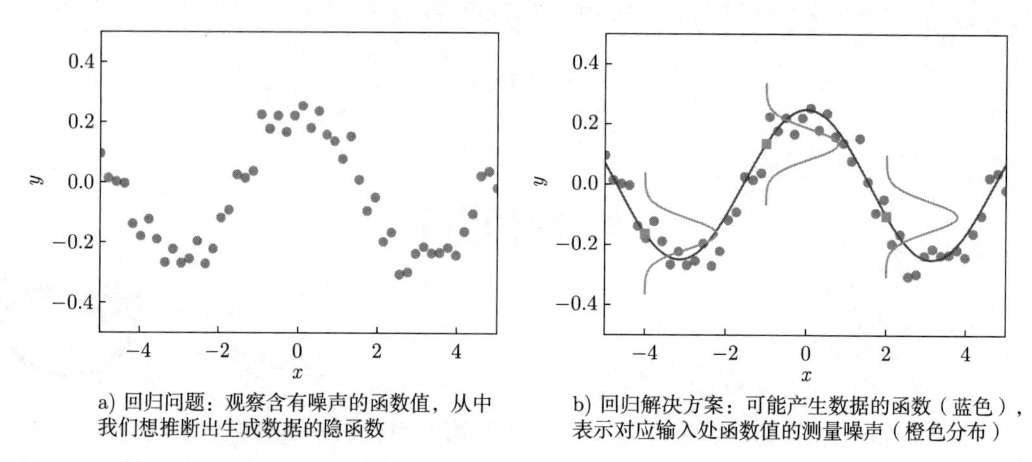

a) 回归问题：观察含有噪声的函数值，从中我们想推断出生成数据的隐函数

b) 回归解决方案：可能产生数据的函数（蓝色），表示对应输入处函数值的测量噪声（橙色分布）

图 9.1 数据集, 以及回归问题的可能解决方案 (见彩插)

- **过拟合和模型选择.** 过拟合是当回归函数拟合训练数据 "过好" 但不能泛化到未观测的测试数据时的问题. 过拟合通常发生在给定的参数模型 (或其参数化) 过于灵活或表达能力太强的情况, 见 8.6 节. 在线性回归的背景下, 我们将研究其根本原因, 并讨论如何减少过拟合的影响.
- **损失函数和参数优先级之间的联系.** 损失函数 (优化目标) 通常受概率模型启发并推导出来. 我们将研究损失函数与导致这些损失的基本前提假设之间的联系.
- **不确定性建模.** 在任何实际的设定中, 我们只有有限规模的 (但可能很多的) 数据用于选择模型类和相应的参数. 鉴于此有限的训练数据并不涵盖所有可能的场景, 我们可能希望通过描述其余的参数不确定性来获得模型在测试时预测的置信度. 训练集越小, 不确定性建模越重要. 对不确定性进行一致建模, 使模型预测具有置信区间.

接下来, 我们将运用第 3 章、第 5 章、第 6 章和第 7 章中的数学概念来解决线性回归问题. 我们将讨论最大似然估计和最大后验 (MAP) 估计来寻找最优的模型参数. 通过使用这些参数估计, 我们将简要地介绍泛化误差和过拟合. 最后, 我们将讨论贝叶斯线性回归, 它可使我们在更高的水平上对模型参数进行推理, 从而避免最大似然和 MAP 估计中遇到的某些问题.

9.1 界定问题

由于观测噪声的存在, 我们将采用概率方法, 利用似然函数对噪声进行显式建模. 更具体地说, 在本章中, 我们将考虑一个具有如下似然函数的回归问题:

$$p(y \mid \boldsymbol{x}) = \mathcal{N}\big(y \mid f(\boldsymbol{x}),\, \sigma^2\big)\,. \tag{9.1}$$

这里, $\boldsymbol{x} \in \mathbb{R}^D$ 是输入并且 $y \in \mathbb{R}$ 是带噪声的函数值 (目标). 根据式 (9.1), $\boldsymbol{x}$ 与 y 的函数关系如下所示:

$$y = f(\boldsymbol{x}) + \epsilon\,, \tag{9.2}$$

其中 $\epsilon \sim \mathcal{N}\big(0,\, \sigma^2\big)$ 是均值为 0、方差为 σ^2 的独立同分布 (i.i.d.) 高斯测量噪声. 我们的目标是寻找一个与生成数据的未知函数 f 接近 (相似) 且泛化性好的函数.

在本章, 我们关注参数化模型, 也就是说, 我们选择一个参数化的函数, 找到 "效果好" 的参数 $\boldsymbol{\theta}$ 对数据进行建模. 目前, 我们假设噪声方差 σ^2 是已知的, 并注重于模型参数 $\boldsymbol{\theta}$ 的学习. 在线性回归中, 我们考虑了参数 $\boldsymbol{\theta}$ 在我们的模型中线性出现的特殊情况. 给出的一个线性回归例子:

$$p(y \mid \boldsymbol{x}, \boldsymbol{\theta}) = \mathcal{N}\big(y \mid \boldsymbol{x}^\top \boldsymbol{\theta},\, \sigma^2\big) \tag{9.3}$$

$$\iff y = \boldsymbol{x}^\top \boldsymbol{\theta} + \epsilon\,, \quad \epsilon \sim \mathcal{N}\big(0,\, \sigma^2\big)\,, \tag{9.4}$$

其中 $\boldsymbol{\theta} \in \mathbb{R}^D$ 是我们所求的参数. 所描述的函数类 (9.4) 是过原点的直线. 在式 (9.4) 中, 我们选择一个参数模型 $f(\boldsymbol{x}) = \boldsymbol{x}^\top \boldsymbol{\theta}$.

式 (9.3) 中的似然是 y 在 $\boldsymbol{x}^\top \boldsymbol{\theta}$ 处的概率密度函数. 注意, 不确定性的唯一来源是观测噪声 (因为 $\boldsymbol{x}$ 和 $\boldsymbol{\theta}$ 在式 (9.3) 中是已知的). 如果没有观测噪声, $\boldsymbol{x}$ 和 y 之间的关系将是确定的, 式 (9.3) 将是狄拉克 δ 函数[㊀].

例 9.1 对于 $x, \theta \in \mathbb{R}$, 式 (9.4) 中的线性回归模型描述的是直线 (线性函数), 且参数 θ 为直线的斜率. 图 9.2a 所示的是一些 θ 为不同值的函数的例子.

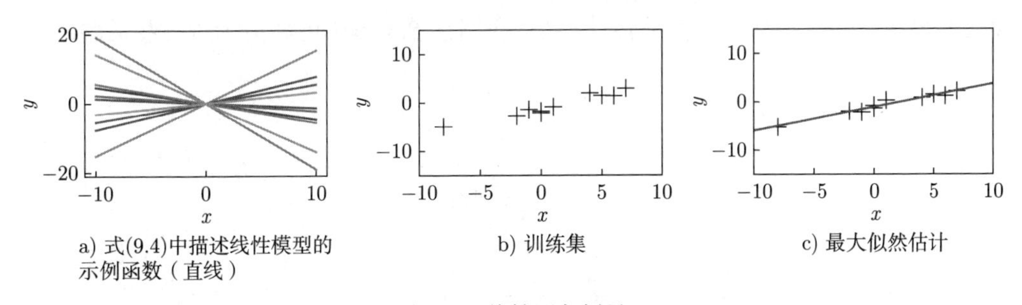

a) 式(9.4)中描述线性模型的示例函数（直线） b) 训练集 c) 最大似然估计

图 9.2 线性回归例子

式 (9.3)和式 (9.4) 中的线性回归模型[㊁]不仅仅参数是线性的, 输入 x 也是线性的. 图 9.2a 所示的是这些函数的例子. 我们稍后会看到, 对于非线性变换 $\boldsymbol{\phi}$, $y = \boldsymbol{\phi}^\top(\boldsymbol{x})\boldsymbol{\theta}$ 也是一个线

㊀ 除单点外, 狄拉克 δ 函数在任意地方都为零, 其积分为 1. 在 $\sigma^2 \to 0$ 的极限下, 它可以被认为是一个高斯函数.

㊁ 线性回归是指模型的参数是线性的.

性回归模型, 因为"线性回归"指的是"参数线性"的模型, 换句话说, 通过输入特征的线性组合来描述函数的模型. 这里, "特征"是输入 $\boldsymbol{x}$ 的一个表示 $\boldsymbol{\phi}(\boldsymbol{x})$.

接下来, 我们将更详细地讨论如何找到好的参数集 $\boldsymbol{\theta}$ 和如何评价一个参数集是否"效果良好". 目前, 我们假定噪声的方差 σ^2 是已知的.

9.2 参数估计

考虑线性回归集 (9.4), 假设我们给出一个训练集 $\mathcal{D} := \{(\boldsymbol{x}_1, y_1), \cdots, (\boldsymbol{x}_N, y_N)\}$ 由 N 个输入 $\boldsymbol{x}_n \in \mathbb{R}^D$ 和相应的观测/目标 $y_n \in \mathbb{R}(n = 1, \cdots, N)$ 组成.

相应的图形模型如图 9.3 所示. 注意, y_i 和 y_j 是条件独立的, 给定它们各自的输入 $\boldsymbol{x}_i, \boldsymbol{x}_j$, 所以概率分解为

$$p(\mathcal{Y} \mid \mathcal{X}, \boldsymbol{\theta}) = p(y_1, \cdots, y_N \mid \boldsymbol{x}_1, \cdots, \boldsymbol{x}_N, \boldsymbol{\theta}) \tag{9.5a}$$

$$= \prod_{n=1}^{N} p(y_n \mid \boldsymbol{x}_n, \boldsymbol{\theta}) = \prod_{n=1}^{N} \mathcal{N}\big(y_n \mid \boldsymbol{x}_n^{\top}\boldsymbol{\theta}, \sigma^2\big), \tag{9.5b}$$

其中我们定义 $\mathcal{X} := \{\boldsymbol{x}_1, \cdots, \boldsymbol{x}_N\}$ 和 $\mathcal{Y} := \{y_1, \cdots, y_N\}$ 分别为训练输入集和相应的目标集. 由于噪声分布的影响, 似然和因子 $p(y_n \mid \boldsymbol{x}_n, \boldsymbol{\theta})$ 服从高斯分布, 见式 (9.3).

在下文中, 我们将讨论如何为线性回归模型 (9.4) 找到最优参数 $\boldsymbol{\theta}^* \in \mathbb{R}^D$. 一旦找到了参数 $\boldsymbol{\theta}^*$, 我们就可以使用式 (9.4) 中的参数估计来预测函数值, 这样在任意测试输入 $\boldsymbol{x}_*$ 中, 相应目标 y_* 的分布为

$$p(y_* \mid \boldsymbol{x}_*, \boldsymbol{\theta}^*) = \mathcal{N}\big(y_* \mid \boldsymbol{x}_*^{\top}\boldsymbol{\theta}^*, \sigma^2\big). \tag{9.6}$$

下面我们将通过最大似然来看参数估计, 这是我们在 8.3 节中已经讨论过一些话题.

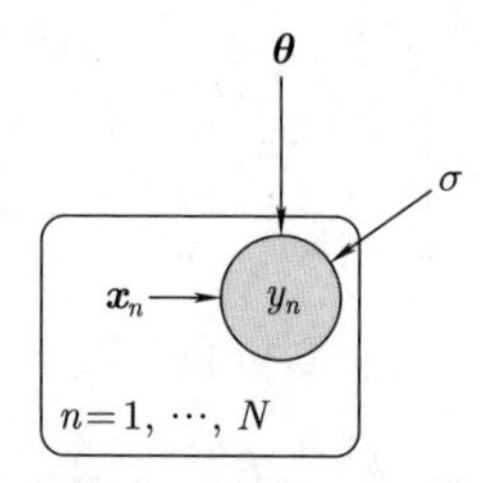

图 9.3　线性回归的概率图模型. 用阴影表示的是观察到的随机变量, 未用圆圈圈起来的量是确定值 (或已知值)

9.2.1 最大似然估计

广泛用于寻找所需参数 $\boldsymbol{\theta}_{\mathrm{ML}}$ 的一种方法是最大似然估计, 在这里我们找到最大化式 (9.5b) 中似然的参数 $\boldsymbol{\theta}_{\mathrm{ML}}$. 直观地说, 在给定模型参数的情况下, 最大化似然意味着最大化训练数

据的预测分布. 我们得到的最大似然参数为

$$\boldsymbol{\theta}_{\mathrm{ML}} = \arg\max_{\boldsymbol{\theta}} p(\mathcal{Y} \mid \mathcal{X}, \boldsymbol{\theta}) \,. \tag{9.7}$$

评注 似然 $p(\boldsymbol{y} \mid \boldsymbol{x}, \boldsymbol{\theta})$ 不是关于 $\boldsymbol{\theta}$ 的概率分布: 它只是参数 $\boldsymbol{\theta}$ 的函数, 但在定义域上积分不为 1(即它是非归一化的), 甚至可能对 $\boldsymbol{\theta}$ 不可积. 然而, 式 (9.7) 中的似然是 $\boldsymbol{y}$ 中的归一化概率分布.

为了找到最大化似然的所需参数 $\boldsymbol{\theta}_{\mathrm{ML}}$, 我们通常采用梯度上升 (或在负似然上采用梯度下降). 然而, 在我们这里考虑的线性回归的情况下, 存在一个闭式解, 这使得迭代梯度下降变得不必要. 在实际应用中, 我们并不是直接最大化似然, 而是将对数㊀变换应用于似然函数并最小化负对数似然.

评注 (对数变换) 由于似然 (式 (9.5b)) 是 N 个高斯分布的乘积, 不会出现数值下溢, 微分规则也变得更简单, 因此对数变换是有用的. 更具体地说, 当我们将 N 个概率相乘 (其中 N 是数据点的数量) 时, 数值下溢将成为一个问题, 因为我们不能表示非常小的数字, 如 10^{-256}. 此外, 对数变换将乘积转换为对数概率的和, 使得相应的梯度是单个梯度的和, 而不是反复应用乘法法则 (式 (5.46)) 来计算 N 项乘积的梯度.

为了找到线性回归问题的最优参数 $\boldsymbol{\theta}_{\mathrm{ML}}$, 我们最小化负对数似然

$$-\log p(\mathcal{Y} \mid \mathcal{X}, \boldsymbol{\theta}) = -\log \prod_{n=1}^{N} p(y_n \mid \boldsymbol{x}_n, \boldsymbol{\theta}) = -\sum_{n=1}^{N} \log p(y_n \mid \boldsymbol{x}_n, \boldsymbol{\theta}) \,, \tag{9.8}$$

根据我们对训练集的独立性假设, 我们利用似然 (式 (9.5b)) 对数据点的数量进行分解.

在线性回归模型 (式 (9.4)) 中, 似然函数为高斯函数 (由于高斯加性噪声项), 使我们得到

$$\log p(y_n \mid \boldsymbol{x}_n, \boldsymbol{\theta}) = -\frac{1}{2\sigma^2}(y_n - \boldsymbol{x}_n^{\top}\boldsymbol{\theta})^2 + c, \tag{9.9}$$

其中常数包含与 $\boldsymbol{\theta}$ 无关的所有项. 将式 (9.9) 代入负对数似然 (式 (9.8)) 中, 我们得到 (忽略常数项)㊁

$$\mathcal{L}(\boldsymbol{\theta}) := \frac{1}{2\sigma^2}\sum_{n=1}^{N}(y_n - \boldsymbol{x}_n^{\top}\boldsymbol{\theta})^2 \tag{9.10a}$$

$$= \frac{1}{2\sigma^2}(\boldsymbol{y} - \boldsymbol{X}\boldsymbol{\theta})^{\top}(\boldsymbol{y} - \boldsymbol{X}\boldsymbol{\theta}) = \frac{1}{2\sigma^2}\left\|\boldsymbol{y} - \boldsymbol{X}\boldsymbol{\theta}\right\|^2, \tag{9.10b}$$

其中, 我们将设计矩阵 $\boldsymbol{X} := [\boldsymbol{x}_1, \cdots, \boldsymbol{x}_N]^{\top} \in \mathbb{R}^{N\times D}$ 定义为训练输入的集合, $\boldsymbol{y} := [y_1, \cdots, y_N]^{\top} \in \mathbb{R}^{N}$ 定义为收集到的所有训练目标的向量. 注意, 设计矩阵 $\boldsymbol{X}$ 的第 n 行对应训练输

㊀ 由于对数是一个 (严格) 单调递增函数, 因此函数 f 的最优与 $\log f$ 的最优完全相同.

㊁ 负对数似然函数也称为误差函数.

入 $\boldsymbol{x}_n$. 在式 (9.10b) 中, 我们使用了这样一个事实: 观测值 y_n 和对应模型预测值 $\boldsymbol{x}_n^\top\boldsymbol{\theta}$ 之间的误差平方[㊀]和等于 $\boldsymbol{y}$ 和 $\boldsymbol{X\theta}$ 之间的距离的平方.

有了式 (9.10b), 我们现在有了需要优化的负对数似然函数的具体形式[㊁]. 我们不难看出式 (9.10b) 是 $\boldsymbol{\theta}$ 的二次函数. 这意味着我们可以找到一个唯一的全局解 $\boldsymbol{\theta}_{\mathrm{ML}}$ 来最小化负对数似然 $\mathcal{L}$. 我们可以通过计算 $\mathcal{L}$ 的梯度, 设其为 $\mathbf{0}$, 并求解 $\boldsymbol{\theta}$ 来找到全局最优解.

利用第 5 章的结果, 我们计算 $\mathcal{L}$ 关于参数的梯度为

$$\frac{\mathrm{d}\mathcal{L}}{\mathrm{d}\boldsymbol{\theta}}=\frac{\mathrm{d}}{\mathrm{d}\boldsymbol{\theta}}\left(\frac{1}{2\sigma^2}(\boldsymbol{y}-\boldsymbol{X\theta})^\top(\boldsymbol{y}-\boldsymbol{X\theta})\right) \tag{9.11a}$$

$$=\frac{1}{2\sigma^2}\frac{\mathrm{d}}{\mathrm{d}\boldsymbol{\theta}}\left(\boldsymbol{y}^\top\boldsymbol{y}-2\boldsymbol{y}^\top\boldsymbol{X\theta}+\boldsymbol{\theta}^\top\boldsymbol{X}^\top\boldsymbol{X\theta}\right) \tag{9.11b}$$

$$=\frac{1}{\sigma^2}\left(-\boldsymbol{y}^\top\boldsymbol{X}+\boldsymbol{\theta}^\top\boldsymbol{X}^\top\boldsymbol{X}\right)\in\mathbb{R}^{1\times D}. \tag{9.11c}$$

用最大似然估计 $\boldsymbol{\theta}_{\mathrm{ML}}$ 求解 $\frac{\mathrm{d}\mathcal{L}}{\mathrm{d}\boldsymbol{\theta}}=\mathbf{0}^\top$(必要最优条件), 我们会得到[㊂]

$$\frac{\mathrm{d}\mathcal{L}}{\mathrm{d}\boldsymbol{\theta}}=\mathbf{0}^\top\overset{(9.11\mathrm{c})}{\iff}\boldsymbol{\theta}_{\mathrm{ML}}^\top\boldsymbol{X}^\top\boldsymbol{X}=\boldsymbol{y}^\top\boldsymbol{X} \tag{9.12a}$$

$$\iff\boldsymbol{\theta}_{\mathrm{ML}}^\top=\boldsymbol{y}^\top\boldsymbol{X}(\boldsymbol{X}^\top\boldsymbol{X})^{-1} \tag{9.12b}$$

$$\iff\boldsymbol{\theta}_{\mathrm{ML}}=(\boldsymbol{X}^\top\boldsymbol{X})^{-1}\boldsymbol{X}^\top\boldsymbol{y}. \tag{9.12c}$$

我们可以将第一个方程右乘 $(\boldsymbol{X}^\top\boldsymbol{X})^{-1}$, 因为如果 $\mathrm{rk}(\boldsymbol{X})=D$, $\boldsymbol{X}^\top\boldsymbol{X}$ 是正定的, 其中 $\mathrm{rk}(\boldsymbol{X})$ 表示 $\boldsymbol{X}$ 的秩.

评注 将梯度设为 $\mathbf{0}^\top$ 是充要条件, 由于黑塞矩阵 $\nabla^2_{\boldsymbol{\theta}}\mathcal{L}(\boldsymbol{\theta})=\boldsymbol{X}^\top\boldsymbol{X}\in\mathbb{R}^{D\times D}$ 是正定的, 我们得到全局最小值.

评注 式 (9.12c) 中的最大似然解需要我们用 $\boldsymbol{A}=(\boldsymbol{X}^\top\boldsymbol{X})$ 和 $\boldsymbol{b}=\boldsymbol{X}^\top\boldsymbol{y}$ 来求解线性方程组 $\boldsymbol{A\theta}=\boldsymbol{b}$.

例 9.2 (拟合线) 让我们看图 9.2, 这里我们旨在用最大似然估计将直线 $f(x)=\theta x$ 拟合到数据集上, 其中 θ 为未知斜率. 这个模型类 (直线) 中的函数示例如图 9.2a 所示. 对于图 9.2b 所示的数据集, 我们利用式 (9.12c) 求出斜率参数 θ 的最大似然估计, 得到图 9.2c 中的最大似然线性函数.

1. 带有特征的最大似然估计

到目前为止, 我们考虑了式 (9.4) 中描述的线性回归设定, 使得我们可以用最大似然估计拟合直线数据[㊃].

㊀ 误差平方通常被用作距离的度量.

㊁ 回顾 3.1 节, 如果我们选择点积作为内积, 则 $\|\boldsymbol{x}\|^2=\boldsymbol{x}^\top\boldsymbol{x}$.

㊂ 忽略重复数据点的似然, 当 $N\geqslant D$ 时, $\mathrm{rk}(\boldsymbol{X})=D$, 即我们的参数不多于数据点.

㊃ 线性回归是指 "参数线性" 的回归模型, 但输入可以经过任何非线性变换.

然而, 在拟合更丰富的数据时, 直线的表达能力并不强. 幸运的是, 线性回归为我们提供了一种在线性回归框架内拟合非线性函数的方法: 由于 "线性回归" 只指 "参数中的线性", 因此我们可以对输入 $\boldsymbol{x}$ 进行任意的非线性变换 $\boldsymbol{\phi}(\boldsymbol{x})$, 然后将这种变换的分量进行线性组合. 相应的线性回归模型为

$$\begin{aligned} p(y \mid \boldsymbol{x}, \boldsymbol{\theta}) &= \mathcal{N}\big(y \mid \boldsymbol{\phi}^\top(\boldsymbol{x})\boldsymbol{\theta},\, \sigma^2\big) \\ \iff y &= \boldsymbol{\phi}^\top(\boldsymbol{x})\boldsymbol{\theta} + \epsilon = \sum_{k=0}^{K-1} \theta_k \phi_k(\boldsymbol{x}) + \epsilon\,, \end{aligned} \tag{9.13}$$

其中 $\boldsymbol{\phi}: \mathbb{R}^D \to \mathbb{R}^K$ 是输入 $\boldsymbol{x}$ 的 (非线性) 变换, $\phi_k: \mathbb{R}^D \to \mathbb{R}$ 是特征向量 $\boldsymbol{\phi}$ 的第 k 个分量. 注意, 模型参数 $\boldsymbol{\theta}$ 仍然是线性的.

例 9.3 (多项式回归) 我们考虑回归问题 $y = \boldsymbol{\phi}^\top(x)\boldsymbol{\theta} + \epsilon$, 其中 $x \in \mathbb{R}$, $\boldsymbol{\theta} \in \mathbb{R}^K$. 在此情况下, 经常使用变换

$$\boldsymbol{\phi}(x) = \begin{bmatrix} \phi_0(x) \\ \phi_1(x) \\ \vdots \\ \phi_{K-1}(x) \end{bmatrix} = \begin{bmatrix} 1 \\ x \\ x^2 \\ x^3 \\ \vdots \\ x^{K-1} \end{bmatrix} \in \mathbb{R}^K\,. \tag{9.14}$$

这意味着我们将原来的一维输入空间 "提升" 到一个由所有单项式 x^k 组成的 K 维特征空间, 其中 $k = 0, \cdots, K-1$. 利用这些特征, 我们可以在线性回归的框架内对次数小于或等于 $K-1$ 的多项式进行建模: $K-1$ 次多项式为

$$f(x) = \sum_{k=0}^{K-1} \theta_k x^k = \boldsymbol{\phi}^\top(x)\boldsymbol{\theta}\,, \tag{9.15}$$

其中 $\boldsymbol{\phi}$ 定义为式 (9.14), 且 $\boldsymbol{\theta} = [\theta_0, \cdots, \theta_{K-1}]^\top \in \mathbb{R}^K$ 包含 (线性) 参数 θ_k.

现在我们来看看线性回归模型 (9.13) 中参数 $\boldsymbol{\theta}$ 的最大似然估计. 我们考虑训练输入 $\boldsymbol{x}_n \in \mathbb{R}^D$ 和目标 $y_n \in \mathbb{R}$, $n = 1, \cdots, N$, 定义特征矩阵 (设计矩阵) 为

$$\boldsymbol{\Phi} := \begin{bmatrix} \boldsymbol{\phi}^\top(\boldsymbol{x}_1) \\ \vdots \\ \boldsymbol{\phi}^\top(\boldsymbol{x}_N) \end{bmatrix} = \begin{bmatrix} \phi_0(\boldsymbol{x}_1) & \cdots & \phi_{K-1}(\boldsymbol{x}_1) \\ \phi_0(\boldsymbol{x}_2) & \cdots & \phi_{K-1}(\boldsymbol{x}_2) \\ \vdots & & \vdots \\ \phi_0(\boldsymbol{x}_N) & \cdots & \phi_{K-1}(\boldsymbol{x}_N) \end{bmatrix} \in \mathbb{R}^{N \times K}\,, \tag{9.16}$$

其中 $\Phi_{ij} = \phi_j(\boldsymbol{x}_i)$, $\phi_j: \mathbb{R}^D \to \mathbb{R}$.

例 9.4 (二次多项式的特征矩阵) 对于一个二次多项式和 N 个训练点 $x_n \in \mathbb{R}, n = 1, \cdots, N$, 特征矩阵为

$$\boldsymbol{\Phi} = \begin{bmatrix} 1 & x_1 & x_1^2 \\ 1 & x_2 & x_2^2 \\ \vdots & \vdots & \vdots \\ 1 & x_N & x_N^2 \end{bmatrix}. \tag{9.17}$$

取式 (9.16) 中定义的特征矩阵 $\boldsymbol{\Phi}$, 线性回归模型 (式 (9.13)) 的负对数似然可表示为

$$-\log p(\mathcal{Y} \mid \mathcal{X}, \boldsymbol{\theta}) = \frac{1}{2\sigma^2}(\boldsymbol{y} - \boldsymbol{\Phi\theta})^\top(\boldsymbol{y} - \boldsymbol{\Phi\theta}) + c. \tag{9.18}$$

将式 (9.18) 与 "无特征" 模型 (式 (9.10b)) 中的负对数似然进行比较, 我们立即看到, 我们只需要将 $\boldsymbol{X}$ 替换为 $\boldsymbol{\Phi}$. 因为 $\boldsymbol{X}$ 和 $\boldsymbol{\Phi}$ 都与我们希望优化的参数 $\boldsymbol{\theta}$ 无关, 所以我们立即得到由式 (9.13) 定义的具有非线性特征的线性回归问题的*最大似然估计*

$$\boldsymbol{\theta}_{\mathrm{ML}} = (\boldsymbol{\Phi}^\top\boldsymbol{\Phi})^{-1}\boldsymbol{\Phi}^\top\boldsymbol{y} \tag{9.19}$$

评注 *在无特征的情况下工作时, 我们要求 $\boldsymbol{X}^\top\boldsymbol{X}$ 是可逆的, 这就是 $\mathrm{rk}(\boldsymbol{X}) = D$ 时的情况, 即 $\boldsymbol{X}$ 的列是线性无关的. 因此, 在式 (9.19) 中, 我们要求 $\boldsymbol{\Phi}^\top\boldsymbol{\Phi} \in \mathbb{R}^{K\times K}$ 可逆. 这就是当且仅当 $\mathrm{rk}(\boldsymbol{\Phi}) = K$ 时的情形.*

例 9.5 (最大似然多项式拟合) 考虑图 9.4a 中的数据集. 数据集由 $N = 10$ 对 (x_n, y_n) 组成, 其中 $x_n \sim \mathcal{U}[-5, 5]$ 和 $y_n = -\sin(x_n/5) + \cos(x_n) + \epsilon$, 其中 $\epsilon \sim \mathcal{N}(0, 0.2^2)$.

我们用最大似然估计拟合一个 4 次多项式, 即式 (9.19) 中给出的参数 $\boldsymbol{\theta}_{\mathrm{ML}}$. 最大似然估计在任何测试位置 x_* 处都会产生函数值 $\boldsymbol{\phi}^\top(x_*)\boldsymbol{\theta}_{\mathrm{ML}}$. 结果如图 9.4b 所示.

2. 估计噪声方差

到目前为止, 我们假设噪声方差 σ^2 已知. 但是, 我们也可以利用最大似然估计原理, 得到噪声方差的最大似然估计量 σ^2_{ML}. 为此, 我们按照标准步骤: 我们写下对数似然, 计算其对 $\sigma^2 > 0$ 的导数, 将其设为 0, 然后求解. 对数似然由以下公式给出:

$$\log\ p(\mathcal{Y} \mid \mathcal{X}, \boldsymbol{\theta}, \sigma^2) = \sum_{n=1}^{N} \log \mathcal{N}\big(y_n \mid \boldsymbol{\phi}^\top(\boldsymbol{x}_n)\boldsymbol{\theta}, \sigma^2\big) \tag{9.20a}$$

$$= \sum_{n=1}^{N}\left(-\frac{1}{2}\log(2\pi) - \frac{1}{2}\log\sigma^2 - \frac{1}{2\sigma^2}(y_n - \boldsymbol{\phi}^\top(\boldsymbol{x}_n)\boldsymbol{\theta})^2\right) \tag{9.20b}$$

$$= -\frac{N}{2}\log\sigma^2 - \frac{1}{2\sigma^2}\underbrace{\sum_{n=1}^{N}(y_n - \boldsymbol{\phi}^\top(\boldsymbol{x}_n)\boldsymbol{\theta})^2}_{=:s} + c. \tag{9.20c}$$

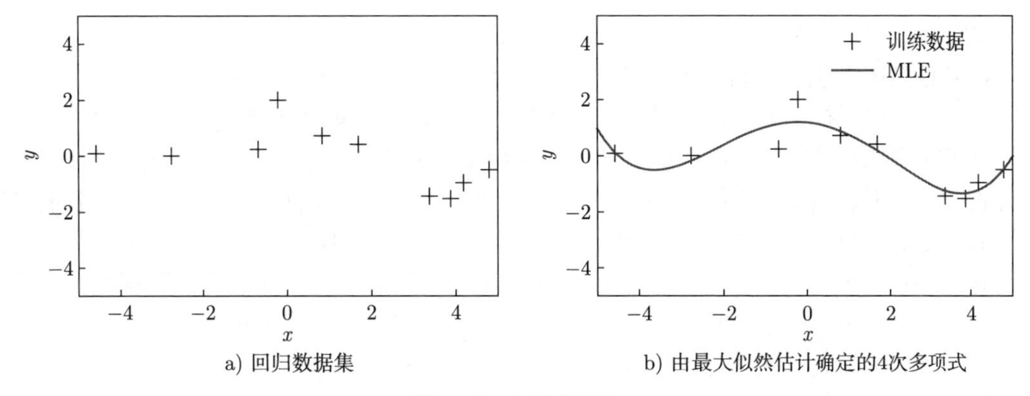

a) 回归数据集　　b) 由最大似然估计确定的4次多项式

图 9.4 多项式回归

那么, 对数似然关于 σ^2 的偏导数就是

$$\frac{\partial \log p(\mathcal{Y} \mid \mathcal{X}, \boldsymbol{\theta}, \sigma^2)}{\partial \sigma^2} = -\frac{N}{2\sigma^2} + \frac{1}{2\sigma^4}s = 0 \tag{9.21a}$$

$$\iff \frac{N}{2\sigma^2} = \frac{s}{2\sigma^4} \tag{9.21b}$$

这样得到

$$\sigma_{\mathrm{ML}}^2 = \frac{s}{N} = \frac{1}{N}\sum_{n=1}^{N}(y_n - \boldsymbol{\phi}^\top(\boldsymbol{x}_n)\boldsymbol{\theta})^2 \,. \tag{9.22}$$

因此, 噪声方差的最大似然估计是输入坐标 $\boldsymbol{x}_n$ 处的无噪声函数值 $\boldsymbol{\phi}^\top(\boldsymbol{x}_n)\boldsymbol{\theta}$ 和相应的带有噪声的观测值 y_n 之间的平方距离的经验均值.

9.2.2 线性回归中的过拟合

我们刚刚讨论了如何使用最大似然估计对数据拟合线性模型 (如多项式). 我们可以通过计算产生的误差/损失来评估模型的质量. 这样做的一个方法是计算负对数似然 (9.10b), 我们最小化它来确定最大似然估计. 另外, 鉴于噪声参数 σ^2 不是一个自由的模型参数, 我们可以忽略 $1/\sigma^2$ 的缩放, 所以我们最终得到一个平方误差损失函数 $\|\boldsymbol{y} - \boldsymbol{\Phi}\boldsymbol{\theta}\|^2$. 我们通常用 *均方根误差* (RMSE) 代替平方损失.

$$\sqrt{\frac{1}{N}\|\boldsymbol{y} - \boldsymbol{\Phi}\boldsymbol{\theta}\|^2} = \sqrt{\frac{1}{N}\sum_{n=1}^{N}(y_n - \boldsymbol{\phi}^\top(\boldsymbol{x}_n)\boldsymbol{\theta})^2} \,, \tag{9.23}$$

这允许我们比较不同大小的数据集的误差, 具有与观测函数值 y_n 相同的大小和单位. 例如, 如果我们拟合一个将邮编 ($\boldsymbol{x}$ 以纬度、经度给出) 映射到房价 ($\boldsymbol{y}$ 的值为 EUR) 的模型, 那么 RMSE[一] 用 EUR 来衡量, 而平方误差则是 EUR ^{2}.

如果我们选择包含原负对数似然[二] (式 (9.10b)) 中的因子 σ^2 , 那么我们最终会得到一个无单位的优化目标, 也就是说, 在前面的例子中, 我们的目标将不再是 EUR 或 EUR ^{2}.

对于模型选择 (参见 8.6 节), 我们可以使用 RMSE(或负对数似然) 来确定多项式的最佳次数, 并找到使目标最小化的多项式次数 M. 假设多项式的次数是一个自然数, 我们可以执行暴力搜索并枚举 M 的所有 (合理) 值. 对于大小为 N 的训练集, 测试 $0 \leqslant M \leqslant N-1$ 就足够了. 对于 $M < N$, 最大似然估计是唯一的. 对于 $M \geqslant N$, 我们有比数据点更多的参数, 并且需要解一个欠定的线性方程组 (式(9.19) 中的 $\boldsymbol{\Phi}^\top\boldsymbol{\Phi}$ 也将不再是可逆的), 这样就有无限多个可能的最大似然估计.

图 9.5 显示了在 $N = 10$ 个观测值下, 由图 9.4a 中的数据集的最大似然确定的多项式拟合. 我们注意到, 低次的多项式 (例如, 常数 ($M = 0$) 或线性多项式 ($M = 1$)) 对数据的拟合度很差, 因此, 对明确的总体分布的表示很差. 对于次数 $M = 3, \cdots ,5$, 拟合似乎是没有问题的, 并可以平滑地对数据进行插值. 当我们转到更高次的多项式时, 我们会发现它们对数据的拟合度越来越高. 在 $M = N - 1 = 9$ 的极端情况[三]下, 函数会通过每一个数据点. 然而, 这些高次多项式会出现剧烈振荡, 而且不能很好地表示生成数据的总体分布, 这样就导致了过拟合现象.

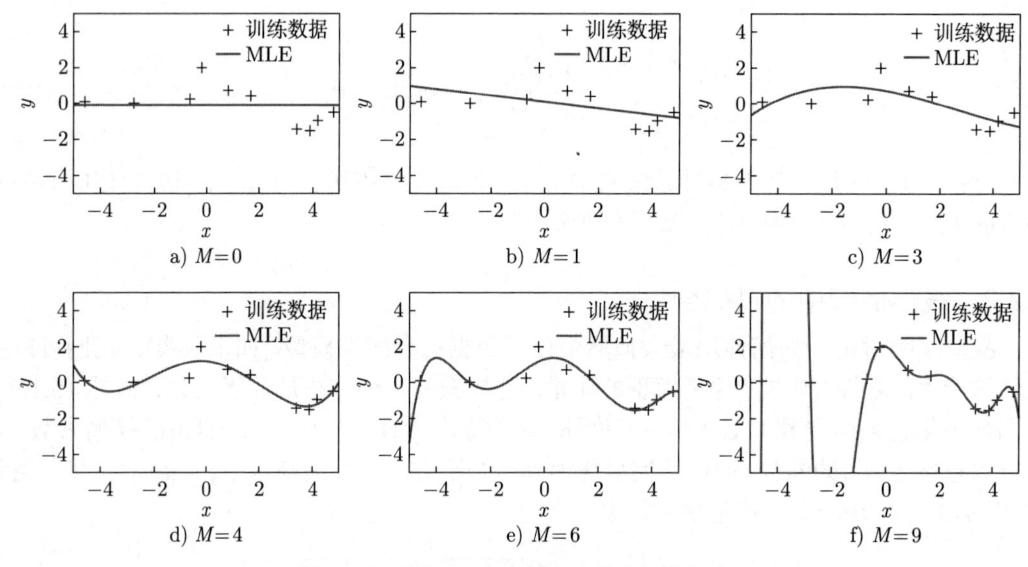

图 9.5 不同 M 次多项式的最大似然拟合

[一] RMSE 是归一化的.

[二] 负对数似然是无单位的.

[三] $M = N - 1$ 的情形是极端的, 否则对应的线性方程组的零空间将是非平凡的, 线性回归问题的最优解将是无穷多的.

请记住, 我们的目标是通过对新的 (未见过的) 数据进行准确的预测来实现良好的泛化. 我们通过考虑由 200 个数据点组成的独立测试集, 使用与生成训练集完全相同的程序, 从而获得泛化性能对 M 次多项式的依赖关系的一些定量认识. 作为测试输入, 我们在 $[-5,5]$ 的区间内选择了 200 个点的线性网格. 我们评估训练数据和测试数据的 RMSE (9.23) 来选取 M 值.

现在来看测试误差, 它是对相应多项式的泛化特性的定性度量, 我们注意到最初的测试误差会减小, 见图 9.6 (浅灰色). 对于 4 次多项式, 测试误差相对较小, 在 5 次时保持相对恒定. 但从 6 次多项式开始, 测试误差显著增大, 且高次多项式的泛化性很差. 在这个特殊的例子中, 这也可以从图 9.5 相应的最大似然拟合中看出. 请注意, 当多项式的次数增加时, *训练误差* (图 9.6 中的深灰色曲线) 从未增大. 在我们的例子中, 对于一个次数 $M=4$ 的多项式, 可以得到最好的泛化 (最小*测试误差*点).

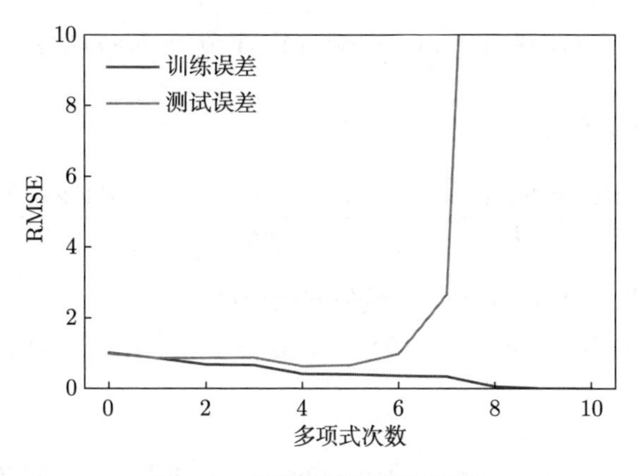

图 9.6 训练误差和测试误差

9.2.3 最大后验估计

我们刚才看到, 最大似然估计容易出现过拟合. 我们也经常观察到, 如果遇到过拟合 (Bishop, 2006), 参数值会变得比较大.

为了减轻参数值过大的影响, 我们可以在参数上设置一个先验分布 $p(\boldsymbol{\theta})$. 先验分布明确地展示了哪些参数值是合理的 (在看到任何数据之前). 例如, 单个参数 θ 上的高斯先验 $p(\theta)=\mathcal{N}(0,\,1)$ 将参数值限制在 $[-2,2]$ 区间 (均值周围的两个标准差). 一旦数据集 $\mathcal{X}$, $\mathcal{Y}$ 可用, 我们寻求的就是最大后验分布 $p(\boldsymbol{\theta}\,|\,\mathcal{X},\mathcal{Y})$ 的参数, 而不是最大似然. 这个过程称为*最大后验* (MAP) 估计.

利用贝叶斯定理 (6.3 节), 可以得到训练数据 $\mathcal{X},\mathcal{Y}$ 下参数 $\boldsymbol{\theta}$ 的后验为

$$p(\boldsymbol{\theta}\,|\,\mathcal{X},\mathcal{Y})=\frac{p(\mathcal{Y}\,|\,\mathcal{X},\boldsymbol{\theta})p(\boldsymbol{\theta})}{p(\mathcal{Y}\,|\,\mathcal{X})}\,. \tag{9.24}$$

由于后验明显依赖于参数先验 $p(\boldsymbol{\theta})$, 因此先验将对我们找到的作为后验最大化的参数向量产生影响. 我们将在下文中更明确地看到这一点. 使后验 (式 (9.24)) 最大化的参数向量 $\boldsymbol{\theta}_{\mathrm{MAP}}$ 就是 MAP 估计.

我们按照与最大似然估计相似的步骤去找到 MAP 估计值. 我们从对数变换开始, 计算对数后验为

$$\log p(\boldsymbol{\theta} \mid \mathcal{X}, \mathcal{Y}) = \log p(\mathcal{Y} \mid \mathcal{X}, \boldsymbol{\theta}) + \log p(\boldsymbol{\theta}) + c, \tag{9.25}$$

其中常量包含独立于 $\boldsymbol{\theta}$ 的项. 我们发现式 (9.25) 的对数后验是对数似然 $p(\mathcal{Y} \mid \mathcal{X}, \boldsymbol{\theta})$ 和对数先验 $\log p(\boldsymbol{\theta})$ 的和, 因此 MAP 估计将是先验估计 (我们建议, 在观察数据前先确定合理的参数值) 和依赖数据的似然之间的 "折中".

为了找到 MAP 估计 $\boldsymbol{\theta}_{\mathrm{MAP}}$, 我们最小化 $\boldsymbol{\theta}$ 的负对数后验分布, 即求解

$$\boldsymbol{\theta}_{\mathrm{MAP}} \in \arg\min_{\boldsymbol{\theta}} \{-\log p(\mathcal{Y} \mid \mathcal{X}, \boldsymbol{\theta}) - \log p(\boldsymbol{\theta})\}\,. \tag{9.26}$$

关于 $\boldsymbol{\theta}$ 的负对数后验梯度为

$$-\frac{\mathrm{d} \log p(\boldsymbol{\theta} \mid \mathcal{X}, \mathcal{Y})}{\mathrm{d}\boldsymbol{\theta}} = -\frac{\mathrm{d} \log p(\mathcal{Y} \mid \mathcal{X}, \boldsymbol{\theta})}{\mathrm{d}\boldsymbol{\theta}} - \frac{\mathrm{d} \log p(\boldsymbol{\theta})}{\mathrm{d}\boldsymbol{\theta}}, \tag{9.27}$$

其中, 右边的第一项是式 (9.11c) 中负对数似然的梯度.

对参数 $\boldsymbol{\theta}$ 使用 (共轭) 高斯先验 $p(\boldsymbol{\theta}) = \mathcal{N}(\mathbf{0},\, b^2\boldsymbol{I})$(式 (9.13) 的负对数后验), 我们得到负对数后验为

$$-\log p(\boldsymbol{\theta} \mid \mathcal{X}, \mathcal{Y}) = \frac{1}{2\sigma^2}(\boldsymbol{y} - \boldsymbol{\Phi}\boldsymbol{\theta})^\top(\boldsymbol{y} - \boldsymbol{\Phi}\boldsymbol{\theta}) + \frac{1}{2b^2}\boldsymbol{\theta}^\top\boldsymbol{\theta} + c. \tag{9.28}$$

这里, 第一项对应于对数似然的贡献, 第二项是来自对数先验.

那么, 关于参数 $\boldsymbol{\theta}$ 的对数后验梯度就是

$$-\frac{\mathrm{d} \log p(\boldsymbol{\theta} \mid \mathcal{X}, \mathcal{Y})}{\mathrm{d}\boldsymbol{\theta}} = \frac{1}{\sigma^2}(\boldsymbol{\theta}^\top\boldsymbol{\Phi}^\top\boldsymbol{\Phi} - \boldsymbol{y}^\top\boldsymbol{\Phi}) + \frac{1}{b^2}\boldsymbol{\theta}^\top\,. \tag{9.29}$$

通过设该梯度为 $\mathbf{0}^\top$ 并求解 $\boldsymbol{\theta}_{\mathrm{MAP}}$, 来找到 MAP 估计 $\boldsymbol{\theta}_{\mathrm{MAP}}$. 我们得到

$$\frac{1}{\sigma^2}(\boldsymbol{\theta}^\top\boldsymbol{\Phi}^\top\boldsymbol{\Phi} - \boldsymbol{y}^\top\boldsymbol{\Phi}) + \frac{1}{b^2}\boldsymbol{\theta}^\top = \mathbf{0}^\top \tag{9.30a}$$

$$\iff \boldsymbol{\theta}^\top\left(\frac{1}{\sigma^2}\boldsymbol{\Phi}^\top\boldsymbol{\Phi} + \frac{1}{b^2}\boldsymbol{I}\right) - \frac{1}{\sigma^2}\boldsymbol{y}^\top\boldsymbol{\Phi} = \mathbf{0}^\top \tag{9.30b}$$

$$\iff \boldsymbol{\theta}^\top\left(\boldsymbol{\Phi}^\top\boldsymbol{\Phi} + \frac{\sigma^2}{b^2}\boldsymbol{I}\right) = \boldsymbol{y}^\top\boldsymbol{\Phi} \tag{9.30c}$$

$$\iff \boldsymbol{\theta}^\top = \boldsymbol{y}^\top \boldsymbol{\Phi} \left(\boldsymbol{\Phi}^\top \boldsymbol{\Phi} + \frac{\sigma^2}{b^2} \boldsymbol{I} \right)^{-1} \tag{9.30d}$$

所以 MAP 估计值是 (通过对最后一个等式两边进行转置)[⊖]

$$\boldsymbol{\theta}_{\text{MAP}} = \left(\boldsymbol{\Phi}^\top \boldsymbol{\Phi} + \frac{\sigma^2}{b^2} \boldsymbol{I} \right)^{-1} \boldsymbol{\Phi}^\top \boldsymbol{y} \,. \tag{9.31}$$

通过比较式 (9.31) 的 MAP 估计和式 (9.19) 的最大似然估计, 我们发现这两个解的唯一区别是逆矩阵中的附加项 $\frac{\sigma^2}{b^2}\boldsymbol{I}$. 该项保证了 $\boldsymbol{\Phi}^\top\boldsymbol{\Phi} + \frac{\sigma^2}{b^2}\boldsymbol{I}$ 是对称且严格正定的 (即它的逆存在且 MAP 估计是线性方程组的唯一解). 此外, 它还反映了正则化的影响.

例 9.6 (多项式回归的 MAP 估计) 在 9.2.1 节的多项式回归例子中, 对参数 $\boldsymbol{\theta}$, 设高斯先验 $p(\boldsymbol{\theta}) = \mathcal{N}(\boldsymbol{0}, \boldsymbol{I})$, 并根据式 (9.31) 确定 MAP 估计值. 在图 9.7 中, 我们给出了 6 次多项式 (左) 和 8 次多项式 (右) 的最大似然估计和 MAP 估计. 对于低次多项式来说, 先验 (正则化) 的作用并不明显, 但对于高次多项式来说, 却能保持函数相对平稳. 虽然 MAP 估计可以打破过拟合的界限, 但它并不是解决这个问题的通用方法, 因此我们需要一种更理论的方法来解决过拟合问题.

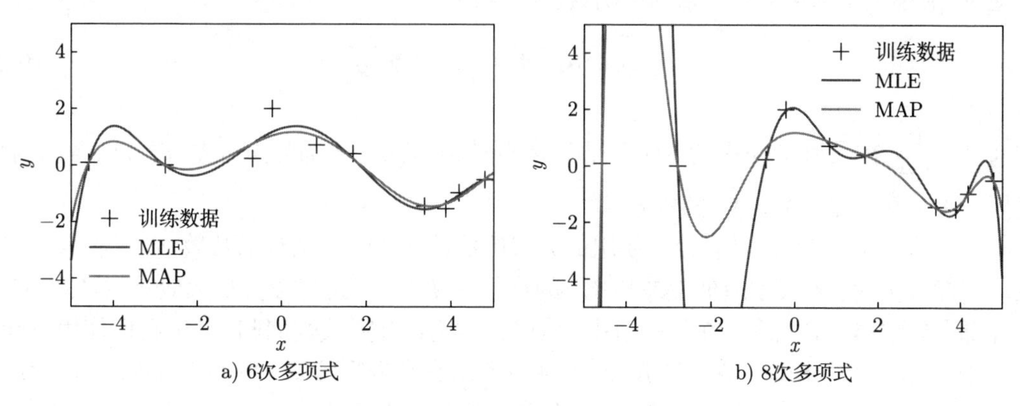

图 9.7 多项式回归: 最大似然估计和 MAP 估计

9.2.4 作为正则化的 MAP 估计

除了在参数 $\boldsymbol{\theta}$ 上设置一个先验分布, 还可以通过正则化的方式对参数的大小进行惩罚, 以减轻过拟合的影响. 在*正则化最小二乘法*中, 我们考虑损失函数

$$\|\boldsymbol{y} - \boldsymbol{\Phi}\boldsymbol{\theta}\|^2 + \lambda \|\boldsymbol{\theta}\|_2^2 \,, \tag{9.32}$$

⊖ $\boldsymbol{\Phi}^\top\boldsymbol{\Phi}$ 是对称且半正定的. 式(9.31) 中的附加项是严格正定, 因此存在逆.

关于 $\boldsymbol{\theta}$ 取最小值 (见 8.2.3 节). 在这里, 第一项是*数据拟合项* (也称作*错合项*), 它与负对数似然成正比, 见式 (9.10b). 第二项称为*正则化*, 正则化参数 $\lambda \geqslant 0$ 控制正则化的 "惩罚程度".

评注 *我们可以选择式 (9.32) 中的任意 p-范数 $\|\cdot\|_p$ 来替换欧氏范数 $\|\cdot\|_2$. 在实际应用中, p 的数值越小, 解就越稀疏. 这里的 "稀疏" 是指许多参数值 $\theta_d = 0$, 这有利于选择变量. 对于 $p = 1$, 正则化称为 LASSO(Least Absolute Shrinkage and Selection Operator), 是由 Tibshirani (1996) 提出的.*

式 (9.32) 中的正则化 $\lambda \|\boldsymbol{\theta}\|_2^2$ 可以解释为负对数高斯先验, 我们将其用于 MAP 估计中, 见式 (9.26). 更具体地说, 在高斯先验 $p(\boldsymbol{\theta}) = \mathcal{N}\big(\mathbf{0}, b^2\boldsymbol{I}\big)$ 的情况下, 我们得到负对数高斯先验

$$-\log p(\boldsymbol{\theta}) = \frac{1}{2b^2}\|\boldsymbol{\theta}\|_2^2 + c \tag{9.33}$$

因此, 对于 $\lambda = \dfrac{1}{2b^2}$ 来说, 正则化项和负对数高斯先验是相同的.

考虑到式 (9.32) 中的正则化最小二乘损失函数包含与负对数似然加负对数先验的相关项, 所以当最小化该损失时, 我们也就得到了与式 (9.31) 中 MAP 估计非常类似的解. 更具体地说, 最小化正则化最小二乘损失函数就会得到

$$\boldsymbol{\theta}_{\mathrm{RLS}} = (\boldsymbol{\Phi}^\top\boldsymbol{\Phi} + \lambda\boldsymbol{I})^{-1}\boldsymbol{\Phi}^\top\boldsymbol{y}\,, \tag{9.34}$$

这与 $\lambda = \dfrac{\sigma^2}{b^2}$ 在式 (9.31) 中的 MAP 估计是相同的, 其中 σ^2 为噪声方差, b^2 为 (各向同性) 高斯先验 $p(\boldsymbol{\theta}) = \mathcal{N}\big(\mathbf{0}, b^2\boldsymbol{I}\big)$ 的方差.

到目前为止, 我们已经涵盖了使用最大似然估计和 MAP 估计的参数估计, 在这里我们发现了能够优化目标函数 (似然或后验) 的点估计 $\boldsymbol{\theta}^*$[㊀]. 我们看到, 最大似然估计和 MAP 估计都会导致过拟合现象. 在下一节中, 我们将讨论贝叶斯线性回归, 其中我们使用贝叶斯推理 (8.4 节) 来找未知参数的后验分布, 随后使用它来进行预测. 更具体地说, 我们会综合考虑参数集中所有可能取值的预测, 而不是集中于一个点的估计.

9.3 贝叶斯线性回归

此前, 我们研究了线性回归模型, 其中我们估计了模型参数 $\boldsymbol{\theta}$, 例如, 通过最大似然估计或 MAP 估计来进行估计. 我们发现 MLE 会导致严重的过拟合, 特别是在小数据情况下. MAP 通过给参数添加一个先验起到正则化的作用来解决这个问题.

㊀ 点估计与似然参数场景中的分布不同, 是一个单一的具体参数值.

贝叶斯线性回归将参数先验的思想又推进了一步, 甚至不尝试计算参数的点估计, 而是在进行预测时考虑了参数的全部后验分布. 这表明我们不以某个参数拟合, 而是 (根据后验分布) 计算所有可能参数下的均值.

9.3.1 模型

在贝叶斯线性回归中, 我们考虑的模型是

$$\begin{aligned} \text{先验} \quad & p(\boldsymbol{\theta}) = \mathcal{N}\big(\boldsymbol{m}_0,\, \boldsymbol{S}_0\big)\,, \\ \text{似然} \quad & p(y \,|\, \boldsymbol{x}, \boldsymbol{\theta}) = \mathcal{N}\big(y \,|\, \boldsymbol{\phi}^\top(\boldsymbol{x})\boldsymbol{\theta},\, \sigma^2\big)\,, \end{aligned} \tag{9.35}$$

其中, 我们现在显式地在 $\boldsymbol{\theta}$ 上放置一个高斯先验 $p(\boldsymbol{\theta}) = \mathcal{N}\big(\boldsymbol{m}_0,\, \boldsymbol{S}_0\big)$, 它将参数向量变成一个随机变量. 这使得我们可以在图 9.8 中写下相应的图模型, 其中我们在参数 $\boldsymbol{\theta}$ 上施加了显式的高斯先验. 全概率模型, 即观测到的随机变量 y 和未观测随机变量 $\boldsymbol{\theta}$ 的联合分布为

$$p(y, \boldsymbol{\theta} \,|\, \boldsymbol{x}) = p(y \,|\, \boldsymbol{x}, \boldsymbol{\theta})p(\boldsymbol{\theta})\,. \tag{9.36}$$

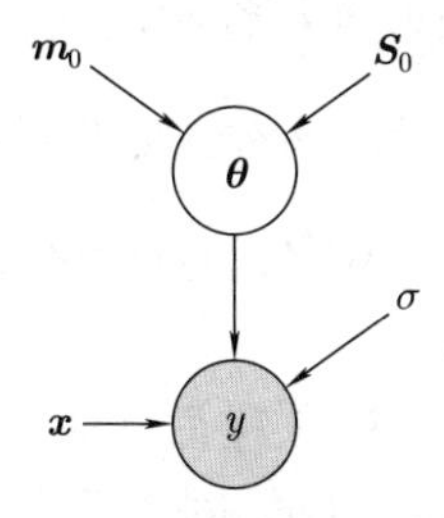

图 9.8 贝叶斯线性回归的图模型

9.3.2 先验预测

在实际情况中, 我们通常对参数值 $\boldsymbol{\theta}$ 本身并不那么感兴趣. 相反, 我们更注重用那些参数值所做出的预测. 在贝叶斯条件下, 我们选取参数分布和对所有可能的参数条件求均值来进行预测. 更具体地说, 在输入 $\boldsymbol{x}_*$ 进行预测时, 我们对 $\boldsymbol{\theta}$ 进行积分, 得到

$$p(y_* \,|\, \boldsymbol{x}_*) = \int p(y_* \,|\, \boldsymbol{x}_*, \boldsymbol{\theta})p(\boldsymbol{\theta})\mathrm{d}\boldsymbol{\theta} = \mathbb{E}_{\boldsymbol{\theta}}[p(y_* \,|\, \boldsymbol{x}_*, \boldsymbol{\theta})]\,, \tag{9.37}$$

我们可以将上式理解为, $y_* \,|\, \boldsymbol{x}_*, \boldsymbol{\theta}$ 在 $p(\boldsymbol{\theta})$ 的先验分布下对所有可能参数 $\boldsymbol{\theta}$ 的平均预测. 值得注意的是, 使用先验分布的预测只需要指定输入 $\boldsymbol{x}_*$, 但不需要训练数据. 在模型 (式 (9.35)) 中, 我们在 $\boldsymbol{\theta}$ 上选择了共轭 (高斯) 先验, 这样的预测分布也是高斯分布 (并且可以用闭式计算): 在 $p(\boldsymbol{\theta}) = \mathcal{N}\big(\boldsymbol{m}_0,\, \boldsymbol{S}_0\big)$ 的先验分布中, 我们得到的预测分布为

$$p(y_* \,|\, \boldsymbol{x}_*) = \mathcal{N}\big(\boldsymbol{\phi}^\top(\boldsymbol{x}_*)\boldsymbol{m}_0,\, \boldsymbol{\phi}^\top(\boldsymbol{x}_*)\boldsymbol{S}_0\boldsymbol{\phi}(\boldsymbol{x}_*) + \sigma^2\big)\,, \tag{9.38}$$

由于共轭性 (见 6.6 节) 和高斯边缘分布性质 (见 6.5 节), 预测是高斯函数, 因为高斯噪声是独立的, 所以

$$\mathbb{V}[y_*] = \mathbb{V}_{\boldsymbol{\theta}}[\boldsymbol{\phi}^\top(\boldsymbol{x}_*)\boldsymbol{\theta}] + \mathbb{V}_\epsilon[\epsilon]\,, \tag{9.39}$$

又因为 y_* 是 $\boldsymbol{\theta}$ 的线性变换, 所以我们可以用式 (6.50) 和式 (6.51) 分别对预测的均值和协方差来进行分析计算. 在式 (9.38) 中, 预测方差中的 $\boldsymbol{\phi}^\top(\boldsymbol{x}_*)\boldsymbol{S}_0\boldsymbol{\phi}(\boldsymbol{x}_*)$ 显式地考虑了与参数 $\boldsymbol{\theta}$ 相关的不确定性, 而 σ^2 则是由测量噪声引起的不确定性贡献.

如果我们感兴趣的是预测去噪函数值 $f(\boldsymbol{x}_*) = \boldsymbol{\phi}^\top(\boldsymbol{x}_*)\boldsymbol{\theta}$ 而不是受到噪声干扰的目标值 y_*, 我们得到

$$p(f(\boldsymbol{x}_*)) = \mathcal{N}\big(\boldsymbol{\phi}^\top(\boldsymbol{x}_*)\boldsymbol{m}_0,\, \boldsymbol{\phi}^\top(\boldsymbol{x}_*)\boldsymbol{S}_0\boldsymbol{\phi}(\boldsymbol{x}_*)\big)\,, \tag{9.40}$$

与式 (9.38) 不同的只是在方差预测中省略了噪声方差 σ^2.

评注 (函数分布) *由于我们可以用一组采样 $\boldsymbol{\theta}_i$ 来表示分布 $p(\boldsymbol{\theta})$, 并且每个采样 $\boldsymbol{\theta}_i$ 都产生一个函数 $f_i(\cdot) = \boldsymbol{\theta}_i^\top\boldsymbol{\phi}(\cdot)$, 因此, 参数分布 $p(\boldsymbol{\theta})$ 在函数上诱导出一个分布 $p(f(\cdot))$.*

例 9.7 (函数先验) 考虑一个贝叶斯线性回归问题, 其多项式次数为 5. 我们选择参数先验 $p(\boldsymbol{\theta}) = \left(\boldsymbol{0}, \dfrac{1}{4}\boldsymbol{I}\right)$. 图 9.9 显示了由该参数先验导出的函数上的先验分布 (阴影区: 深灰色——67% 的置信区间, 浅灰色——95% 的置信区间), 其中包括一些来自该先验的函数样本.

每个函数采样由参数向量 $\boldsymbol{\theta}_i \sim p(\boldsymbol{\theta})$ 采样后并计算 $f_i(\cdot) = \boldsymbol{\theta}_i^\top\boldsymbol{\phi}(\cdot)$ 得到. 我们使用 200 个输入 $x_* \in [-5,5]$, 去应用特征函数 $\boldsymbol{\phi}(\cdot)$. 因为考虑无噪声预测分布——式 (9.40), 所以图 9.9 中的不确定性 (用阴影区域表示) 完全由参数的不确定性导致.

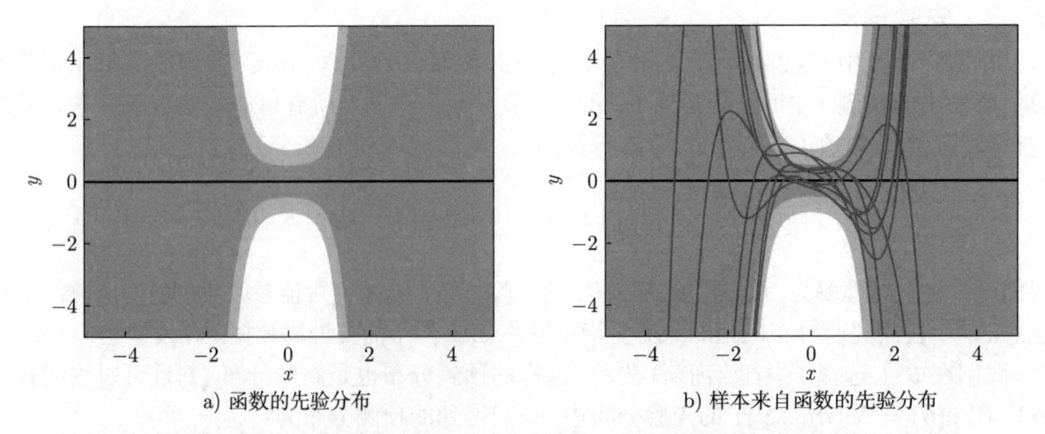

图 9.9 函数先验. a) 均值函数 (黑线) 和边缘不确定度 (阴影) 代表的函数分布分别代表了 67% 和 95% 的置信区间; b) 样本来自含参数先验的函数先验

到目前为止, 我们研究了使用参数先验 $p(\boldsymbol{\theta})$ 进行的预测. 然而, 当我们有一个参数后验 (给定一些训练数据 $\mathcal{X}$, $\mathcal{Y}$) 时, 预测和推理的原则与式 (9.37) 相同——我们只需要用后验 $p(\boldsymbol{\theta}\,|\,\mathcal{X},\mathcal{Y})$ 代替先验 $p(\boldsymbol{\theta})$ 即可. 下面我们将详细推导出后验分布, 再利用它来进行预测.

9.3.3 后验分布

给定一组训练输入 $\boldsymbol{x}_n \in \mathbb{R}^D$ 和对应的观测值 $y_n \in \mathbb{R}$, $n = 1, \cdots, N$, 我们用贝叶斯定理计算参数后验为

$$p(\boldsymbol{\theta}\,|\,\mathcal{X},\mathcal{Y}) = \frac{p(\mathcal{Y}\,|\,\mathcal{X},\boldsymbol{\theta})p(\boldsymbol{\theta})}{p(\mathcal{Y}\,|\,\mathcal{X})}, \tag{9.41}$$

其中 $\mathcal{X}$ 为训练输入集合, $\mathcal{Y}$ 为相应训练目标集合. 此外, $p(\mathcal{Y}\,|\,\mathcal{X},\boldsymbol{\theta})$ 为似然, $p(\boldsymbol{\theta})$ 为参数先验, 并且

$$p(\mathcal{Y}\,|\,\mathcal{X}) = \int p(\mathcal{Y}\,|\,\mathcal{X},\boldsymbol{\theta})p(\boldsymbol{\theta})\mathrm{d}\boldsymbol{\theta} = \mathbb{E}_{\boldsymbol{\theta}}[p(\mathcal{Y}\,|\,\mathcal{X},\boldsymbol{\theta})] \tag{9.42}$$

是独立于参数 $\boldsymbol{\theta}$ 且后验归一化 (即定义域上积分为 1) 的*边缘似然/证据*. 我们可以把边缘似然看作所有似然参数场景下的均值[㊀](相对于先验分布 $p(\boldsymbol{\theta})$).

定理 9.1 (参数后验) 在模型 (9.35) 中, 参数后验 (9.41) 可以用闭式计算为

$$p(\boldsymbol{\theta}\,|\,\mathcal{X},\mathcal{Y}) = \mathcal{N}\big(\boldsymbol{\theta}\,|\,\boldsymbol{m}_N,\, \boldsymbol{S}_N\big), \tag{9.43a}$$

$$\boldsymbol{S}_N = (\boldsymbol{S}_0^{-1} + \sigma^{-2}\boldsymbol{\Phi}^\top\boldsymbol{\Phi})^{-1}, \tag{9.43b}$$

$$\boldsymbol{m}_N = \boldsymbol{S}_N(\boldsymbol{S}_0^{-1}\boldsymbol{m}_0 + \sigma^{-2}\boldsymbol{\Phi}^\top\boldsymbol{y}), \tag{9.43c}$$

其中下标 N 表示训练集的大小.

证明 贝叶斯定理告诉我们, 后验 $p(\boldsymbol{\theta}\,|\,\mathcal{X},\mathcal{Y})$ 与似然 $p(\mathcal{Y}\,|\,\mathcal{X},\boldsymbol{\theta})$ 和先验 $p(\boldsymbol{\theta})$ 的乘积成正比:

$$\text{后验:}\quad p(\boldsymbol{\theta}\,|\,\mathcal{X},\mathcal{Y}) = \frac{p(\mathcal{Y}\,|\,\mathcal{X},\boldsymbol{\theta})p(\boldsymbol{\theta})}{p(\mathcal{Y}\,|\,\mathcal{X})} \tag{9.44a}$$

$$\text{似然:}\quad p(\mathcal{Y}\,|\,\mathcal{X},\boldsymbol{\theta}) = \mathcal{N}\big(\boldsymbol{y}\,|\,\boldsymbol{\Phi\theta},\, \sigma^2\boldsymbol{I}\big) \tag{9.44b}$$

$$\text{先验:}\quad p(\boldsymbol{\theta}) = \mathcal{N}\big(\boldsymbol{\theta}\,|\,\boldsymbol{m}_0,\, \boldsymbol{S}_0\big). \tag{9.44c}$$

我们可以不看先验和似然的乘积, 而是将问题转化为对数空间, 通过后验的配方来求解均值和协方差.

㊀ 边缘似然是参数先验下的期望似然.

对数先验与对数似然之和为

$$\log\mathcal{N}\big(\boldsymbol{y}\,|\,\boldsymbol{\Phi\theta},\,\sigma^2\boldsymbol{I}\big)+\log\mathcal{N}\big(\boldsymbol{\theta}\,|\,\boldsymbol{m}_0,\,\boldsymbol{S}_0\big) \tag{9.45a}$$

$$=-\frac{1}{2}\big(\sigma^{-2}(\boldsymbol{y}-\boldsymbol{\Phi\theta})^\top(\boldsymbol{y}-\boldsymbol{\Phi\theta})+(\boldsymbol{\theta}-\boldsymbol{m}_0)^\top\boldsymbol{S}_0^{-1}(\boldsymbol{\theta}-\boldsymbol{m}_0)\big)+c \tag{9.45b}$$

其中常数包含独立于 $\boldsymbol{\theta}$ 的项. 下面我们将忽略这个常数. 现在我们对式 (9.45b) 进行分解, 可以得到

$$-\frac{1}{2}\big(\sigma^{-2}\boldsymbol{y}^\top\boldsymbol{y}-2\sigma^{-2}\boldsymbol{y}^\top\boldsymbol{\Phi\theta}+\boldsymbol{\theta}^\top\sigma^{-2}\boldsymbol{\Phi}^\top\boldsymbol{\Phi\theta}+\boldsymbol{\theta}^\top\boldsymbol{S}_0^{-1}\boldsymbol{\theta}-2\boldsymbol{m}_0^\top\boldsymbol{S}_0^{-1}\boldsymbol{\theta}+\boldsymbol{m}_0^\top\boldsymbol{S}_0^{-1}\boldsymbol{m}_0\big) \tag{9.46a}$$

$$=-\frac{1}{2}\big(\boldsymbol{\theta}^\top(\sigma^{-2}\boldsymbol{\Phi}^\top\boldsymbol{\Phi}+\boldsymbol{S}_0^{-1})\boldsymbol{\theta}-2(\sigma^{-2}\boldsymbol{\Phi}^\top\boldsymbol{y}+\boldsymbol{S}_0^{-1}\boldsymbol{m}_0)^\top\boldsymbol{\theta}\big)+c, \tag{9.46b}$$

其中常数包含式 (9.46a) 中的 $\sigma^{-2}\boldsymbol{y}^\top\boldsymbol{y}$、$\boldsymbol{m}_0^\top\boldsymbol{S}_0^{-1}\boldsymbol{m}_0$ 和 c, 而与 $\boldsymbol{\theta}$ 无关. 灰色项是 $\boldsymbol{\theta}$ 的线性项, $\boldsymbol{\theta}^\top\sigma^{-2}\boldsymbol{\Phi}^\top\boldsymbol{\Phi\theta}+\boldsymbol{\theta}^\top\boldsymbol{S}_0^{-1}\boldsymbol{\theta}$ 和 $\boldsymbol{\theta}^\top(\sigma^{-2}\boldsymbol{\Phi}^\top\boldsymbol{\Phi}+\boldsymbol{S}_0^{-1})\boldsymbol{\theta}$ 是 $\boldsymbol{\theta}$ 的二次项. 根据式 (9.46b), 我们发现该方程是 $\boldsymbol{\theta}$ 的二次方程. 因为未归一化的对数后验分布是 (负) 二次型, 那么意味着后验是高斯函数, 即

$$p(\boldsymbol{\theta}\,|\,\mathcal{X},\mathcal{Y})=\exp(\log p(\boldsymbol{\theta}\,|\,\mathcal{X},\mathcal{Y}))\propto\exp(\log p(\mathcal{Y}\,|\,\mathcal{X},\boldsymbol{\theta})+\log p(\boldsymbol{\theta})) \tag{9.47a}$$

$$\propto\exp\left(-\frac{1}{2}\big(\boldsymbol{\theta}^\top(\sigma^{-2}\boldsymbol{\Phi}^\top\boldsymbol{\Phi}+\boldsymbol{S}_0^{-1})\boldsymbol{\theta}-2(\sigma^{-2}\boldsymbol{\Phi}^\top\boldsymbol{y}+\boldsymbol{S}_0^{-1}\boldsymbol{m}_0)^\top\boldsymbol{\theta}\big)\right), \tag{9.47b}$$

我们在最后一个式子使用了式 (9.46b).

剩下的任务就是把这个 (未归一化的) 高斯转变成与 $\mathcal{N}\big(\boldsymbol{\theta}\,|\,\boldsymbol{m}_N,\,\boldsymbol{S}_N\big)$ 成比例的式子, 即我们需要确定平均数 $\boldsymbol{m}_N$ 和协方差矩阵 $\boldsymbol{S}_N$. 为此, 我们用到了*配方*的概念. 所需要的对数后验为

$$\log\mathcal{N}\big(\boldsymbol{\theta}\,|\,\boldsymbol{m}_N,\,\boldsymbol{S}_N\big)=-\frac{1}{2}(\boldsymbol{\theta}-\boldsymbol{m}_N)^\top\boldsymbol{S}_N^{-1}(\boldsymbol{\theta}-\boldsymbol{m}_N)+c \tag{9.48a}$$

$$=-\frac{1}{2}\big(\boldsymbol{\theta}^\top\boldsymbol{S}_N^{-1}\boldsymbol{\theta}-2\boldsymbol{m}_N^\top\boldsymbol{S}_N^{-1}\boldsymbol{\theta}+\boldsymbol{m}_N^\top\boldsymbol{S}_N^{-1}\boldsymbol{m}_N\big). \tag{9.48b}$$

在这里, 我们将二次 $(\boldsymbol{\theta}-\boldsymbol{m}_N)^\top\boldsymbol{S}_N^{-1}(\boldsymbol{\theta}-\boldsymbol{m}_N)$ 分解为单因子 $\boldsymbol{\theta}$ 的二次项、$\boldsymbol{\theta}$ 的线性项, 以及一个常数项. 现在我们可以通过联立式 (9.46b) 和式 (9.48b) 中的表达式来找到 $\boldsymbol{S}_N$ 和 $\boldsymbol{m}_N$, 由此可以得到

$$\boldsymbol{S}_N^{-1}=\boldsymbol{\Phi}^\top\sigma^{-2}\boldsymbol{I\Phi}+\boldsymbol{S}_0^{-1} \tag{9.49a}$$

$$\iff\boldsymbol{S}_N=(\sigma^{-2}\boldsymbol{\Phi}^\top\boldsymbol{\Phi}+\boldsymbol{S}_0^{-1})^{-1} \tag{9.49b}$$

和

$$\boldsymbol{m}_N^\top \boldsymbol{S}_N^{-1} = (\sigma^{-2}\boldsymbol{\Phi}^\top \boldsymbol{y} + \boldsymbol{S}_0^{-1}\boldsymbol{m}_0)^\top \tag{9.50a}$$

$$\iff \boldsymbol{m}_N = \boldsymbol{S}_N(\sigma^{-2}\boldsymbol{\Phi}^\top \boldsymbol{y} + \boldsymbol{S}_0^{-1}\boldsymbol{m}_0)\,. \tag{9.50b}$$

□

评注(配方法的一般过程) 假设给定方程

$$\boldsymbol{x}^\top \boldsymbol{A}\boldsymbol{x} - 2\boldsymbol{a}^\top \boldsymbol{x} + c_1, \tag{9.51}$$

其中 $\boldsymbol{A}$ 是对称且正定的, 我们想得到如下形式:

$$(\boldsymbol{x}-\boldsymbol{\mu})^\top \boldsymbol{\Sigma}(\boldsymbol{x}-\boldsymbol{\mu}) + c_2 \tag{9.52}$$

为了得到上式, 我们可设

$$\boldsymbol{\Sigma} := \boldsymbol{A}\,, \tag{9.53}$$

$$\boldsymbol{\mu} := \boldsymbol{\Sigma}^{-1}\boldsymbol{a} \tag{9.54}$$

且 $c_2 = c_1 - \boldsymbol{\mu}^\top \boldsymbol{\Sigma}\boldsymbol{\mu}$.

我们可以看到, 式 (9.47b) 中的指数项为式 (9.51) 的形式, 其中

$$\boldsymbol{A} := \sigma^{-2}\boldsymbol{\Phi}^\top \boldsymbol{\Phi} + \boldsymbol{S}_0^{-1}\,, \tag{9.55}$$

$$\boldsymbol{a} := \sigma^{-2}\boldsymbol{\Phi}^\top \boldsymbol{y} + \boldsymbol{S}_0^{-1}\boldsymbol{m}_0\,. \tag{9.56}$$

由于 $\boldsymbol{A}, \boldsymbol{a}$ 在像式 (9.46a) 这样的方程中很难求解, 因此将这些方程化为式 (9.51) 的形式可将二次项、线性项和常数分离, 从而简化求解的过程.

9.3.4 后验预测

在式 (9.37) 中, 我们运用参数先验 $p(\boldsymbol{\theta})$ 计算了 y_* 在测试输入 $\boldsymbol{x}_*$ 处的预测分布. 理论上来说, 因为在共轭模型中, 先验和后验都是高斯分布的 (参数不同), 所以用参数后验 $p(\boldsymbol{\theta}\,|\,\mathcal{X},\mathcal{Y})$ 来进行预测并没有本质上的区别. 因此, 按照与 9.3.2 节相同的推理过程, 可得到 (后验) 预测分布为

$$p(y_*\,|\,\mathcal{X},\mathcal{Y},\boldsymbol{x}_*) = \int p(y_*\,|\,\boldsymbol{x}_*,\boldsymbol{\theta})p(\boldsymbol{\theta}\,|\,\mathcal{X},\mathcal{Y})\mathrm{d}\boldsymbol{\theta} \tag{9.57a}$$

$$= \int \mathcal{N}\big(y_*\,|\,\boldsymbol{\phi}^\top(\boldsymbol{x}_*)\boldsymbol{\theta},\,\sigma^2\big)\mathcal{N}\big(\boldsymbol{\theta}\,|\,\boldsymbol{m}_N,\,\boldsymbol{S}_N\big)\mathrm{d}\boldsymbol{\theta} \tag{9.57b}$$

$$= \mathcal{N}\big(y_* \,|\, \boldsymbol{\phi}^\top(\boldsymbol{x}_*)\boldsymbol{m}_N,\, \boldsymbol{\phi}^\top(\boldsymbol{x}_*)\boldsymbol{S}_N\boldsymbol{\phi}(\boldsymbol{x}_*) + \sigma^2\big)\,. \tag{9.57c}$$

$\boldsymbol{\phi}^\top(\boldsymbol{x}_*)\boldsymbol{S}_N\boldsymbol{\phi}(\boldsymbol{x}_*)$ 项反映了与参数 $\boldsymbol{\theta}$ 相关的后验不确定性. 注意, $\boldsymbol{S}_N$ 由经 $\boldsymbol{\Phi}$ 映射的训练输入所决定, 见式 (9.43b). 预测均值 $\boldsymbol{\phi}^\top(\boldsymbol{x}_*)\boldsymbol{m}_N$ 与 MAP 估计 $\boldsymbol{\theta}_{\text{MAP}}$ 的预测值一致.

评注(边缘似然和后验预测分布) 通过替换式 (9.57a) 中的积分部分, 预测分布可以等价于期望值 $\mathbb{E}_{\boldsymbol{\theta}\,|\,\mathcal{X},\mathcal{Y}}[p(y_*\,|\,\boldsymbol{x}_*,\boldsymbol{\theta})]$, 其中期望值由相关参数后验 $p(\boldsymbol{\theta}\,|\,\mathcal{X},\mathcal{Y})$ 获得.

通过该方式所得的后验预测分布与边缘似然 (9.42) 相似. 边缘似然和后验预测分布的关键区别在于: (i) 边缘似然可用来预测训练目标 $\boldsymbol{y}$ 而不是测试目标 y_*; (ii) 边缘似然是相关参数先验的均值而非参数后验.

评注(无噪声函数值的均值与方差) 在许多情况下, 我们对 (含噪声的) 观测值 y_* 的预测分布 $p(y_*\,|\,\mathcal{X},\mathcal{Y},\boldsymbol{x}_*)$ 并不感兴趣. 反而是希望得到 (无噪声) 函数值 $f(\boldsymbol{x}_*) = \boldsymbol{\phi}^\top(\boldsymbol{x}_*)\boldsymbol{\theta}$ 的分布. 通过运用均值和方差的性质来确定相应的矩, 从而可得

$$\begin{aligned}\mathbb{E}[f(\boldsymbol{x}_*)\,|\,\mathcal{X},\mathcal{Y}] &= \mathbb{E}_{\boldsymbol{\theta}}[\boldsymbol{\phi}^\top(\boldsymbol{x}_*)\boldsymbol{\theta}\,|\,\mathcal{X},\mathcal{Y}] = \boldsymbol{\phi}^\top(\boldsymbol{x}_*)\mathbb{E}_{\boldsymbol{\theta}}[\boldsymbol{\theta}\,|\,\mathcal{X},\mathcal{Y}] \\ &= \boldsymbol{\phi}^\top(\boldsymbol{x}_*)\boldsymbol{m}_N = \boldsymbol{m}_N^\top\boldsymbol{\phi}(\boldsymbol{x}_*)\,,\end{aligned} \tag{9.58}$$

$$\begin{aligned}\mathbb{V}_{\boldsymbol{\theta}}[f(\boldsymbol{x}_*)\,|\,\mathcal{X},\mathcal{Y}] &= \mathbb{V}_{\boldsymbol{\theta}}[\boldsymbol{\phi}^\top(\boldsymbol{x}_*)\boldsymbol{\theta}\,|\,\mathcal{X},\mathcal{Y}] \\ &= \boldsymbol{\phi}^\top(\boldsymbol{x}_*)\mathbb{V}_{\boldsymbol{\theta}}[\boldsymbol{\theta}\,|\,\mathcal{X},\mathcal{Y}]\boldsymbol{\phi}(\boldsymbol{x}_*) \\ &= \boldsymbol{\phi}^\top(\boldsymbol{x}_*)\boldsymbol{S}_N\boldsymbol{\phi}(\boldsymbol{x}_*)\,.\end{aligned} \tag{9.59}$$

我们发现, 由于噪声的均值为 0, 预测均值与带有观测噪声的预测均值相同, 而预测方差只相差 σ^2, 也就是测量噪声的方差: 当我们预测含噪声的函数值时, 需要将 σ^2 作为不确定性的来源, 但对于无噪声的预测来说, 则不需要该项. 此处, 唯一剩余的不确定性来自参数后验.

评注(函数分布) 事实上, 我们将参数 $\boldsymbol{\theta}$ 整合出来, 就诱导出了函数分布: 如果我们从参数后验分布中抽取样本 $\boldsymbol{\theta}_i \sim p(\boldsymbol{\theta}\,|\,\mathcal{X},\mathcal{Y})$, 我们就得到了一个确定的单值函数 $\boldsymbol{\theta}_i^\top\boldsymbol{\phi}(\cdot)$. 该函数分布的均值函数 (即所有期望函数值 $\mathbb{E}_{\boldsymbol{\theta}}[f(\cdot)\,|\,\boldsymbol{\theta},\mathcal{X},\mathcal{Y}]$ 的集合) 为 $\boldsymbol{m}_N^\top\boldsymbol{\phi}(\cdot)$. 其 (边缘) 方差 (即函数 $f(\cdot)$ 的方差) 用 $\boldsymbol{\phi}^\top(\cdot)\boldsymbol{S}_N\boldsymbol{\phi}(\cdot)$ 表示.

例 9.8(函数后验) 让我们再来看看 5 次多项式的贝叶斯线性回归问题. 我们选择参数先验 $p(\boldsymbol{\theta}) = \left(\boldsymbol{0}, \dfrac{1}{4}\boldsymbol{I}\right)$. 图 9.9 直观地展示了由参数先验及其样本函数所诱导出的函数先验. 图 9.10 显示了由贝叶斯线性回归得到的函数后验. 训练数据集如图 9.10a 所示; 图 9.10b 显示了函数的后验分布, 包括我们通过最大似然和 MAP 估计得到的函数. 我们利用 MAP 估计得到的函数对应于贝叶斯线性回归下的后验均值函数. 图 9.10c 显示了该函数后验下的一些可能的函数 (采样).

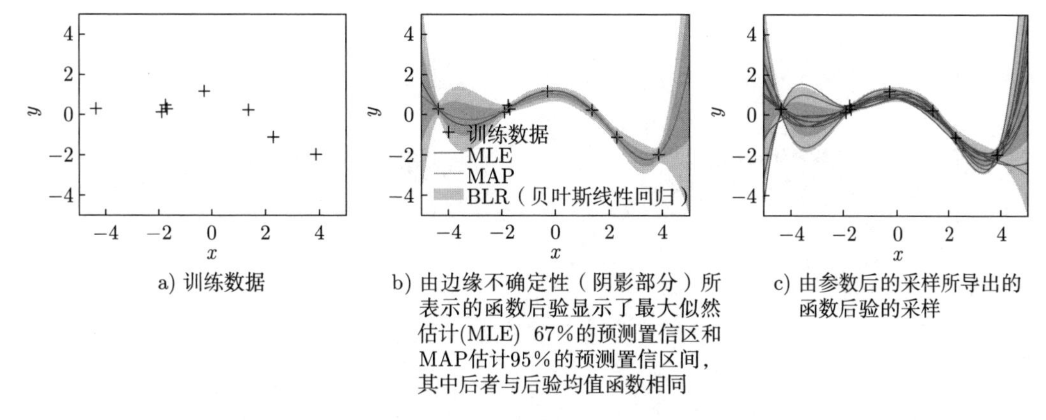

a) 训练数据

b) 由边缘不确定性（阴影部分）所表示的函数后验显示了最大似然估计(MLE) 67%的预测置信区和MAP估计95%的预测置信区间，其中后者与后验均值函数相同

c) 由参数后的采样所导出的函数后验的采样

图 9.10　贝叶斯线性回归和函数后验

图 9.11 展示了一些由参数后验所导出的函数的后验分布. 对于不同多项式次数 M, 左侧子图显示了最大似然函数 $\boldsymbol{\theta}_{\mathrm{ML}}^{\top}\boldsymbol{\phi}(\cdot)$ 和 MAP 函数 $\boldsymbol{\theta}_{\mathrm{MAP}}^{\top}\boldsymbol{\phi}(\cdot)$(与后验均值函数完全相同), 根据贝叶斯线性回归 (阴影部分所示) 得到了分别具有 67% 和 95% 的预测置信区间.

右侧子图为函数后验的采样: 在这里, 我们从参数后验中采样参数 $\boldsymbol{\theta}_i$, 并计算出函数 $\boldsymbol{\phi}^{\top}(\boldsymbol{x}_*)\boldsymbol{\theta}_i$, 它是函数的后验分布下函数的单值实现. 对于低次多项式, 参数后验使参数没有太大变化: 采样函数几乎相同. 当我们增加更多的参数来使模型变得更灵活 (即最终得到一个高次多项式) 时, 这些参数并没有受到后验的充分约束, 而且对样本函数很容易进行可视化分离. 我们还可以在左侧相应的子图上看到不确定性是如何增加的, 特别是在边界处.

虽然对于 7 次多项式来说, MAP 估计产生了合理的拟合, 但由贝叶斯线性回归模型可知, 后验不确定性是巨大的. 当我们在决策系统中使用这些预测时, 这些信息是至关重要的, 因为在决策系统中, 一个错误的决策可能会产生严重后果 (例如, 在强化学习或机器人领域中).

9.3.5 边缘似然的计算

在 8.6.2 节中, 我们强调了边缘似然对于贝叶斯模型选择的重要性. 我们接下来计算具有共轭高斯先验的贝叶斯线性回归参数的边缘似然, 也就是我们在本章中要讨论的背景.

概括来说, 我们考虑以下生成过程:

$$\boldsymbol{\theta} \sim \mathcal{N}\big(\boldsymbol{m}_0, \boldsymbol{S}_0\big) \tag{9.60a}$$

$$y_n \,|\, \boldsymbol{x}_n, \boldsymbol{\theta} \sim \mathcal{N}\big(\boldsymbol{x}_n^{\top}\boldsymbol{\theta}, \sigma^2\big), \tag{9.60b}$$

$n = 1, \cdots, N$. 边缘似然[㊀]由以下公式给出:

㊀ 边缘似然可以解释为期望, 即 $\mathbb{E}_{\boldsymbol{\theta}}[p(\mathcal{Y} \,|\, \mathcal{X}, \boldsymbol{\theta})]$.

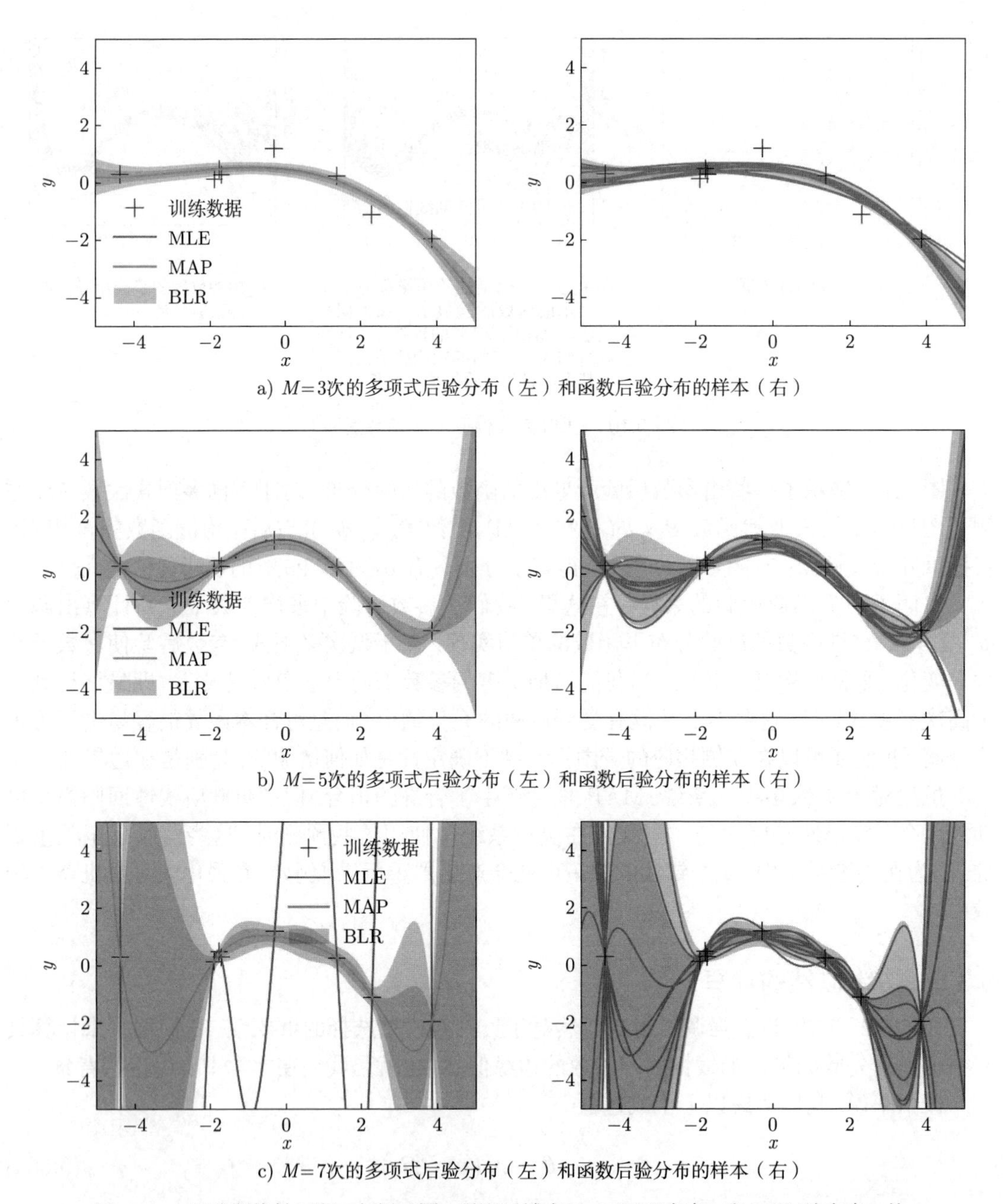

图 9.11　贝叶斯线性回归. 左侧示图: 阴影区域表示 67%(深灰色) 和 95%(浅灰色) 的预测置信区间. 贝叶斯线性回归模型的均值与 MAP 估计值相吻合. 预测的不确定度是噪声项和后验参数不确定度之和, 它由测试输入的坐标所决定. 右侧示图: 后验分布的采样函数

$$p(\mathcal{Y} \mid \mathcal{X}) = \int p(\mathcal{Y} \mid \mathcal{X}, \boldsymbol{\theta}) p(\boldsymbol{\theta}) \mathrm{d}\boldsymbol{\theta} \tag{9.61a}$$

$$= \int \mathcal{N}\big(\boldsymbol{y} \mid \boldsymbol{X}\boldsymbol{\theta},\, \sigma^2 \boldsymbol{I}\big) \mathcal{N}\big(\boldsymbol{\theta} \mid \boldsymbol{m}_0,\, \boldsymbol{S}_0\big) \mathrm{d}\boldsymbol{\theta}\,, \tag{9.61b}$$

其中, 我们整合出模型参数 $\boldsymbol{\theta}$. 我们分两步来计算边缘似然: 第一, 我们证明边缘似然是高斯分布 (如 $\boldsymbol{y}$ 中的分布); 第二, 我们计算该高斯分布的均值和协方差.

1. 边缘似然是高斯分布的: 由 6.5.2 节可知, 两个高斯随机变量的乘积是一个 (非标准化的) 高斯分布, 一个高斯随机变量的线性变换是高斯分布. 在式 (9.61b) 中, 我们要求对某些 $\boldsymbol{\mu}, \boldsymbol{\Sigma}$ 进行线性变换, 使得 $\mathcal{N}\big(\boldsymbol{y} \mid \boldsymbol{X}\boldsymbol{\theta},\, \sigma^2 \boldsymbol{I}\big)$ 变为 $\mathcal{N}\big(\boldsymbol{\theta} \mid \boldsymbol{\mu},\, \boldsymbol{\Sigma}\big)$ 的形式. 一旦这样做, 积分就可以用闭式求解了. 其结果为两个高斯乘积的归一化常数. 归一化常数本身具有高斯型特征, 见式 (6.76).

2. 均值和协方差. 我们利用随机变量非线性变换的均值和协方差的标准结果, 来计算边缘似然的均值和协方差矩阵, 见 6.4.4 节. 边缘似然的均值计算如下:

$$\mathbb{E}[\mathcal{Y} \mid \mathcal{X}] = \mathbb{E}_{\boldsymbol{\theta}, \boldsymbol{\epsilon}}[\boldsymbol{X}\boldsymbol{\theta} + \boldsymbol{\epsilon}] = \boldsymbol{X}\mathbb{E}_{\boldsymbol{\theta}}[\boldsymbol{\theta}] = \boldsymbol{X}\boldsymbol{m}_0\,. \tag{9.62}$$

请注意, $\boldsymbol{\epsilon} \sim \mathcal{N}\big(\boldsymbol{0},\, \sigma^2 \boldsymbol{I}\big)$ 是一个独立同分布随机变量的向量. 协方差矩阵如下:

$$\mathrm{Cov}[\mathcal{Y}|\mathcal{X}] = \mathrm{Cov}_{\boldsymbol{\theta}, \boldsymbol{\epsilon}}[\boldsymbol{X}\boldsymbol{\theta} + \boldsymbol{\epsilon}] = \mathrm{Cov}_{\boldsymbol{\theta}}[\boldsymbol{X}\boldsymbol{\theta}] + \sigma^2 \boldsymbol{I} \tag{9.63a}$$

$$= \boldsymbol{X}\, \mathrm{Cov}_{\boldsymbol{\theta}}[\boldsymbol{\theta}] \boldsymbol{X}^\top + \sigma^2 \boldsymbol{I} = \boldsymbol{X}\boldsymbol{S}_0\boldsymbol{X}^\top + \sigma^2 \boldsymbol{I}\,. \tag{9.63b}$$

因此, 边缘似然是

$$p(\mathcal{Y} \mid \mathcal{X}) = (2\pi)^{-\frac{N}{2}} \det(\boldsymbol{X}\boldsymbol{S}_0\boldsymbol{X}^\top + \sigma^2 \boldsymbol{I})^{-\frac{1}{2}} \cdot \tag{9.64a}$$

$$\exp\Big(-\frac{1}{2}(\boldsymbol{y} - \boldsymbol{X}\boldsymbol{m}_0)^\top (\boldsymbol{X}\boldsymbol{S}_0\boldsymbol{X}^\top + \sigma^2 \boldsymbol{I})^{-1} (\boldsymbol{y} - \boldsymbol{X}\boldsymbol{m}_0) \Big)$$

$$= \mathcal{N}\big(\boldsymbol{y} \mid \boldsymbol{X}\boldsymbol{m}_0,\, \boldsymbol{X}\boldsymbol{S}_0\boldsymbol{X}^\top + \sigma^2 \boldsymbol{I}\big)\,. \tag{9.64b}$$

考虑到与后验预测分布的密切联系 (见本节前面关于边缘似然和后验预测分布的说明), 边缘似然的函数式应该不会令人太难理解.

9.4 最大似然作为正交投影

在通过大量代数计算得出最大似然和 MAP 估计后, 我们现在将给出最大似然估计的几何解释. 让我们考虑一个简单的线性回归条件

$$y = x\theta + \epsilon, \quad \epsilon \sim \mathcal{N}\big(0,\, \sigma^2\big)\,, \tag{9.65}$$

其中, 我们考虑过原点的线性函数 $f:\mathbb{R}\to\mathbb{R}$(为了简便起见, 这里略去了特征变换). 参数 θ 决定了该线的斜率. 图 9.12a 显示的是一维数据集.

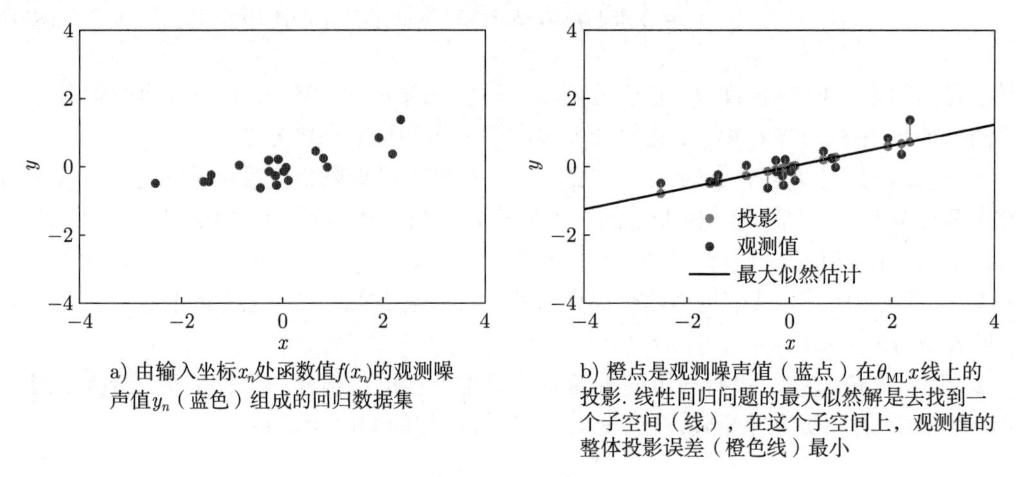

a) 由输入坐标x_n处函数值$f(x_n)$的观测噪声值y_n（蓝色）组成的回归数据集

b) 橙点是观测噪声值（蓝点）在$\theta_{\text{ML}}x$线上的投影. 线性回归问题的最大似然解是去找到一个子空间（线），在这个子空间上，观测值的整体投影误差（橙色线）最小

图 9.12 最小二乘法的几何解释 (见彩插)

在训练数据集 $\{(x_1,y_1),\cdots,(x_N,y_N)\}$ 下, 我们使用 9.2.1 节的结论得到的斜率参数的最大似然估计值为

$$\theta_{\text{ML}}=(\boldsymbol{X}^\top\boldsymbol{X})^{-1}\boldsymbol{X}^\top\boldsymbol{y}=\frac{\boldsymbol{X}^\top\boldsymbol{y}}{\boldsymbol{X}^\top\boldsymbol{X}}\in\mathbb{R}\,, \tag{9.66}$$

其中 $\boldsymbol{X}=[x_1,\cdots,x_N]^\top\in\mathbb{R}^N$, $\boldsymbol{y}=[y_1,\cdots,y_N]^\top\in\mathbb{R}^N$.

这意味着对于训练输入 $\boldsymbol{X}$, 我们得到训练目标的最优 (最大似然) 重构为

$$\boldsymbol{X}\theta_{\text{ML}}=\boldsymbol{X}\frac{\boldsymbol{X}^\top\boldsymbol{y}}{\boldsymbol{X}^\top\boldsymbol{X}}=\frac{\boldsymbol{X}\boldsymbol{X}^\top}{\boldsymbol{X}^\top\boldsymbol{X}}\boldsymbol{y}\,, \tag{9.67}$$

即我们通过 $\boldsymbol{y}$ 和 $\boldsymbol{X}\theta$ 之间的最小二乘误差来得到近似值.

在求解 $\boldsymbol{y}=\boldsymbol{X}\theta$ 时, 我们可以把线性回归看作求解线性方程组的问题. 因此, 我们可以将第 2 章和第 3 章中讨论的线性代数和解析几何的概念联系起来. 特别是仔细观察式 (9.67), 我们可以看到, 在我们的例子 (式 (9.65)) 中, 最大似然估计 θ_{ML} 有效地做了 $\boldsymbol{y}$ 在 $\boldsymbol{X}$ 所张成的一维子空间上的正交投影.

回顾 3.8 节中关于正交投影的结论, 我们确定 $\dfrac{\boldsymbol{X}\boldsymbol{X}^\top}{\boldsymbol{X}^\top\boldsymbol{X}}$ 为投影矩阵, θ_{ML} 为 $\mathbb{R}^N$ 在 $\boldsymbol{X}$ 所张成的一维子空间上的投影坐标, $\boldsymbol{X}\theta_{\text{ML}}$ 为 $\boldsymbol{y}$ 在这个子空间上的正交投影.

因此, 最大似然解也提供了一个几何最优解, 即在 $\boldsymbol{X}$ 所张成的子空间中找到与相应观测值 $\boldsymbol{y}$"最接近" 的向量, 其中 "最接近" 是指函数值 y_n 到 $x_n\theta$ 的 (平方) 距离最小. 这是由

正交投影实现的. 图 9.12b 显示了带有观测噪声的值在子空间上的投影, 该子空间使原始数据集与其投影之间的平方距离最小 (注意 x 坐标是固定的), 它对应于最大似然解.

在一般的线性回归情况下, 其中

$$y=\boldsymbol{\phi}^{\top}(\boldsymbol{x})\boldsymbol{\theta}+\epsilon,\quad \epsilon\sim\mathcal{N}\big(0,\sigma^2\big) \tag{9.68}$$

且特征向量值 $\boldsymbol{\phi}(\boldsymbol{x})\in\mathbb{R}^K$, 我们又可以将最大似然结果解释为

$$\boldsymbol{y}\approx\boldsymbol{\Phi}\boldsymbol{\theta}_{\mathrm{ML}}\,, \tag{9.69}$$

$$\boldsymbol{\theta}_{\mathrm{ML}}=(\boldsymbol{\Phi}^{\top}\boldsymbol{\Phi})^{-1}\boldsymbol{\Phi}^{\top}\boldsymbol{y} \tag{9.70}$$

作为对 $\mathbb{R}^N$ 的 K 维子空间的投影, 该子空间由特征矩阵 $\boldsymbol{\Phi}$ 的列张成, 见 3.8.2 节.

如果我们用来构造特征矩阵 $\boldsymbol{\Phi}$ 的特征函数 ϕ_k 是正交的 (见 3.7 节), 会出现一个特殊情况, 即 $\boldsymbol{\Phi}$ 的列构成了一个正交基 (见 3.5 节), 使得 $\boldsymbol{\Phi}^{\top}\boldsymbol{\Phi}=\boldsymbol{I}$. 这将导致投影

$$\boldsymbol{\Phi}(\boldsymbol{\Phi}^{\top}\boldsymbol{\Phi})^{-1}\boldsymbol{\Phi}^{\top}\boldsymbol{y}=\boldsymbol{\Phi}\boldsymbol{\Phi}^{\top}\boldsymbol{y}=\left(\sum_{k=1}^{K}\boldsymbol{\phi}_k\boldsymbol{\phi}_k^{\top}\right)\boldsymbol{y} \tag{9.71}$$

以至于最大似然投影是 $\boldsymbol{y}$ 在各个基向量 $\boldsymbol{\phi}_k$ 上的投影之和, 即 $\boldsymbol{\Phi}$ 的列. 此外, 由于基的正交性, 不同特征之间不会存在耦合. 在信号处理中, 许多常用的基函数, 如小波基和傅里叶基, 都是正交基函数. 当基不是正交的时候, 可以利用 Gram-Schmidt 过程将一组线性无关的基函数转换为正交基, 见 3.8.3 节和 (Strang, 2003).

9.5 延伸阅读

在本章中, 我们讨论了高斯似然和共轭高斯先验的模型参数的线性回归. 这样就可以进行闭式贝叶斯推理. 然而, 在某些应用场景中, 我们可能希望选择不同的似然函数. 例如, 在二分类环境中, 我们只观察到两种可能的 (分类) 结果, 高斯似然在这种环境中是不合适的. 相反, 我们可以选择一个伯努利似然, 将返回预测标签为 1(或 0) 的概率. 我们参考了深入介绍分类问题的书籍 (Barber, 2012; Bishop, 2006; Murphy, 2012). 另一个非高斯似然的重要例子是计数数据. 计数数据是非负整数, 且在这种情况下, 选择二项或泊松似然会比高斯更好. 所有这些例子都属于广义线性模型的范畴, 广义线性模型是线性回归的一种灵活的概括, 它允许响应变量具有高斯分布以外的误差分布. GLM 通过平滑可逆函数 $\sigma(\cdot)$ 将线性模型与观测值联系起来, 使 $y=\sigma(f(\boldsymbol{x}))$ 具有非线性, 其中 $f(\boldsymbol{x})=\boldsymbol{\theta}^{\top}\boldsymbol{\phi}(\boldsymbol{x})$ 是式 (9.13) 的线性回归模型. 因此, 我们可以从函数 $y=\sigma\circ f$ 的构成方面考虑一个广义线性模型, 其中 f 为线性回归模型, σ 为激活函数. 注意, 虽然我们讲的是 "广义线性模型", 但输出 y 在参数 $\boldsymbol{\theta}$ 中

不再是线性的. 在 logistic 回归中, 我们选择 logistic sigmoid $\sigma(f)=\dfrac{1}{1+\exp(-f)}\in[0,1]$, 它可以解释为观测伯努利随机变量 $y=1$ 的概率, 其中 $y\in\{0,1\}$. 函数 $\sigma(\cdot)$ 称为*转移函数*或*激活函数*[⊖], 且它的转置称为*正则连接函数*. 从这个角度来看, 广义线性模型也是 (深层) 前馈神经网络的组成部分: 如果我们考虑一个广义线性模型 $\boldsymbol{y}=\sigma(\boldsymbol{A}\boldsymbol{x}+\boldsymbol{b})$, 其中 $\boldsymbol{A}$ 是一个权重矩阵, $\boldsymbol{b}$ 是一个偏置向量, 则我们认定这个广义线性模型是一个具有激活函数 $\sigma(\cdot)$ 的单层神经网络. 现在我们可以通过以下方式递归地组成这些函数:

$$\begin{aligned}\boldsymbol{x}_{k+1}&=\boldsymbol{f}_k(\boldsymbol{x}_k)\\ \boldsymbol{f}_k(\boldsymbol{x}_k)&=\sigma_k(\boldsymbol{A}_k\boldsymbol{x}_k+\boldsymbol{b}_k)\end{aligned}\tag{9.72}$$

对 $k=0,\cdots,K-1$, 其中 $\boldsymbol{x}_0$ 为输入特征, $\boldsymbol{x}_K=\boldsymbol{y}$ 为观测输出, 这样 $\boldsymbol{f}_{K-1}\circ\cdots\circ\boldsymbol{f}_0$ 就是 K 层的深度神经网络. 因此, 该深度神经网络的构建块是式 (9.72) 定义的广义线性模型. 神经网络 (Bishop, 1995; Goodfellow et al., 2016) 明显比线性回归模型更具表现力和灵活性. 然而, 最大似然参数估计是一个非凸优化问题, 在完全贝叶斯背景下, 参数的边缘分布难以分析处理.

我们简单地提示一个事实, 即参数的分布会导出回归函数的分布. *高斯过程* (Rasmussen and Williams, 2006) 是回归模型, 其核心是函数分布的概念. 高斯过程没有设定参数分布, 而是直接设定函数空间的分布. 为此, 高斯过程利用了*核技巧* (Schölkopf and Smola, 2002), 它允许我们只通过查看相应的输入 $\boldsymbol{x}_i,\boldsymbol{x}_j$ 来计算两个函数值 $f(\boldsymbol{x}_i),f(\boldsymbol{x}_j)$ 之间的内积. 高斯过程与贝叶斯线性回归和支持向量回归都有密切的关系, 但也可以解释为具有单一隐藏层的贝叶斯神经网络, 其中神经元个数趋于无穷 (Neal, 1996; Williams, 1997). 关于高斯过程的其他精彩介绍可以在 (MacKay, 1998; Rasmussen and Williams, 2006) 中找到.

在本章中, 我们重点讨论了高斯参数先验, 因为它们可以在线性回归模型中进行闭式推理. 然而, 即使在具有高斯似然的回归条件中, 我们也可以选择一个非高斯的先验. 考虑输入为 $\boldsymbol{x}\in\mathbb{R}^D$ 且训练集很小 (为 $N\ll D$) 的一个环境. 这就意味着回归问题是不确定的. 在这种情况下, 我们可以选择一个增强稀疏性的参数先验, 即选择一个试着将尽可能多的参数设置为 0 的先验 (*变量选择*). 这种先验提供了比高斯先验更强的正则化, 这往往能使模型的预测精度和可解释性有所提高. 拉普拉斯先验是一个经常用于此目的的例子. 对参数进行拉普拉斯先验的线性回归模型等同于 L1 正则化的线性回归 (LASSO)(Tibshirani, 1996). 拉普拉斯分布在零点处有尖锐的峰值 (其一阶导数是不连续的), 它将其概率区间集中在比高斯分布更接近于零的位置, 从而促使参数为 0. 因此, 非零参数与回归问题是相关的, 这也是我们讲到 “变量选择” 的原因.

⊖ 对于普通的线性回归来说, 激活函数将简单地表示为恒等式.

CHAPTER10

第10章

用主成分分析进行降维

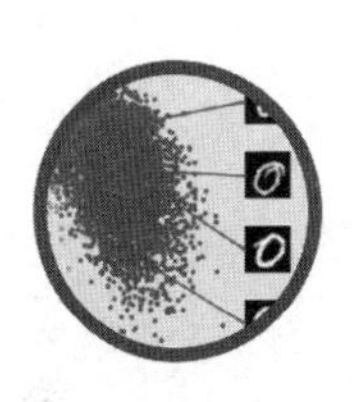

直接处理高维数据 (例如图像[㊀]) 是困难的: 它很难被分析, 也难以解释, 几乎不能可视化, 并且实践中数据向量的存储成本高昂. 但是, 高维数据通常具有我们可以利用的属性. 例如, 高维数据通常是过于完整的, 即许多维是多余的, 可以用其他维的组合来解释. 此外, 高维数据中的维度通常相互关联, 以使数据具有固有的低维结构. 降维利用结构和相关性, 使我们能够处理更紧凑的数据表示, 理想情况下不会丢失信息. 我们可以将降维视为一种压缩技术, 类似于 jpeg 或 mp3, 它们是图像和音乐的压缩算法.

在本章中, 我们会讨论主成分分析 (PCA), 即一种线性降维算法. PCA 被 Pearson (1901) 和 Hotelling (1933) 提出已经超过 100 年了. 但它目前仍是在数据压缩和可视化领域最常用的方法. 它还用于识别简单模式、潜在因素和高维数据的结构. 在信号处理中, PCA 也被称为 Karhunen-Loève 变换. 在这一章中, 我们从基本原理中得到 PCA, 这依赖于我们对基和基变换 (2.6.1 节和 2.7.2 节)、投影 (3.8 节)、特征值 (4.2 节)、高斯分布 (6.5 节) 和约束优化 (7.2 节) 的理解.

降维通常利用高维数据 (比如图像) 的性质. 这些高维数据通常是位于一个低维子空间中的. 图 10.1 给出了一个二维的例子, 尽管图 10.1 a 中的数据几乎是一条直线, 数据几乎在 x_2 方向上, 所以我们能够将这些数据几乎无损失地表达成它们在一条直线上 (见图 10.1 b). 为了描述图 10.1 b 中的数据, 只有 x_1 方向是需要的, 所有数据都在 $\mathbb{R}^2$ 的一个一维子空间中.

㊀ 一张 640×480 像素的彩色图像是 100 万维空间中的数据点, 其中每个像素有三个维度, 对应三个颜色通道 (红色, 绿色, 蓝色).

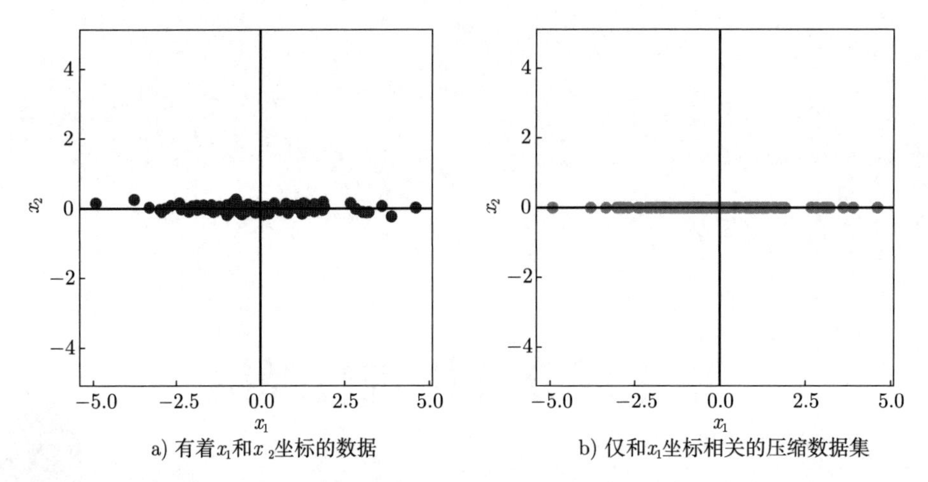

图 10.1　降维的图示, 其中原始数据集沿 x_2 方向, 原始数据集中的数据几乎无损失地可以用 x_1 坐标表示

10.1　提出问题

在 PCA 中, 我们关心的是找到数据点 $\boldsymbol{x}_n$ 的投影 $\tilde{\boldsymbol{x}}_n$ 能够使得与原始数据尽可能接近, 并且要降低维度. 图 10.1 给出了一个可能的解释.

更具体地说, 我们考虑一个独立同分布的数据集 $\mathcal{X}=\{\boldsymbol{x}_1,\cdots,\boldsymbol{x}_N\}$, $\boldsymbol{x}_n\in\mathbb{R}^D$, 并且在均值为 $\mathbf{0}$ 的情况下计算*数据协方差矩阵* (6.42)

$$\boldsymbol{S}=\frac{1}{N}\sum_{n=1}^{N}\boldsymbol{x}_n\boldsymbol{x}_n^\top\,. \tag{10.1}$$

此外, 我们假设存在一个 $\boldsymbol{x}_n$ 的低维压缩表示

$$\boldsymbol{z}_n=\boldsymbol{B}^\top\boldsymbol{x}_n\in\mathbb{R}^M \tag{10.2}$$

其中, 我们定义投影矩阵为

$$\boldsymbol{B}:=[\boldsymbol{b}_1,\cdots,\boldsymbol{b}_M]\in\mathbb{R}^{D\times M}\,. \tag{10.3}$$

我们假设 $\boldsymbol{B}$ 是列正交的 (定义 3.7), 即 $\boldsymbol{b}_i^\top\boldsymbol{b}_j=0$ 当且仅当 $i\neq j$, 以及 $\boldsymbol{b}_i^\top\boldsymbol{b}_i=1$. 我们寻找一个 M 维子空间 $U\subseteq\mathbb{R}^D$, $\dim(U)=M<D$ 来将数据投影上去. 我们用 $\tilde{\boldsymbol{x}}_n\in U$ 表示投影后的数据, 它们的坐标 (使用 U 的基 $\boldsymbol{b}_1,\cdots,\boldsymbol{b}_M$[⊖]表出) 表示为 $\boldsymbol{z}_n$. 我们的目标是找到投影后的结果 $\tilde{\boldsymbol{x}}_n\in\mathbb{R}^D$ (或者坐标 $\boldsymbol{z}_n$ 和基 $\boldsymbol{b}_1,\cdots,\boldsymbol{b}_M$), 使得它们通过最小化压缩损失能够与原数据 $\boldsymbol{x}_n$ 相似.

⊖ $\boldsymbol{b}_1,\cdots,\boldsymbol{b}_M$ 是投影后数据 $\tilde{\boldsymbol{x}}=\boldsymbol{B}\boldsymbol{B}^\top\boldsymbol{x}\in\mathbb{R}^D$ 所在的 M 维子空间的基.

例 10.1 (坐标表示) 考虑 $\mathbb{R}^2$ 的标准基 $\boldsymbol{e}_1 = [1,0]^\top$, $\boldsymbol{e}_2 = [0,1]^\top$. 在第 2 章, 我们知道 $\boldsymbol{x} \in \mathbb{R}^2$ 能被表示为基的线性组合, 即

$$\begin{bmatrix} 5 \\ 3 \end{bmatrix} = 5\boldsymbol{e}_1 + 3\boldsymbol{e}_2 \,. \tag{10.4}$$

然而, 当我们考虑向量有如下形式时, 它们总是能够被写成 $0\boldsymbol{e}_1 + z\boldsymbol{e}_2$:

$$\tilde{\boldsymbol{x}} = \begin{bmatrix} 0 \\ z \end{bmatrix} \in \mathbb{R}^2, \quad z \in \mathbb{R} \,. \tag{10.5}$$

这表示这些向量仅仅使用 $\boldsymbol{e}_2$ 就已经足够存储 $\tilde{\boldsymbol{x}}$ 的坐标 z 了[⊖].

更确切地说, $\tilde{\boldsymbol{x}}$ 向量的集合 (使用标准向量加法和标量乘法) 形成了一个向量子空间 U (见 2.4 节), 并且因为 $U = \text{span}[\boldsymbol{e}_2]$, 所以 $\dim(U) = 1$.

在 10.2 节中, 我们将会寻找保留尽可能多的信息并且最小化压缩损失的低维表达. PCA 的另一种推导将会在 10.3 节给出. 我们会研究最小化关于原数据 $\boldsymbol{x}_n$ 和它的投影 $\tilde{\boldsymbol{x}}_n$ 的平方重构损失 $\|\boldsymbol{x}_n - \tilde{\boldsymbol{x}}_n\|^2$.

图 10.2 说明了我们在 PCA 中考虑的内容, 其中 $\boldsymbol{z}$ 表示压缩数据 $\tilde{\boldsymbol{x}}$ 的低维表示, 并起着关键的作用, 它控制 $\boldsymbol{x}$ 和 $\tilde{\boldsymbol{x}}$ 之间可以流通多少信息. 在 PCA 中, 我们考虑原始数据 $\boldsymbol{x}$ 和其低维表示 $\boldsymbol{z}$ 之间的线性关系, 从而有一个合适的矩阵 $\boldsymbol{B}$, 使得 $\boldsymbol{z} = \boldsymbol{B}^\top \boldsymbol{x}$ 和 $\tilde{\boldsymbol{x}} = \boldsymbol{B}\boldsymbol{z}$. 因为我们将 PCA 视为数据压缩技术, 所以我们将图 10.2 中的箭头解释为代表编码器和解码器这一对操作. 可以认为由 $\boldsymbol{B}$ 表示的线性映射是一个解码器, 它将低维表示 $\boldsymbol{z} \in \mathbb{R}^M$ 映射回原始数据空间 $\mathbb{R}^D$. 类似地, 将 $\boldsymbol{B}^\top$ 考虑为一个编码器, 它将原始数据 $\boldsymbol{x}$ 编码为低维 (压缩) 表示 $\boldsymbol{z}$.

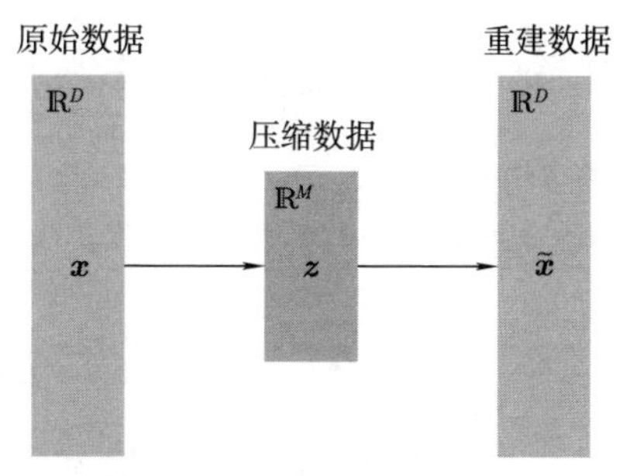

图 10.2 PCA 的图示. 在 PCA 中, 我们寻找原数据 $\boldsymbol{x}$ 的压缩版本 $\boldsymbol{z}$. 压缩数据能被重建为原数据空间中比 $\boldsymbol{x}$ 更低维的数据 $\tilde{\boldsymbol{x}}$

在本章中, 我们将使用 MNIST 数字数据集作为重复出现的示例, 其中包含 60 000 手写数字示例 0 到 9. 每个数字都是大小为 28×28 的灰度图像, 即它包含 784 像素, 以便我

⊖ 向量空间的维数跟它的基的个数有关 (见 2.6.1 节).

们可以将此数据集中的每个图像解释为向量 $\boldsymbol{x} \in \mathbb{R}^{784}$. MNIST 数字数据集的示例展示在图 10.3 中.

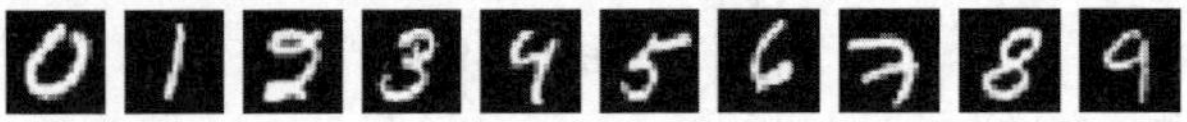

图 10.3 MNIST 数据集中的手写数字示例. http://yann.lecun.com/exdb/mnist/

10.2 最大化方差

图 10.1 给出了一个二维数据集能被单个维度的坐标表示的例子. 在图 10.1 b 中, 我们选择忽略了没有提供太多信息的数据的 x_2 坐标, 故压缩数据与图 10.1 a 中的原始数据是相似的. 我们可以选择忽略 x_1 坐标, 但是压缩后的数据与原始数据非常不同, 因此数据中的许多信息将会丢失.

如果我们将数据中的信息内容解释为数据集的 "空间填充" 程度, 则可以通过查看数据的分散程度来描述数据中包含的信息. 从 6.4.1 节中, 我们知道方差是数据分散程度的指标, 我们可以将 PCA 推导为可以最大化数据低维表示的方差的降维算法. 这样数据就能保留尽可能多的信息, 正如图 10.4 所展示的.

考虑到 10.1 节中问题的定义, 我们的目标是找到一个矩阵 $\boldsymbol{B}$ (见式 (10.3)), 该矩阵会通过将数据投影到由 $\boldsymbol{B}$ 的列向量 $\boldsymbol{b}_1, \cdots, \boldsymbol{b}_M$ 张成的子空间中来压缩, 并且尽可能多地保留信息. 在数据压缩后保留大多数信息等价于使低维表示的方差最大 (Hotelling, 1933).

评注 (中心化数据) 对于式 (10.1) 中的数据协方差矩阵, 我们假设数据已经被中心化. 我们可以不失一般性地假设: $\boldsymbol{\mu}$ 是数据的均值. 使用在 6.4.4 节中讨论的方差的性质, 我们有

$$\mathbb{V}_{\boldsymbol{z}}[\boldsymbol{z}] = \mathbb{V}_{\boldsymbol{x}}[\boldsymbol{B}^{\top}(\boldsymbol{x} - \boldsymbol{\mu})] = \mathbb{V}_{\boldsymbol{x}}[\boldsymbol{B}^{\top}\boldsymbol{x} - \boldsymbol{B}^{\top}\boldsymbol{\mu}] = \mathbb{V}_{\boldsymbol{x}}[\boldsymbol{B}^{\top}\boldsymbol{x}], \tag{10.6}$$

即低维坐标的方差不取决于数据的均值. 因此, 不失一般性, 我们假设本节其余部分的数据均值为 $\mathbf{0}$. 在此假设下, 低维表示的均值也是 $\mathbf{0}$, 因为 $\mathbb{E}_{\boldsymbol{z}}[\boldsymbol{z}] = \mathbb{E}_{\boldsymbol{x}}[\boldsymbol{B}^{\top}\boldsymbol{x}] = \boldsymbol{B}^{\top}\mathbb{E}_{\boldsymbol{x}}[\boldsymbol{x}] = \mathbf{0}$.

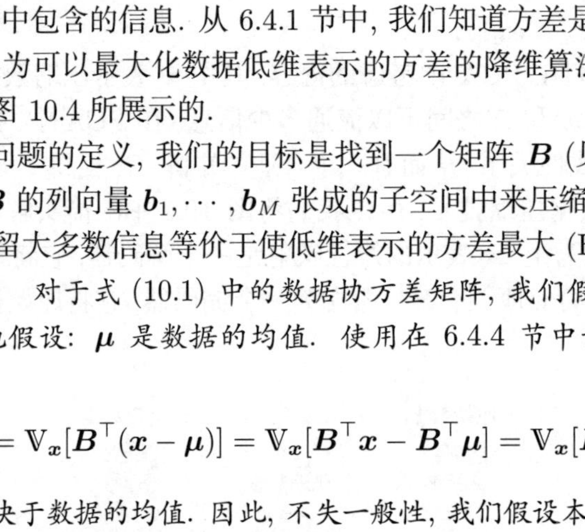

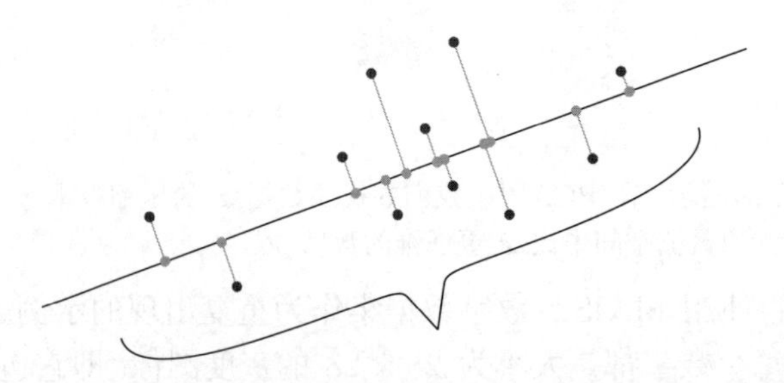

图 10.4 PCA 找到一个低维的子空间 (一条直线), 当将数据 (黑色) 投影到该子空间 (灰色) 时, 该子空间将保持尽可能多的方差 (数据的跨度)

10.2.1 具有最大方差的方向

我们将一步步地最大化低维坐标的方差. 我们首先寻找一个向量 $\boldsymbol{b}_1$[㊀]$\in \mathbb{R}^D$, 该向量可使投影数据的方差最大, 即我们的目标是最大化 $\boldsymbol{z} \in \mathbb{R}^M$ 第一个分量 z_1 的方差, 所以

$$V_1 := \mathbb{V}[z_1] = \frac{1}{N}\sum_{n=1}^{N} z_{1n}^2 \tag{10.7}$$

被最大化了, 我们利用了独立同分布假设数据并将 z_{1n} 定义为 $\boldsymbol{x}_n \in \mathbb{R}^D$ 的低维表示形式 $\boldsymbol{z}_n \in \mathbb{R}^M$ 的第一个分量. 注意, $\boldsymbol{z}_n$ 的第一个分量为

$$z_{1n} = \boldsymbol{b}_1^\top \boldsymbol{x}_n\,, \tag{10.8}$$

也就是说, 它是 $\boldsymbol{x}_n$ 在由 $\boldsymbol{b}_1$ 所张成的一维子空间上的正交投影的坐标 (3.8 节). 我们将式 (10.8) 替换为式 (10.7), 有

$$V_1 = \frac{1}{N}\sum_{n=1}^{N}(\boldsymbol{b}_1^\top \boldsymbol{x}_n)^2 = \frac{1}{N}\sum_{n=1}^{N}\boldsymbol{b}_1^\top \boldsymbol{x}_n \boldsymbol{x}_n^\top \boldsymbol{b}_1 \tag{10.9a}$$

$$= \boldsymbol{b}_1^\top \left(\frac{1}{N}\sum_{n=1}^{N}\boldsymbol{x}_n \boldsymbol{x}_n^\top\right)\boldsymbol{b}_1 = \boldsymbol{b}_1^\top \boldsymbol{S} \boldsymbol{b}_1\,, \tag{10.9b}$$

其中 $\boldsymbol{S}$ 是在式 (10.1) 中定义的数据协方差矩阵. 在式 (10.9a) 中, 我们使用了两个向量的点积运算是对称的, 即 $\boldsymbol{b}_1^\top \boldsymbol{x}_n = \boldsymbol{x}_n^\top \boldsymbol{b}_1$.

注意, 增加向量 $\boldsymbol{b}_1$ 的大小会增加 V_1 的大小, 即向量 $\boldsymbol{b}_1$ 变为原来的 2 倍, 会导致 V_1 变为原来的 4 倍. 因此, 我们将所有的解都限制为 $\|\boldsymbol{b}_1\|^2 = 1$[㊁], 这会变成一个约束优化问题, 在该问题中, 我们要找使数据方差最大的方向.

我们将解限制为单位向量, 可以通过如下约束优化问题找到使方差最大的向量 $\boldsymbol{b}_1$:

$$\begin{aligned} &\max_{\boldsymbol{b}_1} \boldsymbol{b}_1^\top \boldsymbol{S} \boldsymbol{b}_1 \\ &\text{s.t. } \|\boldsymbol{b}_1\|^2 = 1\,. \end{aligned} \tag{10.10}$$

根据 7.2 节, 我们得到拉格朗日函数

$$\mathfrak{L}(\boldsymbol{b}_1, \lambda) = \boldsymbol{b}_1^\top \boldsymbol{S} \boldsymbol{b}_1 + \lambda_1(1 - \boldsymbol{b}_1^\top \boldsymbol{b}_1) \tag{10.11}$$

㊀ 向量 $\boldsymbol{b}_1$ 是矩阵 $\boldsymbol{B}$ 的第一列, 因此是张成低维子空间的 M 的正交基向量的第一列.

㊁ $\|\boldsymbol{b}_1\|^2 = 1 \iff \|\boldsymbol{b}_1\| = 1$.

来解决这个约束优化问题. $\mathfrak{L}$ 关于 $\boldsymbol{b}_1$ 和 λ_1 的偏导数分别为

$$\frac{\partial \mathfrak{L}}{\partial \boldsymbol{b}_1} = 2\boldsymbol{b}_1^\top \boldsymbol{S} - 2\lambda_1 \boldsymbol{b}_1^\top, \qquad \frac{\partial \mathfrak{L}}{\partial \lambda_1} = 1 - \boldsymbol{b}_1^\top \boldsymbol{b}_1, \tag{10.12}$$

令这些偏导数为 $\mathbf{0}$, 则有

$$\boldsymbol{S}\boldsymbol{b}_1 = \lambda_1 \boldsymbol{b}_1, \tag{10.13}$$

$$\boldsymbol{b}_1^\top \boldsymbol{b}_1 = 1. \tag{10.14}$$

通过与特征分解的定义 (4.4 节) 进行比较, 我们有 $\boldsymbol{b}_1$ 是数据协方差矩阵 $\boldsymbol{S}$ 的特征向量, 拉格朗日乘子 λ_1[㊀]则是对应的特征值. 根据特征向量的这个性质 (式(10.13)), 我们重写目标 (式(10.10)) 为

$$V_1 = \boldsymbol{b}_1^\top \boldsymbol{S} \boldsymbol{b}_1 = \lambda_1 \boldsymbol{b}_1^\top \boldsymbol{b}_1 = \lambda_1, \tag{10.15}$$

即投影到一维子空间上的数据的方差等于与张成该子空间的基向量 $\boldsymbol{b}_1$ 对应的特征值. 因此, 为了最大化低维坐标的方差, 我们选择与数据协方差矩阵的最大特征值对应的基向量. 这个特征向量被称为第一个*主成分*. 我们可以通过将投影点的坐标 z_{1n} 映射回数据空间来确定原始数据空间中主成分 $\boldsymbol{b}_1$ 的效果/贡献

$$\tilde{\boldsymbol{x}}_n = \boldsymbol{b}_1 z_{1n} = \boldsymbol{b}_1 \boldsymbol{b}_1^\top \boldsymbol{x}_n \in \mathbb{R}^D \tag{10.16}$$

评注　*尽管 $\tilde{\boldsymbol{x}}_n$ 是 D 维向量, 但关于基向量 $\boldsymbol{b}_1 \in \mathbb{R}^D$, 它只需要一个坐标 z_{1n} 来表示它.*

10.2.2 具有最大方差的 M 维子空间

假设我们发现前 $m-1$ 个主成分是前 $m-1$ 大的特征值对应的 $\boldsymbol{S}$ 的 $m-1$ 个特征向量. 由于 $\boldsymbol{S}$ 是对称的, 因此由谱定理 (定理 4.5) 我们可以使用这些特征向量来构造 $(m-1)$ 维子空间 $\mathbb{R}^D$ 的正交基. 通常, 可以通过去掉前 $m-1$ 个主成分 $\boldsymbol{b}_1, \cdots, \boldsymbol{b}_{m-1}$ 的信息来找到第 m 个主成分, 从而找到压缩剩余信息的主要成分. 然后, 我们得出新的数据矩阵[㊁]

$$\hat{\boldsymbol{X}} := \boldsymbol{X} - \sum_{i=1}^{m-1} \boldsymbol{b}_i \boldsymbol{b}_i^\top \boldsymbol{X} = \boldsymbol{X} - \boldsymbol{B}_{m-1} \boldsymbol{X}, \tag{10.17}$$

其中 $\boldsymbol{X} = [\boldsymbol{x}_1, \cdots, \boldsymbol{x}_N] \in \mathbb{R}^{D \times N}$ 包含数据点作为列向量. $\boldsymbol{B}_{m-1} := \sum_{i=1}^{m-1} \boldsymbol{b}_i \boldsymbol{b}_i^\top$ 是投影到 $\boldsymbol{b}_1, \cdots, \boldsymbol{b}_{m-1}$ 张成的子空间上的投影矩阵.

㊀ $\sqrt{\lambda_1}$ 也称为单位向量 $\boldsymbol{b}_1$ 的*负载*, 代表由主子空间 $\mathrm{span}[\boldsymbol{b}_1]$ 所占数据的标准差.

㊁ 式 (10.17) 中的矩阵 $\hat{\boldsymbol{X}} := [\hat{\boldsymbol{x}}_1, \cdots, \hat{\boldsymbol{x}}_N] \in \mathbb{R}^{D \times N}$ 包含尚未压缩的数据信息.

评注(符号) 在本章中, 我们没有按照一般将 $\boldsymbol{x}_1, \cdots, \boldsymbol{x}_N$ 作为数据矩阵行的惯例, 我们将它们定义为 $\boldsymbol{X}$ 的列. 这意味着我们的数据矩阵 $\boldsymbol{X}$ 是 $D \times N$ 矩阵, 而不是传统的 $N \times D$ 矩阵. 我们这样做是为了避免将矩阵转置或将向量重新定义为左乘到矩阵上的行向量.

为了找到第 m 个主成分, 我们将方差最大化

$$V_m = \mathbb{V}[z_m] = \frac{1}{N}\sum_{n=1}^{N} z_{mn}^2 = \frac{1}{N}\sum_{n=1}^{N}(\boldsymbol{b}_m^\top \hat{\boldsymbol{x}}_n)^2 = \boldsymbol{b}_m^\top \hat{\boldsymbol{S}} \boldsymbol{b}_m \,, \tag{10.18}$$

并且 $\|\boldsymbol{b}_m\|^2 = 1$, 这是和式 (10.9b) 中相同的约束. 并将 $\hat{\boldsymbol{S}}$ 定义为转换后的数据集 $\hat{\mathcal{X}} := \{\hat{\boldsymbol{x}}_1, \cdots, \hat{\boldsymbol{x}}_N\}$ 的协方差矩阵. 如前所述, 当我们单独看第一个主成分时, 我们解决了一个约束优化问题, 得到最优解 $\boldsymbol{b}_m$ 是与最大特征值对应的 $\hat{\boldsymbol{S}}$ 的特征向量 $\hat{\boldsymbol{S}}$.

实际上, $\boldsymbol{b}_m$ 也是 $\boldsymbol{S}$ 的特征向量. 更一般地, $\boldsymbol{S}$ 和 $\hat{\boldsymbol{S}}$ 的特征向量都是相同的. 由于 $\boldsymbol{S}$ 和 $\hat{\boldsymbol{S}}$ 都是对称的, 我们可以找到正交的特征向量 (谱定理 4.15), 即存在 D 个不同的向量都是 $\boldsymbol{S}$ 和 $\hat{\boldsymbol{S}}$ 的特征向量. 接下来, 我们证明 $\boldsymbol{S}$ 的每个特征向量都是 $\hat{\boldsymbol{S}}$ 的特征向量. 假设我们已经找到了 $\hat{\boldsymbol{S}}$ 的特征向量 $\boldsymbol{b}_1, \cdots, \boldsymbol{b}_{m-1}$. 考虑 $\boldsymbol{S}$ 的特征向量 $\boldsymbol{b}_i$, 即 $\boldsymbol{S}\boldsymbol{b}_i = \lambda_i \boldsymbol{b}_i$, 有

$$\hat{\boldsymbol{S}}\boldsymbol{b}_i = \frac{1}{N}\hat{\boldsymbol{X}}\hat{\boldsymbol{X}}^\top \boldsymbol{b}_i = \frac{1}{N}(\boldsymbol{X} - \boldsymbol{B}_{m-1}\boldsymbol{X})(\boldsymbol{X} - \boldsymbol{B}_{m-1}\boldsymbol{X})^\top \boldsymbol{b}_i \tag{10.19a}$$

$$= (\boldsymbol{S} - \boldsymbol{S}\boldsymbol{B}_{m-1} - \boldsymbol{B}_{m-1}\boldsymbol{S} + \boldsymbol{B}_{m-1}\boldsymbol{S}\boldsymbol{B}_{m-1})\boldsymbol{b}_i \,. \tag{10.19b}$$

我们区分两种情况. 如果 $i \geqslant m$, 即 $\boldsymbol{b}_i$ 是不属于前 $m-1$ 个主成分的特征向量, 则 $\boldsymbol{b}_i$ 正交于前 $m-1$ 个主成分和 $\boldsymbol{B}_{m-1}\boldsymbol{b}_i = \boldsymbol{0}$. 如果 $i < m$, 即 $\boldsymbol{b}_i$ 是前 $m-1$ 个主成分, 则 $\boldsymbol{b}_i$ 是 $\boldsymbol{B}_{m-1}$ 投影的主子空间的基向量. 由于 $\boldsymbol{b}_1, \cdots, \boldsymbol{b}_{m-1}$ 是此主子空间的正交基, 因此我们有 $\boldsymbol{B}_{m-1}\boldsymbol{b}_i = \boldsymbol{b}_i$. 这两种情况可以总结为

$$\boldsymbol{B}_{m-1}\boldsymbol{b}_i = \boldsymbol{b}_i, \quad i < m; \qquad \boldsymbol{B}_{m-1}\boldsymbol{b}_i = \boldsymbol{0}, \quad i \geqslant m \,. \tag{10.20}$$

当 $i \geqslant m$ 时, 通过在式 (10.19b) 中利用式 (10.20), 有 $\hat{\boldsymbol{S}}\boldsymbol{b}_i = (\boldsymbol{S} - \boldsymbol{B}_{m-1}\boldsymbol{S})\boldsymbol{b}_i = \boldsymbol{S}\boldsymbol{b}_i = \lambda_i \boldsymbol{b}_i$, 即 $\boldsymbol{b}_i$ 也是 $\hat{\boldsymbol{S}}$ 的特征值 λ_i 对应的特征向量. 具体地,

$$\hat{\boldsymbol{S}}\boldsymbol{b}_m = \boldsymbol{S}\boldsymbol{b}_m = \lambda_m \boldsymbol{b}_m \,. \tag{10.21}$$

式 (10.21) 表明 $\boldsymbol{b}_m$ 不仅是 $\boldsymbol{S}$ 的特征向量, 而且还是 $\hat{\boldsymbol{S}}$ 的特征向量. 具体来说, λ_m 是 $\hat{\boldsymbol{S}}$ 的最大特征值, 而 λ_m 是 $\boldsymbol{S}$ 的第 m 大特征值, 并且都具有对应的特征向量 $\boldsymbol{b}_m$.

在 $i < m$ 的情况下, 通过在式 (10.19b) 中使用式 (10.20), 我们有

$$\hat{\boldsymbol{S}}\boldsymbol{b}_i = (\boldsymbol{S} - \boldsymbol{S}\boldsymbol{B}_{m-1} - \boldsymbol{B}_{m-1}\boldsymbol{S} + \boldsymbol{B}_{m-1}\boldsymbol{S}\boldsymbol{B}_{m-1})\boldsymbol{b}_i = \boldsymbol{0} = 0\boldsymbol{b}_i \tag{10.22}$$

这意味着 $\boldsymbol{b}_1, \cdots, \boldsymbol{b}_{m-1}$ 也是 $\hat{\boldsymbol{S}}$ 的特征向量, 但它们与特征值 0 相对应, 因此 $\boldsymbol{b}_1, \cdots, \boldsymbol{b}_{m-1}$ 张成 $\hat{\boldsymbol{S}}$ 的零空间.

总之, $\boldsymbol{S}$ 的每个特征向量也是 $\hat{\boldsymbol{S}}$ 的特征向量[⊖]. 但是, 如果 $\boldsymbol{S}$ 的特征向量是 $(m-1)$ 维主子空间的一部分, 则 $\hat{\boldsymbol{S}}$ 对应的特征值就是 0.

根据式 (10.21) 和 $\boldsymbol{b}_m^\top \boldsymbol{b}_m = 1$, 投影到第 m 个主成分上的数据的方差为

$$V_m = \boldsymbol{b}_m^\top \boldsymbol{S} \boldsymbol{b}_m \overset{(10.21)}{=} \lambda_m \boldsymbol{b}_m^\top \boldsymbol{b}_m = \lambda_m \,. \tag{10.23}$$

这意味着, 当投影到 M 维子空间上时, 数据的方差等于与数据协方差矩阵的特征向量对应的特征值之和.

例 10.2 (MNIST 数据集 "8" 的特征值)　取 MNIST 训练数据中的所有数字 "8", 我们计算数据协方差矩阵的特征值. 图 10.5 a 显示了数据协方差矩阵的前 200 大特征值. 我们看到它们中只有少数几个值与 0 差距比较大. 因此如图 10.5 b 所示, 当将数据投影到由对应特征向量张成的子空间上时, 大多数方差集中在几个主成分中.

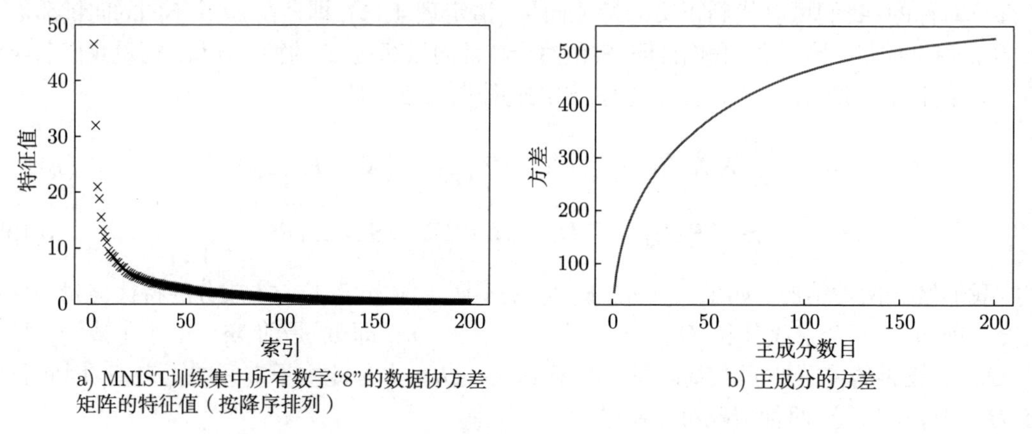

a) MNIST训练集中所有数字"8"的数据协方差矩阵的特征值 (按降序排列)

b) 主成分的方差

图 10.5　MNIST 数据集 "8" 的训练数据的属性

总的来说, 要找到一个 $\mathbb{R}^D$ 保留了尽可能多的信息的 M 维子空间, PCA 告诉我们选择式 (10.3) 中矩阵 $\boldsymbol{B}$ 的列作为与 M 最大特征值相对应的数据协方差矩阵 $\boldsymbol{S}$ 的 M 个特征向量. 前 M 个主成分的最大方差为

$$V_M = \sum_{m=1}^{M} \lambda_m \,, \tag{10.24}$$

其中 λ_m 是数据协方差矩阵 $\boldsymbol{S}$ 的第 M 大特征值. 因此, 通过 PCA 进行数据压缩所损失的方差为

$$J_M := \sum_{j=M+1}^{D} \lambda_j = V_D - V_M \,. \tag{10.25}$$

⊖ 此推导表明, 在具有最大方差的 M 维子空间与特征分解之间存在紧密的联系. 我们将在 10.4 节中重新考虑这种联系.

除了这些绝对量, 我们可以将相对方差定义为 $\frac{V_M}{V_D}$, 将压缩损失的相对方差定义为 $1-\frac{V_M}{V_D}$.

10.3 投影视角

下面我们将 PCA 视作直接使平均重构误差最小的算法进行推导. 从这个角度来看, 我们可以将 PCA 视作是最优的线性自编码器. 我们将主要使用第 2 章和第 3 章的内容.

在上一节中, 我们通过最大化投影空间中的方差来保留尽可能多的信息, 从而得出了 PCA. 下面我们将考虑原始数据 $\boldsymbol{x}_n$ 与它们的重构 $\tilde{\boldsymbol{x}}_n$ 之间的差向量, 并最小化此距离, 以便使 $\boldsymbol{x}_n$ 和 $\tilde{\boldsymbol{x}}_n$ 尽可能接近. 图 10.6 说明了此想法.

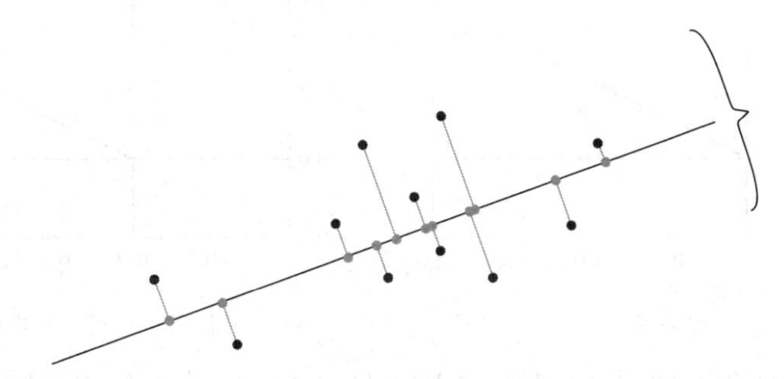

图 10.6 投影方法的说明: 找到一个子空间 (线), 该子空间可最小化投影 (灰色) 数据和原始 (黑色) 数据之间的差向量的长度

10.3.1 背景和目标

假设 $\mathbb{R}^D$ 的 (有序) 正交基 (ONB)$B=(\boldsymbol{b}_1,\cdots,\boldsymbol{b}_D)$, 即 $\boldsymbol{b}_i^\top\boldsymbol{b}_j=1$ 仅当 $i=j$ 时, 否则为 0.

从 2.5 节中, 我们知道, $\mathbb{R}^D$ 的基为 $(\boldsymbol{b}_1,\cdots,\boldsymbol{b}_D)$, 则任何 $\boldsymbol{x}\in\mathbb{R}^D$ 可以写成 $\mathbb{R}^D$ 的基向量的线性组合㊀, 即对于合适的坐标 $\zeta_d\in\mathbb{R}$,

$$\boldsymbol{x}=\sum_{d=1}^{D}\zeta_d\boldsymbol{b}_d=\sum_{m=1}^{M}\zeta_m\boldsymbol{b}_m+\sum_{j=M+1}^{D}\zeta_j\boldsymbol{b}_j. \tag{10.26}$$

我们感兴趣的是找到向量 $\tilde{\boldsymbol{x}}\in\mathbb{R}^D$ 中, 它们位于低维子空间 $U\subseteq\mathbb{R}^D$ 中, $\dim(U)=M$, 因此

$$\tilde{\boldsymbol{x}}=\sum_{m=1}^{M}z_m\boldsymbol{b}_m\in U\subseteq\mathbb{R}^D \tag{10.27}$$

㊀ 向量 $\tilde{\boldsymbol{x}}\in U$ 是 $\mathbb{R}^3$ 中一个平面上的向量. 平面的维数是 2, 但是向量相对于 $\mathbb{R}^3$ 的标准基仍然具有三个坐标分量.

尽可能与 $\boldsymbol{x}$ 相似. 注意, 此时我们需要假设 $\tilde{\boldsymbol{x}}$ 的坐标 z_m 和 $\boldsymbol{x}$ 的坐标 ζ_m 不相同.

下面, 我们正是使用 $\tilde{\boldsymbol{x}}$ 的这种表示形式来找到最优坐标 $\boldsymbol{z}$ 和基向量 $\boldsymbol{b}_1, \cdots, \boldsymbol{b}_M$, 如此一来, $\tilde{\boldsymbol{x}}$ 与原始数据点 $\boldsymbol{x}$ 可以尽可能相似, 即我们的目标是最小化 (欧几里得距离)$\|\boldsymbol{x}-\tilde{\boldsymbol{x}}\|$. 图 10.7 说明了这一点.

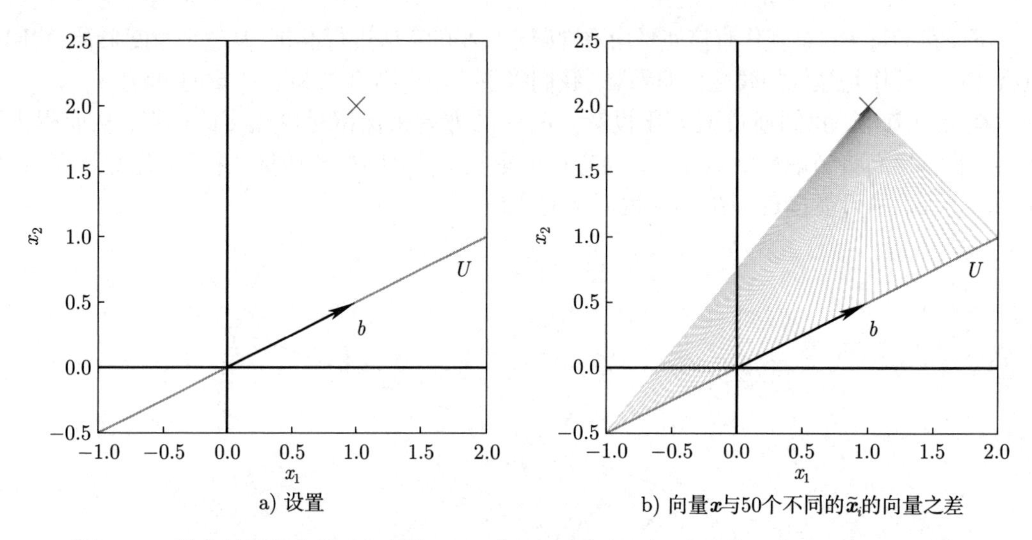

图 10.7 简化的投影背景. a) 向量 $\boldsymbol{x} \in \mathbb{R}^2$ (叉) 应投影到 $\boldsymbol{b}$ 生成的一维子空间 $U \subseteq \mathbb{R}^2$ 上. b) 展示了 $\boldsymbol{x}$ 与候选 $\tilde{\boldsymbol{x}}$ 之间的差向量

不失一般性, 我们假定数据集 $\mathcal{X}=\{\boldsymbol{x}_1, \cdots, \boldsymbol{x}_N\}$, $\boldsymbol{x}_n \in \mathbb{R}^D$, 以 $\mathbf{0}$ 为中心, 即 $\mathbb{E}[\mathcal{X}]=\mathbf{0}$. 如果没有零均值假设, 我们可以得出完全相同的解, 但是会更加复杂.

我们关心的是寻找 $\mathcal{X}$ 在 $\mathbb{R}^D$ 中低维子空间 $U(\dim(U)=M)$ 的最优线性投影和正交向量 $\boldsymbol{b}_1, \cdots, \boldsymbol{b}_M$. 我们将这个子空间 U 称为*主子空间*. 数据点的投影表示为

$$\tilde{\boldsymbol{x}}_n := \sum_{m=1}^{M} z_{mn} \boldsymbol{b}_m = \boldsymbol{B} \boldsymbol{z}_n \in \mathbb{R}^D, \tag{10.28}$$

其中 $\boldsymbol{z}_n := [z_{1n}, \cdots, z_{Mn}]^\top \in \mathbb{R}^M$ 是 $\tilde{\boldsymbol{x}}_n$ 以 $(\boldsymbol{b}_1, \cdots, \boldsymbol{b}_M)$ 为基的坐标. 更具体地说, 我们关心如何使 $\tilde{\boldsymbol{x}}_n$ 与 $\boldsymbol{x}_n$ 尽可能相似.

我们下面在 $\boldsymbol{x}$ 和 $\tilde{\boldsymbol{x}}$ 之间使用的相似性度量是平方距离 (欧几里得范数)$\|\boldsymbol{x}-\tilde{\boldsymbol{x}}\|^2$. 因此, 我们将目标定义为最小化平均欧几里得距离 (*重构误差*) (Pearson, 1901)

$$J_M := \frac{1}{N} \sum_{n=1}^{N} \|\boldsymbol{x}_n - \tilde{\boldsymbol{x}}_n\|^2, \tag{10.29}$$

在这里, 我们明确指出将数据投影到的子空间是 M 维的. 为了找到最优的线性投影, 我们需要找到主子空间的正交基和相对于该基的投影坐标 $\boldsymbol{z}_n \in \mathbb{R}^M$.

为了找到坐标 $\boldsymbol{z}_n$ 和主子空间的正交基, 我们做以下两步. 首先, 我们针对给定的正交基 $(\boldsymbol{b}_1, \cdots, \boldsymbol{b}_M)$ 优化坐标 $\boldsymbol{z}_n$; 然后, 我们找最优的正交基.

10.3.2 寻找最优坐标

让我们从寻找 $n = 1, \cdots, N$ 的投影 $\tilde{\boldsymbol{x}}_n$ 的最优坐标 $z_{1n}, \cdots, z_{Mn}$ 开始. 考虑图 10.8 b, 其中的主子空间是由单个向量 $\boldsymbol{b}$ 张成. 几何上, 找到最优坐标 z 对应于找到最小化 $\tilde{\boldsymbol{x}} - \boldsymbol{x}$ 的用 $\boldsymbol{b}$ 表示的线性投影 $\tilde{\boldsymbol{x}}$. 从图 10.8 b 可以清楚地看到, 就是正交投影, 下面我们将进行确切地阐述.

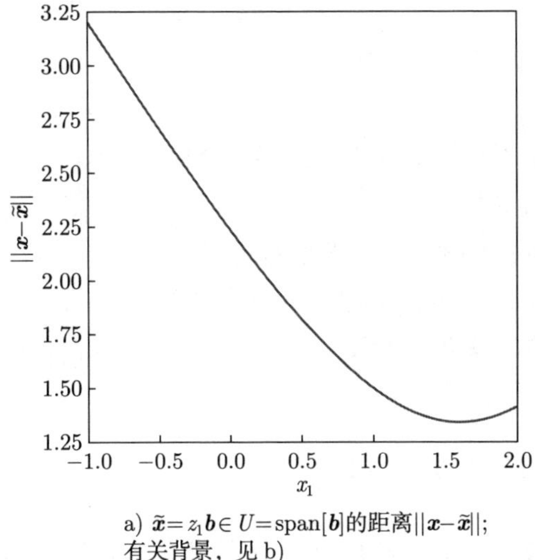

a) $\tilde{\boldsymbol{x}} = z_1\boldsymbol{b} \in U = \text{span}[\boldsymbol{b}]$ 的距离 $\|\boldsymbol{x} - \tilde{\boldsymbol{x}}\|$; 有关背景, 见 b)

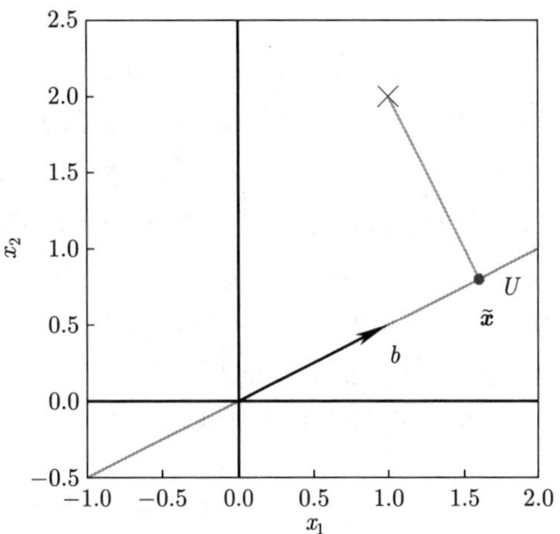

b) 使 a) 中的距离最小的向量 $\tilde{\boldsymbol{x}}$ 是其在 U 上的正交投影. 投影 $\tilde{\boldsymbol{x}}$ 在张成 U 的基向量 $\boldsymbol{b}$ 的坐标就是我们需要缩放 $\boldsymbol{b}$ 以"到达" $\tilde{\boldsymbol{x}}$ 的因子

图 10.8　向量 $\boldsymbol{x} \in \mathbb{R}^2$ 在一维子空间上的最优投影 (接自图 10.7). a) 关于 $\tilde{\boldsymbol{x}} \in U$ 的距离 $\|\boldsymbol{x} - \tilde{\boldsymbol{x}}\|$. b) 正交投影和最优坐标

我们假设 $U \subseteq \mathbb{R}^D$ 的一个标准正交基为 $(\boldsymbol{b}_1, \cdots, \boldsymbol{b}_M)$. 为了找到关于该基的最优坐标 $\boldsymbol{z}_m$, 我们需要计算偏导数

$$\frac{\partial J_M}{\partial z_{in}} = \frac{\partial J_M}{\partial \tilde{\boldsymbol{x}}_n} \frac{\partial \tilde{\boldsymbol{x}}_n}{\partial z_{in}}, \tag{10.30a}$$

$$\frac{\partial J_M}{\partial \tilde{\boldsymbol{x}}_n} = -\frac{2}{N}(\boldsymbol{x}_n - \tilde{\boldsymbol{x}}_n)^\top \in \mathbb{R}^{1 \times D}, \tag{10.30b}$$

$$\frac{\partial \tilde{\boldsymbol{x}}_n}{\partial z_{in}} \overset{(10.28)}{=} \frac{\partial}{\partial z_{in}} \left(\sum_{m=1}^{M} z_{mn} \boldsymbol{b}_m \right) = \boldsymbol{b}_i \tag{10.30c}$$

其中 $i = 1, \cdots, M$, 这样我们就有

$$\frac{\partial J_M}{\partial z_{in}} \overset{\substack{(10.30b)\\(10.30c)}}{=} -\frac{2}{N}(\boldsymbol{x}_n - \tilde{\boldsymbol{x}}_n)^\top \boldsymbol{b}_i \overset{(10.28)}{=} -\frac{2}{N}\left(\boldsymbol{x}_n - \sum_{m=1}^{M} z_{mn}\boldsymbol{b}_m\right)^\top \boldsymbol{b}_i \tag{10.31a}$$

$$\overset{\text{ONB}}{=} -\frac{2}{N}(\boldsymbol{x}_n^\top \boldsymbol{b}_i - z_{in}\boldsymbol{b}_i^\top \boldsymbol{b}_i) = -\frac{2}{N}(\boldsymbol{x}_n^\top \boldsymbol{b}_i - z_{in}). \tag{10.31b}$$

因为 $\boldsymbol{b}_i^\top \boldsymbol{b}_i = 1$. 令偏导数为 0, 可以得到最优坐标

$$z_{in} = \boldsymbol{x}_n^\top \boldsymbol{b}_i = \boldsymbol{b}_i^\top \boldsymbol{x}_n \tag{10.32}$$

其中 $i = 1, \cdots, M$ 以及 $n = 1, \cdots, N$. 这意味着投影 $\tilde{\boldsymbol{x}}_n$ 的最优坐标 z_{in} 是原始数据点 $\boldsymbol{x}_n$ 在由 $\boldsymbol{b}_i$ 张成的一维子空间上正交投影的坐标 (见 3.8 节). 所以:

- $\boldsymbol{x}_n$ 的最优线性投影 $\tilde{\boldsymbol{x}}_n$ 是正交投影.
- 基 $(\boldsymbol{b}_1, \cdots, \boldsymbol{b}_M)$ 上 $\tilde{\boldsymbol{x}}_n$ 的坐标是 $\boldsymbol{x}_n$ 在主子空间上的正交投影的坐标.
- 给定目标 (10.29), 正交投影是最好的线性映射.
- 式 (10.26) 中 $\boldsymbol{x}$ 的坐标 ζ_m 和式 (10.27) 中 $\tilde{\boldsymbol{x}}$ 的坐标 z_m 必须相同, 其中 $m = 1, \cdots, M$, 因为 $U^\perp = \text{span}[\boldsymbol{b}_{M+1}, \cdots, \boldsymbol{b}_D]$ 是 $U = \text{span}[\boldsymbol{b}_1, \cdots, \boldsymbol{b}_M]$ 的正交补 (见 3.6 节).

评注 (具有正交基的正交投影)　让我们简要回顾一下 3.8 节中的正交投影. 如果 $(\boldsymbol{b}_1, \cdots, \boldsymbol{b}_D)$ 是 $\mathbb{R}^D$ 的正交基, 则

$$\tilde{\boldsymbol{x}} = \boldsymbol{b}_j(\boldsymbol{b}_j^\top \boldsymbol{b}_j)^{-1}\boldsymbol{b}_j^\top \boldsymbol{x} = \boldsymbol{b}_j\boldsymbol{b}_j^\top \boldsymbol{x} \in \mathbb{R}^D \tag{10.33}$$

是 $\boldsymbol{x}$ 在第 j 个基向量张成的子空间上的正交投影, 而 $z_j = \boldsymbol{b}_j^\top \boldsymbol{x}$ 是该投影在基向量 $\boldsymbol{b}_j$ 张成的子空间的坐标, 因为 $z_j\boldsymbol{b}_j = \tilde{\boldsymbol{x}}$. 图 10.8 b 说明了这一点.

更一般地, 如果我们打算投影到 $\mathbb{R}^D$ 的 M 维子空间上, 则 $\boldsymbol{x}$ 在以 $\boldsymbol{b}_1, \cdots, \boldsymbol{b}_M$ 为正交基的 M 维子空间上的正交投影为

$$\tilde{\boldsymbol{x}} = \boldsymbol{B}(\underbrace{\boldsymbol{B}^\top \boldsymbol{B}}_{=\boldsymbol{I}})^{-1}\boldsymbol{B}^\top \boldsymbol{x} = \boldsymbol{B}\boldsymbol{B}^\top \boldsymbol{x}, \tag{10.34}$$

其中定义 $\boldsymbol{B} := [\boldsymbol{b}_1, \cdots, \boldsymbol{b}_M] \in \mathbb{R}^{D\times M}$. 如 3.8 节讨论的, 该投影在有序基 $(\boldsymbol{b}_1, \cdots, \boldsymbol{b}_M)$ 下的坐标为 $\boldsymbol{z} := \boldsymbol{B}^\top \boldsymbol{x}$.

我们可以将坐标看作由 $(\boldsymbol{b}_1, \cdots, \boldsymbol{b}_M)$ 定义的新坐标系中投影向量的一种表示. 注意, 尽管有 $\tilde{\boldsymbol{x}} \in \mathbb{R}^D$, 但我们只需要 M 个坐标 $z_1, \cdots, z_M$ 就能表示此向量, 基向量 $(\boldsymbol{b}_{M+1}, \cdots, \boldsymbol{b}_D)$ 下的 $D - M$ 坐标分量始终为 0.

到目前为止, 我们已经表明, 对于给定的正交基, 我们可以通过在主子空间上的正交投影找到 $\tilde{\boldsymbol{x}}$ 的最优坐标. 接下来, 我们将确定最优基.

10.3.3 寻找主子空间的基

为了确定主子空间的基向量 $\boldsymbol{b}_1, \cdots, \boldsymbol{b}_M$, 我们使用当前的结果来重新定义损失函数 (10.29). 这将使查找基向量更加容易. 为了重新构造损失函数, 我们利用之前的结果有

$$\tilde{\boldsymbol{x}}_n = \sum_{m=1}^{M} z_{mn}\boldsymbol{b}_m \overset{(10.32)}{=} \sum_{m=1}^{M} (\boldsymbol{x}_n^\top \boldsymbol{b}_m)\boldsymbol{b}_m \,. \tag{10.35}$$

利用点积的对称性,

$$\tilde{\boldsymbol{x}}_n = \left(\sum_{m=1}^{M} \boldsymbol{b}_m \boldsymbol{b}_m^\top\right) \boldsymbol{x}_n \,. \tag{10.36}$$

由于我们通常可以将原始数据点 $\boldsymbol{x}_n$ 写为所有基向量的线性组合, 因此可以有

$$\begin{aligned} \boldsymbol{x}_n &= \sum_{d=1}^{D} z_{dn}\boldsymbol{b}_d \overset{(10.32)}{=} \sum_{d=1}^{D} (\boldsymbol{x}_n^\top \boldsymbol{b}_d)\boldsymbol{b}_d = \left(\sum_{d=1}^{D} \boldsymbol{b}_d \boldsymbol{b}_d^\top\right) \boldsymbol{x}_n & \text{(10.37a)} \\ &= \left(\sum_{m=1}^{M} \boldsymbol{b}_m \boldsymbol{b}_m^\top\right) \boldsymbol{x}_n + \left(\sum_{j=M+1}^{D} \boldsymbol{b}_j \boldsymbol{b}_j^\top\right) \boldsymbol{x}_n \,, & \text{(10.37b)} \end{aligned}$$

在这里, 我们将 D 项的总和分为 M 以上的总和与 $D-M$ 项以上的总和. 根据此结果, 我们发现位移向量 $\boldsymbol{x}_n - \tilde{\boldsymbol{x}}_n$ (即原始数据点与其投影之间的差向量) 为

$$\begin{aligned} \boldsymbol{x}_n - \tilde{\boldsymbol{x}}_n &= \left(\sum_{j=M+1}^{D} \boldsymbol{b}_j \boldsymbol{b}_j^\top\right) \boldsymbol{x}_n & \text{(10.38a)} \\ &= \sum_{j=M+1}^{D} (\boldsymbol{x}_n^\top \boldsymbol{b}_j)\boldsymbol{b}_j \,. & \text{(10.38b)} \end{aligned}$$

这意味着差异恰好是数据点在主子空间的正交补上的投影: 我们把式 (10.38a) 中的矩阵 $\sum_{j=M+1}^{D} \boldsymbol{b}_j \boldsymbol{b}_j^\top$ 作为投影矩阵. 因此如图 10.9 所示, 位移向量 $\boldsymbol{x}_n - \tilde{\boldsymbol{x}}_n$ 位于与主子空间正交的子空间中.

评注(低秩近似) 在式 (10.38a) 中, 我们看到将 $\boldsymbol{x}$ 投影到 $\tilde{\boldsymbol{x}}$ 上的投影矩阵通过构造秩 1 矩阵的总和 $\boldsymbol{b}_m \boldsymbol{b}_m^\top$ 给出

$$\sum_{m=1}^{M} \boldsymbol{b}_m \boldsymbol{b}_m^\top = \boldsymbol{B}\boldsymbol{B}^\top \,. \tag{10.39}$$

我们看到 $\boldsymbol{B}\boldsymbol{B}^\top$ 是对称的, 并且秩为 M. 因此, 均方重构误差也可以写成

$$\frac{1}{N}\sum_{n=1}^{N}\|\boldsymbol{x}_n-\tilde{\boldsymbol{x}}_n\|^2=\frac{1}{N}\sum_{n=1}^{N}\left\|\boldsymbol{x}_n-\boldsymbol{B}\boldsymbol{B}^\top\boldsymbol{x}_n\right\|^2 \tag{10.40a}$$

$$=\frac{1}{N}\sum_{n=1}^{N}\left\|(\boldsymbol{I}-\boldsymbol{B}\boldsymbol{B}^\top)\boldsymbol{x}_n\right\|^2 . \tag{10.40b}$$

找到使原始数据 $\boldsymbol{x}_n$ 与它们的投影 $\tilde{\boldsymbol{x}}_n$ 之间的差异最小的正交向量 $\boldsymbol{b}_1,\cdots,\boldsymbol{b}_M$ 等同于找出关于单位矩阵 $\boldsymbol{I}$ 的最优秩 M 近似 $\boldsymbol{B}\boldsymbol{B}^\top$ (见 4.6 节).

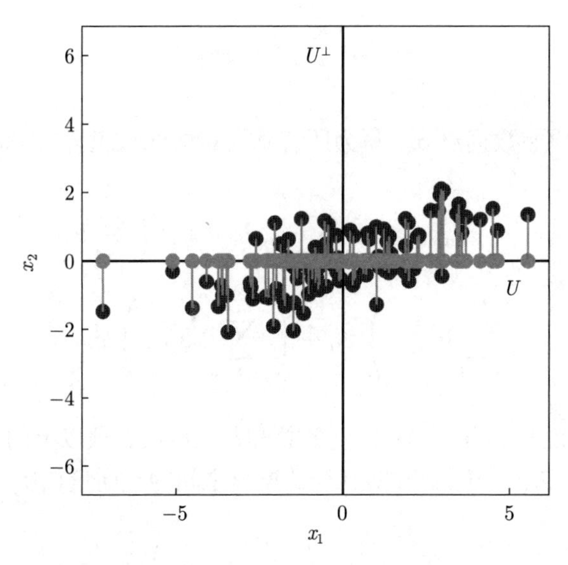

图 10.9 正交投影和位移向量. 将数据点 $\boldsymbol{x}_n$ (黑色) 投影到子空间 U_1 上时, 我们获得 $\tilde{\boldsymbol{x}}_n$ (灰色). 位移向量 $\tilde{\boldsymbol{x}}_n-\boldsymbol{x}_n$ 完全位于 U_1 的正交补 U_2 中

现在, 我们拥有用于重新构造损失函数 (10.29) 的所有工具:

$$J_M=\frac{1}{N}\sum_{n=1}^{N}\|\boldsymbol{x}_n-\tilde{\boldsymbol{x}}_n\|^2\overset{(10.38b)}{=}\frac{1}{N}\sum_{n=1}^{N}\left\|\sum_{j=M+1}^{D}(\boldsymbol{b}_j^\top\boldsymbol{x}_n)\boldsymbol{b}_j\right\|^2 . \tag{10.41}$$

现在, 我们计算范数的平方, 因为 $\boldsymbol{b}_j$ 是正交基,

$$J_M=\frac{1}{N}\sum_{n=1}^{N}\sum_{j=M+1}^{D}(\boldsymbol{b}_j^\top\boldsymbol{x}_n)^2=\frac{1}{N}\sum_{n=1}^{N}\sum_{j=M+1}^{D}\boldsymbol{b}_j^\top\boldsymbol{x}_n\boldsymbol{b}_j^\top\boldsymbol{x}_n \tag{10.42a}$$

$$=\frac{1}{N}\sum_{n=1}^{N}\sum_{j=M+1}^{D}\boldsymbol{b}_j^\top\boldsymbol{x}_n\boldsymbol{x}_n^\top\boldsymbol{b}_j , \tag{10.42b}$$

在最后一步中, 我们利用了点积的对称性 $\boldsymbol{b}_j^\top \boldsymbol{x}_n = \boldsymbol{x}_n^\top \boldsymbol{b}_j$. 现在, 我们交换总和, 有

$$J_M = \sum_{j=M+1}^{D} \boldsymbol{b}_j^\top \underbrace{\left(\frac{1}{N}\sum_{n=1}^{N} \boldsymbol{x}_n \boldsymbol{x}_n^\top\right)}_{=:\boldsymbol{S}} \boldsymbol{b}_j = \sum_{j=M+1}^{D} \boldsymbol{b}_j^\top \boldsymbol{S} \boldsymbol{b}_j \tag{10.43a}$$

$$= \sum_{j=M+1}^{D} \operatorname{tr}(\boldsymbol{b}_j^\top \boldsymbol{S} \boldsymbol{b}_j) = \sum_{j=M+1}^{D} \operatorname{tr}(\boldsymbol{S} \boldsymbol{b}_j \boldsymbol{b}_j^\top) = \operatorname{tr}\Bigg(\underbrace{\Bigg(\sum_{j=M+1}^{D} \boldsymbol{b}_j \boldsymbol{b}_j^\top\Bigg)}_{\text{投影矩阵}} \boldsymbol{S}\Bigg), \tag{10.43b}$$

这里, 我们利用了迹运算符 $\operatorname{tr}(\cdot)$ (见式 (4.18)) 的线性性和循环置换不变性. 由于我们假设数据集已经被中心化了, 即 $\mathbb{E}[\mathcal{X}] = \mathbf{0}$, 因此我们将 $\boldsymbol{S}$ 认为是数据协方差矩阵. 由于式 (10.43b) 中的投影矩阵被构造为秩 1 矩阵 $\boldsymbol{b}_j \boldsymbol{b}_j^\top$ 的和, 所以它的秩为 $D - M$.

式 (10.43a) 意味着我们可以等效地将均方重构误差公式化为数据的协方差矩阵, 并投影到主子空间的正交补上. 最小化均方重构误差因此等价于将投影到我们忽略的子空间 (即主子空间的正交补) 上时数据的方差最小化㊀. 等效地, 我们将保留在主子空间中的投影的方差最大化, 这立即可以将投影损失联系到 10.2 节中讨论的 PCA 的最大方差公式. 但这也意味着我们将获得与最大方差视角相同的解㊁. 因此, 我们忽略了与 10.2 节中介绍的推导相同的推导, 并从投影角度总结了之前的结果.

当投影到 M 维主子空间时, 均方重构误差为

$$J_M = \sum_{j=M+1}^{D} \lambda_j, \tag{10.44}$$

其中 λ_j 是数据协方差矩阵的特征值. 因此, 为了最小化式 (10.44), 我们需要选择前 $D - M$ 小的特征值, 这意味着它们对应的特征向量是主子空间的正交基. 因此, 这意味着主子空间的基包括与数据协方差矩阵的前 M 大特征值对应的特征向量 $\boldsymbol{b}_1, \cdots, \boldsymbol{b}_M$.

例 10.3 (MNIST 数字嵌入)　图 10.10 可视化嵌入在由前两个主成分张成的向量子空间中的 MNIST 数字 “0” 和 “1” 的训练数据. 我们观察到 “0” (蓝点) 和 “1” (橙点) 之间相对清晰的分隔, 并且我们看到了每个单独簇中的变化. 主子空间中数字 “0” 和 “1” 的四个嵌入用红色突出显示, 并标有其对应的原始数字. 该图显示, “0” 组内的变化显著大于 “1” 组内的变化.

㊀ 最小化均方重构误差等价于最小化数据协方差矩阵到主子空间正交补上的投影.

㊁ 最小化均方重构误差等效于最大化投影数据的方差.

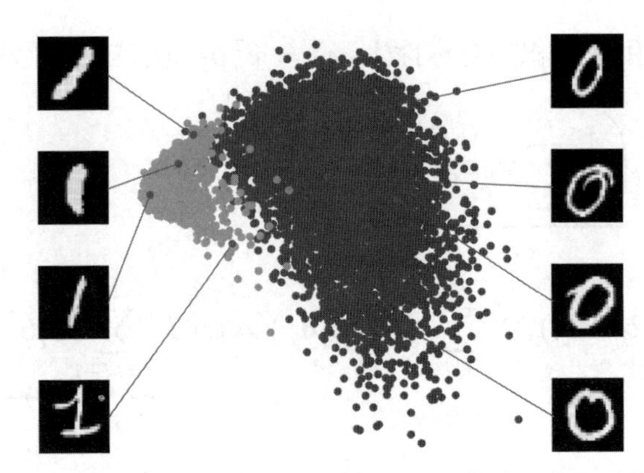

图 10.10　使用 PCA 将 MNIST 数字 0 (蓝色) 和 1 (橙色) 嵌入二维主子空间中. 主子空间中数字 “0” 和 “1” 的四个嵌入用红色突出显示, 并标有其对应的原始数字 (见彩插)

10.4 特征向量计算和低秩逼近

在前面的部分中, 我们知道了主子空间的基是数据协方差矩阵最大特征值对应的特征向量

$$\boldsymbol{S}=\frac{1}{N}\sum_{n=1}^{N}\boldsymbol{x}_n\boldsymbol{x}_n^{\top}=\frac{1}{N}\boldsymbol{X}\boldsymbol{X}^{\top}, \tag{10.45}$$

$$\boldsymbol{X}=[\boldsymbol{x}_1,\cdots,\boldsymbol{x}_N]\in\mathbb{R}^{D\times N}. \tag{10.46}$$

注意 $\boldsymbol{X}$ 是 $D\times N$ 矩阵, 即它是 “典型” 数据矩阵的转置 (Bishop, 2006; Murphy, 2012). 要获得 $\boldsymbol{S}$ 的特征值 (和相应的特征向量), 我们可以采用以下两种方法:

- 我们执行特征分解 (见 4.2 节), 然后直接计算 $\boldsymbol{S}$ 的特征值和特征向量.
- 我们使用奇异值分解 (见 4.5 节). 由于 $\boldsymbol{S}$ 是对称的并且可以分解为 $\boldsymbol{X}\boldsymbol{X}^{\top}$ (忽略因子 $\frac{1}{N}$), 因此 $\boldsymbol{S}$ 的特征值是 $\boldsymbol{X}$ 的奇异值的平方.

更具体地说, $\boldsymbol{X}$ 的 SVD 为

$$\underbrace{\boldsymbol{X}}_{D\times N}=\underbrace{\boldsymbol{U}}_{D\times D}\underbrace{\boldsymbol{\Sigma}}_{D\times N}\underbrace{\boldsymbol{V}^{\top}}_{N\times N}, \tag{10.47}$$

其中 $\boldsymbol{U}\in\mathbb{R}^{D\times D}$ 和 $\boldsymbol{V}^{\top}\in\mathbb{R}^{N\times N}$ 是正交矩阵, 矩阵 $\boldsymbol{\Sigma}\in\mathbb{R}^{D\times N}$ 有唯一非零奇异值 $\sigma_{ii}\geqslant 0$. 然后有

$$\boldsymbol{S}=\frac{1}{N}\boldsymbol{X}\boldsymbol{X}^{\top}=\frac{1}{N}\boldsymbol{U}\boldsymbol{\Sigma}\underbrace{\boldsymbol{V}^{\top}\boldsymbol{V}}_{=\boldsymbol{I}_N}\boldsymbol{\Sigma}^{\top}\boldsymbol{U}^{\top}=\frac{1}{N}\boldsymbol{U}\boldsymbol{\Sigma}\boldsymbol{\Sigma}^{\top}\boldsymbol{U}^{\top}. \tag{10.48}$$

根据 4.5 节的结果, 我们得出 $\boldsymbol{U}$ 的列是 $\boldsymbol{X}\boldsymbol{X}^\top$ (因此也就是 $\boldsymbol{S}$) 的特征向量. 此外, $\boldsymbol{S}$ 的特征值 λ_d 与 $\boldsymbol{X}$ 的奇异值有如下关系:

$$\lambda_d = \frac{\sigma_d^2}{N}\,. \tag{10.49}$$

$\boldsymbol{S}$ 的特征值与 $\boldsymbol{X}$ 的奇异值之间的这种关系提供了最大方差视角 (10.2 节) 与奇异值分解之间的联系.

10.4.1 PCA 使用低秩矩阵近似

为了最大化投影数据的方差 (或最小化重构误差的平方), PCA 选择式 (10.48) 中 $\boldsymbol{U}$ 的列作为数据协方差矩阵 $\boldsymbol{S}$ 最大特征值对应的特征向量, 因此我们将 $\boldsymbol{U}$ 作为式 (10.3) 中的投影矩阵 $\boldsymbol{B}$, 它将原始数据投影到 M 维子空间. Eckart-Young 定理 (4.6 节中定理 4.25) 提供了一种直接估算低维表示的方法. 考虑 $\boldsymbol{X}$ 最佳秩 M 近似

$$\tilde{\boldsymbol{X}}_M := \operatorname{argmin}_{\operatorname{rk}(\boldsymbol{A})\leqslant M} \|\boldsymbol{X}-\boldsymbol{A}\|_2 \in \mathbb{R}^{D\times N} \tag{10.50}$$

其中 $\|\cdot\|_2$ 是式 (4.93) 中定义的谱范数. Eckart-Young 定理指出, $\tilde{\boldsymbol{X}}_M$ 是通过将 SVD 截断前 M 个奇异值得到的. 换句话说, 我们有

$$\tilde{\boldsymbol{X}}_M = \underbrace{\boldsymbol{U}_M}_{D\times M}\underbrace{\boldsymbol{\Sigma}_M}_{M\times M}\underbrace{\boldsymbol{V}_M^\top}_{M\times N} \in \mathbb{R}^{D\times N} \tag{10.51}$$

其中 $\boldsymbol{U}_M := [\boldsymbol{u}_1,\cdots,\boldsymbol{u}_M] \in \mathbb{R}^{D\times M}$ 和 $\boldsymbol{V}_M := [\boldsymbol{v}_1,\cdots,\boldsymbol{v}_M] \in \mathbb{R}^{N\times M}$ 是正交矩阵, $\boldsymbol{\Sigma}_M \in \mathbb{R}^{M\times M}$ 是对角矩阵, 其对角线项是 $\boldsymbol{X}$ 的前 M 大奇异值.

10.4.2 实践方面

在其他需要矩阵分解的基本机器学习算法中, 找特征值和特征向量也很重要. 从理论上讲, 正如我们在 4.2 节中讨论的, 我们可以将特征值作为特征多项式的根来求解. 但是, 对于大于 4×4 矩阵, 这是不可能的, 因为我们需要找到 5 次或更高次的多项式的根. 但是, Abel-Ruffini 定理 (Ruffini, 1799; Abel, 1826) 指出, 对于 5 次及以上的多项式的零点问题不存在解析解. 因此, 在实践中, 我们使用迭代方法求解特征值或奇异值, 这些方法在线性代数的所有现代软件包中均已实现[⊖].

在许多应用 (例如, 本章介绍的 PCA) 中, 我们只需要几个特征向量. 对矩阵进行完整分解, 然后丢弃多余特征值对应的特征向量, 这样做是很浪费的. 事实上, 如果我们仅对前几个特征向量 (具有最大的特征值) 感兴趣, 那么直接优化这些特征向量的迭代过程在计算

⊖ `np.linalg.eigh` 或 `np.linalg.svd`.

上比完整特征分解 (或 SVD) 更有效. 在仅需要第一个特征向量的极端情况下, 称为*幂法*的简单方法是非常有效的. 幂法选择一个随机向量 $\boldsymbol{x}_0$, 要求该向量不在 $\boldsymbol{S}$ 的零空间中, 然后进行迭代

$$\boldsymbol{x}_{k+1}=\frac{\boldsymbol{S}\boldsymbol{x}_k}{\|\boldsymbol{S}\boldsymbol{x}_k\|}\,,\quad k=0,1,\cdots\cdots \tag{10.52}$$

这意味着向量 $\boldsymbol{x}_k$ 在每次迭代中都乘以 $\boldsymbol{S}$[㊀], 然后进行归一化, 即我们总是有 $\|\boldsymbol{x}_k\|=1$. 此向量序列收敛到与 $\boldsymbol{S}$ 的最大特征值对应的特征向量. 原始的谷歌 PageRank 算法 (Page et al., 1999) 使用这种算法根据网页的超链接对网页进行排名.

10.5 高维中的主成分分析

为了做主成分分析 (PCA), 我们需要计算数据的协方差矩阵. 在 D 维空间中, 数据的协方差矩阵是 $D\times D$ 矩阵. 计算这个矩阵的特征值和特征向量的代价是昂贵的, 它正比于 D 的立方. 因此, 我们先前讨论的 PCA 不适合在高维空间中做. 例如, 如果 $\boldsymbol{x}_n$ 是 10 000 像素的图像 (即 100×100 像素的图像), 我们就要计算一个 $10\,000\times10\,000$ 的协方差矩阵的特征分解. 在下面的内容中, 我们将在数据点数量少于维数 (即 $N\ll D$) 的情况下给出一个解决这一问题的办法.

假设我们有一个已经中心化了的数据集 $\boldsymbol{x}_1,\cdots,\boldsymbol{x}_N$, $\boldsymbol{x}_n\in\mathbb{R}^D$. 数据的协方差矩阵为

$$\boldsymbol{S}=\frac{1}{N}\boldsymbol{X}\boldsymbol{X}^\top\in\mathbb{R}^{D\times D}\,, \tag{10.53}$$

其中 $\boldsymbol{X}=[\boldsymbol{x}_1,\cdots,\boldsymbol{x}_N]$ 是 $D\times N$ 矩阵, 并且这个矩阵的列是数据点.

我们现在假设 $N\ll D$, 即数据点数小于数据的维数. 如果没有同样的数据点, 那么协方差矩阵 $\boldsymbol{S}$ 的秩是 N, 所以它有 $D-N+1$ 个特征值是 0. 直观来看, 这意味着存在冗余. 接下来, 我们将利用这点并把 $D\times D$ 协方差矩阵变成一个特征值都是正的 $N\times N$ 协方差矩阵.

在 PCA 中, 我们最终要得到特征向量的等式

$$\boldsymbol{S}\boldsymbol{b}_m=\lambda_m\boldsymbol{b}_m\,,\quad m=1,\cdots,M\,, \tag{10.54}$$

其中 $\boldsymbol{b}_m$ 是主子空间基向量. 我们用式 (10.53) 定义的 $\boldsymbol{S}$ 重写这个等式, 有

$$\boldsymbol{S}\boldsymbol{b}_m=\frac{1}{N}\boldsymbol{X}\boldsymbol{X}^\top\boldsymbol{b}_m=\lambda_m\boldsymbol{b}_m\,. \tag{10.55}$$

㊀ 如果 $\boldsymbol{S}$ 是可逆的, 则足以确保 $\boldsymbol{x}_0\neq\boldsymbol{0}$.

我们现在左乘 $\boldsymbol{X}^\top \in \mathbb{R}^{N\times D}$, 有

$$\frac{1}{N}\underbrace{\boldsymbol{X}^\top\boldsymbol{X}}_{N\times N}\underbrace{\boldsymbol{X}^\top\boldsymbol{b}_m}_{=:\boldsymbol{c}_m} = \lambda_m\boldsymbol{X}^\top\boldsymbol{b}_m \iff \frac{1}{N}\boldsymbol{X}^\top\boldsymbol{X}\boldsymbol{c}_m = \lambda_m\boldsymbol{c}_m\,, \tag{10.56}$$

我们现在得到一个新的特征向量/特征值方程. λ_m 仍然是特征值, 这印证了我们在 4.5.3 节中的结论: $\boldsymbol{X}\boldsymbol{X}^\top$ 的非零特征值等于 $\boldsymbol{X}^\top\boldsymbol{X}$ 的非零特征值. 我们得到了矩阵 $\frac{1}{N}\boldsymbol{X}^\top\boldsymbol{X} \in \mathbb{R}^{N\times N}$ 关于 λ_m 的特征向量 $\boldsymbol{c}_m := \boldsymbol{X}^\top\boldsymbol{b}_m$. 假设我们没有重复的数据点, 则此矩阵的秩为 N, 并且是可逆的. 这也意味着 $\frac{1}{N}\boldsymbol{X}^\top\boldsymbol{X}$ 与数据协方差矩阵 $\boldsymbol{S}$ 有相同的非零的特征值. 但它是一个 $N\times N$ 矩阵, 因此我们可以比原始的 $D\times D$ 数据协方差矩阵更有效地计算特征值和特征向量.

现在我们有了 $\frac{1}{N}\boldsymbol{X}^\top\boldsymbol{X}$ 的特征向量, 我们将恢复 PCA 仍然需要的原始特征向量. 我们知道了 $\frac{1}{N}\boldsymbol{X}^\top\boldsymbol{X}$ 的特征向量. 如果我们将特征值/特征向量方程左乘以 $\boldsymbol{X}$, 则有

$$\underbrace{\frac{1}{N}\boldsymbol{X}\boldsymbol{X}^\top}_{\boldsymbol{S}}\boldsymbol{X}\boldsymbol{c}_m = \lambda_m\boldsymbol{X}\boldsymbol{c}_m \tag{10.57}$$

然后我们再次恢复数据协方差矩阵. 现在这也意味着我们将 $\boldsymbol{X}\boldsymbol{c}_m$ 恢复为 $\boldsymbol{S}$ 的特征向量.

评注 如果要应用 10.6 节中讨论过的 PCA 算法, 则需要对 $\boldsymbol{S}$ 的特征向量 $\boldsymbol{X}\boldsymbol{c}_m$ 进行归一化, 以使其范数为 1.

10.6 主成分分析实践中的关键步骤

下面我们将用一个示例来逐步介绍 PCA, 该示例在图 10.11 中进行了总结. 我们有一个二维数据集 (见图 10.11 a), 并且我们想使用 PCA 将其投影到一维子空间上.

1. **减去均值**. 首先我们通过计算均值 $\boldsymbol{\mu}$ 并将每个数据点减去均值把数据集中心化. 这样可以确保数据集的均值为 $\boldsymbol{0}$ (见图 10.11 b). 减均值不是严格必要的, 但可以降低出现数值问题的风险.

2. **标准化**. 在每个维度 $d=1,\cdots,D$ 上, 将数据点除以数据集的标准差 σ_d. 这样数据就是无单位的了, 并且每个维度具有方差 1. 图 10.11 c 中由两个箭头指示. 此步骤完成了数据的标准化.

3. **协方差矩阵的特征分解**. 计算数据协方差矩阵及其特征值和相应的特征向量. 由于协方差矩阵是对称矩阵, 因此谱定理 (定理 4.15) 表明我们可以找到特征向量作为标准正交

基. 在图 10.11 d 中, 特征向量按相应特征值的大小进行缩放. 较长的向量张成主子空间, 我们用 U 表示. 数据协方差矩阵用椭圆表示.

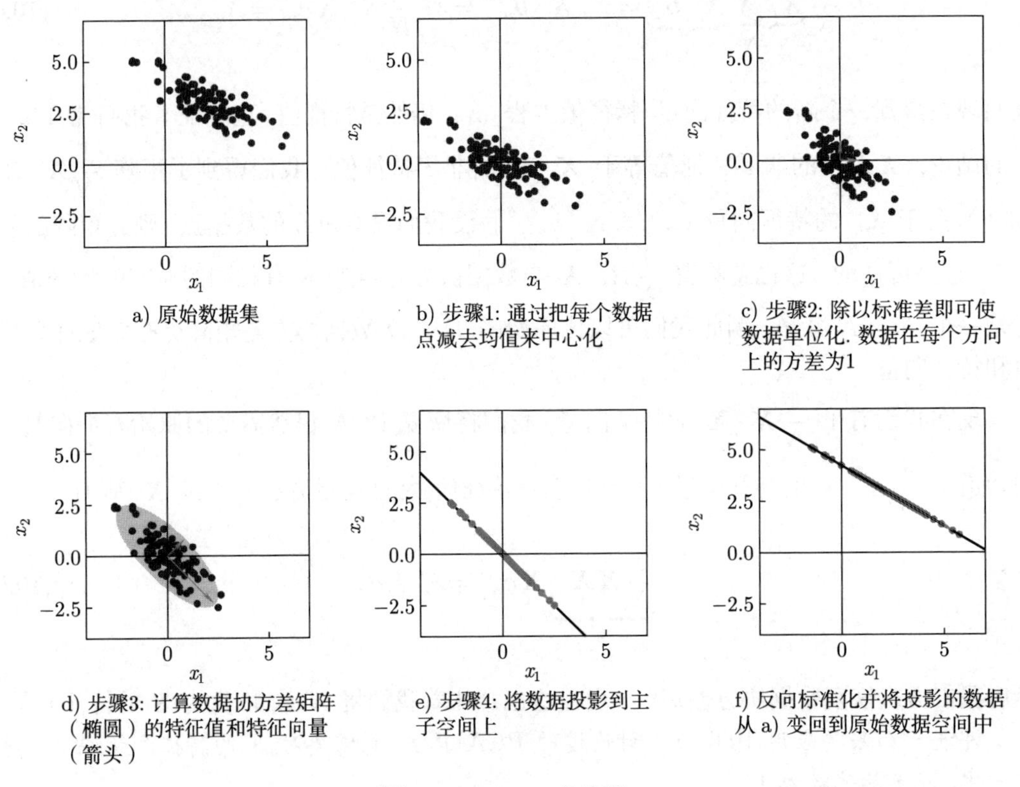

a) 原始数据集

b) 步骤1: 通过把每个数据点减去均值来中心化

c) 步骤2: 除以标准差即可使数据单位化. 数据在每个方向上的方差为1

d) 步骤3: 计算数据协方差矩阵（椭圆）的特征值和特征向量（箭头）

e) 步骤4: 将数据投影到主子空间上

f) 反向标准化并将投影的数据从 a) 变回到原始数据空间中

图 10.11　PCA 的步骤

4. **投影**. 我们可以将任何数据点 $\boldsymbol{x}_* \in \mathbb{R}^D$ 投影到主子空间上: 准确地说, 我们需要通过均值 μ_d 和第 d 维的标准差 σ_d 来标准化 $\boldsymbol{x}_*$, 即

$$x_*^{(d)} \leftarrow \frac{x_*^{(d)} - \mu_d}{\sigma_d}, \quad d = 1, \cdots, D, \tag{10.58}$$

其中 $x_*^{(d)}$ 是 $\boldsymbol{x}_*$ 的第 d 个分量. 我们得到的投影为

$$\tilde{\boldsymbol{x}}_* = \boldsymbol{B}\boldsymbol{B}^\top \boldsymbol{x}_* \tag{10.59}$$

它关于主子空间的基的坐标为

$$\boldsymbol{z}_* = \boldsymbol{B}^\top \boldsymbol{x}_* \tag{10.60}$$

这里, 矩阵 $\boldsymbol{B}$ 的列向量是数据协方差矩阵的几个最大特征值相对应的特征向量. PCA 返回坐标 (式(10.60)), 而不是投影 $\boldsymbol{x}_*$.

标准化我们的数据集后, 式 (10.59) 仅在标准化数据集中进行投影. 要在原始数据空间 (即标准化之前) 中获得投影, 我们需要进行反向标准化 (式 (10.58)) 乘以标准差, 然后再加上均值, 这样我们就可以得到

$$\tilde{x}_*^{(d)} \leftarrow \tilde{x}_*^{(d)}\sigma_d + \mu_d\,, \quad d = 1, \cdots, D\,. \tag{10.61}$$

图 10.11 f 说明了原始数据空间中的投影.

例 10.4 (重建 MNIST 数字) 接下来, 我们将在 MNIST 数字数据集上应用 PCA, 其中包含 60 000 个手写数字实例 0 到 9. 每个数字都是大小为 28×28 的图像, 即它包含 784 像素, 我们可以将此数据集中的每个图像看作向量 $\boldsymbol{x} \in \mathbb{R}^{784}$. 这些数字的示例显示在图 10.3 中.

为了说明, 我们将对 MNIST 数字数据集的一个子集用 PCA, 我们重点关注数字 "8". 我们使用了 5389 个数字为 "8" 的训练图像, 并确定了本章详细介绍的主子空间. 如图 10.12 所示, 我们使用学习到的投影矩阵重建了一组测试图像. 图 10.12 的第一行展示了测试集中的一组四个原始数字. 下面各行分别展示了使用维数为 1、10、100 和 500 的主子空间时对这些数字的重建. 我们看到, 即使使用一维主子空间, 我们也可以对原始数字进行大致的重建, 但是这种重建是模糊且普通的. 随着主成分数量的增加, 重建结果变得更加清晰, 并有了更多细节. 当使用 500 个主成分时, 我们有效地得到了一个近乎完美的重建. 如果我们选择 784 个主成分, 我们将恢复准确的数字而没有任何压缩损失.

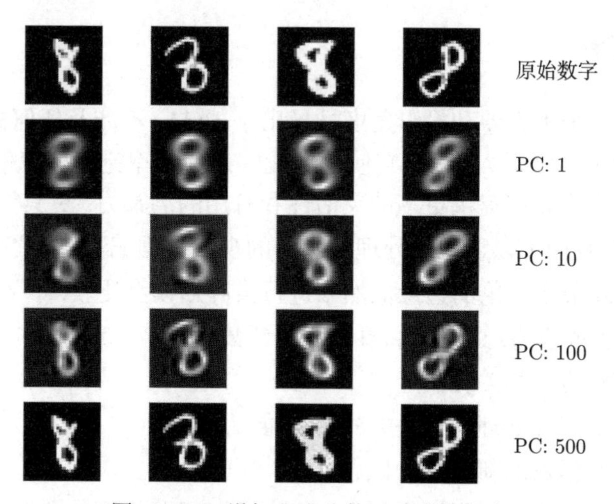

图 10.12 增加主成分数对重建的影响

图 10.13 显示了均方重构误差, 即

$$\frac{1}{N}\sum_{n=1}^{N}\|\boldsymbol{x}_n - \tilde{\boldsymbol{x}}_n\|^2 = \sum_{i=M+1}^{D}\lambda_i\,, \tag{10.62}$$

作为主成分的数量 M 的函数. 我们可以看到, 主成分的重要性迅速下降, 并且添加更多的主成分只能获得边际收益. 这与我们在图 10.5 中的观察结果完全吻合, 在那里我们发现, 投影数据的大部分方差集中于几个主成分中. 使用 550 个主成分, 我们基本上可以完全重建包含数字 "8" 的训练数据 (边界周围的一些像素在数据集上没有变化, 因为它们始终是黑色的).

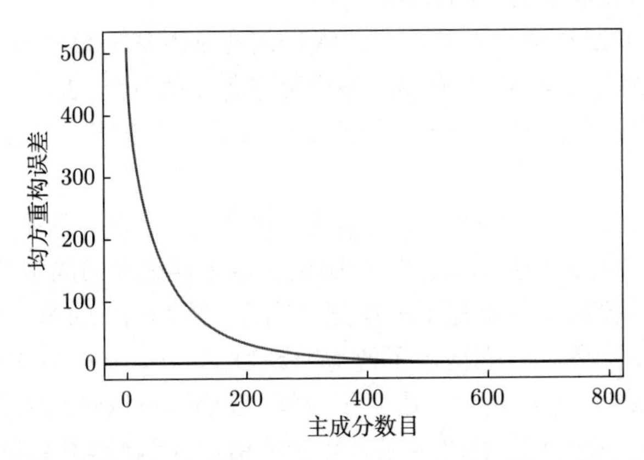

图 10.13　均方重构误差是主成分数量的函数. 均方重构误差是主子空间正交补对应的特征值的总和

10.7 隐变量视角

在前文中, 我们从最大方差和投影角度推导出了 PCA, 不涉及任何概率模型的概念. 一方面, 这种方法可能很有吸引力, 因为它使我们能够避免概率论所带来的所有数学难题. 但另一方面, 概率模型将为我们提供更多的灵活性和有用的洞察力. 更具体地说, 概率模型将

- 使用似然函数, 我们可以显式地处理含噪声的观测数据 (这我们之前甚至没有讨论过).
- 让我们通过 8.6 节中讨论的边缘似然来进行贝叶斯模型比较.
- 将 PCA 视为生成模型, 这使我们可以产生新数据.
- 允许我们直接对应到相关算法上.
- 通过应用贝叶斯定理处理随机丢失的数据维.
- 给我们一个新数据点的新颖性的概念
- 给我们一种理论方式来扩展模型, 例如, 扩展到 PCA 模型的混合.
- 将前面几节中得出的 PCA 作为特殊情况.
- 通过边缘化模型参数来进行完全贝叶斯处理.

通过引入连续型隐变量 $\boldsymbol{z} \in \mathbb{R}^M$, 可以将 PCA 称为概率隐变量模型. (Tipping and Bishop, 1999) 将该隐变量模型叫作*概率* PCA(PPCA). PPCA 解决了大多数上述问题, 并

且将我们通过最大化投影空间中的方差或通过最小化重构误差而获得的 PCA 的解作为无噪声设置中最大似然估计的特殊情况.

10.7.1 生成过程和概率模型

在 PPCA 中, 我们明确写下了线性降维的概率模型. 为此, 我们假设一个连续的隐变量 $\boldsymbol{z} \in \mathbb{R}^M$ 具有标准正态先验 $p(\boldsymbol{z}) = \mathcal{N}(\boldsymbol{0}, \boldsymbol{I})$ 以及隐变量与观测数据 $\boldsymbol{x}$ 之间的线性关系

$$\boldsymbol{x} = \boldsymbol{B}\boldsymbol{z} + \boldsymbol{\mu} + \boldsymbol{\epsilon} \in \mathbb{R}^D, \tag{10.63}$$

其中 $\boldsymbol{\epsilon} \sim \mathcal{N}(\boldsymbol{0}, \sigma^2\boldsymbol{I})$ 是高斯观测噪声, $\boldsymbol{B} \in \mathbb{R}^{D\times M}$ 和 $\boldsymbol{\mu} \in \mathbb{R}^D$ 描述了从隐变量到观测变量的线性/仿射映射. 因此, PPCA 通过

$$p(\boldsymbol{x}|\boldsymbol{z}, \boldsymbol{B}, \boldsymbol{\mu}, \sigma^2) = \mathcal{N}(\boldsymbol{x} \mid \boldsymbol{B}\boldsymbol{z} + \boldsymbol{\mu}, \sigma^2\boldsymbol{I}). \tag{10.64}$$

联系隐变量和观测变量.

总之, PPCA 产生以下过程:

$$\boldsymbol{z}_n \sim \mathcal{N}(\boldsymbol{z} \mid \boldsymbol{0}, \boldsymbol{I}) \tag{10.65}$$

$$\boldsymbol{x}_n \mid \boldsymbol{z}_n \sim \mathcal{N}(\boldsymbol{x} \mid \boldsymbol{B}\boldsymbol{z}_n + \boldsymbol{\mu}, \sigma^2\boldsymbol{I}) \tag{10.66}$$

要生成给定模型参数的典型数据点, 我们使用*祖先采样*: 首先从 $p(\boldsymbol{z})$ 中采样隐变量 $\boldsymbol{z}_n$; 然后, 我们使用式 (10.64) 中的 $\boldsymbol{z}_n$ 对以采样的 $\boldsymbol{z}_n$ 为条件的数据点进行采样, 即 $\boldsymbol{x}_n \sim p(\boldsymbol{x} \mid \boldsymbol{z}_n, \boldsymbol{B}, \boldsymbol{\mu}, \sigma^2)$.

通过这种生成过程, 我们可以将概率模型 (即所有随机变量的联合分布, 见 8.4 节) 记为

$$p(\boldsymbol{x}, \boldsymbol{z}|\boldsymbol{B}, \boldsymbol{\mu}, \sigma^2) = p(\boldsymbol{x}|\boldsymbol{z}, \boldsymbol{B}, \boldsymbol{\mu}, \sigma^2)p(\boldsymbol{z}), \tag{10.67}$$

然后使用 8.5 节的结果立即得到图 10.14 中的图模型.

评注 *请注意连接隐变量 $\boldsymbol{z}$ 和观测到的数据 $\boldsymbol{x}$ 的箭头方向: 箭头从 $\boldsymbol{z}$ 指向 $\boldsymbol{x}$, 这意味着 PPCA 模型假设低维潜在原因 $\boldsymbol{z}$ 用于高维观测 $\boldsymbol{x}$. 最后, 鉴于一些观察, 我们显然很想找到有关 $\boldsymbol{z}$ 的信息. 为此, 我们将应用贝叶斯推理来隐式"反转"箭头, 并从观测值指向隐变量.*

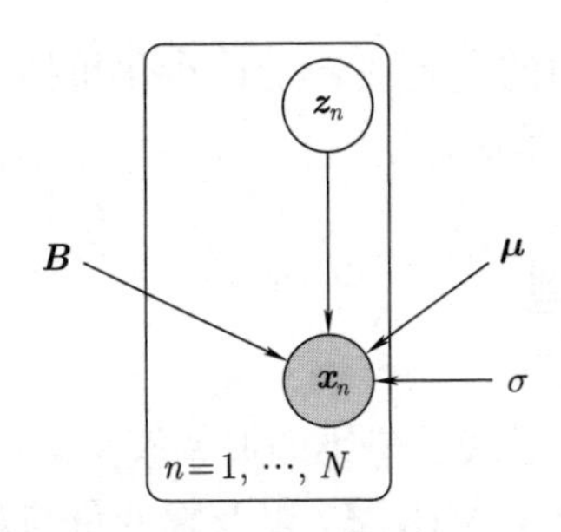

图 10.14 概率 PCA 的图模型. 观测值 x_n 明确取决于相应的隐变量 $z_n \sim \mathcal{N}(\mathbf{0}, I)$. 模型参数 B, μ 和似然参数 σ 在数据集中共享

例 10.5 (使用隐变量生成新数据) 图 10.15 显示了使用二维码主成分子空间时, PCA 找到的 MNIST 数字 “8” 的潜在坐标 (深灰色点). 我们可以查询此潜在空间中的任何向量 z_*, 并生成类似数字 “8” 的图像 $\tilde{x}_* = Bz_*$. 我们展示了 8 个这样生成的图像及其对应的潜在空间表示. 根据我们查询潜在空间的位置不同, 生成的图像看起来也不同 (形状、旋转、大小等). 如果我们远离训练数据进行查询, 我们会看到越来越多的伪造数字图像, 例如, 左上角和右上角的数字. 请注意, 这些生成的图像的内在维度仅为 2.

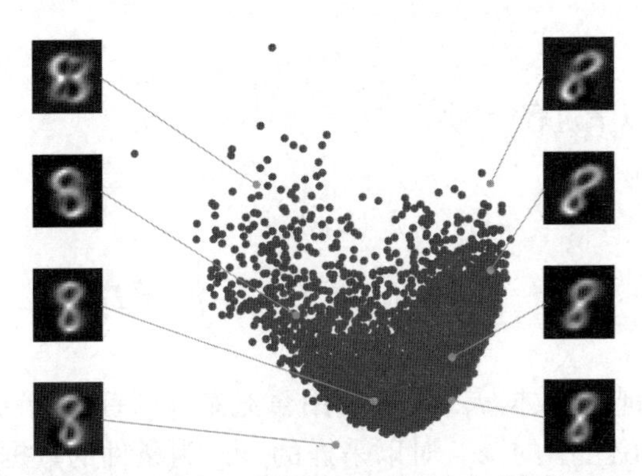

图 10.15 生成新的 MNIST 数字。隐变量 z 可用于生成新数据 $\tilde{x} = Bz$。我们使隐变量离训练数据越近，生成的数据越真实

10.7.2 似然函数和联合分布

使用第 6 章的结果, 我们通过积分隐变量 z[⊖] (见 8.4.3 节) 来获得该概率模型的似然函数, 使得

$$p(x \mid B, \mu, \sigma^2) = \int p(x \mid z, B, \mu, \sigma^2) p(z) \mathrm{d}z \tag{10.68a}$$

$$= \int \mathcal{N}\big(x \mid Bz + \mu, \sigma^2 I\big) \mathcal{N}\big(z \mid \mathbf{0}, I\big) \mathrm{d}z\,. \tag{10.68b}$$

⊖ 似然函数不取决于隐变量 z.

从 6.5 节, 我们知道该积分是具有如下均值的高斯分布:

$$\mathbb{E}_{\boldsymbol{x}}[\boldsymbol{x}] = \mathbb{E}_{\boldsymbol{z}}[\boldsymbol{B}\boldsymbol{z} + \boldsymbol{\mu}] + \mathbb{E}_{\boldsymbol{\epsilon}}[\boldsymbol{\epsilon}] = \boldsymbol{\mu} \tag{10.69}$$

其协方差矩阵为

$$\mathbb{V}[\boldsymbol{x}] = \mathbb{V}_{\boldsymbol{z}}[\boldsymbol{B}\boldsymbol{z} + \boldsymbol{\mu}] + \mathbb{V}_{\boldsymbol{\epsilon}}[\boldsymbol{\epsilon}] = \mathbb{V}_{\boldsymbol{z}}[\boldsymbol{B}\boldsymbol{z}] + \sigma^2\boldsymbol{I} \tag{10.70a}$$

$$= \boldsymbol{B}\mathbb{V}_{\boldsymbol{z}}[\boldsymbol{z}]\boldsymbol{B}^\top + \sigma^2\boldsymbol{I} = \boldsymbol{B}\boldsymbol{B}^\top + \sigma^2\boldsymbol{I}\,. \tag{10.70b}$$

式 (10.68b) 中的似然可以用于模型参数的最大似然性或 MAP 估计.

评注 我们不能使用式 (10.64) 中的条件分布进行最大似然估计, 因为它仍然取决于隐变量. 我们要求最大似然 (或 MAP) 估计的似然函数应仅是数据 $\boldsymbol{x}$ 和模型参数的函数, 但不得依赖于隐变量.

从 6.5 节中, 我们知道高斯随机变量 $\boldsymbol{z}$ 和线性/仿射变换 $\boldsymbol{x} = \boldsymbol{B}\boldsymbol{z}$ 都是高斯分布的. 我们已经知道边缘概率 $p(\boldsymbol{z}) = \mathcal{N}\big(\boldsymbol{z}\,|\,\boldsymbol{0},\,\boldsymbol{I}\big)$ 和 $p(\boldsymbol{x}) = \mathcal{N}\big(\boldsymbol{x}\,|\,\boldsymbol{\mu},\,\boldsymbol{B}\boldsymbol{B}^\top + \sigma^2\boldsymbol{I}\big)$. 损失的协方差为

$$\mathrm{Cov}[\boldsymbol{x}, \boldsymbol{z}] = \mathrm{Cov}_{\boldsymbol{z}}[\boldsymbol{B}\boldsymbol{z} + \boldsymbol{\mu}] = \boldsymbol{B}\,\mathrm{Cov}_{\boldsymbol{z}}[\boldsymbol{z}, \boldsymbol{z}] = \boldsymbol{B}\,. \tag{10.71}$$

因此, PPCA 的概率模型, 即隐变量和观测到的随机变量的联合分布由下式明确给出:

$$p(\boldsymbol{x}, \boldsymbol{z}\,|\,\boldsymbol{B}, \boldsymbol{\mu}, \sigma^2) = \mathcal{N}\left(\begin{bmatrix}\boldsymbol{x}\\ \boldsymbol{z}\end{bmatrix} \,\middle|\, \begin{bmatrix}\boldsymbol{\mu}\\ \boldsymbol{0}\end{bmatrix}, \begin{bmatrix}\boldsymbol{B}\boldsymbol{B}^\top + \sigma^2\boldsymbol{I} & \boldsymbol{B}\\ \boldsymbol{B}^\top & \boldsymbol{I}\end{bmatrix}\right), \tag{10.72}$$

它的均值向量长度为 $D+M$, 协方差矩阵大小为 $(D+M)\times(D+M)$.

10.7.3 后验分布

式 (10.72) 中的联合高斯分布 $p(\boldsymbol{x}, \boldsymbol{z}\,|\,\boldsymbol{B}, \boldsymbol{\mu}, \sigma^2)$ 可以让我们通过应用 6.5.1 节的高斯条件规则确定后验分布 $p(\boldsymbol{z}\,|\,\boldsymbol{x})$. 给定观测值 $\boldsymbol{x}$ 的隐变量的后验分布为

$$p(\boldsymbol{z}\,|\,\boldsymbol{x}) = \mathcal{N}\big(\boldsymbol{z}\,|\,\boldsymbol{m},\,\boldsymbol{C}\big)\,, \tag{10.73}$$

$$\boldsymbol{m} = \boldsymbol{B}^\top(\boldsymbol{B}\boldsymbol{B}^\top + \sigma^2\boldsymbol{I})^{-1}(\boldsymbol{x} - \boldsymbol{\mu})\,, \tag{10.74}$$

$$\boldsymbol{C} = \boldsymbol{I} - \boldsymbol{B}^\top(\boldsymbol{B}\boldsymbol{B}^\top + \sigma^2\boldsymbol{I})^{-1}\boldsymbol{B}\,. \tag{10.75}$$

注意, 后验的协方差不取决于观测数据 $\boldsymbol{x}$. 对于数据空间中的新观测值 $\boldsymbol{x}_*$, 我们使用式 (10.73) 确定相应隐变量 $\boldsymbol{z}_*$ 的后验分布. 协方差矩阵 $\boldsymbol{C}$ 使我们能够评估置信度. 协方差矩阵 $\boldsymbol{C}$ 的行列式 (用于测量体积) 告诉我们, 隐变量的嵌入 $\boldsymbol{z}_*$ 是确定的. 如果我们获得具有很大方差的后验分布 $p(\boldsymbol{z}_*\,|\,\boldsymbol{x}_*)$, 我们可能会遇到一个异常值. 但是, 我们可以研究该后验分

布, 以了解在此后验情况下还有哪些其他数据点 $\boldsymbol{x}$ 是合理的. 为此, 我们利用了 PPCA 的生成过程, 该过程使我们能够通过生成可能在该后验条件下得出的新数据来探索隐变量的后验分布:

1. 从式 (10.73) 后验分布的隐变量中采样隐变量 $\boldsymbol{z}_* \sim p(\boldsymbol{z} \,|\, \boldsymbol{x}_*)$.
2. 从式 (10.64) 采样一个重构向量 $\tilde{\boldsymbol{x}}_* \sim p(\boldsymbol{x} \,|\, \boldsymbol{z}_*, \boldsymbol{B}, \boldsymbol{\mu}, \sigma^2)$.

如果我们多次重复此过程, 我们可以探索隐变量 $\boldsymbol{z}_*$ 的后验分布 (10.73) 及其对观测数据的影响. 采样过程有效地假设了数据, 这在后验分布下是合理的.

10.8 延伸阅读

我们从两个角度得到 PCA: 最大化投影空间的方差; 最小化平均重构误差. 但是, PCA 也可以从不同的角度进行解释. 让我们回顾一下我们所做的事情: 我们获取了高维数据 $\boldsymbol{x} \in \mathbb{R}^D$, 并使用了矩阵 $\boldsymbol{B}^\top$ 来找到较低维的坐标 $\boldsymbol{z} \in \mathbb{R}^M$. $\boldsymbol{B}$ 的列是与最大特征值相对应的数据协方差矩阵 $\boldsymbol{S}$ 的特征向量. 一旦有了低维坐标 $\boldsymbol{z}$, 我们就可以在原始数据空间中获得高维坐标 $\boldsymbol{x} \approx \tilde{\boldsymbol{x}} = \boldsymbol{B}\boldsymbol{z} = \boldsymbol{B}\boldsymbol{B}^\top \boldsymbol{x} \in \mathbb{R}^D$, 其中 $\boldsymbol{B}\boldsymbol{B}^\top$ 是投影矩阵.

我们还可以将 PCA 视为线性*自编码器*, 如图 10.16 所示. 自编码器将数据 $\boldsymbol{x}_n \in \mathbb{R}^D$ 编码为*坐标* $\boldsymbol{z}_n \in \mathbb{R}^M$ 并将其解码为与 $\boldsymbol{x}_n$ 相似的 $\tilde{\boldsymbol{x}}_n$. 从数据到坐标的映射称为*编码*, 从坐标到原始数据空间的映射称为*解码*. 如果我们考虑线性映射, 其中坐标由 $\boldsymbol{z}_n = \boldsymbol{B}^\top \boldsymbol{x}_n \in \mathbb{R}^M$ 给出, 那么我们关心最小化数据 $\boldsymbol{x}_n$ 及其重建 $\tilde{\boldsymbol{x}}_n = \boldsymbol{B}\boldsymbol{z}_n (n = 1, \cdots, N)$ 之间的均方误差, 我们有

$$\frac{1}{N}\sum_{n=1}^{N} \|\boldsymbol{x}_n - \tilde{\boldsymbol{x}}_n\|^2 = \frac{1}{N}\sum_{n=1}^{N} \left\|\boldsymbol{x}_n - \boldsymbol{B}\boldsymbol{B}^\top \boldsymbol{x}_n\right\|^2 . \tag{10.76}$$

这意味着我们最终得到了与 10.3 节中讨论的式 (10.29) 相同的目标函数, 因此, 当我们最小化自编码器平方损失时, 可以得到 PCA 的解. 如果用非线性映射替换 PCA 的线性映射, 则会得到非线性自编码器. 一个突出的例子是深度自编码器, 其中线性函数被深度神经网络代替. 在这种情况下, 编码器也称为*识别网络*或*推理网络*, 而解码器也称为*生成器*.

PCA 的另一种解释与信息论有关. 我们可以将坐标视为原始数据点的较小的或压缩的形式. 当我们使用坐标重建原始数据时, 我们没有获得确切的数据点, 而是获得略微失真或带噪声的结果. 这意味着我们的压缩是 “有损的”. 直观地, 我们希望最大化原始数据和低维坐标之间的相关性. 更正式地说, 这与互信息有关. 然后, 我们将通过最大化互信息 (这是信息论 (MacKay, 2003) 中的核心概念), 来获得与 10.3 节中讨论的 PCA 相同的解.

在关于 PPCA 的讨论中, 我们假设模型的参数 (即 $\boldsymbol{B}$、$\boldsymbol{\mu}$ 和似然参数 σ^2) 是已知的. (Tipping and Bishop, 1999) 描述了如何在 PPCA 中导出这些参数的最大似然估计 (请注意, 在本章中, 我们使用不同的符号表示). 将 D 维数据投影到 D 维子空间时, 最大似然参数为

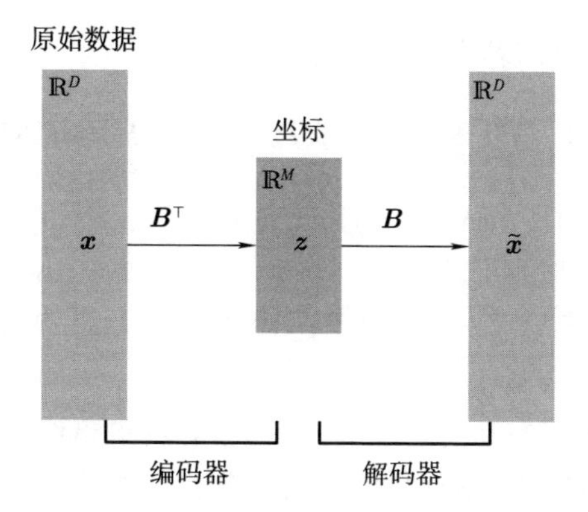

图 10.16 PCA 可以看作线性自编码器. 它将高维数据 $\boldsymbol{x}$ 编码为低维坐标 $\boldsymbol{z} \in \mathbb{R}^M$, 然后使用解码器解码 $\boldsymbol{z}$. 解码后的向量 $\tilde{\boldsymbol{x}}$ 是原始数据 $\boldsymbol{x}$ 在 M 维主子空间上的正交投影

$$\boldsymbol{\mu}_{\mathrm{ML}} = \frac{1}{N}\sum_{n=1}^{N}\boldsymbol{x}_n\,, \tag{10.77}$$

$$\boldsymbol{B}_{\mathrm{ML}} = \boldsymbol{T}(\boldsymbol{\Lambda} - \sigma^2\boldsymbol{I})^{1/2}\boldsymbol{R}\,, \tag{10.78}$$

$$\sigma^2_{\mathrm{ML}} = \frac{1}{D-M}\sum_{j=M+1}^{D}\lambda_j\,, \tag{10.79}$$

其中 $\boldsymbol{\Lambda} = \mathrm{diag}(\lambda_1, \cdots, \lambda_M) \in \mathbb{R}^{M\times M}$ 是一个对角矩阵[⊖], 其主对角线上为各主轴的特征值, $\boldsymbol{T} \in \mathbb{R}^{D\times M}$ 包含了数据协方差矩阵中的 M 个特征向量, 而 $\boldsymbol{R} \in \mathbb{R}^{M\times M}$ 是一个任意正交矩阵. 最大似然解 $\boldsymbol{B}_{\mathrm{ML}}$ 在被任意正交变换作用之前是唯一的, 例如, 我们可以将 $\boldsymbol{B}_{\mathrm{ML}}$ 右乘任意旋转矩阵 $\boldsymbol{R}$, 从而将式 (10.78) 变成奇异值分解 (见 4.5 节). 该证明由 (Tipping and Bishop, 1999) 给出.

式 (10.77) 中给出的 $\boldsymbol{\mu}$ 的最大似然估计是数据的样本均值. 在式 (10.79) 中给定的观测噪声方差 σ^2 的最大似然估计值是主子空间正交补中的平均方差, 即我们无法捕获的前 M 个主成分平均剩余方差被视为观测噪声.

当 $\sigma \to 0$ 时, PPCA 和 PCA 提供了相同的解: 由于数据协方差矩阵 $\boldsymbol{S}$ 是对称的, 因此可以对角化 (见 4.4 节), 即存在矩阵 $\boldsymbol{T}$ 和 $\boldsymbol{S}$ 的特征向量, 使得

$$\boldsymbol{S} = \boldsymbol{T}\boldsymbol{\Lambda}\boldsymbol{T}^{-1}\,. \tag{10.80}$$

在 PPCA 模型中, 数据协方差矩阵是高斯似然函数 $p(\boldsymbol{x}\,|\,\boldsymbol{B}, \boldsymbol{\mu}, \sigma^2)$ 的协方差矩阵, 即 $\boldsymbol{B}\boldsymbol{B}^\top + \sigma^2\boldsymbol{I}$, 见式 (10.70b). 对于 $\sigma \to 0$, 我们有 $\boldsymbol{B}\boldsymbol{B}^\top$, 因此该数据协方差必须等于 PCA 数据协

⊖ 式 (10.78) 中的矩阵 $\boldsymbol{\Lambda} - \sigma^2\boldsymbol{I}$ 一定是正半定的, 因为数据协方差矩阵的最小特征值的下界为噪声方差 σ^2.

方差 (并且其因子分解在式 (10.80) 中给出)

$$\mathrm{Cov}[\mathcal{X}] = \boldsymbol{T}\boldsymbol{\Lambda}\boldsymbol{T}^{-1} = \boldsymbol{B}\boldsymbol{B}^{\top} \iff \boldsymbol{B} = \boldsymbol{T}\boldsymbol{\Lambda}^{1/2}\boldsymbol{R}, \tag{10.81}$$

即对于 $\sigma = 0$, 我们在式 (10.78) 中获得最大似然估计. 从式 (10.78) 和式 (10.80) 可知, (P)PCA 能对数据协方差矩阵进行分解.

在流数据顺序到达的情况下, 建议使用迭代期望最大化 (EM) 算法进行最大似然估计 (Roweis, 1998).

为了确定隐变量的维数 (坐标的长度, 将数据投影到的低维子空间的维数), (Gavish and Donoho, 2014) 建议使用启发式, 即如果我们可以估计噪声方差 σ^2 的数据, 我们应该丢弃所有小于 $\frac{4\sigma\sqrt{D}}{\sqrt{3}}$ 的奇异值. 另外, 我们可以使用 (嵌套的) 交叉验证 (8.6.1 节) 或贝叶斯模型选择标准 (在 8.6.2 节中讨论) 来确定数据的维数 (Minka, 2001b).

类似于我们在第 9 章中对线性回归的讨论, 我们可以对模型的参数进行先验分布并将其积分. 这样, 我们就避免了参数的点估计以及点估计所带来的问题 (见 8.6 节), 并允许自动选择适当的维数潜在空间的 M. 在 Bishop (1999) 提出的*贝叶斯 PCA* 中, 模型参数被先验 $p(\boldsymbol{\mu}, \boldsymbol{B}, \sigma^2)$ 代替. 生成过程使我们能够将模型参数集成到一起, 而不是对其进行条件处理, 从而解决了过拟合问题. 由于这种集成在分析上难以解决, 因此 Bishop (1999) 建议使用近似推理方法, 例如, MCMC 或变分推理. 我们将参考 (Gilks et al., 1996) 和 (Blei et al., 2017), 以获取有关这些近似推理技术的更多详细信息.

在 PPCA 中, 我们考虑线性模型 $p(\boldsymbol{x}_n \mid \boldsymbol{z}_n) = \mathcal{N}(\boldsymbol{x}_n \mid \boldsymbol{B}\boldsymbol{z}_n + \boldsymbol{\mu}, \sigma^2\boldsymbol{I})$, 其先验为 $p(\boldsymbol{z}_n) = \mathcal{N}(\boldsymbol{0}, \boldsymbol{I})$, 并且所有观测维度都受到相同噪声的影响. 如果我们允许每个观测维度 (第 d 维) 具有不同的方差 (σ_d^2), 这就是*因子分析* (FA) (Spearman, 1904; Bartholomew et al., 2011). 这意味着在给出似然方面 FA 比 PPCA 具有更大的灵活性, 但数据仍然由模型参数 $\boldsymbol{B}, \boldsymbol{\mu}$ 解释. 然而, FA 不能用封闭形式的最大似然解[1], 因此我们需要使用迭代方案 (例如, 期望最大化算法) 来估计模型参数. 尽管在 PPCA 中, 所有固定点都是全局最优值, 但 FA 不再适用. 与 PPCA 相比, 如果我们缩放数据, FA 不会改变, 但是如果我们旋转数据, 它会返回不同的解.

与 PCA 密切相关的算法是*独立成分分析* (ICA (Hyvarinen et al., 2001)). 再次从隐变量视角 $p(\boldsymbol{x}_n \mid \boldsymbol{z}_n) = \mathcal{N}(\boldsymbol{x}_n \mid \boldsymbol{B}\boldsymbol{z}_n + \boldsymbol{\mu}, \sigma^2\boldsymbol{I})$ 开始. 现在, 我们将 $\boldsymbol{z}_n$ 上的先验更改为非高斯分布. ICA 可以用于*盲源分离*. 想象一下, 你在一个繁忙的火车站里, 很多人在聊天. 你的耳朵是麦克风, 它们在火车站中线性混合不同的语音信号. 盲源分离的目的是识别混合信号的组成部分. 如先前在 PPCA 的最大似然估计的上下文中所讨论的, 原始 PCA 解对于任何旋转都是不变的. 因此, PCA 可以识别信号所处的最优低维子空间, 而不是信号本身

[1] 拟合度过高的似然解释的不只是噪声.

(Murphy, 2012). ICA 通过将潜在源上的先验分布 $p(\boldsymbol{z})$ 修改为非高斯先验 $p(\boldsymbol{z})$ 来解决此问题. 有关 ICA 的更多详细信息, 请参考 (Hyvarinen et al., 2001) 和 Murphy (2012).

PCA、因子分析和 ICA 是使用线性模型降维的三个示例. (Cunningham and Ghahramani, 2015) 提供了更广泛的线性降维研究.

我们在此讨论的 (P)PCA 模型允许几个重要的扩展. 在 10.5 节中, 我们解释了当输入维数 D 显著大于数据点的数量 N 时如何进行 PCA. 通过利用可以通过计算 (许多) 内积来执行 PCA 的方法, 可以在无限维特征将这一想法进行推广. *核技巧*是核 PCA 的基础, 它允许我们隐式计算无限维特征之间的内积 (Schölkopf et al., 1998; Schölkopf and Smola, 2002).

有一些源自 PCA 的非线性降维技术 ((Burges, 2010) 是一个好的综述). 我们在本节前面讨论的 PCA 的自编码器视角是可将 PCA 变为*深度自编码器*的特例. 在深度自编码器中, 编码器和解码器均由多层前馈神经网络表示, 而多层前馈神经网络本身是非线性映射. 如果我们将这些神经网络中的激活函数设置为恒等映射, 则该模型将等效于 PCA. 另一种非线性降维方法是*高斯过程隐变量模型* (GP-LVM), 由 Lawrence (2005) 提出. GP-LVM 从用来推导 PPCA 的隐变量视角开始, 我们用高斯过程 (GP) 替换了隐变量 $\boldsymbol{z}$ 与观测值 $\boldsymbol{x}$ 之间的线性关系. GP-LVM 不用估计映射的参数 (就像我们在 PPCA 中所做的那样), 不对模型参数而对隐变量 $\boldsymbol{z}$ 进行点估计. 与贝叶斯 PCA 相似, (Titsias and Lawrence, 2010) 提出的*贝叶斯 GP-LVM* 保留了隐变量 $\boldsymbol{z}$ 的分布, 并使用近似推断对其进行积分.

CHAPTER 11

第 11 章

高斯混合模型的密度估计

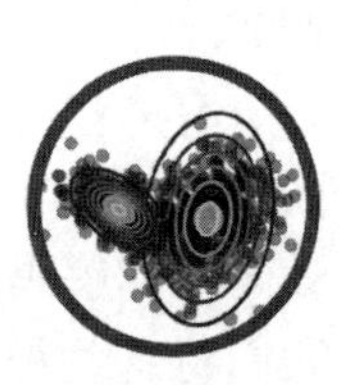

在先前的章节中, 我们讨论过机器学习的两个基本问题: 回归 (第 9 章) 和降维 (第 10 章). 在本章中, 我们将讨论机器学习的第三个核心问题: 密度估计. 我们将介绍一些重要的概念, 如期望最大化 (EM) 算法以及混合模型密度估计的隐变量视角.

当我们将机器学习应用于数据时, 我们常常以某种方式来表示数据. 一种直接的方法是将数据点本身作为数据的表示, 如图 11.1 所示. 然而, 如果数据集是巨大的, 或者我们对表示数据的特征感兴趣, 这种方法可能是没有帮助的. 在密度估计中, 我们使用一个参数族的密度函数来简洁地表示数据, 例如, 高斯分布或贝塔分布. 例如, 为了使用高斯分布来简洁地表示数据, 我们可以寻找数据集的均值和方差, 均值和方差可以利用在 8.3 节讨论的最大似然估计或最大后验估计方法求出. 然后我们可以用这个高斯分布的均值和方差来表示数据的分布, 也就是说, 我们认为数据集是从这个分布采样得到的.

在实践中, 高斯分布 (或类似地, 我们目前遇到的所有其他分布) 的建模能力有限. 例如, 用高斯分布近似生成图 11.1 中数据的概率密度将是一个较差的近似. 接下来, 我们将研究一个可以用于密度估计并且表示能力更强的分布族, 即混合模型.

混合模型可以通过 K 个简单 (基) 分布的凸组合来描述分布 $p(\boldsymbol{x})$

$$p(\boldsymbol{x})=\sum_{k=1}^{K}\pi_k p_k(\boldsymbol{x}) \tag{11.1}$$

$$0\leqslant \pi_k\leqslant 1\,,\quad \sum_{k=1}^{K}\pi_k=1\,, \tag{11.2}$$

其中分量 p_k 是基本分布族的成员, 例如, 高斯分布、伯努利分布或伽马分布, π_k 是混合权重. 混合模型比相应的基分布表达能力更强, 因为它们允许多种模式的数据表示, 即它们可以用多个 “簇” 来描述数据集, 如图 11.1 所示.

我们将重点讨论高斯混合模型 (GMM), 其中基本分布是高斯分布. 对于给定的数据集, 我们的目标是最大化训练 GMM 的模型参数的似然. 为此, 我们将使用第 5 章、第 6 章和 7.2 节的结果. 然而, 与我们前面讨论的其他应用 (线性回归或 PCA) 不同, 我们不会找到一个闭式最大似然解. 相反, 我们将得到一组相互依赖的联立方程, 我们只能迭代求解.

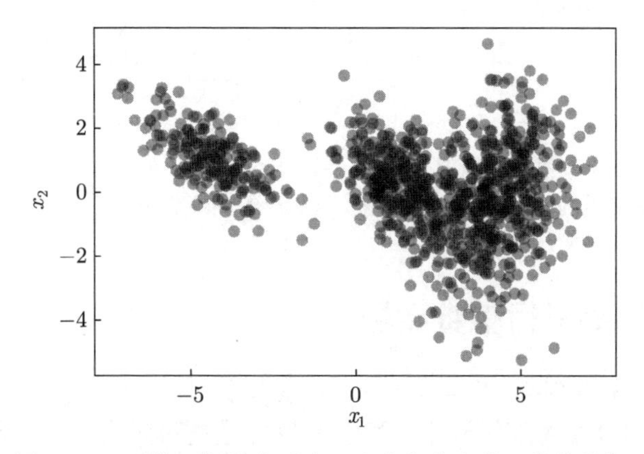

图 11.1 不能理想地表示为一个高斯分布的二维数据集

11.1 高斯混合模型

高斯混合模型是一个密度模型, 将有限的 K 个高斯分布 $\mathcal{N}(\boldsymbol{x}\,|\,\boldsymbol{\mu}_k,\,\boldsymbol{\Sigma}_k)$ 结合起来, 使得

$$p(\boldsymbol{x}\,|\,\boldsymbol{\theta})=\sum_{k=1}^{K}\pi_k\mathcal{N}(\boldsymbol{x}\,|\,\boldsymbol{\mu}_k,\,\boldsymbol{\Sigma}_k) \tag{11.3}$$

$$0\leqslant \pi_k\leqslant 1\,,\quad \sum_{k=1}^{K}\pi_k=1\,, \tag{11.4}$$

其中定义 $\boldsymbol{\theta}:=\{\boldsymbol{\mu}_k,\boldsymbol{\Sigma}_k,\pi_k:\ k=1,\cdots,K\}$ 作为模型所有参数的集合. 这种高斯分布的凸组合相比简单的高斯分布 (式 (11.3) 中令 $K=1$), 可以明显更灵活地为复杂的概率密度建模. 图 11.2 中的加权分量和混合密度给出如下:

$$p(x\,|\,\boldsymbol{\theta})=0.5\mathcal{N}\left(x\,|\,-2,\,\frac{1}{2}\right)+0.2\mathcal{N}(x\,|\,1,\,2)+0.3\mathcal{N}(x\,|\,4,\,1)\,. \tag{11.5}$$

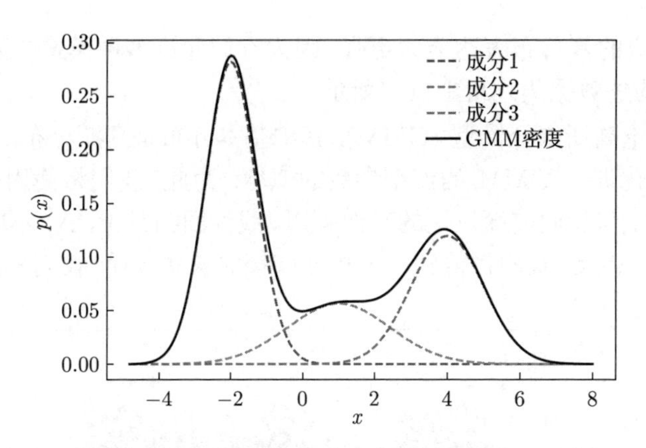

图 11.2 高斯混合模型. 高斯混合分布 (黑色) 由高斯分布的凸组合组成, 比任何单个分量有更强的表示能力. 虚线表示加权的高斯分量

11.2 通过最大似然进行参数学习

假设我们得到一个数据集 $\mathcal{X}=\{\boldsymbol{x}_1,\cdots,\boldsymbol{x}_N\}$, 其中 $\boldsymbol{x}_n(n=1,\cdots,N)$ 是从未知分布 $p(\boldsymbol{x})$ 中提取的独立同分布的随机样本. 我们的目标是通过带有 K 个混合分量的 GMM 找到这个未知分布 $p(\boldsymbol{x})$ 一个好的近似或表示. GMM 的参数是 K 个均值 $\boldsymbol{\mu}_k$、协方差 $\boldsymbol{\Sigma}_k$ 和混合权重 π_k. 集合 $\boldsymbol{\theta}:=\{\pi_k,\boldsymbol{\mu}_k,\boldsymbol{\Sigma}_k:\ k=1,\cdots,K\}$ 中包含了所有这些自由参数.

例 11.1 (初始化设置) 我们将有一个简单的示例贯穿本章, 帮助我们说明和可视化重要的概念.

我们考虑一个由 7 个数据点组成的一维数据集 $\mathcal{X}=\{-3,-2.5,-1,0,2,4,5\}$ 并且希望找到一个有 $K=3$ 个分量的 GMM 来模拟数据的密度函数. 初始化混合分量

$$p_1(x)=\mathcal{N}\big(x\,|\,-4,\,1\big) \tag{11.6}$$

$$p_2(x)=\mathcal{N}\big(x\,|\,0,\,0.2\big) \tag{11.7}$$

$$p_3(x)=\mathcal{N}\big(x\,|\,8,\,3\big) \tag{11.8}$$

并赋予它们相等的权重 $\pi_1=\pi_2=\pi_3=\dfrac{1}{3}$. 相应的模型 (和数据点) 如图 11.3 所示.

下面我们将详细介绍如何获得模型参数 $\boldsymbol{\theta}$ 的最大似然估计 $\boldsymbol{\theta}_{\mathrm{ML}}$. 我们首先写下似然函数, 即给定参数的训练数据的预测分布. 我们利用独立同分布假设, 可以将似然函数分解为因子的乘积:

$$p(\mathcal{X}\,|\,\boldsymbol{\theta})=\prod_{n=1}^{N}p(\boldsymbol{x}_n\,|\,\boldsymbol{\theta}),\quad p(\boldsymbol{x}_n\,|\,\boldsymbol{\theta})=\sum_{k=1}^{K}\pi_k\mathcal{N}\big(\boldsymbol{x}_n\,|\,\boldsymbol{\mu}_k,\,\boldsymbol{\Sigma}_k\big), \tag{11.9}$$

其中每个似然项 $p(\boldsymbol{x}_n \mid \boldsymbol{\theta})$ 是高斯混合密度. 然后我们得到对数似然为

$$\log p(\mathcal{X} \mid \boldsymbol{\theta}) = \sum_{n=1}^{N} \log p(\boldsymbol{x}_n \mid \boldsymbol{\theta}) = \underbrace{\sum_{n=1}^{N} \log \sum_{k=1}^{K} \pi_k \mathcal{N}\big(\boldsymbol{x}_n \mid \boldsymbol{\mu}_k,\, \boldsymbol{\Sigma}_k\big)}_{=:\mathcal{L}}. \tag{11.10}$$

我们的目标是找到参数 $\boldsymbol{\theta}^*_{\mathrm{ML}}$, 使式 (11.10) 中定义的对数似然 $\mathcal{L}$ 最大. 我们的“正常”步骤是计算对数似然关于模型参数 $\boldsymbol{\theta}$ 的梯度 $\mathrm{d}\mathcal{L}/\mathrm{d}\boldsymbol{\theta}$, 令其为 $\mathbf{0}$, 然后求解 $\boldsymbol{\theta}$. 然而, 与我们之前的最大似然估计例题不同 (例如, 当我们在 9.2 节中讨论线性回归时), 我们无法获得闭式解. 但是, 我们可以利用一种迭代方式来寻找好的模型参数 $\boldsymbol{\theta}_{\mathrm{ML}}$. 我们将使用 GMM 的 EM 算法, 其关键思想是一次更新一个模型参数, 同时保持其他参数不变.

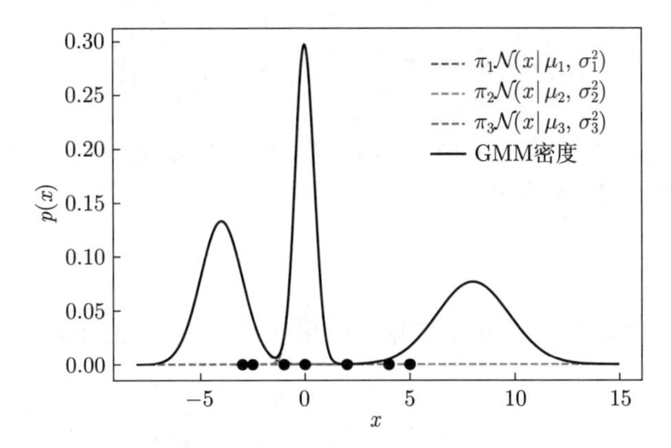

图 11.3 初始化设置: GMM (黑色), 混合了 3 个混合分量 (虚线) 和 7 个数据点 (圆盘)

评注 如果我们把单个高斯函数作为预期的密度函数, 那么式 (11.10) 中 k 上的和就消失了, log 可以直接应用到高斯分量, 这样我们就得到了

$$\log \mathcal{N}\big(\boldsymbol{x} \mid \boldsymbol{\mu},\, \boldsymbol{\Sigma}\big) = -\frac{D}{2}\log(2\pi) - \frac{1}{2}\log\det(\boldsymbol{\Sigma}) - \frac{1}{2}(\boldsymbol{x}-\boldsymbol{\mu})^{\top}\boldsymbol{\Sigma}^{-1}(\boldsymbol{x}-\boldsymbol{\mu}). \tag{11.11}$$

这个简单的形式允许我们找到 $\boldsymbol{\mu}$ 和 $\boldsymbol{\Sigma}$ 的闭式最大似然估计, 如第 8 章所讨论的. 在式 (11.10) 中, 我们不能将 log 移到 k 的和中, 这样就不能得到一个简单的闭式最大似然解.

函数的局部最优需满足其关于参数的梯度必须为零的性质 (必要条件), 见第 7 章. 在本例中, 当我们优化式 (11.10) 中对数似然的 GMM 参数 $\boldsymbol{\mu}_k, \boldsymbol{\Sigma}_k, \pi_k$ 时, 我们得到了以下必要条件:

$$\frac{\partial \mathcal{L}}{\partial \boldsymbol{\mu}_k} = \mathbf{0}^{\top} \iff \sum_{n=1}^{N} \frac{\partial \log p(\boldsymbol{x}_n \mid \boldsymbol{\theta})}{\partial \boldsymbol{\mu}_k} = \mathbf{0}^{\top}, \tag{11.12}$$

$$\frac{\partial \mathcal{L}}{\partial \boldsymbol{\Sigma}_k}=\mathbf{0} \iff \sum_{n=1}^{N}\frac{\partial \log p(\boldsymbol{x}_n\,|\,\boldsymbol{\theta})}{\partial \boldsymbol{\Sigma}_k}=\mathbf{0}\,, \tag{11.13}$$

$$\frac{\partial \mathcal{L}}{\partial \pi_k}=0 \iff \sum_{n=1}^{N}\frac{\partial \log p(\boldsymbol{x}_n\,|\,\boldsymbol{\theta})}{\partial \pi_k}=0\,. \tag{11.14}$$

对于上述所有三个必要条件, 通过应用链式法则 (见 5.2.2 节), 我们需要以下形式的偏导数:

$$\frac{\partial \log p(\boldsymbol{x}_n\,|\,\boldsymbol{\theta})}{\partial \boldsymbol{\theta}}=\frac{1}{p(\boldsymbol{x}_n\,|\,\boldsymbol{\theta})}\frac{\partial p(\boldsymbol{x}_n\,|\,\boldsymbol{\theta})}{\partial \boldsymbol{\theta}}\,, \tag{11.15}$$

其中 $\boldsymbol{\theta}=\{\boldsymbol{\mu}_k,\boldsymbol{\Sigma}_k,\pi_k,k=1,\cdots,K\}$ 是模型参数并且

$$\frac{1}{p(\boldsymbol{x}_n\,|\,\boldsymbol{\theta})}=\frac{1}{\sum_{j=1}^{K}\pi_j\mathcal{N}\big(\boldsymbol{x}_n\,|\,\boldsymbol{\mu}_j,\,\boldsymbol{\Sigma}_j\big)}\,. \tag{11.16}$$

下面我们将计算式 (11.12)~ 式 (11.14) 的偏导数. 但在此之前, 我们先引入一个将在本章剩余部分中起核心作用的量: 响应度.

11.2.1 响应度

我们定义下面这个量作为第 n 个数据点的第 k 个混合分量的*响应度*:

$$r_{nk}:=\frac{\pi_k\mathcal{N}\big(\boldsymbol{x}_n\,|\,\boldsymbol{\mu}_k,\,\boldsymbol{\Sigma}_k\big)}{\sum_{j=1}^{K}\pi_j\mathcal{N}\big(\boldsymbol{x}_n\,|\,\boldsymbol{\mu}_j,\,\boldsymbol{\Sigma}_j\big)}. \tag{11.17}$$

数据点 $\boldsymbol{x}_n$ 的第 k 个混合分量的响应度 r_{nk} 正比于给定数据点混合分量的似然

$$p(\boldsymbol{x}_n\,|\,\pi_k,\boldsymbol{\mu}_k,\boldsymbol{\Sigma}_k)=\pi_k\mathcal{N}\big(\boldsymbol{x}_n\,|\,\boldsymbol{\mu}_k,\,\boldsymbol{\Sigma}_k\big) \tag{11.18}$$

因此, 当数据点可能是来自该混合分量的采样时, 混合分量对该数据点具有高响应度. 注意到 $\boldsymbol{r}_n:=[r_{n1},\cdots,r_{nK}]^\top\in\mathbb{R}^K$ 是 (归一化的) 概率向量[一], 即 $\sum_k r_{nk}=1$ 并且 $r_{nk}\geqslant 0$. 这个概率向量在 K 个混合分量间分配概率质量, 我们可以把 $\boldsymbol{r}_n$ 看作 $\boldsymbol{x}_n$ 对 K 个混合分量的"软赋值". 因此, 由式 (11.17) 计算的响应度 r_{nk}[二] 表示 $\boldsymbol{x}_n$ 由第 k 个混合分量生成的概率.

例 11.2 (响应度) 对于图 11.3 中的示例, 我们计算响应度 r_{nk} 为

[一] $\boldsymbol{r}_n$ 服从 Boltzmann/Gibbs 分布.

[二] 响应度 r_{nk} 是由第 k 个混合分量生成第 n 个数据点的概率.

$$
\begin{bmatrix}
1.0 & 0.0 & 0.0 \\
1.0 & 0.0 & 0.0 \\
0.057 & 0.943 & 0.0 \\
0.001 & 0.999 & 0.0 \\
0.0 & 0.066 & 0.934 \\
0.0 & 0.0 & 1.0 \\
0.0 & 0.0 & 1.0
\end{bmatrix} \in \mathbb{R}^{N\times K}. \tag{11.19}
$$

在这里, 第 n 行告诉我们 x_n 的所有混合分量的响应度. 一个数据点的所有 K 个响应度的总和 (每行的总和) 是 1. 第 k 列展示了第 k 个混合分量的响应度. 我们可以看到, 第三个混合分量 (第三列) 对前四个数据点中的任何一个都不响应, 而对其余的数据点响应. 每列中所有项的总和为 N_k, 即第 k 个混合分量的总响应度. 在我们的例子中, 我们得到 $N_1 = 2.058$, $N_2 = 2.008$, $N_3 = 2.934$.

接下来, 我们将确定给定响应度的模型参数 $\boldsymbol{\mu}_k, \boldsymbol{\Sigma}_k, \pi_k$ 的更新值. 我们将看到, 更新方程都依赖于响应度, 因此得不到最大似然估计问题的闭式解. 但是, 对于给定的响应度, 我们将一次更新一个模型参数, 同时保持其他参数不变. 之后, 我们将重新计算响应度. 迭代这两个步骤最终会收敛到局部最优, 这是 EM 算法的一个具体实例. 我们将在 11.3 节中对此进行更详细的讨论.

11.2.2 更新均值

定理 11.1 (GMM 均值的更新)　GMM 均值参数 $\boldsymbol{\mu}_k$, $k = 1, \cdots, K$ 的更新如下所示:

$$
\boldsymbol{\mu}_k^{\text{new}} = \frac{\sum_{n=1}^{N} r_{nk}\boldsymbol{x}_n}{\sum_{n=1}^{N} r_{nk}}, \tag{11.20}
$$

其中响应度 r_{nk} 由式 (11.17) 定义.

评注　式 (11.20) 中单个混合分量的均值 $\boldsymbol{\mu}_k$ 的更新取决于式 (11.17) 中需要所有均值、协方差矩阵 $\boldsymbol{\Sigma}_k$ 和混合权重 π_k 得到的 r_{nk}. 因此, 我们不能一次获得所有 $\boldsymbol{\mu}_k$ 的闭式解.

证明　从式 (11.15) 中, 我们看到对数似然相对于均值参数 $\boldsymbol{\mu}_k$ 的梯度, $k = 1, \cdots, K$, 需要我们计算偏导数

$$
\frac{\partial p(\boldsymbol{x}_n \,|\, \boldsymbol{\theta})}{\partial \boldsymbol{\mu}_k} = \sum_{j=1}^{K} \pi_j \frac{\partial \mathcal{N}\big(\boldsymbol{x}_n \,|\, \boldsymbol{\mu}_j, \boldsymbol{\Sigma}_j\big)}{\partial \boldsymbol{\mu}_k} = \pi_k \frac{\partial \mathcal{N}\big(\boldsymbol{x}_n \,|\, \boldsymbol{\mu}_k, \boldsymbol{\Sigma}_k\big)}{\partial \boldsymbol{\mu}_k} \tag{11.21a}
$$

$$
= \pi_k (\boldsymbol{x}_n - \boldsymbol{\mu}_k)^{\top} \boldsymbol{\Sigma}_k^{-1} \mathcal{N}\big(\boldsymbol{x}_n \,|\, \boldsymbol{\mu}_k, \boldsymbol{\Sigma}_k\big), \tag{11.21b}
$$

其中我们发现只有第 k 个混合分量依赖于 $\boldsymbol{\mu}_k$.

我们在式 (11.15) 中使用式 (11.21b) 的结果, 把所有项加在一起, 这样想要的 $\mathcal{L}$ 对 $\boldsymbol{\mu}_k$ 的偏导数如下所示:

$$\frac{\partial \mathcal{L}}{\partial \boldsymbol{\mu}_k} = \sum_{n=1}^{N} \frac{\partial \log p(\boldsymbol{x}_n \mid \boldsymbol{\theta})}{\partial \boldsymbol{\mu}_k} = \sum_{n=1}^{N} \frac{1}{p(\boldsymbol{x}_n \mid \boldsymbol{\theta})} \frac{\partial p(\boldsymbol{x}_n \mid \boldsymbol{\theta})}{\partial \boldsymbol{\mu}_k} \tag{11.22a}$$

$$= \sum_{n=1}^{N} (\boldsymbol{x}_n - \boldsymbol{\mu}_k)^\top \boldsymbol{\Sigma}_k^{-1} \underbrace{\boxed{\frac{\pi_k \mathcal{N}\big(\boldsymbol{x}_n \mid \boldsymbol{\mu}_k,\, \boldsymbol{\Sigma}_k\big)}{\sum_{j=1}^{K} \pi_j \mathcal{N}\big(\boldsymbol{x}_n \mid \boldsymbol{\mu}_j,\, \boldsymbol{\Sigma}_j\big)}}}_{=r_{nk}} \tag{11.22b}$$

$$= \sum_{n=1}^{N} r_{nk} (\boldsymbol{x}_n - \boldsymbol{\mu}_k)^\top \boldsymbol{\Sigma}_k^{-1} \,. \tag{11.22c}$$

这里我们使用式 (11.16) 中的等式和式 (11.21b) 中偏导数的结果得到式 (11.22b). r_{nk} 是我们在式 (11.17) 中定义的响应度.

我们解式 (11.22c) 中的 $\boldsymbol{\mu}_k^{\text{new}}$ 以使 $\dfrac{\partial \mathcal{L}(\boldsymbol{\mu}_k^{\text{new}})}{\partial \boldsymbol{\mu}_k} = \boldsymbol{0}^\top$, 并得到

$$\sum_{n=1}^{N} r_{nk} \boldsymbol{x}_n = \sum_{n=1}^{N} r_{nk} \boldsymbol{\mu}_k^{\text{new}} \iff \boldsymbol{\mu}_k^{\text{new}} = \frac{\sum_{n=1}^{N} r_{nk} \boldsymbol{x}_n}{\boxed{\sum_{n=1}^{N} r_{nk}}} = \frac{1}{\boxed{N_k}} \sum_{n=1}^{N} r_{nk} \boldsymbol{x}_n \,, \tag{11.23}$$

这里我们定义

$$N_k := \sum_{n=1}^{N} r_{nk} \tag{11.24}$$

作为数据集全体第 k 个混合分量的总响应度. 得到了定理 11.1 的证明. □

直观地说, 式 (11.20) 可以解释为均值的重要性加权的蒙特卡罗估计, 其中数据点 $\boldsymbol{x}_n$ 的重要性权重是 $\boldsymbol{x}_n$ 的第 k $(k = 1, \cdots, K)$ 个分量的响应度 r_{nk}. 因此, 均值 $\boldsymbol{\mu}_k$ 被拉向数据点 $\boldsymbol{x}_n$, 强度由 r_{nk} 给出. 均值向相应混合分量具有高响应度 (即高可能性) 的数据点拉得更大. 图 11.4 说明了这一点. 我们还可以将式 (11.20) 中均值的更新解释为给定分布下所有数据点的期望值

$$\boldsymbol{r}_k := [r_{1k}, \cdots, r_{Nk}]^\top / N_k \,, \tag{11.25}$$

它是一个归一化的概率向量, 即

$$\boldsymbol{\mu}_k \leftarrow \mathbb{E}_{\boldsymbol{r}_k}[\mathcal{X}] \,. \tag{11.26}$$

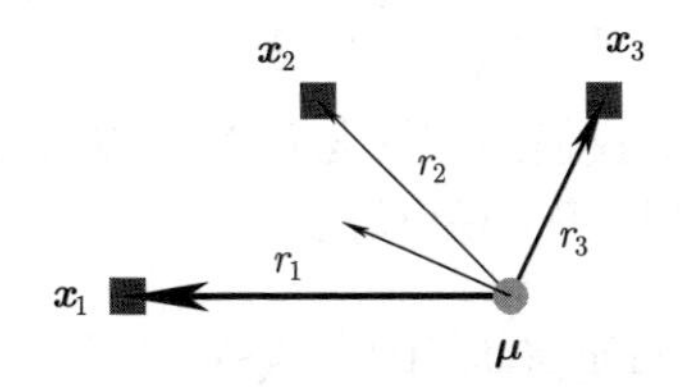

图 11.4　在 GMM 中更新混合分量的均值参数. 均值 $\boldsymbol{\mu}$ 以相应响应度赋予的权重被拉向各个数据点

例 11.3 (均值更新)　在图 11.3 所示的例子中, 均值更新如下:

$$\mu_1 : -4 \rightarrow -2.7 \tag{11.27}$$

$$\mu_2 : 0 \rightarrow -0.4 \tag{11.28}$$

$$\mu_3 : 8 \rightarrow 3.7 \tag{11.29}$$

在这里, 我们看到第一和第三混合分量的均值向数据区域移动, 而第二分量的均值变化不大. 图 11.5 说明了这种变化, 其中图 11.5 a 显示了均值更新之前的 GMM 密度, 图 11.5 b 显示了均值 μ_k 更新之后的 GMM 密度.

式 (11.20) 中均值参数的更新看起来相当直接. 但是, 请注意, 响应度 r_{nk} 是 $\pi_j, \boldsymbol{\mu}_j, \boldsymbol{\Sigma}_j$ 的函数, 其中 $j = 1, \cdots, K$. 因此式 (11.20) 中的更新取决于 GMM 的所有参数, 并且无法得到在 9.2 节中为线性回归或在第 10 章中为 PCA 所求的闭式解.

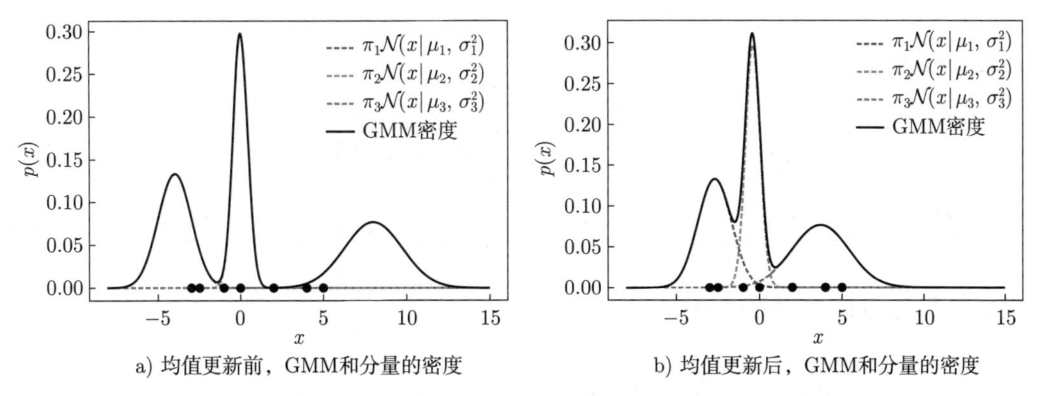

图 11.5　GMM 更新均值的影响. a) 均值更新前的 GMM; b) 均值 μ_k 更新后的 GMM; 方差和混合权重不变

11.2.3　更新协方差

定理 11.2 (GMM 协方差的更新)　GMM 协方差参数 $\boldsymbol{\Sigma}_k (k = 1, \cdots, K)$ 的更新如下:

$$\boldsymbol{\Sigma}_k^{\text{new}} = \frac{1}{N_k} \sum_{n=1}^{N} r_{nk} (\boldsymbol{x}_n - \boldsymbol{\mu}_k)(\boldsymbol{x}_n - \boldsymbol{\mu}_k)^\top, \tag{11.30}$$

其中 r_{nk} 和 N_k 分别由式 (11.17) 和式 (11.24) 定义.

证明 为了证明定理 11.2, 我们的方法是计算对数似然 $\mathcal{L}$ 关于协方差 $\boldsymbol{\Sigma}_k$ 的偏导数, 设它们为 $\mathbf{0}$, 并求解 $\boldsymbol{\Sigma}_k$. 我们从通用方法开始:

$$\frac{\partial \mathcal{L}}{\partial \boldsymbol{\Sigma}_k}=\sum_{n=1}^{N} \frac{\partial \log p(\boldsymbol{x}_n \,|\, \boldsymbol{\theta})}{\partial \boldsymbol{\Sigma}_k}=\sum_{n=1}^{N} \frac{1}{p(\boldsymbol{x}_n \,|\, \boldsymbol{\theta})} \frac{\partial p(\boldsymbol{x}_n \,|\, \boldsymbol{\theta})}{\partial \boldsymbol{\Sigma}_k}. \tag{11.31}$$

从式 (11.16) 知 $1/p(\boldsymbol{x}_n \,|\, \boldsymbol{\theta})$, 为获得余下的偏导数 $\partial p(\boldsymbol{x}_n \,|\, \boldsymbol{\theta})/\partial \boldsymbol{\Sigma}_k$, 我们写下高斯分布 $p(\boldsymbol{x}_n \,|\, \boldsymbol{\theta})$ 的定义 (见式 (11.9)), 并删除除第 k 项以外的所有项. 然后我们得到

$$\frac{\partial p(\boldsymbol{x}_n \,|\, \boldsymbol{\theta})}{\partial \boldsymbol{\Sigma}_k} \tag{11.32a}$$

$$=\frac{\partial}{\partial \boldsymbol{\Sigma}_k}\left(\pi_k(2\pi)^{-\frac{D}{2}} \det(\boldsymbol{\Sigma}_k)^{-\frac{1}{2}} \exp\left(-\frac{1}{2}(\boldsymbol{x}_n-\boldsymbol{\mu}_k)^{\top} \boldsymbol{\Sigma}_k^{-1}(\boldsymbol{x}_n-\boldsymbol{\mu}_k)\right)\right) \tag{11.32b}$$

$$\begin{aligned}&=\pi_k(2\pi)^{-\frac{D}{2}}\left[\frac{\partial}{\partial \boldsymbol{\Sigma}_k} \det(\boldsymbol{\Sigma}_k)^{-\frac{1}{2}} \exp\left(-\frac{1}{2}(\boldsymbol{x}_n-\boldsymbol{\mu}_k)^{\top} \boldsymbol{\Sigma}_k^{-1}(\boldsymbol{x}_n-\boldsymbol{\mu}_k)\right)+\right.\\&\left.\det(\boldsymbol{\Sigma}_k)^{-\frac{1}{2}} \frac{\partial}{\partial \boldsymbol{\Sigma}_k} \exp\left(-\frac{1}{2}(\boldsymbol{x}_n-\boldsymbol{\mu}_k)^{\top} \boldsymbol{\Sigma}_k^{-1}(\boldsymbol{x}_n-\boldsymbol{\mu}_k)\right)\right].\end{aligned} \tag{11.32c}$$

利用之前的等式

$$\frac{\partial}{\partial \boldsymbol{\Sigma}_k} \det(\boldsymbol{\Sigma}_k)^{-\frac{1}{2}} \overset{(5.101)}{=} -\frac{1}{2} \det(\boldsymbol{\Sigma}_k)^{-\frac{1}{2}} \boldsymbol{\Sigma}_k^{-1}, \tag{11.33}$$

$$\frac{\partial}{\partial \boldsymbol{\Sigma}_k}(\boldsymbol{x}_n-\boldsymbol{\mu}_k)^{\top} \boldsymbol{\Sigma}_k^{-1}(\boldsymbol{x}_n-\boldsymbol{\mu}_k) \overset{(5.103)}{=} -\boldsymbol{\Sigma}_k^{-1}(\boldsymbol{x}_n-\boldsymbol{\mu}_k)(\boldsymbol{x}_n-\boldsymbol{\mu}_k)^{\top} \boldsymbol{\Sigma}_k^{-1} \tag{11.34}$$

并整理得到式 (11.31) 所需的偏导数为

$$\begin{aligned}\frac{\partial p(\boldsymbol{x}_n \,|\, \boldsymbol{\theta})}{\partial \boldsymbol{\Sigma}_k}=&\ \pi_k \mathcal{N}(\boldsymbol{x}_n \,|\, \boldsymbol{\mu}_k, \boldsymbol{\Sigma}_k) \cdot \\&\left[-\frac{1}{2}(\boldsymbol{\Sigma}_k^{-1}-\boldsymbol{\Sigma}_k^{-1}(\boldsymbol{x}_n-\boldsymbol{\mu}_k)(\boldsymbol{x}_n-\boldsymbol{\mu}_k)^{\top} \boldsymbol{\Sigma}_k^{-1})\right].\end{aligned} \tag{11.35}$$

综上, 给出了对数似然关于 $\boldsymbol{\Sigma}_k$ 的偏导数:

$$\frac{\partial \mathcal{L}}{\partial \boldsymbol{\Sigma}_k}=\sum_{n=1}^{N} \frac{\partial \log p(\boldsymbol{x}_n \,|\, \boldsymbol{\theta})}{\partial \boldsymbol{\Sigma}_k}=\sum_{n=1}^{N} \frac{1}{p(\boldsymbol{x}_n \,|\, \boldsymbol{\theta})} \frac{\partial p(\boldsymbol{x}_n \,|\, \boldsymbol{\theta})}{\partial \boldsymbol{\Sigma}_k} \tag{11.36a}$$

$$= \sum_{n=1}^{N} \underbrace{\frac{\pi_k \mathcal{N}(\boldsymbol{x}_n \mid \boldsymbol{\mu}_k, \boldsymbol{\Sigma}_k)}{\sum_{j=1}^{K} \pi_j \mathcal{N}(\boldsymbol{x}_n \mid \boldsymbol{\mu}_j, \boldsymbol{\Sigma}_j)}}_{=r_{nk}} \cdot$$

$$\left[-\frac{1}{2}(\boldsymbol{\Sigma}_k^{-1} - \boldsymbol{\Sigma}_k^{-1}(\boldsymbol{x}_n - \boldsymbol{\mu}_k)(\boldsymbol{x}_n - \boldsymbol{\mu}_k)^{\top} \boldsymbol{\Sigma}_k^{-1})\right] \tag{11.36b}$$

$$= -\frac{1}{2}\sum_{n=1}^{N} r_{nk}(\boldsymbol{\Sigma}_k^{-1} - \boldsymbol{\Sigma}_k^{-1}(\boldsymbol{x}_n - \boldsymbol{\mu}_k)(\boldsymbol{x}_n - \boldsymbol{\mu}_k)^{\top} \boldsymbol{\Sigma}_k^{-1}) \tag{11.36c}$$

$$= -\frac{1}{2}\boldsymbol{\Sigma}_k^{-1} \underbrace{\sum_{n=1}^{N} r_{nk}}_{=N_k} + \frac{1}{2}\boldsymbol{\Sigma}_k^{-1} \left(\sum_{n=1}^{N} r_{nk}(\boldsymbol{x}_n - \boldsymbol{\mu}_k)(\boldsymbol{x}_n - \boldsymbol{\mu}_k)^{\top}\right) \boldsymbol{\Sigma}_k^{-1}. \tag{11.36d}$$

我们看到响应度 r_{nk} 也出现在这个偏导数中. 将这个偏导数设为 $\mathbf{0}$, 我们得到了最优性必要条件:

$$N_k \boldsymbol{\Sigma}_k^{-1} = \boldsymbol{\Sigma}_k^{-1} \left(\sum_{n=1}^{N} r_{nk}(\boldsymbol{x}_n - \boldsymbol{\mu}_k)(\boldsymbol{x}_n - \boldsymbol{\mu}_k)^{\top}\right) \boldsymbol{\Sigma}_k^{-1} \tag{11.37a}$$

$$\iff N_k \boldsymbol{I} = \left(\sum_{n=1}^{N} r_{nk}(\boldsymbol{x}_n - \boldsymbol{\mu}_k)(\boldsymbol{x}_n - \boldsymbol{\mu}_k)^{\top}\right) \boldsymbol{\Sigma}_k^{-1}. \tag{11.37b}$$

通过解 $\boldsymbol{\Sigma}_k$, 得到

$$\boldsymbol{\Sigma}_k^{\text{new}} = \frac{1}{N_k}\sum_{n=1}^{N} r_{nk}(\boldsymbol{x}_n - \boldsymbol{\mu}_k)(\boldsymbol{x}_n - \boldsymbol{\mu}_k)^{\top}, \tag{11.38}$$

其中 $\boldsymbol{r}_k$ 是式 (11.25) 中定义的概率向量. 这就给出了 $\boldsymbol{\Sigma}_k$ 对 $k = 1, \cdots, K$ 的简单更新规则, 并证明了定理 11.2. □

与式 (11.20) 中 $\boldsymbol{\mu}_k$ 的更新类似, 我们可以将式 (11.30) 中协方差的更新解释为以中间对齐数据的平方为权重的加权期望值. $\tilde{\mathcal{X}}_k := \{\boldsymbol{x}_1 - \boldsymbol{\mu}_k, \cdots, \boldsymbol{x}_N - \boldsymbol{\mu}_k\}$.

例 11.4(方差更新) 在图 11.3 的例子中, 方差更新如下:

$$\sigma_1^2 : 1 \to 0.14 \tag{11.39}$$

$$\sigma_2^2 : 0.2 \to 0.44 \tag{11.40}$$

$$\sigma_3^2 : 3 \to 1.53 \tag{11.41}$$

在这里, 我们看到第一和第三分量的方差明显缩小, 而第二分量的方差略有增加.

图 11.6 说明了这一设置. 图 11.6 a 与图 11.5 b 完全相同 (但放大了), 显示更新方差前的 GMM 密度及其各分量. 图 11.6 b 显示了更新方差后的 GMM 密度.

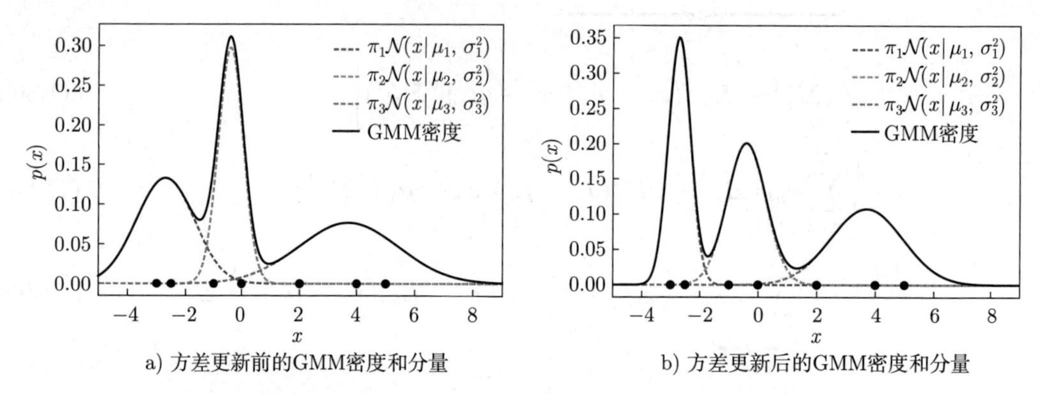

图 11.6 GMM 更新方差的影响. a) 方差更新前的 GMM; b) 方差更新后的 GMM; 均值和混合权重不变

类似于均值参数的更新, 我们可以将式 (11.30) 解释为与第 k 个混合分量相关的数据点 $\boldsymbol{x}_n$ 的加权协方差的蒙特卡罗估计, 其中权重为响应度 r_{nk}. 与均值参数的更新一样, 这个更新因为响应度 r_{nk} 而依赖于所有 $\pi_j, \boldsymbol{\mu}_j, \boldsymbol{\Sigma}_j,\ j=1,\cdots,K$, 使得我们找不到闭式解.

11.2.4 更新混合权重

定理 11.3 (更新 GMM 混合权重) GMM 的混合权重更新为

$$\pi_k^{\text{new}} = \frac{N_k}{N}, \quad k=1,\cdots,K, \tag{11.42}$$

其中 N 为数据点数, N_k 由式 (11.24) 定义.

证明 为了求对数似然关于权重参数 $\pi_k (k=1,\cdots,K)$ 的偏导数, 我们利用拉格朗日乘子来计算约束 $\sum_k \pi_k = 1$ (见 7.2 节). 拉格朗日函数是

$$\mathfrak{L} = \mathcal{L} + \lambda\left(\sum_{k=1}^{K}\pi_k - 1\right) \tag{11.43a}$$

$$= \sum_{n=1}^{N}\log\sum_{k=1}^{K}\pi_k\mathcal{N}\big(\boldsymbol{x}_n \,|\, \boldsymbol{\mu}_k,\, \boldsymbol{\Sigma}_k\big) + \lambda\left(\sum_{k=1}^{K}\pi_k - 1\right), \tag{11.43b}$$

$\mathcal{L}$ 是式 (11.10) 的对数似然. 因为等式约束, 即要求所有混合权重和为 1, 所以有第二项. 我们得到关于 π_k 的偏导数为

$$\frac{\partial\mathfrak{L}}{\partial\pi_k} = \sum_{n=1}^{N}\frac{\mathcal{N}\big(\boldsymbol{x}_n \,|\, \boldsymbol{\mu}_k,\, \boldsymbol{\Sigma}_k\big)}{\sum_{j=1}^{K}\pi_j\mathcal{N}\big(\boldsymbol{x}_n \,|\, \boldsymbol{\mu}_j,\, \boldsymbol{\Sigma}_j\big)} + \lambda \tag{11.44a}$$

$$= \frac{1}{\pi_k} \underbrace{\sum_{n=1}^{N} \frac{\pi_k \mathcal{N}(\boldsymbol{x}_n \mid \boldsymbol{\mu}_k, \boldsymbol{\Sigma}_k)}{\sum_{j=1}^{K} \pi_j \mathcal{N}(\boldsymbol{x}_n \mid \boldsymbol{\mu}_j, \boldsymbol{\Sigma}_j)}}_{=N_k} + \lambda = \frac{N_k}{\pi_k} + \lambda, \tag{11.44b}$$

并且关于拉格朗日乘子 λ 的偏导数为

$$\frac{\partial \mathfrak{L}}{\partial \lambda} = \sum_{k=1}^{K} \pi_k - 1. \tag{11.45}$$

将两个偏导数都设为 **0** (最优点的必要条件), 就得到方程组

$$\pi_k = -\frac{N_k}{\lambda}, \tag{11.46}$$

$$1 = \sum_{k=1}^{K} \pi_k. \tag{11.47}$$

在式 (11.47) 中用式 (11.46), 对 π_k 进行求解, 得到

$$\sum_{k=1}^{K} \pi_k = 1 \iff -\sum_{k=1}^{K} \frac{N_k}{\lambda} = 1 \iff -\frac{N}{\lambda} = 1 \iff \lambda = -N. \tag{11.48}$$

这使得我们可以用 $-N$ 替换式 (11.46) 中的 λ, 得

$$\pi_k^{\text{new}} = \frac{N_k}{N}, \tag{11.49}$$

这就给出了权重参数 π_k 的更新, 并证明了定理 11.3. □

我们可以确定式 (11.42) 中的混合权重为第 k 个混合分量的总响应度与数据点总数的比值. 由于 $N = \sum_k N_k$, 数据点总数也可以解释为所有混合分量的总响应度, 因此 π_k 是第 k 个混合分量对数据集的相对重要性.

评注 *由于 $N_k = \sum_{i=1}^{N} r_{nk}$, 混合权重 π_k 的更新式 (11.42) 也通过响应度 r_{nk} 依赖于所有 $\pi_j, \boldsymbol{\mu}_j, \boldsymbol{\Sigma}_j, j = 1, \cdots, K$.*

例 11.5 (权重参数更新) 在图 11.3 的示例中, 混合权重更新如下:

$$\pi_1 : \frac{1}{3} \to 0.29 \tag{11.50}$$

$$\pi_2 : \frac{1}{3} \to 0.29 \tag{11.51}$$

$$\pi_3 : \frac{1}{3} \to 0.42 \tag{11.52}$$

这里我们看到, 第三个分量得到了更多的权重 (或者说重要性), 而其他分量变得稍不重要. 图 11.7 说明了更新混合权重的效果. 图 11.7 a 与图 11.6 b 完全相同, 显示更新混合权重前的 GMM 密度及其各个分量. 图 11.7 b 显示了更新混合权重后的 GMM 密度.

总之, 在更新了均值、方差和权重之后, 我们得到了如图 11.7 b 所示的 GMM. 与图 11.3 所示的初始情形相比, 我们可以看到参数更新后 GMM 密度分布向数据点偏移了一些.

在更新一次均值、方差和权重之后, 图 11.7 b 中的 GMM 已经明显优于图 11.3 中的 GMM 初始情形. 负对数似然也证明了这一点, 在更新完一轮后, 它从最初的 28.3 降低到 14.4.

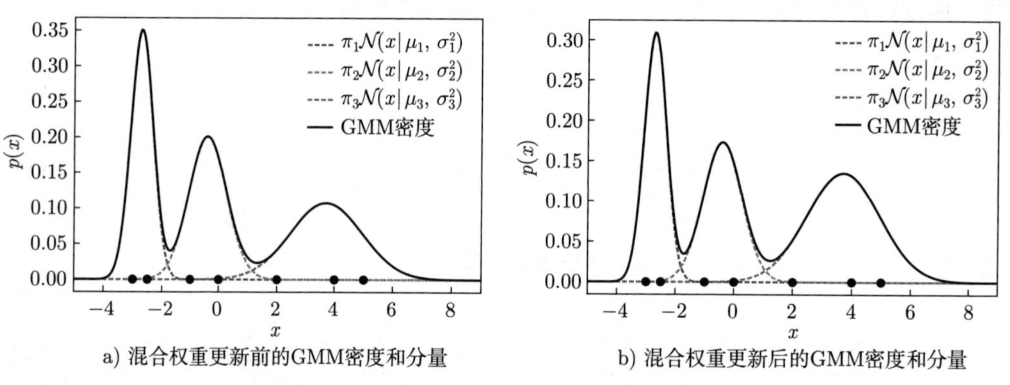

a) 混合权重更新前的GMM密度和分量　　b) 混合权重更新后的GMM密度和分量

图 11.7　GMM 更新混合权重的影响. a) 更新混合权重前的 GMM; b) 更新混合权重后的 GMM, 均值和方差不变. 注意竖直方向上轴的比例不同

11.3　EM 算法

然而, 式 (11.20)、式 (11.30) 和式 (11.42) 的更新式并非混合模型参数 $\boldsymbol{\mu}_k, \boldsymbol{\Sigma}_k, \pi_k$ 更新的闭式解, 因为响应度 r_{nk} 以复杂的方式依赖于这些参数. 但是, 这个结果提示了一个可以通过最大似然找到参数估计问题解的简单的迭代机制. 期望最大化算法 (EM 算法) 由 Dempster et al. (1977) 提出, 是混合模型和隐变量模型中学习参数 (最大似然或 MAP) 的通用迭代算法.

在高斯混合模型的例子中, 我们选择 $\boldsymbol{\mu}_k, \boldsymbol{\Sigma}_k, \pi_k$ 的初始值, 并交替使用, 直到通过以下步骤收敛:

- E 步骤: 计算响应度 r_{nk} (数据点 n 属于第 k 个混合分量的后验概率).
- M 步骤: 使用更新后的响应度重新估计参数 $\boldsymbol{\mu}_k, \boldsymbol{\Sigma}_k, \pi_k$.

EM 算法的每一步都会增大对数似然函数 (Neal and Hinton, 1999). 我们可以对对数似然或参数直接验证其收敛性. EM 算法估计 GMM 参数的具体实例如下:

1. 初始化 $\boldsymbol{\mu}_k, \boldsymbol{\Sigma}_k, \pi_k$.

2. E 步骤: 使用当前参数 $\pi_k, \boldsymbol{\mu}_k, \boldsymbol{\Sigma}_k$ 对每个数据点 $\boldsymbol{x}_n$ 计算响应度 r_{nk}:

$$r_{nk} = \frac{\pi_k \mathcal{N}\big(\boldsymbol{x}_n \,|\, \boldsymbol{\mu}_k,\, \boldsymbol{\Sigma}_k\big)}{\sum_j \pi_j \mathcal{N}\big(\boldsymbol{x}_n \,|\, \boldsymbol{\mu}_j,\, \boldsymbol{\Sigma}_j\big)} . \tag{11.53}$$

3. M 步骤: 用当前响应度 r_{nk} (来自 E 步骤) 重新估计参数 $\pi_k, \boldsymbol{\mu}_k, \boldsymbol{\Sigma}_k$[㊀]:

$$\boldsymbol{\mu}_k = \frac{1}{N_k}\sum_{n=1}^{N} r_{nk}\boldsymbol{x}_n , \tag{11.54}$$

$$\boldsymbol{\Sigma}_k = \frac{1}{N_k}\sum_{n=1}^{N} r_{nk}(\boldsymbol{x}_n - \boldsymbol{\mu}_k)(\boldsymbol{x}_n - \boldsymbol{\mu}_k)^{\top} , \tag{11.55}$$

$$\pi_k = \frac{N_k}{N} . \tag{11.56}$$

例 11.6 (GMM 拟合) 当我们在图 11.3 的示例上运行 EM 算法时, 经过 5 次迭代, 我们得到了图 11.8 a 所示的最终结果, 图 11.8 b 显示了负对数似然是如何随着 EM 迭代的函数变化的. 最后的 GMM 给出如下:

$$\begin{aligned} p(x) = 0.29\mathcal{N}\big(x \,|\, -2.75,\, 0.06\big) + 0.28\mathcal{N}\big(x \,|\, -0.50,\, 0.25\big) + \\ 0.43\mathcal{N}\big(x \,|\, 3.64,\, 1.63\big) . \end{aligned} \tag{11.57}$$

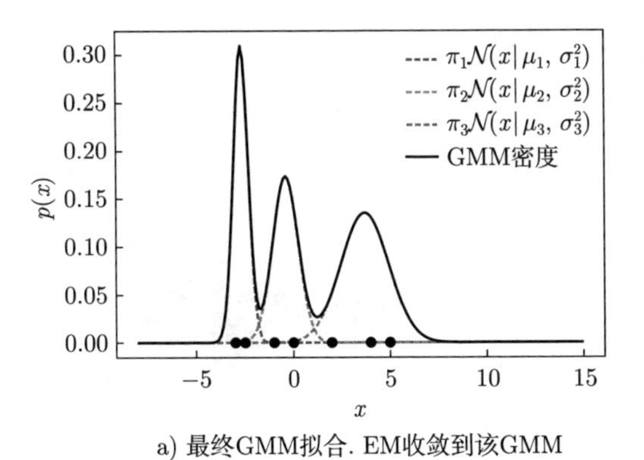

a) 最终GMM拟合. EM收敛到该GMM

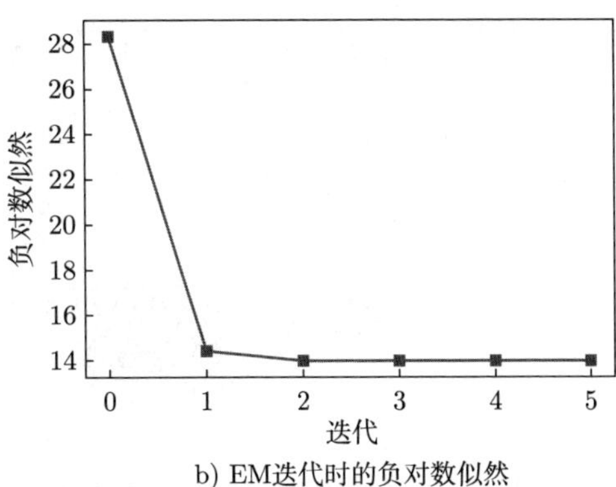

b) EM迭代时的负对数似然

图 11.8 EM 算法应用到图 11.2 的 GMM

我们将 EM 算法应用到图 11.1 所示的含有 $K = 3$ 个混合分量的二维数据集上. 图 11.9 展示 EM 算法的一些步骤, 并显示负对数似然函数随着 EM 算法迭代变化 (图 11.9 b). 图 11.10 a

㊀ 更新式 (11.54) 中的均值 $\boldsymbol{\mu}_k$ 后, 用其更新式 (11.55) 中相应的协方差.

显示了相应的最终 GMM 拟合. 图 11.10 b 可视化了最终数据点的各混合分量的响应度. 当 EM 算法收敛时, 根据对混合分量的响应度为数据集着色. 尽管左侧的数据显然只响应单个混合分量, 但右侧两个数据簇的重叠的部分可能导致响应两个混合分量. 显而易见, 有些数据点无法唯一地分配给某个混合分量 (蓝色或黄色), 因此这些点的这两个簇的响应度大约为 0.5.

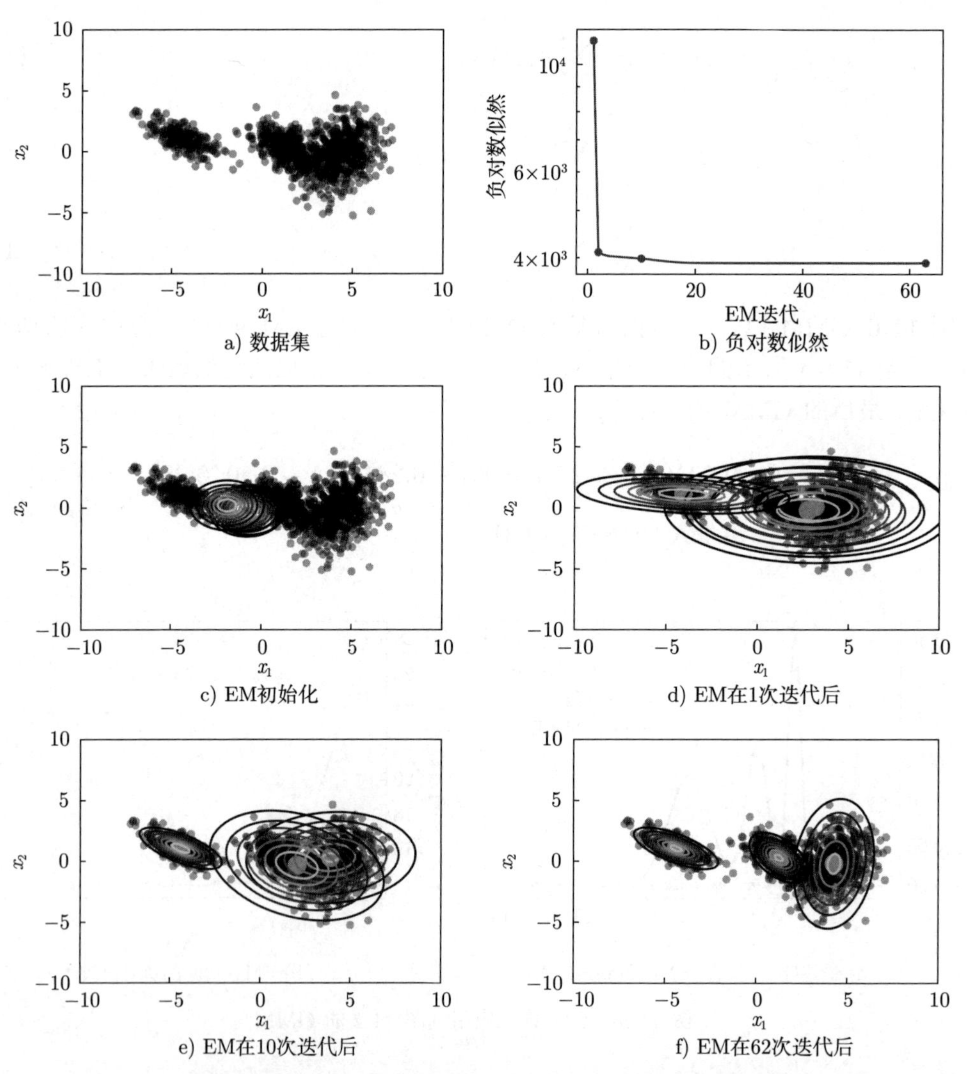

图 11.9 EM 算法示意图, 对二维数据集拟合带有三个分量的高斯混合模型 a) 数据集; b) EM 算法迭代下的负对数似然 (越低越好). 红点对应的 GMM 分别对应于从 c) 到 f) 的图像. 黄色圆盘标识混合分量的均值. 图 11.10 a 给出最终的 GMM 拟合 (见彩插)

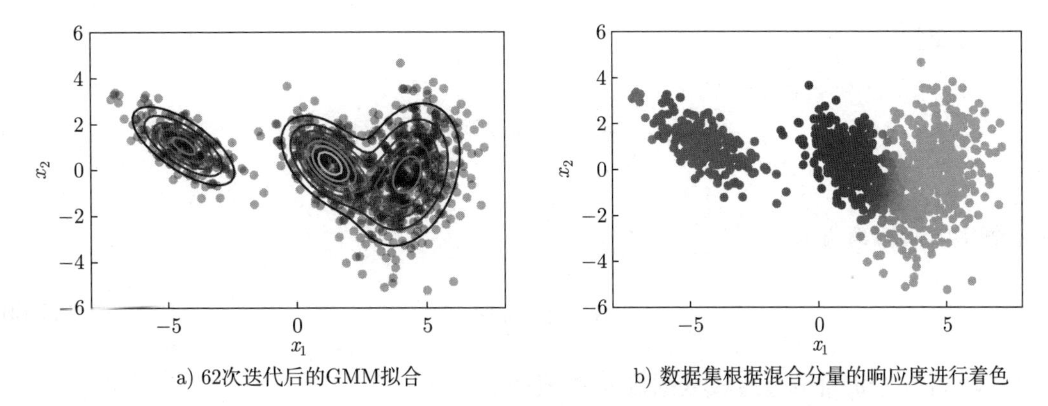

图 11.10 当 EM 算法收敛时, GMM 拟合和响应度. a) 当 EM 算法收敛时, GMM 拟合; b) 每个数据点根据混合分量的响应度进行着色

11.4 隐变量视角

我们可以从离散的隐变量模型的视角来看待 GMM, 即隐变量 $\boldsymbol{z}$ 只能取有限的一组值. 这与隐变量为 $\mathbb{R}^M$ 中连续值的 PCA 相反.

概率视角的优点有: (i) 它将合理化我们在前几节中所做的一些临时决策; (ii) 它允许将响应度解释为后验概率; (iii) 更新模型参数的迭代算法可以按照 EM 算法的原则推导为模型中参数的最大似然估计.

11.4.1 生成过程与概率模型

要推导 GMM 的概率模型, 需要考虑生成过程, 即允许我们使用概率模型生成数据的过程.

我们假设一个包含 K 个分量的混合模型, 数据点 $\boldsymbol{x}$ 由某个混合分量生成. 我们引入一个具有两个状态的二元指示变量 $z_k \in \{0,1\}$ (见 6.2 节) 来表示第 k 个混合分量是否产生该数据点, 这样

$$p(\boldsymbol{x} \mid z_k = 1) = \mathcal{N}\big(\boldsymbol{x} \mid \boldsymbol{\mu}_k,\, \boldsymbol{\Sigma}_k\big)\,. \tag{11.58}$$

我们定义 $\boldsymbol{z} := [z_1, \cdots, z_K]^\top \in \mathbb{R}^K$ 为由 $K-1$ 个 0 和一个 1 组成的概率向量. 例如, 对 $K=3$, 一个可能的 $\boldsymbol{z}$ 是 $\boldsymbol{z} = [z_1, z_2, z_3]^\top = [0,1,0]^\top$, $z_2 = 1$ 说明选择第二个混合分量.

评注 有时这种概率分布被称为 “multinoulli”, 把伯努利分布推广到二值以上的情形 (Murphy, 2012).

$\boldsymbol{z}$ 的性质意味着 $\sum_{k=1}^{K} z_k = 1$. 因此, $\boldsymbol{z}$ 是独热编码 (也是 1-of-K 表示).

到目前为止, 我们假设指示变量 z_k 已知. 然而, 实际情况并非如此, 我们有关隐变量 $\boldsymbol{z}$

的先验分布为

$$p(\boldsymbol{z}) = \boldsymbol{\pi} = [\pi_1, \cdots, \pi_K]^\top, \quad \sum_{k=1}^{K} \pi_k = 1, \tag{11.59}$$

这个概率向量的第 k 项

$$\pi_k = p(z_k = 1) \tag{11.60}$$

描述了由第 k 个混合分量生成数据点 $\boldsymbol{x}$ 的概率.

评注(从 GMM 中采样) 这种隐变量模型的构造 (例如, 图 11.11 中相应的图模型) 适合以非常简单的采样过程 (生成过程) 生成数据:

1. 采样 $z^{(i)} \sim p(\boldsymbol{z})$.
2. 采样 $\boldsymbol{x}^{(i)} \sim p(\boldsymbol{x} \mid z^{(i)} = 1)$.

在第一步中, 我们根据 $p(\boldsymbol{z}) = \boldsymbol{\pi}$ (通过独热编码 $\boldsymbol{z}$) 随机选择一个混合分量 i, 在第二步中, 我们从相应的混合分量中抽取一个样本. 当仅保留 $\boldsymbol{x}^{(i)}$ 中的样本时, 我们从 GMM 中得到了有效样本. 这种采样方式, 即根据有向图中对父节点进行采样, 继而对该随机变量进行采样的方式, 称为 祖先采样.

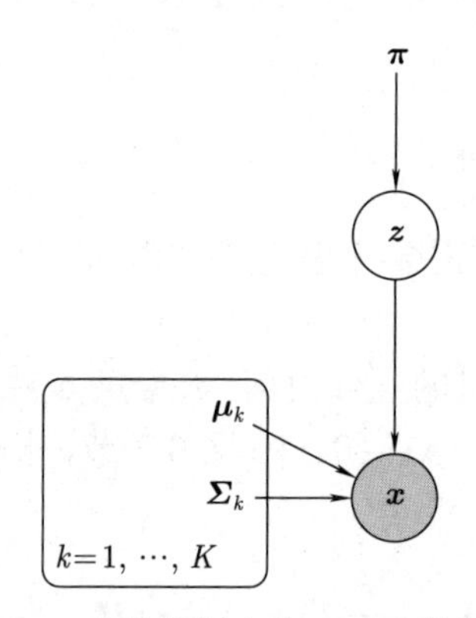

图 11.11 有单数据点的 GMM 的图模型

通常, 概率模型由数据和隐变量的联合分布定义 (见 8.4 节). 使用式 (11.59) 和式 (11.60) 中式定义的先验 $p(\boldsymbol{z})$ 以及式 (11.58) 中的条件 $p(\boldsymbol{x} \mid \boldsymbol{z})$, 我们可以通过以下方式获得此联合分布的所有 K 个分量:

$$p(\boldsymbol{x}, z_k = 1) = p(\boldsymbol{x} \mid z_k = 1)p(z_k = 1) = \pi_k \mathcal{N}(\boldsymbol{x} \mid \boldsymbol{\mu}_k, \boldsymbol{\Sigma}_k) \tag{11.61}$$

其中 $k=1,\cdots,K$, 有

$$p(\boldsymbol{x},\boldsymbol{z})=\begin{bmatrix}p(\boldsymbol{x},z_1=1)\\ \vdots \\ p(\boldsymbol{x},z_K=1)\end{bmatrix}=\begin{bmatrix}\pi_1\mathcal{N}\big(\boldsymbol{x}\,|\,\boldsymbol{\mu}_1,\,\boldsymbol{\Sigma}_1\big)\\ \vdots \\ \pi_K\mathcal{N}\big(\boldsymbol{x}\,|\,\boldsymbol{\mu}_K,\,\boldsymbol{\Sigma}_K\big)\end{bmatrix}, \tag{11.62}$$

这完全确定了概率模型.

11.4.2 似然

为了在隐变量模型中计算似然 $p(\boldsymbol{x}\,|\,\boldsymbol{\theta})$, 我们需要得到不含隐变量的边缘概率 (见 8.4.3 节). 本例中, 可以通过对式 (11.62) 中联合分布 $p(\boldsymbol{x},\boldsymbol{z})$ 关于所有隐变量求和, 从而得出

$$p(\boldsymbol{x}\,|\,\boldsymbol{\theta})=\sum_{\boldsymbol{z}}p(\boldsymbol{x}\,|\,\boldsymbol{\theta},\boldsymbol{z})p(\boldsymbol{z}\,|\,\boldsymbol{\theta}),\quad \boldsymbol{\theta}:=\{\boldsymbol{\mu}_k,\boldsymbol{\Sigma}_k,\pi_k:\ k=1,\cdots,K\}. \tag{11.63}$$

现在, 我们显式地以之前忽略的概率模型的参数 $\boldsymbol{\theta}$ 为条件. 在式 (11.63) 中, 我们对 $\boldsymbol{z}$ 的所有 K 个可能的独热编码求和, 并用 $\sum_{\boldsymbol{z}}$ 表示. 由于每个 $\boldsymbol{z}$ 中只有一个非零项, 因此 $\boldsymbol{z}$ 只有 K 个可能的配置 (或设置). 例如, 如果 $K=3$, 则 $\boldsymbol{z}$ 可以具有以下配置:

$$\begin{bmatrix}1\\0\\0\end{bmatrix},\ \begin{bmatrix}0\\1\\0\end{bmatrix},\ \begin{bmatrix}0\\0\\1\end{bmatrix}. \tag{11.64}$$

对式 (11.63) 中 $\boldsymbol{z}$ 的所有可能配置求和, 相当于查看 $\boldsymbol{z}$ 向量的非零项并有

$$p(\boldsymbol{x}\,|\,\boldsymbol{\theta})=\sum_{\boldsymbol{z}}p(\boldsymbol{x}\,|\,\boldsymbol{\theta},\boldsymbol{z})p(\boldsymbol{z}\,|\,\boldsymbol{\theta}) \tag{11.65a}$$

$$=\sum_{k=1}^{K}p(\boldsymbol{x}\,|\,\boldsymbol{\theta},z_k=1)p(z_k=1\,|\,\boldsymbol{\theta}) \tag{11.65b}$$

这样要求的边缘分布

$$p(\boldsymbol{x}\,|\,\boldsymbol{\theta})\overset{(11.65\text{b})}{=}\sum_{k=1}^{K}p(\boldsymbol{x}\,|\,\boldsymbol{\theta},z_k=1)p(z_k=1|\boldsymbol{\theta}) \tag{11.66a}$$

$$=\sum_{k=1}^{K}\pi_k\mathcal{N}\big(\boldsymbol{x}\,|\,\boldsymbol{\mu}_k,\,\boldsymbol{\Sigma}_k\big), \tag{11.66b}$$

就是式 (11.3) 中的 GMM 模型. 对于给定的数据集 $\mathcal{X}$, 我们立即得到似然

$$p(\mathcal{X}\,|\,\boldsymbol{\theta}) = \prod_{n=1}^{N} p(\boldsymbol{x}_n\,|\,\boldsymbol{\theta}) \overset{(11.66\text{b})}{=} \prod_{n=1}^{N}\sum_{k=1}^{K} \pi_k \mathcal{N}\big(\boldsymbol{x}_n\,|\,\boldsymbol{\mu}_k,\, \boldsymbol{\Sigma}_k\big)\,, \tag{11.67}$$

这正是式 (11.9) 中 GMM 的似然. 因此, 具有隐指示变量 z_k 的隐变量模型是考虑高斯混合模型的等价方法.

11.4.3 后验分布

让我们简要看下隐变量 $\boldsymbol{z}$ 的后验分布. 根据贝叶斯定理, 在已有生成的数据点 $\boldsymbol{x}$ 后, 第 k 个分量的后验概率为

$$p(z_k = 1\,|\,\boldsymbol{x}) = \frac{p(z_k = 1)p(\boldsymbol{x}\,|\,z_k = 1)}{p(\boldsymbol{x})}\,, \tag{11.68}$$

其边缘分布 $p(\boldsymbol{x})$ 由式 (11.66b) 给出. 这产生了第 k 个指示变量 z_k 的后验分布:

$$p(z_k = 1\,|\,\boldsymbol{x}) = \frac{p(z_k = 1)p(\boldsymbol{x}\,|\,z_k = 1)}{\sum_{j=1}^{K} p(z_j = 1)p(\boldsymbol{x}\,|\,z_j = 1)} = \frac{\pi_k \mathcal{N}\big(\boldsymbol{x}\,|\,\boldsymbol{\mu}_k,\, \boldsymbol{\Sigma}_k\big)}{\sum_{j=1}^{K} \pi_j \mathcal{N}\big(\boldsymbol{x}\,|\,\boldsymbol{\mu}_j,\, \boldsymbol{\Sigma}_j\big)}\,, \tag{11.69}$$

也就是数据点 $\boldsymbol{x}$ 的第 k 个混合分量的响应度. 注意, 我们省略了显式地以 GMM 参数 $\pi_k, \boldsymbol{\mu}_k, \boldsymbol{\Sigma}_k$ 为条件, 其中 $k = 1, \cdots, K$.

11.4.4 扩展到完整数据集

到目前为止, 我们仅讨论了数据集仅有单个数据点 $\boldsymbol{x}$ 的情况. 但是, 先验和后验的概念可以直接扩展到 N 个数据点 $\mathcal{X} := \{\boldsymbol{x}_1, \cdots, \boldsymbol{x}_N\}$ 的情况.

在 GMM 的概率解释中, 每个数据点 $\boldsymbol{x}_n$ 都拥有自己的隐变量

$$\boldsymbol{z}_n = [z_{n1}, \cdots, z_{nK}]^\top \in \mathbb{R}^K\,. \tag{11.70}$$

我们之前 (仅考虑单数据点 $\boldsymbol{x}$ 时) 省略的指标 n 现在变得很重要.

我们在所有隐变量 $\boldsymbol{z}_n$ 中共享相同的先验分布 $\boldsymbol{\pi}$. 对应的图模型如图 11.12 所示, 使用了方盘表示法.

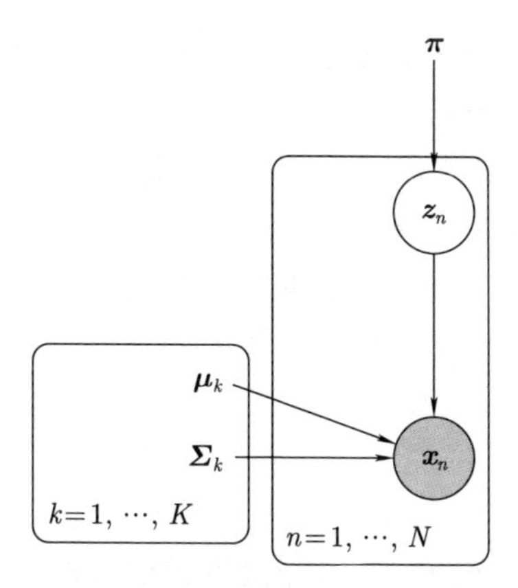

图 11.12 有 N 个数据点的 GMM 的图模型

条件分布 $p(\boldsymbol{x}_1, \cdots, \boldsymbol{x}_N \mid \boldsymbol{z}_1, \cdots, \boldsymbol{z}_N)$ 按数据点进行分解, 表示为

$$p(\boldsymbol{x}_1, \cdots, \boldsymbol{x}_N \mid \boldsymbol{z}_1, \cdots, \boldsymbol{z}_N) = \prod_{n=1}^{N} p(\boldsymbol{x}_n \mid \boldsymbol{z}_n) \,. \tag{11.71}$$

为了得到后验分布 $p(z_{nk} = 1 \mid \boldsymbol{x}_n)$, 我们按照与 11.4.3 节相同的推理方式, 并用贝叶斯定理得到

$$p(z_{nk} = 1 \mid \boldsymbol{x}_n) = \frac{p(\boldsymbol{x}_n \mid z_{nk} = 1) p(z_{nk} = 1)}{\sum_{j=1}^{K} p(\boldsymbol{x}_n \mid z_{nj} = 1) p(z_{nj} = 1)} \tag{11.72a}$$

$$= \frac{\pi_k \mathcal{N}\big(\boldsymbol{x}_n \mid \boldsymbol{\mu}_k, \boldsymbol{\Sigma}_k\big)}{\sum_{j=1}^{K} \pi_j \mathcal{N}\big(\boldsymbol{x}_n \mid \boldsymbol{\mu}_j, \boldsymbol{\Sigma}_j\big)} = r_{nk} \,. \tag{11.72b}$$

这意味着 $p(z_k = 1 \mid \boldsymbol{x}_n)$ 是第 k 个混合成分生成数据点 $\boldsymbol{x}_n$ 的 (后验) 概率, 并且对应于我们在式 (11.17) 中引入的响应度 r_{nk}. 现在, 这些响应度不仅直观, 而且在数学上也可以解释为后验概率.

11.4.5 再探 EM 算法

我们可以以隐变量的角度, 从原理上导出作为计算最大似然估计的迭代方法而引入的 EM 算法. 给定模型参数的当前设置 $\boldsymbol{\theta}^{(t)}$, E 步骤计算对数似然的期望

$$Q(\boldsymbol{\theta} \mid \boldsymbol{\theta}^{(t)}) = \mathbb{E}_{\boldsymbol{z} \mid \boldsymbol{x}, \boldsymbol{\theta}^{(t)}} [\log p(\boldsymbol{x}, \boldsymbol{z} \mid \boldsymbol{\theta})] \tag{11.73a}$$

$$= \int \log p(\boldsymbol{x}, \boldsymbol{z} \mid \boldsymbol{\theta}) p(\boldsymbol{z} \mid \boldsymbol{x}, \boldsymbol{\theta}^{(t)}) \mathrm{d}\boldsymbol{z} \,, \tag{11.73b}$$

其中 $\log p(\boldsymbol{x}, \boldsymbol{z} \mid \boldsymbol{\theta})$ 的期望是相对于隐变量的后验分布 $p(\boldsymbol{z} \mid \boldsymbol{x}, \boldsymbol{\theta}^{(t)})$ 而言的. M 步骤通过最大化式 (11.73b) 来选择一组更新的模型参数 $\boldsymbol{\theta}^{(t+1)}$.

尽管 EM 迭代确实增加了对数似然, 但不能保证 EM 会收敛到最大似然解. EM 算法有可能收敛到对数似然的局部最大值. 可以在多个 EM 中使用不同的初始化参数 $\boldsymbol{\theta}$, 减少以不好的局部最优值结束迭代的风险. 我们在这里不做进一步的详细介绍, 请参考 (Rogers and Girolami, 2016; Bishop, 2006) 的精彩论述.

11.5 延伸阅读

在使用祖先采样 (Bishop, 2006) 可以轻松生成新数据的意义上, 可以将 GMM 视为生成模型. 对于给定的 GMM 参数 $\pi_k, \boldsymbol{\mu}_k, \boldsymbol{\Sigma}_k$, $k = 1, \cdots, K$, 我们从概率向量 $[\pi_1, \cdots, \pi_K]^\top$ 采样指标 k, 然后采样数据点 $\boldsymbol{x} \sim \mathcal{N}(\boldsymbol{\mu}_k, \boldsymbol{\Sigma}_k)$. 如果重复此过程 N 次, 我们将获得由 GMM 生成的数据集. 图 11.1 是使用此过程生成的.

在本章中, 我们假定分量的数目 K 是已知的. 实际上, 通常不是这样的. 但是, 我们可以使用 8.6.1 节中讨论的嵌套交叉验证来找到好的模型.

高斯混合模型与 K-means 聚类算法密切相关. K-means 还使用 EM 算法将数据点分配给簇. 如果我们将 GMM 中的均值视为聚类中心并且忽略协方差 (或将其设置为 $\boldsymbol{I}$), 则得出 K-means. 就像 MacKay (2003) 描述的那样, K-means 对聚类中心 $\boldsymbol{\mu}_k$ 进行数据点的 "硬" 分配, 而 GMM 通过响应度对数据点进行 "软" 分配.

我们仅涉及 GMM 和 EM 算法的隐变量观点. 注意, EM 可以用于一般隐变量模型 (例如, 非线性状态空间模型 (Ghahramani and Roweis, 1999; Roweis and Ghahramani, 1999) 中的参数学习, 也可以用于 Barber (2012) 讨论的强化学习. 因此, GMM 的隐变量视角对从原理上 (Bishop, 2006; Barber, 2012; Murphy, 2012) 推导相应的 EM 算法很有用.

我们仅讨论了通过 (EM 算法) 最大似然估计来找 GMM 参数. 对最大似然估计的一些批评也适用于 EM 算法:

- 与线性回归一样, 最大似然可能会导致严重的过拟合. 在 GMM 中, 当混合分量的均值与数据点相同且协方差趋于 $\boldsymbol{0}$ 时, 就会发生这种情况. 似然会接近无穷大. Bishop (2006) 和 Barber (2012) 详述了此问题.
- 我们仅获得参数 $\pi_k, \boldsymbol{\mu}_k, \boldsymbol{\Sigma}_k (k = 1, \cdots, K)$ 的点估计, 并未给出参数值不确定度的标示. 贝叶斯方法会考虑参数的先验分布, 可用于获得参数的后验分布. 该后验使我们能够计算模型证据 (边缘似然), 证据可用于模型比较, 从而提供确定混合分量数目的原则性方法. 不幸的是, 在这种情况下不能进行闭式推断, 因为该模型没有共轭先验. 但是, 可以使用近似值 (例如变分推断) 来获得近似后验 (Bishop, 2006).

在本章中, 我们讨论了用于密度估计的混合模型. 有很多可用的密度估计技术. 实际上, 我们经常使用直方图和核密度估计.

直方图提供了一种非参数方式来表示连续密度, 是由 Pearson (1895) 提出的. 直方图是通过对数据空间和计数 "装箱" 来构建的, 即确定每个箱中有多少数据点. 然后, 在每个箱的中心画一长条, 并且条的高度与该箱内数据点的数量成比例. 箱的大小是一个关键的超参数, 选择不当会导致过拟合或欠拟合. 如 8.2.4 节中所述, 交叉验证可用于确定好的箱的大小.

核密度估计是由 Rosenblatt (1956) 和 Parzen (1962) 各自独立提出的非参数密度估计方法. 给定 N 个 i.i.d. 样本, 核密度估计的总体分布表示为

$$p(\boldsymbol{x})=\frac{1}{Nh}\sum_{n=1}^{N}k\left(\frac{\boldsymbol{x}-\boldsymbol{x}_n}{h}\right), \tag{11.74}$$

其中 k 是核函数, 是积分值为 1 的非负函数, $h>0$ 是平滑参数 (又称带宽参数), 其作用与直方图估计中箱的大小相似. 注意, 我们对数据集中的每个数据点 $\boldsymbol{x}_n$ 都用了同一个核函数. 常用的核函数有均匀分布和高斯分布. 核密度估计与直方图估计密切相关, 通过选择合适的核函数, 我们可以保证密度估计的平滑性. 对给定的 250 个数据点的数据集, 图 11.13 说明了直方图估计和核密度估计 (使用高斯核) 之间的差异.

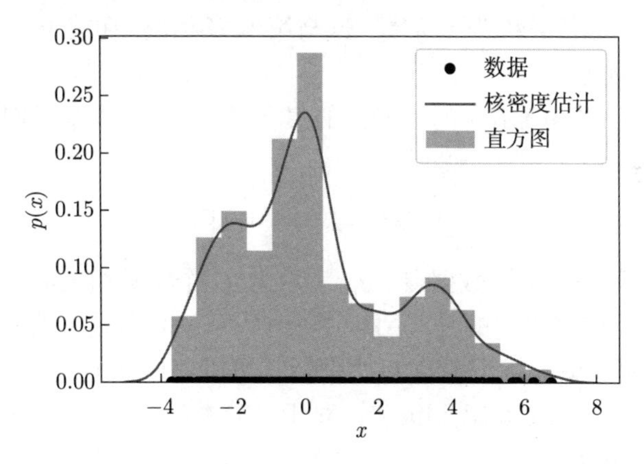

图 11.13　直方图 (灰条) 和核密度估计 (黑线). 核密度估计产生对潜在密度的平滑估计, 而直方图则是一个不平滑的计数测度, 计算有多少个数据点 (黑色) 落入同一个箱中

CHAPTER12

第 12 章

用支持向量机进行分类

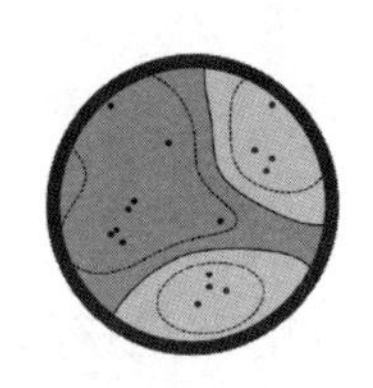

在很多情况下，我们希望我们的机器学习算法能够预测一些 (离散的) 输出值中的一个. 例如，一个电子邮件客户端将邮件分为个人邮件和垃圾邮件，这有两种结果. 另一个例子是望远镜，它可以识别夜空中的物体是星系、恒星还是行星. 通常有少量的结果，更重要的是这些结果上通常没有额外的结构㊀. 在本章中，我们考虑输出为二值的预测器，即只有两种可能的结果. 该机器学习任务称为*二分类*. 这与第 9 章相反，在第 9 章中，我们考虑的是具有连续值输出的预测问题.

对于二分类，标签 (或者输出) 的可能值的集合是二元的，本章我们用 $\{+1,-1\}$ 表示它们. 换言之，我们考虑以下形式的预测器:

$$f:\mathbb{R}^D\to\{+1,-1\}\,. \tag{12.1}$$

回顾第 8 章，我们将每个示例㊁ (数据点) $\boldsymbol{x}_n$ 表示为 D 个实数组成的特征向量. 类标签通常分别称为正类和负类. 应该小心的是，不能主观地认为 $+1$ 类是正面积极的. 例如，在癌症检测任务中，经常将癌症患者标记为 $+1$. 原则上，可以使用任何两个不同的值表示两个类，例如 $\{\text{True},\text{False}\}$、$\{0,1\}$ 或 $\{\text{red},\text{blue}\}$㊂. 对于二分类问题，已有很好的研究，我们对其他方法的介绍推延到 12.6 节.

我们展示一种称为支持向量机 (SVM) 的方法，该方法解决了二分类任务. 与回归一样，这是监督学习任务，其中有一组示例 $\boldsymbol{x}_n\in\mathbb{R}^D$ 及其对应的 (二元) 标签 $y_n\in\{+1,-1\}$. 给定一个包含示例–标签对 $\{(\boldsymbol{x}_1,y_1),\cdots,(\boldsymbol{x}_N,y_N)\}$ 的训练数据集，我们想估计出分类误差最小的模型参数. 与第 9 章类似，我们考虑了线性模型，并在示例 (9.13) 中用变换 ϕ 隐藏了非线性. 我们将在 12.4 节中回顾 ϕ.

㊀ 一个有结构的例子，如结果是有序的，就像小 T 恤、中 T 恤、大 T 恤的情况.

㊁ 输入示例 $\boldsymbol{x}_n$ 也可以称为输入、数据点、特征或实例.

㊂ 对于概率模型，使用 $\{0,1\}$ 作为两个类别的表示在数学上很方便. 见例 6.12 之后的注记.

SVM 在许多应用中提供了最先进的结果, 并且具有可靠的理论保证 (Steinwart and Christmann, 2008). 我们选择使用 SVM 进行二分类的主要原因有两个. 首先, SVM 允许以几何方式思考有监督的机器学习. 虽然在第 9 章中我们从概率模型的角度考虑了机器学习问题, 并使用最大似然估计和贝叶斯推断对机器学习问题进行处理, 但在此我们将考虑另一种方法, 在该方法中我们对机器学习任务进行几何式的推理. 在很大程度上, 它依赖于我们在第 3 章中讨论过的概念, 例如, 内积和投影. 我们认为 SVM 具有指导意义的第二个理由是, 与第 9 章相反, SVM 的优化问题没有解析解, 因此我们需要运用第 7 章介绍的各种优化工具.

机器学习中 SVM 与第 9 章的最大似然的想法稍有不同. 最大似然基于数据分布的概率的想法提出了一个模型, 从中得出优化问题. 相反, SVM 的想法基于几何上的直观, 设计要在训练过程中优化的特殊函数. 我们已经在第 10 章中看到了类似的内容, 在该章中我们从几何原理推导了 PCA. 在支持向量机中, 我们设计损失函数, 该函数应遵循经验风险最小化原则 (8.2 节), 在训练数据上将其最小化.

让我们导出与在示例–标签对上训练 SVM 相对应的优化问题. 直观地, 我们想象二分类数据是可以用超平面将其分开的, 如图 12.1 所示. 这里, 每个示例 $\boldsymbol{x}_n$ (维度为 2 的向量) 都是二维坐标 ($x_n^{(1)}$ 和 $x_n^{(2)}$), 相应的二分类标签 y_n 是两个不同符号 (灰色十字或黑色圆盘) 中的一个. “超平面”是机器学习中常用的一个词, 我们在 2.8 节遇到过超平面. 超平面是维数为 $D-1$ 的仿射子空间 (如果相应的向量空间的维数为 D). 这些示例由两类 (有两个可能的标签) 组成, 这些类的特征 (表示示例的向量的各项) 的排列方式使我们能够画一条直线分离 (或分类) 它们.

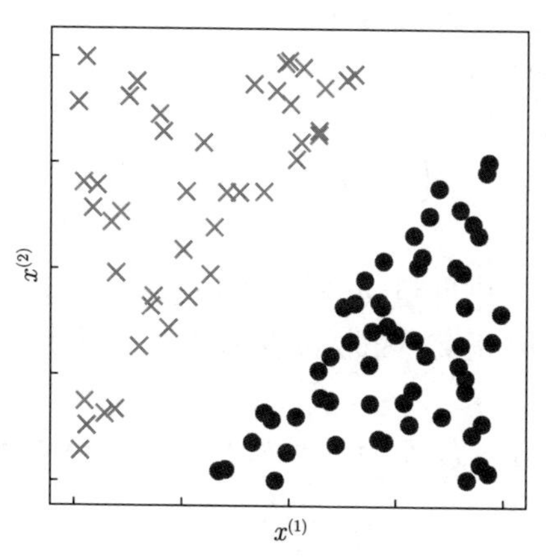

图 12.1 二维数据示图, 在这里我们可以直观地找一个线性分类器, 将灰色十字从黑色圆盘中分离出来

接下来, 我们将形式化找到两个类的线性分类器的设想. 我们引入间隔的概念, 然后对

线性分类器进行扩展, 以允许示例落在“错误”的一边, 允许有分类错误. 我们将介绍两种等价的方法来形式化 SVM: 从几何的角度 (12.2.4 节) 以及从损失函数的角度 (12.2.5 节). 我们使用拉格朗日乘子法 (7.2 节) 得出 SVM 的对偶形式. 对偶形式的 SVM 使我们能够看到形式化 SVM 的第三种方式: 依据每个类的示例的凸包 (12.3.2 节). 最后, 我们还将简要地描述核函数以及如何用数值方法解决非线性核 SVM 的优化问题.

12.1　分离超平面

给定两个表示为向量 $\boldsymbol{x}_i$ 和 $\boldsymbol{x}_j$ 的示例, 计算它们之间相似度的一种方法是使用内积 $\langle \boldsymbol{x}_i, \boldsymbol{x}_j \rangle$. 回顾 3.2 节, 内积与两个向量之间的夹角密切相关. 两个向量之间内积的值取决于每个向量的长度 (范数). 此外, 内积使我们可以严格地定义几何概念, 如正交性和投影.

许多分类算法背后的主要思想是在 $\mathbb{R}^D$ 中表示数据, 然后对该空间进行划分, 理想情况下, 具有相同标签的示例应在同一分区中 (并且该分区没有其他标签的示例). 在二分类的情况下, 该空间将分为对应于正类和负类的两个分区. 我们考虑一个特别简单的划分, 即使用超平面将空间 (线性地) 分成两半. 假设示例 $\boldsymbol{x} \in \mathbb{R}^D$ 是数据空间的元素. 考虑一个函数

$$f: \mathbb{R}^D \to \mathbb{R} \tag{12.2a}$$

$$\boldsymbol{x} \mapsto f(\boldsymbol{x}) := \langle \boldsymbol{w}, \boldsymbol{x} \rangle + b\,, \tag{12.2b}$$

以 $\boldsymbol{w} \in \mathbb{R}^D$ 和 $b \in \mathbb{R}$ 为参数. 回顾 2.8 节, 超平面是仿射子空间. 因此, 我们定义二分类问题中将两个类别分开的超平面为

$$\left\{\boldsymbol{x} \in \mathbb{R}^D : f(\boldsymbol{x}) = 0\right\}\,. \tag{12.3}$$

超平面如图 12.2 所示, 其中向量 $\boldsymbol{w}$ 垂直于超平面, 而 b 是截距. 超平面上的任意两个示例 $\boldsymbol{x}_a$ 与 $\boldsymbol{x}_b$ 间的向量与 $\boldsymbol{w}$ 正交, 因此 $\boldsymbol{w}$ 是式 (12.3) 中超平面的法向量. 有

$$f(\boldsymbol{x}_a) - f(\boldsymbol{x}_b) = \langle \boldsymbol{w}, \boldsymbol{x}_a \rangle + b - (\langle \boldsymbol{w}, \boldsymbol{x}_b \rangle + b) \tag{12.4a}$$

$$= \langle \boldsymbol{w}, \boldsymbol{x}_a - \boldsymbol{x}_b \rangle\,, \tag{12.4b}$$

其中第二行是通过内积的线性性得到的 (3.2 节). 由于我们是在超平面上选择的 $\boldsymbol{x}_a$ 和 $\boldsymbol{x}_b$, 意味着 $f(\boldsymbol{x}_a) = 0$, $f(\boldsymbol{x}_b) = 0$ 以及 $\langle \boldsymbol{w}, \boldsymbol{x}_a - \boldsymbol{x}_b \rangle = 0$. 当两个向量的内积为零时, 它们是正交的. 因此, 我们有 $\boldsymbol{w}$ 正交于超平面上的任何向量.

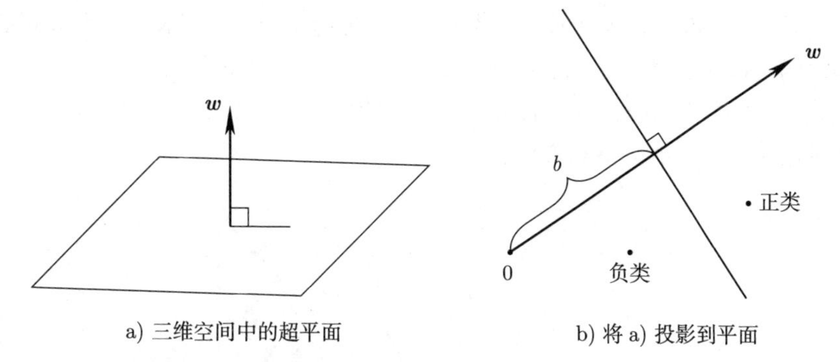

图 12.2 分离超平面方程 (12.3). a) 三维空间中的标准表示. b) 只看超平面的边缘以简化图示

评注 回想一下第 2 章, 我们可以用不同的方式思考向量. 在本章中, 我们将参数向量 $\boldsymbol{w}$ 视为指示方向的箭头, 即将 $\boldsymbol{w}$ 视为几何向量. 我们的另一种思考方式是将示例向量 $\boldsymbol{x}$ 视为一个数据点 (由其坐标表示), 即认为 $\boldsymbol{x}$ 是在标准基下的向量坐标.

当给出一个测试示例时, 我们会根据示例在超平面的哪侧将示例分为正例或负例. 注意, 式 (12.3) 不仅定义了一个超平面, 它还附加地定义了一个方向. 换言之, 它定义了超平面的正侧和负侧. 因此, 我们计算函数 $f(\boldsymbol{x}_{\text{test}})$ 的值以对测试示例 $\boldsymbol{x}_{\text{test}}$ 分类, 如果 $f(\boldsymbol{x}_{\text{test}}) \geqslant 0$, 则将示例分类为 +1; 否则, 将其分类为 −1. 从几何角度看, 正例位于超平面的"上方", 负例位于超平面的"下方".

在训练分类器时, 我们要让有正标签的示例位于超平面的正侧, 即当 $y_n = +1$ 时,

$$\langle \boldsymbol{w}, \boldsymbol{x}_n \rangle + b \geqslant 0 \tag{12.5}$$

并让有负标签的示例位于超平面的负侧, 即当 $y_n = -1$ 时,

$$\langle \boldsymbol{w}, \boldsymbol{x}_n \rangle + b < 0 \tag{12.6}$$

正例和负例的几何图示参见图 12.2 . 这两个条件可以用一个方程表示:

$$y_n(\langle \boldsymbol{w}, \boldsymbol{x}_n \rangle + b) \geqslant 0\,. \tag{12.7}$$

我们将式 (12.5) 和式 (12.6) 的两边各自分别乘以 $y_n = 1$ 和 $y_n = -1$, 可以看出, 式 (12.7) 等价于式 (12.5) 和式 (12.6).

12.2 原始支持向量机

有了点到超平面的距离的概念, 我们就可以讨论支持向量机了. 对于线性可分的数据集 $\{(\boldsymbol{x}_1, y_1), \cdots, (\boldsymbol{x}_N, y_N)\}$, 我们拥有无限多个候选超平面 (见图 12.3), 这些分类器可以解决

我们的分类问题, 并且没有任何 (训练) 错误. 为了找到一个唯一的解, 一个设想是选择能使正例和负例之间的间隔最大的分离超平面. 换言之, 我们希望正例和负例之间要有很大的间隔 (12.2.1 节)[⊖]. 下面我们将计算一个示例点. 回想一下, 通过正交投影 (3.8 节) 可以得到超平面上最靠近给定点 (示例 $\boldsymbol{x}_n$) 的点.

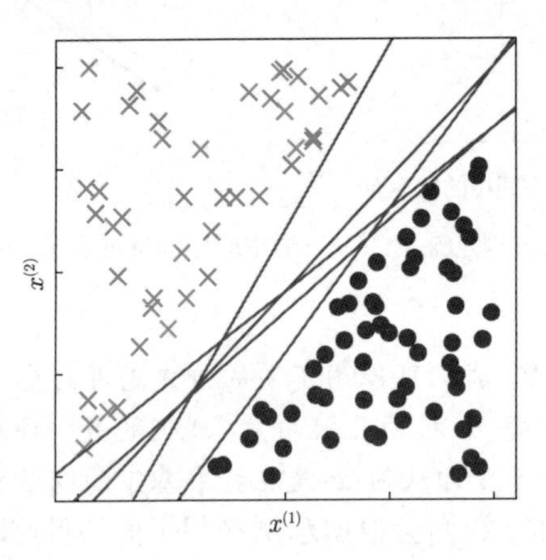

图 12.3 可能分离的超平面. 有很多线性分类器 (深灰色线) 可以将浅灰色十字和黑色圆盘分开

12.2.1 间隔的概念

间隔的概念直观上很简单: 假设数据集是线性可分的, 它是分离超平面到数据集中最近的示例的距离[⊜]. 但是, 当试图确定该距离时, 可能会有些技术难题. 技术难题是我们需要定义一个度量距离的标度. 一个可能的标度是考虑数据的标度, 即 $\boldsymbol{x}_n$ 的原始值. 这是有一定问题的, 因为我们可以通过改变 $\boldsymbol{x}_n$ 的度量单位来改变 $\boldsymbol{x}_n$ 中的值, 从而改变示例到超平面的距离. 稍后我们将看到, 我们根据超平面 (12.3) 本身的方程定义标度.

考虑超平面 $\langle\boldsymbol{w},\boldsymbol{x}\rangle+b$ 和示例 $\boldsymbol{x}_a$, 如图 12.4 所示. 不失一般性, 我们可以认为示例 $\boldsymbol{x}_a$ 位于超平面的正侧, 即 $\langle\boldsymbol{w},\boldsymbol{x}_a\rangle+b>0$. 我们想计算 $\boldsymbol{x}_a$ 与超平面的距离 $r>0$. 为此, 我们考虑 $\boldsymbol{x}_a$ 在超平面上的正交投影 (3.8 节), 记为 $\boldsymbol{x}_a'$. 由于 $\boldsymbol{w}$ 与超平面正交, 因此我们知道距离 r 只是向量 $\boldsymbol{w}$ 的放缩系数. 如果 $\boldsymbol{w}$ 的长度已知, 那么我们可以使用此缩放因子 r 计算出 $\boldsymbol{x}_a$ 和 $\boldsymbol{x}_a'$ 之间的绝对距离. 为方便起见, 我们使用单位长度 (范数为 1) 的向量将 $\boldsymbol{w}$ 除以其范数 $\left(\dfrac{\boldsymbol{w}}{\|\boldsymbol{w}\|}\right)$ 得到该单位向量. 利用向量加法 (2.4 节), 有

$$\boldsymbol{x}_a=\boldsymbol{x}_a'+r\frac{\boldsymbol{w}}{\|\boldsymbol{w}\|}\,. \tag{12.8}$$

⊖ 结果表明, 具有较大间隔的分类器可以很好地进行泛化 (Steinwart and Christmann, 2008).

⊜ 可能同时有两个或更多的数据集示例到超平面最近.

关于 r 的另一种思考方式是, 它是在由 $\boldsymbol{w}/\|\boldsymbol{w}\|$ 张成的子空间中 $\boldsymbol{x}_a$ 的坐标. 现在, 我们将 $\boldsymbol{x}_a$ 与超平面的距离记为 r, 如果我们选择 $\boldsymbol{x}_a$ 作为最靠近超平面的点, 这个距离 r 就是间隔.

回想一下, 我们希望正例离超平面距离比 r 大, 而负例距离超平面距离 (沿负方向) 也比 r 大. 类似于将式 (12.5) 和式 (12.6) 合并为式 (12.7), 我们将该目标写为

$$y_n(\langle \boldsymbol{w}, \boldsymbol{x}_n\rangle + b) \geqslant r\,. \tag{12.9}$$

换言之, 我们将示例与超平面 (正方向和负方向) 相距至少 r 的约束条件合并为一个不等式.

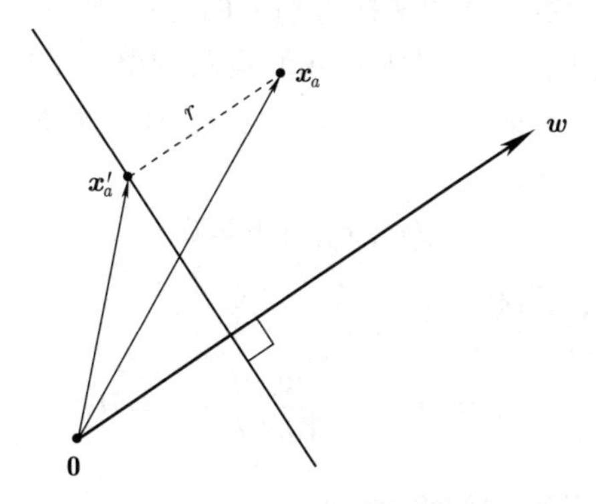

图 12.4 向量加上表示到超平面的距离: $\boldsymbol{x}_a = \boldsymbol{x}'_a + r\dfrac{\boldsymbol{w}}{\|\boldsymbol{w}\|}$

我们仅对方向感兴趣, 因此在模型中添加了一个假设, 参数向量 $\boldsymbol{w}$ 具有单位长度, 即 $\|\boldsymbol{w}\| = 1$, 这里我们使用欧几里得范数 $\|\boldsymbol{w}\| = \sqrt{\boldsymbol{w}^\top \boldsymbol{w}}$ (3.1 节)[㊀]. 该假设还允许对式 (12.8) 中的距离 r 进行更直观的解释, 因为它是长度为 1 的向量的缩放因子.

评注 熟悉其他介绍间隔的文献的读者可能会注意到, 我们对 $\|\boldsymbol{w}\| = 1$ 的定义与其他文献 (如 (Schölkopf and Smola, 2002)) 对 SVM 的经典展示有所不同. 在 12.2.3 节中, 我们将说明两种方法是等价的.

将三个要求统一到一个约束优化问题中, 我们得到优化目标

$$\begin{aligned} &\max_{\boldsymbol{w},b,r} \quad \underbrace{r}_{\text{间隔}} \\ &\text{s.t.} \quad \underbrace{y_n(\langle \boldsymbol{w}, \boldsymbol{x}_n\rangle + b) \geqslant r}_{\text{数据拟合}}, \underbrace{\|\boldsymbol{w}\| = 1}_{\text{归一化}}, \quad r > 0\,, \end{aligned} \tag{12.10}$$

也就是说, 我们要在确保数据正确地位于超平面的某一侧的同时, 最大化间隔 r.

评注 间隔的概念在机器学习中非常普遍. Vladimir Vapnik 和 Alexey Chervonenkis 使用它来表明, 当间隔很大时, 函数类的"复杂性"很低, 因此是可学习的 (vapnik, 2000).

㊀ 在 12.4 节中, 我们将会看到使用其他内积 (3.2 节) 的情形.

事实证明, 该概念对于从理论上分析各种不同方法的泛化误差 (Steinwart and Christmann, 2008; Shalev-Shwartz and Ben-David, 2014) 都是有用的.

12.2.2 间隔的传统推导

在上一节中, 由于我们只对 $\boldsymbol{w}$ 的方向感兴趣, 而对它的长度不感兴趣, 因而假设 $\|\boldsymbol{w}\|=1$. 在本节中, 我们以不同的假设来推导间隔最大化问题. 我们没有选择归一化的参数向量, 而是选择了对数据进行缩放. 我们选择的缩放系数使最接近的示例的预测函数 $\langle\boldsymbol{w},\boldsymbol{x}\rangle+b$ 的值为 1. 我们仍用 $\boldsymbol{x}_a$ 表示数据集中最接近超平面的示例[㊀].

图 12.5 与图 12.4 是相同的, 只是现在我们重新调整了坐标轴的比例, 这样示例 $\boldsymbol{x}_a$ 就恰好位于间隔上, 即 $\langle\boldsymbol{w},\boldsymbol{x}_a\rangle+b=1$. 因为 $\boldsymbol{x}_a'$ 是 $\boldsymbol{x}_a$ 在超平面上的正交投影, 根据定义, 它一定位于超平面上, 即

$$\langle\boldsymbol{w},\boldsymbol{x}_a'\rangle+b=0\,. \tag{12.11}$$

将式 (12.8) 代入式 (12.11), 得到

$$\left\langle\boldsymbol{w},\boldsymbol{x}_a-r\frac{\boldsymbol{w}}{\|\boldsymbol{w}\|}\right\rangle+b=0\,. \tag{12.12}$$

利用内积的双线性 (见 3.2 节), 我们得到

$$\langle\boldsymbol{w},\boldsymbol{x}_a\rangle+b-r\frac{\langle\boldsymbol{w},\boldsymbol{w}\rangle}{\|\boldsymbol{w}\|}=0\,. \tag{12.13}$$

根据我们对标度的假设, $\langle\boldsymbol{w},\boldsymbol{x}_a\rangle+b=1$, 因此第一项是 1. 从 3.1 节的式 (3.16), 我们知道 $\langle\boldsymbol{w},\boldsymbol{w}\rangle=\|\boldsymbol{w}\|^2$. 因此, 第二项化简为 $r\|\boldsymbol{w}\|$. 利用这些化简, 有

$$r=\frac{1}{\|\boldsymbol{w}\|}\,. \tag{12.14}$$

这意味着我们用超平面的法向量 $\boldsymbol{w}$ 推导出了距离 r[㊁]. 乍一看, 这个方程是违反直觉的, 因为我们似乎用向量 $\boldsymbol{w}$ 的长度推导出了到超平面的距离, 但我们还不知道这个向量. 考虑这个问题的一种方法是将距离 r 看作一个临时变量, 我们只在这个推导中使用它. 因此, 在本节的其余部分, 我们将用 $\dfrac{1}{\|\boldsymbol{w}\|}$ 表示到超平面的距离. 在 12.2.3 节中, 我们将看到令间隔为 1 等价于我们之前在 12.2.1 节中假设 $\|\boldsymbol{w}\|=1$.

与获得式 (12.9) 的参数类似, 我们希望正例和负例与超平面的距离至少为 1, 也就是

$$y_n(\langle\boldsymbol{w},\boldsymbol{x}_n\rangle+b)\geqslant 1\,. \tag{12.15}$$

㊀ 我们目前考虑的是线性可分数据.

㊁ 我们也可以把距离看作将 $\boldsymbol{x}_a$ 投影到超平面上时产生的投影误差.

综合考虑间隔最大化以及示例要正确地位于超平面的某一侧 (根据其标签), 有

$$\max_{\boldsymbol{w},b} \quad \frac{1}{\|\boldsymbol{w}\|} \tag{12.16}$$

$$\text{s.t. } y_n(\langle \boldsymbol{w}, \boldsymbol{x}_n \rangle + b) \geqslant 1, \quad n = 1, \cdots, N. \tag{12.17}$$

在式 (12.16) 中, 我们经常用最小化范数的平方替代最大化范数的倒数[㊀]. 一般, 我们还包含一个常数 $\frac{1}{2}$, 它不影响 $\boldsymbol{w}, b$ 的最优点, 但在计算梯度时会更简洁. 这样, 我们的优化目标为

$$\min_{\boldsymbol{w},b} \quad \frac{1}{2}\|\boldsymbol{w}\|^2 \tag{12.18}$$

$$\text{s.t. } y_n(\langle \boldsymbol{w}, \boldsymbol{x}_n \rangle + b) \geqslant 1 \quad \text{对所有} n = 1, \cdots, N\,. \tag{12.19}$$

式 (12.18) 被称为*硬间隔* SVM. 称之为 "硬" 的原因是这个公式不允许出现样本进入间隔内的情形. 我们将在 12.2.4 节中看到, 如果数据不是线性可分的, 可以放松这个 "硬" 条件, 以允许一些示例违反有关间隔的规定.

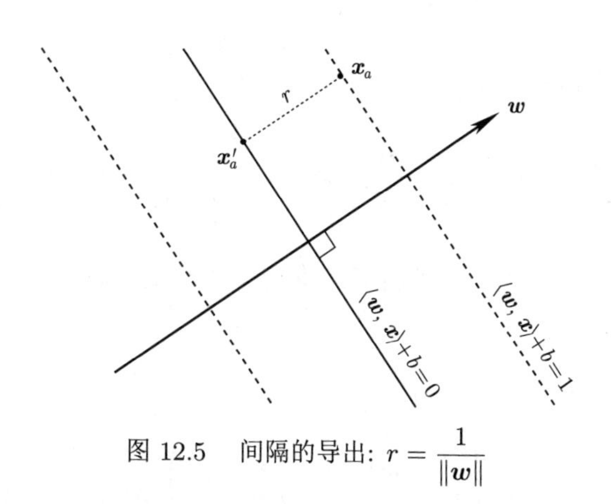

图 12.5 间隔的导出: $r = \frac{1}{\|\boldsymbol{w}\|}$

12.2.3 为什么可以设定间隔的长度为 1

在 12.2.1 节中, 我们认为要最大化值 r, 该值表示最接近的示例与超平面的距离. 在 12.2.2 节中, 我们缩放了数据, 以使最接近的示例到超平面的距离为 1. 在本节中, 我们分析两种推导方式的关系, 证明它们是等价的.

定理 12.1 对归一化的权重最大化间隔 r, 即式 (12.10),

㊀ 支持向量机中优化范数的平方是凸二次规划问题 (12.5 节).

$$\begin{aligned} \max_{\boldsymbol{w},b,r} \quad & \underbrace{r}_{\text{间隔}} \\ \text{s.t.} \quad & \underbrace{y_n(\langle \boldsymbol{w}, \boldsymbol{x}_n \rangle + b) \geqslant r}_{\text{数据拟合}}, \quad \underbrace{\|\boldsymbol{w}\| = 1}_{\text{归一化}}, \quad r > 0, \end{aligned} \tag{12.20}$$

等价于通过缩放数据以使间隔为 1:

$$\begin{aligned} \min_{\boldsymbol{w},b} \quad & \underbrace{\frac{1}{2}\|\boldsymbol{w}\|^2}_{\text{间隔}} \\ \text{s.t.} \quad & \underbrace{y_n(\langle \boldsymbol{w}, \boldsymbol{x}_n \rangle + b) \geqslant 1}_{\text{数据拟合}}. \end{aligned} \tag{12.21}$$

证明 考虑式 (12.20). 由于平方是非负参数的严格单调变换, 因此如果我们在目标函数中考虑 r^2, 则最大值保持不变. 由于 $\|\boldsymbol{w}\| = 1$, 我们可以使用新的权重向量 $\boldsymbol{w}'$ 作为等式的参数, 而该权重向量 $\boldsymbol{w}'$ 并未用 $\dfrac{\boldsymbol{w}'}{\|\boldsymbol{w}'\|}$ 进行归一化. 我们有

$$\begin{aligned} \max_{\boldsymbol{w}',b,r} \quad & r^2 \\ \text{s.t.} \quad & y_n\left(\left\langle \frac{\boldsymbol{w}'}{\|\boldsymbol{w}'\|}, \boldsymbol{x}_n \right\rangle + b\right) \geqslant r, \quad r > 0. \end{aligned} \tag{12.22}$$

式 (12.22) 指出距离 r 为正. 因此, 我们可以将第一个约束除以 r[㊀], 得到

$$\begin{aligned} \max_{\boldsymbol{w}',b,r} \quad & r^2 \\ \text{s.t.} \quad & y_n\left(\left\langle \underbrace{\frac{\boldsymbol{w}'}{\|\boldsymbol{w}'\|\, r}}_{\boldsymbol{w}''}, \boldsymbol{x}_n \right\rangle + \underbrace{\frac{b}{r}}_{b''}\right) \geqslant 1, \quad r > 0 \end{aligned} \tag{12.23}$$

将参数重命名为 $\boldsymbol{w}''$ 和 b''. 由 $\boldsymbol{w}'' = \dfrac{\boldsymbol{w}'}{\|\boldsymbol{w}'\|\, r}$, 重新整理成关于 r 的等式, 有

$$\|\boldsymbol{w}''\| = \left\| \frac{\boldsymbol{w}'}{\|\boldsymbol{w}'\|\, r} \right\| = \frac{1}{r} \cdot \left\| \frac{\boldsymbol{w}'}{\|\boldsymbol{w}'\|} \right\| = \frac{1}{r}. \tag{12.24}$$

㊀ 请注意, $r > 0$ 是因为我们假定了线性可分性, 因此除以 r 是没问题的.

将其代入式 (12.23), 有

$$\begin{aligned} \max_{\boldsymbol{w}'', b''} \quad & \frac{1}{\|\boldsymbol{w}''\|^2} \\ \text{s.t.} \quad & y_n\left(\langle \boldsymbol{w}'', \boldsymbol{x}_n \rangle + b''\right) \geqslant 1\,. \end{aligned} \tag{12.25}$$

最后, 观察到最大化 $\frac{1}{\|\boldsymbol{w}''\|^2}$ 和最小化 $\frac{1}{2}\|\boldsymbol{w}''\|^2$ 有相同的解, 这就证明了定理 12.1. □

12.2.4 软间隔 SVM: 几何观点

在数据不是线性可分的情况下, 我们会希望允许某些示例落在间隔区域内, 甚至如图 12.6 所示, 允许其错误地位于超平面的某一侧.

允许一些分类错误的模型称为软间隔 SVM. 在本节中, 我们将使用几何方式论证并推出最终的优化问题. 在 12.2.5 节中, 我们将使用损失函数的思想来推导出等价的优化问题. 使用拉格朗日乘子 (7.2 节), 我们将在 12.3 节中推导 SVM 的对偶优化问题. 这个对偶优化问题使我们能够看到 SVM 的第三种解释: 一个可以将与正负数据示例相对应的凸包一分为二作为超平面 (12.3.2 节).

几何想法的关键是引入一个松弛变量 ξ_n, 使其对应于每个示例–标签对 $(\boldsymbol{x}_n, y_n)$, 以允许一个特定的示例位于超平面的间隔内, 甚至位于超平面的错误一侧 (见图 12.7). 我们从间隔中减去 ξ_n, 并以 ξ_n 为非负约束. 为了引导对样本进行正确的分类, 我们在目标函数中添加 ξ_n:

$$\min_{\boldsymbol{w}, b, \boldsymbol{\xi}} \quad \frac{1}{2}\|\boldsymbol{w}\|^2 + C\sum_{n=1}^{N}\xi_n \tag{12.26a}$$

$$\text{subject to} \quad y_n(\langle \boldsymbol{w}, \boldsymbol{x}_n \rangle + b) \geqslant 1 - \xi_n \tag{12.26b}$$

$$\xi_n \geqslant 0 \tag{12.26c}$$

其中 $n = 1, \cdots, N$. 与硬间隔 SVM 的优化问题 (12.18) 相比, 此问题称为软间隔 SVM. 参数 $C > 0$ 在间隔的大小和总的松弛量之间进行折中. 该参数称为正则化参数, 如之后章节会看到的, 目标函数 (12.26a) 中的间隔项是一个正则化项. 间隔项 $\|\boldsymbol{w}\|^2$ 也称为正则项, 在许多关于数值优化的书中, 正则化参数都与该项相乘 (8.2.3 节). 这与我们在本节中的表述相反. 这里较大的 C 值表示正则化程度较低, 是给松弛变量赋予较大的权重, 因此首先优化那些不位于间隔的正确侧的示例[⊖].

⊖ 这个正则化项有可选的参数, 这就是式 (12.26a) 也通常被称为 C -SVM 的原因.

评注 在软间隔 SVM 的公式中, 式 (12.26a) 的 $\boldsymbol{w}$ 被正则化, 而 b 未被正则化. 因为正则化项不包含 b. 未正则化的项 b 使理论分析更复杂 (Steinwart and Christmann, 2008, chater 1) 并降低了计算效率 (Fan et al., 2008).

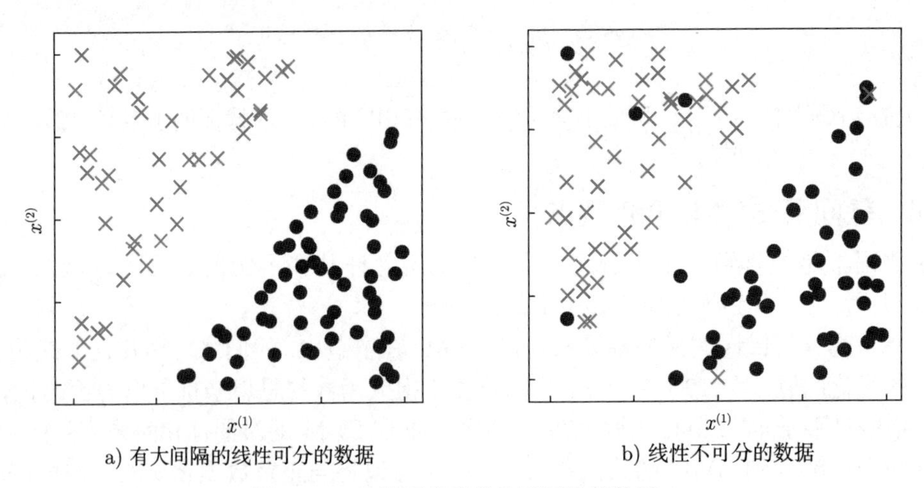

a) 有大间隔的线性可分的数据 b) 线性不可分的数据

图 12.6 线性可分和线性不可分的数据

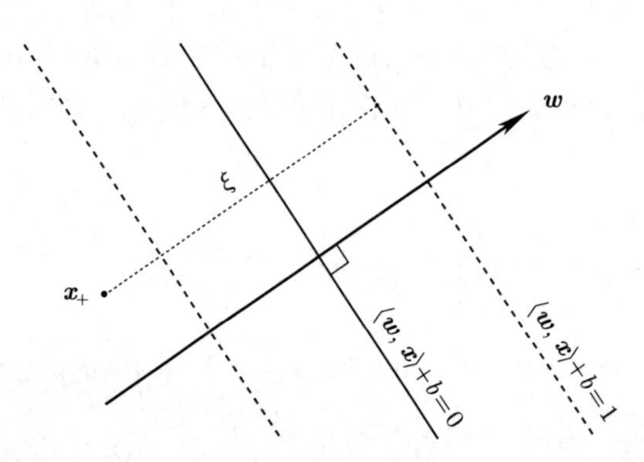

图 12.7 软间隔 SVM 允许示例在间隔内或在超平面的错误侧. 松弛变量 ξ 度量当 $\boldsymbol{x}_+$ 位于错误侧时正例 $\boldsymbol{x}_+$ 到正间隔超平面 $\langle\boldsymbol{w},\boldsymbol{x}\rangle+b=1$ 的距离

12.2.5 软间隔 SVM: 损失函数观点

我们根据经验风险最小化原理 (8.2 节) 考虑另一种推导 SVM 的方法. 对于 SVM, 我们选择超平面作为假设类, 即

$$f(\boldsymbol{x})=\langle\boldsymbol{w},\boldsymbol{x}\rangle+b. \tag{12.27}$$

本节我们将看到间隔对应着正则项. 剩下的问题是, 损失函数是什么? 与我们在第 9 章中考虑的回归问题 (预测器的输出是实数) 相反, 我们在本章中考虑的是二分类问题 (预测变量

的输出是两个标签 $\{+1, -1\}$ 之一). 因此, 每个示例–标签对的错误 (或损失) 函数需要适用于二分类问题. 例如, 用于回归 (9.10b) 的平方损失就不适用二分类.

评注 二分类标签间的理想损失函数是计算预测和标签之间不匹配的数目. 这意味着对示例 $\boldsymbol{x}_n$ 用预测器 f 得到输出 $f(\boldsymbol{x}_n)$, 将其与标签 y_n 进行比较. 如果它们匹配, 我们将损失定义为 0, 如果不匹配, 则损失定义为 1. 将其记为 $\mathbf{1}(f(\boldsymbol{x}_n) \neq y_n)$, 称为 0-1 损失. 很可惜, 0-1 损失会导出寻找最佳参数 $\boldsymbol{w}, b$ 的组合优化问题. 而组合优化问题 (与第 7 章中讨论的连续优化问题相反) 通常更难解决.

适合 SVM 的损失函数是什么? 考虑预测器 $f(\boldsymbol{x}_n)$ 的输出和标签 y_n 间的误差. 损失描述了训练数据上的错误. 使用合页损失可以等价地推导出式 (12.26a)

$$\ell(t) = \max\{0, 1-t\}, \text{其中 } t = yf(\boldsymbol{x}) = y(\langle \boldsymbol{w}, \boldsymbol{x} \rangle + b)\,. \tag{12.28}$$

如果 $f(\boldsymbol{x})$ 位于超平面的正确侧 (根据其标签 y), 并且距离大于 1, 那么 $t \geqslant 1$ 并且合页损失为零. 如果 $f(\boldsymbol{x})$ 在正确侧但太靠近超平面 $(0 < t < 1)$, 则示例 $\boldsymbol{x}$ 在间隔之内, 并且合页损失为一正值. 当示例位于超平面的错误侧 $(t < 0)$ 时, 合页损失将为一个更大的值, 该值线性增加. 换言之, 即使预测是正确的, 一旦示例进入了超平面的间隔区域, 我们也会增大损失. 合页损失的另一种表示方式是将其视为两个线性分段

$$\ell(t) = \begin{cases} 0 & t \geqslant 1 \\ 1-t & t < 1 \end{cases}, \tag{12.29}$$

如图 12.8 所示. 硬间隔支持向量机 12.18 对应的损失定义为

$$\ell(t) = \begin{cases} 0 & t \geqslant 1 \\ \infty & t < 1 \end{cases}. \tag{12.30}$$

这种损失可以解释为禁止间隔内出现任何示例.

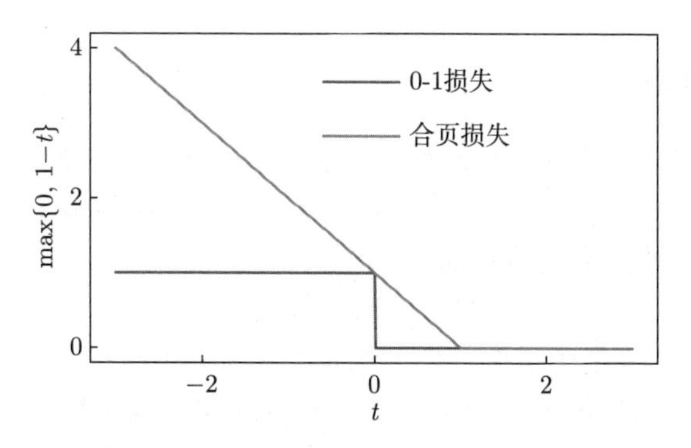

图 12.8 合页损失是 0-1 损失的凸上界

对于给定的训练集 $\{(\boldsymbol{x}_1, y_1), \cdots, (\boldsymbol{x}_N, y_N)\}$, 我们欲最小化总损失, 并在目标函数中使用 ℓ_2 正则化 (见 8.2.3 节). 利用合页损失 (式 (12.28)) 给出无约束优化问题:

$$\min_{\boldsymbol{w},b} \quad \underbrace{\frac{1}{2}\|\boldsymbol{w}\|^2}_{\text{正则项}} + \underbrace{C\sum_{n=1}^{N}\max\{0, 1 - y_n(\langle \boldsymbol{w}, \boldsymbol{x}_n\rangle + b)\}}_{\text{误差项}} . \tag{12.31}$$

式 (12.31) 中的第一项称为正则化项或*正则项* (请参见 8.2.3 节), 第二项称为*损失项*或*误差项*. 回顾 12.2.4 节, $\frac{1}{2}\|\boldsymbol{w}\|^2$ 项直接来自间隔. 换言之, 间隔最大化可以被解释为*正则化*.

原则上, 式 (12.31) 中的无约束优化问题可以直接用 7.1 节中所讲的 (次) 梯度下降法求解. 式 (12.31) 和式 (12.26a) 是等价的, 可以看到合页损失 (式 (12.28)) 实质上由两个线性部分组成, 如式 (12.29)所示. 考虑一个示例–标签对 (式 (12.28)) 的合页损失. 我们可以等效地将最小化 t 上合页损失替换为最小化有两个约束的松弛变量 ξ. 形式如下:

$$\min_{t} \max\{0, 1-t\} \tag{12.32}$$

等价于

$$\begin{aligned} \min_{\xi,t} \quad & \xi \\ \text{s.t.} \quad & \xi \geqslant 0, \quad \xi \geqslant 1-t . \end{aligned} \tag{12.33}$$

将其代入式 (12.31), 并整理其中的一个约束, 就恰好得到了软间隔支持向量机 (式 (12.26a)).

评注　*我们来对比本节的损失函数与第 9 章中用于线性回归的损失函数. 回顾 9.2.1 节, 为了找到最大似然估计量, 我们最小化负对数似然. 此外, 由于带高斯噪声的线性回归的似然项仍是高斯函数, 因此每个示例的负对数似然是平方误差函数. 平方误差函数是在找最大似然解时要最小化的损失函数.*

12.3　对偶支持向量机

在先前的章节中描述的以 $\boldsymbol{w}$ 和 b 为变量的 SVM 被称为原始 SVM. 回想一下, 我们考虑具有 D 个特征的输入 $\boldsymbol{x} \in \mathbb{R}^D$. 由于 $\boldsymbol{w}$ 与 $\boldsymbol{x}$ 的维数相同, 这就意味着优化问题的参数的数量 (即 $\boldsymbol{w}$ 的维数) 随特征数的增加而线性增长.

下面我们考虑一个等价的优化问题 (对偶的观点), 它的参数的数量与特征的数量无关. 相反, 参数的数量随着训练集中示例数量的增加而增加. 我们在第 10 章中看过类似的想法, 我们对学习问题的表示与特征的个数无关. 对于特征比训练数据集中的示例数还要多的问题, 这是有用的. 正如我们将在本章最后看到的, 对偶支持向量机还有一个额外的优点, 那就是它可以很容易地使用核函数. “对偶” 一词经常出现在数学文献中, 在这里, 它指的是凸对偶性. 接下来的各节本质上是我们在 7.2 节中讨论的凸对偶的应用.

12.3.1 由拉格朗日乘子导出凸对偶

回顾原始的软间隔 SVM (式 (12.26a)). 我们将与原始 SVM 对应的变量 $\boldsymbol{w}$, b 和 ξ 称为原始变量. 我们使用 $\alpha_n \geqslant 0$ 作为保障正确分类示例的约束 (式 (12.26b)) 对应的拉格朗日乘子[㊀], 使用 $\gamma_n \geqslant 0$ 作为与松弛变量的非负约束 (式 (12.26c)) 对应的拉格朗日乘子. 拉格朗日函数为

$$\begin{aligned}\mathfrak{L}(\boldsymbol{w}, b, \xi, \alpha, \gamma) = & \frac{1}{2}\|\boldsymbol{w}\|^2 + C\sum_{n=1}^{N}\xi_n - \\ & \underbrace{\sum_{n=1}^{N}\alpha_n(y_n(\langle\boldsymbol{w}, \boldsymbol{x}_n\rangle + b) - 1 + \xi_n)}_{\text{约束 (12.26b)}} - \underbrace{\sum_{n=1}^{N}\gamma_n\xi_n}_{\text{约束 (12.26c)}} .\end{aligned} \tag{12.34}$$

对拉格朗日函数 (式 (12.34)) 关于原始变量 $\boldsymbol{w}$, b 和 ξ 分别求偏导数, 有

$$\frac{\partial\mathfrak{L}}{\partial\boldsymbol{w}} = \boldsymbol{w}^\top - \sum_{n=1}^{N}\alpha_n y_n \boldsymbol{x}_n{}^\top , \tag{12.35}$$

$$\frac{\partial\mathfrak{L}}{\partial b} = -\sum_{n=1}^{N}\alpha_n y_n , \tag{12.36}$$

$$\frac{\partial\mathfrak{L}}{\partial\xi_n} = C - \alpha_n - \gamma_n . \tag{12.37}$$

设这些偏导数都为零, 以找拉格朗日函数的最大值. 设式 (12.35) 为零, 有

$$\boldsymbol{w} = \sum_{n=1}^{N}\alpha_n y_n \boldsymbol{x}_n , \tag{12.38}$$

这是*表示定理*[㊁] (Kimeldorf and Wahba, 1970) 的一个特例. 式 (12.38) 指出, 原始 SVM 中的最佳权重向量是示例 $\boldsymbol{x}_n$ 的线性组合. 回顾 2.6.1 节, 这意味着优化问题的解在训练数据张成的空间中. 此外, 通过将式 (12.36) 设为零而得到的约束表明, 最佳权重向量是示例的仿射组合. 表示定理被证明适用于正则化经验风险最小化 (Hofmann et al., 2008; Argyriou and Dinuzzo, 2014) 的普遍场景. 该定理有更一般的叙述 (Schölkopf et al., 2001), 有关其成立的充要条件可在 (Yu et al., 2013) 中找到.

㊀ 在第 7 章中, 我们用 λ 作为拉格朗日乘子. 在本节中, 我们用 SVM 文献中常用的符号 α 和 γ.

㊁ 表示定理实际上是一系列定理, 内容是经验风险最小化的解在由示例定义的子空间中 (2.4.3 节).

评注 表示定理 (式 (12.38)) 也提供了对 “支持向量机” 名字的解释. 相应参数 $\alpha_n = 0$ 的示例 $\boldsymbol{x}_n$ 和 $\boldsymbol{w}$ 的解无关. 其他 $\alpha_n > 0$ 的示例称为支持向量, 因为它们 “支持” 着超平面.

将 $\boldsymbol{w}$ 的表达式代入拉格朗日函数 (式 (12.34)), 得到对偶函数

$$\begin{aligned}\mathfrak{D}(\xi,\alpha,\gamma) = \frac{1}{2}\sum_{i=1}^{N}\sum_{j=1}^{N} y_i y_j \alpha_i \alpha_j \langle \boldsymbol{x}_i, \boldsymbol{x}_j \rangle - \sum_{i=1}^{N} y_i \alpha_i \left\langle \sum_{j=1}^{N} y_j \alpha_j \boldsymbol{x}_j, \boldsymbol{x}_i \right\rangle + \\ C\sum_{i=1}^{N}\xi_i - b\sum_{i=1}^{N} y_i\alpha_i + \sum_{i=1}^{N}\alpha_i - \sum_{i=1}^{N}\alpha_i\xi_i - \sum_{i=1}^{N}\gamma_i\xi_i\,. \end{aligned} \tag{12.39}$$

注意, 这里不再有任何涉及原始变量 $\boldsymbol{w}$ 的项. 通过将式 (12.36) 设为零, 可以得到 $\sum_{n=1}^{N} y_n\alpha_n = 0$, 涉及 b 的项也被消去了. 回想内积有对称性和双线性 (见 3.2 节), 式 (12.39) 中的前两项可以合并. 将其简化, 我们得到拉格朗日函数

$$\mathfrak{D}(\xi,\alpha,\gamma) = -\frac{1}{2}\sum_{i=1}^{N}\sum_{j=1}^{N} y_i y_j \alpha_i \alpha_j \langle \boldsymbol{x}_i, \boldsymbol{x}_j \rangle + \sum_{i=1}^{N}\alpha_i + \sum_{i=1}^{N}(C-\alpha_i-\gamma_i)\xi_i\,. \tag{12.40}$$

该式的最后一项包含了有松弛变量 ξ_i 的全部项. 通过将式 (12.37) 设为零, 我们看到式 (12.40) 中的最后一项也为零. 此外, 回顾拉格朗日乘子 γ_i 是非负的, 我们还得出 $\alpha_i \leqslant C$. 现在我们得到 SVM 的对偶优化问题, 该问题仅和拉格朗日乘子 α_i 有关. 回顾拉格朗日对偶 (定义 7.1), 我们最大化对偶问题, 其等价于最小化负对偶问题, 这就得到了对偶 SVM:

$$\begin{aligned} \min_{\boldsymbol{\alpha}} \quad & \frac{1}{2}\sum_{i=1}^{N}\sum_{j=1}^{N} y_i y_j \alpha_i \alpha_j \langle \boldsymbol{x}_i, \boldsymbol{x}_j \rangle - \sum_{i=1}^{N}\alpha_i \\ \text{s.t.} \quad & \sum_{i=1}^{N} y_i\alpha_i = 0 \\ & 0 \leqslant \alpha_i \leqslant C, \quad i = 1,\cdots,N\,. \end{aligned} \tag{12.41}$$

式 (12.41) 中的等式约束是通过将式 (12.36) 设为零得到的. 不等式约束 $\alpha_i \geqslant 0$ 是不等式约束的拉格朗日乘子的条件 (7.2 节). 不等式约束 $\alpha_i \leqslant C$ 在上一段中讨论过.

SVM 中的不等式约束集被称为 “框形约束”, 因其将拉格朗日乘子的向量 $\boldsymbol{\alpha} = [\alpha_1,\cdots,\alpha_N]^\top \in \mathbb{R}^N$ 限制在每个坐标轴上由 0 和 C 定义的框内. 这些和坐标轴平齐的框可以用数值方法十分高效地求解[⊖] (Dostál, 2009, chapter 5).

⊖ 可用 Karush Kuhn Tucker 条件证明, 恰好位于边缘的示例是其对偶参数严格位于框形约束 $0 < \alpha_i < C$ 内的示例. 例如, 文献 (Schölkopf and Smola, 2002).

一旦获得对偶参数 $\boldsymbol{\alpha}$, 就可以使用表示定理 (式 (12.38)) 得到原始参数 $\boldsymbol{w}$. 我们记最佳原始参数 $\boldsymbol{w}^*$. 但是, 如何得到参数 b^* 呢? 考虑示例 $\boldsymbol{x}_n$, 它恰好位于间隔的边界上, 即 $\langle \boldsymbol{w}^*, \boldsymbol{x}_n \rangle + b = y_n$. 回想 y_n 要么是 $+1$ 要么是 -1. 因此, 唯一未知的 b, 可以如下计算:

$$b^* = y_n - \langle \boldsymbol{w}^*, \boldsymbol{x}_n \rangle . \tag{12.42}$$

评注　理论上存在没有处于间隔边界的示例的可能. 这时, 我们应对所有支持向量计算 $|y_n - \langle \boldsymbol{w}^*, \boldsymbol{x}_n \rangle|$, 并取其中位数为 b^* 的值. 在 http://fouryears.eu/2012/06/07/the-svm-bias-term-conspiracy/ 可以找到相关的推导.

12.3.2　对偶 SVM: 凸包观点

推导对偶支持向量机的另一种方法是考虑另一种几何参数. 考虑由相同标签的示例 $\boldsymbol{x}_n$ 构成的集合. 我们希望建立一个凸集, 这个集合应包含所有的示例, 并尽可能地小. 我们将其称为凸包, 如图 12.9 所示.

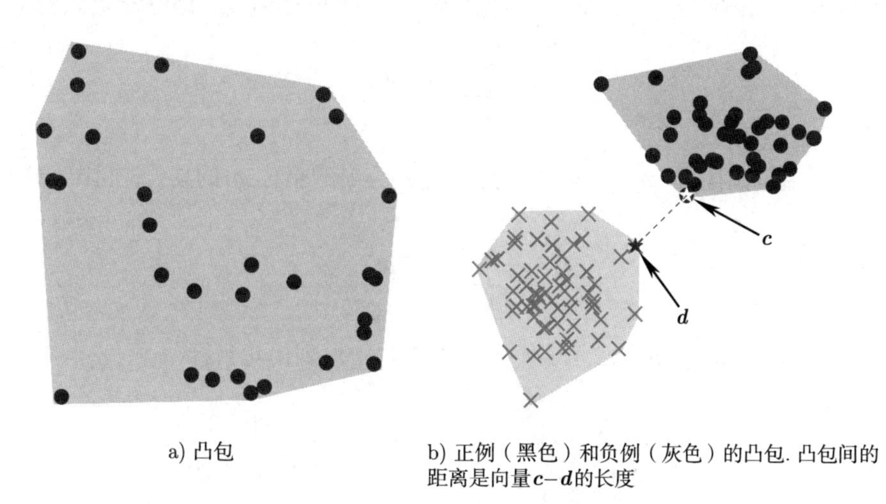

a) 凸包

b) 正例（黑色）和负例（灰色）的凸包. 凸包间的距离是向量$\boldsymbol{c}-\boldsymbol{d}$的长度

图 12.9　凸包. a) 点的凸包, 有些点在凸包内. b) 正例和负例的凸包

让我们先对点的凸组合建立一些直观认识. 考虑两点 $\boldsymbol{x}_1$ 和 $\boldsymbol{x}_2$ 及其对应的非负权重 $\alpha_1, \alpha_2 \geqslant 0$ 并使 $\alpha_1 + \alpha_2 = 1$. 方程 $\alpha_1 \boldsymbol{x}_1 + \alpha_2 \boldsymbol{x}_2$ 描述了 $\boldsymbol{x}_1$ 和 $\boldsymbol{x}_2$ 之间的线上的每个点. 想想当我们加上第三个点 $\boldsymbol{x}_3$ 和权重 $\alpha_3 \geqslant 0$ 并使 $\sum_{n=1}^{3} \alpha_n = 1$ 时, 会发生什么. $\boldsymbol{x}_1, \boldsymbol{x}_2, \boldsymbol{x}_3$ 这三个点的凸组合扩展成了二维的区域. 这个区域的凸包是由每对点对应的边组成的三角形. 当我们添加更多的点时, 点的数量会大于维度的数量, 一些点会在凸包内, 如图 12.9 a 所示.

通常, 可以通过引入对应于每个示例 $\boldsymbol{x}_n$ 的非负权重 $\alpha_n \geqslant 0$ 来完成构建凸包的过程.

那么凸包可以描述为集合

$$\operatorname{conv}(\boldsymbol{X})=\left\{\sum_{n=1}^{N}\alpha_n\boldsymbol{x}_n\right\}\quad 有\quad \sum_{n=1}^{N}\alpha_n=1\quad 且\quad \alpha_n\geqslant 0, \tag{12.43}$$

其中 $n=1,\cdots,N$. 若正类和负类的对应的两团点云是分开的, 那么凸包就不重叠. 给定训练数据 $(\boldsymbol{x}_1,y_1),\cdots,(\boldsymbol{x}_N,y_N)$, 我们形成分别对应于正类和负类的两个凸包. 我们在正例凸包中选择最接近负类的点 $\boldsymbol{c}$, 同样, 我们在负例凸包选择最接近正类的点 $\boldsymbol{d}$, 如图 12.9 b 所示. 记 $\boldsymbol{d}$ 和 $\boldsymbol{c}$ 之间的差向量为

$$\boldsymbol{w}:=\boldsymbol{c}-\boldsymbol{d}. \tag{12.44}$$

如上所述, 选择点 $\boldsymbol{c}$ 和 $\boldsymbol{d}$, 要求它们彼此最接近等价于最小化 $\boldsymbol{w}$ 的长度 (或范数), 得出相应的优化问题

$$\arg\min_{\boldsymbol{w}}\|\boldsymbol{w}\|=\arg\min_{\boldsymbol{w}}\frac{1}{2}\|\boldsymbol{w}\|^2\,. \tag{12.45}$$

由于 $\boldsymbol{c}$ 必须位于正类的凸包中, 因此可以将其表示为正例的凸组合, 即有非负系数 α_n^+:

$$\boldsymbol{c}=\sum_{n:y_n=+1}\alpha_n^+\boldsymbol{x}_n\,. \tag{12.46}$$

在式 (12.46) 中, 我们用记号 $n:y_n=+1$ 表示 $y_n=+1$ 的指标 n 的集合. 同样, 对负例, 我们有

$$\boldsymbol{d}=\sum_{n:y_n=-1}\alpha_n^-\boldsymbol{x}_n\,. \tag{12.47}$$

将式 (12.44)、式 (12.46) 和式 (12.47) 代入式 (12.45), 得到优化目标

$$\min_{\boldsymbol{\alpha}}\frac{1}{2}\left\|\sum_{n:y_n=+1}\alpha_n^+\boldsymbol{x}_n-\sum_{n:y_n=-1}\alpha_n^-\boldsymbol{x}_n\right\|^2. \tag{12.48}$$

设 $\boldsymbol{\alpha}$ 为所有系数的集合, 同时包括了 $\boldsymbol{\alpha}^+$ 和 $\boldsymbol{\alpha}^-$. 回想一下, 每个凸包的系数之和都为 1,

$$\sum_{n:y_n=+1}\alpha_n^+=1\quad 且\quad \sum_{n:y_n=-1}\alpha_n^-=1\,. \tag{12.49}$$

也就蕴含着约束

$$\sum_{n=1}^{N}y_n\alpha_n=0\,. \tag{12.50}$$

这个结果可以通过将各自的类与系数相乘得到, 如下式所示:

$$\sum_{n=1}^{N} y_n \alpha_n = \sum_{n:y_n=+1} (+1)\alpha_n^+ + \sum_{n:y_n=-1} (-1)\alpha_n^- \tag{12.51a}$$

$$= \sum_{n:y_n=+1} \alpha_n^+ - \sum_{n:y_n=-1} \alpha_n^- = 1 - 1 = 0\,. \tag{12.51b}$$

目标函数 (式 (12.48)) 和约束 (式 (12.50)), 以及 $\boldsymbol{\alpha} \geqslant \mathbf{0}$ 的假设, 为我们给出了一个有约束的 (凸) 优化问题. 该优化问题与对偶硬间隔支持向量机 (Bennett and Bredensteiner, 2000a) 的优化问题相同.

评注 为了得到软间隔情形的对偶, 我们考虑缩约凸包. 缩约凸包与凸包相似, 但系数 $\boldsymbol{\alpha}$ 的大小有一个上限. $\boldsymbol{\alpha}$ 中各元素的最大可能值约束凸包可以取的大小. 换言之, $\boldsymbol{\alpha}$ 的界将凸包缩小到更小的体积 (Bennett and Bredensteiner, 2000b).

12.4 核

考虑对偶支持向量机 (式 (12.41)) 的表示式. 注意到目标中的内积只出现在示例 $\boldsymbol{x}_i$ 和 $\boldsymbol{x}_j$ 之间. 示例和参数之间没有内积. 因此, 如果我们考虑用一组特征 $\boldsymbol{\phi}(\boldsymbol{x}_i)$ 来表示 $\boldsymbol{x}_i$, 那么对偶 SVM 唯一变化的是换掉的内积. 这种模块化的思想, 即将分类方法的选择 (SVM) 和特征表示的选择 $\boldsymbol{\phi}(\boldsymbol{x})$ 分开考虑, 为我们分别探索这两个问题提供了灵活性. 本节我们讨论表示 $\boldsymbol{\phi}(\boldsymbol{x})$, 并简要介绍核的思想, 但不深究技术细节.

由于 $\boldsymbol{\phi}(\boldsymbol{x})$ 可能是一个非线性函数, 我们可以使用 SVM(它假定是一个线性分类器) 来构造 $\boldsymbol{x}_n$ 示例中的非线性分类器. 这为用户处理线性不可分的数据集提供了除了软间隔之外的第二种方法. 事实证明, 有许多算法和统计方法都具有我们在对偶支持向量机中观察到的这种性质: 内积运算仅发生在示例之间. 我们没有显式地定义一个非线性特征映射 $\boldsymbol{\phi}(\cdot)$ 来计算示例 $\boldsymbol{x}_i$ 和 $\boldsymbol{x}_j$ 的内积, 而是在 $\boldsymbol{x}_i$ 和 $\boldsymbol{x}_j$ 之间定义了一个相似度函数 $k(\boldsymbol{x}_i, \boldsymbol{x}_j)$. 对于某类称为核的相似度函数, 它隐式地定义了非线性特征映射 $\boldsymbol{\phi}(\cdot)$. 定义核函数 $k: \mathcal{X} \times \mathcal{X} \to \mathbb{R}$[⊖] 为存在一个希尔伯特空间 $\mathcal{H}$ 和特征映射 $\boldsymbol{\phi}: \mathcal{X} \to \mathcal{H}$, 使得

$$k(\boldsymbol{x}_i, \boldsymbol{x}_j) = \langle \boldsymbol{\phi}(\boldsymbol{x}_i), \boldsymbol{\phi}(\boldsymbol{x}_j) \rangle_{\mathcal{H}}\,. \tag{12.52}$$

每个核 k 都有一个唯一关联的再生核希尔伯特空间 (Aronszajn, 1950; Berlinet and Thomas-Agnan, 2004). 在这对唯一的关联中, $\boldsymbol{\phi}(\boldsymbol{x}) = k(\cdot, \boldsymbol{x})$ 被称为典型特征映射. 将内积一般化到核函数 (式 (12.52)) 被称为核技巧 (Schölkopf and Smola, 2002; Shawe-Taylor and Cristianini, 2004), 因为它将显式的非线性特征映射隐藏了.

⊖ 核函数的输入 $\mathcal{X}$ 可以是非常一般的, 不一定局限于 $\mathbb{R}^D$.

对数据集用内积或 $k(\cdot,\cdot)$ 得到的矩阵 $\boldsymbol{K}\in\mathbb{R}^{N\times N}$ 称为 Gram 矩阵, 通常也称为核矩阵. 核必须是对称的半正定函数, 因此每个核矩阵 $\boldsymbol{K}$ 都是对称的半正定函数 (3.2.3 节):

$$\forall \boldsymbol{z}\in\mathbb{R}^N : \boldsymbol{z}^\top \boldsymbol{K}\boldsymbol{z}\geqslant 0 . \tag{12.53}$$

用于多元实值数据 $\boldsymbol{x}_i\in\mathbb{R}^D$ 的常见的核有多项式核、高斯径向基函数核和有理二次核 (Schölkopf and Smola, 2002; Rasmussen and Williams, 2006). 图 12.10 说明了不同核对示例数据集上的分离超平面的影响. 注意, 我们仍在求解超平面, 也就是说, 函数的假设类仍然是线性函数. 分离面的非线性是由核函数产生的.

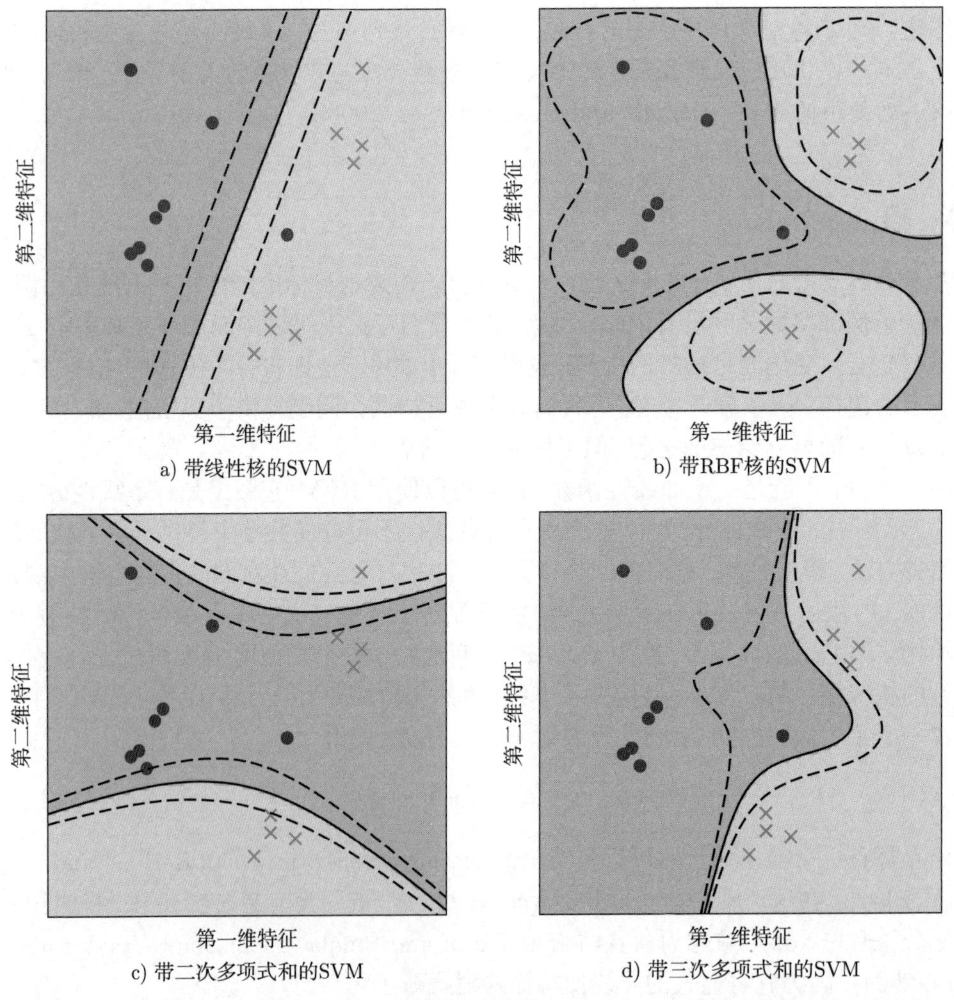

图 12.10 带不同核的支持向量机. 注意, 虽然决策边界是非线性的, 但潜在问题要解的仍是线性分离超平面 (尽管有非线性核)

评注 会让机器学习的初学者有些困惑的是,“核”一词有多种含义. 在本章中,“核”一词源于再生核希尔伯特空间 (RKHS) (Aronszajn, 1950; Saitoh, 1988) 的思想. 我们讨论过的线性代数 (2.7.3 节) 中的核的概念是零空间的另一个词. 机器学习中“核”一词的第三个常见用法是核密度估计中的平滑核 (11.5 节).

由于先显式表示 $\boldsymbol{\phi}(\boldsymbol{x})$ 再计算内积与直接用核表示 $k(\boldsymbol{x}_i, \boldsymbol{x}_j)$ 在数学上等价, 实际使用中, 人们通常会设计效率高于显式映射内积的核函数. 以多项式核 (Schölkopf and Smola, 2002) 为例, 当输入维数很大时, 显式表示的项的数量增长非常快 (即使是低次多项式). 核函数方法中每个输入的维度只需要一次乘法, 这可以节省大量的计算时间. 另一个例子是高斯径向基函数核 (Schölkopf and Smola, 2002; Rasmussen and Williams, 2006), 其对应的特征空间是无限维的. 在这种情况下, 我们不能显式地表示特征空间, 但仍然可以使用核函数的方法计算一对示例间的相似性[㊀].

核技巧的另一个用处是, 不需要将原始数据表示为多元实值数据. 内积定义在函数 $\boldsymbol{\phi}(\cdot)$ 的输出上, 但不限制输入为实数. 因此, 函数 $\boldsymbol{\phi}(\cdot)$ 和核函数 $k(\cdot,\cdot)$ 可以在任何对象上定义, 例如, 集合、序列、字符串、图和分布 (Ben-Hur et al., 2008; Gärtner, 2008; Shi et al., 2009; Sriperumbudur et al., 2010; Vishwanathan et al., 2010).

12.5 数值解

我们通过观察如何根据第 7 章中提出的概念来表达本章推导出的问题来结束我们对支持向量机的讨论. 我们考虑寻找支持向量机最优解的两种不同的方法. 首先我们从损失函数的观点考虑支持向量机 (8.2.2 节), 将其表示为一个无约束优化问题. 那么将带有约束的原始支持向量机和对偶支持向量机可以表示为标准形式的二次规划 (7.3.2 节).

从损失函数的观点考虑 SVM (式 (12.31)). 这是一个无约束凸优化问题, 但合页损失 (式 (12.28)) 是不可微的. 因此, 我们采用次梯度法求解. 然而, 合页损失几乎处处可微, 除了在 $t=1$ 处. 此时, 梯度是在 0 到 -1 间的可能取值的集合. 因此, 合页损失的次梯度 g 为

$$g(t) = \begin{cases} -1 & t<1 \\ [-1,0] & t=1 \\ 0 & t>1 \end{cases}. \tag{12.54}$$

使用这个次梯度, 我们可以用 7.1 节中提出的优化方法.

原始和对偶支持向量机都会导出一个凸二次规划问题 (约束优化). 注意, 式 (12.26a) 中的原始支持向量机具有与输入示例的维度 D 大小相同的优化变量. 式 (12.41) 中的对偶支持向量机具有与示例数量 N 的大小相同的优化变量.

㊀ 核及核的参数的选择通常使用嵌套交叉验证 (8.6.1 节) 确定.

为了用二次规划的标准形式 (7.45) 表示原始支持向量机, 我们假设使用点积 (式 (3.5)) 作为内积㊀. 我们整理原始支持向量机 (12.26a) 的方程, 使优化变量都在右边, 约束不等式符合标准形式. 得到优化问题

$$\begin{aligned}\min_{\boldsymbol{w},b,\boldsymbol{\xi}} \quad & \frac{1}{2}\|\boldsymbol{w}\|^2 + C\sum_{n=1}^{N}\xi_n \\ \text{s.t.} \quad & -y_n\boldsymbol{x}_n^\top\boldsymbol{w} - y_n b - \xi_n \leqslant -1 \\ & -\xi_n \leqslant 0\end{aligned} \tag{12.55}$$

其中 $n = 1, \cdots, N$. 将变量 $\boldsymbol{w}, b, \boldsymbol{x}_n$ 组合成一个向量, 仔细整理各项, 得到软间隔支持向量机的矩阵形式如下:

$$\begin{aligned}\min_{\boldsymbol{w},b,\boldsymbol{\xi}} \quad & \frac{1}{2}\begin{bmatrix}\boldsymbol{w}\\ b\\ \boldsymbol{\xi}\end{bmatrix}^\top \begin{bmatrix}\boldsymbol{I}_D & \boldsymbol{0}_{D,N+1}\\ \boldsymbol{0}_{N+1,D} & \boldsymbol{0}_{N+1,N+1}\end{bmatrix}\begin{bmatrix}\boldsymbol{w}\\ b\\ \boldsymbol{\xi}\end{bmatrix} + \begin{bmatrix}\boldsymbol{0}_{D+1,1} & C\boldsymbol{1}_{N,1}\end{bmatrix}^\top \begin{bmatrix}\boldsymbol{w}\\ b\\ \boldsymbol{\xi}\end{bmatrix} \\ \text{s.t.} \quad & \begin{bmatrix}-\boldsymbol{Y}\boldsymbol{X} & -\boldsymbol{y} & -\boldsymbol{I}_N\\ \boldsymbol{0}_{N,D+1} & & -\boldsymbol{I}_N\end{bmatrix}\begin{bmatrix}\boldsymbol{w}\\ b\\ \boldsymbol{\xi}\end{bmatrix} \leqslant \begin{bmatrix}-\boldsymbol{1}_{N,1}\\ \boldsymbol{0}_{N,1}\end{bmatrix}.\end{aligned} \tag{12.56}$$

上面的优化问题是最小化参数 $[\boldsymbol{w}^\top, b, \boldsymbol{\xi}^\top]^\top \in \mathbb{R}^{D+1+N}$, 我们用符号 $\boldsymbol{I}_m$ 表示大小为 $m \times m$ 的单位矩阵, $\boldsymbol{0}_{m,n}$ 表示大小为 $m \times n$ 的零矩阵, 用 $\boldsymbol{1}_{m,n}$ 表示大小为 $m \times n$ 并且元素全为 1 的矩阵. 此外, $\boldsymbol{y}$ 是标签组成的向量 $[y_1, \cdots, y_N]^\top$, $\boldsymbol{Y} = \operatorname{diag}(\boldsymbol{y})$ 是 N 行 N 列的矩阵, 对角线的元素来自 $\boldsymbol{y}$, $\boldsymbol{X} \in \mathbb{R}^{N\times D}$ 是所有示例拼接得到的矩阵.

我们可以类似地处理对偶形式的 SVM (式 (12.41)). 为了以标准形式表示对偶 SVM, 我们首先要有表示核矩阵的 $\boldsymbol{K}$, 其每项是 $K_{ij} = k(\boldsymbol{x}_i, \boldsymbol{x}_j)$. 如果我们有显式的特征表示 $\boldsymbol{x}_i$, 那么定义 $K_{ij} = \langle \boldsymbol{x}_i, \boldsymbol{x}_j \rangle$. 为了记号上的方便, 我们再次引入对角矩阵存储标签, 即 $\boldsymbol{Y} = \operatorname{diag}(\boldsymbol{y})$. 对偶 SVM 就可以写为

$$\begin{aligned}\min_{\boldsymbol{\alpha}} \quad & \frac{1}{2}\boldsymbol{\alpha}^\top\boldsymbol{Y}\boldsymbol{K}\boldsymbol{Y}\boldsymbol{\alpha} - \boldsymbol{1}_{N,1}^\top\boldsymbol{\alpha} \\ \text{s.t.} \quad & \begin{bmatrix}\boldsymbol{y}^\top\\ -\boldsymbol{y}^\top\\ -\boldsymbol{I}_N\\ \boldsymbol{I}_N\end{bmatrix}\boldsymbol{\alpha} \leqslant \begin{bmatrix}\boldsymbol{0}_{N+2,1}\\ C\boldsymbol{1}_{N,1}\end{bmatrix}.\end{aligned} \tag{12.57}$$

㊀ 回顾 3.2 节, 我们用点积表示欧氏空间上的内积.

评注 在 7.3.1 节和 7.3.2 节中, 我们将约束的标准形式规定为不等式约束. 我们可以将对偶 SVM 的等式约束表示为两个不等式约束, 即

$$\boldsymbol{A}\boldsymbol{x} = \boldsymbol{b} \quad \text{替换为} \quad \boldsymbol{A}\boldsymbol{x} \leqslant \boldsymbol{b} \quad \text{和} \quad \boldsymbol{A}\boldsymbol{x} \geqslant \boldsymbol{b}. \tag{12.58}$$

有些提供凸优化方法的软件实现了表述等式约束的功能.

由于 SVM 可能有许多不同的观点, 因此有许多方法可以解决其所导出的优化问题. 此处提出的以标准凸优化形式表达 SVM 问题的方法在实践中并不常用. SVM 求解器的两个主要实现见 (Chang and Lin, 2011) (开源) 和 (oachims, 1999). 由于 SVM 有清晰明确的优化问题, 因此很多基于数值优化 (Nocedal and Wright, 2006) 的方法可以被用于其求解 (Shawe-Taylor and Sun, 2011).

12.6 延伸阅读

SVM 是研究二分类问题的方法之一. 其他方法包括感知器、逻辑回归、Fisher 判别、最近邻、朴素贝叶斯和随机森林 (Bishop, 2006; Murphy, 2012). 可以在 (Ben-Hur et al., 2008) 中找到有关离散序列上的 SVM 和核的简短教程. SVM 的发展和经验风险最小化紧密相关, 如 8.2 节所述. 因此, SVM 具有很强的理论性 (Vapnik, 2000; Steinwart and Christmann, 2008). 关于核方法的书 (Schölkopf and Smola, 2002) 包含支持向量机以及如何优化它们的许多细节. 一本关于更广泛介绍核方法的书 (Shawe-Taylor and Cristianini, 2004) 也包含了许多用于解决不同机器学习问题的线性代数方法.

利用 Legendre-Fenchel 变换 (7.3.3 节) 的思想, 可以得到对偶 SVM 的另一种推导. 推导分别考虑 SVM (式 (12.31)) 的无约束形式的每个项, 计算它们的凸共轭 (Rifkin and Lippert, 2007). 对 SVM 的泛函分析观点 (也是正则化方法观点) 感兴趣的读者可以参阅 (Wahba, 1990) 的工作. 核理论的综述 (Aronszajn, 1950; Schwartz, 1964; Saitoh, 1988; Manton and Amblard, 2015) 需要线性算子 (Akhiezer and Glazman, 1993) 的基本基础. 核的概念已经推广到 Banach 空间 (Zhang et al., 2009) 和 Kreĭn 空间 (Ong et al., 2004; Loosli et al., 2016).

观察到合页损失具有三个等价的表示, 如式 (12.28) 和式 (12.29), 以及式 (12.33) 中的约束优化问题. 比较 SVM 损失函数与其他损失函数 (Steinwart, 2007) 时, 经常使用式 (12.28). 分段形式 (12.29) 便于计算梯度, 因为每部分都是线性函数. 如 12.5 节所示的第三个表示 (12.33) 使其能利用凸二次规划 (7.3.2 节) 工具.

由于二分类是机器学习中已被充分研究的任务, 因此有时还会使用其他词汇表示, 例如, 判别、划分或决策. 此外, 有三个量可以作为二分类器的输出. 第一个是线性函数本身的输出 (通常称为得分), 它可以是任何实数值. 该输出可用于对示例进行排序, 并且二分类可被认为是在排序后的示例 (Shawe-Taylor and Cristianini, 2004) 上选择一个阈值. 二元分类器

输出的第二个量通常被认为是通过非线性函数将其值限制在有界范围 (例如, 区间 $[0,1]$) 后的输出. 常见的非线性函数是 sigmoid 函数 (Bishop, 2006). 当非线性函数得出的是校准后的概率时时 (Gneiting and Raftery, 2007; Reid and Williamson, 2011), 称其为类概率估计. 二分类器的第三个输出是最终的二元决策 $\{+1,-1\}$, 这是分类器输出的最常见的假设.

SVM 是一个二分类器, 它并不天然适合进行概率解释. 有几种方法可以将线性函数的原始输出 (分数) 转换为校正过的类别概率估计值 ($P(Y=1|X=\boldsymbol{x})$), 这里涉及一个额外的校准步骤 (Platt, 2000; Zadrozny and Elkan, 2001; Lin et al., 2007). 从训练的角度来看, 有许多相关的概率方法. 我们在 12.2.5 节的末尾提到, 损失函数和似然性之间存在关系 (比较 8.2 节和 8.3 节). 与训练过程中经过良好校准的变换相对应的最大似然方法称为逻辑回归, 它来自一类称为广义线性模型的方法. 从这个角度分析逻辑回归的细节可以在 (Agresti, 2002, chapter 5) 和 (McCullagh and Nelder, 1989, chapter 4) 中找到. 自然地, 通过使用贝叶斯逻辑回归估计后验分布, 可以对分类器输出采取更贝叶斯的观点. 贝叶斯观点还包括先验的规范, 该规范包括设计选择, 例如, 似然的共轭 (6.6.1 节). 另外, 可以将潜在分布函数视为先验函数, 从而推导出高斯过程分类器 (Rasmussen and Williams, 2006, chapter 3).

参考文献

Abel, Niels H. 1826. *Démonstration de l'Impossibilité de la Résolution Algébrique des Équations Générales qui Passent le Quatrième Degré.* Grøndahl and Søn.

Adhikari, Ani, and DeNero, John. 2018. *Computational and Inferential Thinking: The Foundations of Data Science.* Gitbooks.

Agarwal, Arvind, and Daumé III, Hal. 2010. A Geometric View of Conjugate Priors. *Machine Learning,* **81**(1), 99–113.

Agresti, A. 2002. *Categorical Data Analysis.* Wiley.

Akaike, Hirotugu. 1974. A New Look at the Statistical Model Identification. *IEEE Transactions on Automatic Control,* **19**(6), 716–723.

Akhiezer, Naum I., and Glazman, Izrail M. 1993. *Theory of Linear Operators in Hilbert Space.* Dover Publications.

Alpaydin, Ethem. 2010. *Introduction to Machine Learning.* MIT Press.

Amari, Shun-ichi. 2016. *Information Geometry and Its Applications.* Springer.

Argyriou, Andreas, and Dinuzzo, Francesco. 2014. A Unifying View of Representer Theorems. In: *Proceedings of the International Conference on Machine Learning.*

Aronszajn, Nachman. 1950. Theory of Reproducing Kernels. *Transactions of the American Mathematical Society,* **68**, 337–404.

Axler, Sheldon. 2015. *Linear Algebra Done Right.* Springer.

Bakir, Gökhan, Hofmann, Thomas, Schölkopf, Bernhard, Smola, Alexander J., Taskar, Ben, and Vishwanathan, S. V. N. (eds). 2007. *Predicting Structured Data.* MIT Press.

Barber, David. 2012. *Bayesian Reasoning and Machine Learning.* Cambridge University Press.

Barndorff-Nielsen, Ole. 2014. *Information and Exponential Families: In Statistical Theory.* Wiley.

Bartholomew, David, Knott, Martin, and Moustaki, Irini. 2011. *Latent Variable Models and Factor Analysis: A Unified Approach.* Wiley.

Baydin, Atılım G., Pearlmutter, Barak A., Radul, Alexey A., and Siskind, Jeffrey M. 2018. Automatic Differentiation in Machine Learning: A Survey. *Journal of Machine Learning Research,* **18**, 1–43.

Beck, Amir, and Teboulle, Marc. 2003. Mirror Descent and Nonlinear Projected Subgradient Methods for Convex Optimization. *Operations Research Letters,* **31**(3), 167–175.

Belabbas, Mohamed-Ali, and Wolfe, Patrick J. 2009. Spectral Methods in Machine Learning and New Strategies for Very Large Datasets. *Proceedings of the National Academy of Sciences,* 0810600105.

Belkin, Mikhail, and Niyogi, Partha. 2003. Laplacian Eigenmaps for Dimensionality Reduction and Data Representation. *Neural Computation,* **15**(6), 1373–1396.

Ben-Hur, Asa, Ong, Cheng Soon, Sonnenburg, Sören, Schölkopf, Bernhard, and Rätsch, Gunnar. 2008. Support Vector Machines and Kernels for Computational Biology. *PLoS Computational Biology,* **4**(10), e1000173.

Bennett, Kristin P., and Bredensteiner, Erin J. 2000a. Duality and Geometry in SVM Classifiers. In: *Proceedings of the International Conference on Machine Learning.*

Bennett, Kristin P., and Bredensteiner, Erin J. 2000b. Geometry in Learning. Pages 132–145 of: *Geometry at Work*. Mathematical Association of America.

Berlinet, Alain, and Thomas-Agnan, Christine. 2004. *Reproducing Kernel Hilbert Spaces in Probability and Statistics*. Springer.

Bertsekas, Dimitri P. 1999. *Nonlinear Programming*. Athena Scientific.

Bertsekas, Dimitri P. 2009. *Convex Optimization Theory*. Athena Scientific.

Bickel, Peter J., and Doksum, Kjell. 2006. *Mathematical Statistics, Basic Ideas and Selected Topics*. Vol. 1. Prentice Hall.

Bickson, Danny, Dolev, Danny, Shental, Ori, Siegel, Paul H., and Wolf, Jack K. 2007. Linear Detection via Belief Propagation. In: *Proceedings of the Annual Allerton Conference on Communication, Control, and Computing*.

Billingsley, Patrick. 1995. *Probability and Measure*. Wiley.

Bishop, Christopher M. 1995. *Neural Networks for Pattern Recognition*. Clarendon Press.

Bishop, Christopher M. 1999. Bayesian PCA. In: *Advances in Neural Information Processing Systems*.

Bishop, Christopher M. 2006. *Pattern Recognition and Machine Learning*. Springer.

Blei, David M., Kucukelbir, Alp, and McAuliffe, Jon D. 2017. Variational Inference: A Review for Statisticians. *Journal of the American Statistical Association*, **112**(518), 859–877.

Blum, Arvim, and Hardt, Moritz. 2015. The Ladder: A Reliable Leaderboard for Machine Learning Competitions. In: *International Conference on Machine Learning*.

Bonnans, J. Frédéric, Gilbert, J. Charles, Lemaréchal, Claude, and Sagastizábal, Claudia A. 2006. *Numerical Optimization: Theoretical and Practical Aspects*. Springer.

Borwein, Jonathan M., and Lewis, Adrian S. 2006. *Convex Analysis and Nonlinear Optimization*. 2nd edn. Canadian Mathematical Society.

Bottou, Léon. 1998. Online Algorithms and Stochastic Approximations. Pages 9–42 of: *Online Learning and Neural Networks*. Cambridge University Press.

Bottou, Léon, Curtis, Frank E., and Nocedal, Jorge. 2018. Optimization Methods for Large-Scale Machine Learning. *SIAM Review*, **60**(2), 223–311.

Boucheron, Stephane, Lugosi, Gabor, and Massart, Pascal. 2013. *Concentration Inequalities: A Nonasymptotic Theory of Independence*. Oxford University Press.

Boyd, Stephen, and Vandenberghe, Lieven. 2004. *Convex Optimization*. Cambridge University Press.

Boyd, Stephen, and Vandenberghe, Lieven. 2018. *Introduction to Applied Linear Algebra*. Cambridge University Press.

Brochu, Eric, Cora, Vlad M., and de Freitas, Nando. 2009. *A Tutorial on Bayesian Optimization of Expensive Cost Functions, with Application to Active User Modeling and Hierarchical Reinforcement Learning*. Tech. rept. TR-2009-023. Department of Computer Science, University of British Columbia.

Brooks, Steve, Gelman, Andrew, Jones, Galin L., and Meng, Xiao-Li (eds). 2011. *Handbook of Markov Chain Monte Carlo*. Chapman and Hall/CRC.

Brown, Lawrence D. 1986. *Fundamentals of Statistical Exponential Families: With Applications in Statistical Decision Theory*. Institute of Mathematical Statistics.

Bryson, Arthur E. 1961. A Gradient Method for Optimizing Multi-Stage Allocation Processes. In: *Proceedings of the Harvard University Symposium on Digital Computers and Their Applications*.

Bubeck, Sébastien. 2015. Convex Optimization: Algorithms and Complexity. *Foundations and Trends in Machine Learning*, **8**(3-4), 231–357.

Bühlmann, Peter, and Van De Geer, Sara. 2011. *Statistics for High-Dimensional Data*. Springer.

Burges, Christopher. 2010. Dimension Reduction: A Guided Tour. *Foundations and Trends in Machine Learning*, **2**(4), 275–365.

Carroll, J Douglas, and Chang, Jih-Jie. 1970. Analysis of Individual Differences in Multidimensional Scaling via an N-Way Generalization of "Eckart-Young" Decomposition. *Psychometrika*, **35**(3), 283–319.

Casella, George, and Berger, Roger L. 2002. *Statistical Inference*. Duxbury.

Çinlar, Erhan. 2011. *Probability and Stochastics*. Springer.

Chang, Chih-Chung, and Lin, Chih-Jen. 2011. LIBSVM: A Library for Support Vector Machines. *ACM Transactions on Intelligent Systems and Technology*, **2**, 27:1–27:27.

Cheeseman, Peter. 1985. In Defense of Probability. In: *Proceedings of the International Joint Conference on Artificial Intelligence*.

Chollet, Francois, and Allaire, J. J. 2018. *Deep Learning with R*. Manning Publications.

Codd, Edgar F. 1990. *The Relational Model for Database Management*. Addison-Wesley Longman Publishing.

Cunningham, John P., and Ghahramani, Zoubin. 2015. Linear Dimensionality Reduction: Survey, Insights, and Generalizations. *Journal of Machine Learning Research*, **16**, 2859–2900.

Datta, Biswa N. 2010. *Numerical Linear Algebra and Applications*. SIAM.

Davidson, Anthony C., and Hinkley, David V. 1997. *Bootstrap Methods and Their Application*. Cambridge University Press.

Dean, Jeffrey, Corrado, Greg S., Monga, Rajat, and Chen, et al. 2012. Large Scale Distributed Deep Networks. In: *Advances in Neural Information Processing Systems*.

Deisenroth, Marc P., and Mohamed, Shakir. 2012. Expectation Propagation in Gaussian Process Dynamical Systems. Pages 2618–2626 of: *Advances in Neural Information Processing Systems*.

Deisenroth, Marc P., and Ohlsson, Henrik. 2011. A General Perspective on Gaussian Filtering and Smoothing: Explaining Current and Deriving New Algorithms. In: *Proceedings of the American Control Conference*.

Deisenroth, Marc P., Fox, Dieter, and Rasmussen, Carl E. 2015. Gaussian Processes for Data-Efficient Learning in Robotics and Control. *IEEE Transactions on Pattern Analysis and Machine Intelligence*, **37**(2), 408–423.

Dempster, Arthur P., Laird, Nan M., and Rubin, Donald B. 1977. Maximum Likelihood from Incomplete Data via the EM Algorithm. *Journal of the Royal Statistical Society*, **39**(1), 1–38.

Deng, Li, Seltzer, Michael L., Yu, Dong, Acero, Alex, Mohamed, Abdel-rahman, and Hinton, Geoffrey E. 2010. Binary Coding of Speech Spectrograms Using a Deep Auto-Encoder. In: *Proceedings of Interspeech*.

Devroye, Luc. 1986. *Non-Uniform Random Variate Generation*. Springer.

Donoho, David L., and Grimes, Carrie. 2003. Hessian Eigenmaps: Locally Linear Embedding Techniques for High-Dimensional Data. *Proceedings of the National Academy of Sciences*, **100**(10), 5591–5596.

Dostál, Zdeněk. 2009. *Optimal Quadratic Programming Algorithms: With Applications to Variational Inequalities*. Springer.

Douven, Igor. 2017. Abduction. In: *The Stanford Encyclopedia of Philosophy*. Metaphysics Research

Lab, Stanford University.

Downey, Allen B. 2014. *Think Stats: Exploratory Data Analysis*. 2nd edn. O'Reilly Media.

Dreyfus, Stuart. 1962. The Numerical Solution of Variational Problems. *Journal of Mathematical Analysis and Applications*, **5**(1), 30–45.

Drumm, Volker, and Weil, Wolfgang. 2001. *Lineare Algebra und Analytische Geometrie*. Lecture Notes, Universität Karlsruhe (TH).

Dudley, Richard M. 2002. *Real Analysis and Probability*. Cambridge University Press.

Eaton, Morris L. 2007. *Multivariate Statistics: A Vector Space Approach*. Institute of Mathematical Statistics Lecture Notes.

Eckart, Carl, and Young, Gale. 1936. The Approximation of One Matrix by Another of Lower Rank. *Psychometrika*, **1**(3), 211–218.

Efron, Bradley, and Hastie, Trevor. 2016. *Computer Age Statistical Inference: Algorithms, Evidence and Data Science*. Cambridge University Press.

Efron, Bradley, and Tibshirani, Robert J. 1993. *An Introduction to the Bootstrap*. Chapman and Hall/CRC.

Elliott, Conal. 2009. Beautiful Differentiation. In: *International Conference on Functional Programming*.

Evgeniou, Theodoros, Pontil, Massimiliano, and Poggio, Tomaso. 2000. Statistical Learning Theory: A Primer. *International Journal of Computer Vision*, **38**(1), 9–13.

Fan, Rong-En, Chang, Kai-Wei, Hsieh, Cho-Jui, Wang, Xiang-Rui, and Lin, Chih-Jen. 2008. LIBLINEAR: A Library for Large Linear Classification. *Journal of Machine Learning Research*, **9**, 1871–1874.

Gal, Yarin, van der Wilk, Mark, and Rasmussen, Carl E. 2014. Distributed Variational Inference in Sparse Gaussian Process Regression and Latent Variable Models. In: *Advances in Neural Information Processing Systems*.

Gärtner, Thomas. 2008. *Kernels for Structured Data*. World Scientific.

Gavish, Matan, and Donoho, David L. 2014. The Optimal Hard Threshold for Singular Values is $4\sqrt{3}$. *IEEE Transactions on Information Theory*, **60**(8), 5040–5053.

Gelman, Andrew, Carlin, John B., Stern, Hal S., and Rubin, Donald B. 2004. *Bayesian Data Analysis*. Chapman and Hall/CRC.

Gentle, James E. 2004. *Random Number Generation and Monte Carlo Methods*. Springer.

Ghahramani, Zoubin. 2015. Probabilistic Machine Learning and Artificial Intelligence. *Nature*, **521**, 452–459.

Ghahramani, Zoubin, and Roweis, Sam T. 1999. Learning Nonlinear Dynamical Systems Using an EM Algorithm. In: *Advances in Neural Information Processing Systems*. MIT Press.

Gilks, Walter R., Richardson, Sylvia, and Spiegelhalter, David J. 1996. *Markov Chain Monte Carlo in Practice*. Chapman and Hall/CRC.

Gneiting, Tilmann, and Raftery, Adrian E. 2007. Strictly Proper Scoring Rules, Prediction, and Estimation. *Journal of the American Statistical Association*, **102**(477), 359–378.

Goh, Gabriel. 2017. Why Momentum Really Works. *Distill*.

Gohberg, Israel, Goldberg, Seymour, and Krupnik, Nahum. 2012. *Traces and Determinants of Linear Operators*. Birkhäuser.

Golan, Jonathan S. 2007. *The Linear Algebra a Beginning Graduate Student Ought to Know*. Springer.

Golub, Gene H., and Van Loan, Charles F. 2012. *Matrix Computations.* JHU Press.

Goodfellow, Ian, Bengio, Yoshua, and Courville, Aaron. 2016. *Deep Learning.* MIT Press.

Graepel, Thore, Candela, Joaquin Quiñonero-Candela, Borchert, Thomas, and Herbrich, Ralf. 2010. Web-Scale Bayesian Click-through Rate Prediction for Sponsored Search Advertising in Microsoft's Bing Search Engine. In: *Proceedings of the International Conference on Machine Learning.*

Griewank, Andreas, and Walther, Andrea. 2003. Introduction to Automatic Differentiation. In: *Proceedings in Applied Mathematics and Mechanics.*

Griewank, Andreas, and Walther, Andrea. 2008. *Evaluating Derivatives, Principles and Techniques of Algorithmic Differentiation.* SIAM.

Grimmett, Geoffrey R., and Welsh, Dominic. 2014. *Probability: An Introduction.* Oxford University Press.

Grinstead, Charles M., and Snell, J. Laurie. 1997. *Introduction to Probability.* American Mathematical Society.

Hacking, Ian. 2001. *Probability and Inductive Logic.* Cambridge University Press.

Hall, Peter. 1992. *The Bootstrap and Edgeworth Expansion.* Springer.

Hallin, Marc, Paindaveine, Davy, and Šiman, Miroslav. 2010. Multivariate Quantiles and Multiple-Output Regression Quantiles: From ℓ_1 Optimization to Halfspace Depth. *Annals of Statistics,* **38**, 635–669.

Hasselblatt, Boris, and Katok, Anatole. 2003. *A First Course in Dynamics with a Panorama of Recent Developments.* Cambridge University Press.

Hastie, Trevor, Tibshirani, Robert, and Friedman, Jerome. 2001. *The Elements of Statistical Learning – Data Mining, Inference, and Prediction.* Springer.

Hausman, Karol, Springenberg, Jost T., Wang, Ziyu, Heess, Nicolas, and Riedmiller, Martin. 2018. Learning an Embedding Space for Transferable Robot Skills. In: *Proceedings of the International Conference on Learning Representations.*

Hazan, Elad. 2015. Introduction to Online Convex Optimization. *Foundations and Trends in Optimization,* **2**(3–4), 157–325.

Hensman, James, Fusi, Nicolò, and Lawrence, Neil D. 2013. Gaussian Processes for Big Data. In: *Proceedings of the Conference on Uncertainty in Artificial Intelligence.*

Herbrich, Ralf, Minka, Tom, and Graepel, Thore. 2007. TrueSkill(TM): A Bayesian Skill Rating System. In: *Advances in Neural Information Processing Systems.*

Hiriart-Urruty, Jean-Baptiste, and Lemaréchal, Claude. 2001. *Fundamentals of Convex Analysis.* Springer.

Hoffman, Matthew D., Blei, David M., and Bach, Francis. 2010. Online Learning for Latent Dirichlet Allocation. *Advances in Neural Information Processing Systems.*

Hoffman, Matthew D., Blei, David M., Wang, Chong, and Paisley, John. 2013. Stochastic Variational Inference. *Journal of Machine Learning Research,* **14**(1), 1303–1347.

Hofmann, Thomas, Schölkopf, Bernhard, and Smola, Alexander J. 2008. Kernel Methods in Machine Learning. *Annals of Statistics,* **36**(3), 1171–1220.

Hogben, Leslie. 2013. *Handbook of Linear Algebra.* Chapman and Hall/CRC.

Horn, Roger A., and Johnson, Charles R. 2013. *Matrix Analysis.* Cambridge University Press.

Hotelling, Harold. 1933. Analysis of a Complex of Statistical Variables into Principal Components.

Journal of Educational Psychology, **24**, 417–441.
Hyvarinen, Aapo, Oja, Erkki, and Karhunen, Juha. 2001. *Independent Component Analysis*. Wiley.
Imbens, Guido W., and Rubin, Donald B. 2015. *Causal Inference for Statistics, Social and Biomedical Sciences*. Cambridge University Press.
Jacod, Jean, and Protter, Philip. 2004. *Probability Essentials*. Springer.
Jaynes, Edwin T. 2003. *Probability Theory: The Logic of Science*. Cambridge University Press.
Jefferys, William H., and Berger, James O. 1992. Ockham's Razor and Bayesian Analysis. *American Scientist*, **80**, 64–72.
Jeffreys, Harold. 1961. *Theory of Probability*. Oxford University Press.
Jimenez Rezende, Danilo, and Mohamed, Shakir. 2015. Variational Inference with Normalizing Flows. In: *Proceedings of the International Conference on Machine Learning*.
Jimenez Rezende, Danilo, Mohamed, Shakir, and Wierstra, Daan. 2014. Stochastic Backpropagation and Approximate Inference in Deep Generative Models. In: *Proceedings of the International Conference on Machine Learning*.
Joachims, Thorsten. 1999. *Advances in Kernel Methods – Support Vector Learning*. MIT Press. Chap. Making Large-Scale SVM Learning Practical, pages 169–184.
Jordan, Michael I., Ghahramani, Zoubin, Jaakkola, Tommi S., and Saul, Lawrence K. 1999. An Introduction to Variational Methods for Graphical Models. *Machine Learning*, **37**, 183–233.
Julier, Simon J., and Uhlmann, Jeffrey K. 1997. A New Extension of the Kalman Filter to Nonlinear Systems. In: *Proceedings of AeroSense Symposium on Aerospace/Defense Sensing, Simulation and Controls*.
Kaiser, Marcus, and Hilgetag, Claus C. 2006. Nonoptimal Component Placement, but Short Processing Paths, Due to Long-Distance Projections in Neural Systems. *PLoS Computational Biology*, **2**(7), e95.
Kalman, Dan. 1996. A Singularly Valuable Decomposition: The SVD of a Matrix. *College Mathematics Journal*, **27**(1), 2–23.
Kalman, Rudolf E. 1960. A New Approach to Linear Filtering and Prediction Problems. *Transactions of the ASME – Journal of Basic Engineering*, **82**(Series D), 35–45.
Kamthe, Sanket, and Deisenroth, Marc P. 2018. Data-Efficient Reinforcement Learning with Probabilistic Model Predictive Control. In: *Proceedings of the International Conference on Artificial Intelligence and Statistics*.
Katz, Victor J. 2004. *A History of Mathematics*. Pearson/Addison-Wesley.
Kelley, Henry J. 1960. Gradient Theory of Optimal Flight Paths. *Ars Journal*, **30**(10), 947–954.
Kimeldorf, George S., and Wahba, Grace. 1970. A Correspondence between Bayesian Estimation on Stochastic Processes and Smoothing by Splines. *Annals of Mathematical Statistics*, **41**(2), 495–502.
Kingma, Diederik P., and Welling, Max. 2014. Auto-Encoding Variational Bayes. In: *Proceedings of the International Conference on Learning Representations*.
Kittler, Josef, and Föglein, Janos. 1984. Contextual Classification of Multispectral Pixel Data. *Image and Vision Computing*, **2**(1), 13–29.
Kolda, Tamara G., and Bader, Brett W. 2009. Tensor Decompositions and Applications. *SIAM Review*, **51**(3), 455–500.
Koller, Daphne, and Friedman, Nir. 2009. *Probabilistic Graphical Models*. MIT Press.

Kong, Linglong, and Mizera, Ivan. 2012. Quantile Tomography: Using Quantiles with Multivariate Data. *Statistica Sinica*, **22**, 1598–1610.

Lang, Serge. 1987. *Linear Algebra*. Springer.

Lawrence, Neil D. 2005. Probabilistic Non-Linear Principal Component Analysis with Gaussian Process Latent Variable Models. *Journal of Machine Learning Research*, **6**(Nov.), 1783–1816.

Leemis, Lawrence M., and McQueston, Jacquelyn T. 2008. Univariate Distribution Relationships. *American Statistician*, **62**(1), 45–53.

Lehmann, Erich L., and Romano, Joseph P. 2005. *Testing Statistical Hypotheses*. Springer.

Lehmann, Erich Leo, and Casella, George. 1998. *Theory of Point Estimation*. Springer.

Liesen, Jörg, and Mehrmann, Volker. 2015. *Linear Algebra*. Springer.

Lin, Hsuan-Tien, Lin, Chih-Jen, and Weng, Ruby C. 2007. A Note on Platt's Probabilistic Outputs for Support Vector Machines. *Machine Learning*, **68**, 267–276.

Ljung, Lennart. 1999. *System Identification: Theory for the User*. Prentice Hall.

Loosli, Gaëlle, Canu, Stéphane, and Ong, Cheng Soon. 2016. Learning SVM in Kreĭn Spaces. *IEEE Transactions of Pattern Analysis and Machine Intelligence*, **38**(6), 1204–1216.

Luenberger, David G. 1969. *Optimization by Vector Space Methods*. Wiley.

MacKay, David J. C. 1992. Bayesian Interpolation. *Neural Computation*, **4**, 415–447.

MacKay, David J. C. 1998. Introduction to Gaussian Processes. Pages 133–165 of: Bishop, C. M. (ed), *Neural Networks and Machine Learning*. Springer.

MacKay, David J. C. 2003. *Information Theory, Inference, and Learning Algorithms*. Cambridge University Press.

Magnus, Jan R., and Neudecker, Heinz. 2007. *Matrix Differential Calculus with Applications in Statistics and Econometrics*. Wiley.

Manton, Jonathan H., and Amblard, Pierre-Olivier. 2015. A Primer on Reproducing Kernel Hilbert Spaces. *Foundations and Trends in Signal Processing*, **8**(1–2), 1–126.

Markovsky, Ivan. 2011. *Low Rank Approximation: Algorithms, Implementation, Applications*. Springer.

Maybeck, Peter S. 1979. *Stochastic Models, Estimation, and Control*. Academic Press.

McCullagh, Peter, and Nelder, John A. 1989. *Generalized Linear Models*. CRC Press.

McEliece, Robert J., MacKay, David J. C., and Cheng, Jung-Fu. 1998. Turbo Decoding as an Instance of Pearl's "Belief Propagation" Algorithm. *IEEE Journal on Selected Areas in Communications*, **16**(2), 140–152.

Mika, Sebastian, Rätsch, Gunnar, Weston, Jason, Schölkopf, Bernhard, and Müller, Klaus-Robert. 1999. Fisher Discriminant Analysis with Kernels. Pages 41–48 of: *Proceedings of the Workshop on Neural Networks for Signal Processing*.

Minka, Thomas P. 2001a. *A Family of Algorithms for Approximate Bayesian Inference*. Ph.D. thesis, Massachusetts Institute of Technology.

Minka, Tom. 2001b. Automatic Choice of Dimensionality of PCA. In: *Advances in Neural Information Processing Systems*.

Mitchell, Tom. 1997. *Machine Learning*. McGraw-Hill.

Mnih, Volodymyr, Kavukcuoglu, Koray, and Silver, David, et al. 2015. Human-Level Control through Deep Reinforcement Learning. *Nature*, **518**, 529–533.

Moonen, Marc, and De Moor, Bart. 1995. *SVD and Signal Processing, III: Algorithms, Architectures and Applications*. Elsevier.

Moustaki, Irini, Knott, Martin, and Bartholomew, David J. 2015. *Latent-Variable Modeling.* American Cancer Society. Pages 1–10.

Müller, Andreas C., and Guido, Sarah. 2016. *Introduction to Machine Learning with Python: A Guide for Data Scientists.* O'Reilly Publishing.

Murphy, Kevin P. 2012. *Machine Learning: A Probabilistic Perspective.* MIT Press.

Neal, Radford M. 1996. *Bayesian Learning for Neural Networks.* Ph.D. thesis, Department of Computer Science, University of Toronto.

Neal, Radford M., and Hinton, Geoffrey E. 1999. A View of the EM Algorithm that Justifies Incremental, Sparse, and Other Variants. Pages 355–368 of: *Learning in Graphical Models.* MIT Press.

Nelsen, Roger. 2006. *An Introduction to Copulas.* Springer.

Nesterov, Yuri. 2018. *Lectures on Convex Optimization.* Springer.

Neumaier, Arnold. 1998. Solving Ill-Conditioned and Singular Linear Systems: A Tutorial on Regularization. *SIAM Review,* **40**, 636–666.

Nocedal, Jorge, and Wright, Stephen J. 2006. *Numerical Optimization.* Springer.

Nowozin, Sebastian, Gehler, Peter V., Jancsary, Jeremy, and Lampert, Christoph H. (eds). 2014. *Advanced Structured Prediction.* MIT Press.

O'Hagan, Anthony. 1991. Bayes-Hermite Quadrature. *Journal of Statistical Planning and Inference,* **29**, 245–260.

Ong, Cheng Soon, Mary, Xavier, Canu, Stéphane, and Smola, Alexander J. 2004. Learning with Non-Positive Kernels. In: *Proceedings of the International Conference on Machine Learning.*

Ormoneit, Dirk, Sidenbladh, Hedvig, Black, Michael J., and Hastie, Trevor. 2001. Learning and Tracking Cyclic Human Motion. In: *Advances in Neural Information Processing Systems.*

Page, Lawrence, Brin, Sergey, Motwani, Rajeev, and Winograd, Terry. 1999. *The PageRank Citation Ranking: Bringing Order to the Web.* Tech. rept. Stanford InfoLab.

Paquet, Ulrich. 2008. *Bayesian Inference for Latent Variable Models.* Ph.D. thesis, University of Cambridge.

Parzen, Emanuel. 1962. On Estimation of a Probability Density Function and Mode. *Annals of Mathematical Statistics,* **33**(3), 1065–1076.

Pearl, Judea. 1988. *Probabilistic Reasoning in Intelligent Systems: Networks of Plausible Inference.* Morgan Kaufmann.

Pearl, Judea. 2009. *Causality: Models, Reasoning and Inference.* 2nd edn. Cambridge University Press.

Pearson, Karl. 1895. Contributions to the Mathematical Theory of Evolution. II. Skew Variation in Homogeneous Material. *Philosophical Transactions of the Royal Society A: Mathematical, Physical and Engineering Sciences,* **186**, 343–414.

Pearson, Karl. 1901. On Lines and Planes of Closest Fit to Systems of Points in Space. *Philosophical Magazine,* **2**(11), 559–572.

Peters, Jonas, Janzing, Dominik, and Schölkopf, Bernhard. 2017. *Elements of Causal Inference: Foundations and Learning Algorithms.* MIT Press.

Petersen, Kaare B., and Pedersen, Michael S. 2012. *The Matrix Cookbook.* Tech. rept. Technical University of Denmark.

Platt, John C. 2000. Probabilistic Outputs for Support Vector Machines and Comparisons to Regu-

larized Likelihood Methods. In: *Advances in Large Margin Classifiers.*
Pollard, David. 2002. *A User's Guide to Measure Theoretic Probability.* Cambridge University Press.
Polyak, Roman A. 2016. The Legendre Transformation in Modern Optimization. Pages 437–507 of: Goldengorin, B. (ed), *Optimization and Its Applications in Control and Data Sciences.* Springer.
Press, William H., Teukolsky, Saul A., Vetterling, William T., and Flannery, Brian P. 2007. *Numerical Recipes: The Art of Scientific Computing.* Cambridge University Press.
Proschan, Michael A., and Presnell, Brett. 1998. Expect the Unexpected from Conditional Expectation. *American Statistician,* **52**(3), 248–252.
Raschka, Sebastian, and Mirjalili, Vahid. 2017. *Python Machine Learning: Machine Learning and Deep Learning with Python, scikit-learn, and TensorFlow.* Packt Publishing.
Rasmussen, Carl E., and Ghahramani, Zoubin. 2001. Occam's Razor. In: *Advances in Neural Information Processing Systems.*
Rasmussen, Carl E., and Ghahramani, Zoubin. 2003. Bayesian Monte Carlo. In: *Advances in Neural Information Processing Systems.*
Rasmussen, Carl E., and Williams, Christopher K. I. 2006. *Gaussian Processes for Machine Learning.* MIT Press.
Reid, Mark, and Williamson, Robert C. 2011. Information, Divergence and Risk for Binary Experiments. *Journal of Machine Learning Research,* **12**, 731–817.
Rifkin, Ryan M., and Lippert, Ross A. 2007. Value Regularization and Fenchel Duality. *Journal of Machine Learning Research,* **8**, 441–479.
Rockafellar, Ralph T. 1970. *Convex Analysis.* Princeton University Press.
Rogers, Simon, and Girolami, Mark. 2016. *A First Course in Machine Learning.* Chapman and Hall/CRC.
Rosenbaum, Paul R. 2017. *Observation and Experiment: An Introduction to Causal Inference.* Harvard University Press.
Rosenblatt, Murray. 1956. Remarks on Some Nonparametric Estimates of a Density Function. *Annals of Mathematical Statistics,* **27**(3), 832–837.
Roweis, Sam T. 1998. EM Algorithms for PCA and SPCA. Pages 626–632 of: *Advances in Neural Information Processing Systems.*
Roweis, Sam T., and Ghahramani, Zoubin. 1999. A Unifying Review of Linear Gaussian Models. *Neural Computation,* **11**(2), 305–345.
Roy, Anindya, and Banerjee, Sudipto. 2014. *Linear Algebra and Matrix Analysis for Statistics.* Chapman and Hall/CRC.
Rubinstein, Reuven Y., and Kroese, Dirk P. 2016. *Simulation and the Monte Carlo Method.* Wiley.
Ruffini, Paolo. 1799. *Teoria Generale delle Equazioni, in cui si Dimostra Impossibile la Soluzione Algebraica delle Equazioni Generali di Grado Superiore al Quarto.* Stamperia di S. Tommaso d'Aquino.
Rumelhart, David E., Hinton, Geoffrey E., and Williams, Ronald J. 1986. Learning Representations by Back-Propagating Errors. *Nature,* **323**(6088), 533–536.
Sæmundsson, Steindór, Hofmann, Katja, and Deisenroth, Marc P. 2018. Meta Reinforcement Learning with Latent Variable Gaussian Processes. In: *Proceedings of the Conference on Uncertainty in Artificial Intelligence.*
Saitoh, Saburou. 1988. *Theory of Reproducing Kernels and its Applications.* Longman Scientific and

Technical.

Särkkä, Simo. 2013. *Bayesian Filtering and Smoothing.* Cambridge University Press.

Schölkopf, Bernhard, and Smola, Alexander J. 2002. *Learning with Kernels – Support Vector Machines, Regularization, Optimization, and Beyond.* MIT Press.

Schölkopf, Bernhard, Smola, Alexander J., and Müller, Klaus-Robert. 1997. Kernel Principal Component Analysis. In: *Proceedings of the International Conference on Artificial Neural Networks.*

Schölkopf, Bernhard, Smola, Alexander J., and Müller, Klaus-Robert. 1998. Nonlinear Component Analysis as a Kernel Eigenvalue Problem. *Neural Computation,* **10**(5), 1299–1319.

Schölkopf, Bernhard, Herbrich, Ralf, and Smola, Alexander J. 2001. A Generalized Representer Theorem. In: *Proceedings of the International Conference on Computational Learning Theory.*

Schwartz, Laurent. 1964. Sous Espaces Hilbertiens d'Espaces Vectoriels Topologiques et Noyaux Associés. *Journal d'Analyse Mathématique,* **13**, 115–256.

Schwarz, Gideon E. 1978. Estimating the Dimension of a Model. *Annals of Statistics,* **6**(2), 461–464.

Shahriari, Bobak, Swersky, Kevin, Wang, Ziyu, Adams, Ryan P., and De Freitas, Nando. 2016. Taking the Human out of the Loop: A Review of Bayesian Optimization. *Proceedings of the IEEE,* **104**(1), 148–175.

Shalev-Shwartz, Shai, and Ben-David, Shai. 2014. *Understanding Machine Learning: From Theory to Algorithms.* Cambridge University Press.

Shawe-Taylor, John, and Cristianini, Nello. 2004. *Kernel Methods for Pattern Analysis.* Cambridge University Press.

Shawe-Taylor, John, and Sun, Shiliang. 2011. A Review of Optimization Methodologies in Support Vector Machines. *Neurocomputing,* **74**(17), 3609–3618.

Shental, Ori, Siegel, Paul H., Wolf, Jack K., Bickson, Danny, and Dolev, Danny. 2008. Gaussian Belief Propagation Solver for Systems of Linear Equations. Pages 1863–1867 of: *Proceedings of the International Symposium on Information Theory.*

Shewchuk, Jonathan R. 1994. *An Introduction to the Conjugate Gradient Method without the Agonizing Pain.*

Shi, Jianbo, and Malik, Jitendra. 2000. Normalized Cuts and Image Segmentation. *IEEE Transactions on Pattern Analysis and Machine Intelligence,* **22**(8), 888–905.

Shi, Qinfeng, Petterson, James, Dror, Gideon, Langford, John, Smola, Alexander J., and Vishwanathan, S. V. N. 2009. Hash Kernels for Structured Data. *Journal of Machine Learning Research,* 2615–2637.

Shiryayev, Albert N. 1984. *Probability.* Springer.

Shor, Naum Z. 1985. *Minimization Methods for Non-Differentiable Functions.* Springer.

Shotton, Jamie, Winn, John, Rother, Carsten, and Criminisi, Antonio. 2006. Texton Boost: Joint Appearance, Shape and Context Modeling for Multi-Class Object Recognition and Segmentation. In: *Proceedings of the European Conference on Computer Vision.*

Smith, Adrian F. M., and Spiegelhalter, David. 1980. Bayes Factors and Choice Criteria for Linear Models. *Journal of the Royal Statistical Society B,* **42**(2), 213–220.

Snoek, Jasper, Larochelle, Hugo, and Adams, Ryan P. 2012. Practical Bayesian Optimization of Machine Learning Algorithms. In: *Advances in Neural Information Processing Systems.*

Spearman, Charles. 1904. "General Intelligence," Objectively Determined and Measured. *American Journal of Psychology,* **15**(2), 201–292.

Sriperumbudur, Bharath K., Gretton, Arthur, Fukumizu, Kenji, Schölkopf, Bernhard, and Lanckriet, Gert R. G. 2010. Hilbert Space Embeddings and Metrics on Probability Measures. *Journal of Machine Learning Research*, **11**, 1517–1561.

Steinwart, Ingo. 2007. How to Compare Different Loss Functions and Their Risks. *Constructive Approximation*, **26**, 225–287.

Steinwart, Ingo, and Christmann, Andreas. 2008. *Support Vector Machines*. Springer.

Stoer, Josef, and Burlirsch, Roland. 2002. *Introduction to Numerical Analysis*. Springer.

Strang, Gilbert. 1993. The Fundamental Theorem of Linear Algebra. *The American Mathematical Monthly*, **100**(9), 848–855.

Strang, Gilbert. 2003. *Introduction to Linear Algebra*. Wellesley-Cambridge Press.

Stray, Jonathan. 2016. *The Curious Journalist's Guide to Data*. Tow Center for Digital Journalism at Columbia's Graduate School of Journalism.

Strogatz, Steven. 2014. Writing about Math for the Perplexed and the Traumatized. *Notices of the American Mathematical Society*, **61**(3), 286–291.

Sucar, Luis E., and Gillies, Duncan F. 1994. Probabilistic Reasoning in High-Level Vision. *Image and Vision Computing*, **12**(1), 42–60.

Szeliski, Richard, Zabih, Ramin, and Scharstein, Daniel, et al. 2008. A Comparative Study of Energy Minimization Methods for Markov Random Fields with Smoothness-Based Priors. *IEEE Transactions on Pattern Analysis and Machine Intelligence*, **30**(6), 1068–1080.

Tandra, Haryono. 2014. The Relationship between the Change of Variable Theorem and the Fundamental Theorem of Calculus for the Lebesgue Integral. *Teaching of Mathematics*, **17**(2), 76–83.

Tenenbaum, Joshua B., De Silva, Vin, and Langford, John C. 2000. A Global Geometric Framework for Nonlinear Dimensionality Reduction. *Science*, **290**(5500), 2319–2323.

Tibshirani, Robert. 1996. Regression Selection and Shrinkage via the Lasso. *Journal of the Royal Statistical Society B*, **58**(1), 267–288.

Tipping, Michael E., and Bishop, Christopher M. 1999. Probabilistic Principal Component Analysis. *Journal of the Royal Statistical Society: Series B*, **61**(3), 611–622.

Titsias, Michalis K., and Lawrence, Neil D. 2010. Bayesian Gaussian Process Latent Variable Model. In: *Proceedings of the International Conference on Artificial Intelligence and Statistics*.

Toussaint, Marc. 2012. *Some Notes on Gradient Descent*. https://ipvs.informatik.uni-stuttgart.de/mlr/marc/notes/gradientDescent.pdf.

Trefethen, Lloyd N., and Bau III, David. 1997. *Numerical Linear Algebra*. SIAM.

Tucker, Ledyard R. 1966. Some Mathematical Notes on Three-Mode Factor Analysis. *Psychometrika*, **31**(3), 279–311.

Vapnik, Vladimir N. 1999. An Overview of Statistical Learning Theory. *IEEE Transactions on Neural Networks*, **10**(5), 988–999.

Vapnik, Vladimir N. 2000. *The Nature of Statistical Learning Theory*. Springer.

Vishwanathan, S. V. N., Schraudolph, Nicol N., Kondor, Risi, and Borgwardt, Karsten M. 2010. Graph Kernels. *Journal of Machine Learning Research*, **11**, 1201–1242.

von Luxburg, Ulrike, and Schölkopf, Bernhard. 2011. Statistical Learning Theory: Models, Concepts, and Results. Pages 651–706 of: D. M. Gabbay, S. Hartmann, J. Woods (ed), *Handbook of the History of Logic*, vol. 10. Elsevier.

Wahba, Grace. 1990. *Spline Models for Observational Data*. Society for Industrial and Applied

Mathematics.

Walpole, Ronald E., Myers, Raymond H., Myers, Sharon L., and Ye, Keying. 2011. *Probability and Statistics for Engineers and Scientists.* Prentice Hall.

Wasserman, Larry. 2004. *All of Statistics.* Springer.

Wasserman, Larry. 2007. *All of Nonparametric Statistics.* Springer.

Whittle, Peter. 2000. *Probability via Expectation.* Springer.

Wickham, Hadley. 2014. Tidy Data. *Journal of Statistical Software*, **59**, 1–23.

Williams, Christopher K. I. 1997. Computing with Infinite Networks. In: *Advances in Neural Information Processing Systems.*

Yu, Yaoliang, Cheng, Hao, Schuurmans, Dale, and Szepesvári, Csaba. 2013. Characterizing the Representer Theorem. In: *Proceedings of the International Conference on Machine Learning.*

Zadrozny, Bianca, and Elkan, Charles. 2001. Obtaining Calibrated Probability Estimates from Decision Trees and Naive Bayesian Classifiers. In: *Proceedings of the International Conference on Machine Learning.*

Zia, Royce K. P., Redish, Edward F., and McKay, Susan R. 2009. Making Sense of the Legendre Transform. *American Journal of Physics*, **77**(614), 614–622.